129

置入移动UI图像文件

最终文件：效果\第6章\129.psd/jpg

132

通过面板撤销移动UI图像操作

最终文件：效果\第6章\132.psd/jpg

137

调整移动UI图像的尺寸

最终文件：效果\第6章\137.psd/jpg

145

运用工具裁剪移动UI图像

最终文件：效果\第6章\145.psd/jpg

151

调整UI图像的元素位置

最终文件：效果\第6章\151.psd/jpg

156

斜切移动UI图像素材

最终文件：效果\第6章\156.psd/jpg

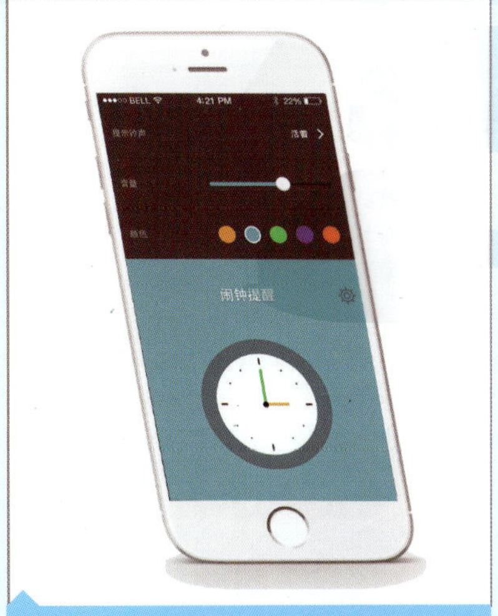

157

扭曲移动UI图像素材

最终文件：效果\第6章\157.psd/jpg

160

在移动UI图像中重复变换

最终文件：效果\第6章\160.psd/jpg

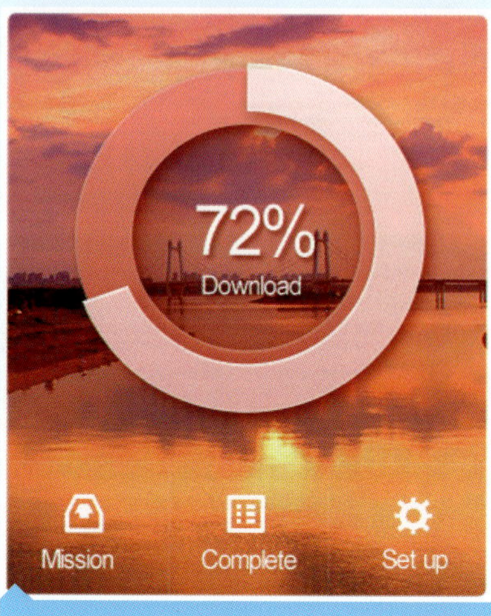

169

使用混合模式编辑移动UI图像

最终文件：效果\第7章\169.psd/jpg

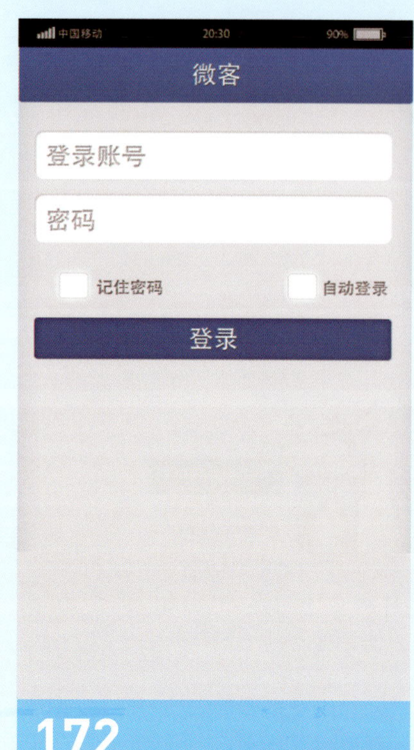

172

复制移动UI图像的图层样式

最终文件：效果\第7章\172.psd/jpg

176

使用矩形选框工具创建矩形选区

最终文件：效果\第7章\176.psd

177

使用椭圆选框工具创建椭圆选区

最终文件：效果\第7章\177.psd

178

运用套索工具创建不规则选区

最终文件：效果\第7章\178.psd/jpg

180

运用磁性套索工具创建选区

最终文件：效果\第7章\180.jpg

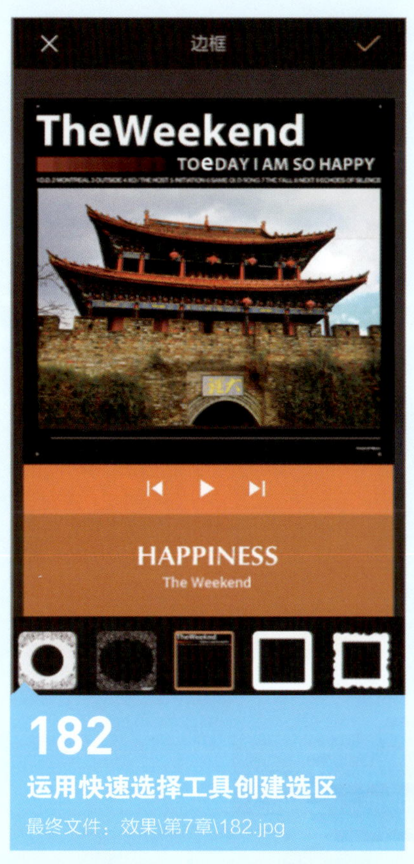

182

运用快速选择工具创建选区

最终文件：效果\第7章\182.jpg

191

复制和粘贴移动UI选区图像

最终文件：效果\第7章\191.psd/jpg

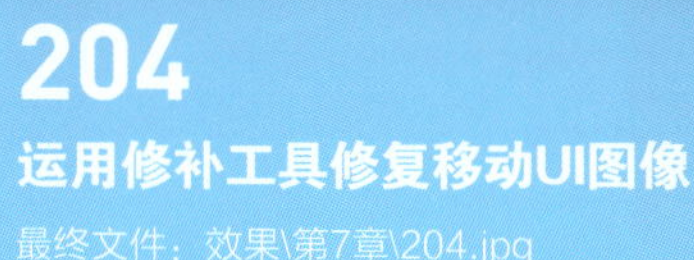

204

运用修补工具修复移动UI图像

最终文件：效果\第7章\204.jpg

211

运用仿制图章工具复制移动UI元素

最终文件：效果\第7章\211. jpg

213

运用模糊工具模糊移动UI图像

最终文件：效果\第7章\213. jpg

217

使用吸管工具设置移动UI图像颜色

最终文件：效果\第8章\217.psd/jpg

223

使用渐变工具为移动UI图像填充双色

最终文件：效果\第8章\223.psd/jpg

234

使用“色阶”命令调整移动UI图像亮度范围

最终文件：效果\第8章\234.psd/jpg

235

使用“亮度/对比度”命令调整移动UI图像色彩

最终文件：效果\第8章\235.psd/jpg

236

使用“曲线”命令调整移动UI图像整体色调

最终文件：效果\第8章\236.psd/jpg

250

使用“变化”命令制作彩色移动UI图像效果

最终文件：效果\第8章\250.psd/jpg

276

运用自由钢笔工具绘制移动UI路径

最终文件：效果\第9章\276.jpg

280

在移动UI图像中绘制多边形路径形状

最终文件：效果\第9章\280.jpg

282

在移动UI图像中绘制直线路径形状

最终文件：效果\第9章\282.psd/jpg

289

填充移动UI图像中的路径

最终文件：效果\第9章\289. jpg

290

描边移动UI图像中的路径

最终文件：效果\第9章\290.jpg

299

在移动UI图像中创建快速蒙版

最终文件：效果\第9章\299.psd/jpg

307

图层蒙版与选区的相互转换操作

最终文件：效果\第9章\307.psd/jpg

311

输入横排移动UI图像文字

最终文件：效果\第10章\311.psd/jpg

312

输入直排移动UI图像文字

最终文件：效果\第10章\312.psd/jpg

313

输入段落移动UI图像文字

最终文件：效果\第10章\313.psd/jpg

314

输入选区移动UI图像文字

最终文件：效果\第10章\314.psd/jpg

316

设置移动UI段落属性

最终文件：效果\第10章\316.psd/jpg

319

切换点文本和段落文本

最终文件：效果\第10章\319.psd/jpg

321

查找与替换移动UI文字

最终文件：效果\第10章\321.psd/jpg

331

将移动UI文字转换为图像

最终文件：效果\第10章\331.psd/jpg

335

删除移动UI图像中的智能滤镜

最终文件：效果\第11章\335.psd/jpg

336

为移动UI图像添加液化效果

最终文件：效果\第11章\336.psd/jpg

342

为移动UI图像添加波纹效果

最终文件：效果\第11章\342.psd/jpg

345

为移动UI图像添加海洋波纹效果

最终文件：效果\第11章\345.psd/jpg

346

为移动UI图像添加扩散亮光效果

最终文件：效果\第11章\346.psd/jpg

351

为移动UI图像添加彩色半调效果

最终文件：效果\第11章\351.psd/jpg

354

为移动UI图像添加碎片效果

最终文件：效果\第11章\354.psd/jpg

355

为移动UI图像添加杂色效果

最终文件：效果\第11章\355.psd/jpg

361

为移动UI图像添加动感模糊效果

最终文件：效果\第11章\361.psd/jpg

366

为移动UI图像添加阴影线效果

最终文件：效果\第11章\366.psd/jpg

367

为移动UI图像添加水彩画纸效果

最终文件：效果\第11章\367.psd/jpg

369

为移动UI图像添加水彩效果

最终文件：效果\第11章\369.psd/jpg

377

通过减选选区抠图

最终文件：效果\第12章\377.psd

383

通过“查找边缘”功能抠图

最终文件：效果\第12章\383.psd

380

通过取样背景色板功能抠图

最终文件：效果\第12章\380.psd

404

通过“正片叠底”模式合成移动UI图像

最终文件：效果\第12章\404.psd/jpg

406

通过矢量蒙版抠图

最终文件：效果\第12章\406.psd

408

通过快速蒙版抠图

最终文件：效果\第12章\408.psd

422

通过“应用图像”命令抠图

最终文件：效果\第12章\422.psd

421

通过“计算”命令抠图

最终文件：效果\第12章\421.psd

427

音乐APP图标设计3——图标细节效果

最终文件：效果\第13章\427.psd/jpg

430

邮箱APP图标设计3——调整图像形状

最终文件：效果\第13章\430.psd/jpg

433 **鼠标指针形状设计3——制作细节效果**

最终文件：效果\第13章\433.psd/jpg

436

按钮设计3——制作文本效果

最终文件：效果\第14章\436.psd/jpg

442

切换条设计3——制作细节效果

最终文件：效果\第14章\442.psd/jpg

439

解锁滑块设计3——制作文本效果

最终文件：效果\第14章\439.psd/jpg

445

搜索框设计3——制作二维码搜索

最终文件：效果\第15章\445.psd/jpg

448

标签栏设计3——制作标签文本

最终文件：效果\第15章\448.psd/jpg

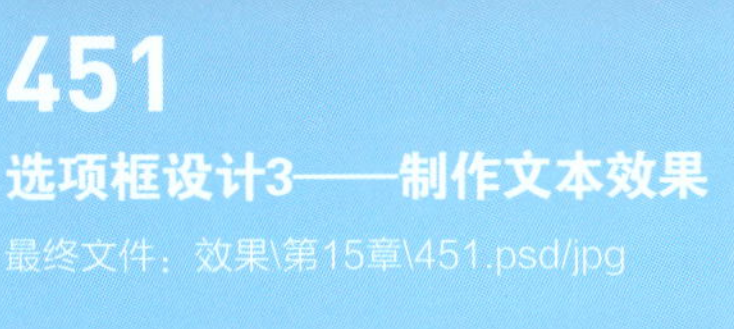

451

选项框设计3——制作文本效果

最终文件：效果\第15章\451.psd/jpg

454

免费WiFi应用登录界面设计3——制作文本细节

最终文件：效果\第16章\454.psd/jpg

457

云服务APP登录界面设计3——制作文本效果

最终文件：效果\第16章\457.psd/jpg

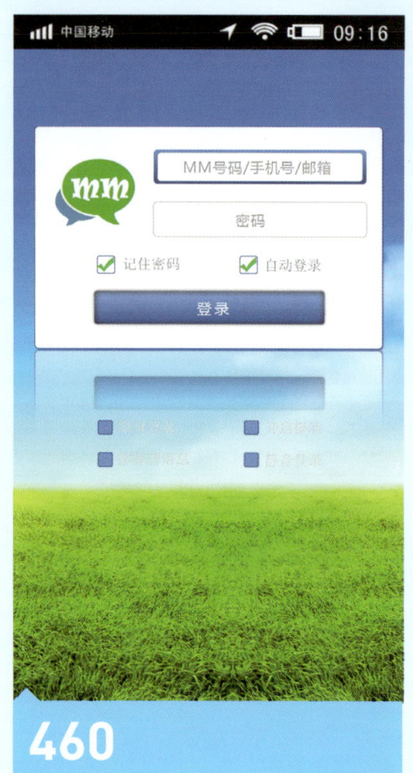

460

社交APP登录界面设计3——制作倒影效果

最终文件：效果\第16章\460.psd/jpg

463

时钟界面设计3——制作主体效果

最终文件：效果\第17章\463.psd/jpg

466

锁屏界面设计3——完善细节效果

最终文件：效果\第17章\466.psd/jpg

472

天气控件界面设计3——制作文本效果

最终文件：效果\第18章\472.psd/jpg

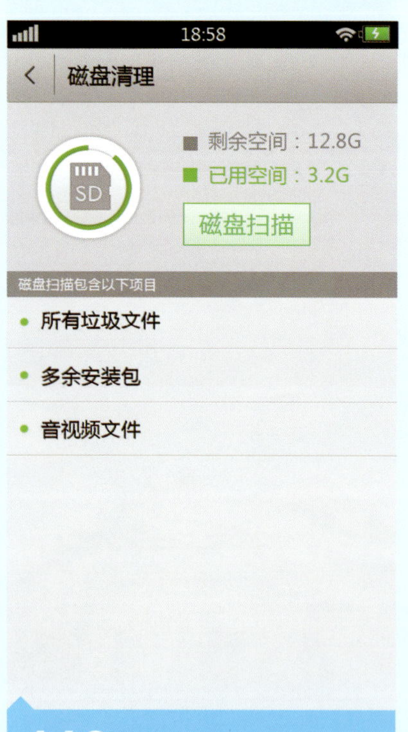

469

系统磁盘清理界面设计3——制作细节效果

最终文件：效果\第17章\469.psd/jpg

475

手机来电界面设计3——制作文本效果

最终文件：效果\第18章\475.psd/jpg

478

日历应用界面设计3——制作细节效果

最终文件：效果\第18章\478.psd/jpg

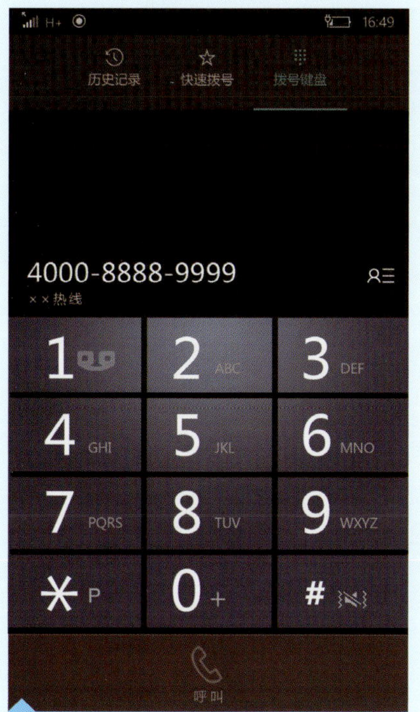

481

拨号键盘设计3——制作主体效果

最终文件：效果\第19章\481.psd/jpg

484

待机界面设计3——制作立体效果

最终文件：效果\第19章\484.psd/jpg

490

购物APP界面设计3——制作文本效果

最终文件：效果\第20章\490.psd/jpg

487

照片应用界面设计3——制作细节与文本效果

最终文件：效果\第19章\487.psd/jpg

493

视频APP界面设计3——制作控制按钮

最终文件：效果\第20章\493.psd/jpg

496

相机APP界面设计3——制作整体效果

最终文件：效果\第20章\496.psd/jpg

499 桌球游戏UI设计3——制作文本效果

最终文件：效果\第21章\499.psd/jpg

502 休闲游戏UI设计3——制作文本效果

最终文件：效果\第21章\502.psd/jpg

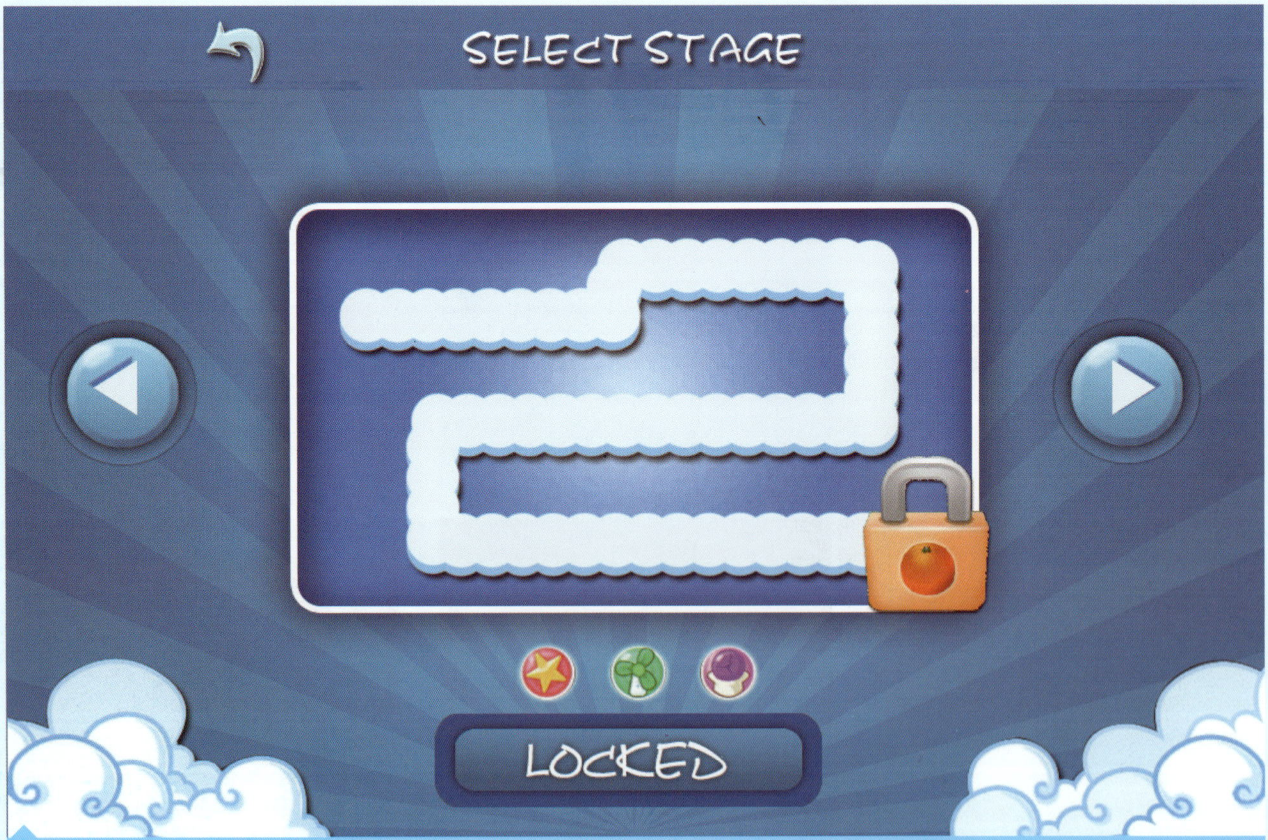

505 塔防游戏UI设计3——制作文本效果

最终文件：效果\第21章\505.psd/jpg

Photoshop

移动UI设计完全实例教程（全彩超值版）

华天印象　编著

人 民 邮 电 出 版 社
北 京

图书在版编目（CIP）数据

Photoshop移动UI设计完全实例教程 : 全彩超值版 / 华天印象编著. -- 北京 : 人民邮电出版社, 2018.4
ISBN 978-7-115-47755-2

Ⅰ. ①P… Ⅱ. ①华… Ⅲ. ①移动电话机－人机界面－程序设计－教材②图象处理软件 Ⅳ. ①TN929.53 ②TP391.413

中国版本图书馆CIP数据核字(2018)第011183号

内容提要

本书是一本讲解如何使用 Photoshop 软件进行移动 UI 设计的实例操作型自学教程，可以帮助成千上万的 UI 设计师，特别是手机 APP 设计人员提高 UI 设计能力，拓展他们移动 APP UI 视觉设计的创作思路。

本书共 21 章，具体内容包括移动 UI 设计快速入门、移动 UI 设计的布局原则、移动 UI 视觉交互设计法则、移动 UI 中的基本元素、Photoshop 移动 UI 设计入门、移动 UI 设计的文件操作、移动 UI 图像的编辑与修复、移动 UI 的色彩设计、移动 UI 的图形图像设计、移动 UI 的文字编排设计、移动 UI 的特效质感设计、移动 UI 图像抠取与合成、移动 UI 图标图形设计、移动 UI 按钮控件设计、移动 UI 功能界面设计、手机登录 UI 设计、安卓系统 UI 设计、iOS 系统 UI 设计、微软系统 UI 设计、程序软件 UI 设计和游戏应用 UI 设计。读者学习后可以融会贯通、举一反三，制作出更多更加精彩的移动 APP UI 效果。

本书附赠学习资源，包括书中实例的素材文件、效果文件和实例的操作演示视频，读者可以结合视频进行学习，提高学习效率。

本书结构清晰，语言简洁，适合 Photoshop UI 设计爱好者，特别是手机 APP 设计人员、平面广告设计人员、网站美工人员及游戏界面设计人员等，同时也可以作为各类 UI 设计培训中心、大中专院校等相关专业的辅导教材。

◆ 编　　著　华天印象
　责任编辑　张丹阳
　责任印制　陈　犇
◆ 人民邮电出版社出版发行　　北京市丰台区成寿寺路 11 号
　邮编　100164　　电子邮件　315@ptpress.com.cn
　网址　http://www.ptpress.com.cn
　北京缤索印刷有限公司印刷
◆ 开本：787×1092　1/16　　彩插：6
　印张：28.75　　2018 年 4 月第 1 版
　字数：887 千字　　2018 年 4 月北京第 1 次印刷

定价：99.00 元

读者服务热线：(010)81055410　印装质量热线：(010)81055316
反盗版热线：(010)81055315
广告经营许可证：京东工商广登字 20170147 号

PREFACE 前言

本书简介

本书是一本集软件教程与移动UI设计于一体的书，既可以用于软件教学，也是移动UI设计的实用宝典。本书结合笔者多年移动UI设计的实战经验，从实用的角度出发，通过Photoshop软件与移动UI设计相结合的实例操作演示，从设计基础到软件功能再到实战应用，囊括了设计的方方面面，既适合设计初学者从零学起，也能满足专业人士的设计需求。

本书特色

深入浅出，简单易学：针对移动UI设计人员，本书涵盖了UI设计各个方面的内容，如布局、配色、抠图等，让读者一看就懂!

内容翔实，结构完整：本书通过21章软件技术精解+260多个专家提醒+2770多张图片全程图解。书中详细讲解了Photoshop CC在移动UI设计中常用的工具、功能、命令、菜单和选项，做到完全解析、完全自学，读者可以即查即用。

举一反三，经验传授：书中每个案例均配有相应的素材、效果源文件，同时对案例设计中的整体图进行轻松更改，使读者不仅能轻松掌握具体的操作方法，还可以做到举一反三，融会贯通。

全程图解，视频教学：本书全程图解剖析，版式美观大方、新鲜时尚，利用图示标注对重点知识进行图示说明，同时对书中的技能实例全部录制了带语音讲解的高清教学视频，方便读者学习和参考。

本书内容

本书共分为3篇：设计基础篇、软件功能篇和实战应用篇。具体内容如下。

设计基础篇：第1～4章为设计基础篇，主要向读者介绍了移动UI设计快速入门、移动UI设计的布局原则、移动UI视觉交互设计法则以及移动UI中的基本元素等内容，使读者能循序渐进地理解移动UI的设计制作。

软件功能篇：第5～12章为软件功能篇，主要针对图像处理软件中文版Photoshop CC的各项功能循序渐进地讲解，以使读者更加深入地认识软件，熟练掌握移动UI图像的制作方法和设计技巧。

实战应用篇：第13～21章为实战应用篇，主要向读者介绍了移动UI设计中常见的图标图形、按钮控件、功能界面、手机登录UI设计、安卓系统UI设计、iOS系统UI设计、微软系统UI设计、程序软件UI设计以及游戏应用UI设计等实例，以达到学以致用的目的。

本书附赠学习资源，包括书中所有案例的素材文件、效果文件和操作演示视频，读者扫描“资源下载”二维码，即可获得下载方法。

资源下载

读者服务

本书由华天印象编著。由于信息量大、编写仓促，书中难免存在疏漏与不妥之处，欢迎广大读者来信咨询和指正，联系邮箱：itsir@qq.com。

编者

CONTENTS 目录

PART 01 设计基础篇

01 移动UI设计快速入门

02 移动UI设计的布局原则

03 移动UI视觉交互设计法则

04 移动UI中的基本元素

PART 02 软件功能篇

05 Photoshop移动UI设计入门

06 移动UI设计的文件操作

07 移动UI图像的编辑与修复

08 移动UI的色彩设计

09 移动UI的图形图像设计

10 移动UI的文字编排设计

11 移动UI的特效质感设计

12 移动UI图像抠取与合成

PART 03 实战应用篇

13 移动UI图标图形设计

14 移动UI按钮控件设计

15 移动UI功能界面设计

16 手机登录UI设计

17 安卓系统UI设计

18 iOS系统UI设计

19 微软系统UI设计

20 程序软件UI设计

21 游戏应用UI设计

PART 01

设计基础篇

设计基础篇是移动UI设计中读者必须要了解的基本理论部分，这部分内容可以帮助读者打好基础，稳固根基，从而更扎实地走好移动UI设计中的每一步。本篇将分别对移动UI设计快速入门、移动UI设计的布局原则、移动UI视觉交互设计法则以及移动UI中的基本元素进行讲解，使读者能循序渐进地学习移动UI的设计制作。

移动 UI 设计快速入门

设计基础篇是移动 UI 设计中读者必须要了解的基本理论部分，这部分内容可以帮助读者打好基础，稳固根基，从而更扎实地走好移动 UI 设计中的每一步。本篇将分别对移动 UI 设计快速入门、移动 UI 设计的布局原则、移动 UI 视觉交互设计法则以及移动 UI 中的基本元素进行讲解，使读者能循序渐进地学习移动 UI 的设计制作。

001 新手入门：了解 UI 名词的由来

UI 的原意是用户界面，即英文 User Interface，概括成一句话就是——人和工具之间的界面。这个界面实际上是体现在生活中的每一个环节，例如在使用计算机时鼠标与手就是这个界面，吃饭时筷子和饭碗就是这个界面，在景区旅游时路边的线路导览图就是这个界面。

在设计领域中，UI 可以分成硬件界面和软件界面两个大类。本书主要讲述的是软件界面，介于用户与平板电脑、手机之间的一种移动 UI，也可以称为特殊的或者是狭义的 UI 设计。

右图所示为热门的电商类应用手机“淘宝” APP 的启动界面和主菜单界面。

手机淘宝APP启动界面

手机淘宝APP主菜单界面

002 多点本事：精通 APP 应用设计

时代与技术的发展使人们的信息需求日益增大，从而加剧了人们对移动智能设备的依赖。所以，手机 APP 的快速发展是必然的发展趋势。

APP 是英文 APPlication 的缩写，是指智能手机的第三方应用程序，统称“移动应用”，也称“手机客户端”。

APP列表

APP 作为第三方智能手机应用程序，已逐渐使我们习惯使用 APP 客户端上网，并产生新的商业模式。

- **积聚受众：** APP 成为一种新生的盈利模式，它开始被更多的互联网商家看重，拥有了自己的 APP 客户端，就意味着可以积聚各种不同类型的互联网网络受众。
- **获取流量：** 通过使用者下载厂商官方的 APP 软件对不同的产品进行无线控制，通过 APP 平台获取流量。

003 分门别类：了解 APP 主要类别

目前，各种 APP 几乎“挤爆”了人们的手机。这些海量的 APP 应用可以分为几大类：购物、社交、聊天、系统、安全、通信、地图、资讯、影音、阅读、美化、生活、教育、理财和网络等。

常见的APP应用类别

在上面介绍的每个 APP 大类下又能分成众多的小类，虽然很多同类 APP 的功能类似，但其在 UI 设计与使用体验上有着差异，大众根据其喜好的不同都能挑选出适合自己的 APP。右边左图所示为影音大类下的全民 K 歌 APP 界面；右图所示为购物大类下的美团 APP 界面。

全民K歌APP界面

美团APP界面

004 移动 UI：连接用户和手机的界面

移动 UI 是指移动系统、应用的人机交互、操作逻辑和界面美观的整体设计。好的移动 UI 可以提升产品的个性和品位，为用户带来舒适、简单、自由的使用体验，同时也可以体现出移动产品基本定位和特色。

右图所示为安卓手机系统的设置界面展示效果。

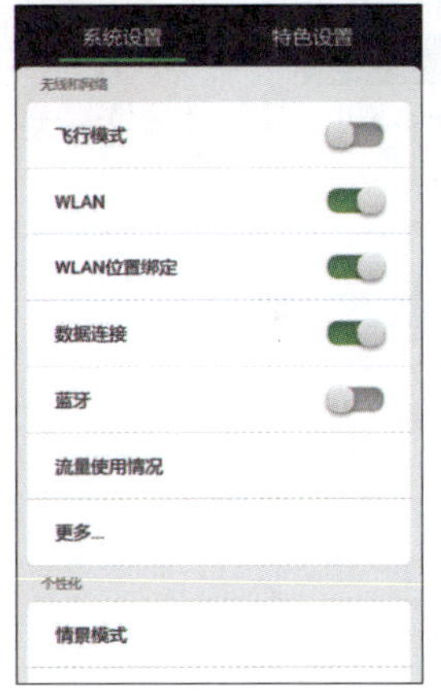

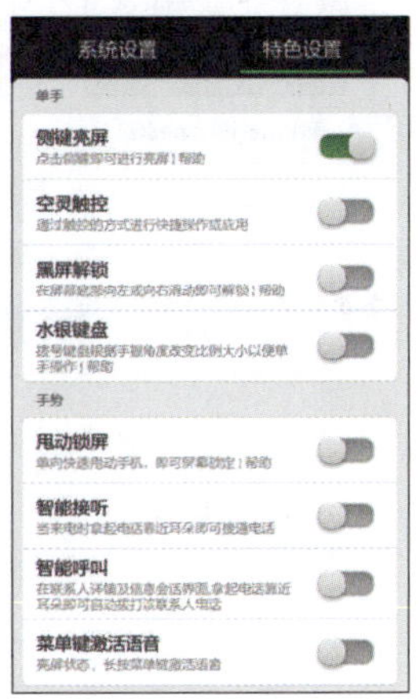

安卓手机系统的设置界面展示效果

下图所示为平板电脑中的游戏 APP 界面展示效果。

平板电脑中的游戏APP界面展示效果

005 设计规范：统一的尺寸和色彩

UI 设计的规范主要是为了设计团队朝着一个方向、风格和目的来设计出界面效果，以便于团队之间的相互合作和提高作品的质量效果。

在对移动 UI 进行设计时，确定其规范性，可以使得整个 APP 在尺寸、色彩上统一，从而提高用户对移动产品认知和操作便捷性。如下图左所示，为 iPhone 界面的尺寸规范。

移动 UI 是软件与用户交流最直接的层面，设计良好的界面能够起到“向导”作用，帮助用户快速适应软件的操作与功能。

如下图右所示，为控制按钮的状态样式设计，对按钮的大小和形状进行了统一，并通过不同的颜色和文字来区分其功能。

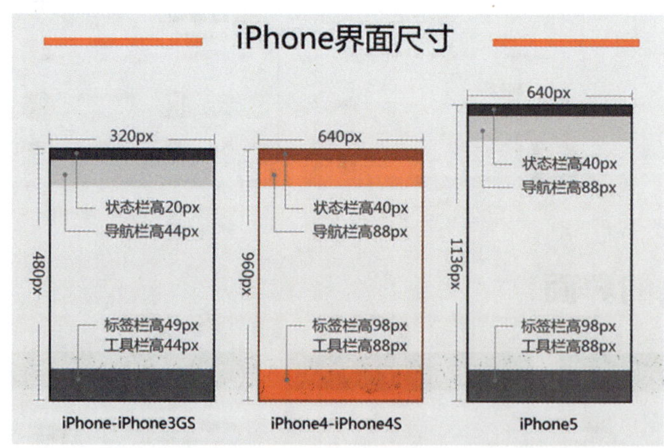

平板电脑中的游戏APP界面展示效果

通过不同的颜色和文字来区分按钮功能

006 设计特点：小巧轻便，通信便捷

APP UI 就是将各类手机应用和 UI 设计结合起来，使其成为一个整体，且具备小巧轻便、通信便捷的特点。

● **小巧轻便**

APP 可以内嵌到各种智能手机中，用户可以随身携带，随时随地打开这些 APP 以满足某些需求。另外，移动互联网的优势使用户可以通过各种 APP 快速沟通并获得资讯。例如，下图所示为“百度糯米”APP 的界面，用户通过手机即可获得各种吃喝玩乐的生活资讯。

“百度糯米”APP的界面

> **知识链接**
>
> 设计就是把一种计划、规划和设想通过视觉形式传达出来的行为过程。简单地说，就是一种创造行为，一种解决问题的过程，其区别于其他艺术类的主要特征之一就是设计更具有独创性。
>
> 移动UI设计的相关知识，包括数字化图像基础、UI设计者与产品设计团队、UI设计与产品团队项目流程的关系等，只有认识并且了解UI设计的规范和基本原则才能更好地设计出优秀的产品。

● 通信便捷

移动 APP 使人们相互沟通变得更加方便，可以跨通信运营商、跨操作系统平台通过无线网络快速发送免费语音短信、视频、图片和文字。右图所示为“微信”APP 的界面，用户可以通过“摇一摇”“搜索号码”“附近的人”和扫二维码方式添加好友和关注公众平台，同时可以将内容分享给好友或朋友圈。

“微信”APP的界面

007 移动特性：个性化的界面特色

移动设备在视觉效果上通常具有和谐统一的特性，但是考虑到不同软件本身的特征和用途，因此在设计移动 UI 时还需要考虑一定的个性化。移动 UI 效果的个性化包括如下几个方面。

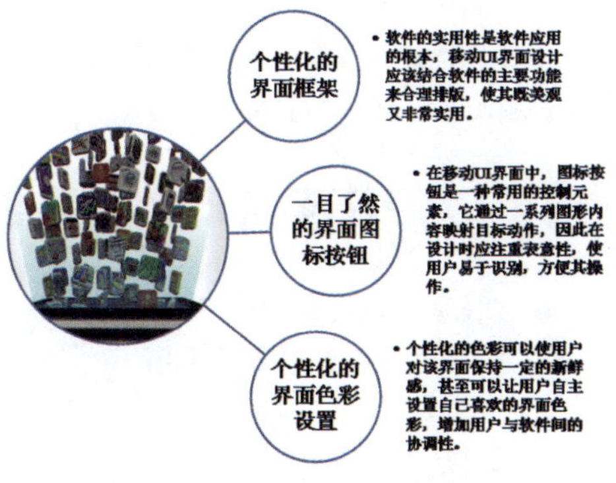

移动UI效果的个性化概述

008 设计基础：熟悉手机界面特色

随着科技的发展，现在智能手机的功能越来越多，而且越来越强大，甚至可以和计算机相媲美。

要设计出优秀的 APP 界面，用户还可以熟悉智能手机的界面构造。手机主要界面的构成被分为几个标准的信息区域（主要针对按键手机，触屏手机相对灵活）：状态栏、标题区、功能操作区和导航栏等。

右图所示为“工商银行手机银行” APP 的界面构成。

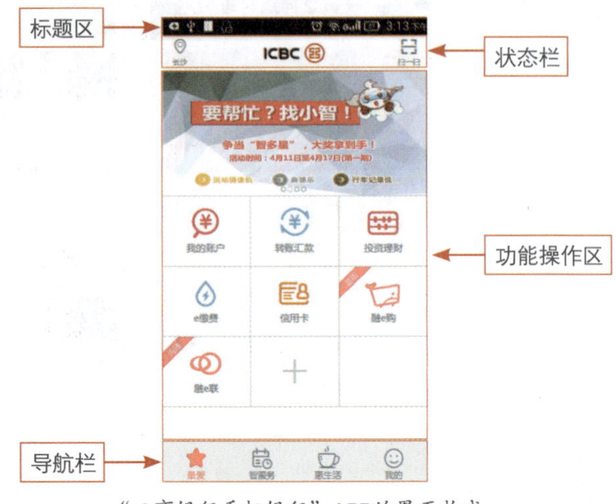

“工商银行手机银行” APP的界面构成

● **状态栏**

用于显示手机目前运行状态及事件的区域，主要包括应用通知、手机状态、网络信号强度、运营商名称、电池电量、未处理事件及数量以及时间等要素。在 APP UI 设计过程中，状态栏并不是必须存在的元素，用户可依照交互需求进行取舍。

● **标题区**

主要用于放置 APP 的 LOGO、名称、版本以及相关图文信息。

● **功能操作区**

它是 APP 应用的核心部分，也是手机版面上面积最大的区域，通常包含有列表（list）、焦点（highlight）、滚动条（scrollbar）和图标（icon）等多种不同元素。在“支付宝”APP 内部，不同层级的界面包含的元素可以相同也可以不同，用户可以根据实际情况进行合理的搭配运用。

同一个APP中不同层级的界面

● **导航栏**

该部分也称为公共导航区或软键盘区域，它是对 APP 的主要操作进行宏观操控的区域，可以出现在该 APP 的任何界面中，方便用户进行切换操作。

009 APP 平台：了解手机操作系统

从互联网入口的网络部分而言，接入网络总是需要设备来接入的，目前国内最流行的设备除了平板电脑，还有一种应用更广泛的设备就是智能手机。

在智能手机中，通过结合“无线网络＋ APP 应用”可以实现很多意想不到的功能，这些都为智能手机的流行和 APP UI 设计的发展奠定了一定的基础。

在移动互联网时代，Android、iOS、Windows 等智能设备操作系统成为用户应用 APP 的基本入口。

因此，用户除了要了解 APP UI 设计的基本概念外，还必须认识 Android、iOS、Windows 移动设备的三大主流系统，以此熟悉移动设备的主流平台和设计的基本原则。

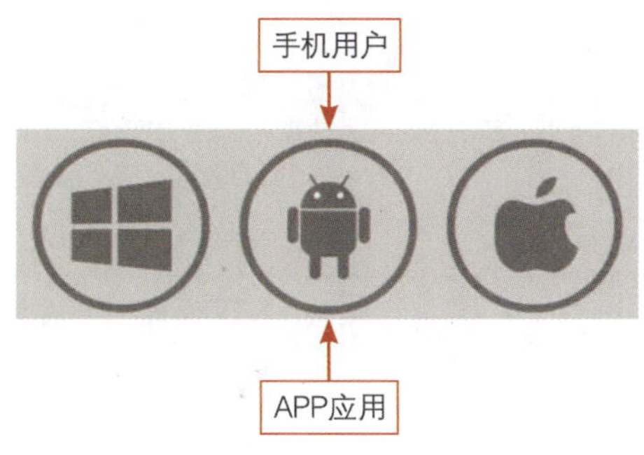

移动操作系统是手机用户进入APP应用的入口

010 安卓系统：品类繁多，界面各异

Android 是由 Google 基于 Linux 开发的一款移动操作系统。在移动设备的操作系统领域，iOS 和 Android 系统的竞争十分激烈，都希望占据更大的份额。目前，由于市面上存在众多的 Android 系统 OEM 厂商，因此 Google 的 Android 操作系统处在移动系统的领先位置。

Android系统的市场状况

Android 操作系统的手机可以说是品类繁多，其屏幕尺寸和分辨率却有着很大的差异。下表所示为 Android 智能手机常用的屏幕尺寸和分辨率。

表 Android智能手机常用的屏幕尺寸和分辨率

屏幕尺寸	分辨率
2.8英寸	640像素×480像素（VGA）
3.2英寸	480像素×320像素（HVGA）
3.3英寸	854像素×480像素（WVGA）
3.5英寸	480像素×320像素（HVGA）
3.5英寸	800像素×480像素（WVGA）
	854像素×480像素（WVGA）
	960像素×640像素（DVGA）
3.7英寸	800像素×480像素（WVGA）
	800像素×480像素（WVGA）
	960像素×540像素（qHD）
4.0英寸	800像素×480像素（WVGA）
	854像素×480像素（WVGA）
	960像素×540像素（qHD）
	1136像素×640像素（HD）
4.2英寸	960像素×540像素（qHD）
4.3英寸	800像素×480像素（WVGA）
	960像素×640像素（qHD）
	960像素×540像素（qHD）
	1280像素×720像素（HD）
4.5英寸	960像素×540像素（qHD）
	1280像素×720像素（HD）
	1920像素×1080像素（FHD）
4.7英寸	1280像素×720像素（HD）
4.8英寸	1280像素×720像素（HD）
5.0英寸	480像素×800像素（WVGA）
	1024像素×768像素（XGA）
	1280像素×720像素（HD）
	1920像素×1080像素（FHD）

续表

屏幕尺寸	分辨率
5.3英寸	1280像素×800像素（WXGA）
	960像素×540像素（qHD）
6.0英寸	1280像素×720像素（HD）
	2560像素×1600像素
7.0英寸	1280像素×800像素（WXGA）

屏幕尺寸	分辨率
9.7英寸	1024像素×768像素（XGA）
	2048像素×1536像素
10 英寸	1200像素×600像素
	2560像素×1600像素
注：1英寸≈25.4mm	

例如，小米手机就是国内 Android 系统手机的代表。其中，小米 5（尊享版）的主屏尺寸为 5.15 英寸，主屏分辨率为 1920 像素 ×1080 像素，搭载骁龙 820 处理器，提供 4GB 内存和 128GB 存储空间（UFS 2.0），3000 毫安时电池以及索尼 1600 万像素 4 轴防抖相机。

小米 5 在 UI 设计上也有不少创新，例如，在视频通话的过程中可以有添加有趣的动画效果，如"么么哒"（一个飞吻）、"闪瞎了""给你一球"等。

小米5手机界面

Android 操作系统的 APP UI 设计基本原则就是拥有漂亮的界面，设计者可以设置精心设计的动画或者及时的音效，带给用户一种更加愉悦的体验。

另外，Android 用户可以直接触屏及操作 APP 中的对象，这样有助于降低用户完成任务时的认知难度，进一步提高用户对 APP 的满意度。例如，在"最美天气" APP 的界面中，用户可以通过滑动屏幕的方式，查看更多的天气资讯。

在设计 Android 操作系统的 APP 界面时，设计者应尽量使用图片来表达信息，图片比文字更容易理解，而且更容易吸引用户的注意力。例如，在"暴风影音" APP 的界面中，采用大量直观的图标菜单和图片目录列表，如下图右所示。

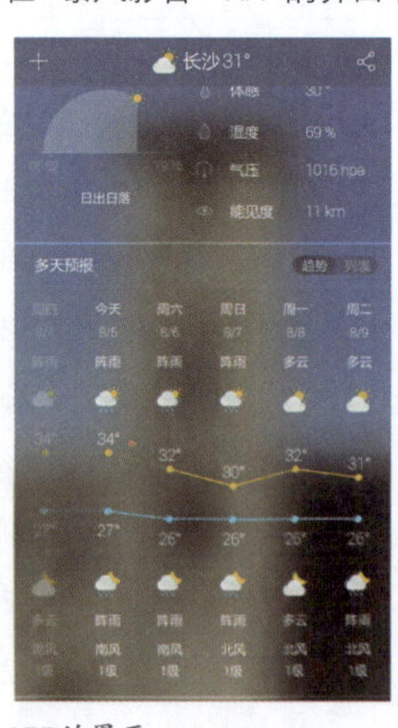

"最美天气" APP的界面

"暴风影音" APP的界面

011 iOS 系统：操作便捷，结构清晰

iOS 是由苹果公司开发的一种采用类 UNIX 内核的移动操作系统，最初是设计给 iPhone 使用的，后来陆续套用到

iPod touch、iPad 以及 Apple TV 等产品上。

● **iPod touch**

一款由苹果公司推出的便携式移动产品，与 iPhone 相比更加轻薄，彻底改变了人们的娱乐方式。

iPod touch 界面

iPad 设备界面

● **iPad**

苹果公司发布的平板电脑系列，提供浏览网站、收发电子邮件、观看电子书、播放音频或视频、玩游戏等功能。

● **Apple TV**

由苹果公司所设计、营销和销售的数字多媒体播放机。

史蒂夫·乔布斯在首次展示 iPhone 手机时说："我们今天将创造历史。1984 年 Macintosh 改变了计算机，2001 年 iPod 改变了音乐产业，2007 年 iPhone 要改变通信产业。"

对于 UI 设计者而言，iOS 操作系统带来了更多的开发平台。下面简单分析 iOS 操作系统 APP 应用的 UI 设计基本原则。

圆润的轮廓

便捷的导航控制

● **便捷的操作**

iOS 操作系统中的 APP 应用通常具有程式化的梯度，操作非常便捷。

● **清晰明朗的结构**

便捷的导航控制：在设计 APP 界面时，应该尽量将所有的导航操作都安排在一个分层格式中，使用户可以随时看到当前的位置。

知识链接

另外，设计者还应该在APP界面中提供当前界面标记和后退按钮。

● **当前界面标记：** 用户可以及时了解自己所处的位置，清楚每一个界面的主要功能和特点。

● **后退按钮：** 可以快速退出当前界面，返回APP主界面。

以 iPhone 6s Plus 为例，其外观颜色有金色、银色、深空灰和玫瑰金等，屏幕采用高强度的 Ion-X 玻璃，支持 4K 视频摄录。

iPhone 6s Plus 的主屏分辨率为 1920 像素 ×1080 像素，屏幕像素密度为 401 像素 / 英寸。苹果 iPhone 6s Plus 在屏幕上的最大升级是加入了 Force Touch 压力感应触控（即 3D Touch 技术），使触屏手机的操作性进一步扩展。

3D Touch 是一种屏幕压感技术，通过内置硬件和软件感受用户手指的力度，来实现不同层次的操作。用力按一个APP图标会弹出一层半透明菜单，里面包含了该APP应用下的一些快捷操作

3D Touch技术展示

另外，苹果公司还推出了车载 iOS 系统，用户可以将 iOS 设备与车辆无缝结合，使用汽车的内置显示屏和控制键，或 Siri 免视功能与苹果移动设备实现互动。

车载iOS系统界面效果

012 微软系统：整洁干净的 Metro UI

Windows Phone（缩写为 WP）是微软于 2010 年 10 月 21 日正式发布的一款手机操作系统。

Windows Phone系统界面效果

Windows Phone 操作系统采用 Metro UI 的用户界面，并在系统中整合了 Xbox Live 游戏、Xbox Music 音乐与独特的视频体验。

2012 年 6 月 21 日，微软发布 Windows Phone 8 手机操作系统，采用与 Windows 系统相同的 Windows NT 内核，并且支持很多新的特性。

Windows Phone 8手机操作系统界面效果

> **知识链接**
> Metro风格界面设计风格优雅，可以令用户获取一个美观、快捷流畅的 Metro 风格的界面和大量可供使用的新应用程序。Metro为用户带来了出色的触控体验，同时又可以使用鼠标、触控板和键盘工作。

微软系统的手机除了采用特立独行的 Metro 用户界面，并搭配动态磁贴（Live Tiles）信息展示及告知系统等特色外，另一大特色就是无缝链接各类应用的“中心”（Hub）。

2015 年 5 月 14 日，微软正式宣布以 Windows 10 Mobile 作为新一代 Windows 10 手机版的正式名称，如右图所示。Windows Phone 8.1 则可以免费升级到 Windows 10 Mobile 版。

Windows 10 Mobile操作系统界面效果

Windows 10 Mobile 操作系统的界面非常整洁干净，其独特的内容替换布局的设计理念更是让用户回到了内容本身，其设计原则应该是“光滑、快、现代”。

Windows 10 Mobile操作系统的Metro UI是一种界面展示技术，和苹果的iOS、谷歌的Android界面最大的区别在于：后两种都是以应用为主要呈现对象，而Metro界面强调的是信息本身，而不是冗余的界面元素。

另外，在Metro界面的主要特点是完全平面化、设计简约，没有像iOS一样采用渐变、浮雕等质感效果，这样可以营造出一种身临其境的视觉效果。

Windows操作系统不断挺进移动终端市场，试图打破人们与信息和APP之间的隔阂，提供优秀的“端到端”体验，适用于人们的工作、生活和娱乐的方方面面。

013 平板界面：操作方便，性能优越

平板电脑（Tablet Personal Computer，又称Tablet PC、Flat Pc、Tablet、Slates）也称为便携式电脑，是一种体积较小、方便携带的微型计算机，以触摸屏作为基本的输入设备，其UI设计效果如下图左所示。

平板电脑主要通过触摸屏进行操作，不需要主机、鼠标和键盘等配件，使用起来非常方便。作为一种小型、便捷的微型计算机，平板电脑受到了越来越多用户的喜爱，在2010～2015年这几年间，平板电脑呈现爆发式增长，形成了一种新的产业格局。

如今，苹果iPad在平板电脑市场中占据了主导地位，另外一部分市场就是Android平板电脑的“天下”了。例如，华为、联想、小米、三星、戴尔和HTC等厂家均推出了Android平板电脑。右图右所示是华为M2 10.0平板电脑。

平板电脑界面效果

华为M2-A01L核心参数
屏幕尺寸:10.1英寸
分辨率:1920像素x1200像素
CPU:华为海思麒麟930八核
网络类型:移动联通双4GB
操作系统:EMUI 3.1(基于安卓5.1)
运行内存:3GB
存储容量:64GB
摄像头:1300后置+500前置
电池容量:6660mAh
机身重量:约490g

华为M2 10.0平板电脑界面与核心参数展示

> **知识链接**
>
> 与此同时，微软也不甘落后，在2015年的世界移动通信大会（MWC 2015）上，首次展示了Windows 10统一平台战略的“代表作”：Windows 10通用平台（Universal Windows Platform，缩写为UWP）平台。
>
> 通过UWP平台，任何一款应用都可以在所有安装了Windows 10操作系统的设备上运行，如平板电脑、智能手机、笔记本电脑、台式机、Xbox家用电视游戏机、HoloLens 3D全息眼镜、Surface Hub巨屏触控产品以及Raspberry Pi 2迷你电脑等设置之间的连接不再有界限。

Windows 10通用应用平台

014 阶段分析：移动UI设计的流程

移动UI设计的基本工作流程包括分析阶段、设计阶段、调研阶段、验证与改进阶段4个阶段，具体流程如下。

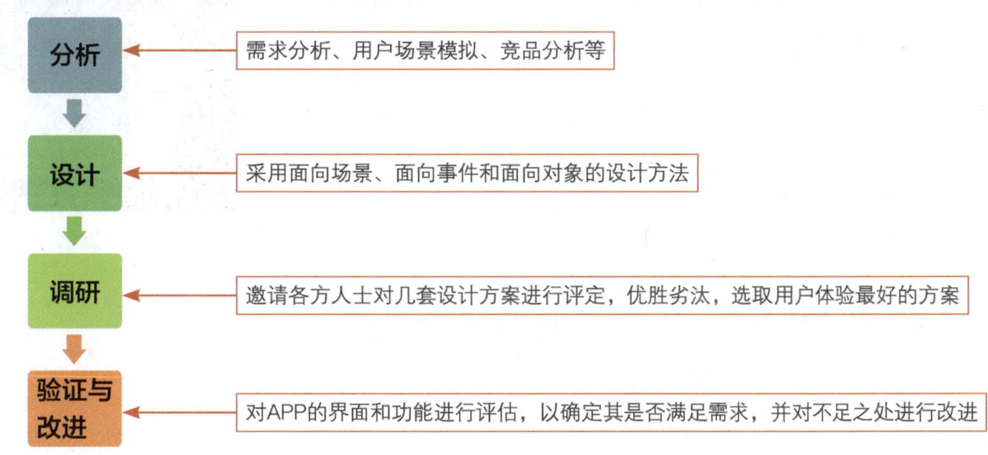

移动UI设计的基本工作流程

015 随身携带：移动设备的高便携性

除了在用户睡熟后，智能手机可能都一直在伴随着用户，其依赖性远远高于计算机、电视等其他电子设备。这个特点决定了使用移动设备上网可以带来计算机上网无可比拟的优越性，即沟通与资讯的获取远比计算机设备方便。

如今，主流智能手机的屏幕虽然变大，但其重量多为 90 ~ 200g，摆脱了以往厚、大的笨重形象，非常便于随身携带，有利于提升用户体验，这是 PC 端所无法比拟的。

例如，OPPO R9 采用 6 英寸的大屏幕，机身设计继续走轻薄路线，通过细腻的打磨工艺来提升手感，拥有 1.66mm 的窄边框，机身重量 145g，机身厚度仅 6.6mm，屏占比 77.68%。

OPPO R9的机身设计参数

智能手机是 APP 的载体，而智能手机的尺寸往往较小，能够被用户随身携带，也就为用户能够随时使用 APP 提供了方便。智能手机已经成为大众的普遍工具，并且向着更轻薄、更智能化的方向发展着。

智能手机之所以能够在短时间内普及，被大众普遍接受，主要在于智能手机有如下 4 个特点。

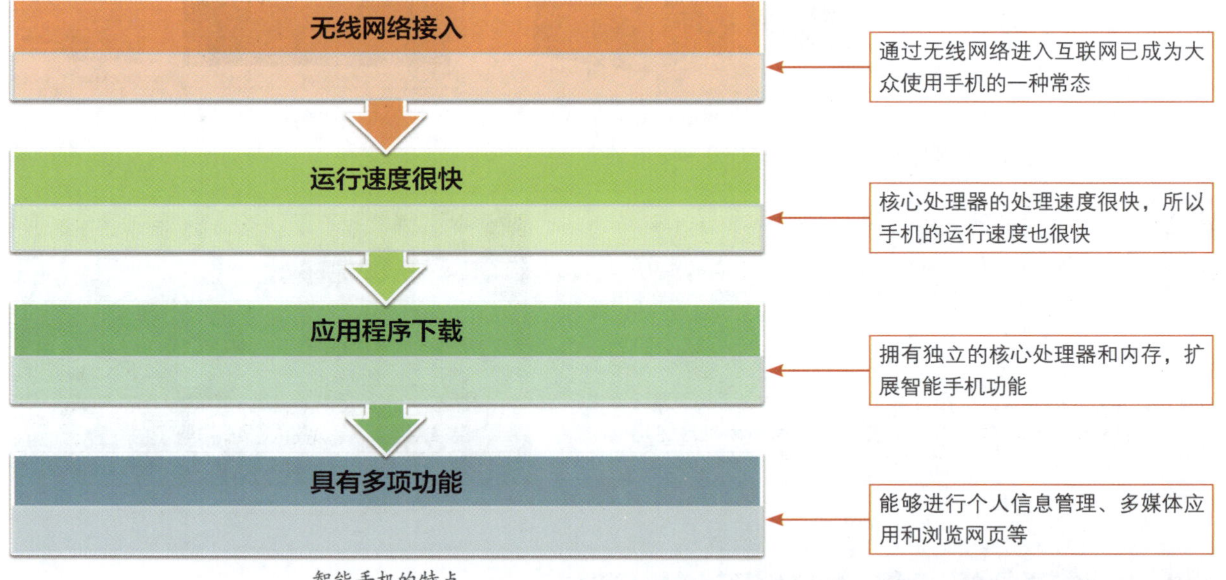

智能手机的特点

如今，智能手机已经逐渐代替了计算机、相机等设备，用户可以随时随地使用智能手机进行拍照、上网，也就促使用户随时使用 APP 提供的服务。如右图所示，使用手机进行拍照，了获得更好的拍摄效果，用户可能就需要用到美颜相机、自动美颜、美图秀秀等 APP 的功能。

智能手机的高便携特性还体现在，用户可以利用一台普通的智能手机下载很多的 APP 来使用。

使用手机进行拍照

016 收集信息：用户的反馈非常重要

在移动应用内部，应该提供某种手段让用户反馈使用意见，这也是 APP UI 设计中至关重要的一点。

例如，“腾讯视频” APP 就是在“设置”界面中增加了“帮助与反馈”和“调查问卷”等功能，用来收集用户数据，以便对 APP 进行改进和升级。

反馈的形式可以是短信、调查问卷、电子邮件链接或者实时消息等。这些都不重要，重要的是要让用户快速报告 APP 中的 Bug，让他们提供建议或提出批评。

另外，对于反馈意见的用户，APP 开发者一定要及时回复他们，并采纳正确的建议。总之，APP 的内容需要根据用户的需求而定，所以内容的测试反馈也是 APP UI 设计过程中必不可少的重要环节。

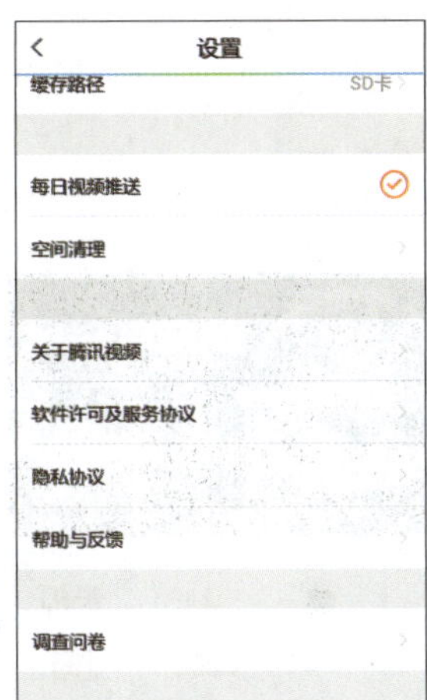

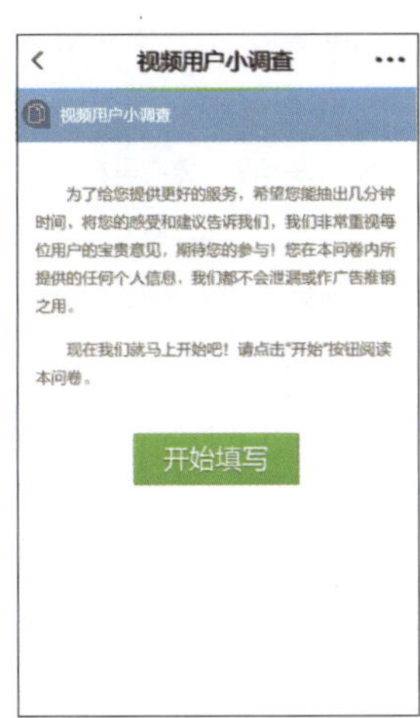

腾讯视频APP的“设置”界面与反馈和用户调查功能

除了内容设计上的测试反馈之外，在 APP 正式上线之后，APP 的设计团队同样可以采用调查问卷的方式获得用户的相关信息反馈。

017 提升交互：加强移动 UI 定制性

很多 APP 都可以让用户根据个人喜好调整 APP 或者手机系统的界面颜色、字体大小等，这样不但可以降低 APP 出错的概率，而且可以激发用户的创造性，使其更好地与智能手机进行交互。

例如，“91 桌面” APP 就是一款手机定制化应用，拥有超过 25 万款精美的手机主题、数百款授权动漫形象，为用户带来丰富的功能插件以及智能人性化的操作体验。

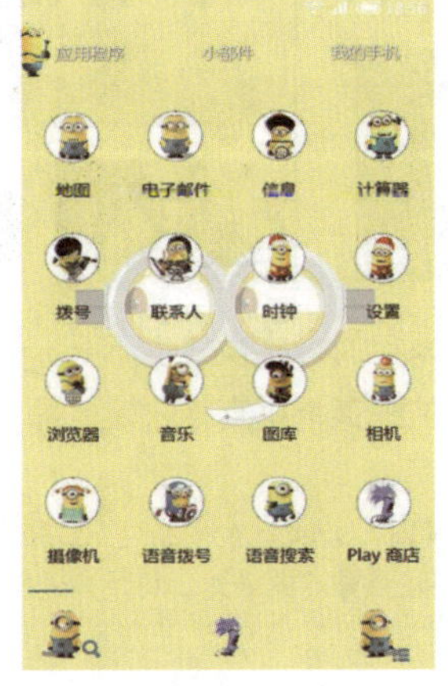

“91桌面” APP的手机主题界面

手机桌面应用已经成为移动互联网时代用户手机的个性名片，是很多年轻手机用户必装的“美化利器”。“91 桌面” APP 作为一款拥有亿级用户的跨平台手机桌面应用，是广大设计师与手机用户沟通的桥梁，不但帮助用户找到称心如意的手机主题，同时也成为更多设计者发挥创意的平台。

通过“91 桌面” 构建的主题生态圈，手机桌面主题的 UI 设计师已经形成了一种成熟的产业链模式。据悉，不少 UI 设计师的月收入超过 10 万元，而且还有很多单款主题的销售量破万，这些都预示着用户对手机主题市场庞大的需求。

018 直击需求：UI 就是为用户服务

在众多的手机 APP 中，也许有各种各样酷炫但很琐碎的小功能，借此来获取用户的“芳心”。在设计 APP 界面时，一定要注意这点，过于酷炫的界面和烦琐的功能很容易适得其反，用户操作起来太复杂，也许就容易放弃这个 APP。

因此，在设计 APP 界面时必须找出用户的主要需求，然后制作出可以实现这些需求的界面或功能即可，一切都要遵循简单的原则。

以淘宝网为例，其PC端网站的导航模式与APP端的导航模式就存在较大差别，主要是因为不同界面的设计要求不同而导致的。右图所示为淘宝网的PC端网站导航界面，导航条较多，以直接体现产品类别为目标。

淘宝网的PC端网站导航界面

作为同一电商平台的APP，其展示的内容与PC端毫无区别，但是从用户使用便捷的角度出发，两者的导航模式截然不同。右图所示为“淘宝网”APP的分类导航界面，导航条中的文字简单，类别也较少。

“淘宝网”APP的分类导航界面

由此可见，根据不同的产品层次深度和广度，APP软件采用的导航模式也不同，但是从整体上而言，导航模式以简单明了为主。作为APP设计的首要步骤，简单又合适的导航框架能够直接决定产品信息的延伸和扩展。

知识链接

如今，智能手机的屏幕尺寸已经越来越大，但这个尺寸始终很有限，必须能放进人们的口袋或钱包，因此在APP UI的设计中，简约是一贯的准则。当然，简约并不是内容上尽可能少，而是要注重重点的表达，将用户的需求总结出不同的点即可。

总之，APP是智能手机中必不可少的应用，符合用户视觉体验的APP界面会方便用户使用，简约而清晰的界面或功能能为APP加分。

019 登录分享：彰显移动社交特性

在设计APP时，为了让用户可以马上体验APP，设计者还需要为APP添加更多的社交登录方式，使他们得到更好、更简单的登录体验，而不需要重新去进行注册。

例如，“今日头条”APP就采用多种多样的社交登录方式，支持微信、手机QQ、新浪微博、腾讯微博和人人网等社交网络账号的登录。

在设计APP的登录方式时，使用社交账号单点登录技术解决方案，可以让用户使用自己的社交媒体登录到移动应用，并让其保持登录状态，这样有助于增加用户黏性。

另外，设计者还可以在APP中内置一定的社交分享功能，使APP成为一个可以即时分享信息并与其他用户互动的社交平台，通过运用社交元素达到增加用户流量的效果。

例如，在“美图秀秀”APP 中处理图片后，可以将图片分享到微信朋友圈、微信好友、QQ 空间、新浪微博、QQ 头像、Facebook 或 Twitter 等社交网络中。

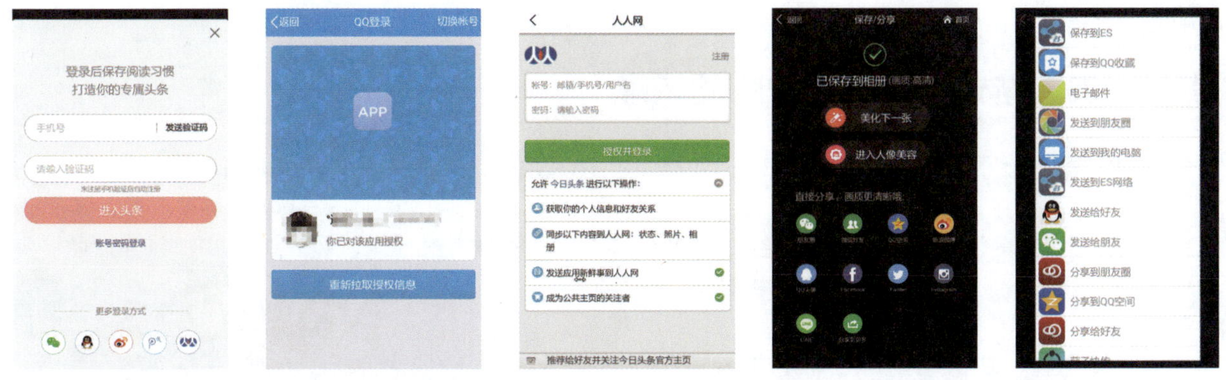

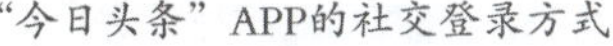

“今日头条”APP的社交登录方式　　“美图秀秀”APP的分享功能

根据 APP 类型和主题的不同，对社交元素的具体融入功能的体现可以根据实际情况而定，相关作用分析下。

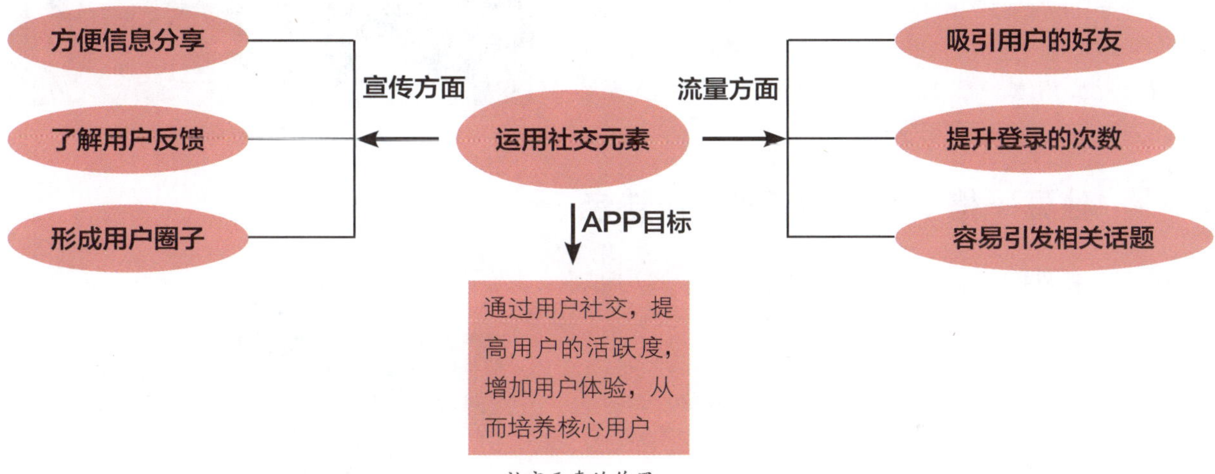

社交元素的作用

相关统计数据显示，有超过半数的手机用户使用过 APP 应用中的分享功能。目前，微信、微博、QQ 分别位列社交网络应用的前三名，其中微信的分享回流率最高。因此，在设计 APP UI 的社交模块时，应注意添加相应的分享功能。

如今，很多 APP 都在利用社交网络来进行推广和传播，并且越来越多的产品在运营时着重关注这一块。如此便看得出，社会化分享给 APP 带来的效果不容忽视，同时这也是 APP UI 设计中的重点部分。

020 黏住用户：增加离线浏览功能

很多时候，用户在户外可能会遇到没有 WiFi 网络信号，或者手机本身的上网流量已经用完，此时大部分失去网络的 APP 应用就变得完全不可用，这会令用户对 APP 感到失望。

因此，设计者在设计 APP 时，应该考虑为其增加离线功能，使 APP 能够在没有网络信号时也能提供内容或进行交互，这样可以增加用户使用 APP 的场景和时长。

例如，“今日头条”APP 提供了离线下载新闻的功能，用户可以选择自己感兴趣的新闻类别，并在有无线网络的环境下离线下载，然后在失去无线网络时也可以打开 APP 以阅读所下载的新闻内容。

另外，许多地图 APP 也增加了离线地图功能，允许用户选择特

“今日头条”APP的离线下载新闻功能

定区域并单击对应按钮来将所有导向信息下载到手机当中，从而保证在其后无法接入网络时随意使用。

添加了离线特性的 APP，无论用户在出行中、在线或离线时都可用通过 APP 获得信息或者进行交互，可以带来更好的用户体验。

021 加入游戏：提升 APP 的乐趣

在 APP 中添加一定的游戏，不但可以使 APP 充满乐趣，还可以使用户的交互更加活跃，而增加 APP 的黏性。

例如，在“海底捞” APP 的最初设计中，只上线了两款休闲小游戏，一款叫 hi 农场，另一款叫 hi 拼菜，游戏采用的形式都是当时较为流行的休闲模式，随着游戏用户的增加，海底捞的影响力进一步提升，这促使 APP 将游戏模块打造成了客户端的特色内容。

目前，“海底捞” APP 的游戏模块已经被打造成了一个完整的游戏平台，内容涉及游戏类型、用户社交、消息提醒和个人中心。

APP 通过游戏的方式培养海底捞的核心用户，并在游戏中给出优惠券用于用户的线下消费，给出积分用于用户去兑换商品等，都进一步地提升了用户体验，增加了用户对于“海底捞” APP 的支持力度。总之，有趣、有价值、有竞争机制的 APP 才能成为赢家，这也是 APP 的游戏特性产生的原因。

“海底捞” APP的游戏模块

022 独具一格：拥有自己的 UI 特色

在设计 APP 界面时，除了要考虑以上特性外，每一个 APP 还应该有自己的特色，即具备独具一格的特性。

例如，“优衣库” APP 中有一个特色功能，就是“虚拟试衣间”，这个功能定位为一个可以按气温、穿衣场合及风格快速为用户推荐搭配组合的智能衣柜，其作用主要如右图所示。

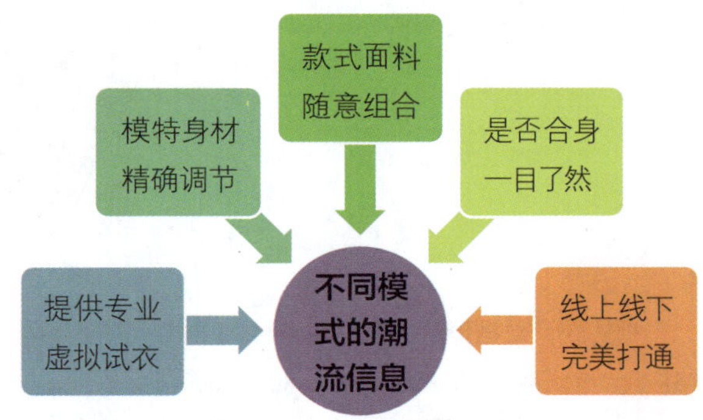

“优衣库” APP “虚拟试衣间” 的作用

右图所示为“优衣库 4D 在线虚拟试衣” 的 APP 界面，用户可以快速地通过导航条进行界面，进行虚拟的服装搭配。

UI 设计精美的 APP，其界面的每一处细节通常都经过了精雕细琢，展现了 APP 的独一无二，有些即使是“无用之美”，用户也可能会舍不得将该 APP 删掉。

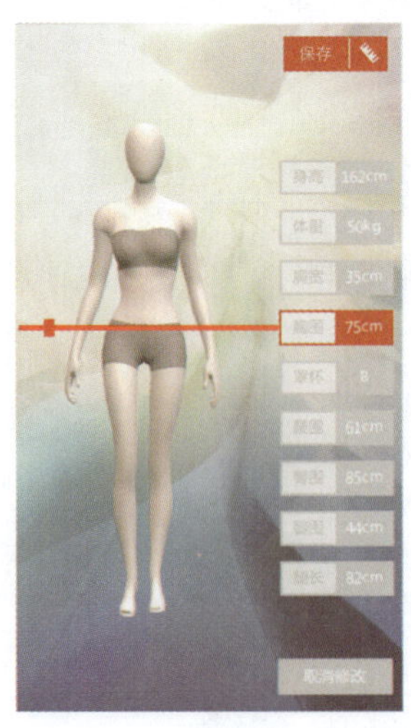

“优衣库4D在线虚拟试衣” 的APP界面

PART 01

设计基础篇

移动 UI 设计的布局原则

在设计移动 UI 时，布局主要是指对界面中的文字、图形或按钮等进行排版，使各类信息更加有条理、有次序，帮助用户快速找到自己想要的信息，提升产品的交互效率和信息的传递效率。

023 竖排列表布局

由于手机屏幕大小有限，因此大部分的手机屏幕都是采用竖屏列表显示，这样可以在有限的屏幕上显示更多的内容。

在竖排列表布局中，常用来展示功能目录、产品类别等并列元素，列表长度可以向下无限延伸，用户通过上下滑动屏幕可以查看更多内容。

竖排列表布局

024 横排方块布局

由于智能手机的屏幕大小有限，无法完全显示与计算机中一样的各种软件的工具栏，因此很多移动应用在工具栏区域采用横排方块的布局方式。

横排方块布局主要是横向展示各种并列元素，用户可以左右滑动手机屏幕或单击左右箭头按钮来查看更多内容。例如，大部分的手机桌面以及相册 APP 等就是采用横排方块布局。

在元素数量较少的移动 UI 中，特别适合采用横排方块来进行布局，但这种方式需要用户进行主动探索，体验性一般，因此如果要展示更多的内容，最好采用竖排列表。

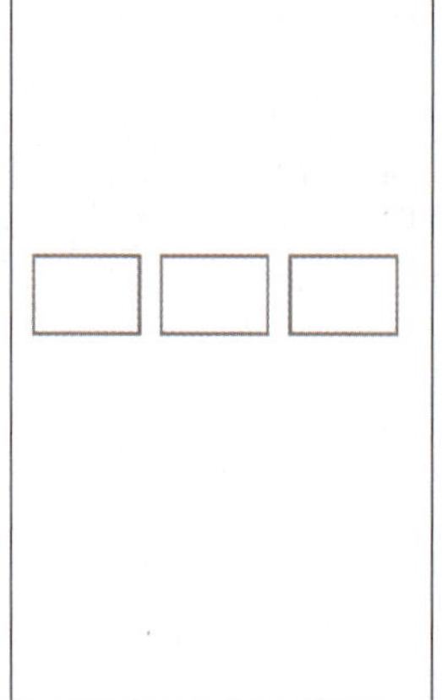

横排方块布局

025 九宫格布局

九宫格最基本的表现其实就像是一个 3 行 3 列的表格。目前，很多界面采用了九宫格的变体布局方式，如 Metro UI 风格（Windows 8、Windows 10 的主要界面显示风格）。

九宫格布局

026 弹出框布局

在移动 UI 中，对话框通常是作为一种次要窗口，可以出现在界面的顶部、中间或底部等位置，其中包含了各种按钮和选项，通过它们可以完成特定命令或任务，是一种常用的布局设计方式。

弹出框中可以隐藏很多内容，在用户需要的时候可以单击相应按钮将其显示出来，主要作用是可以节省手机的屏幕空间。在安卓系统的移动设备中，很多菜单、单选框、多选框和对话框等都是采用弹出框的布局方式。

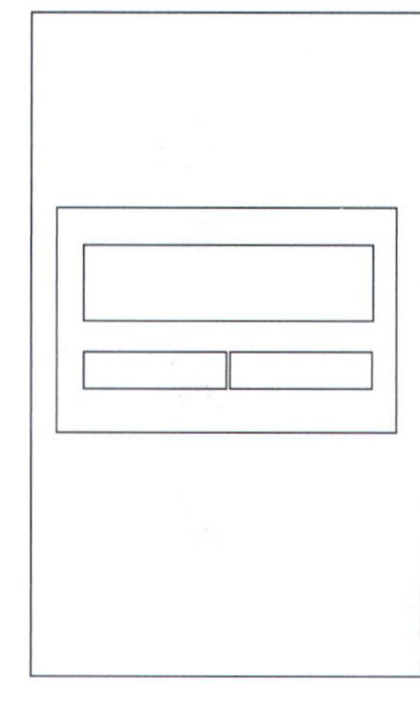

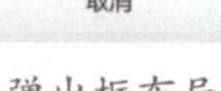
弹出框布局

027 热门标签布局

在移动 UI 设计中，搜索界面和分类界面通常会采用热门标签的布局方式，让页面布局更语义化，使各种移动设备能够更加完美地展示软件界面。

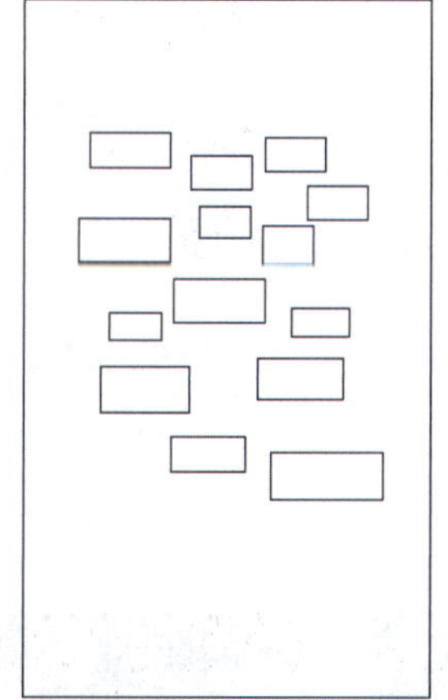

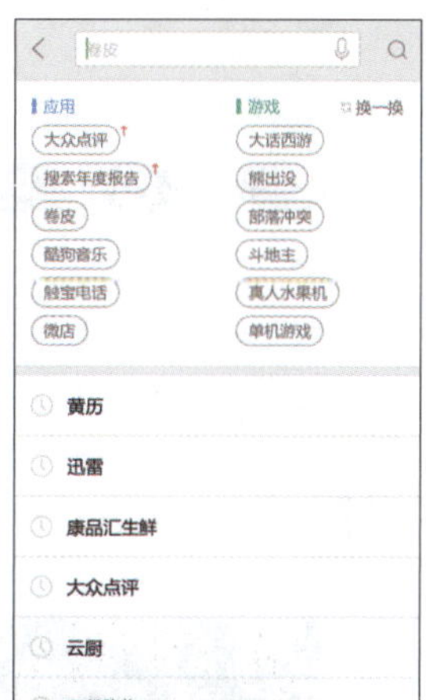

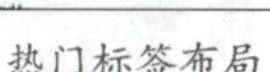
热门标签布局

028 抽屉式布局

抽屉式布局又可以成为侧边栏式布局，它主要是将功能菜单放置在 APP 的两侧（通常是左侧）。在操作时，用户可以像打开一个抽屉一样，将界面从 APP 的侧边栏中抽出来，拉到手机屏幕中。例如，手机 QQ 的功能菜单采用的就是抽屉式布局。

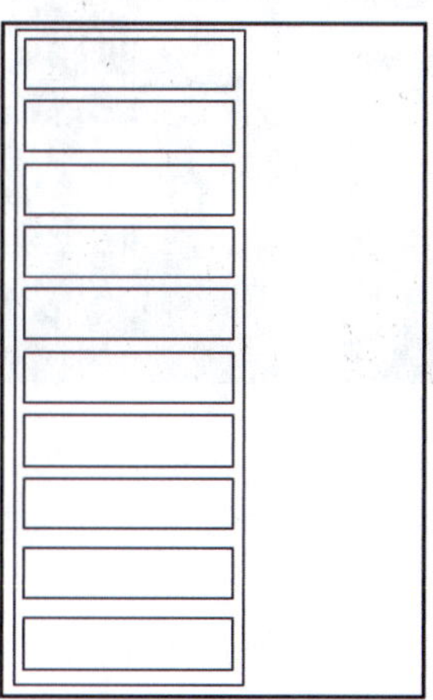

抽屉式布局

抽屉式布局最显著的优点就是可以通过纵向排列切换项解决栏目个数的问题，但是这些“抽屉”中的栏目却不能和主体内容同时出现在屏幕上。

抽屉式布局也分为以下两种模式。

（1）列表式：例如，在“美团外卖”的餐厅订餐界面中，就是采用左侧抽屉列表式布局模式，用户可以在左侧的列表中选择外面品类，在右侧的列表中查看菜单。

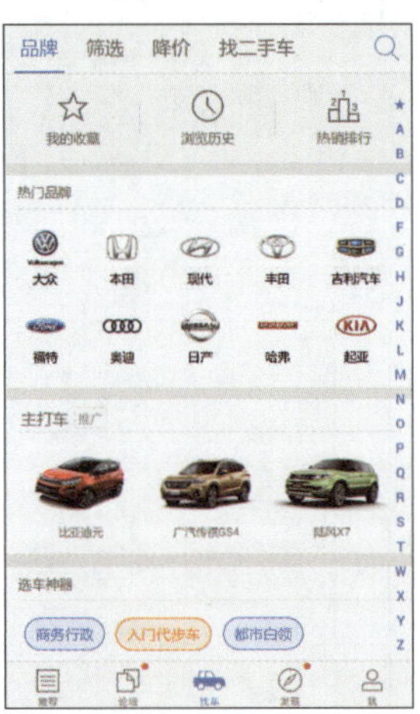

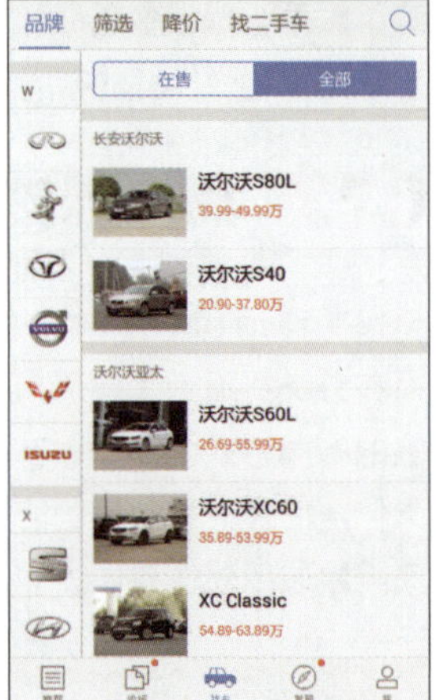

（2）图标卡片式布局：例如，在汽车之家的“找车”页面中，就是采用右侧图标卡片抽屉式布局模式，用户在品牌列表中选择相应的汽车品牌后，即可在右侧的菜单栏目中查看该品牌的所有车型。

029 陈列馆式布局

陈列馆式布局又可以称为图式布局，主要是采用“图片+文字”的形式来排列 APP 中的各种元素。陈列馆式布局可以很好地展现实时内容，例如很多新闻、照片以及餐厅 APP 等界面都采用了这种布局方法。

网格布局模式

陈列馆式布局可以分为以下两种模式。

（1）网格布局模式：大量的手机浏览器都是采用网格布局，虽然视觉效果比较普通，但其结构清晰、功能分布十分明朗，而且设计者也可以通过巧妙地处理网格来吸引用户注意。例如，联想手机中的“超级相册”APP 就是采用网格布局模式来排列照片。

（2）轮盘布局模式：这种布局模式比较独特，用户可以使用手指来转动轮盘，以实现不同的功能，在很多抽奖游戏界面中，喜欢采用这些大转盘的布局模式。例如，建设银行手机银行的主界面也是采用轮盘布局模式，可以给用户带来耳目一新的感觉。

轮盘布局模式

030 分段菜单式布局

分段菜单式布局主要采用“文字+下拉箭头 Segment Control(段控制)”的方式来排列界面中的各种元素，设计者可以在某个按钮中隐藏更多的功能，可以让界面简约而不简单。

例如，在“美团”APP 的美食界面中，就安排了“全部”“附近”“智能排序”“筛选”这 4 个分段菜单，单击相应的下拉箭头后，用户可以在展开的菜单中找到更多的功能。

031 点聚式布局

点聚式布局又可以称为扇形扩展式布局，这种布局的展示方式比较灵活，而且可以带来更加开阔的界面效果。

在设计一些复杂的 APP 层级框架时，可以采用点聚式布局导航，将一些用户使用频率比较高的核心内容采用并列的导航放置在一个“点”中，例如易信与 Tumblr 的客户端就是采用这种模式。

知识链接

点聚式布局的缺点也比较明显，首先就是一些常用功能可能被隐藏起来，用户难以发觉。其次，这种布局模式对入口交互的功能可见性要求高，增加了设计的难度。

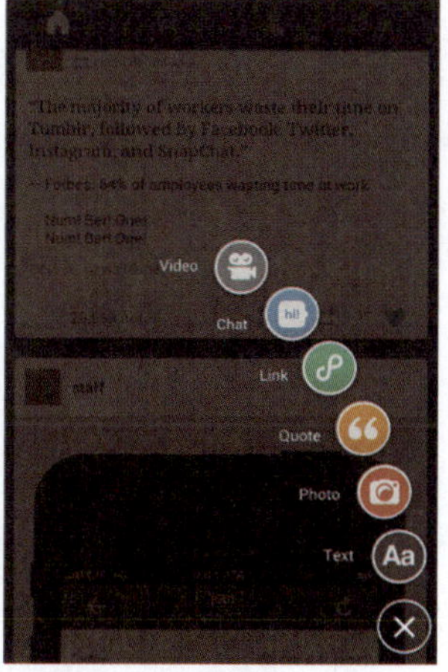

点聚式布局

032 走马灯式布局

走马灯式布局又可以称为页面转盘式布局，主要是采用图片环绕在手机界面的四周，这种布局操作起来比较简便，而且方便用户单手进行操作，很多手机抽奖游戏常常运用这种布局模式。

走马灯式布局

033 底部导航栏式布局

底部导航栏式布局的设计比较方便，而且适合单手操作，很多 APP 设计师都十分青睐这种布局模式，如微信、淘宝和支付宝等手机客户端都是采用这种方式。

例如，在手机“支付宝” APP 的主界面底部，就有“支付宝”“口碑”“朋友”“我的”这 4 个导航按钮，方便用户快捷操作。用户可以单击不同按钮切换至相应的页面，操作十分方便，功能分布也比较清晰。

底部导航栏布局

034 磁贴设计式布局

磁贴设计布式局与 Windows 8 的 Metro 界面风格比较相似，是一种风格比较新颖的设计方式。界面中的各种元素以 Tile（瓷贴）的形式展现，而且这些小方块可以动态显示信息，还可以按照用户的意愿进行分组、删除等操作。

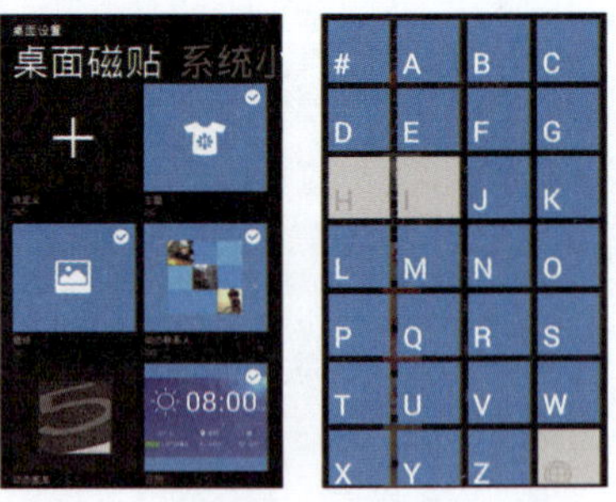

磁贴设计布局

035 超级菜单式布局

超级菜单式布局的导航比较酷炫，如天天快报、163 的新闻客户端和“百度 Site” APP 等都是采用这种布局模式，在这些 APP 的内容页面中，用户只需要左右滑动屏幕，即可切换查看不同的类别，操作的连续性非常强，用户体验也很流畅。

超级菜单式布局

> **知识链接** 不过，超级菜单式布局的缺点也比较明显，那就是用户每次操作只能切换到相邻页面。当然设计者可以开放自由设置标签的功能，将用户喜欢的内容标签放置在首页中，这样可以降低超级菜单式布局缺陷带来的不良体验。

036 选项卡式布局

选项卡式布局与底部导航栏式布局刚好相反，它主要将导航按钮布置在界面的顶部。当然，不同的 APP 也有不同的设计规则。例如，"QQ 音乐" APP 就采用的是选项卡式布局。

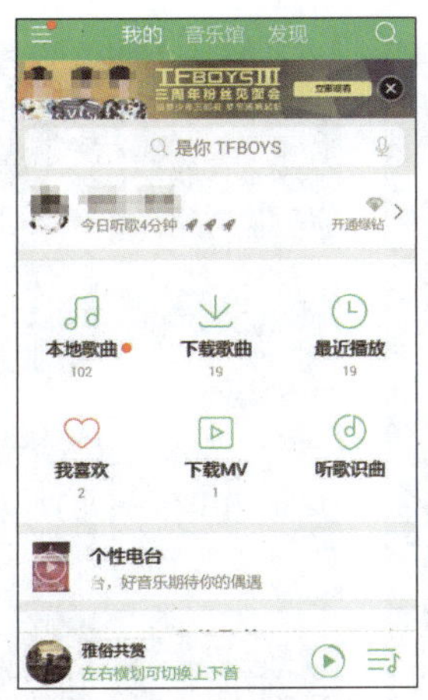

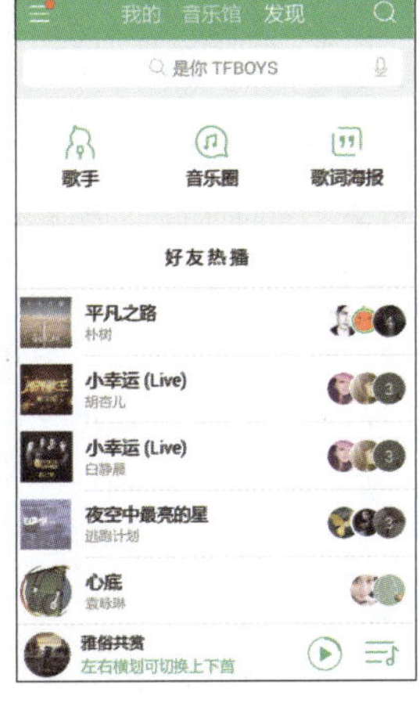

选项卡式布局

另外，还有一种比较常用的滑动选项卡式布局，它可以容纳更多的选项，而且用户可以直接通过手指滑动导航栏寻找项目，在导航类别比较多时非常适用。

例如，在"同花顺" APP 的涨跌排名界面中，用户就可以滑动上面的导航区，切换查看股指、沪深、板块、港美股以及其他市场行情。

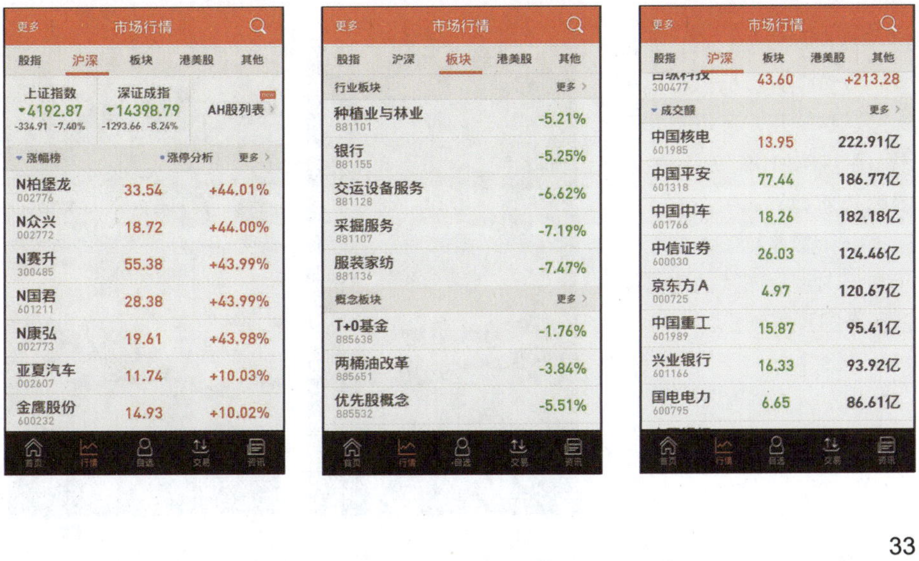

更多 市场行情

股指 沪深 板块 港美股 其他

上证指数	深证成指	AH股列表
4192.87	14398.79	
-334.91 -7.40%	-1293.66 -8.24%	

涨幅榜 涨停分析 更多

名称	价格	涨幅
N柏堡龙 002776	33.54	+44.01%
N众兴 002772	18.72	+44.00%
N赛升 300485	55.38	+43.99%
N国君 601211	28.38	+43.99%
N康弘 002773	19.61	+43.98%
亚夏汽车 002607	11.74	+10.03%
金鹰股份 600232	14.93	+10.02%

首页 行情 自选 交易 资讯

更多 市场行情

股指 沪深 板块 港美股 其他

行业板块 更多

名称	涨幅
种植业与林业 881101	-5.21%
银行 881155	-5.25%
交运设备服务 881128	-6.62%
采掘服务 881107	-7.19%
服装家纺 881136	-7.47%

概念板块 更多

名称	涨幅
T+0基金 885638	-1.76%
两桶油改革 885651	-3.84%
优先股概念 885532	-5.51%

首页 行情 自选 交易 资讯

更多 市场行情

股指 沪深 板块 港美股 其他

名称	价格	成交额
300477	43.60	+213.28

成交额 更多

名称	价格	成交额
中国核电 601985	13.95	222.91亿
中国平安 601318	77.44	186.77亿
中国中车 601766	18.26	182.18亿
中信证券 600030	26.03	124.46亿
京东方A 000725	4.97	120.67亿
中国重工 601989	15.87	95.41亿
兴业银行 601166	16.33	93.92亿
国电电力 600795	6.65	86.61亿

首页 行情 自选 交易 资讯

037 图示式布局

图示式布局的整体样式比较简单，是一种可视化的布局模式，在新闻、美食、旅行以及视频类 APP 的二级菜单中经常会运用到。

例如，在“爱奇艺”APP中，就可以看到各种图示式布局，当用户切换不同页面时，图片的内容也会发生改变，而且这些图片本身的内容也在不断更新。

需要注意的是，由于图示式布局中的图片经常需要进行更新，为了让用户更快地找到各种内容的入口，设计者需要对这些图片进行归类，并为其配置固定的栏目或者标题。

图示式布局

038 幻灯片式布局

幻灯片式布局常用于并列展示图片或者整块内容，用户只需要用手指左右滑动屏幕，即可切换查看相关的内容。

如果是在 APP 中采用幻灯片式布局，那么需要注意控制幻灯片的数量，通常使用 7 ~ 8 张幻灯片比较适宜，以免用户操作过多产生疲劳，进而对该 APP 失去兴趣。

另外，采用幻灯片式布局时，设计者应在界面中放置一些视觉暗示元素，如位置、数量、分页标识码等小标签，这样用户可以更加容易上手。例如，在“天天快报”的图片新闻界面中，左下角就有一个数量标签，显示了用户当前浏览图片的序号以及所有图片的数量。

幻灯片式布局

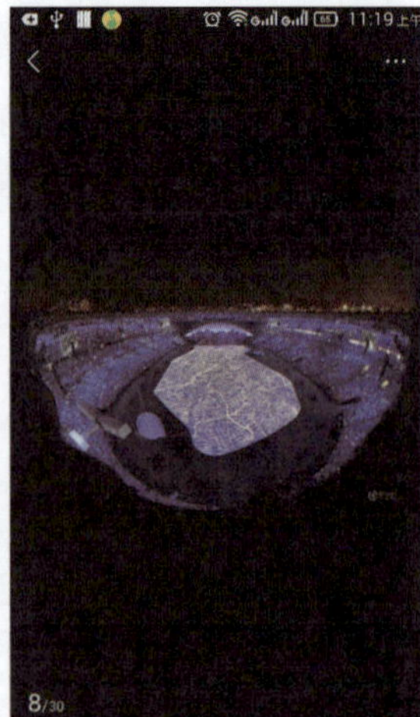

039 图表信息布局

图表信息布局可以让 APP 显得更加有商务范儿，这也是商业、金融类 APP 中最常见的布局方式。

图表要素显示完整，标题区比较突出，而且用户可以从上到下进行阅读，体验比较顺畅

布局缺点

虽然标题区突出，但由于标题过多，因此造成了单个标题不够突出的现象，而且信息量太多而 APP 的空间却有限，难以展示所有数据

例如，“挖财信用卡管家” APP 中的很多界面都是采用图表信息布局模式，尤其在账单界面中，功能比较清晰，用户可以一眼看到还款金额、最低还款额、额度、今日免息天数、账单日、还款日和未出账账单等信息，而且还具有简单的图表分析模式。

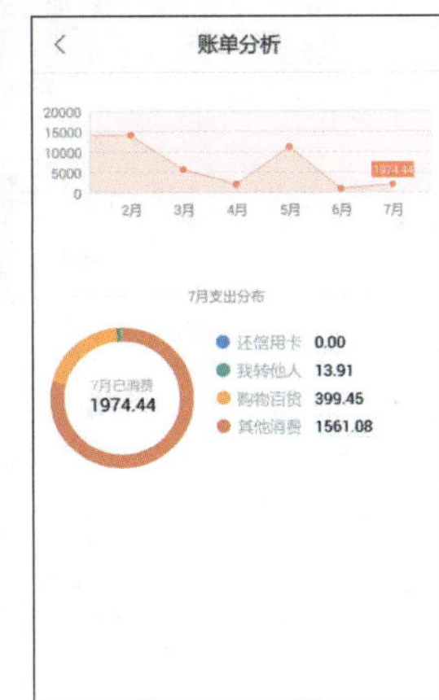

040 完善细节设计

APP 软件在细节设计上的完善，主要从右图所示的方面入手。

当内容创新成了一件较为困难的事情时，在细节上做成功就成了 APP 软件能够脱颖而出的关键，通过细节的完美程度获得用户的好感，从而帮助 APP 建立品牌优势。

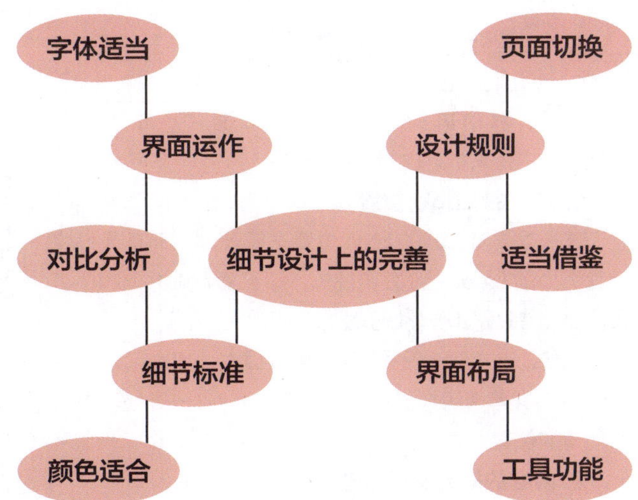

在上图所示的方面中，有 3 个最为关键的细节，下面针对这 3 个细节进行深入分析。

1. 适当借鉴

无论是在国内还是国外，APP 市场都较为火热，但在数量庞大的 APP 中，其中大部分的 APP 功能比较单一，过于模仿的情况导致独特的模式变得大众化。适当借鉴是一种明智的选择，具体分析如下。

问题体现

大部分的开发者都会去模仿其他应用软件的相关设计，但是被模仿的那些设计却并不一定是较为优秀或独特的

相关对策 → 始终保持适当的借鉴，可以从别人的 APP 运作中获得一些想法，同时将自身的创意融入其中，打造差异制胜的结果

2. 界面运作

在同一款 APP 中，用户的界面运作结果应当是保持一致的。这里的一致性主要是指形式上的一致，以 APP 中的列表框为例，如果用户双击其中的某项，使得某些事件发生，那么用户双击其他任何列表框中的同一项，都应该有同样的结果，这种结果就是一致性的体现。

保持界面运作结果的一致性对于 APP 的长期发展是有利的，尤其是培养用户的使用习惯，相关的分析如下。

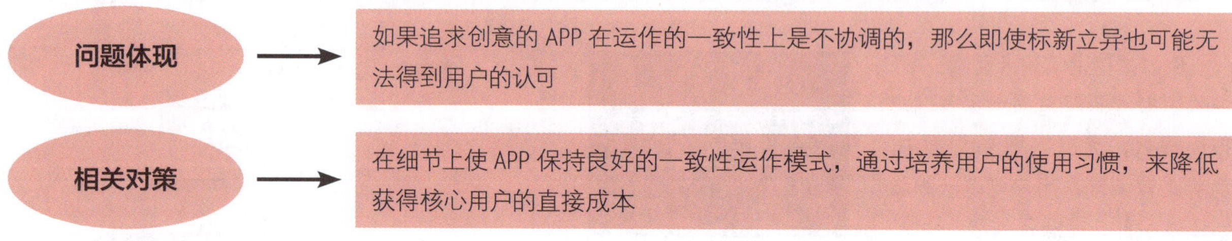

3. 界面布局

APP 的特色体现往往就作用于界面布局，界面布局也是最能够直接展示特色的地方，具体的分析如下。

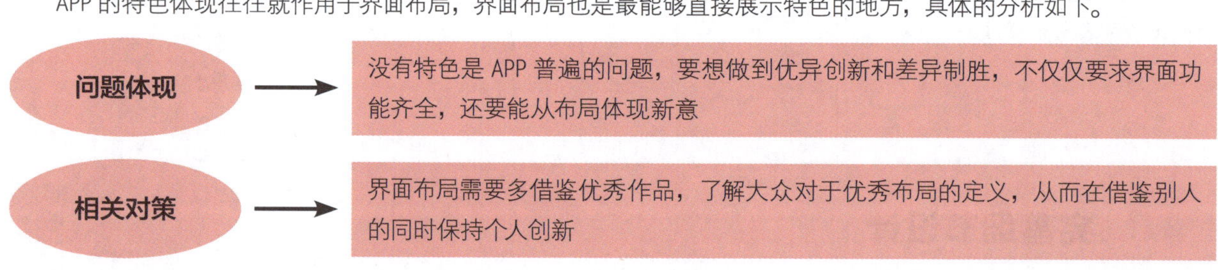

041 移动 UI 的布局原则

在设计移动 UI 时，用户还需要掌握一些布局原则，以便为用户带来更好的操作体验。

1. 统一的 Logo 位置

首先需要对 APP 的 Logo 位置进行规划，而且最好将所有页面的 Logo 位置进行统一，即不管用户进入哪个页面，Logo 都处在同一个位置处。

例如，在“美图秀秀” APP 主界面中，用户可以左右滑动手机屏幕来切换界面功能，但其 Logo 一直处于界面左上角的位置。

2. 内容的排列次序合理

当界面中展现的信息内容比较多时，应尽量按照先后次序进行合理排序，将所有重要的选项或内容放在主界面中，把用户最常用、最喜欢的功能排在前面，把一些比较少用但又很重要的功能排在后面，把一些可有可无的功能放入隐藏菜单中。

例如，在“芒果 TV” APP 主界面中，会根据用户的直接需求，推出相应的精品视频资源，比如会时常上线最新电影等，用户直接在主界面点击即可播放。

当然，用户如果想通过 APP 直接查看正在播放的电视节目，这可能是比较少用的功能了，用户还需要在导航栏中找到并切换至“直播”界面，然后选择相应的电视台。

3. 突出 APP 重要条目

很多 APP 都有一些重要条目，在布局时应尽量将其放置在界面的突出位置，如顶端或者底部的中间位置。

例如，QQ 空间的主要功能就是发动态，因此在底部导航栏中间位置放置了一个“＋”号按钮，单击该按钮后，即可看到说说、照片、视频、直播、动效相机、签到、动感影集和日志等导航按钮（此处也满足先后次序的原则），而且这里还采用点聚式布局模式。

另外，对于一些比较重要的信息，如消息、提示和通知等，应在 APP 界面中的显眼位置进行展示，使用户可以快速看到。

4. 界面长度要适当

APP 的主界面最好不宜过长，而且每个子界面的长度也要适当。当然，如果某些特别的 APP 内容过长，则最好在界面中的某个固定位置设置一个“返回顶部”按钮或者“内容列表”菜单，让用户可以一键到达页面顶部或者内容的特定位置。

例如，由于汽车之家网站论坛中大部分帖子的内容比较丰富，因此页面拉得很长，设计者就在右下角设置了一个“回复”和“返回顶部”按钮，方便进行浏览的用户进行相关操作，单击“回复”按钮可以快速切换至页面底部的回复功能区，单击“返回顶部”按钮则可以快速回到页面顶部的菜单栏功能区。

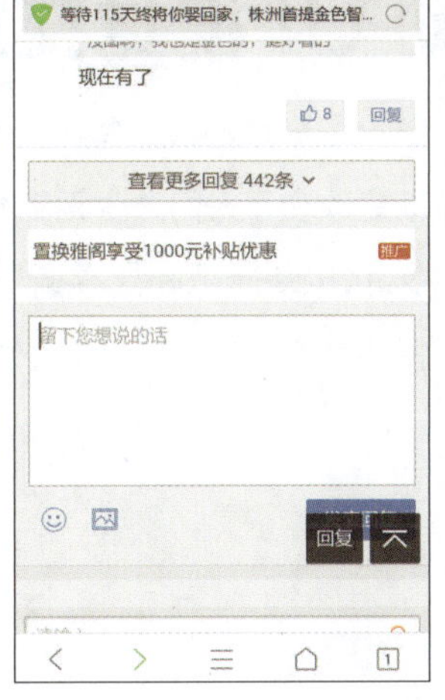

对于专门设置的一些导航菜单，页面应尽可能短小，要让用户一眼即可看完其中的内容。尤其要避免在导航菜单中使用滚屏，否则即使设计者花心思在其中添加了很多功能，用户可能看了一些就没耐心继续往下浏览了。

PART 01

设计基础篇

移动 UI 视觉交互设计法则

如今，越来越多的人已经离不开移动互联网以及移动设备，它们的到来已经彻底改变了人们的生活方式，同时也给人们带来了极大的便利。因此，移动 UI 设计也随之兴起，而且移动 UI 视觉效果和交互设计的要求也越来越高，不断提升了人们对移动 APP 的兴趣和使用体验。

042 简约明快的视觉特色

设计优秀的移动界面具有一定的视觉效果，可以直观、生动、形象地向用户展示信息，从而简明便捷地让用户产生审美想象的效果。

例如，简约明快型的移动 UI 追求的是空间的实用性和灵活性，可以让用户感受到简约明快的时代感和抽象的美。

在视觉效果上，简约明快型的 APP 界面应尽量突出个性和美感。

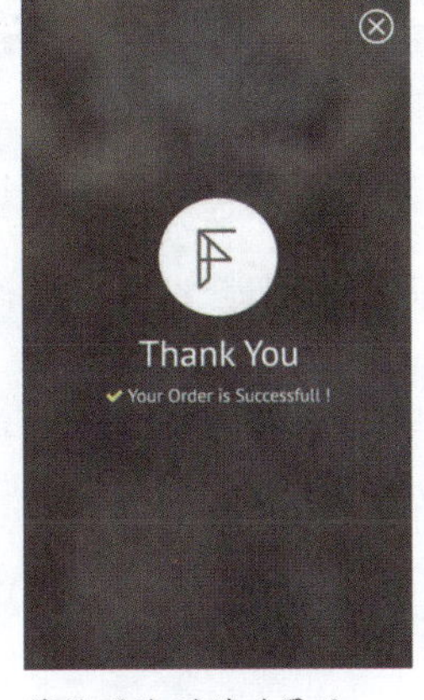

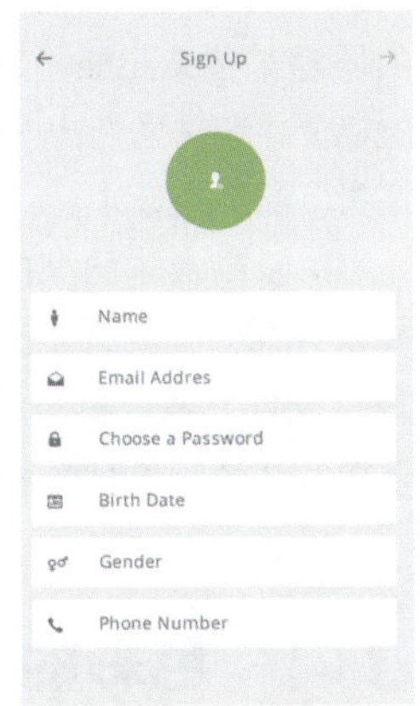

简约明快型移动界面

简约明快型的 APP 界面更适合支持色彩数量较少的彩屏手机，其主要特点如下。

- 通过组合各种颜色块和线条，使移动界面更加简约大气。
- 通过点、线、面等基本形状构成的元素，再加上纯净的色彩搭配，使界面更加整齐有条理，给用户带来爽心悦目的感觉。

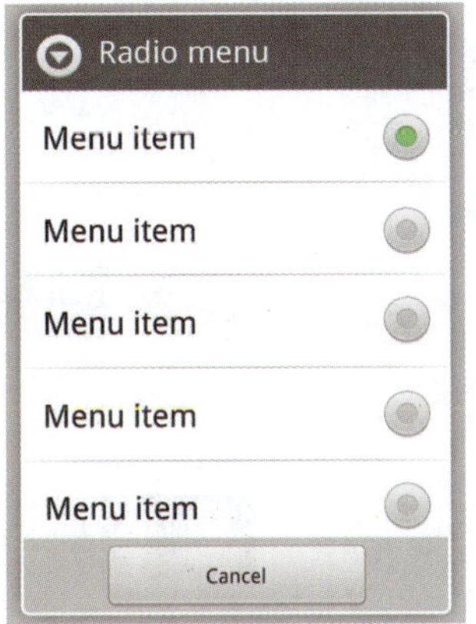

043 趣味型的视觉特色

趣味性是指某件事或者物的内容能使人感到愉快，能引起兴趣的特性。

在移动界面设计中，趣味性主要是指通过一种活泼的版面视觉语言，使界面具备亲和力、视觉魅力和情感魅力，让用户在新奇、振奋的情绪下深深地被界面中展示的内容所打动。右图所示为趣味与独创型界面。

因此，在进行移动界面的设计时要多思考，采用别出心裁的个性化排版设计，赢得更多用户的青睐。

趣味型移动界面

044 华丽型的视觉特色

华丽型的移动界面设计，主要是通过饱和的色彩和华丽的质感来塑造超酷、超炫的视觉感受，整体营造出一种华丽、高贵、温馨的感觉。

由于高贵华丽型的移动界面设计需要用到更多的色彩和各类设计元素，因此更适合支持色彩数量较多的彩屏手机。

华丽型移动界面

045 色彩的使用要点

对于移动 UI 设计来说，色彩是最重要的视觉因素，不同颜色代表不同的情绪，因此对色彩的使用应该和 APP 以及主题相契合。例如，“大众点评”APP 的底部导航栏通过运用不同颜色的按钮来代表其激活状态，使用户快速知道自己所处的位置。

“大众点评”APP的底部导航栏

在移动界面的制作过程中，根据彩色的特性，可以通过调整其色相、明度以及纯度之间的对比关系，或通过各色彩间面积调和，可以搭配出色彩斑斓、变化无穷的移动 UI 画面效果。

总之，让自己的移动界面更好看一点，更漂亮一点，这样就会在视觉上吸引用户，给 APP 带来更多的下载量。

046 图案的使用要点

在 APP UI 的图案设计过程中，每一个页面不要安排过多的内容，这样会让用户难以理解，操作也会显得更加烦琐。

例如，可以使用一些半透明效果的图案来作为播放器的控制栏，使用户在操作时也可以看到视频播放画面。

半透明效果的控制栏

047 文字要易于识别

在设计 APP UI 中的文字时，要谨记文字不但是设计者传达信息的载体，也是 UI 设计中的重要元素，必须保证文字的可读性，以严谨的设计态度实现新的突破。通常，经过艺术设计的字体，可以使 APP 界面中的信息更形象、更有美感地铭记于用户心中。

随着智能手机 APP 的崛起，人们在智能手机上进行操作、阅读与信息浏览的时间越来越长，也促使用户的阅读体验变得越来越重要。在 APP 界面中，文字是影响用户阅读体验的关键元素，因此设计者必须让界面中的文字可以准确地被用户识别。

如下面左图所示，为没有大小写的字母 O 与阿拉伯数字 0，从图中基本上看不出区别。

另外，还要注意避免使用不常见的字体，这些缺乏识别度的字体可能会让用户难以理解其中的文字信息。

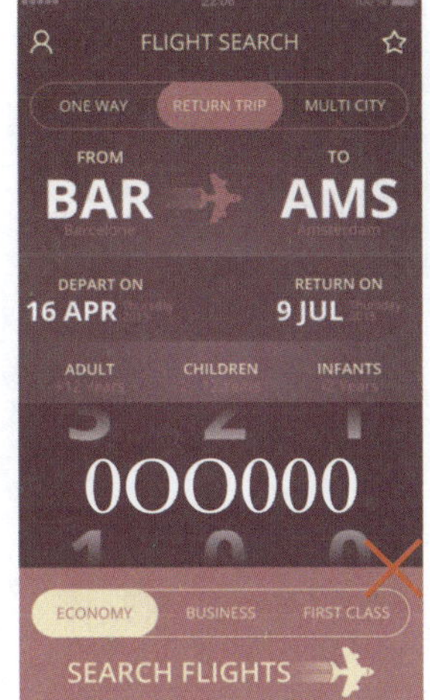

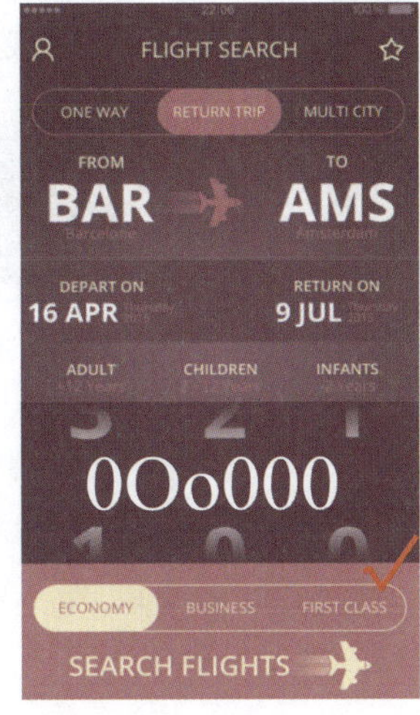

不同大小写的字母O与0

避免使用不常见的字体

知识链接

在进行APP界面的设计与文字编排时，应该多使用一些用户比较熟悉与常见的词汇进行搭配，这样不仅避免用户去思考其含义，还可以防止用户对文字产生歧义，让用户更加轻松地对界面进行使用。

另外，移动 UI 中的文字应尽量使用熟悉的词汇与搭配，这样可以方便用户对移动 UI 的理解与操作。

尽量使用熟悉的词汇与搭配

048 文字的层次感要强

在设计以英文为主的移动界面时，设计者可以巧用字母的大小写变化，不但可以使界面中的文字更加具有层次感，而且可以使文字信息在造型上富有乐趣感，同时给用户带来一定的视觉舒适感，并使用户可以更加快捷地接受界面中的文字信息。

通过下面的 3 幅移动 UI 图像对比可以发现，当界面中的全部文字为大写或小写字母时，界面文字整体上显得十分呆板，给用户带来的阅读体验十分差；而采用传统首字母大写的文字组合穿插方式，可以让移动 UI 中的文字信息变得更加灵活，可以突出重点，更便于用户阅读。

不同大小写字母搭配的界面文字

另外，设计 APP UI 中的文字效果时，还可以通过不同粗细或不同类型的字体，打造出不同的视觉效果。

文字加粗后更加明显和突出

049 清晰地表达文字信息

在设计移动界面中的文字效果时，除了要注意英文字母的大小写外，字体以及字体大小的设置也是影响效果表达的一个重要因素。

如右图所示，通过比较可以发现，不同大小和字体的文字可以更清晰地表达文字信息，有助于用户快速抓住文字的重点，可以达到更吸引用户注意的效果。

不同大小和字体的文字

如下图所示，经过对比可以发现，右图中的文字阅读起来更加方便，这就是因为该界面中的文字尺寸大小更符合用户阅读的体验。

当然，对于一般阅读类 APP 界面中的文字尺寸，根据 APP 的定制特性，用户都是可以通过相关设置或者手势进行调整的，然后进行阅读。

不同尺寸大小的文字　　　　通过手势调整文字尺寸

050 把握文字的间距

在人们观看移动界面中的文字时，不同的文字间距也会带来不一样的阅读感受。例如，文字之间过于紧密的间距可能会带给读者更多的紧迫感，而过于稀疏的文字间距则会使文字显得断断续续，缺少连贯感。

因此，在进行 APP 界面的文字设计时，一定要把握文字的间距，这样才能给用户带来流畅的阅读体验，如下图所示。

调整字符间距后，可以减轻用户的阅读负担，而且更能让用户提起阅读的兴趣

该界面中的正文显得十分拥挤，用户在浏览这些文字时容易产生疲劳感，因此需要对行距和字符间距进行适当的调整

另外，还可以在文字区域中设计上下滑动的手势触控效果，方便用户翻页浏览

不同间距的文字效果

051 适当设置文字的色彩

以前的移动 UI 设计大大低估了色彩的作用，它其实是一个了不起的工具，应该被充分利用，尤其是在文字的色彩部分。

适当地设置 APP 界面中文字的色彩，也可以提高文字的可读性。通常的手法是给文字内容穿插不同的颜色或者增强文字与背景色彩之间的对比，使界面中的文字有更强的表达能力，帮助用户更快的理解文字信息，同时也方便用户对其进行浏览和操作。

如下图所示，原图中的文字虽然有大小和间距的区别，但色彩比较单一，用户无法快速获取其中的重点信息，此时可以尝试转换文字的色彩。

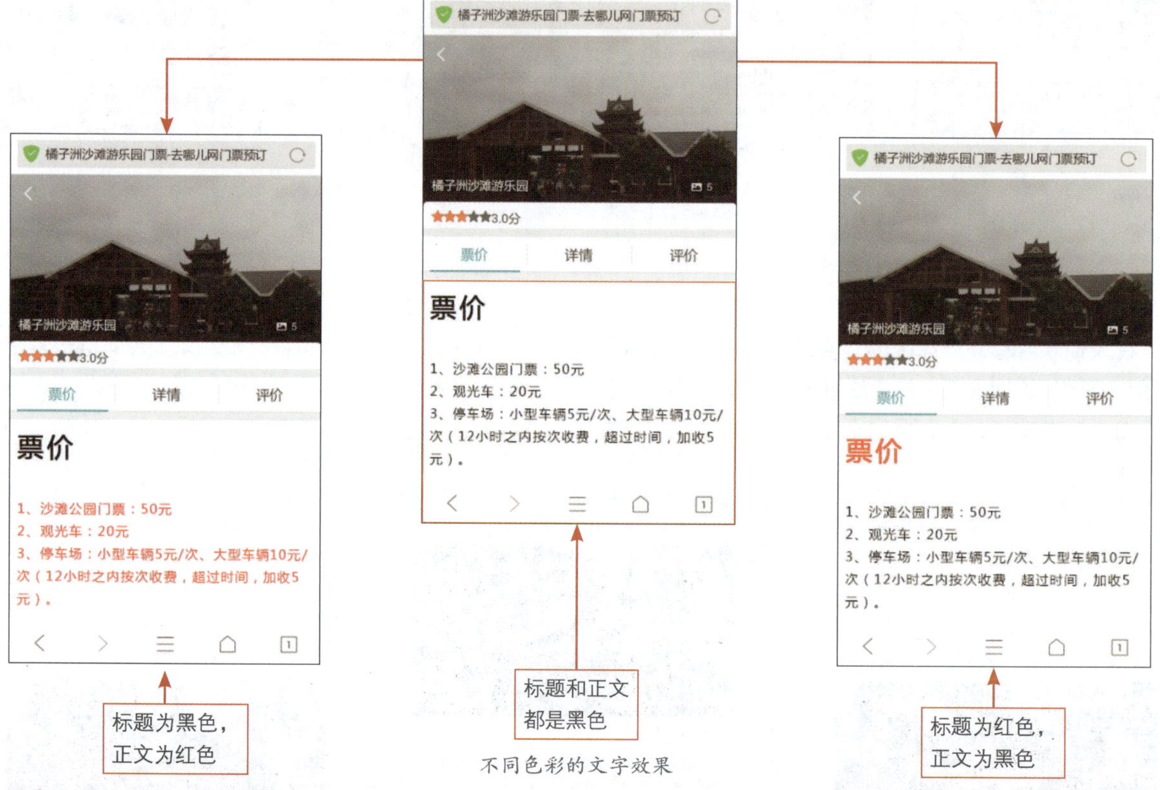

不同色彩的文字效果

知识链接

在设计移动UI中的文字效果时，用户可以使用“字符”面板来调整文字的各种属性。

- **字体：**在该选项列表框中可以选择字体。
- **字体大小：**可以选择字体的大小。
- **行距：**行距是指文本中各个文字行之间的垂直间距，同一段落的行与行之间可以设置不同的行距，但文字行中的最大行距决定了该行的行距。
- **字距微调：**用来调整两字符之间的间距，在操作时首先在要调整的两个字符之间单击，设置插入点，然后再调整数值。
- **字距调整：**选择了部分字符时，可以调整所选字符间距，没有调整字符时，可调整所有字符的间距。
- **水平缩放/垂直缩放：**水平缩放用于调整字符的宽度，垂直缩放用于调整字符的高度，这两个百分比相同时，可以进行等比缩放；不同时，则不能等比缩放。
- **基线偏移：**用来控制文字与基线的距离，它可以升高或降低所选文字。
- **颜色：**单击颜色块，可以在打开的“拾色器”对话框中设置文字的颜色。
- **T状按钮：**T状按钮用来创建仿粗体、斜体等文字样式，以及为字符添加下划线或删除线。
- **语言：**可以对所选字符进行有关连字符和拼写规则的语言设置，Photoshop CC使用语言词典检查连字符连接。

从上图中可以发现，通过改变不同区域的文字色彩，可以使这两个部分的文字区别更加明显。其中，可以明显发现红色部分的文字比黑色部分的文字更加突出，设计者可以利用此方法去突出移动界面中的重点信息。

另外，还可以通过调整文字色彩与背景色彩的对比关系来改变用户的阅读体验。

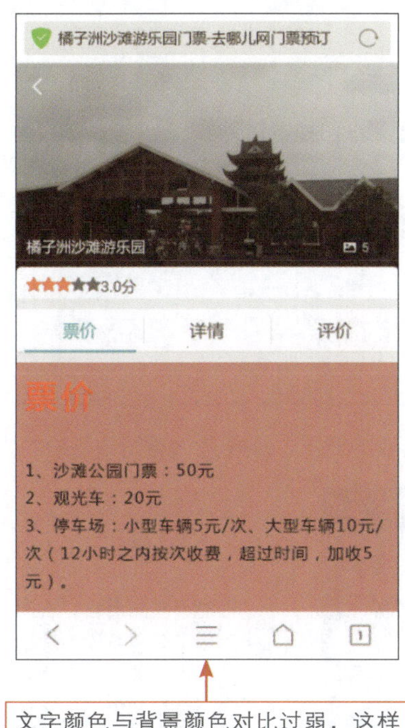

文字颜色与背景颜色对比过弱，这样会使用户不易识别背景上的文字内容，同样就无法获得良好的阅读体验

文字颜色与背景颜色对比过强，不适用于需要长时间阅读的大段文字，而且容易使用户产生疲倦的阅读感

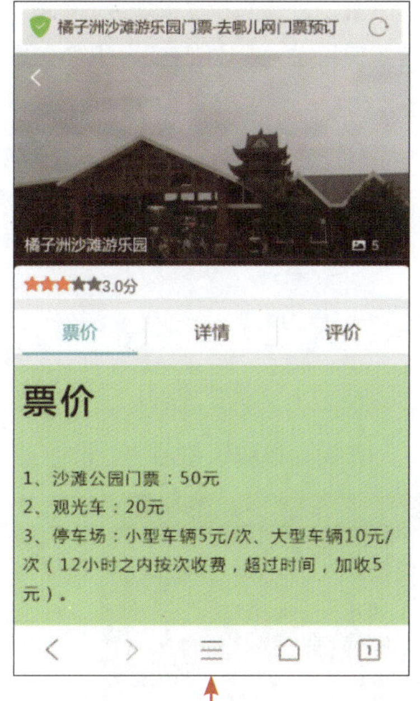

适当的颜色对比，能够清晰呈现文字，而且适用于长时间阅读，可以让用户阅读起来更加流畅与舒适

不同文字色彩与背景色彩的对比关系产生的文字效果

052 更具美观性和观赏性

在设计移动 UI 时，美观是设计工作的首要要求，设计者可以通过适当的图形组合与色彩搭配来修饰界面元素，增加移动 UI 的观赏性，为用户带来更好的视觉感受。

该图为一个电子书阅读APP主界面，采用白色的简单背景，缺乏设计感，其实设计者还可以让它显得更加美观

这个主界面增加了一张背景图像，而且对背景进行虚化处理，显得朦胧唯美，让整个界面的形式感更美，同时也很符合阅读APP的意境

增加移动UI的观赏性

053 具备较好的实用性

除了用美观来吸引用户外，移动 UI 还必须具备一定的实用性，要不然就成了一个“花架子”，用户也许会下载它，但下载后发现并不实用就很可能会立即将其卸载。

实用性主要体现在以下几个方面。

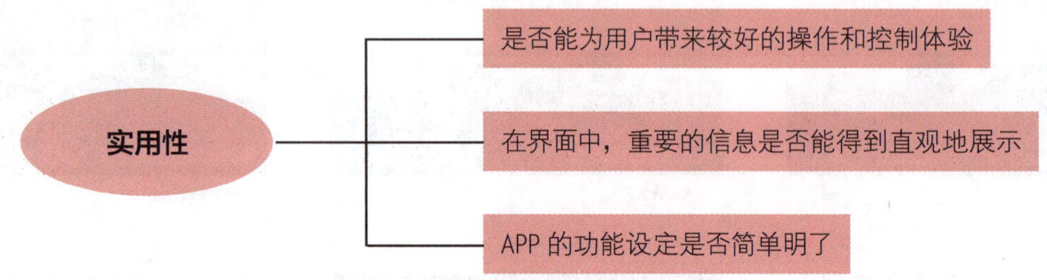

实用性的主要体现

在设计移动 UI 过程中，设计者一定要把握好实用性的要点，避免出现虚有其表的情况，那样是很难留住用户的。

把握好实用性的要点

054 注重图片的品质美感

在移动 UI 中，图片的品质与分辨率有很大的关系，较高的分辨率可以让图片显得更加清晰、精美，能够体现出图片的内在质感。当然，如果图片非常模糊，品质较差，那么肯定会影响用户的视觉欣赏体验，降低用户对 APP 的好感。

高分辨率图像

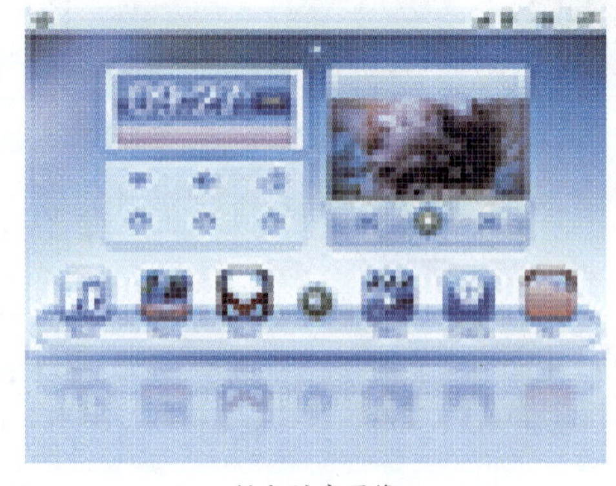

低分辨率图像

知识链接

分辨率是用于描述图像文件信息量的术语，是指单位区域内包含的像素数量，通常用“像素/英寸”和“像素/厘米”表示。

像素与分辨率是Photoshop中最常见的概念，也是关于文件大小的图像质量的基本概念。对像素与分辨率大小的设置决定了图像的大小与输出的质量。

像素：像素是组成图像的最小单位，其形态是一个有颜色的小方点。图像是由以行和列的方式进行排列的像素组合而成。像素越高，文件越大，图像的品质就越好；像素越低，文件越小，图像的品质就越模糊。

高像素图像

低像素图像

分辨率：分辨率指的是单位长度上像素的数目，通常用“像素/英寸”或“像素/厘米”表示。图像的分辨率是指位图图像在每英寸上所包含的像素数量，单位是点/英寸。分辨率越高，文件就越大，图像也就越清晰，处理速度就会相应变慢；反之，分辨率越低，图像就越模糊，处理速度就会相应变快。

055 不要随意拉伸图片

在设计移动UI中的图像时，如果随意拉伸图片则会造成图片失真变形，不但看上去感觉很奇怪，而且还会让用户质疑APP的专业性。

原图

随意拉伸的图片

因此，用户在处理移动UI图像时，应该按照等比缩放或者合理裁剪的原则来控制图片尺寸，避免出现随意拉伸的情况，要保持图像的真实感。

原图

等比缩放

合理裁剪

056 让图片更好地美化界面

在移动 UI 中应用各种素材图像时，设计者可以适当地对图片进行一定的色彩或特效处理，使其在移动 UI 中的展示效果更佳，为用户带来更好的视觉体验。

使用 Photoshop 调整图像透明度、混合模式或者虚化图像等，都是一些不错的移动 UI 图像处理方式，可以突出移动 UI 中的重点信息，使 APP 界面的层次感更强。

原图

调节透明度效果

模糊虚化效果

057 了解手势交互动作特性

如今，触摸屏已经成为移动智能设备的标配，多点触控手势技术也被广泛应用，使用户与智能手机、平板电脑等设备之间建立起了一种更宽广的联系方式。

智能手机的 APP UI 设计中，最重要的特性就是手势交互动作特性，用户可以通过模拟真实世界的手势与手机屏幕上的各种元素进行互动，进一步增加了人机交互的体验。如右面上图所示，为一些常见的手势交互操作。

常见的手势交互操作

例如，手势交互特性中的自然手势就是在真实物理世界中存在或演绎而来的手势。这类手势的动作十分自然，用户基本不需要或很少需要去学习。如右边的下图所示，为《钢铁侠》系列电影中的全息触控交互。

全息触控交互

058 用循环动作增加真实感

在 APP 的 UI 设计中，循环动作原则主要是指一个 UI 元素的运动频率是多少。例如，在下面这款游戏 APP 界面中，画面中的赛车一直处于旋转的循环运动中，可以向用户 360° 地展示其特点。

移动UI动画元素的360° 展示

对于那些运动频率很小的 UI 元素来说，在设计时可以通过数据精确地描述出来，可以让 APP 中的动画效果看起来更加真实。

059 重复运用透析事物关系

在 APP 的体验设计层面来说，设计者必须考虑多个 UI 元素动作的重复运用，以及循环的速率，以此来解释各个 UI 元素之间的关系，而且还可以减少大量的设计工作量。

例如，在下面这款游戏 APP 界面中，用户点击赛车即可查看其具体的参数，但赛车的循环运动动作还是在重复不变。

在不同界面中重复运用同一个UI元素

060 关键动作展现复杂效果

在移动UI设计中，大部分的动画和运动特效都可以运用关键动作进行绘制。例如，“植物大战僵尸”游戏APP就是运用关键动作方法进行绘制的，用户可以将多种不同植物进行武装从而快速有效地把敌人阻挡在入侵的道路上。

“植物大战僵尸”游戏APP界面

关键动作主要是将一个动作拆解成一些重要的定格动作，通过间补动画来产生动态的效果，可以适用于较复杂的动作。

APP中的关键动作手法

061 连续动作展现简单动画

连续动作是指将动作从第一张开始，依照顺序画到最后一张，通常是制作较简易的动态效果。例如，“水果忍者”APP就是采用连续动作原则来描述运动轨迹。

“水果忍者”游戏APP界面

062 用夸张实现“天马行空”

移动UI动画的最大乐趣就是可以十分夸张，设计者可以充分发挥天马行空的想象力和创造力，利用夸张的方式制作利于触碰的UI元素。

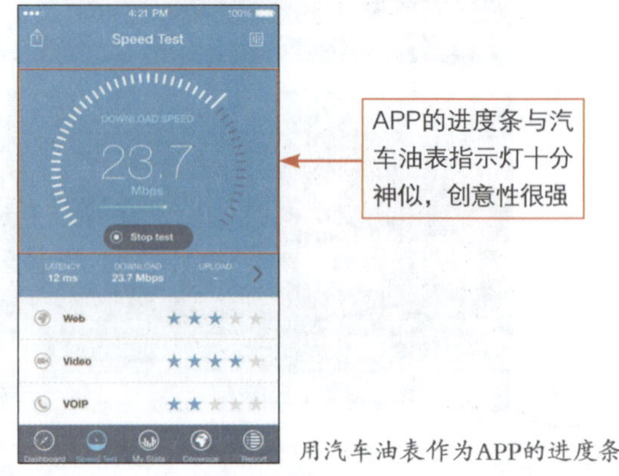

用汽车油表作为APP的进度条

PART 01

设计基础篇

移动 UI 中的基本元素

将各类手机组件集合在一起，丰富并增强了APP 的互动性，移动 UI 组件可以根据 APP 的需要自定义风格。可以说，没有组件的 APP 就像一个公告牌一样，失去了互动性的乐趣，APP 也就黯然失色。下面将介绍各种手机中常出现的移动 UI 基本组件元素，这些元素在 APP 中的使用率非常高，为了能顺利地与开发人员沟通，理解和掌握这些组件的功能是很有必要的。

063 常规按钮组件

在移动 UI 中，常规按钮是指可以响应用户手指点击的各种文字和图形，这些常规按钮的作用是对用户的手指点击做出反应并触发相应的事件。

常规按钮（Button）的风格可以很不一样，上面可以写文字也可以标上图片，但它们最终都要用于确认、提交等功能的实现。

通常情况下，按钮要和品牌一致，拥有统一的颜色和视觉风格，在设计时可以从品牌 Logo 中借鉴形状、材质和风格等。

登录按钮样式　　确定按钮样式

064 编辑输入框组件

编辑输入框（Edit Text），是指能够对文本内容进行编辑修改的文本框，常常被使用在登录、注册和搜索等界面中。

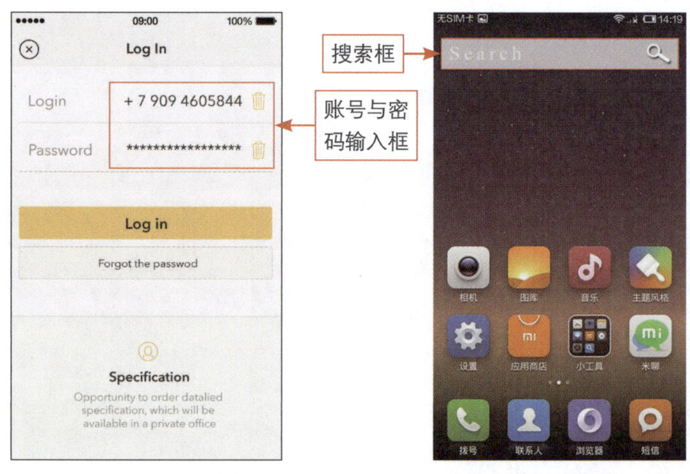

账号与密码输入框样式　　搜索框样式

065 开关按钮组件

开关按钮（Toggle Button），可更改 APP 设置的状态（如网络开关、WiFi 开关）。通常情况下打开时显示为彩色（绿色、蓝色或黄色），关闭时则为灰色。同样，开关按钮也可以根据 APP 进行个性化设置。

各种开关按钮样式

066 网格式浏览模式

网格式浏览(Grid View),图标呈网格式排列。在导航菜单过多时推荐使用此种方式,且图标的表现形式比列表显示更为直观。

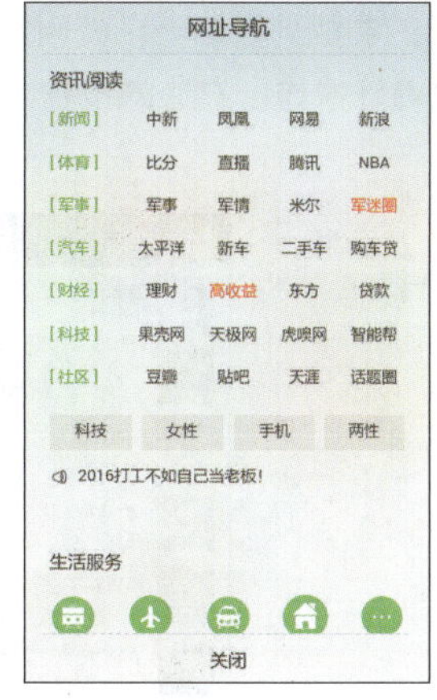

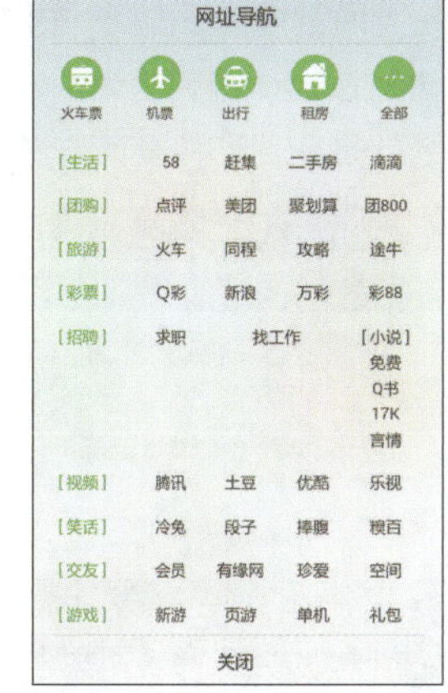

网格式浏览

067 文本标签组件

文本标签(UI Label)也是文本显示的一种形式,这里的文本是只读文本,不能进行文字编辑,但可以通过设置视图属性为标签选择颜色、字体和字号等。

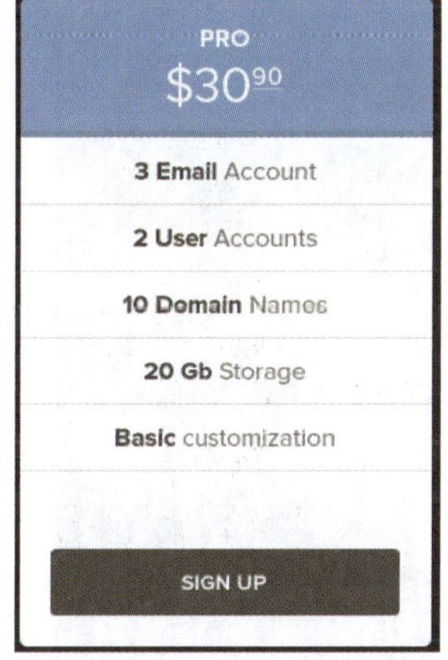

文本标签

068 警告框组件

警告框UI Alert View与UI Action Sheet)是附带有一组选项按钮供选择的组合组件。UI Alert View与UI Action Sheet都称为警告框,但这两者的区别在于,前者最多只支持3个选项,而后者则支持超过3个的选项。

警告框

069 导航栏组件

通常情况下，APP 主体中的功能列表这一栏就叫作导航栏。顶部导航栏一般由两个操作按钮和 APP 名称组成，左边的按钮一般用于返回、取消等操作，右边的按钮则是具有确定、发送、编辑等执行更改的作用，例如微信公众平台就是使用这种设计方法。

页面导航栏

页面导航栏

顶部导航栏

顶部导航栏

导航栏菜单

导航栏菜单

音乐播放APP界面（1）

音乐播放APP界面（2）

知识链接

在进行移动UI设计时，必须以用户为中心，设计由用户控制的界面，而不是界面控制用户，在设计导航栏时也要遵守这个原则。

例如，左面左图的音乐播放APP界面中，左上角的导航栏中有一个菜单按钮，用户可以单击该按钮调出播放列表，在听歌时操作更加方便；而左面右图中则没有这个功能按钮，使用体验和界面美观度明显会更差。

070 页面切换组件

页面切换（UItabBar Controller）栏是指在 APP 页面底部用于不同页面切换的组件。例如，在暴风影音 APP 的底部，就有"推荐""频道""短视频""发现""我的"这 5 个用于页面切换的组件。

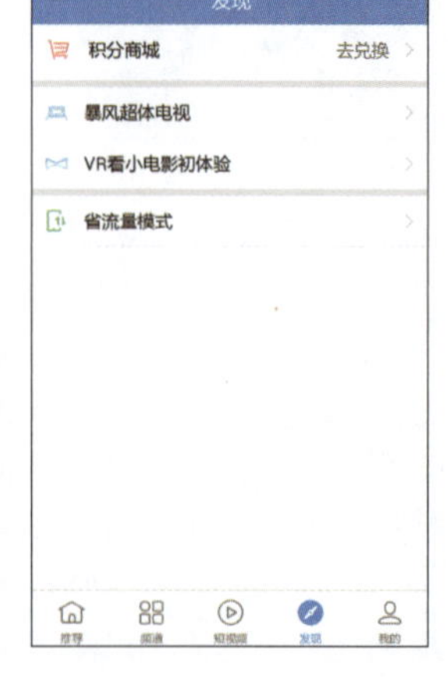

暴风影音APP页面切换组件

071 进度条组件

进度条即手机系统或 APP 在处理某些任务时，会实时地以图片形式显示处理任务的速度、完成度以及未完成任务量的多少，以及可能需要处理时间，一般以长方形条状显示。

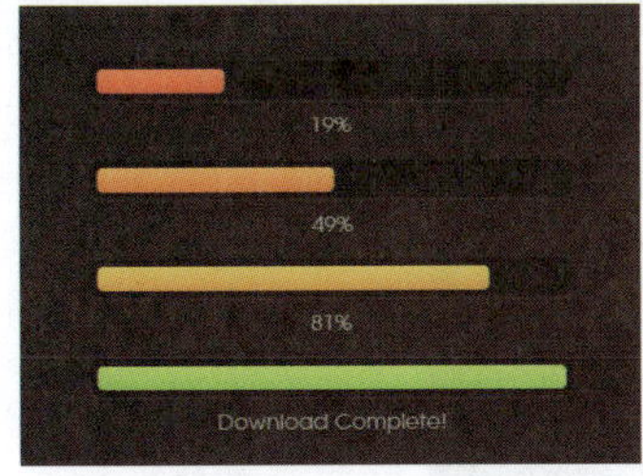

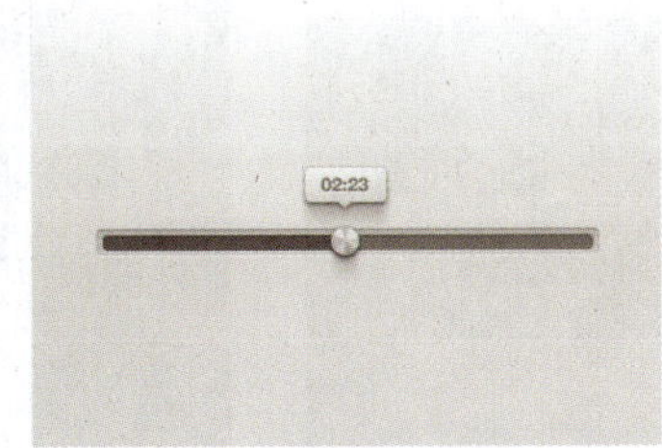

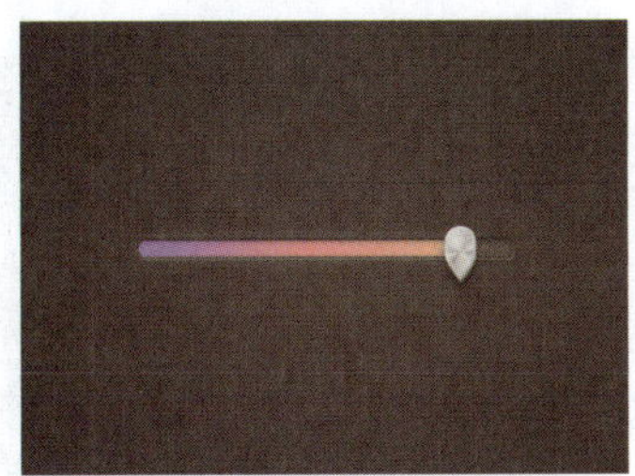

进度条

当然，设计者也可以充分发挥创意，制作出一些特殊的进度条效果，如圆形、圆角矩形等。

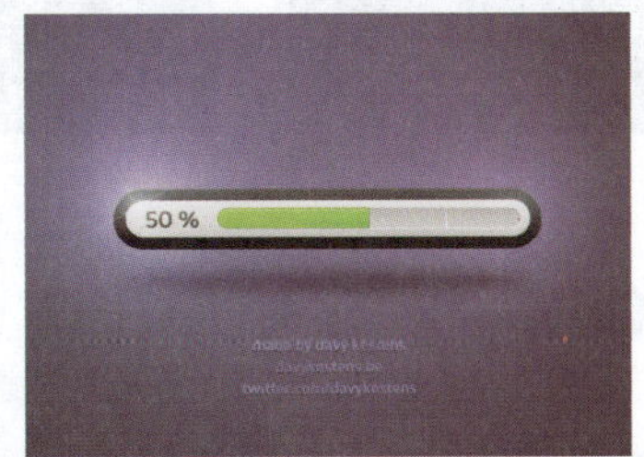

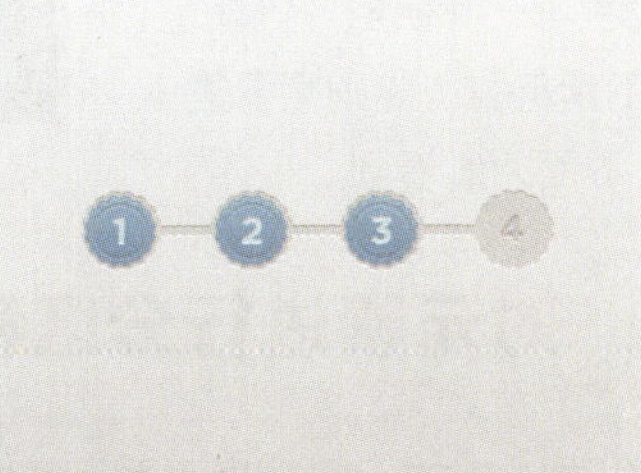

特殊的进度条效果

072 重视 ico 图标设计

ico 是手机系统或 APP 的一种图标格式，扩展名为 *.icon、*.ico。对于用户来说，ico 图标是一款 APP 给他的首要印象，因此设计者必须重视 ico 图标，好看的 ico 图标更容易吸引用户关注与下载。

好看的ico图标

073 隐藏与删除多余元素

在移动 UI 中，简约的界面效果通常会更受用户青睐，因为手机屏幕有限，如果在一个界面中放入过多的元素，难免会让用户感受手足无措。要做到简约，设计者首先要学会隐藏或者删除多余的元素，对于一些有用但不是常用的元素，可以将它们隐藏到一个菜单中；对于没有什么用的元素，则可以将其直接删除，或者放入其他菜单中。

例如，“茄子快传”APP 的主界面中只有“我要发送”和“我要接受”两个按钮组件，用户可以单击菜单栏左侧的菜单按钮展开选择“二人快捷收发”“多人互动收发”“一键换机”等功能，而其他不常用的功能则需要进入“设置”界面才能看到。

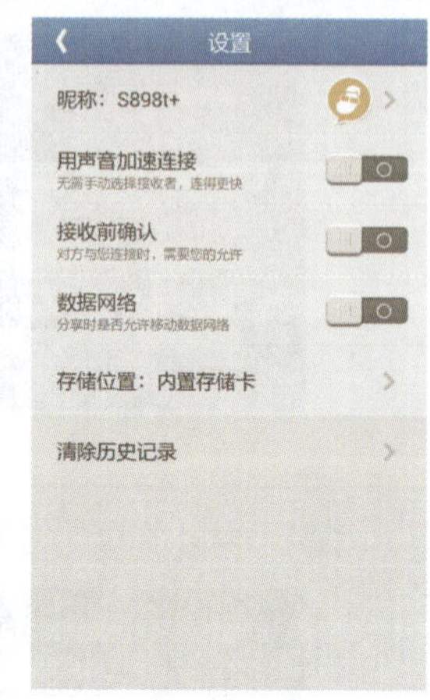

“茄子快传”APP的主界面组件功能

074 对元素进行分区和分组

当移动 UI 中的元素过度而且呈现出一定规律时，设计者可以根据这些规律对元素进行分区和分组，然后在主界面中设置相应的“区名”或“组名”，使界面信息更加精简，同时用户浏览起来也会更容易。

例如，在“美团”APP 的商户详情页面中，有特色信息、团购、用户评价、门店服务、附近团购和更多商家等区域。

又如，在手机系统或 APP 的设置界面中，就是使用分区和分组来放置各种功能元素，并使用灰色和白色来区分它们的界限。

“美团”APP商户详情页面的分区模式

设置界面的分区模式

075 帮用户做决策

在设计移动 UI 中的元素时，设计者可以换位思考，想一想用户在使用这些 APP 服务时会碰到什么问题，针对这些问题进行总结，然后得出一些结论，用来完善界面功能。

这一点手机“淘宝”APP 就做得非常好，例如如果用户搜索“裙子”，下面会出现很多关键词让用户选择，用户还可以通过筛选功能来确定具体的品牌、类型、尺寸等，这些功能是那些“选择困难症”用户的福音。

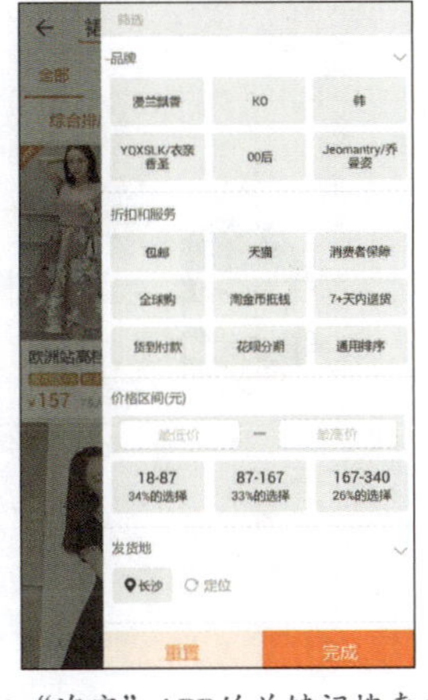

手机“淘宝”APP的关键词搜索功能

076 添加视觉反馈

在设计移动 UI 中的元素时不能太过简单，可以添加一些反馈动画，让用户产生耳目一新的视觉感觉，进而增加对 APP 的好感。例如，在下面这款赛车游戏 APP 中，用户单击向左或向右按钮，即可得到一个缩放的视觉反馈效果，让用户知道自己的操作已经生效。

视觉反馈效果

又如，在右边的这款日历 APP 中，用户在选择某一天后，可以看到红色的矩形框会有一个跳跃的动画过程，来确认用户的选择。

跳跃的动画

077 在 UI 中加入感情

感情是一种很微妙的东西，使用感情进行营销可以吸引那些比较感性的用户。设计者可以在移动 UI 中添加一些充满情感的话语或者图片，把用户的个人情感差异和需求作为 APP 的核心功能，在包装、促销和广告等界面中加入情感，使设计更为人性化。

充满情感的话语或者图片

当一个用户对 APP 产生一定的感情时，就说明 APP 的内容走进了用户的心理，而不仅是 APP 的营销推广取得了何等的成效。要想让用户从根本上认可 APP，不是依靠技术性的营销推广就可以的。

下面了解走进用户心理的 APP 内容模式，主要从 3 个方面进行分析，相关内容如右图所示。

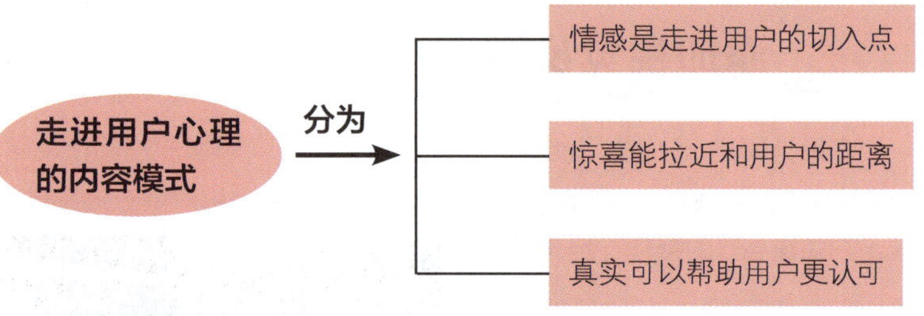

走进用户心理的APP内容模式

1. 情感是走进用户的切入点

回顾账单往往能够让老用户对 APP 软件产生很强的归属感，无论账单内容是文字、文章、图片还是金额，所以很多上线时间较长并有一定影响力的 APP 都会选择用这种方式结合其他活动，进一步打造营销效果。以“淘宝”APP 推出的“3 万亿感谢有你”活动为例，阿里巴巴交易额创造了一个新的 3 万亿元历史，“淘宝”APP 顺势推出用户账单回顾查询活动。

这个简单的活动界面引发了大量用户的参与，并且随着用户的自主宣传进一步扩大影响力，这种账单回顾就是让用户在有兴趣的基础上，玩得比较舒心，同时乐得分享，这也是利用用户情感建立APP品牌的一种方式

“3万亿感谢有你”活动界面

2. 惊喜能拉近和用户的距离

“滴滴出行”时常推出活动，而其中最好的一个活动广告创意就是来源于换位思考，APP 通过感性的宣传文案为用户提供惊喜，打动用户的同时也感动用户，进而扩大了活动的影响力，甚至引发全民话题。

如下图所示，为“滴滴出行”APP 推出的“全力以赴的你，今天坐好一点”活动的相关宣传海报。

这种宣传方式让用户感觉到了温馨，进而打动了用户，更进一步提升了“滴滴出行”APP 的产品形象。随着用户的自主传播，宣传海报中的“如果……至少……”这一句式成为流行的网络语言“滴滴体”，大量网友以此创造了多个句子，自主进行了产品广告的二次传播。如下面左图所示，为网友投票选出的部分后期网络海报作品的移动界面。

下面了解走进用户心理的 APP 内容模式，主要从 3 个方面进行分析，相关内容如下图所示。

“全力以赴的你，今天坐好一点”活动界面

网络海报作品的移动界面

这个活动的推出时间为冬季，适当的时间搭配温馨的界面文字所营造的效果是相当惊人的。为了进一步推动APP与用户的距离，“滴滴出行”还推出了两个微视频，通过视频中的人物表现，传递“为了每一个全力以赴的你，今天坐好一点”“为了每一个爱你的人，今天坐好一点”两种声音

3. 真实可以帮助用户更认可

在网络时代，文字的真实性越来越受到怀疑，而主打真实声音的 APP 却开始流行起来。一个标榜微博式电台的名为“喜马拉雅 FM”的 APP 吸引了数亿人的目光，其所依靠的就是真实的声音。

为了进一步让用户更认可 APP，“喜马拉雅 FM”推出了微博主题活动“对 1.2 亿人说”。

喜马拉雅FM的微博主题活动

一个以用户为中心的微博主题活动实现了 3500 万人次的阅读量，充分体现了用户对于真实声音的渴望。另外从 APP 的定位而言，“喜马拉雅 FM”就较为成功，它为用户提供了有声小说、相声评书、新闻、音乐、脱口秀、段子笑话、英语、儿歌和儿童故事等多方面内容，满足了不同用户群体的需求。

在 APP 的功能上，“喜马拉雅 FM”也以真实性的声音为中心。如右图所示，为“喜马拉雅 FM”APP 相关宣传海报界面。

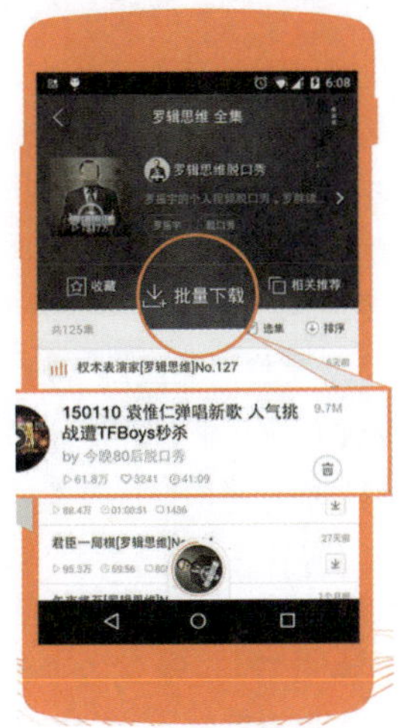

“喜马拉雅FM”APP相关宣传海报界面

078 内容也需要做“装修”

对于移动 UI 而言，基本的内容“装修”在实际运作的第一步就是对启动页的内容进行处理。如下图所示，为 APP 启动页设计中的部分精品案例。

APP 的启动页在作用上主要是为了让 APP 启动有一定的缓冲时间，为之后用户的流畅使用提供保证。随着 APP 市场的发展，大众对于 APP 的要求提升，启动页也逐渐成为 APP 获得用户认可的一个标志。

APP的启动页

从设计的角度出发，主要有以下 3 个方面要求。

- **设计要求**
  - **内部页面方面**：启动页的内容与内部页面内容保持一致性
  - **传递品牌方面**：采用产品名称、产品标志语为组成部分，突出主题
  - **情感共鸣方面**：通过启动页去说一个故事或是表达情怀也是常见的

当用户点击 APP，经过启动页进入 APP 的内部内容时，首页导航就成了用户的第一关注重点，所以把首页装扮好、把首页导航设置好也是重要的“装修”方面。需要注意的是，并不是所有的 APP 都需要首页导航，一般 APP 内容较多的情况下，使用首页导航能够更清晰地将内容表现出来。

APP的内部内容

除了APP形式上的“装修”之外，还有就是内容上的“装修”，这些内容往往与 APP 的内容定位相关。比如在母婴类的 APP 中，发布的相关内容应该是与母婴相关的。例如，“佑子堂”APP 的相关内容信息就是以母婴为主题。

知识链接 在内容部分，主要是发布一些与主题相关的心得或者看法方面的文章，信息要以有趣和实用为主，同时配以适当数量的图片、视频也是必要的。

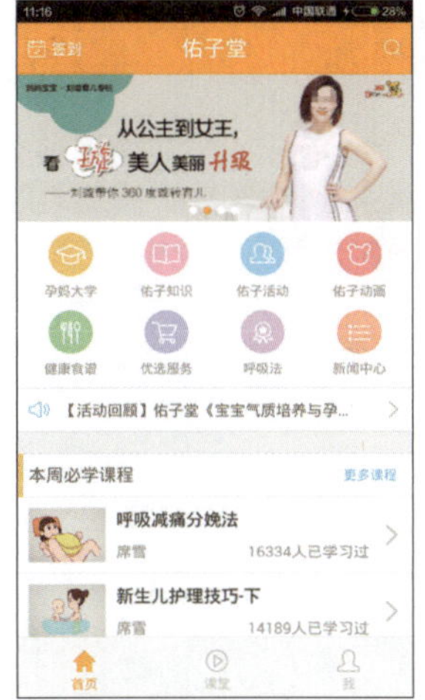

"佑子堂"APP 界面

079 登录界面的设计要点

移动 UI 设计的重要性不言而喻，几乎是用户对于 APP 本身第一印象的来源。在设计过程中，用户登录界面无疑是最需要被掌控的环节。从优质设计的角度出发，目前可以从 3 个方面完成相关界面的设计，如右图所示。

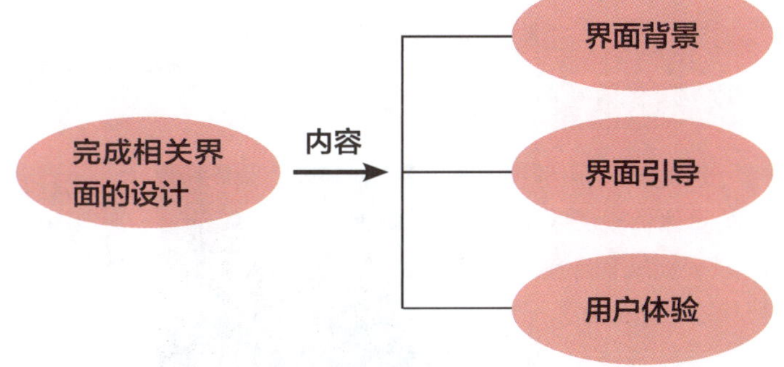

1. 界面背景

背景图在企业 APP 中相当重要，是构成界面的主要因素之一。当用户来到软件的登录界面时，优秀的背景能够直接给用户造成冲击感。

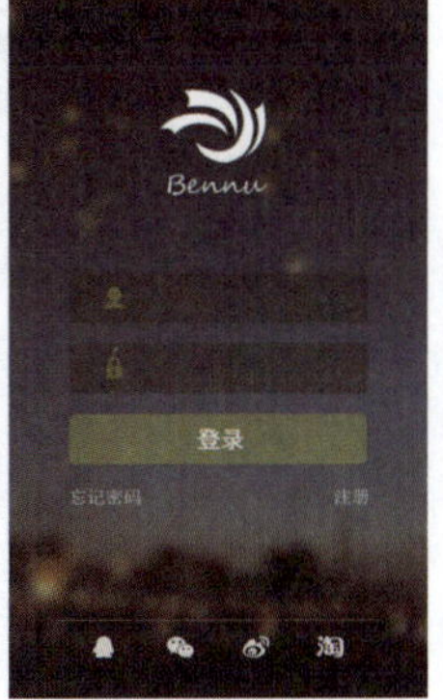

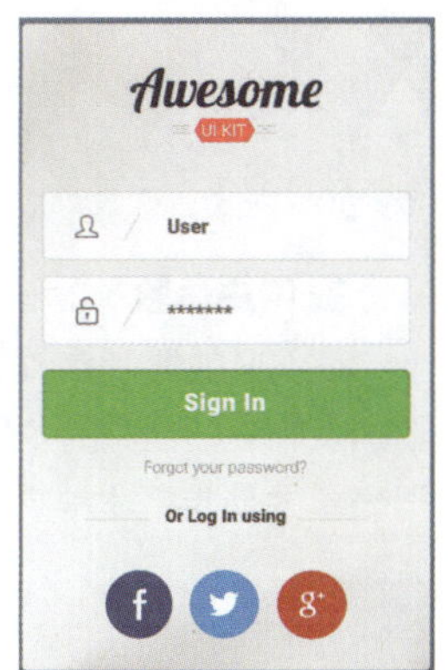

APP登录界面

界面背景图在选择上有 3 种形式，其特色和表现各有不同，具体分析如下所示。

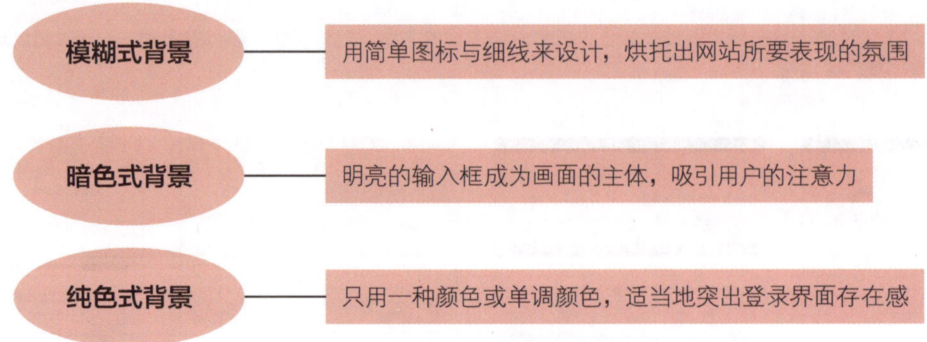

2. 界面引导

在企业 APP 的登录界面中，界面引导的作用并不突出，一般是以版本更新时信息展示的方式进行内容引导，而登录界面的主要功能还是以高效执行用户登录或注册为主。下面为简单界面风格的相关分析。

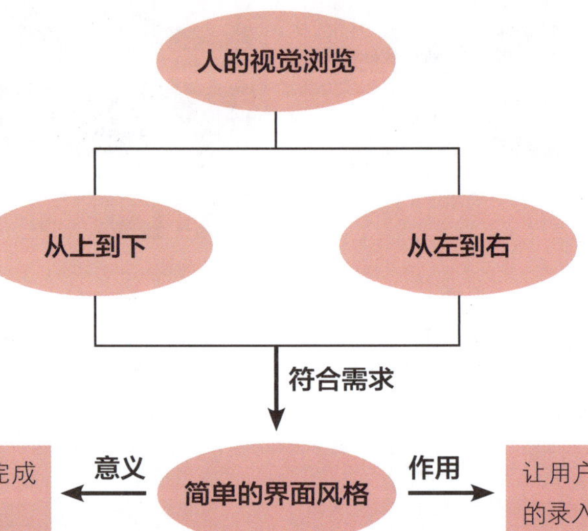

登录界面的引导在 APP 上的具体体现，就是登录框，一般只有用户名、密码和注册 3 个选项。

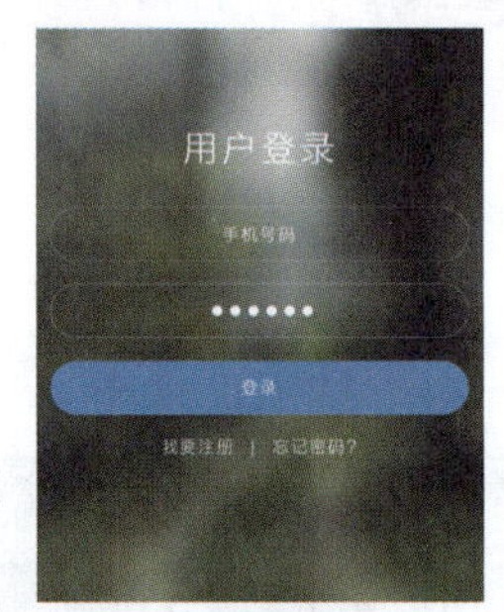

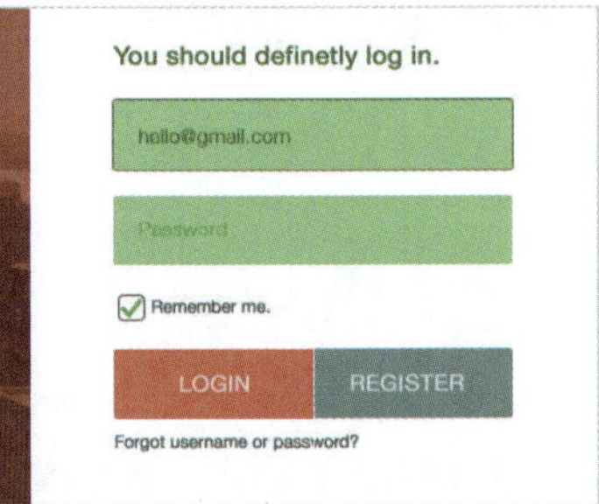

APP登录框界面

3. 用户体验

在 APP 的登录界面上，用户体验的好坏来源于登录速度、注册速度和注册步骤的多少。对于用户而言，登录界面的输入栏和注册表单的使用率非常高，而这部分就是 APP 需要进行创新设计的方面。

对于 APP 而言，哪怕是一个注册的表单，也值得开发者细心地去研究。如果设计者本身不重视用户体验并且不培养核心用户，那么就会流失大量的普通用户。以 APP 的注册表为例，往往表现形式较简单，右图为两种常见的注册界面形式。

APP登录界面

080 基本元素的设计技巧

无论移动客户端的目标是什么，了解移动 UI 设计技巧是企业 APP 走向成功的第一步。随着 APP 应用软件的发展，目前在互联网上涌现出了很多实用的设计技巧，但信息过于繁杂。不管设计者是制作一个整体的 APP，还是对已有 APP 进行升级改进，或者是增加一些功能元素，都需要掌握一些基本的设计技巧。下面从企业 APP 的设计角度出发，有针对性地对 7 个设计技巧进行全面分析，内容如下图所示。

1. 专注于用户体验

用户体验是指用户在使用产品的过程中建立起来的感受，是在以用户为中心、以人为本的 APP 设计中尤其需要被注意的。一般情况下，用户体验包括使用 APP 之前、使用期间和使用之后的全部感受，主要集中于右图所示的 8 个方面。

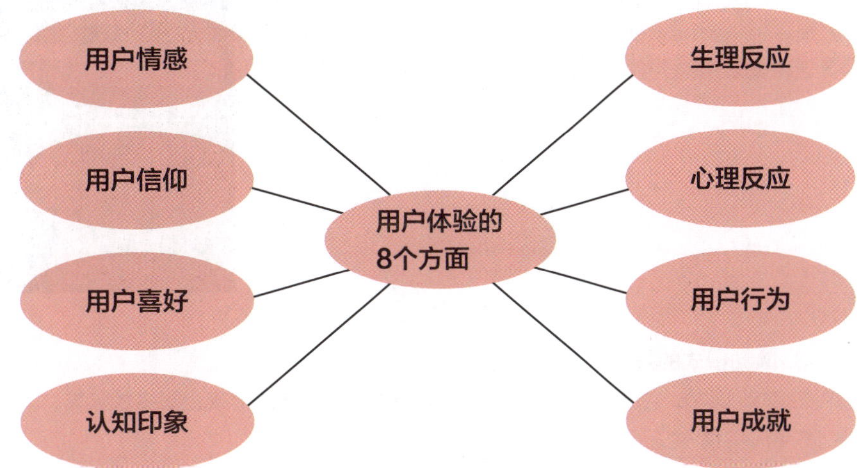

用户体验良好的企业移动 UI，自然能够提升用户眼中的企业形象。需要注意的是，并不是结构越复杂、功能越强大的 APP 就会被认可。

以药品行业某公司的 APP 为例，其主要功能只有用药提醒一项，通过这个功能提升用户的体验，从而获得用户好感。

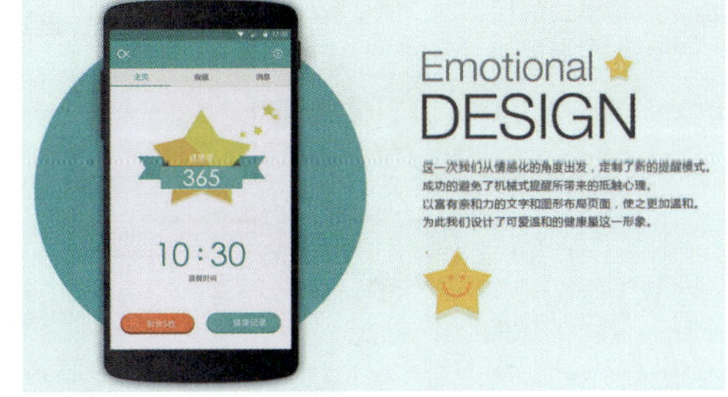

药品行业某公司的APP界面

2. 使用模糊的背景

模糊背景也被称为背景虚化，在移动 UI 设计中十分常见，往往是作为一个配角存在。从实用角度出发，主要有整体背景模糊设计和局部背景模糊设计两种方式，但是其所起的作用是一致的，主要有以下几个方面。

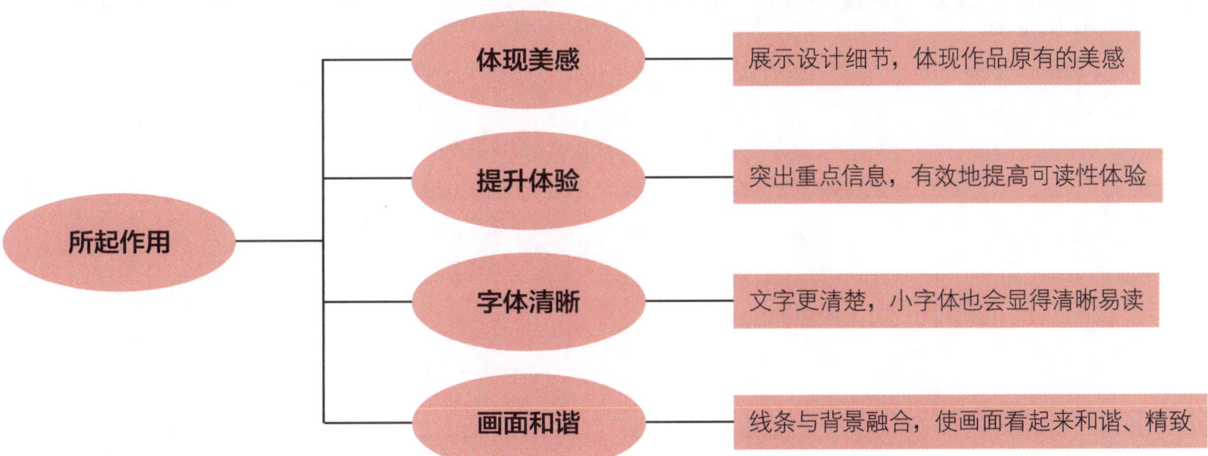

模糊背景的模式常常运用于设计移动 UI 的登录界面或者背景图像，用来突出界面的登录框形象。

知识链接 在部分移动UI中，除了登录界面使用模糊背景之外，也会在软件功能界面采用模糊背景的模式来突出文字内容，但这种模式主要应用在部分功能简单，或者表现形式简单的软件上。功能较复杂的APP不宜采用。

模糊背景

3. 滚动模式的好处

在移动 UI 中，由于移动端界面的局限，往往很难直接体现出更多的元素，所以在设计移动 UI 时，设计人员就借鉴 PC 端的模式，增加了界面滚动的功能，其模式的相关内容分析如右图所示。

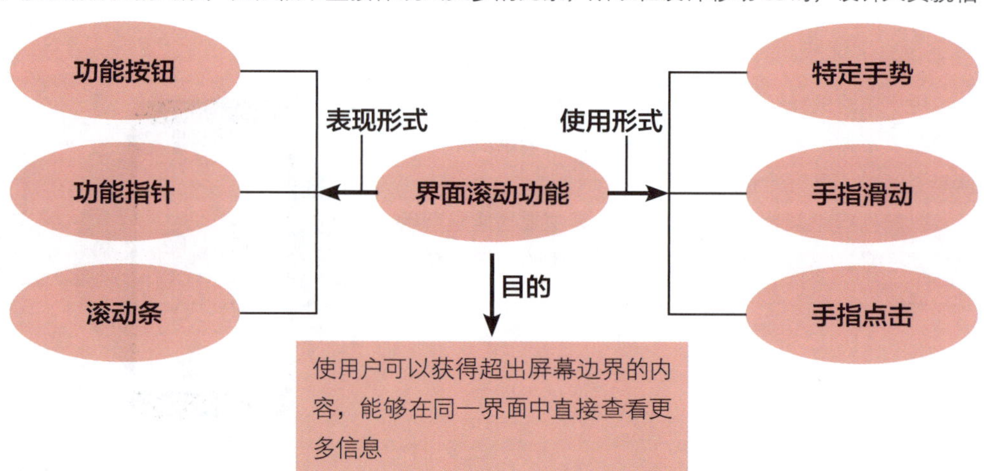

以“书旗小说”APP 的界面为例，在小说的目录界面每次只能显示 10 章的目录内容，但用户可以使用手指上下滑动屏幕来切换查看更多目录内容。

全部目录
楔子 张天师祈禳瘟疫 洪太尉误走妖魔
第一回 王教头私走延安府 九纹龙大闹史...
第二回 史大郎夜走华阴县 鲁提辖拳打镇...
第三回 赵员外重修文殊院 鲁智深大闹五...
第四回 小霸王醉入销金帐 花和尚大闹桃...
第五回 九纹龙翦径赤松林 鲁智深火烧瓦...
第六回 花和尚倒拔垂杨柳 豹子头误入白...
第七回 林教头刺配沧州道 鲁智深大闹野...
第八回 柴进门招天下客 林冲棒打洪教头
第九回 林教头风雪山神庙 陆虞候火烧草...

全部目录
第十回 朱贵水亭施号箭 林冲雪夜上梁山
第十一回 梁山泊林冲落草 汴京城杨志卖刀
第十二回 青面兽北京斗武 急先锋东郭争功
第十三回 赤发鬼醉卧灵官殿 晁天王认义...
第十四回 吴学究说三阮撞筹 公孙胜应七...
第十五回 杨志押送金银担 吴用智取生辰纲
第十六回 花和尚单打二龙山 青面兽双夺...
第十七回 美髯公智稳插翅虎 宋公明私放...
第十八回 林冲水寨大并火 晁盖梁山小夺泊
第十九回 梁山泊义士尊晁盖 郓城县月夜...

全部目录
第二十一回 阎婆大闹郓城县 朱仝义释宋...
第二十二回 横海郡柴进留宾 景阳冈武松...
第二十三回 王婆贪贿说风情 郓哥不忿闹...
第二十四回 王婆计啜西门庆 淫妇药鸩武...
第二十五回 偷骨殖何九送丧 供人头武二...
第二十六回 母夜叉孟州道卖人肉 武都头...
第二十七回 武松威震平安寨 施恩义夺快...
第二十八回 施恩重霸孟州道 武松醉打蒋...
第二十九回 施恩三入死囚牢 武松大闹飞...
第三十回 张都监血溅鸳鸯楼 武行者夜走...

全部目录
第三十一回 武行者醉打孔亮 锦毛虎义释...
第三十二回 宋江夜看小鳌山 花荣大闹清...
第三十三回 镇三山大闹青州道 霹雳火夜...
第三十四回 石将军村店寄书 小李广梁山...
第三十五回 梁山泊吴用举戴宗 揭阳岭宋...
第三十六回 没遮拦追赶及时雨 船火儿夜...
第三十七回 及时雨会神行太保 黑旋风展...
第三十八回 浔阳楼宋江吟反诗 梁山泊戴...
第三十九回 梁山泊好汉劫法场 白龙庙英...
第四十回 宋江智取无为军 张顺活捉黄文炳

“书旗小说”APP 界面

4. 简单色调的搭配

简约的模式已经成了流行的移动 UI 设计理念，相比于过去闪烁的霓虹色搭配，整洁和干净更能够获得现在的用户的欢心。在移动 UI 设计中的配色上，主要有 3 种配色技巧可供选择，如右图所示。

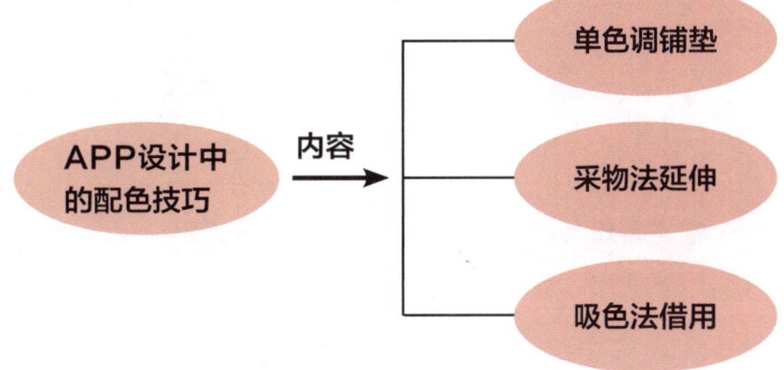

在移动 UI 的基本元素设计中，选择统一的色系能够给用户留下深刻的印象，通过单色延伸的方法使整个移动 UI 保持色系上的稳定性。一般情况下，为了防止过于单调，单色调铺垫的方式中会采用小面积的辅助色，提升界面层次感。

采物法延伸主要是指采用画面内物体的色彩作为配色的基础，并将这种色彩延伸至整个画面。在实际应用中，主要是采用画面主体或背景的色彩。

单色与辅助色并存的界面：以白色为单色，粉红色作为辅助色的界面

单色与辅助色并存的界面

采用画面背景或文字背景的色彩作为配色基础：设计者可采用画面背景的粉红色或文字背景的黄色作为配色的基础

采用画面背景或文字背景的色彩作为配色基础

吸色法借用主要是从别人的优秀作品中将色彩通过工具进行吸收，并将其用于自己的设计稿中。这种方式门槛很低，实用性较强，但需要注意色彩的比例，不宜作用于大范围的背景，往往这个方法只适用于局部的色彩设计。

5. 软件的情景感知

随着智能手机和可穿戴设备应用软件的功能进一步加强，情景感知的需求成了移动 UI 设计中的重要考虑因素。情景感知是一种智能化的功能元素，目前已经普遍运用于智能家居、办公和精准农业等方面。右图为情景感知的模式和作用分析。

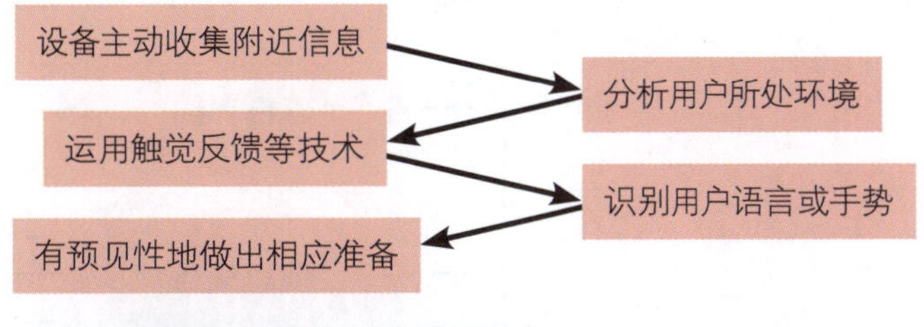

随着大众对情景感知模式的需求增加，智能化成了未来的移动 UI 设计主流，市场上出现了很多以用户为中心的情景感知移动应用。如右图所示，即为智能家居领域的智能型 APP，提供主动与自动两种操作方式。

在设计左图中的移动UI时，设计者大胆地模拟了实际的空调操作界面，如显示屏、降低温度、增加温度、自动和开启等按钮元素，让用户可以快速上手。

智能家居领域的智能型APP 界面

情景感知除了应用于智能家居领域之外，在其他行业中也被广泛采用，部分案例如下所示。

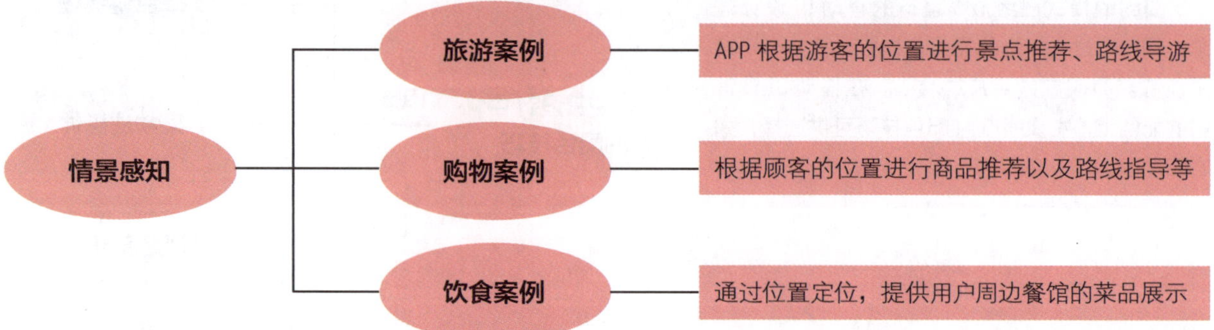

6. 拟物设计的兴起

例如，苹果手机的软件设计风格一直以来由史蒂夫·乔布斯主导，而他对于 UI 设计方面所推崇的就是拟物设计，这种设计方式直到乔布斯去世之后才被改为扁平化 UI 设计，但拟物设计仍然存在于诸多行业的软件设计中。

关于拟物设计主题的相关分析如下。

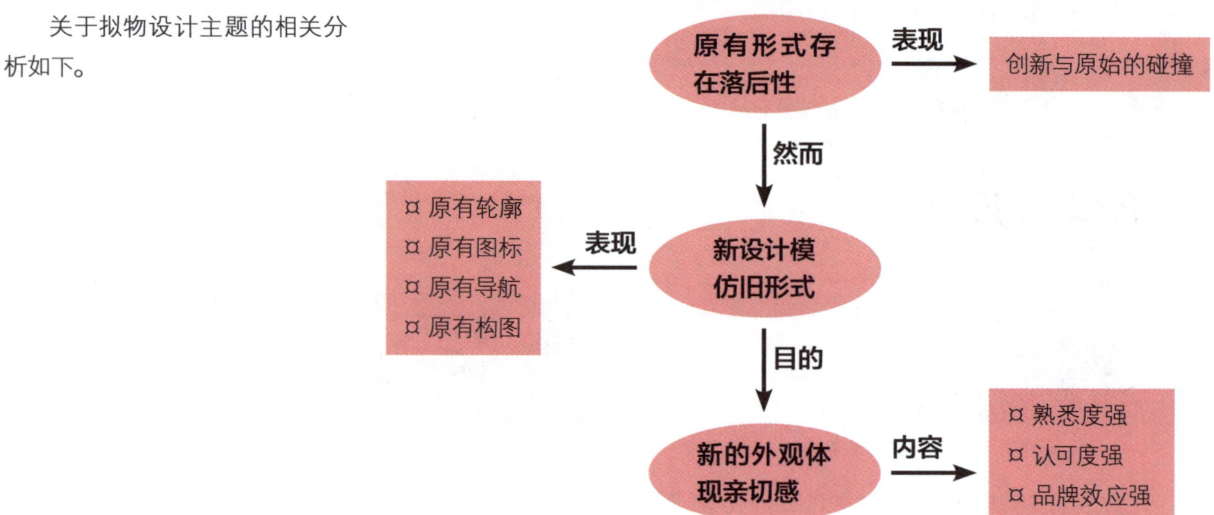

拟物设计除了在移动 UI 主题元素上的体现之外，在具体的表现中主要是指一种产品设计的元素或自身风格，下面从 4 个方面对拟物设计进行深入认识。

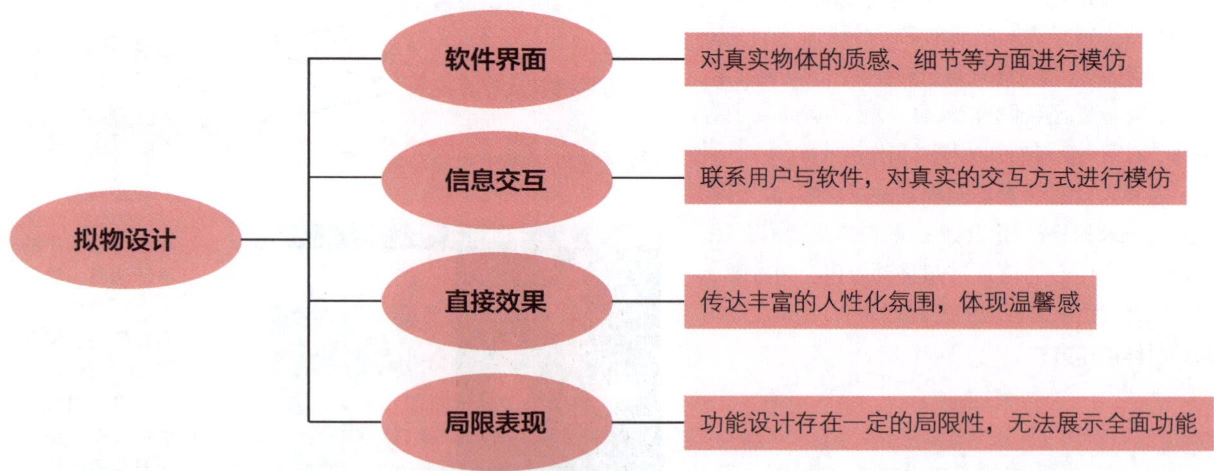

例如，在读书类 APP 移动 UI 中，常常采用书柜或原木背景的方式进行拟物设计，为阅读者创造良好的阅读环境。如下图所示，为“掌阅” APP 的相关界面。

“掌阅”APP的相关界面

7. 简洁的升级提示

大部分移动 UI 的设计者都十分明白软件升级的必要性，这对于 APP 本身而言不仅仅是功能上的升级，也是利用升级再一次对用户造成存在感影响。对于用户而言，过于频繁的 APP 升级往往会带来心理上的反感，所以 APP 本身拥有一个简洁的升级提示界面十分重要。

如右图所示，为 EC 模板堂的 APP 升级提升，该提示以简洁的文字、相关的序列全面地将更新内容表达出来。

除了软件内置的升级提示之外，还有一种方式就是在应用商城中可以直接升级软件，用户也可以通过应用商城对软件升级的内容进行查看。

EC模板堂的APP升级提升界面

PART 02

软件功能篇

在了解移动UI设计的基本理论知识后，读者还需要对Photoshop软件的相关功能进行了解，才能通过软件进行设计制作，并在移动UI作品设计中得心应手。本篇循序渐进地讲解图像处理软件中文版Photoshop CC的各项功能，以使读者更加深入地认识软件，熟练掌握移动UI图像的制作方法和设计技巧。

Photoshop 移动 UI 设计入门

在 APP 移动 UI 设计过程中，设计者常常使用 Photoshop 软件处理 APP 中的各类图像，该软件是目前世界上最优秀的图片处理软件之一，这款软件具有非常强大的商品图像处理与修饰功能。本章主要向读者介绍 Photoshop 软件的基础知识，内容完全从入门起步，新手可以在没有任何基础的情况下初步掌握 Photoshop 软件，为后面的移动 UI 图像设计工作奠定良好的基础。

081 安装 Photoshop CC 软件

Photoshop CC 的安装时间较长，在安装的过程中需要耐心等待。如果计算机中已经有其他的版本，则不需要卸载其他的版本，但需要将正在运行的相关软件关闭。

STEP 1 打开 Photoshop CC 的安装软件文件夹，双击 Setup.exe 图标，安装软件开始初始化。初始化之后，会显示一个“欢迎”界面，选择“试用”选项❶，执行上述操作后，进入“需要登录”界面，单击“登录”按钮❷，执行上述操作后，进入相应界面，单击相关按钮。

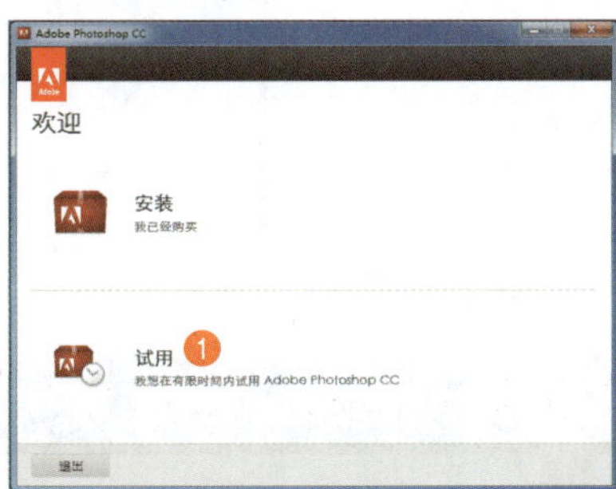

STEP 2 执行上述操作后，进入“Adobe 软件许可协议”界面，单击“接受”按钮❸，执行上述操作后，进入“选项”界面，在“位置”下方的文本框中设置相应的安装位置，然后单击“安装”按钮❹。

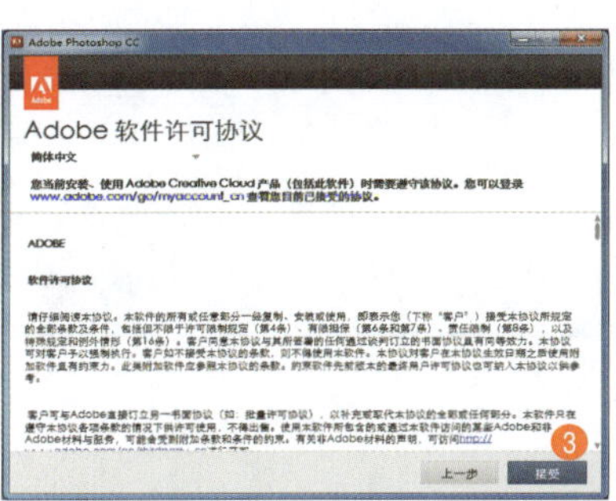

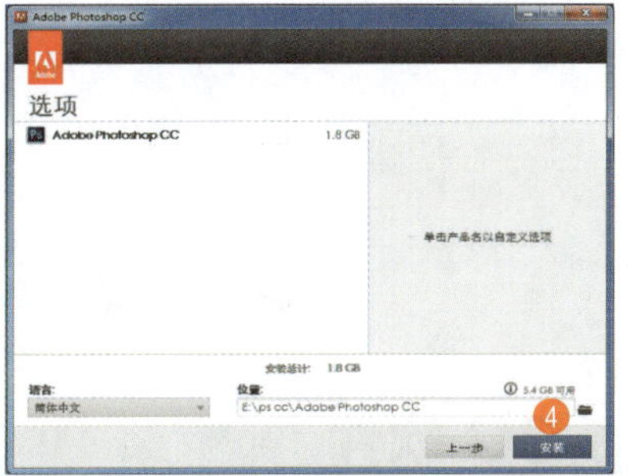

STEP 3 执行上述操作后，系统会自动安装软件，进入“安装”界面，显示安装进度❺，如果用户需要取消，单击左下角的“取消”按钮即可。

STEP 4 在弹出的相应窗口中提示此次安装完成，然后单击右下角的“关闭”按钮❻，即可完成 Photoshop CC 的安装操作。

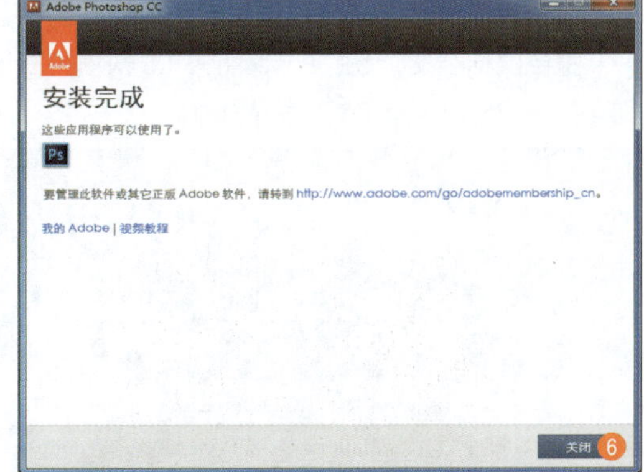

082 卸载 Photoshop CC 软件

Photoshop CC 的卸载方法比较简单，在这里用户需要借助 Windows 的卸载程序进行操作，或者运用杀毒软件中的卸载功能来进行卸载。如果用户想要彻底移除 Photoshop 相关文件，就需要找到 Photoshop 的安装路径，删掉这个文件夹即可。

STEP 1 在 Windows 操作系统中打开“控制面板”窗口，单击“程序和功能”图标，在弹出的窗口中选择 Adobe Photoshop CC 选项，然后单击“卸载”按钮①，在弹出的“卸载选项”窗口中选中需要卸载的软件，然后单击右下角的“卸载”按钮②。

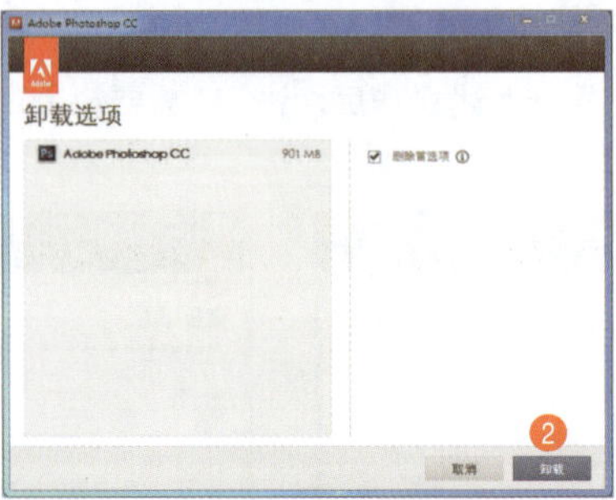

STEP 2 执行操作后，系统开始卸载 Photoshop 软件，并进入“卸载”窗口，显示软件卸载进度③。

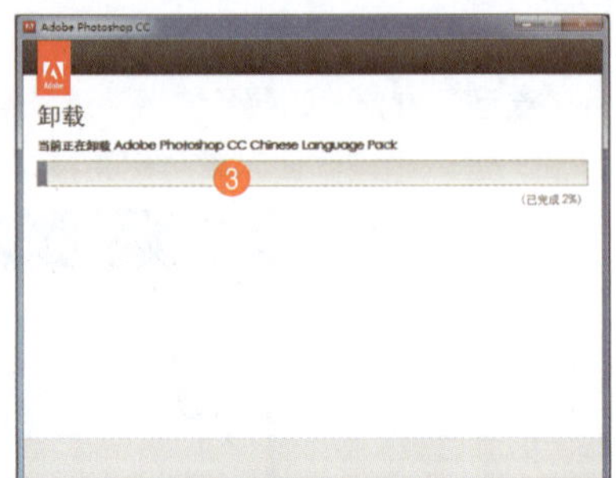

STEP 3 稍等片刻，弹出相应窗口，单击右下角的“关闭”按钮④，即可完成软件卸载。

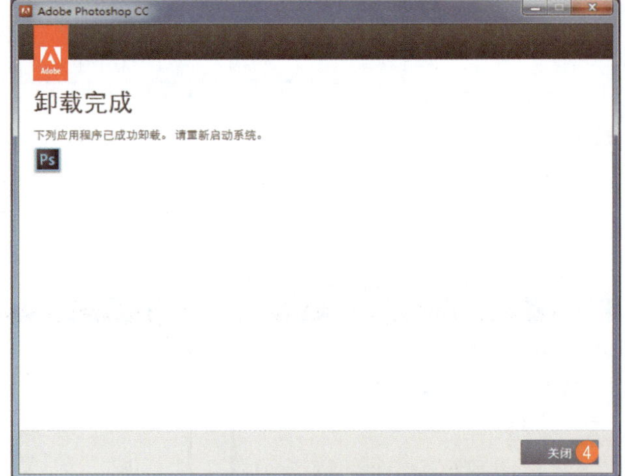

083 启动 Photoshop CC 软件

由于 Photoshop CC 程序需要较大的运行内存，所以 Photoshop CC 的启动时间较长，在启动的过程中需要耐心等待。

拖曳鼠标至桌面上的 Photoshop CC 快捷方式图标上，双击鼠标左键，即可启动 Photoshop CC 程序①。程序启动后，即可进入 Photoshop CC 工作界面②。

启动界面

Photoshop CC工作界面

知识链接

启动Photoshop CC，还有以下3种方法。

- 单击“开始”|“所有程序”|Adobe Photoshop CC命令。
- 拖曳鼠标指针至桌面上的Photoshop CC快捷方式图标上，单击鼠标右键，在弹出的快捷菜单中选择“打开”选项。

单击“Adobe Photoshop CC”命令

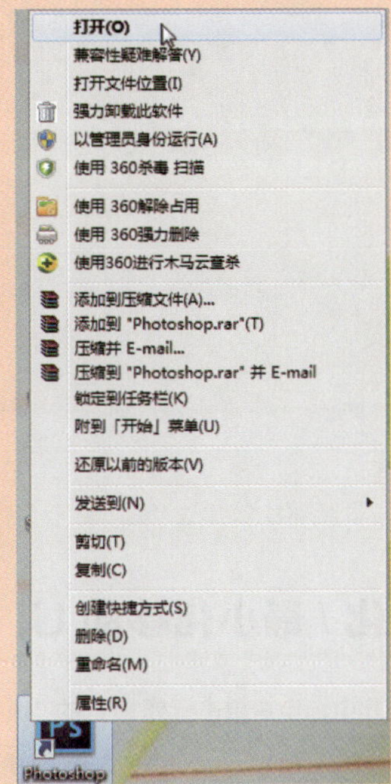

选择“打开”选项

- 双击计算计中已经存盘的任意一个PSD格式的Photoshop文件。

084 退出 Photoshop CC 软件

在处理图像完成后，或者在使用完Photoshop CC软件后，就需要关闭Photoshop CC程序以保证计算机的运行速度。

单击Photoshop CC窗口右上角的“关闭”按钮①，若在工作界面中进行了部分操作，之前也未保存，在退出该软件时，弹出信息提示对话框，单击“是”按钮，将保存文件；单击“否”按钮②，将不保存文件；单击“取消”按钮，将不退出Photoshop CC程序。

单击“关闭”按钮

信息提示框

知识链接

除了运用上述方法可以退出Photoshop CC外，还有以下两种方法。

- **命令：** 单击“文件”|“退出”命令。
- **快捷键：** 按【Alt+F4】组合键。

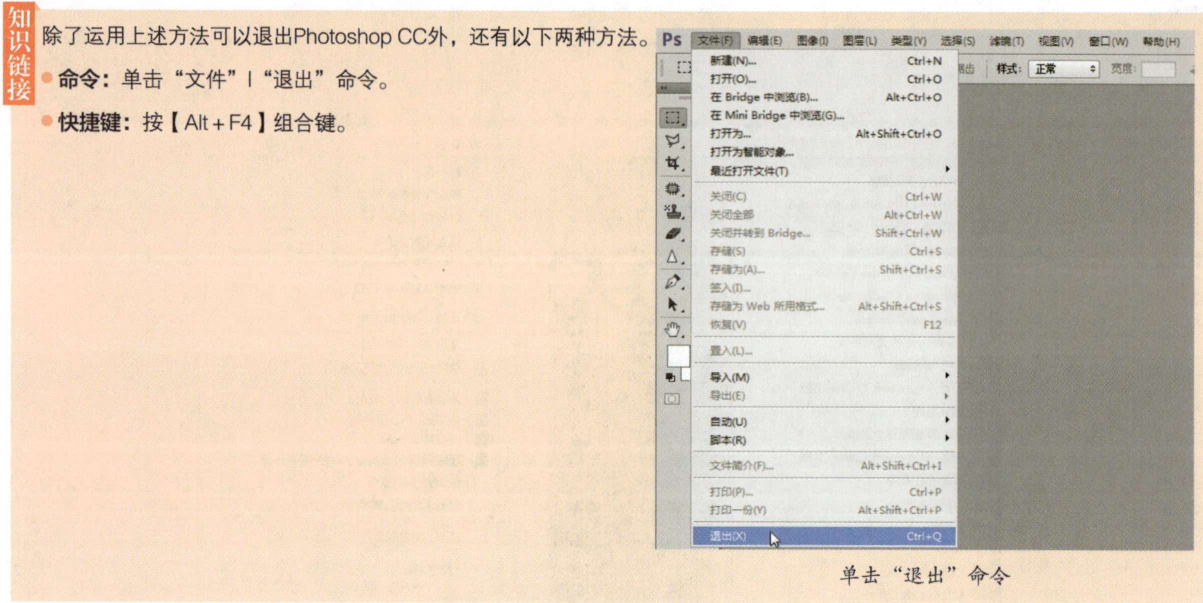

单击“退出”命令

085 最大化 / 最小化移动 UI 图像窗口

在 Photoshop CC 中，用户单击标题栏上的“最大化”按钮和“最小化”按钮，就可以将移动 UI 图像的编辑窗口最大化或最小化。

将鼠标指针移至图像编辑窗口标题栏上的“最大化”按钮上，单击鼠标左键，即可最大化窗口。将鼠标指针移至图像编辑窗口标题栏上的“最小化”按钮上，单击鼠标左键，即可最小化窗口。

最大化窗口

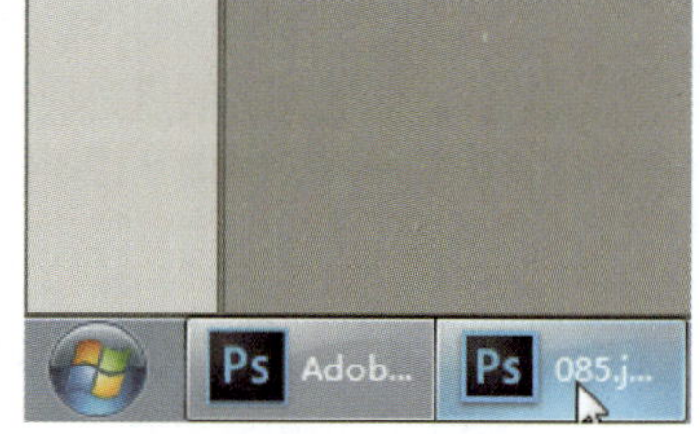

最小化窗口

086 还原移动 UI 图像窗口

在 Photoshop CC 中，当图像编辑窗口处于最大化或者是最小化的状态时，用户可以单击标题栏右侧的“恢复”按钮来恢复窗口。将鼠标指针移至图像编辑窗口的标题栏上，单击“恢复”按钮❶，即可恢复图像❷。

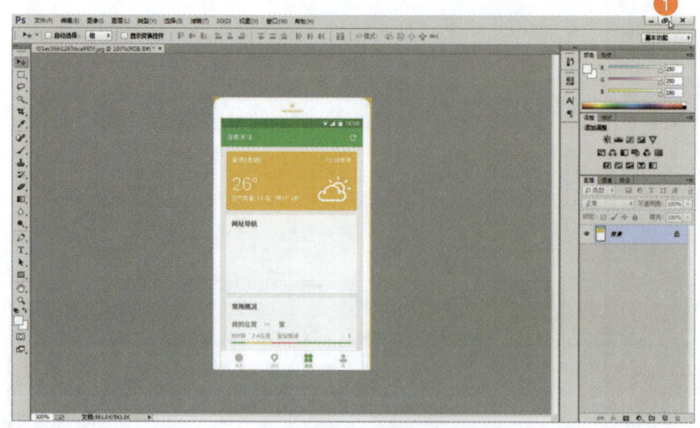

单击“恢复”按钮

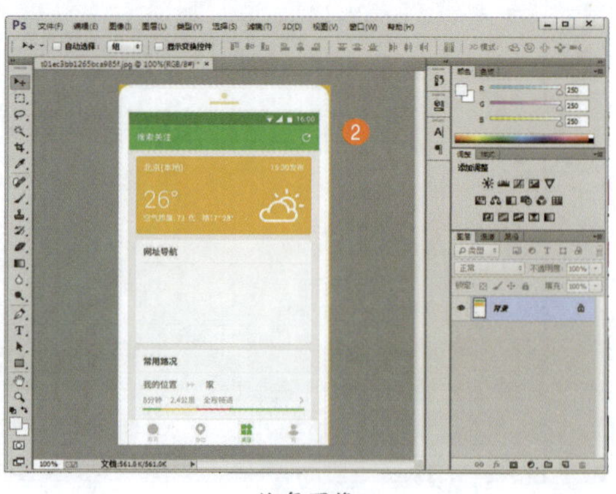

恢复图像

087 移动与调整移动 UI 图像窗口大小

在 Photoshop CC 中，如果用户在处理移动 UI 图像的过程中，需要把图像放在合适的位置，这时就要调整图像编辑窗口的大小和位置。将鼠标指针移动至图像编辑窗口标题栏上，按住鼠标左键的同时并拖曳至合适位置，即可移动窗口的位置❶。将鼠标指针移至图像窗口的角上，当鼠标呈现双箭头形状时，按住鼠标左键的同时并拖曳，即可等比例缩放窗口❷。

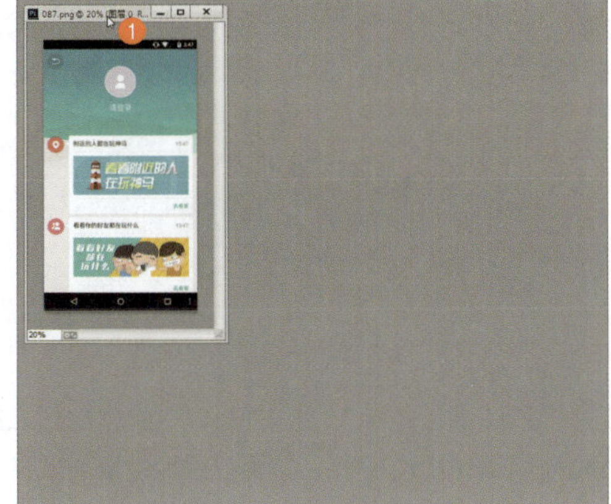

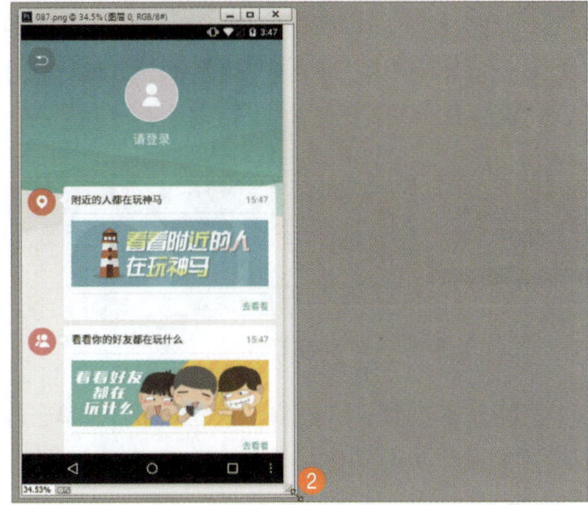

088 调整移动 UI 图像窗口排列

当打开多个移动 UI 图像文件时，每次只能显示一个图像编辑窗口内的图像。若用户需要对多个窗口中的内容进行比较，可以单击"窗口"|"排列"命令，则可将各窗口以水平平铺、浮动、层叠和选项卡等方式进行排列。

当用户需要对窗口进行适当的布置时，可以将鼠标指针移至图像窗口的标题栏上，按住鼠标左键的同时并拖曳，即可将图像窗口拖动到屏幕任意位置。

单击"窗口"|"排列"|"平铺"命令，即可平铺窗口中的图像。单击"窗口"|"排列"|"在窗口中浮动"命令，即可使当前编辑窗口浮动排列。单击"窗口"|"排列"|"使所有内容在窗口中浮动"命令，即可使所有窗口都浮动排列。

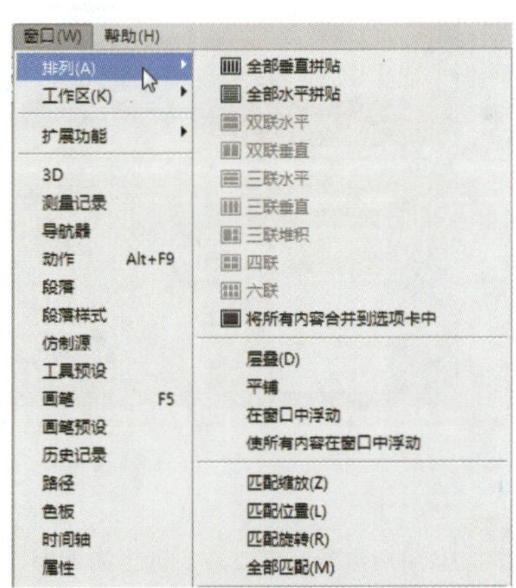

"排列"命令子菜单

平铺窗口中的图像

使当前编辑窗口浮动排列

单击“窗口”|“排列”|“将所有内容合并到选项卡中”命令，即可以选项卡的方式排列图像窗口。

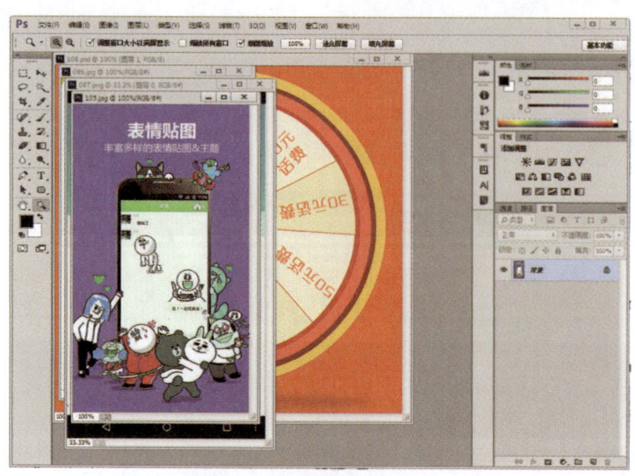

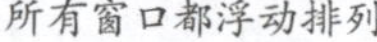

所有窗口都浮动排列

以选项卡的方式排列图像窗口

在平铺排列模式中调整某个图像的缩放比例后，单击“窗口”|“排列”|“匹配缩放”命令，即可以匹配缩放方式排列图片。在平铺排列模式中调整某个图像的位置后，单击“窗口”|“排列”|“匹配位置”命令，即可以匹配位置方式排列图片。

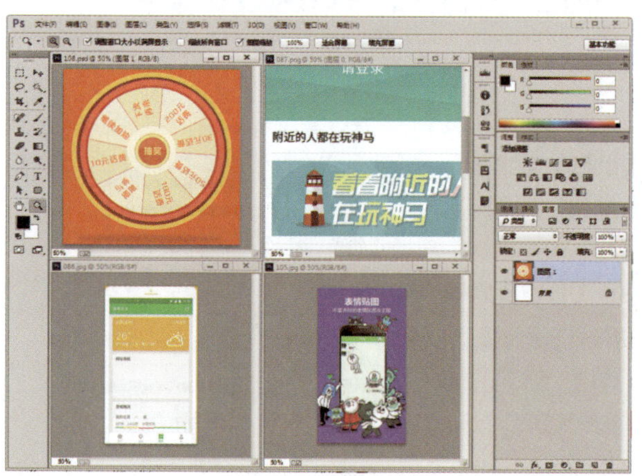

匹配缩放

匹配位置

知识链接

当用户需要对窗口进行适当布置时，可以将鼠标指针移至图像窗口的标题栏上，按住鼠标左键的同时并拖曳，即可将图像窗口拖动到屏幕任意位置。

089 切换当前移动 UI 图像窗口

在 Photoshop CC 中，用户在处理移动 UI 图像过程中，如果界面的图像编辑窗口中同时打开多幅素材图像时，用户可以根据需要在各窗口之间进行切换，让工作界面变得更加方便、快捷，从而提高工作效率。

在 Photoshop CC 工具界面的中间，呈灰色区域显示的即为图像编辑工作区。当打开一个文档时，工作区中将显示该文档的图像窗口，图像窗口是编辑的主要工作区域，图形的绘制或图像的编辑都在此区域中进行。

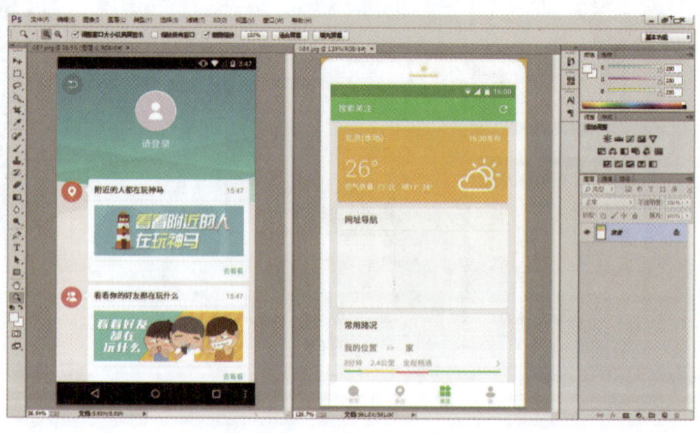

打开多个文档的工作界面

在图像编辑窗口中可以实现所有 Photoshop CC 中的功能，也可以对图像窗口进行多种操作，如改变窗口大小和位置等。当新建或打开多个文件时，图像标题栏的显示呈灰白色时，即为当前编辑窗口，此时所有操作将只针对该图像编辑窗口。若想对其他图像编辑窗口进行编辑，使用鼠标单击需要编辑的图像窗口即可。

STEP 1 单击“文件”|“打开”命令，打开两幅素材图像❶。

STEP 2 单击“窗口”|“排列”|“使所有内容在窗口中浮动”命令❷，即可将所有图像在窗口中浮动显示❸。

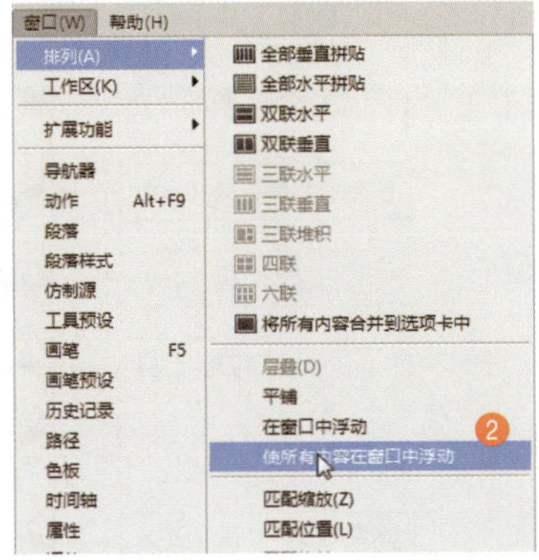

STEP 3 将鼠标移至 089(2).jpg 素材图像的编辑窗口上，单击鼠标左键❹，即可将素材图像置为当前窗口❺。

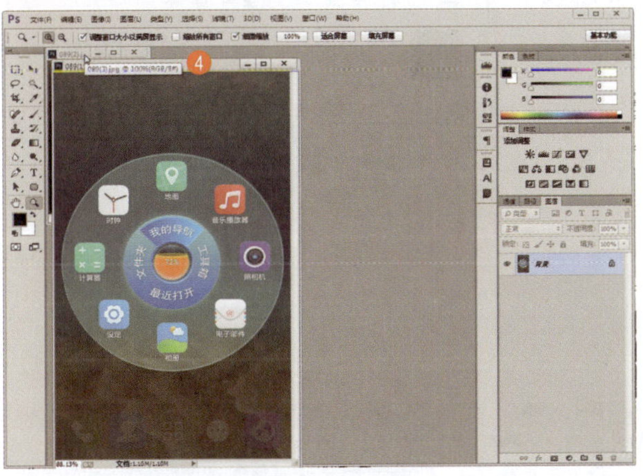

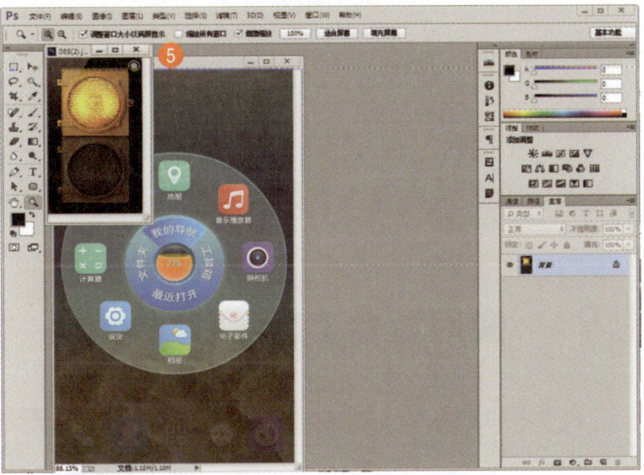

090 管理 Photoshop CC 工具箱

在 Photoshop CC 的工具箱中，包含了用于各种创建和编辑图像、图稿、页面元素的工具和按钮，灵活运用工具箱将有助于用户设计出更优秀的移动 UI 作品。

Photoshop CC 的工具箱是以图标形式展现的，用户从工具的形态可以了解该工具的功能。

工具箱位于工作界面的左侧，共有 50 多个工具。要使用工具箱中的工具，只要单击工具按钮即可在图像编辑窗口中使用。若在工具按钮的右下角有一个小三角形，表示该工具按钮还有其他工具。

移动鼠标指针至工具箱中的移动工具上，单击鼠标左键可以选取移动工具，选取任意工具即可进行相应的操作。

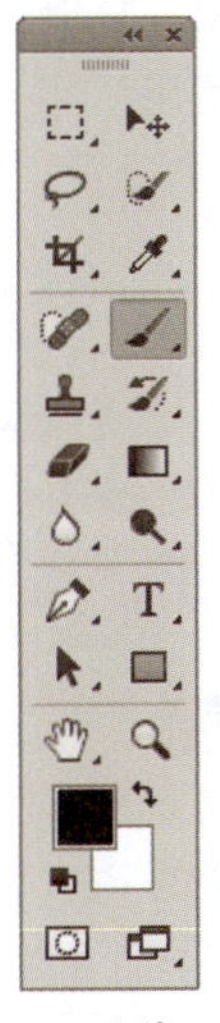

工具箱

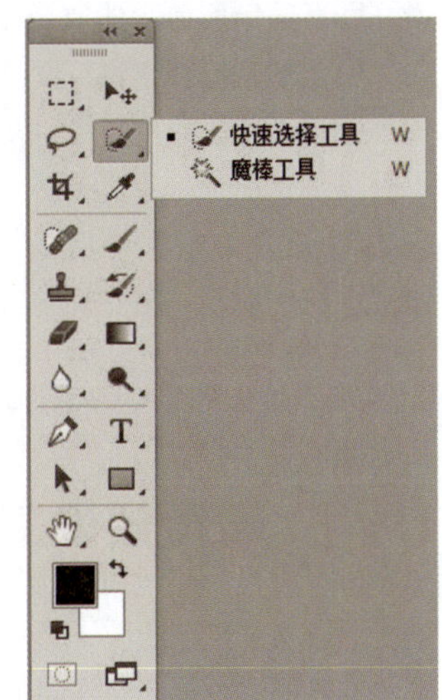

显示隐藏工具

单击工具箱中的矩形选框工具右下角的三角形按钮，就会显示出其他选框功能的隐藏工具，单击任意工具右下角的三角形按钮，就会显示出其他相似功能的隐藏工具。

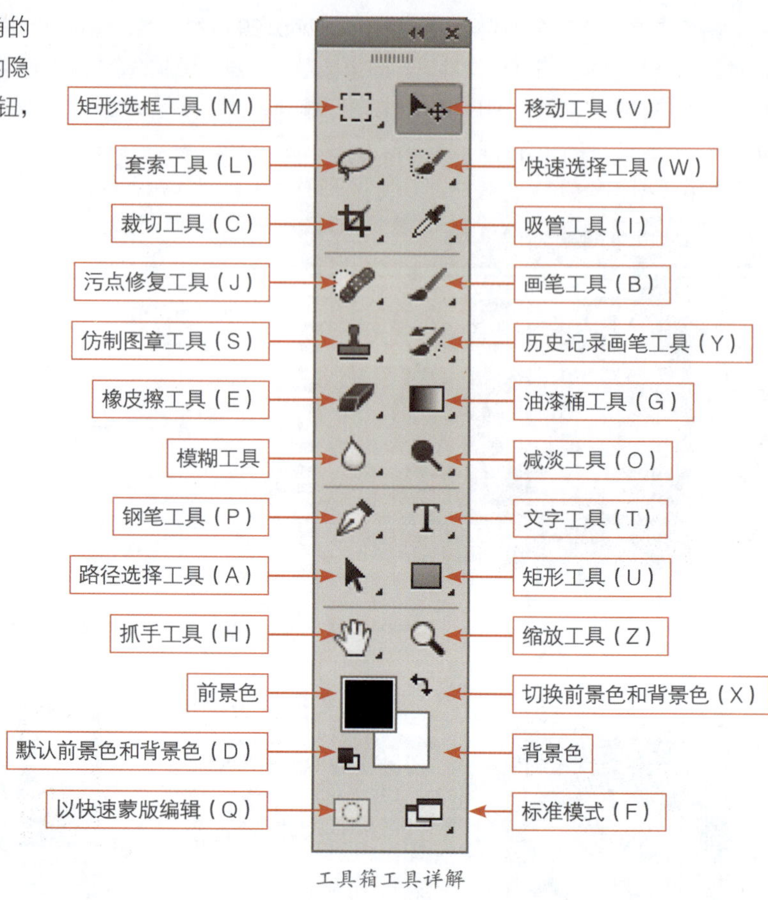

工具箱工具详解

091 使用复合工具

如果要选取工具箱中的工具只需要单击相应的图标即可。如果某个工具右下角带有三角形的图标就表示此工具下隐藏有其复合工具，用户可以在该工具上按住鼠标左键不放或者单击鼠标右键，即可显示所包含的复合工具。复合工具包含的功能很丰富，灵活运用可以提高处理图片的速度。

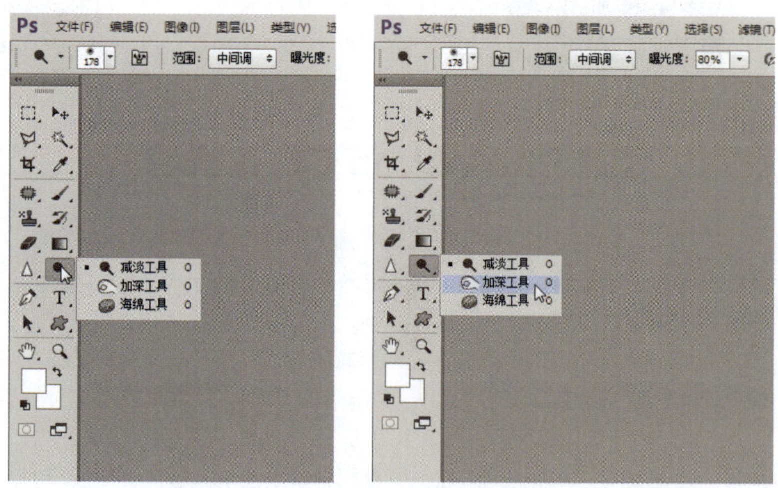

显示所包含的复合工具

092 设置预设工具

工具属性栏一般位于菜单栏的下方，主要用于对所选择工具的属性进行设置，它提供了控制工具属性的选项，其显示的内容会根据所选工具的不同而发生变化。在工具箱中选择相应的工具后，工具属性栏将随之显示该工具可使用的功能。

STEP 1 选取工具箱中的渐变工具❶，在工具属性栏中，单击"工具预设"右侧的下拉按钮，弹出"预设"面板❷。

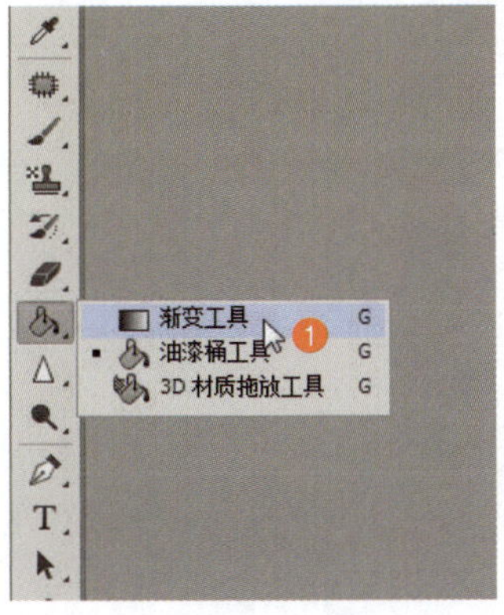

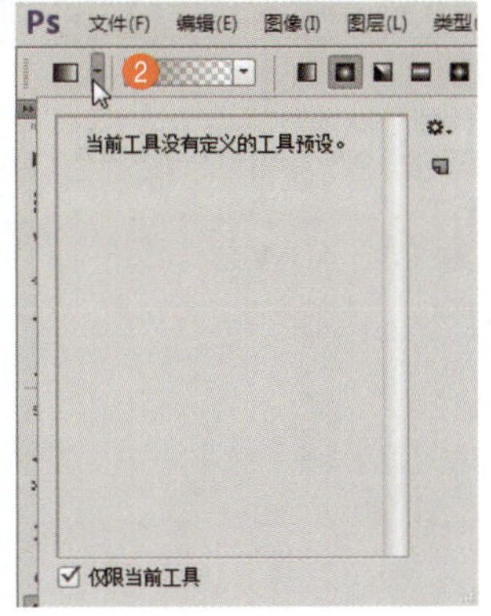

STEP 2 单击预设面板右上角的"创建新工具预设"按钮，弹出"新建工具预设"对话框，保持默认设置即可❸。

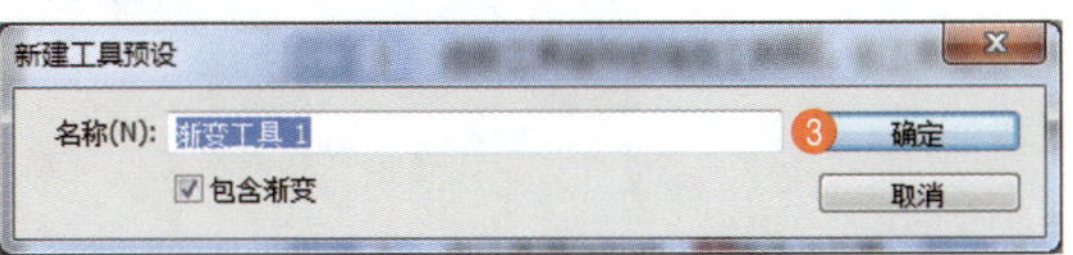

STEP 3 单击"确定"按钮，预设好的"渐变工具 1"即可显示在预设面板中❹。

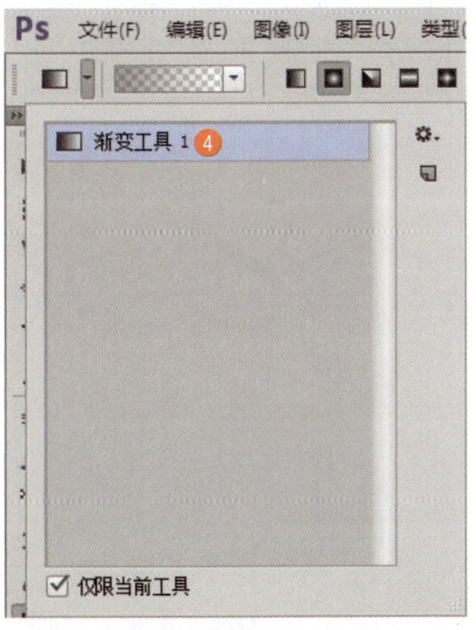

STEP 4 将鼠标指针移动至"渐变工具 1"选项上，单击鼠标右键，弹出快捷菜单，选择"删除工具预设"选项❺，即可删除工具预设❻。

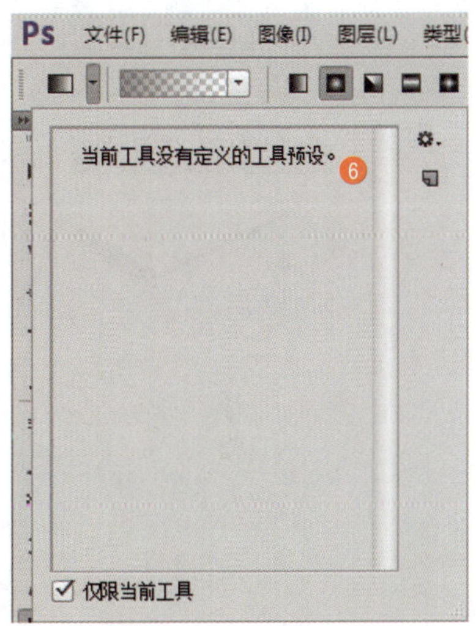

知识链接 当工具参数设置保存后，用户下次使用时，在弹出的预设面板中单击工具预设名称即可；若要复位当前工具参数或所有工具参数，则在弹出的预设面板中单击右上角的小锯齿形按钮，然后在弹出的列表框中选择"复位工具"或"复位所有工具"选项即可。

093 如何展开面板

在 Photoshop CC 中，面板的作用是用来设置颜色、工具参数，以及执行编辑命令的。Photoshop CC 中包含 20 多个面板，用户可以在"窗口"菜单中选择需要的面板并将其打开。单击面板组右上角的双三角形按钮，可以将面板展开，再次单击双三角形按钮，可将其折叠回面板组。

将鼠标指针移至控制面板上方的灰色区域内，单击鼠标右键，弹出快捷菜单，选择"展开面板"选项❶。执行操作后，即可在图像编辑窗口中展开控制面板❷。

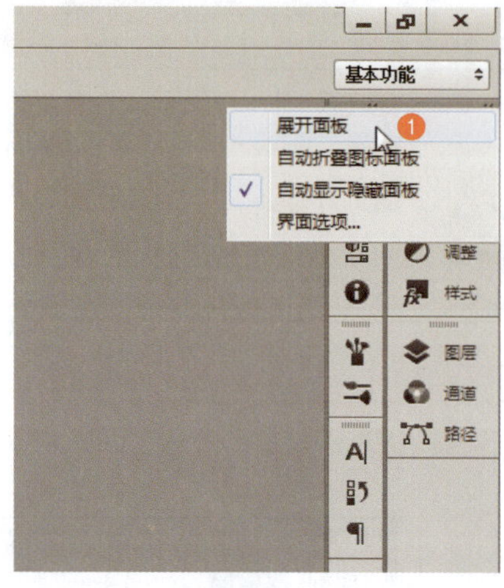

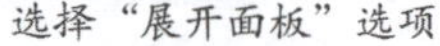
选择"展开面板"选项

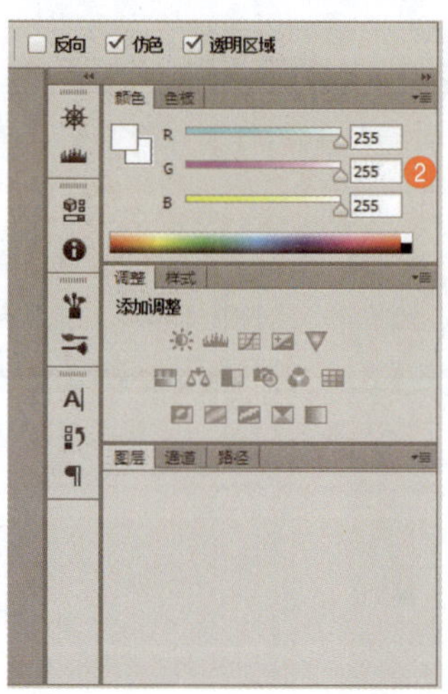

展开控制面板

094 移动面板

在Photoshop CC中，为使图像编辑窗口显示更有利于操作，可以将面板随意移动至任意位置。将鼠标指针移动至"图层"面板的上方，按住鼠标左键的同时并拖曳至合适位置后，释放鼠标左键，即可移动"图层"面板。

原图

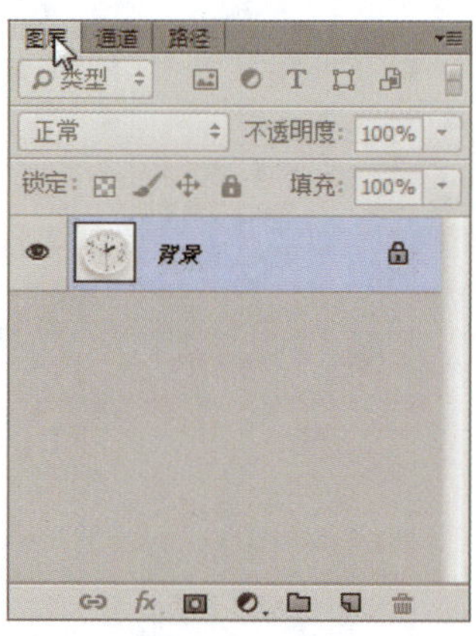

将鼠标指针移至图层面板

移动图层面板

095 组合面板

组合面板可以将两个或者多个面板组合在一起，当将一个面板拖曳到另一个面板的标题栏上出现蓝色虚框时释放鼠标，即可将其与目标面板组合。

拖曳面板

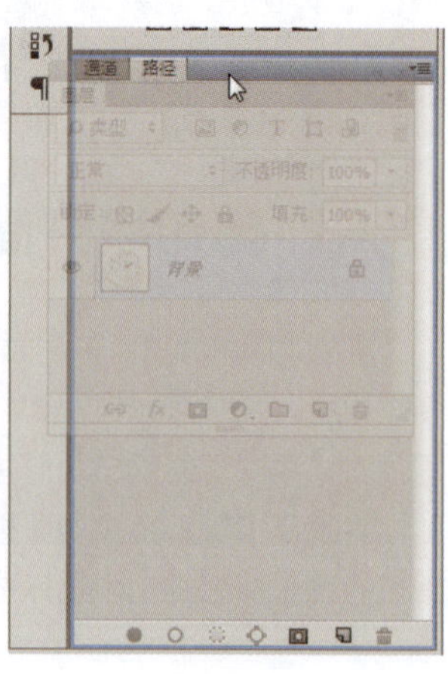
组合面板

096 隐藏面板

在 Photoshop 中，为了最大限度地利用图像编辑窗口，用户可以隐藏面板。将鼠标指针移至相应面板上方的灰色区域内，单击鼠标右键，弹出快捷菜单，选择“关闭”选项，即可隐藏该控制面板。

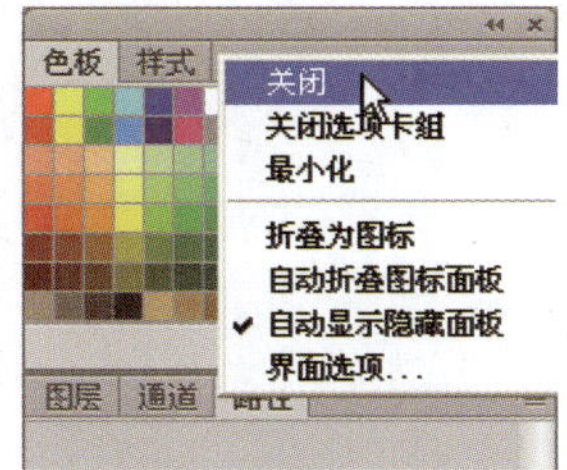

选择“关闭”选项

隐藏面板

097 调整面板大小

在 Photoshop 中，为创造一个舒适的工作环境，用户可以根据需要来控制面板的大小。将鼠标指针移至面板边缘处，当鼠标指针呈双向箭头形状时，按住鼠标左键并拖曳，即可调整控制面板的大小。

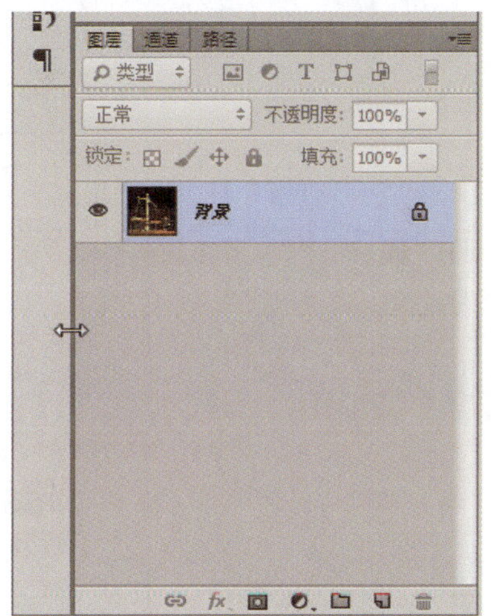

调整控制面板的大小

098 创建自定义工作区

在 Photoshop CC 工作界面中，文件的窗口、工具箱、菜单栏和面板的组合称为工作区，Photoshop 给用户提供了不同的预设工作区，如进行文字输入时选择“文字”工作区，就会打开与文字相关的面板，同时也可以创建属于自己的工作区。

用户创建自定义工作区时可以将经常使用的面板组合在一起，简化工作界面，从而提高工作的效率。

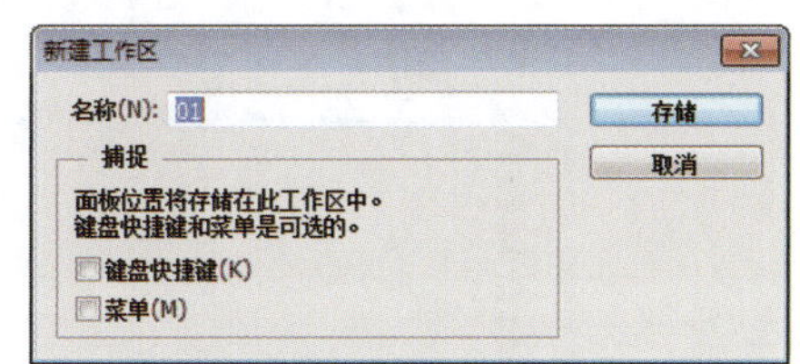

“新建工作区”对话框

单击“窗口”|“工作区”|“新建工作区”命令。弹出“新建工作区”对话框，在“名称”右侧的文本框中设置工作区的名称为 01。单击“存储”按钮，用户即可完成自定义工作区的创建。

099 设置自定义快捷键

在Photoshop CC中设计移动UI图像时，用户可以将经常使用的工具定义为熟悉的快捷键。

STEP 1 单击“窗口”|“工作区”|“键盘快捷键和菜单”命令①。

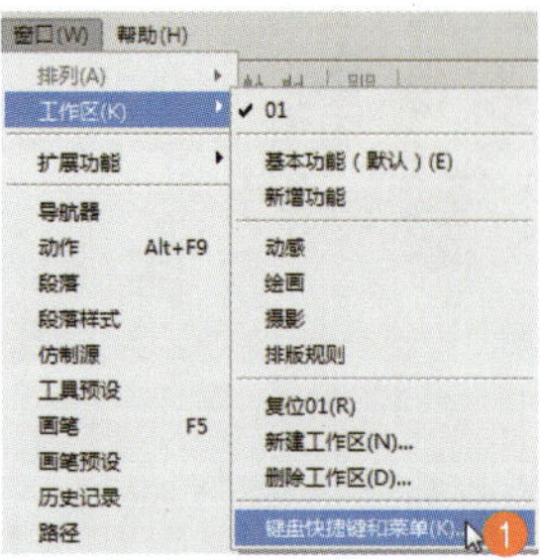

STEP 2 弹出“键盘快捷键和菜单”对话框②。

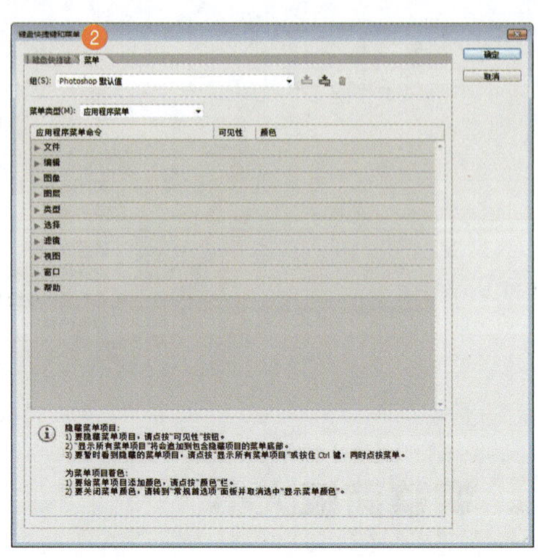

STEP 3 单击“快捷键用于”右侧的下拉按钮，在弹出的列表框中选择“应用程序菜单”选项③。

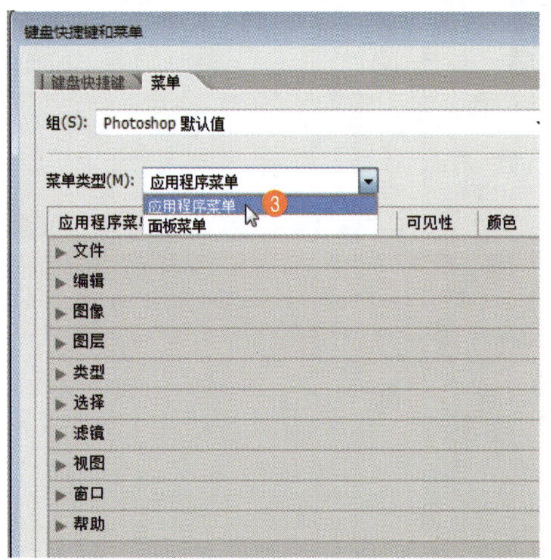

STEP 4 用户可以根据需要自定义快捷键，然后单击“确定”按钮即可④。

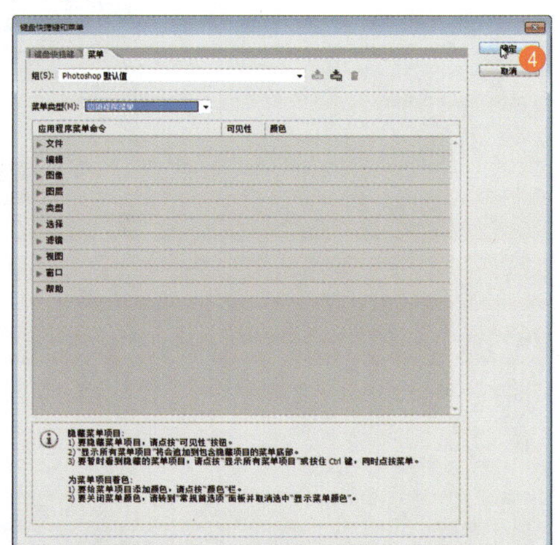

知识链接 用户还可以在“快捷键用于”下拉列表框中选择“面板菜单”选项，对Photoshop的快捷键进行整体的设置。

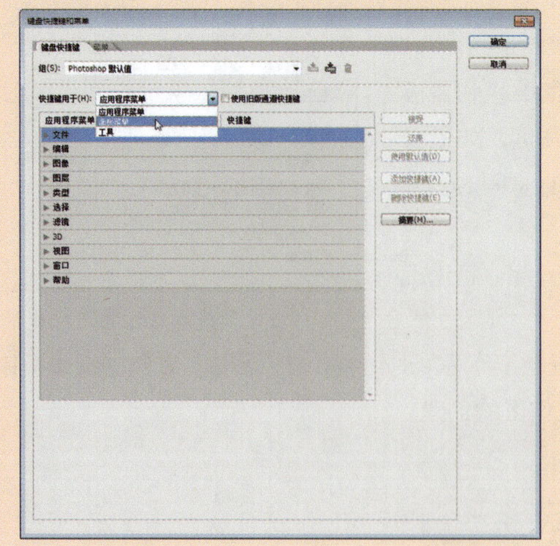

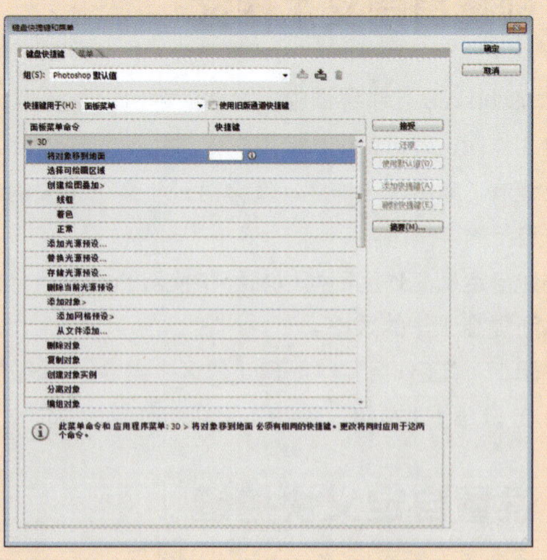

设置快捷键

100 设置彩色菜单命令

在 Photoshop CC 中，用户可以将经常用到的某些菜单命令设定为彩色，以便需要时可以快速找到相应菜单命令。单击“编辑”|“菜单”命令，弹出“键盘快捷键和菜单”对话框，在“应用程序菜单命令”下拉列表框中单击“图像”左侧的▶三角形按钮，单击“模式”右侧的下拉按钮，在弹出的列表框中选择“蓝色”选项①。单击“确定”按钮，即可在“图像”菜单中查看到“模式”命令显示为蓝色②。

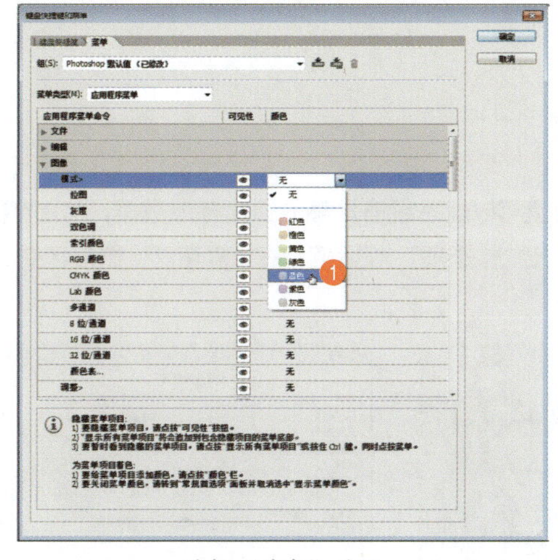

选择“蓝色”选项

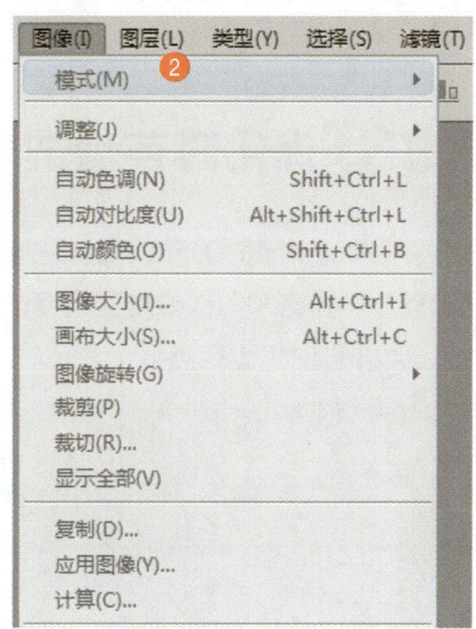

菜单显示为蓝色

101 优化界面选项

在使用 Photoshop CC 的过程中，用户可以根据需要对 Photoshop CC 的操作环境进行相应的优化设置，这样有助于提高工作效率。

在 Photoshop CC 中，用户可以根据需要优化操作界面，这样不仅可以美化图像编辑窗口，还可以在执行设计操作时更加得心应手。

单击“编辑”|“首选项”|“界面”命令，弹出“首选项”对话框，单击“标准屏幕模式”右侧的下拉按钮，在弹出的列表框中选择相应颜色选项即可。

知识链接 除了运用上述方法可以转换标准屏幕模式颜色外，还可以在编辑窗口的灰色区域内单击鼠标右键，在弹出的快捷菜单中用户可以根据需要选择“灰色”“黑色”“自定”“自定颜色”选项。

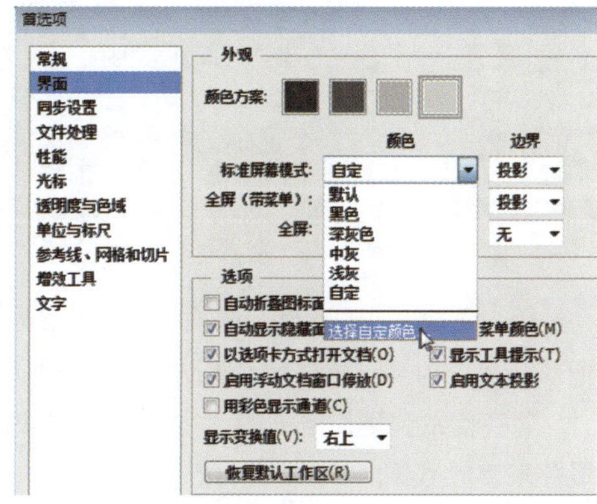

选择相应颜色选项

102 优化文件处理选项

用户经常对文件处理选项进行相应优化设置，不仅不会占用计算机内存，而且还能加快浏览图像的速度，更加方便操作。

单击“编辑”|“首选项”|“文件处理”命令，弹出“首选项”对话框，单击“图像预览”右侧的下拉按钮，在弹出的列表框中选择“存储时询问”选项，单击“确定”按钮，即可优化文件处理。

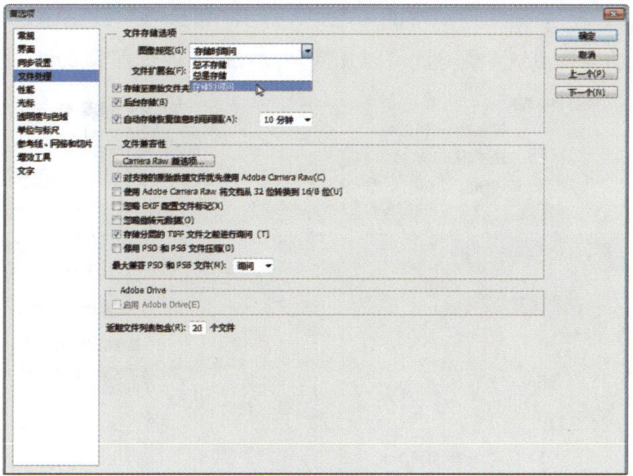

选择“存储时询问”选项

知识链接 在“文件存储选项”选项区中的“图像预览”列表框中，还有“总不存储”和“总是存储”两个选项，用户可以根据自身的需要进行相关的设置。

103 优化暂存盘选项

在 Photoshop CC 中设置优化暂存盘可以让系统有足够的空间存放数据，防止空间不足，避免丢失文件数据。单击“编辑”|“首选项”|“性能”命令，弹出“首选项”对话框，在“暂存盘”选项区中，选中“D:\”复选框，单击“确定”按钮，即可优化暂存盘。

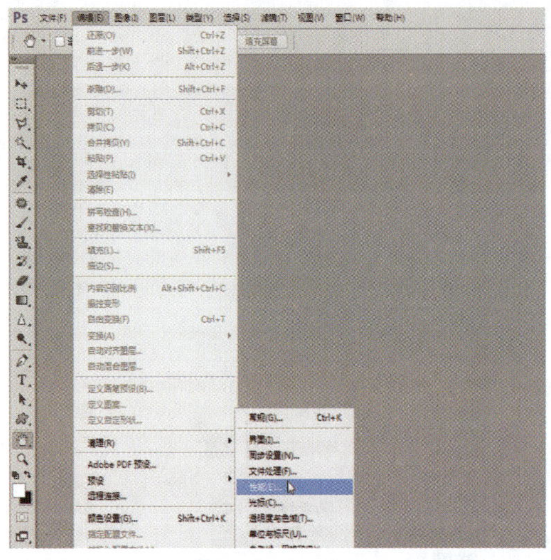

单击“性能”命令

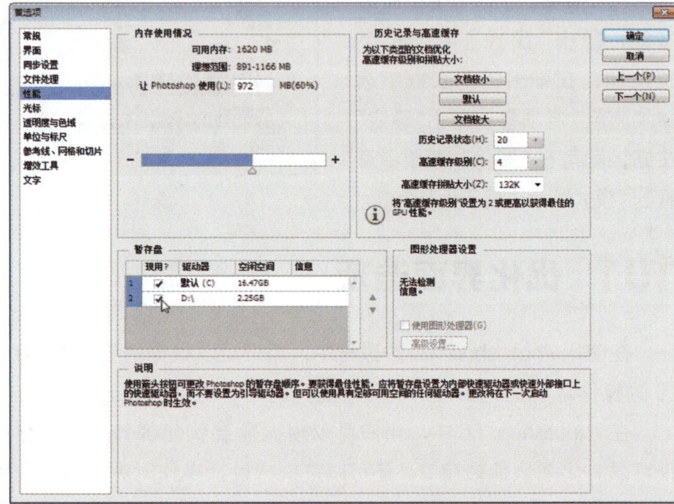

优化暂存盘

用户可以在“暂存盘”选项区中，设置系统磁盘空闲最大的分区作为第一暂存盘。需要注意的是，用户最好不要把系统盘作为第一暂存盘，以防止频繁读写硬盘数据而影响操作系统的运行速度。

暂存盘的作用是当 Photoshop CC 处理较大的图像文件并且在内存存储已满的情况下，将暂存盘的磁盘空间作为缓存来存放数据。

104 优化内存与图像高速缓存选项

在 Photoshop CC 软件中，用户使用优化内存与图像高速缓存选项，可以改变系统处理图像文件的速度。单击“编辑”|“首选项”|“性能”命令，弹出“首选项”对话框，设置“让 Photoshop 使用”的数值时，系统默认数值是 50%，适当提高这个百分比可以加快 Photoshop 处理图像文件的速度。

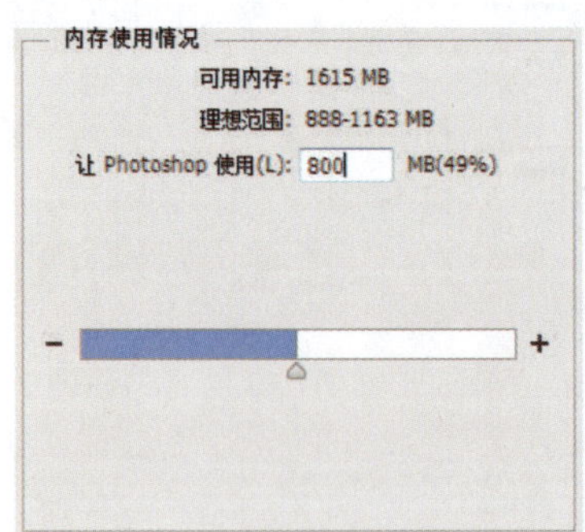

内存使用情况

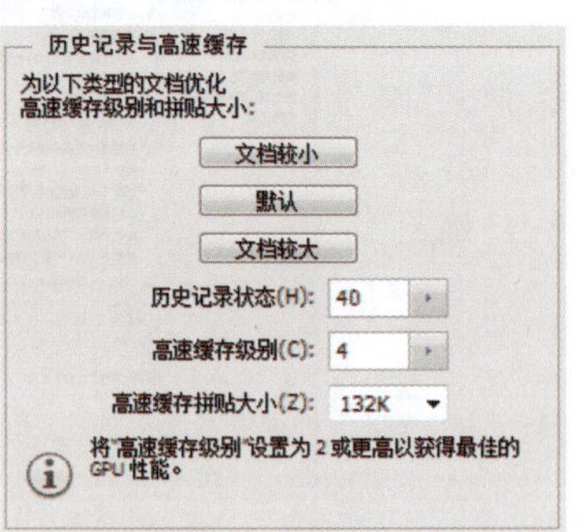

历史记录与高速缓存

知识链接 在设置“高速缓存级别”数值时，用户可以根据自己计算机的内存配置与硬件水平进行数值设置。

105 显示 / 隐藏移动 UI 图像中的网格

在 Photoshop CC 中，网格是由一连串的水平和垂直点组成，常用来协助绘制图像时对齐窗口中的任意对象。用户可以根据需要，显示网格或隐藏网格，在绘制图像时使用网格来进行辅助操作。

STEP 1 单击“文件”|“打开”命令，打开一幅素材图像，在菜单栏中单击“视图”|“显示”|“网格”命令①。

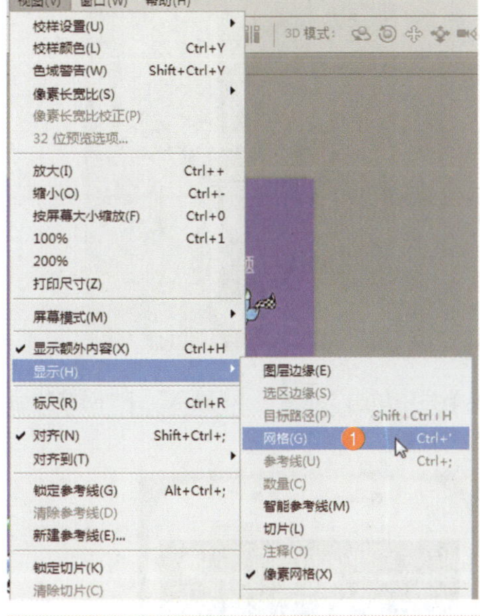

STEP 2 执行上述操作后，即可显示网格②。在菜单栏中单击“视图”|“显示”|“网格”命令，即可隐藏网格③。

106 对移动 UI 图像进行自动对齐网格操作

网格对于对称地布置对象非常有用，用户在 Photoshop CC 中编辑移动 UI 图像时，可以对图像进行自动对齐网格操作。

STEP 1 单击“文件”|“打开”命令，打开一幅素材图像①。

STEP 2 在菜单栏中单击“视图”|“显示”|“网格”命令②，即可显示网格③。

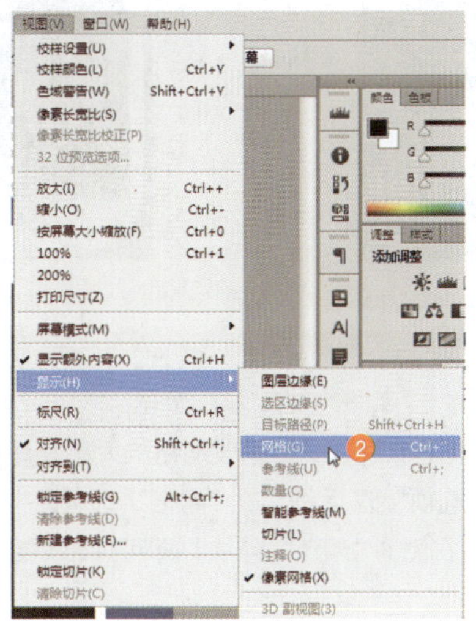

STEP 3 在菜单栏中单击“视图”|“对齐到”|“网格”命令，可以看到在“网格”命令左侧出现一个对勾标志✔4。

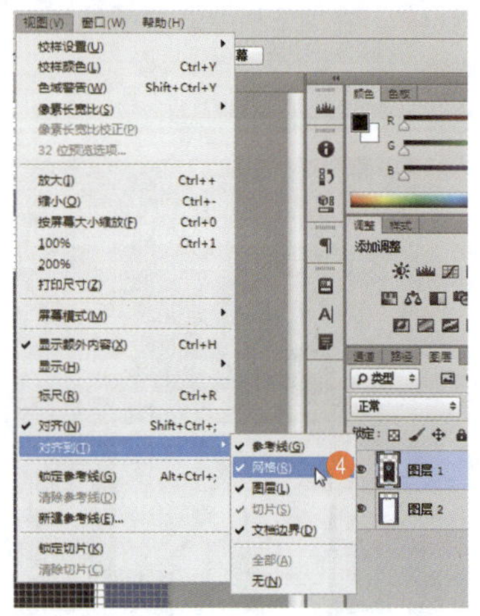

STEP 4 选取工具箱中的裁剪工具5，按住鼠标左键并拖曳创建裁剪框6。

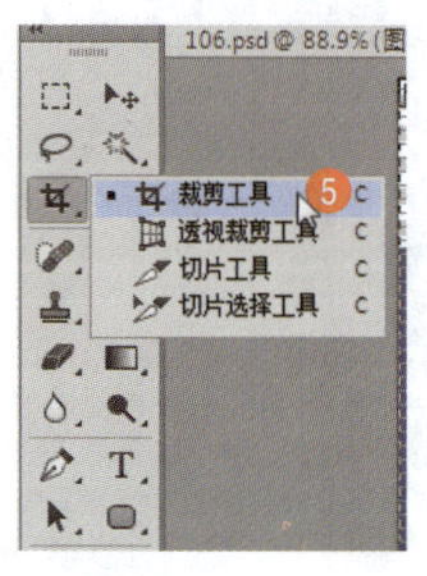

STEP 5 执行上述操作后，按【Enter】键确认，即可对齐网格裁剪图像区域7。

STEP 6 在菜单栏中单击“视图”|“显示”|“网格”命令，即可隐藏网格8。

107 调整网格属性

默认情况下网格为线形状，用户也可以让其显示为点状，或者修改网格的大小和颜色。在菜单栏中单击“编辑”|“首选项”|“参考线、网格和切片”命令，弹出“首选项”对话框，在“网格”选项区中，单击“颜色”右侧的下拉按钮，在弹出的列表框中选择设置网格的颜色1。单击右侧的“颜色”色块，即可弹出“拾色器（网格颜色）”对话框2，即可设置网格的自定颜色。

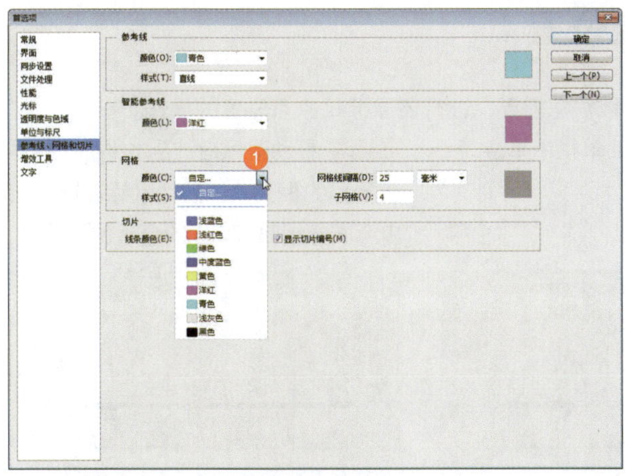
"颜色"列表框

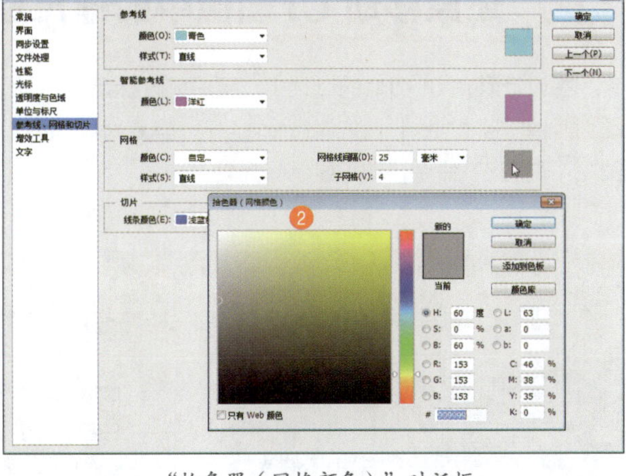
"拾色器（网格颜色）"对话框

108 显示 / 隐藏移动 UI 图像中的标尺

应用标尺可以确定图像窗口中图像的大小和位置，显示标尺后，不论放大或缩小图像，标尺的测量数据始终以图像尺寸为准。在 Photoshop CC 中，标尺可以帮助用户确定图像或元素的位置，用户可对标尺进行显示或隐藏操作。在菜单栏中单击"视图"｜"标尺"命令①，即可显示标尺②。再次单击"视图"｜"标尺"命令，即可隐藏标尺③。

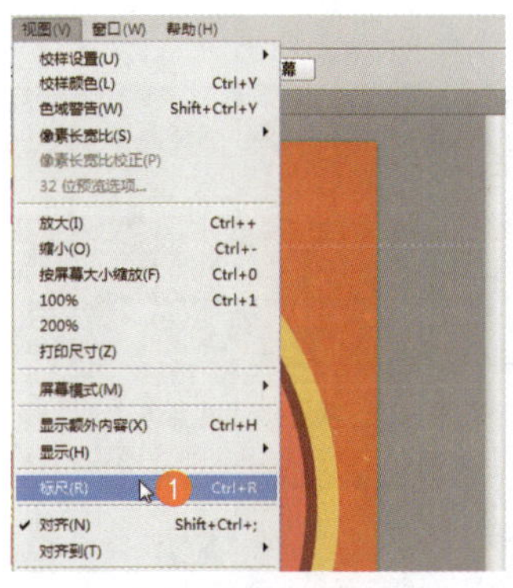
单击"标尺"命令

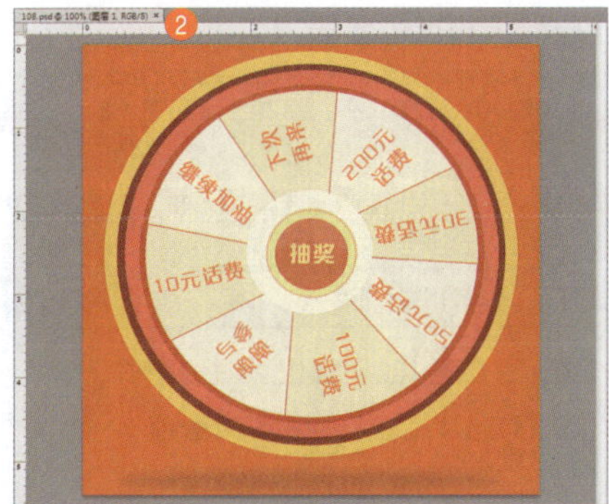
显示标尺

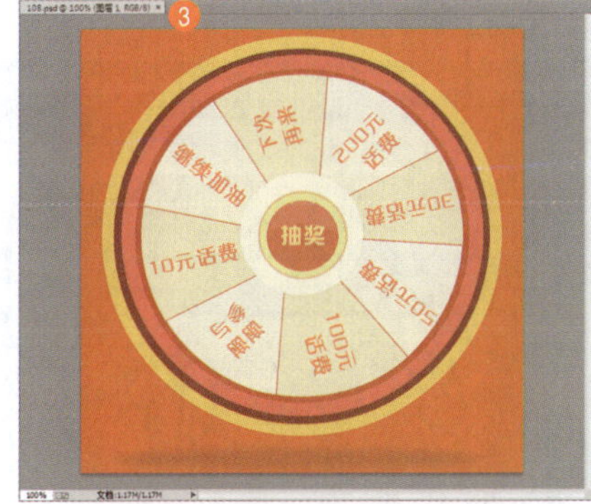
隐藏标尺

知识链接　除了运用上述方法可以隐藏标尺外，用户可以按【Ctrl＋R】组合键，在图像编辑窗口中隐藏或显示标尺。

109 更改移动 UI 图像中的标尺原点位置

在 Photoshop CC 中编辑图像时，用户可以根据需要来更改标尺的原点。显示标尺，移动鼠标指针至水平标尺与垂直标尺的相交处①，按住鼠标左键并拖曳至图像编辑窗口中的合适位置，释放鼠标左键，即可更改标尺原点位置②。

移动鼠标指针

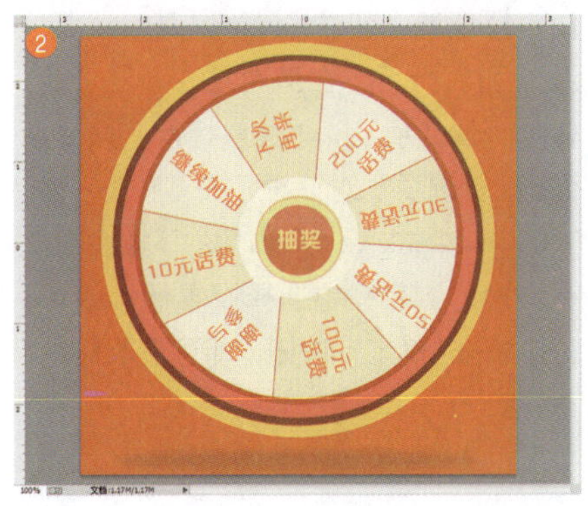
更改标尺原点位置

110 还原移动 UI 图像中的标尺原点位置

在设计移动 UI 图像的过程中，用户更改标尺原点后，可以根据需要，进行还原标尺原点位置的操作。

STEP 1 单击“文件”|“打开”命令，打开一幅素材图像①。在菜单栏中单击“视图”|“标尺”命令，即可显示标尺②。

STEP 2 移动鼠标指针至水平标尺与垂直标尺的相交处，按住鼠标左键并拖曳至图像编辑窗口中的合适位置③。

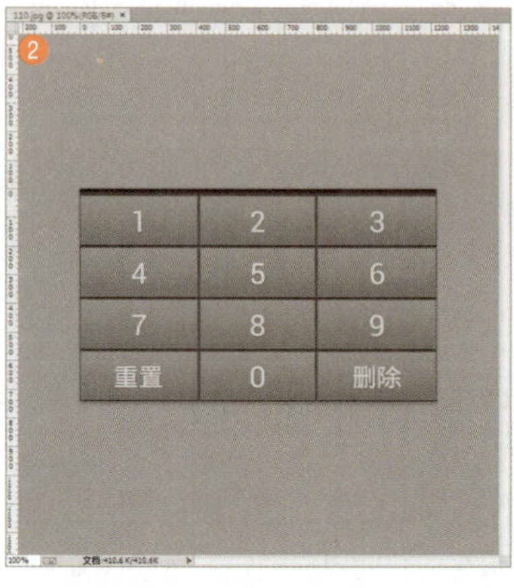

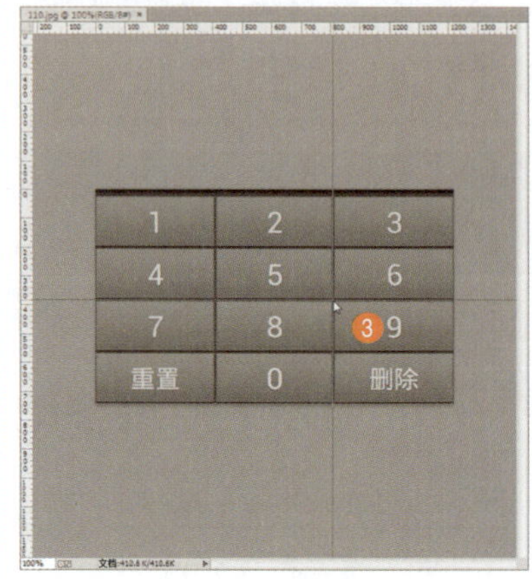

STEP 3 释放鼠标左键，即可更改标尺原点位置④。

STEP 4 移动鼠标指针至水平标尺与垂直标尺的相交处，双击鼠标左键⑤，即可还原标尺原点位置⑥。

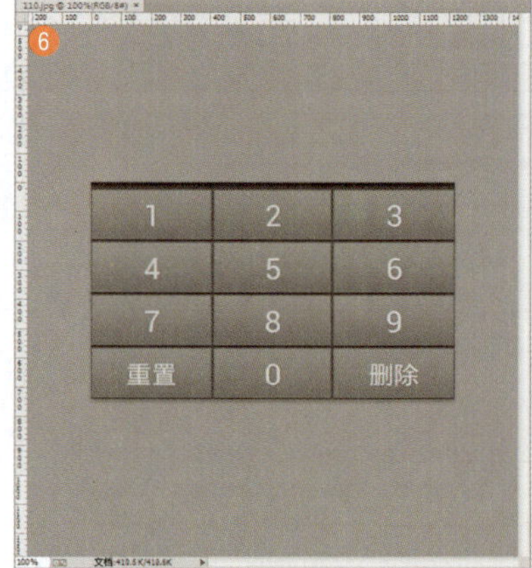

111 更改移动 UI 图像中的标尺单位

在 Photoshop CC 中，“标尺”的单位包括像素、英寸、厘米、毫米、点、派卡和百分百。在菜单栏中单击“编辑”|“首选项”|“单位与标尺”命令，弹出“首选项”对话框，在“单位”选项区中，单击“标尺”右侧的下拉按钮，在弹出的列表框中选择设置标尺的单位，单击“确定”按钮，即可更改标尺单位。

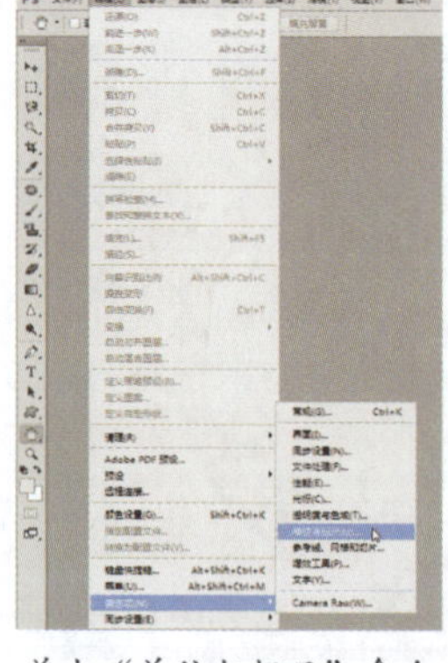

单击“单位与标尺”命令

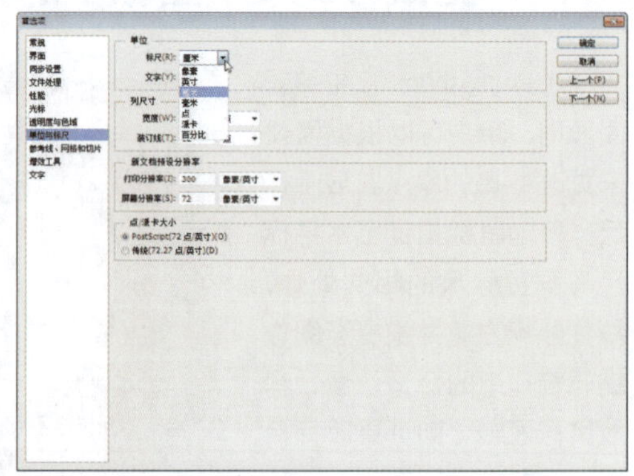

选择设置标尺的单位

112 测量移动 UI 图像的长度

在 Photoshop CC 中，如果用户想要知道编辑图像的尺寸、距离或角度，可通过标尺工具来实现。标尺工具是用来测量图像任意两点之间的距离与角度，还可以用来校正倾斜的图像。如果显示标尺，则标尺会显示出现在当前文件窗口的顶部和左侧，标尺内的标记可显示出指针移动时的位置。

选取工具箱中的标尺工具，将鼠标指针移至图像编辑窗口中，此时鼠标指针呈形状，在图像编辑窗口中单击鼠标左键，确认起始位置，并向下拖曳，确认测试长度。使用标尺工具后，可在“信息”面板中查看测量信息。

确认测试长度

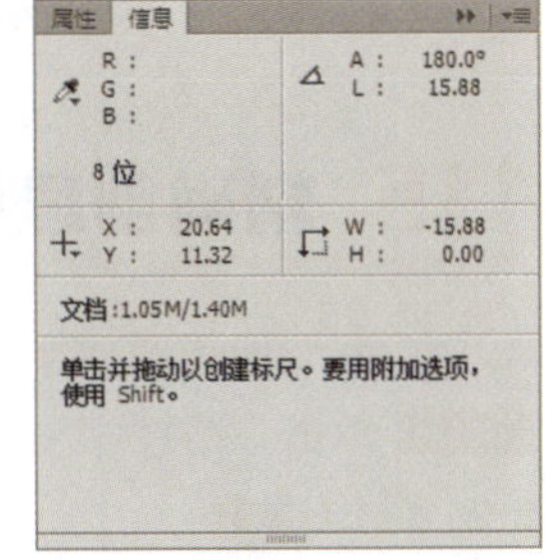

查看测量信息

> **知识链接** 在Photoshop CC中，按住【Shift】键的同时，按住鼠标左键并拖曳，可以沿水平、垂直或45°的方向进行测量。将鼠标指针移至测量的支点上，按住鼠标左键并拖曳，即可改变测量的长度和方向。

113 拉直移动 UI 图像的图层

在 Photoshop CC 中，若某图层图像出现倾斜，可使用标尺工具拉直图层，扶正该图层所有图像内容。在图像编辑窗口中单击鼠标左键，确认起始位置，按住鼠标不放的同时并向下拖曳至合适位置，释放鼠标左键，确认测量长度❶。在工具属性栏中单击“拉直图层”按钮❷，即可拉直图层❸。

确认测试长度

单击“拉直图层”按钮

查看测量信息

114 拖曳创建移动 UI 图像参考线

参考线主要用于协助对象的对齐和定位操作，它是浮在整个移动 UI 图像上而不能被打印的直线。参考线与网格一样，也可以用于对齐对象，但是它比网格更方便，用户可以将参考线创建在图像的任意位置上。

显示标尺，移动鼠标指针至水平标尺上，在按住鼠标左键的同时，向下拖曳鼠标指针至图像编辑窗口中的合适位置，释放鼠标左键，即可创建水平参考线。

知识链接 拖曳参考线时，按住【Alt】键就能在垂直和水平参考线之间进行切换。

115 精确创建移动 UI 图像参考线

在 Photoshop CC 中，用户可以根据需要创建新的参考线，对移动 UI 图像进行更精确的操作。

STEP 1 单击“文件”|“打开”命令，打开一幅素材图像❶。

STEP 2 单击“视图” |“新建参考线”命令❷，即可弹出“新建参考线”对话框❸。

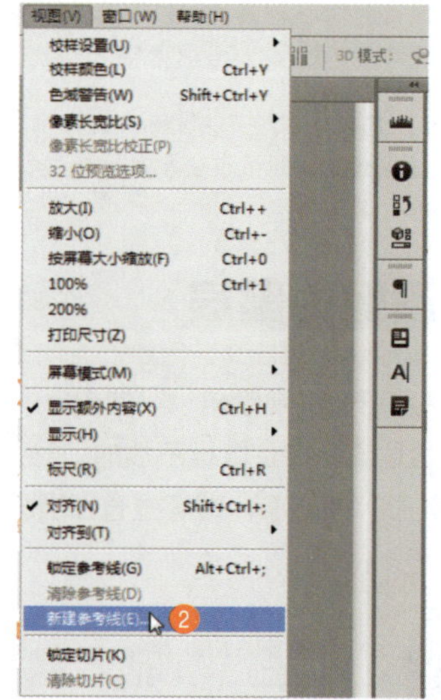

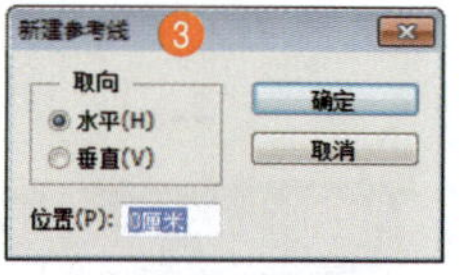

STEP 3 选中“垂直”单选按钮，设置“位置”为 3 厘米❹，单击“确定”按钮，即可创建垂直参考线❺。

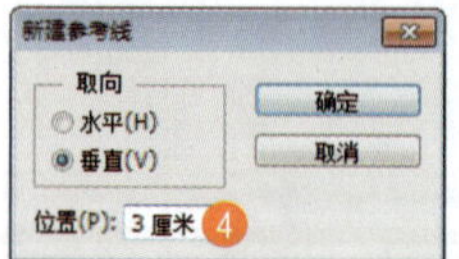

STEP 4 单击“视图” |“新建参考线”命令❻。

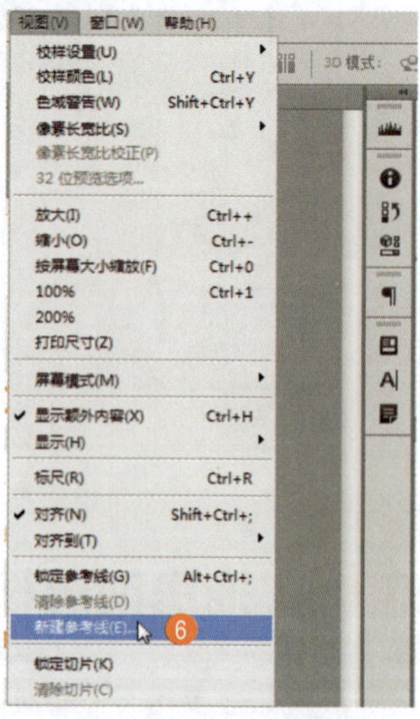

STEP 5 执行上述操作后，即可弹出“新建参考线”对话框，选中“水平”单选按钮⑦，设置“位置”为3厘米⑧。

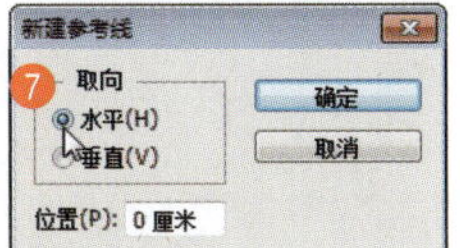

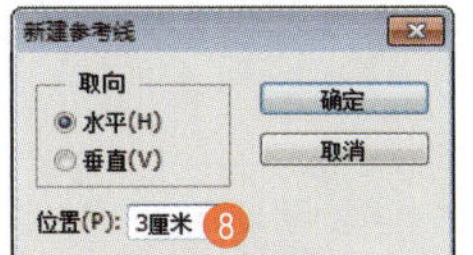

STEP 6 单击“确定”按钮，即可创建水平参考线⑨。

116 显示/隐藏移动UI图像中的参考线

在Photoshop CC中设计移动UI图像时，可以建立多条参考线，设计者可以根据需要对参考线进行隐藏或显示的操作。

单击“视图”|“显示”|“参考线”命令，即可显示参考线。再次单击“视图”|“显示”|“参考线”命令，即可隐藏参考线。

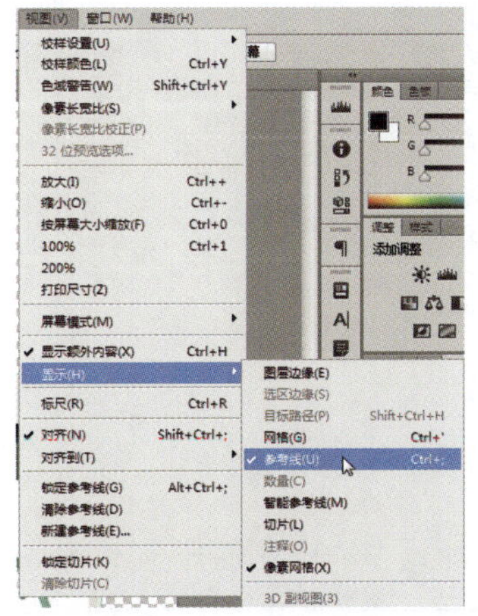
单击“参考线”命令

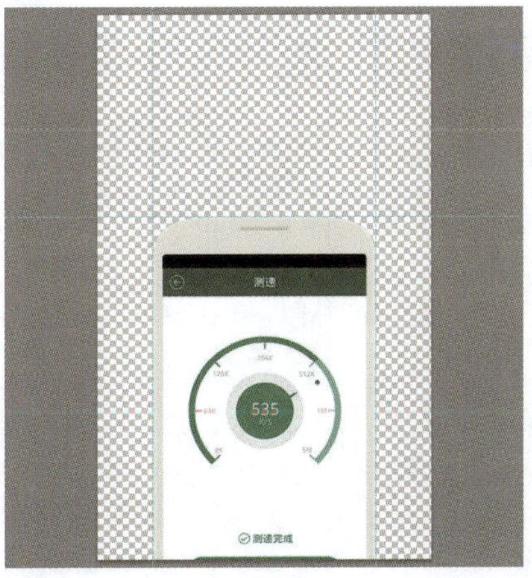
显示参考线

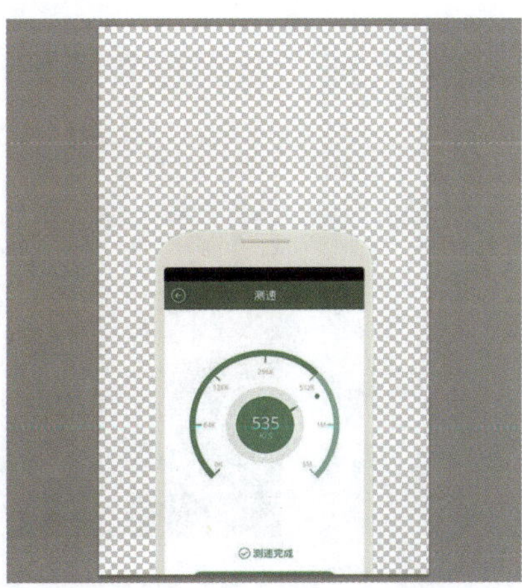
隐藏参考线

117 更改移动UI图像中的参考线颜色

在Photoshop CC中，默认情况下，软件中参考线的颜色为青色，用户可以根据需要将参考线更改为其他颜色。在菜单栏单击“编辑”|“首选项”|“参考线、网格和切片”命令，弹出“首选项”对话框，在“参考线”选项区中，单击“颜色”右侧的下拉按钮，在下拉列表框中选择相应选项，单击“确定”按钮，即可更改参考线颜色。

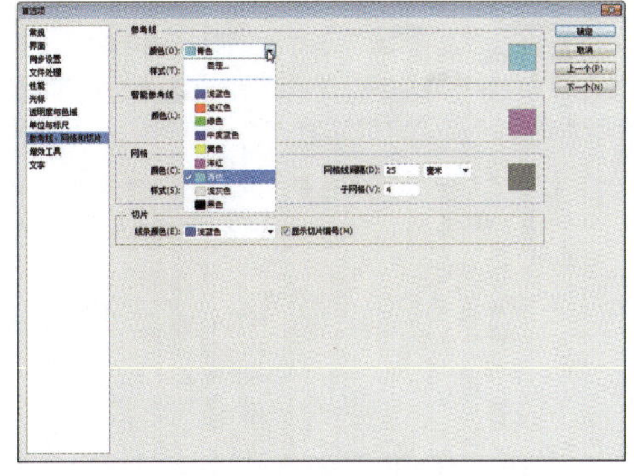
选择相应选项

知识链接

在“首选项”对话框中，单击“参考线”选项区右侧的颜色色块，即可弹出“拾色器（参考线颜色）”对话框，设置RGB参数值分别为138、39、179，即可设置自定颜色参考线，如下图所示。

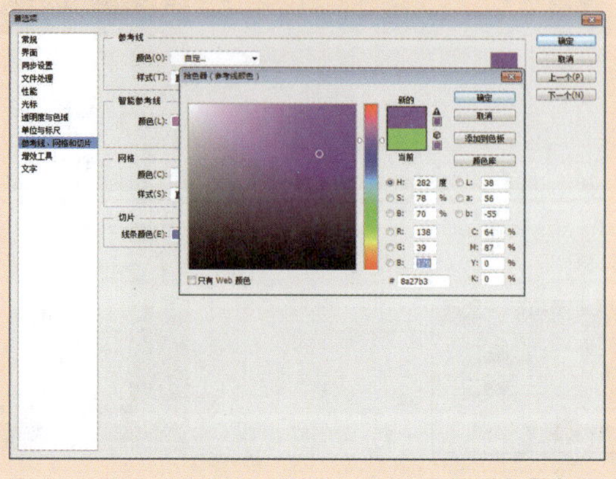

设置自定颜色参考线

118 更改移动 UI 图像中的参考线样式

在 Photoshop CC 中，默认情况下，软件中参考线的样式为直线，用户可以根据需要将参考线更改为其他线性。

STEP 1 单击“文件”|“打开”命令，打开一幅素材图像❶，在菜单栏单击“编辑”|“首选项”|“参考线、网格和切片”命令，弹出“首选项”对话框，在“参考线”选项区中，单击“样式”右侧的下拉按钮❷。

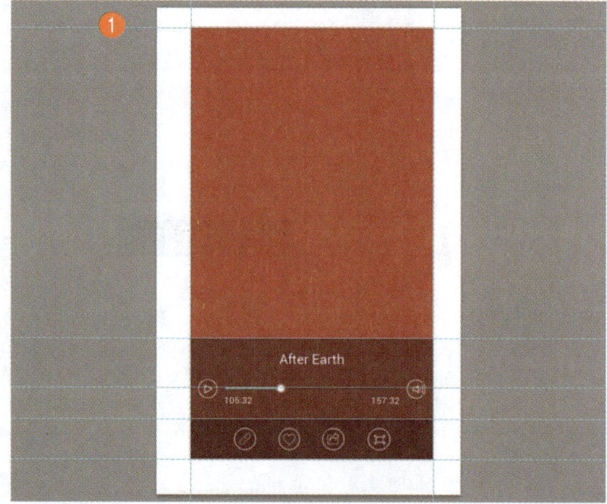

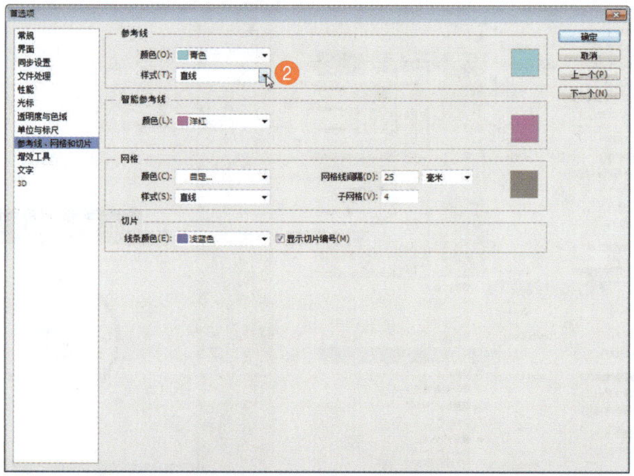

STEP 2 在弹出的下拉列表框中选择“虚线”选项❸，单击“确定”按钮，即可以虚线显示参考线❹。

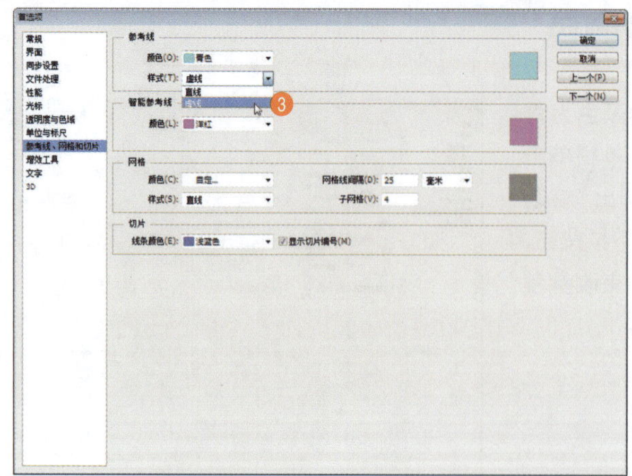

119 调整移动 UI 图像中的参考线位置

在 Photoshop CC 中，用户可以根据需要，移动参考线至移动 UI 图像编辑窗口中的合适位置。选取工具箱中的移动工具，移动鼠标指针至图像编辑窗口中的参考线上，按住鼠标左键并拖曳至合适位置，释放鼠标左键，即可移动参考线。

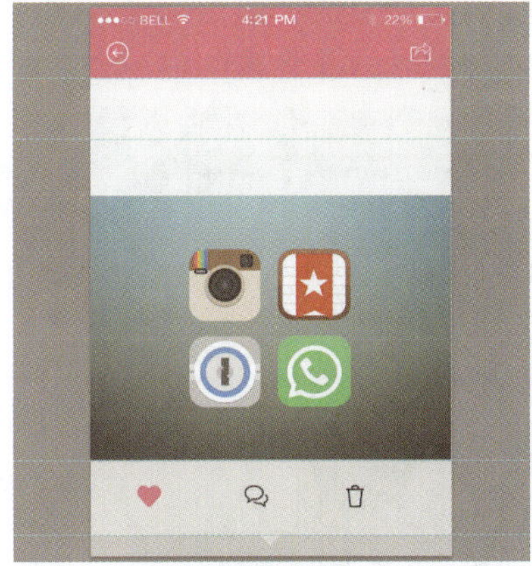

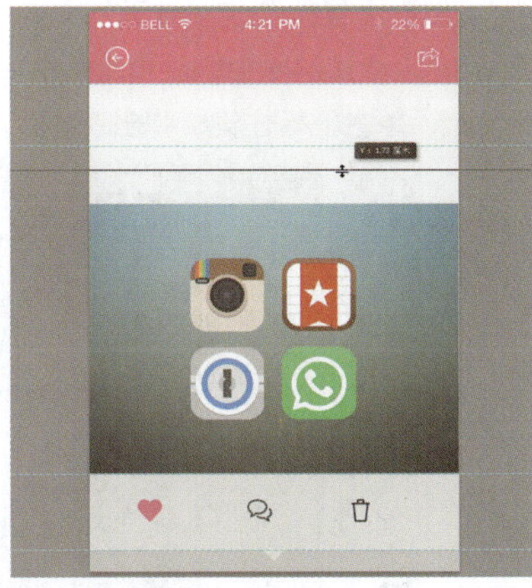

移动参考线

知识链接

除了运用上述方法可以移动参考线外，还有以下3种相关的快捷键操作方法。

- **快捷键1：** 按住【Ctrl】键的同时拖曳鼠标，即可移动参考线。
- **快捷键2：** 按住【Shift】键的同时拖曳鼠标，可使参考线与标尺上的刻度对齐。
- **快捷键3：** 按住【Alt】键的同时拖曳参考线，可切换参考线水平和垂直的方向。

120 清除移动 UI 图像中的参考线

在 Photoshop CC 中，运用参考线处理完图像后，用户可以根据需要，把多余的参考线删除。

选取工具箱中的移动工具，移动鼠标指针至图像编辑窗口中需要删除的参考线上，按住鼠标左键不放的同时，拖曳鼠标指针至图像编辑窗口以外位置，释放鼠标即可删除参考线。在菜单栏中单击“视图” |“清除参考线”命令，即可清除全部参考线。

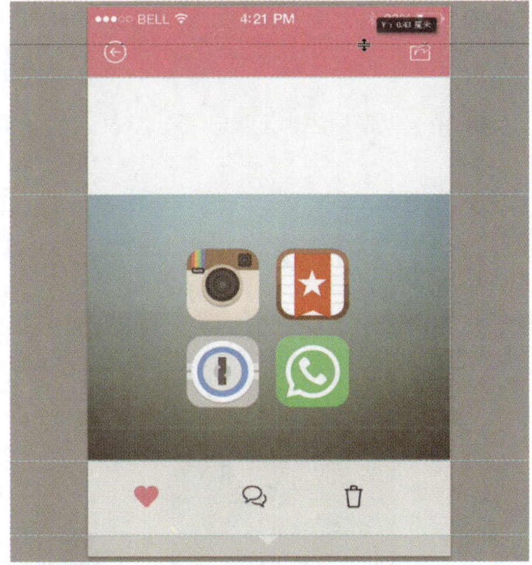

拖曳鼠标

删除参考线

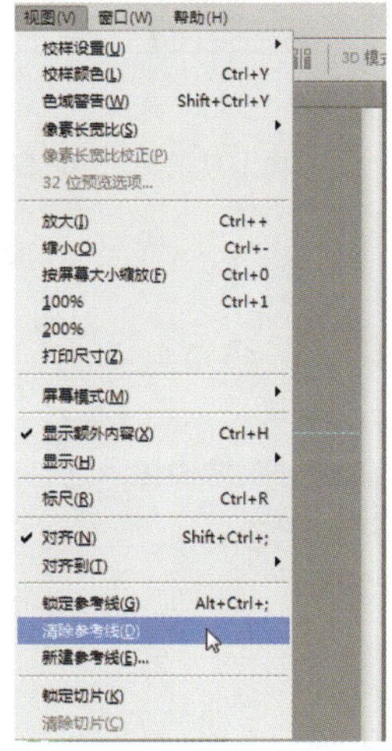

单击“清除参考线”命令

121 为移动 UI 图像创建注释

注释工具是用来协助制作移动 UI 图像的，当用户完成一部分的图像处理后，需要让其他用户帮忙处理另一部分的工作时，可以在图像上需要处理的部分添加注释，内容即是用户所需要的处理效果，当其他用户打开移动 UI 图像时即可看到添加的注释，就知道该如何处理该移动 UI 图像。

在 Photoshop CC 中，用户使用注释工具可以在图像的任何区域添加文字注释，标记制作说明或其他有用的信息。

STEP 1 单击“文件”|“打开”命令，打开一幅素材图像①。

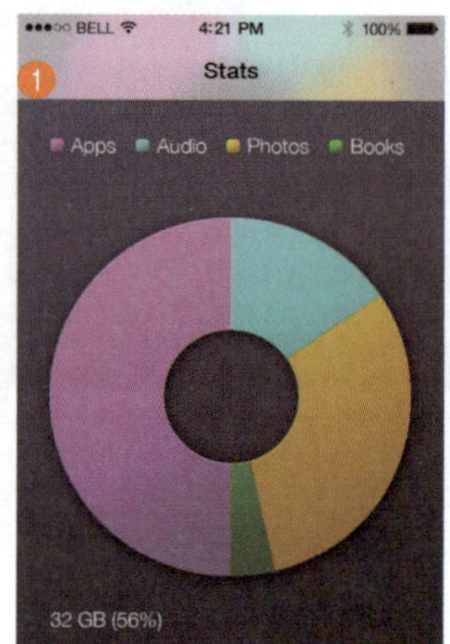

STEP 2 选取工具箱中的注释工具②，移动鼠标指针至图像编辑窗口中的紫色圆环上，单击鼠标左键，弹出“注释”面板③。

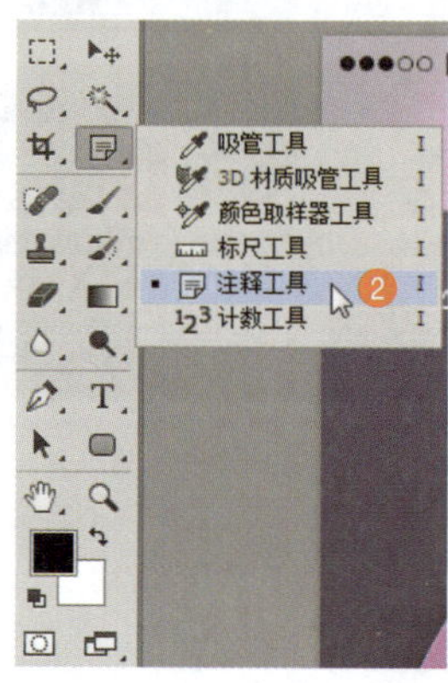

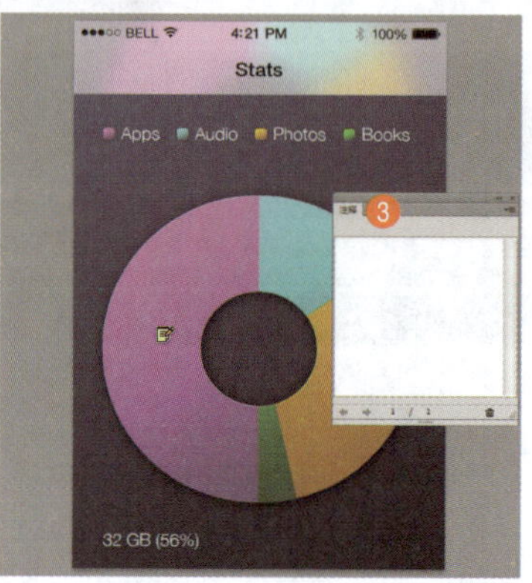

STEP 3 在“注释”文本框中输入说明文字 Apps④，即可创建注释，在素材图像中显示注释标记⑤。

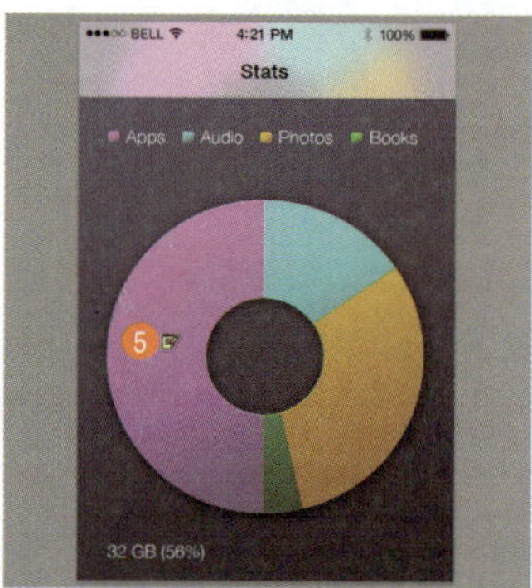

STEP 4 移动鼠标指针至图像编辑窗口中圆环的绿色部分，单击鼠标左键，弹出“注释”面板，在“注释”文本框中输入说明文字 Books⑥。

知识链接 注释工具是用来协同制作图像的，为了更好地记录详细的图片信息，在Photoshop CC中可以使用注释工具。

STEP 5 执行上述操作后，即可创建注释，在素材图像中显示注释标记⑦。

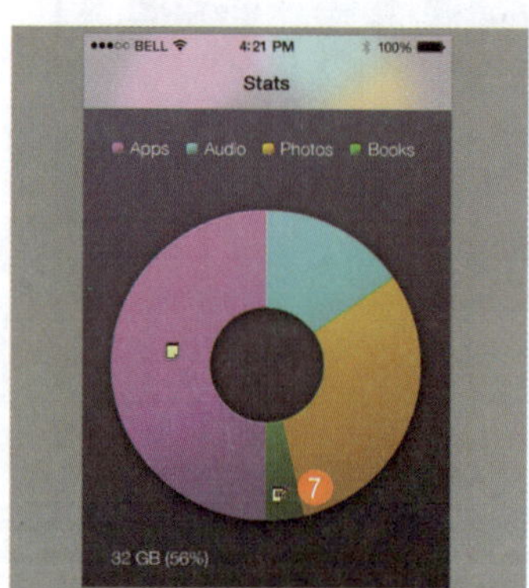

STEP 6 单击“注释”面板左下角的左右方向按钮，即可切换注释⑧。

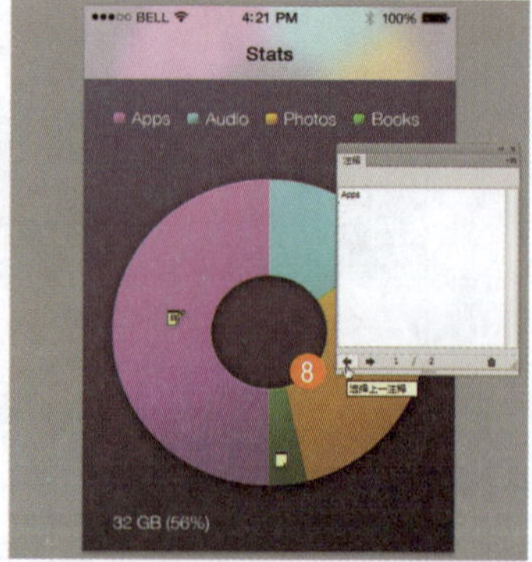

122 更改移动 UI 图像中的注释颜色

在 Photoshop CC 中，默认情况下，软件中注释的颜色为黄色，用户可以根据需要将注释颜色更改为其他颜色。激活注释后，在注释工具的工具属性栏中，单击“颜色”色块，弹出“拾色器（注释颜色）”对话框，设置颜色后单击“确定”按钮，即可更改注释颜色。

移动鼠标指针至图像编辑窗口中，单击鼠标左键激活注释。在工具属性栏中，单击“颜色”色块，弹出“拾色器（注释颜色）”对话框，设置颜色为红色，单击“确定”按钮，即可更改注释颜色。

激活注释

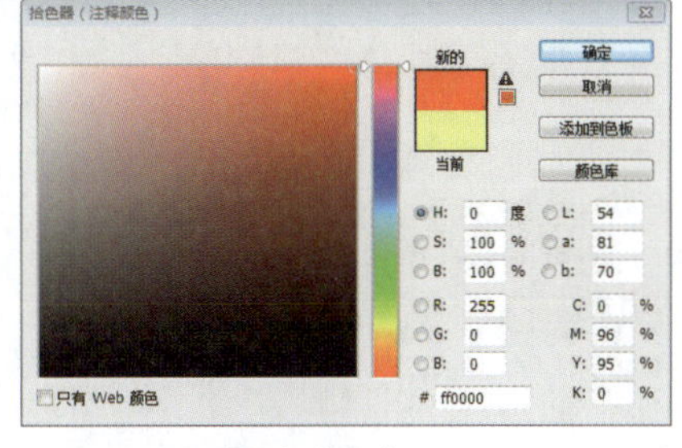

设置颜色为红色

更改注释颜色

123 运用对齐工具对齐移动 UI 图像

如果用户要启用对齐功能，首先需要选择“对齐”命令，使该命令处于选中状态，然后在相应子菜单中选择一个对齐项目，带有√标记的命令表示启用了该对齐功能。

知识链接

“对齐到”命令子菜单各命令含义如下。

- **参考线：**使对象与参考线对齐。
- **网格：**使对象与网格对齐，网格被隐藏时不能选择该选项。
- **图层：**使对象与图层中的内容对齐。
- **切片：**使对象与切片边界对齐，切片被隐藏的时候不能选择该选项。
- **文档边界：**使对象与文档的边缘对齐。
- **全部：**选择所有“对齐到”选项。
- **无：**取消选择所有“对齐到”选项。

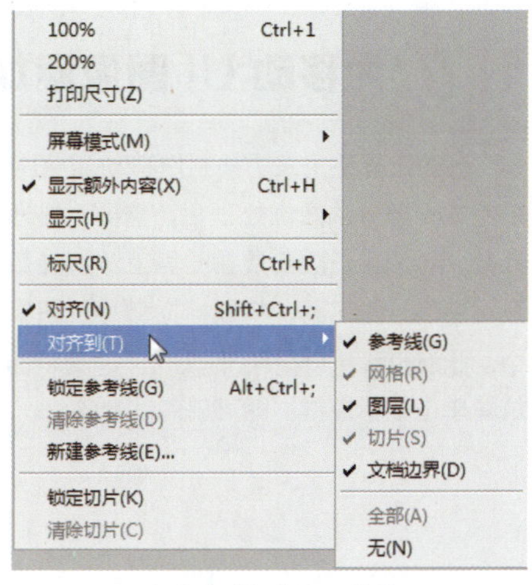

“对齐到”命令子菜单

在 Photoshop CC 中，若正在编辑的移动 UI 图像排列不整齐，用户可使用顶对齐按钮，使正在编辑的图像快速以顶端对齐的方式排列显示。

STEP 1 单击“文件”|“打开”命令，打开一幅素材图像❶，在“图层”面板，选择除“背景”图层外的所有图层❷。

STEP 2 在工具箱中选取移动工具❸。

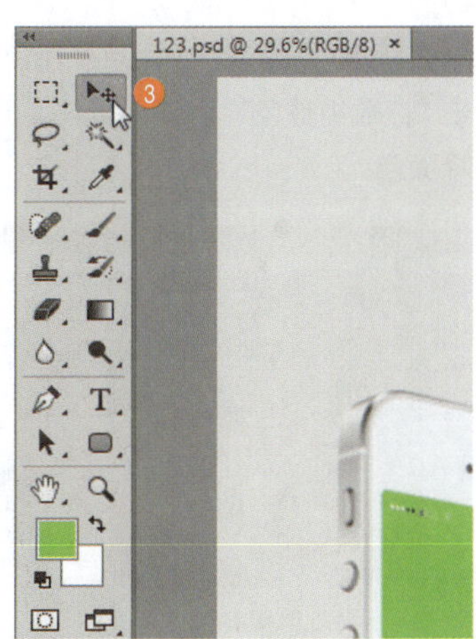

知识链接 在Photoshop CC中，灵活运用对齐工具有助于精确地放置选区、裁剪选框、切片、形状和路径。

STEP 3 移动鼠标指针至工具属性栏中，单击“顶对齐”按钮④。

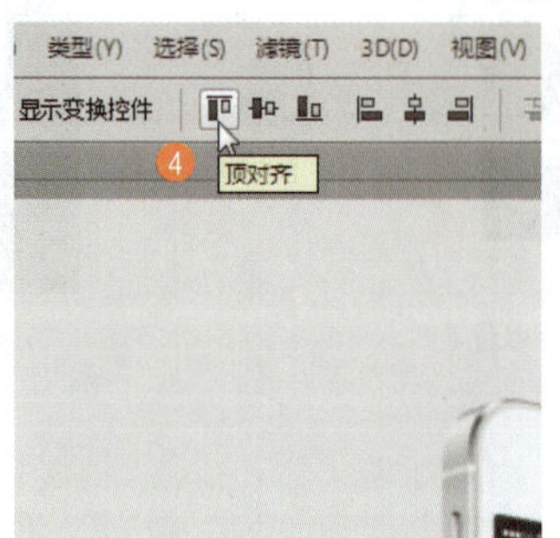

STEP 4 执行上述操作后，即可以顶对齐方式排列显示图像⑤。

124 为移动 UI 图像添加计数

计数工具是用来协助制作移动 UI 图像的，当用户完成一部分的图像处理后，需要对处理图像进行计数，可使用计数工具在图像上添加计数。选取工具箱中的计数工具，将鼠标指针移至图像编辑窗口中，此时鼠标指针呈 形状①，在素材图像中合适位置单击鼠标左键，即可创建计数②。

鼠标指针呈 形状

创建计数

在 Photoshop CC 中，用户在使用计数工具对图像中的对象计数后，可以随意更改计数的颜色。在工具属性栏中，单击“计数组颜色”色块，即可弹出“拾色器（计数颜色）”对话框，设置 RGB 参数值，单击“确定”按钮，即可更改注释颜色。

单击“计数组颜色”色块

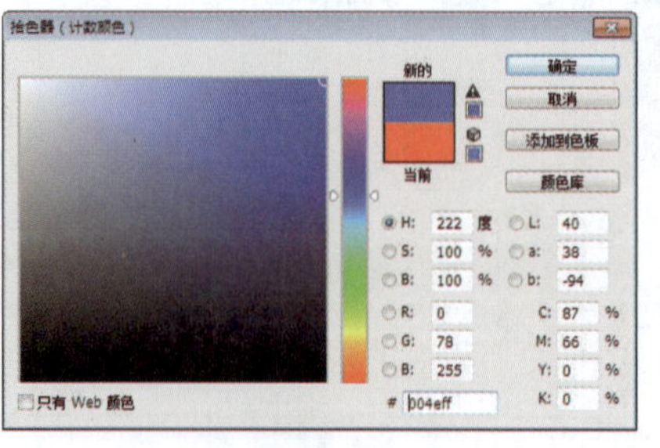
设置参数

更改注释颜色

PART 02

软件功能篇

移动 UI 设计的文件操作

Photoshop CC 作为一款图像处理软件，绘图和图像处理是它的看家本领。在使用 Photoshop CC 开始移动 UI 创作之前，需要先了解图像文件的一些常用操作，如新建文件、打开文件、储存文件和关闭文件等。熟练掌握各种操作，才可以更好、更快地设计移动 UI 作品。

125 新建移动 UI 图像文件

在 Photoshop 面板中，如果用户想要绘制或编辑移动 UI 图像，首先需要新建一个空白文件，然后才可以继续进行下面的工作。

STEP 1 在菜单栏中单击“文件”|“新建”命令①，在弹出“新建”的对话框中，设置预设为“默认 Photoshop 大小”②。

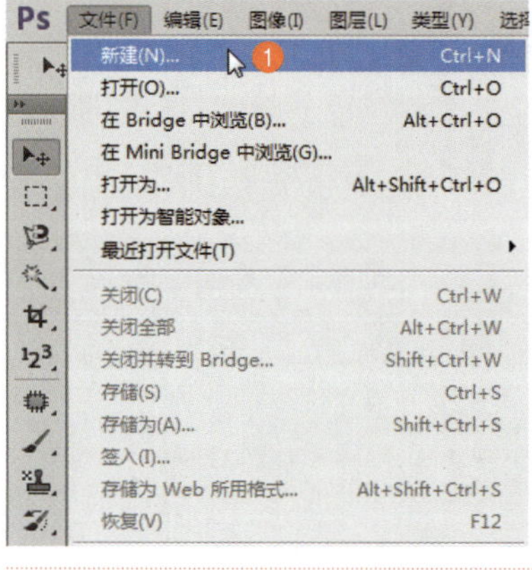

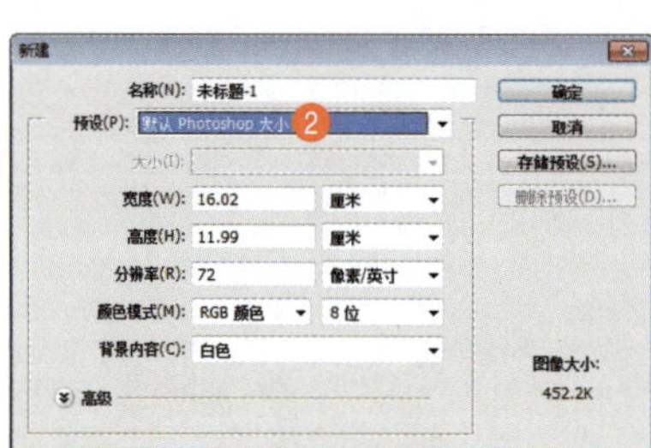

STEP 2 执行操作后，单击“确定”按钮，即可新建一幅空白的图像文件③。

知识链接

“新建”对话框各选项基本含义如下。

- **名称：**设置文件的名称，也可以使用默认的文件名。创建文件后，文件名会自动显示在文档窗口的标题栏中。
- **预设：**可以选择不同的文档类别，如Web、A3、A4打印纸、胶片和视频常用的尺寸预设。
- **宽度/高度：**用来设置文档的宽度和高度置文件的名称，在各自的右侧下拉列表框中选择单位，如像素、英寸、毫米、厘米等。
- **分辨率：**设置文件的分辨率。在右侧的列表框中可以选择分辨率的单位，如“像素/英寸”“像素/厘米”。
- **颜色模式：**用来设置文件的颜色模式，如“位图”模式、“灰度”模式、“RGB颜色”模式和“CMYK颜色”模式等。
- **背景内容：**设置文件背景内容，如“白色”“背景色”“透明”。
- **高级：**单击“高级”按钮，可以显示出对话框中隐藏的内容，如“颜色配置文件”“像素长宽比”等。
- **存储预设：**单击此按钮，打开“新建文档预设”对话框，可以输入预设名称并选择相应的选项。
- **删除预设：**当选择自定义的预设文件以后，单击此按钮，可以将其删除。
- **图像大小：**读取使用当前设置的文件大小。

126 打开移动 UI 图像文件

在 Photoshop CC 中经常需要打开一个或多个移动 UI 图像文件进行编辑和修改，它可以打开多种文件格式，也可以同时打开多个文件。

STEP 1 单击“文件”|“打开”命令，在弹出“打开”对话框中，选择需要打开的图像文件①。

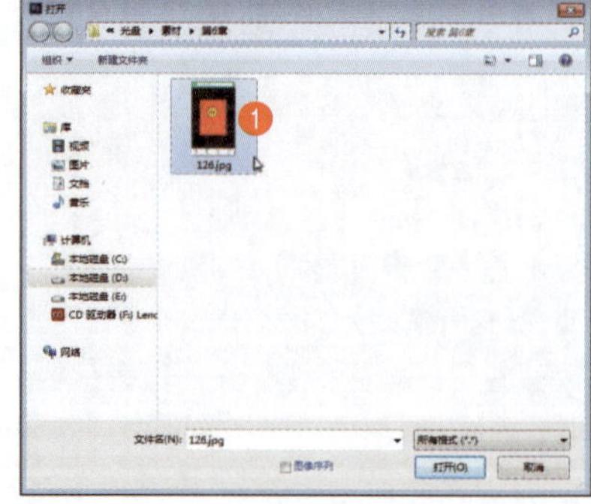

STEP 2 单击“打开”按钮❷，即可打开所选择的图像文件❸。

知识链接 如果要打开一组连续的文件，可以在选择第一个文件后，按住【Shift】键的同时再选择最后一个要打开的文件。如果要打开一组不连续的文件，可以在选择第一个图像文件后，按住【Ctrl】键的同时，选择其他的图像文件，然后再单击“打开”按钮。

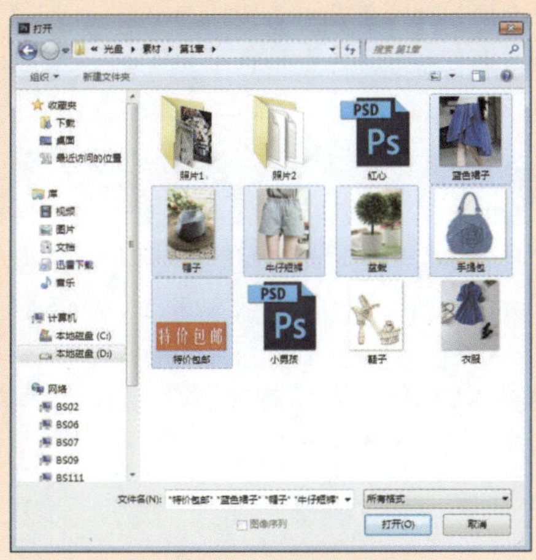

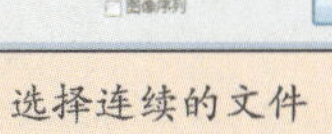

选择连续的文件

选择不连续的文件

127 保存移动 UI 图像文件

在 Photoshop 中，用户经常需要保存或关闭移动 UI 图像文件。单击“文件”|“存储为”命令❶，弹出“存储为”对话框，设置文件名称与保存路径，然后单击“保存”按钮即可❷。

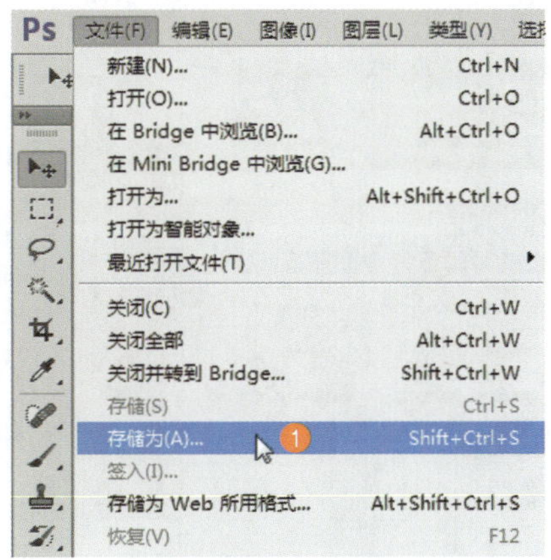

单击“存储为”命令

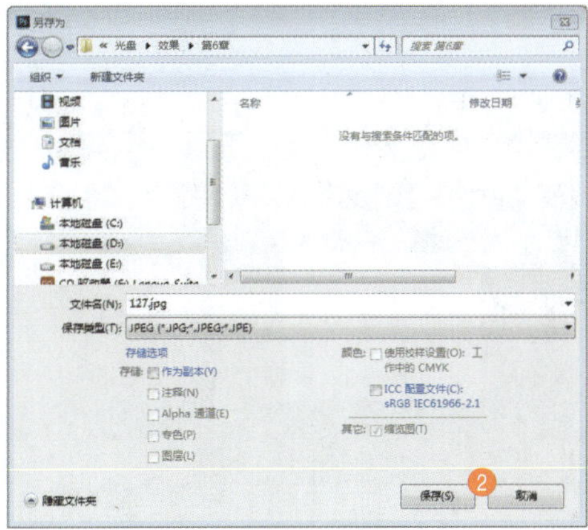

单击“保存”按钮

知识链接

"另存为"对话框各选项含义如下。

- **文件名/保存类型：** 用户可以输入文件名，并根据不同的需要选择文件的保存格式。
- **作为副本：** 选中该复选框，可以另存一个副本，并且与源文件保存的位置一致。
- **注释：** 用户自由选择是否存储注释。
- **Alpha通道/专色/图层：** 用来选择是否存储Alpha通道、专色和图层。
- **使用校样设置：** 当文件的保存格式为EPS或PDF时，才可选中该复选框。用于保存打印用的校样设置。
- **ICC配置文件：** 用于保存嵌入文档中的ICC配置文件。
- **缩览图：** 创建图像缩览图。方便以后在"打开"对话框中的底部显示预览图。

Photoshop CC所支持的图像格式有20多种，因此它可以作为一个转换图像格式的工具来使用。在其他软件中导入图像，可能会受到图像格式的限制而不能导入，此时用户可以使用Photoshop CC将图像格式转为软件所支持的格式。

- PDF（便携式文档）格式是一种通用的文件格式，支持矢量数据和位图数据，具有电子文档搜索和导航功能，是Adobe Illustrator和Adobe Acrobat的主要格式。PDF格式支持RGB、CMYK、索引、灰度、位图和LAB模式，不支持Alpha。
- Raw格式是一种灵活的文件格式，用于在应用程序与计算机平台之间传递图像。该格式支持具有Alpha通道的CMYK/RGB和灰度模式，以及无Alpha信道的多信道、LAB、索引和双色调模式等。
- PCX格式采用GLE无损压缩方式，支持24位、256色的图像，适合保存索引和线画稿模式的图像。该格式支持RGB、索引、灰度和位图模式，以及一个颜色通道。
- Pixar格式是转为高端图形应用程序设计的文件格式，它支持具有单个Alpha通道的RGB和灰度图像。
- DICOM（医学数字成像和通信）格式通常用于传输和存储医学图像，如超声波DICOM和扫描图像。文件包含图像数据和标头，其中存储了有关病人和医学图像的信息。
- PNG用于无损压缩和在互联网上显示图像，与GIF不同，PNG支持24位图像，并产生无锯齿状的透明背景，但在某些早期的浏览器不支持该格式。
- Scitex（连续色调）格式用于Scitex计算机上的高端图像处理，该格式支持CMYK、RGB和灰度图像，不支持Alpha通道。
- TAG格式专用于Truevision视频板的系统，它支持一个单独Alpha通道的32位RGB文件，以及无Alpha通道的索引、灰度模式、16位和24位的RGB文件。
- 便携位图支持单色位图，可用于无损数据传输。因为许多应用程序都支持此格式，甚至可以在简单的文本编辑器中编辑或创建此类文件。

128 关闭移动 UI 图像文件

运用 Photoshop 软件的过程中，当新建或打开许多移动 UI 图像文件时，就需要选择需要关闭的图像文件，然后再进行下一步的工作。

STEP 1 在 Photoshop CC 中新建一个空白文档①，单击"文件"|"关闭"命令②。

STEP 2 执行操作后，即可关闭当前工作的图像文件③。

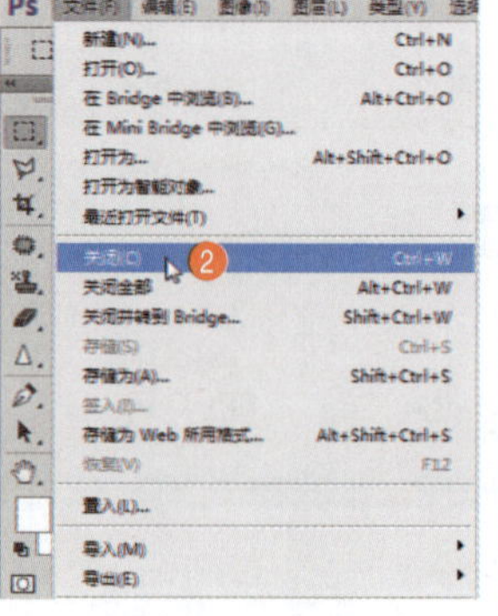

知识链接

除了运用上述方法关闭图像文件外，还有以下4种常用的方法。

- **快捷键1：**按【Ctrl＋W】组合键，关闭当前文件。
- **快捷键2：**按【Alt＋Ctrl＋W】组合键，关闭所有文件。
- **快捷键3：**按【Ctrl＋Q】组合键，关闭当前文件并退出Photoshop。
- **按钮：**单击图像文件标题栏上的“关闭”按钮。

129 置入移动 UI 图像文件

在Photoshop中置入移动UI图像文件，是指将所选择的文件置入到当前编辑窗口中，然后在Photoshop中进行编辑。Photoshop CC所支持的格式都能通过“置入”命令将指定的移动UI图像文件置于当前编辑的文件中。

STEP 1 单击“文件”|“打开”命令，打开一幅素材图像❶。

STEP 2 然后单击“文件”|“置入”命令❷，弹出“置入”对话框，选择置入文件❸。

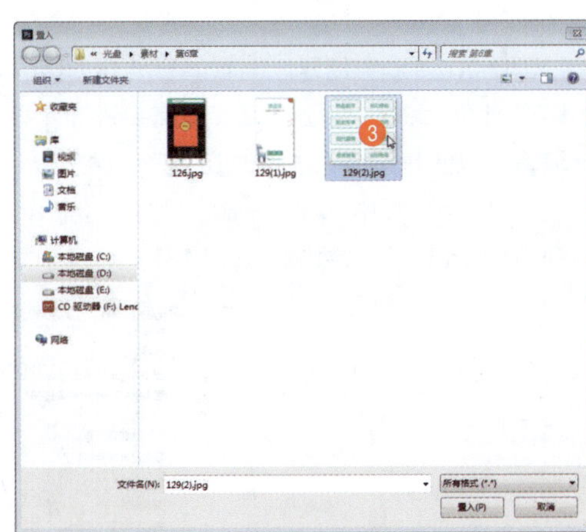

知识链接

在Photoshop中可以对视频帧、注释和WIA等内容进行编辑，当新建或打开图像文件后，单击“文件”|“导入”命令，可将内容导入到图像中。导入文件是因为一些特殊格式无法直接打开，Photoshop软件无法识别，导入的过程软件自动把它转换为可识别格式，打开的就是软件可以直接识别的文件格式，Photoshop直接保存会默认存储为psd格式文件，另存为或导出就可以根据需求存储为特殊格式。

STEP 3 单击“置入”按钮，即可置入图像文件❹。

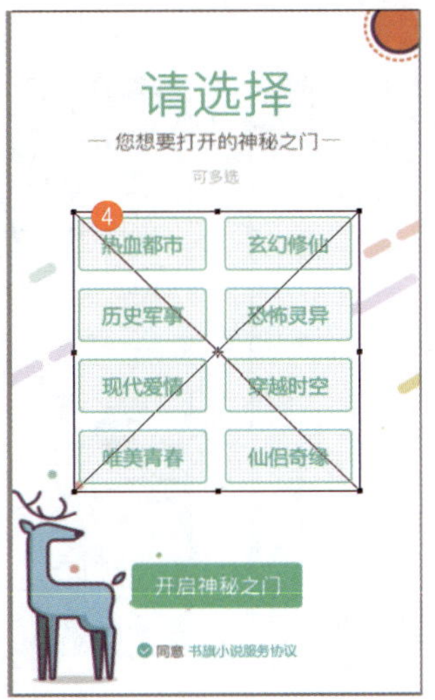

STEP 4 将鼠标指针移动至置入文件控制点上，按住【Shift】键的同时按住鼠标左键并拖曳，等比例缩放图片❺。

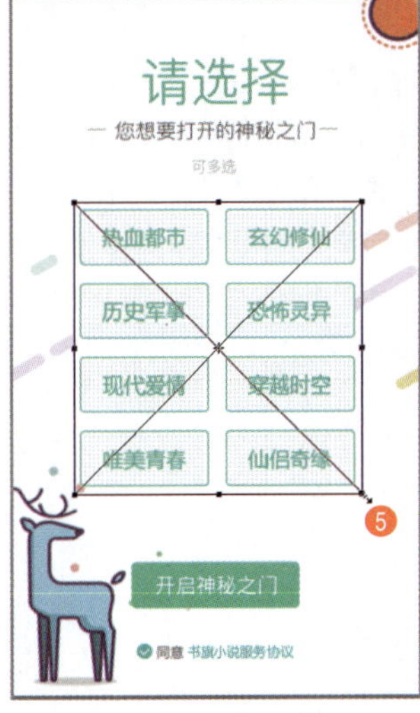

STEP 5 执行上述操作后，将鼠标指针移动至置入文件上，按住鼠标左键并拖动鼠标，将置入文件移动至合适位置，按【Enter】键确认⑥。

知识链接 运用“置入”命令，可以在图像中放置EPS、AI、PDP和PDF格式的图像文件，该命令主要用于将一个矢量图像文件转换为位图图像文件。放置一个图像文件后，系统将创建一个新的图层。需要注意的是，CMYK模式的图片文件只能置入与其模式相同的图片。

130 导出移动 UI 图像文件

在 Photoshop 中创建或编辑的移动 UI 图像可以导出到 Zoomify、Illustrator 和视频设备中，以满足用户的不同需求。如果在 Photoshop 中创建了路径，需要进一步处理，可以将路径导出为 AI 格式，在 Illustrator 中可以继续对路径进行编辑，以便制作特殊的移动 UI 图像效果。

在 Photoshop 中，单击“窗口”|“路径”命令，展开“路径”面板，选择“工作路径”选项①，单击“文件”|“导出”|“路径到 Illustrator”命令②。弹出“导出路径到文件”对话框，保持默认设置，单击“确定”按钮③。

选择“工作路径”选项

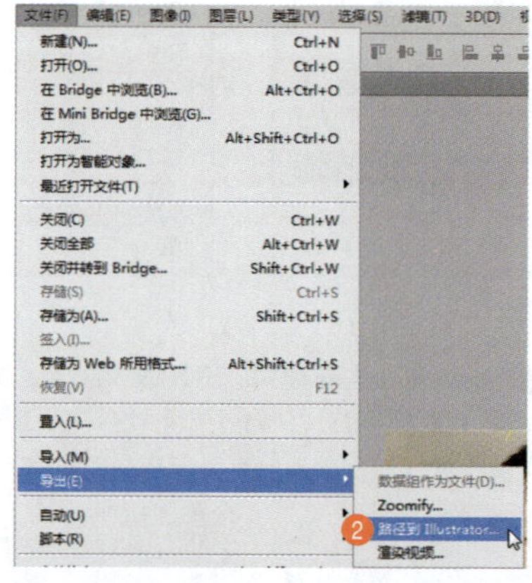
单击“路径到Illustrator”命令

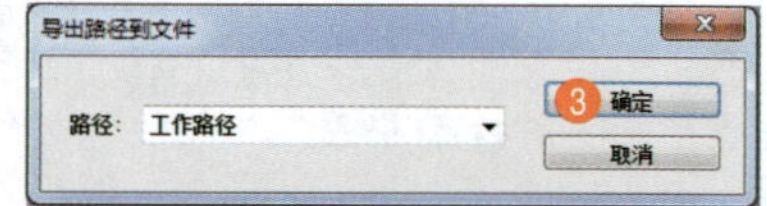
单击“确定”按钮

弹出“选择存储路径的文件名”对话框，设置保存路径④。单击“保存”按钮⑤，即可完成导出文件的操作。

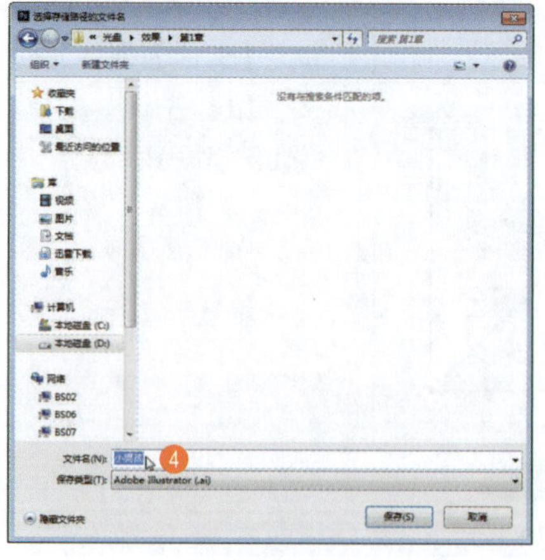
设置保存路径

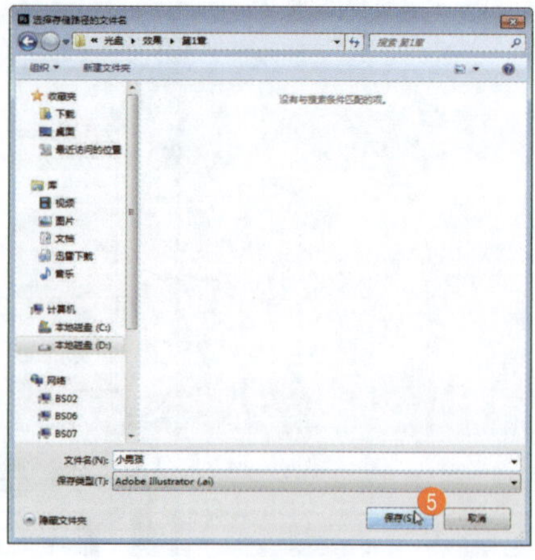
单击“保存”按钮

知识链接 单击"文件"|"脚本"|"将图层导出到文件"命令①，即可弹出"将图层导出到文件"对话框。在"目标"选项区中，单击"浏览"按钮②，即可在弹出的"选择文件夹"对话框中为导出的文件设置目标路径③。默认情况下，生成的文件存储在与源文件相同的文件夹中。

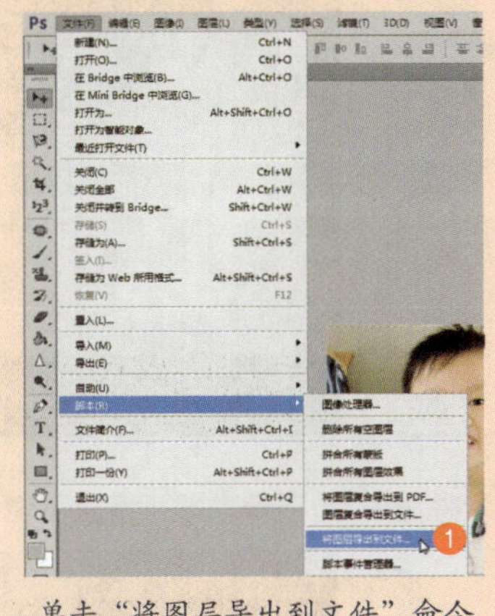

单击"将图层导出到文件"命令

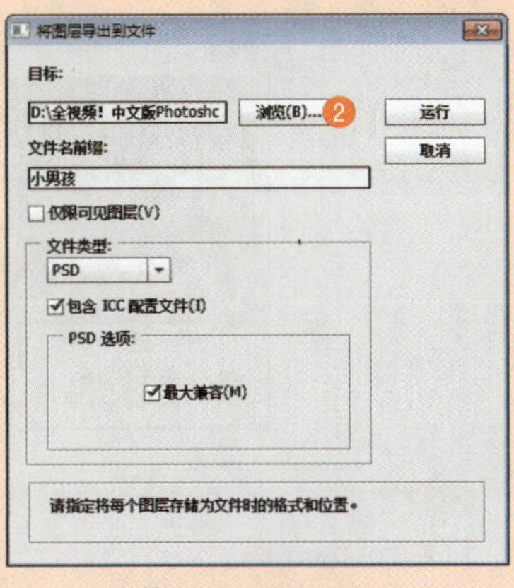

单击"浏览"按钮

设置目标路径

131 通过菜单撤销移动 UI 图像操作

在处理移动 UI 图像的过程中，用户可以对已完成的操作进行撤销和重做，熟练地运用撤销和重做功能将会给工作带来极大的方便。在用户进行图像处理时，如果需要恢复操作前的状态，就需要进行撤销操作。例如，对素材图像执行"滤镜"|"像素化"|"马赛克"命令后，单击"编辑"|"还原马赛克"命令，即可撤销图像操作。

添加"马赛克"效果

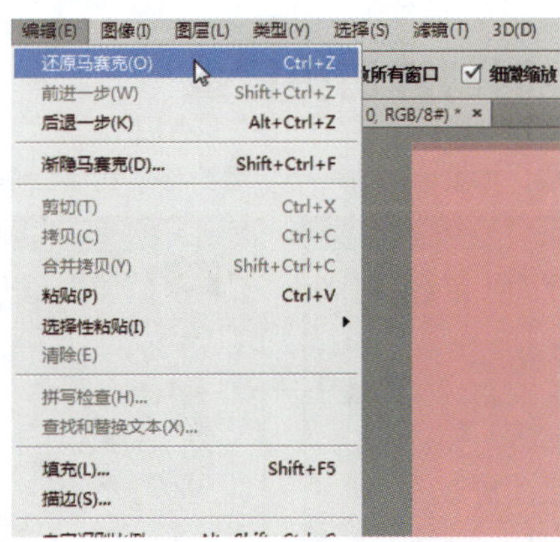

单击"还原马赛克"命令

撤销图像操作

知识链接 "编辑"菜单中的"后退一步"命令，是指将当前图像文件中用户近期的操作进行逐步撤销，默认的最大撤销步骤数为20步。"编辑"菜单中的还原命令，是指将当前修改过的文件撤销用户最后一次执行的操作。这两个菜单命令的功能都非常强大，用户可以根据图像中的实际需要进行相应操作。

132 通过面板撤销移动 UI 图像操作

在处理移动 UI 图像时，Photoshop 会自动将已执行的操作记录在"历史记录"面板中，用户可以使用该面板撤销前面所进行的任何操作，还可以在图像处理过程中为当前结果创建快照，并且还可以将当前图像处理结果保存为文件。

STEP 1 单击“文件”|“打开”命令，打开一幅素材图像①。

STEP 2 单击“滤镜”|“模糊”|“高斯模糊”命令，即可弹出“高斯模糊”对话框，设置“半径”为5.0像素②，单击“确定”按钮，即可模糊图像③。

STEP 3 在菜单栏中单击“图像”|“自动颜色”命令，即可自动调整图像颜色④。

STEP 4 展开“历史记录”面板，选择“打开”选项⑤，即可恢复图像至打开时的状态⑥。

133 编辑移动 UI 图像时创建历史记录

在 Photoshop 的“历史记录”面板中，如果单击前一个步骤给移动 UI 图像执行还原操作时，那么该步骤以下的操作就会全部变暗。如果此时继续进行其他操作，则该步骤后面的记录将会被新的操作所代替。非线性历史记录允许在更改选择状态时保留后面的操作。

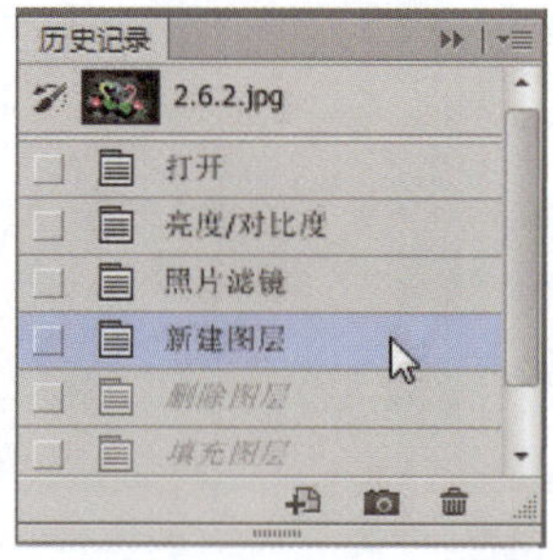

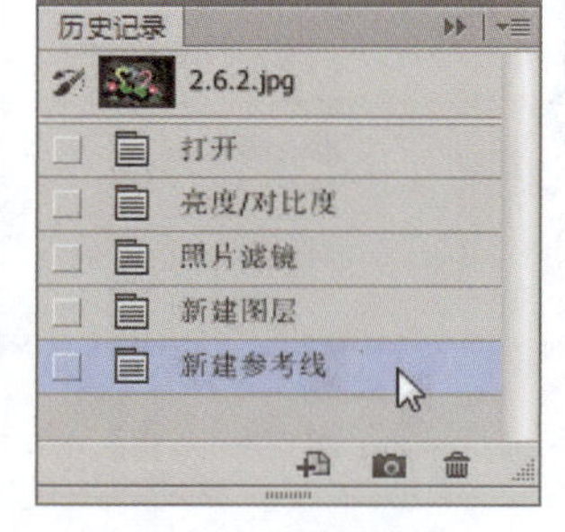

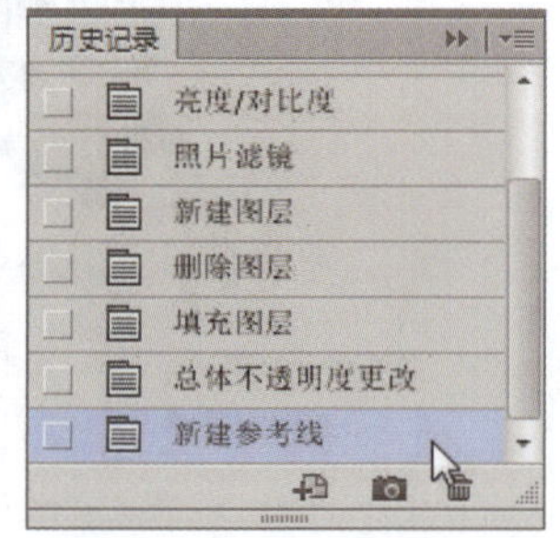

更改“历史记录”面板

单击“历史记录”面板右上角的按钮，在弹出的列表框中选择“历史记录选项”选项①，弹出“历史记录选项”对话框，选中“允许非线性历史记录”复选框②，即可将历史记录设置为非线性状态。

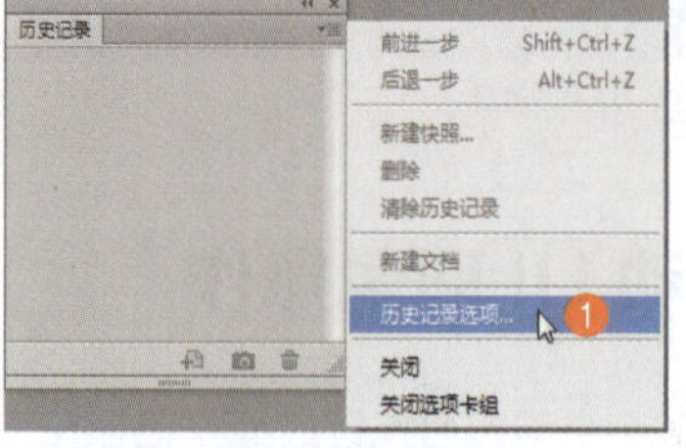

选择“历史记录选项”选项

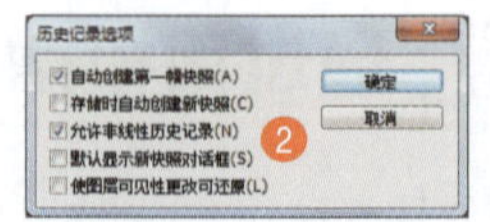

选中“允许非线性历史记录”复选框

知识链接

"历史记录选项"对话框各选项含义如下。

- **自动创建第一幅快照：** 打开图像文件时，图像的初始状态自动创建为快照。
- **存储时自动创建新快照：** 在编辑的过程中，每保存一次文件，都会自动创建一个快照。
- **允许非线性历史记录：** 在更改选择状态时保留后面的操作。
- **默认显示新快照对话框：** 在编辑过程中，Photoshop自动提示操作者输入快照名称。
- **使图层可见性更改可还原：** 保存对图层可见性的更改。

134 快照还原移动 UI 图像的编辑操作

在设计移动 UI 图像时，当绘制完重要的效果以后，单击"历史记录"面板中的"创建新快照"按钮，即可将画面的当前状态保存为一个快照，用户可通过快照将图像恢复到快照所记录的效果。

在"历史记录"面板中选择相应的历史操作，按住【Alt】键的同时单击"创建快照"按钮，弹出"新建快照"对话框，设置"名称"为"快照 1"①。单击"确定"按钮，即可创建"快照 1"快照②。在历史记录面板中选择第 1 个选项即可还原图像③。

设置"名称"

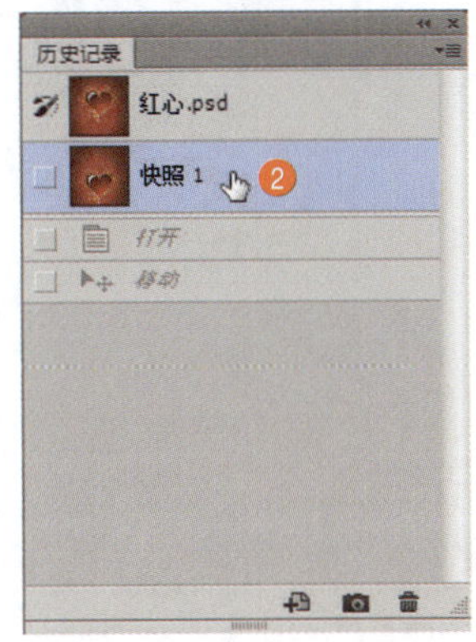

创建"快照1"快照

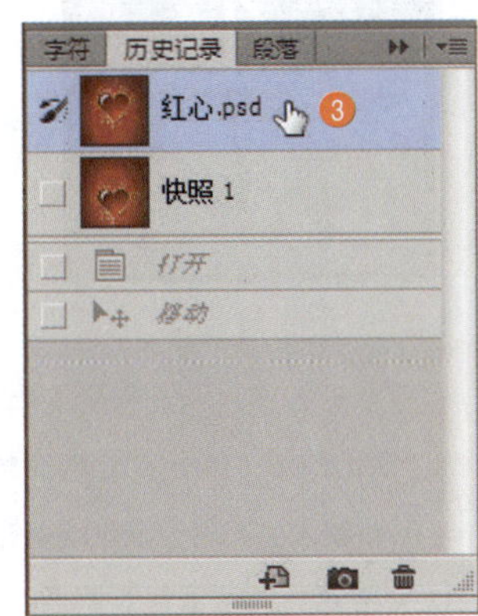

选择第1个选项

知识链接

"新建快照"对话框各选项含义如下。

- **名称：** 可命名快照的名称。
- **自：** 可创建快照内容。选择"全文档"选项，可创建图像当前状态下所有图层的快照；选择"合并的图层"选项，建立的快照会合并当前状态下图像中的所有图层；选择"当前图层"选项，只创建当前状态下所选图层的快照。

在默认的情况下，每个打开的图像都会自动创建一个快照，并按顺序名称命名为"快照1""快照2"等。如果用户想要修改快照的名称，可双击快照名称，在显示的文本框中输入新的名称即可。

135 恢复移动 UI 图像初始状态

在 Photoshop 中处理移动 UI 图像时，软件会自动保存大量的中间数据，在这期间如果不定期处理，就会影响计算机的速度，使其运行变慢。用户定期对磁盘的清理，能加快系统的处理速度，同时也有助于在处理图像时速度的提升。

在菜单栏中单击"文件"|"恢复"命令①，即可恢复图像。在菜单栏中单击"编辑"|"清理"|"剪贴板"命令②，即可清除剪贴板的内容。

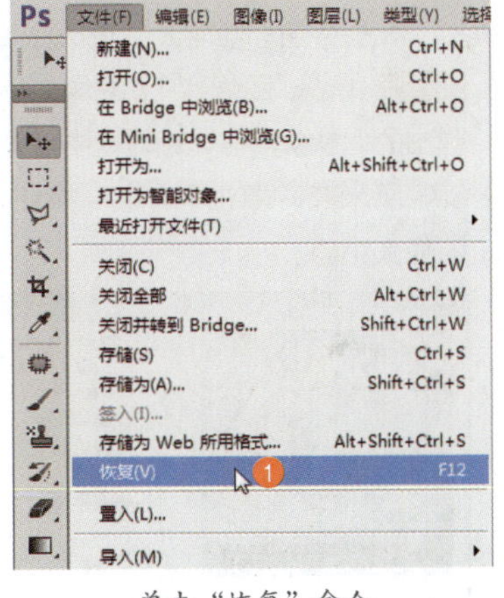

单击"恢复"命令

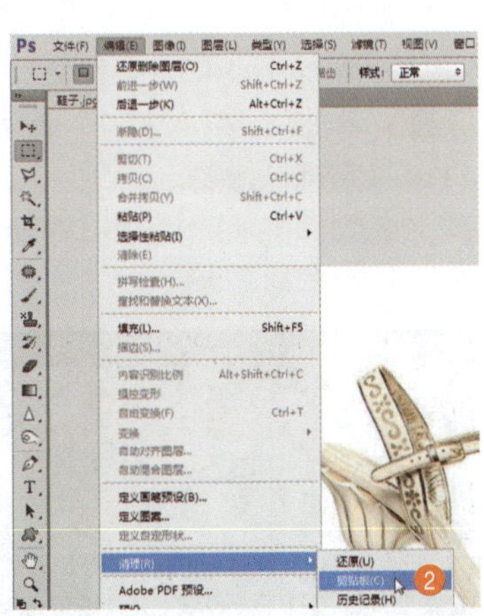

单击"剪贴板"命令

136 调整移动 UI 图像的画布大小

移动 UI 图像的大小与像素、分辨率、实际打印尺寸之间有着密切的关系，它决定存储文件所需的硬盘空间大小和图像文件的清晰度。因此，调整图像的尺寸及分辨率也决定着整幅画面的大小。

画布指的是实际打印的工作区域，移动 UI 图像画面尺寸的大小是指当前图像周围工作空间的大小，改变画布大小会影响图像最终的输出效果。

STEP 1 单击“文件”|“打开”命令，打开一幅素材图像①。

STEP 2 单击“图像”|“画布大小”命令，弹出“画布大小”对话框，设置“宽度”为 5 厘米、“画布扩展颜色”为“黑色”②，单击“确定”按钮，即可完成调整画布大小的操作③。

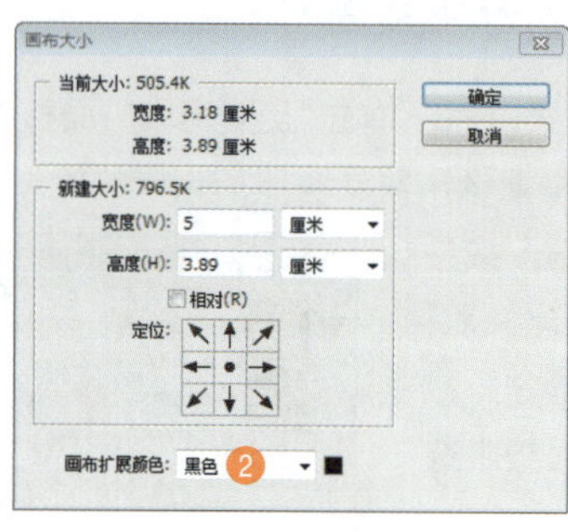

知识链接

“画布大小”对话框各选项含义如下。

- **当前大小：** 显示的是当前画布的大小。
- **新建大小：** 用于设置画布的大小。
- **相对：** 选中该复选框后，表示改变其中某一选项设置时，另一选项不会受到影响①。
- **定位：** 是用来修改图像像素的大小。在Photoshop中是“重新取样”。当减少像素数量时就会从图像中删除一些信息；当增加像素的数量或增加像素取样时，则会添加新的像素。在“图像大小”对话框最下面的下拉列表中可以选择一种插值方法来确定添加或删除像素的方式，如“两次立方”“邻近”“两次线性”等。
- **画布扩展颜色：** 在“画布扩展颜色”下拉列表中可以选择填充更改画布大小后画布的颜色②。

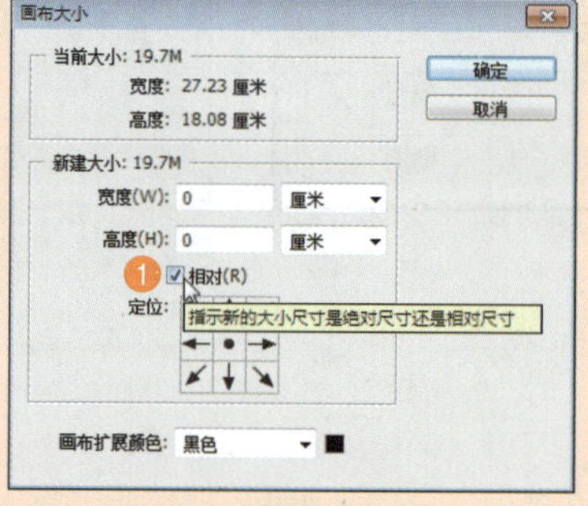

选中相对复选框

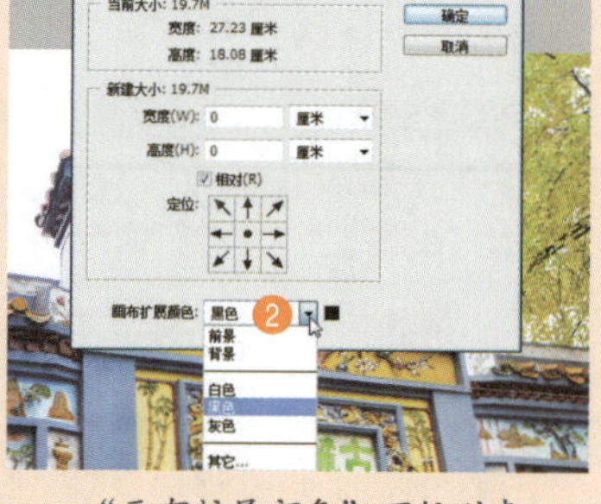

“画布扩展颜色”下拉列表

137 调整移动 UI 图像的尺寸

在 Photoshop CC 中，图像尺寸越大，所占的空间也越大。更改图像的尺寸，会直接影响图像的显示效果。

STEP 1 单击“文件”|“打开”命令，打开一幅素材图像①。

STEP 2 单击“图像”|“图像大小”命令，在弹出的“图像大小”对话框中设置“高度”为 3.75 厘米②，单击“确定”按钮，即可调整图像大小③。

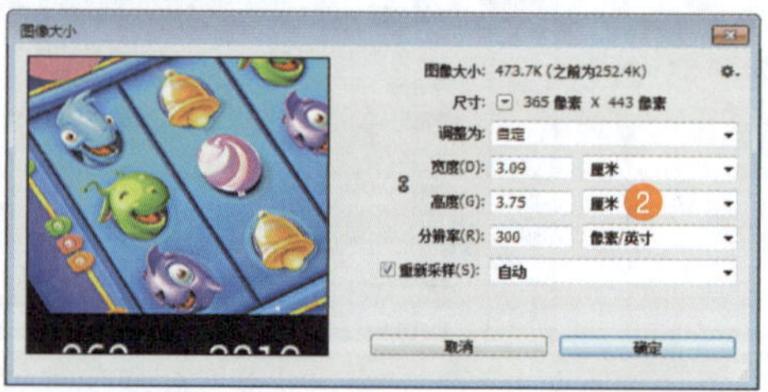

138 调整移动 UI 图像的分辨率

前面已经提到，移动 UI 图像的品质取决于分辨率的大小，当分辨率数值越大时，图像就越清晰；反之，就越模糊。但是，过大的分辨率也会影响图像的下载速度，因此分辨率在保证清晰的同时，还需要符合移动用户的下载速度体验。

STEP 1 单击“文件”|“打开”命令，打开一幅素材图像①，在菜单栏中单击“图像”|“图像大小”命令②。

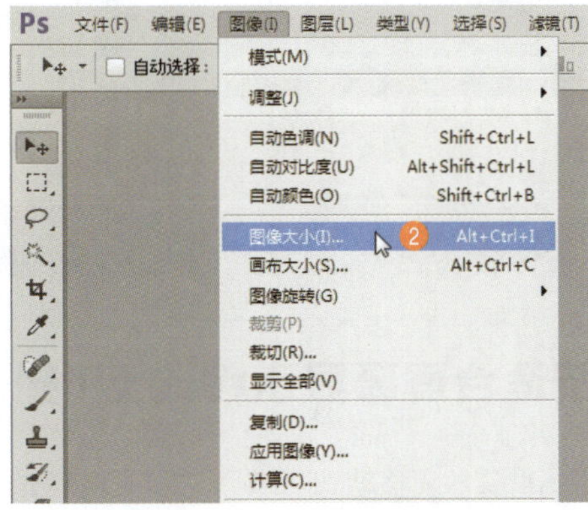

STEP 2 弹出“图像大小”对话框，设置“分辨率”为 72 像素 / 英寸③，单击“确定”按钮，即可调整图像分辨率④。

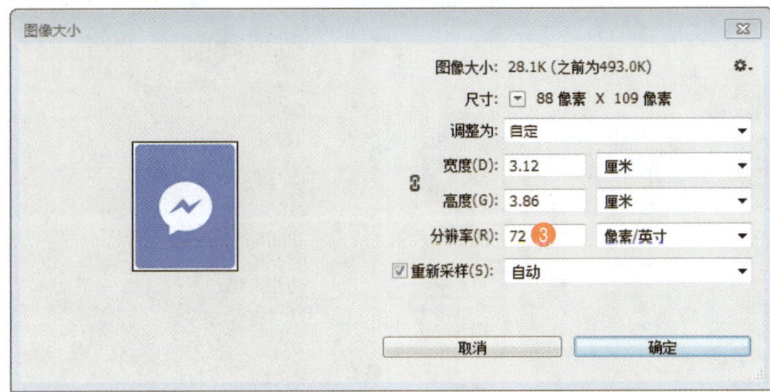

139 放大 / 缩小显示移动 UI 图像

在编辑和设计移动 UI 图像作品的过程中，用户可以根据工作需要对图像进行放大或缩小操作，以便更好地观察和处理图像，使用户工作时更加方便。

STEP 1 单击“文件”|“打开”命令，打开一幅素材图像①，单击“视图”|“放大”命令②。

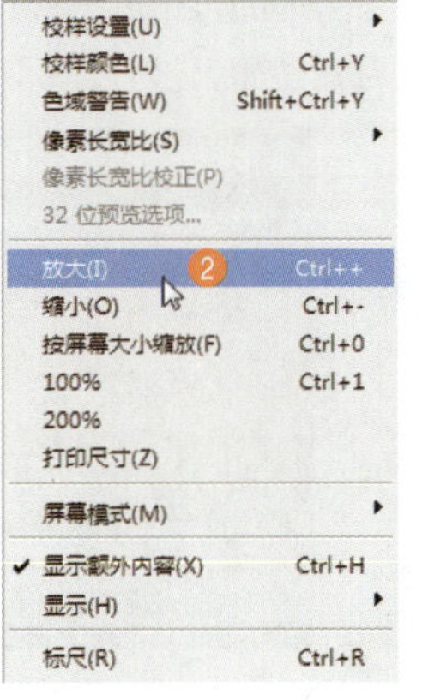

STEP 2 执行上述操作后，即可放大图像的显示③。

STEP 3 单击两次“视图”|“缩小”命令④，使图像显示比例缩小为原来 1/2 ⑤。

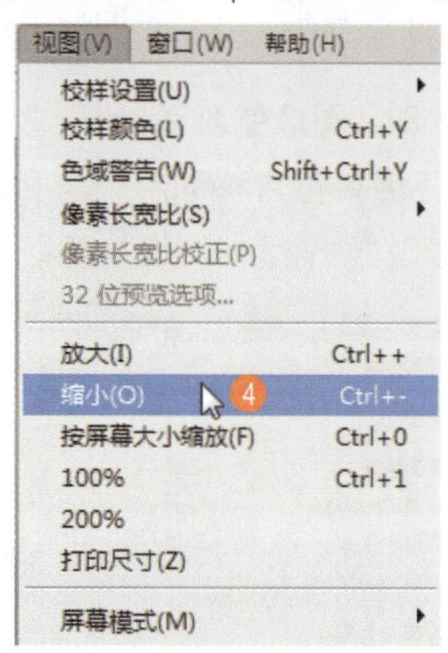

140 按适合屏幕显示移动 UI 图像

用户可根据需要放大移动 UI 图像以进行更精确的操作，单击缩放工具属性栏中的“适合屏幕”按钮，即可将图像以最合适的比例完全显示出来。

STEP 1 单击“文件”|“打开”命令，打开一幅素材图像①。

STEP 2 选取工具箱中的抓手工具，在工具属性栏中单击“适合屏幕”按钮②，图像即可以适合屏幕的方式显示③。

知识链接

除了运用上述方法可以将图像以最合适的比例完全显示外，还有以下两种方法。

- **工具：**在工具箱中的抓手工具上，双击鼠标左键。
- **快捷键：**按【Ctrl＋0】组合键。

141 按区域放大显示移动 UI 图像

在 Photoshop CC 中，用户可通过区域放大显示移动 UI 图像，更准确地放大所需要操作的图像显示区域。

选取工具箱中的缩放工具，移动鼠标指针至合适位置，按住鼠标左键的同时并拖曳，创建一个虚线矩形框。释放鼠标左键，即可放大显示所需要的区域。

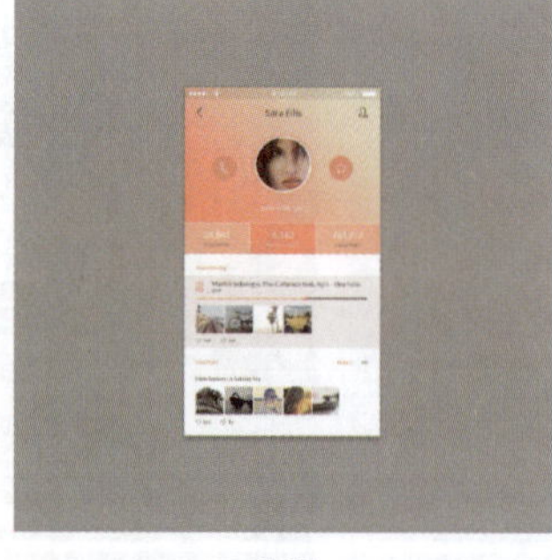

原图

创建一个虚线矩形框

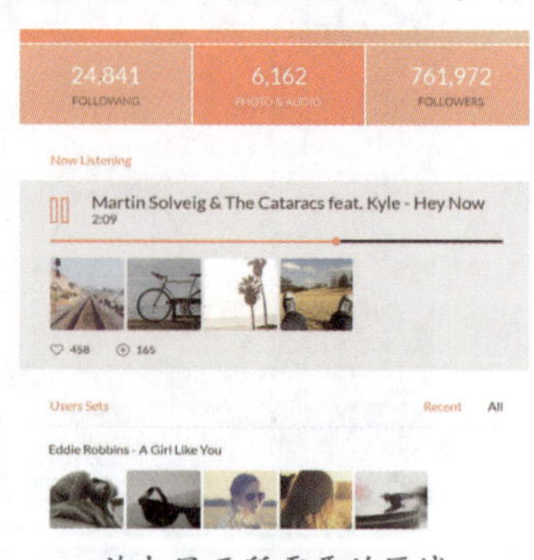

放大显示所需要的区域

142 切换移动 UI 图像的显示模式

Photoshop CC 为用户提供了 3 种不同的屏幕显示模式，即“标准屏幕模式”“带有菜单栏的全屏模式”“全屏模式”，用户可以切换不同的显示模式来查看移动 UI 图像。

默认情况下，屏幕显示为标准屏幕模式①。在工具箱下方的“更改屏幕模式”按钮上，单击鼠标右键，在弹出的快捷菜单中，选择“带有菜单栏的全屏模式”选项，屏幕即可呈带有菜单栏的全屏模式②。

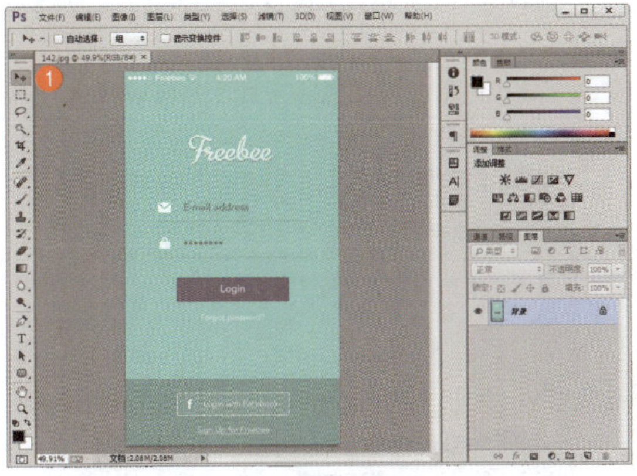
标准屏幕模式

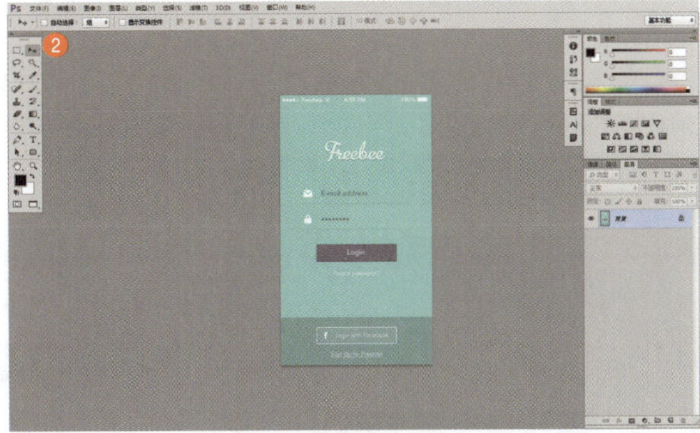
带有菜单栏的全屏模式

在“屏幕模式”快捷菜单中，选择“全屏模式”选项，单击“全屏”按钮，屏幕即可被切换成全屏模式③。

知识链接

除了运用上述方法切换图像显示外，还有以下两种方法。

- **快捷键：**按【F】键，可以在上述3种显示模式之间进行切换。
- **命令：**单击“视图”|“屏幕模式”命令，在弹出的子菜单中可以选择需要的显示模式。

全屏模式

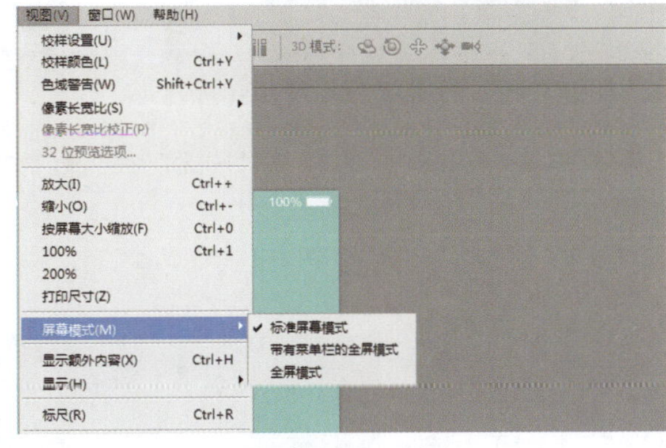

“屏幕模式”子菜单

143 移动图像编辑窗口显示区域

当所打开的移动 UI 图像因缩放超出当前显示窗口的范围时，图像编辑窗口的右侧和下方将分别显示垂直和水平的滚动条。

STEP 1 单击“文件”|“打开”命令，打开一幅素材图像①，选取工具箱中的缩放工具，将素材图像放大②。

STEP 2 选取工具箱中的抓手工具，移动鼠标指针至素材图像处，当鼠标指针呈抓手形状时，按住鼠标左键并拖曳，即可移动图像编辑窗口的显示区域③。

知识链接

当用户正在使用其他工具时，按住键盘中的【Space】键，可以切换到抓手工具的使用状态。

144 使用导航器移动图像显示区域

“导航器”面板中包含移动UI图像的缩览图，如果文件尺寸较大，画面中不能显示完整图像，可以通过该面板定位图像的显示区域。

STEP 1 单击“文件”|“打开”命令，打开一幅素材图像❶。

STEP 2 选取工具箱中的缩放工具❷，移动鼠标指针至图像编辑窗口中，单击鼠标左键以放大显示图像❸。

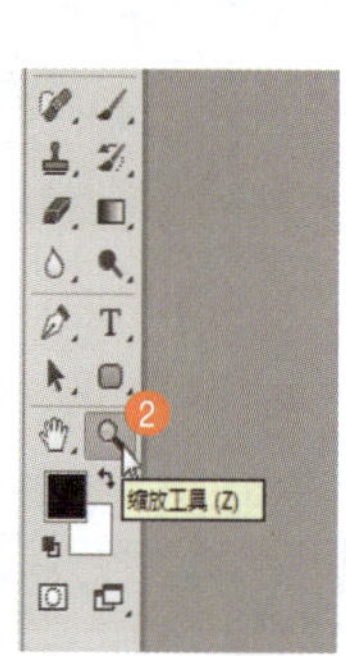

STEP 3 在菜单栏中单击“窗口”|“导航器”命令❹，展开“导航器”面板❺。

STEP 4 将鼠标指针移动至“导航器”面板的预览区域，当鼠标指针呈抓手形状时，按住鼠标左键并拖曳，即可移动图像编辑窗口的显示区域❻。

知识链接

“导航器”面板中各选项的含义如下。

- **代理预览区域：** 将鼠标指针移到此处，按住鼠标左键并拖曳可以移动画面。
- **缩放文本框：** 用于显示窗口的显示比例，用户可以根据需要设置缩放比例。
- **“缩小”按钮：** 单击“缩小”按钮，可以缩小窗口的显示比例。

- **“放大”按钮：**单击“放大”按钮，可以放大窗口的显示比例。
- **缩放滑块：**拖动该滑块可以放大或缩小窗口。

缩小窗口的显示比例

放大窗口的显示比例

拖动缩放滑块

145 运用工具裁剪移动 UI 图像

裁剪工具是一个非常灵活截取图像的工具，既可以通过设置其工具属性栏中的参数裁剪，也可以通过手动自由控制裁剪移动 UI 图像的大小。

STEP 1 单击“文件”|“打开”命令，打开一幅素材图像❶。

STEP 2 选取工具箱中的裁剪工具❷，调出裁剪控制框❸。

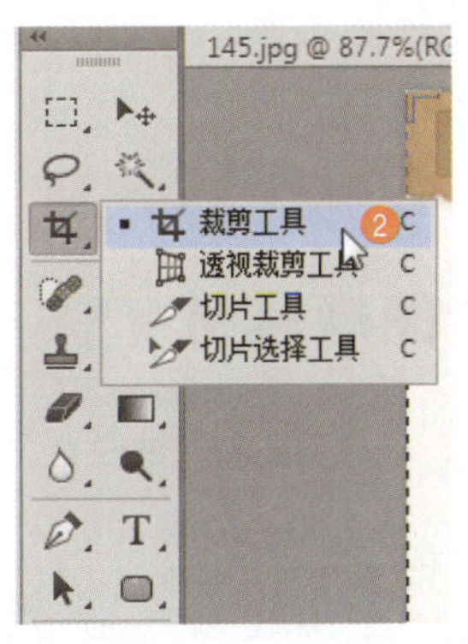

STEP 3 移动鼠标指针至图像右下角，当鼠标指针呈↘时按住鼠标左键并拖曳，调整裁剪区域的大小❹，将鼠标指针移动至变换框内，按住鼠标左键的同时并拖曳，选定裁剪区域图像❺。

STEP 4 执行上述操作后，按【Enter】键确认，即可完成图像的裁剪❻。

146 运用命令裁切移动 UI 图像

“裁切”命令与“裁剪”命令裁剪图像不同的是，“裁切”命令不像“裁剪”命令那样要先创建选区，而是以对话框的形式来呈现的。

单击“图像”|“裁切”命令，弹出“裁切”对话框①，设置相应选项，单击“确定”按钮，即可裁切图像②。

原图

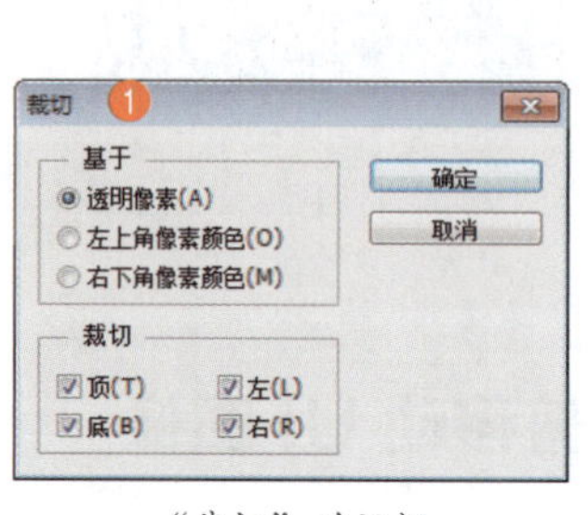

“裁切”对话框

裁切图像

知识链接

“裁切”对话框中各选项的含义如下。

- **透明像素：** 用于删除图像边缘的透明区域，留下包含非透明像素的最小图像。
- **左上角像素颜色：** 删除图像左上角像素颜色的区域。
- **右下角像素颜色：** 删除图像右上角像素颜色的区域。
- **裁切：** 设置要修正的图像区域。

147 精确裁剪移动 UI 图像素材

精确裁剪图像可用于制作等分拼图，在裁剪工具属性栏上设置固定的“宽度”“高度”“分辨率”的参数，裁剪出固定大小的图像。

裁剪工具属性栏

知识链接

“裁剪”对话框中各选项的含义如下。

- **比例：** 用来输入图像裁剪比例，裁剪后图像的尺寸有输入的数值决定，与裁剪区域的大小没有关系。
- **视图：** 设置裁剪工具视图选项。
- **删除裁剪的像素：** 确定裁剪框以外透明度像素数据是保留还是删除。

STEP 1 单击“文件”|“打开”命令，打开一幅素材图像①。

STEP 2 选取工具箱中的裁剪工具②，调出裁剪控制框③。

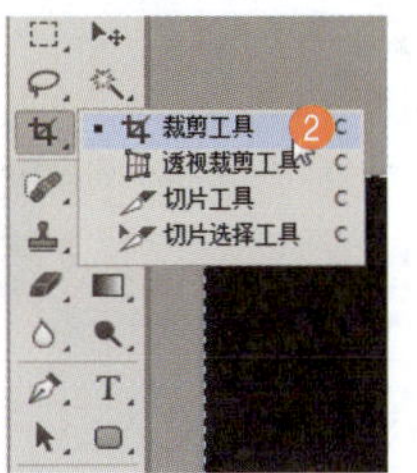

STEP 3 在工具属性栏中设置自定义裁剪比例为 5:6④，将鼠标指针移至裁剪控制框内，按住鼠标左键的同时并拖曳图像至合适位置⑤。

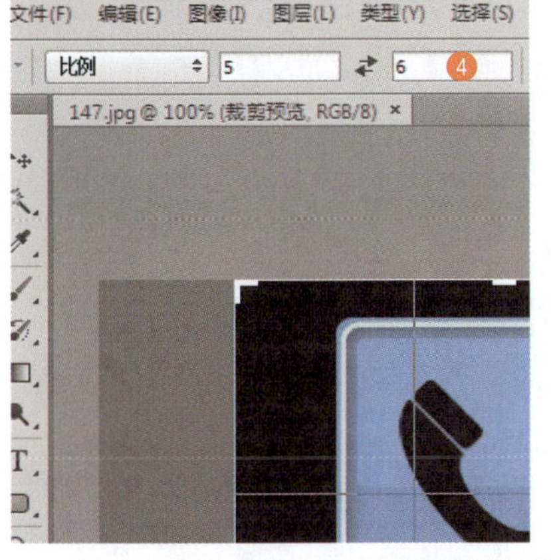

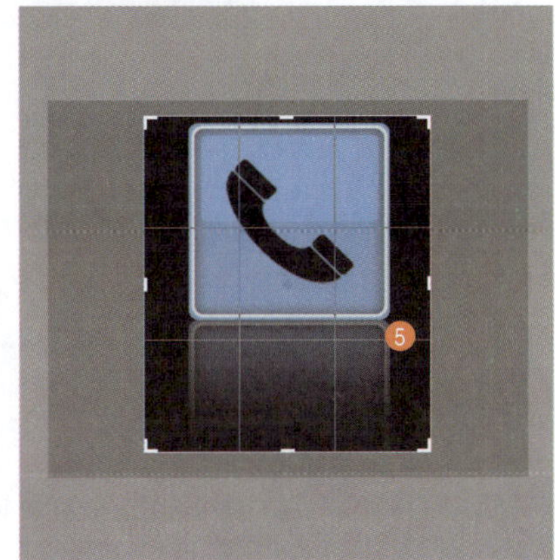

STEP 4 按【Enter】键确认裁剪，即可按固定大小裁剪图像⑥。

148 旋转移动 UI 图像的画布

如果移动 UI 图像的角度不正、方向反向或者图像不能完全显示，用户可以通过旋转画布对图像进行修正操作。单击菜单栏上的“图像” | “图像旋转” | “180 度”命令，即可 180° 旋转画布。

原图

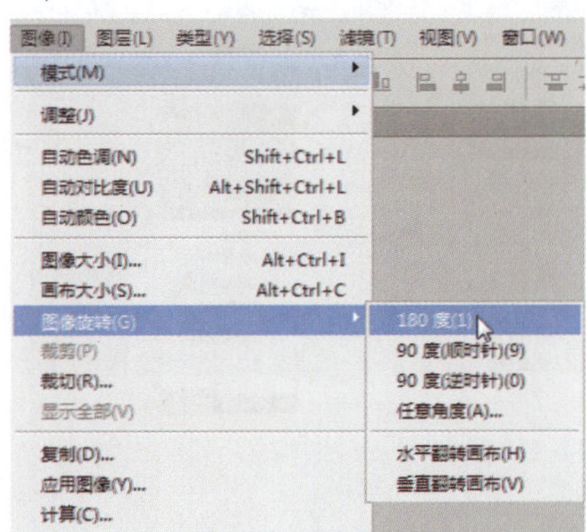

单击“180度”命令

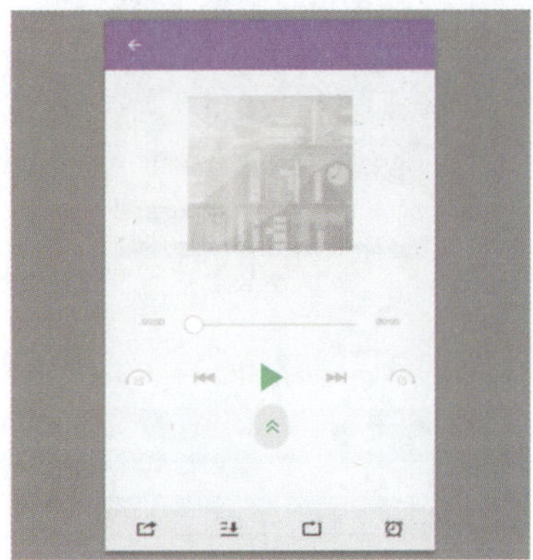
180° 旋转画布

149 水平翻转移动 UI 图像画布

在 Photoshop CC 中，用户可以根据需要，对移动 UI 素材图像进行水平翻转画布操作。单击菜单栏上的“图像” | “图像旋转” | “水平翻转画布”命令，即可水平翻转画布。

原图

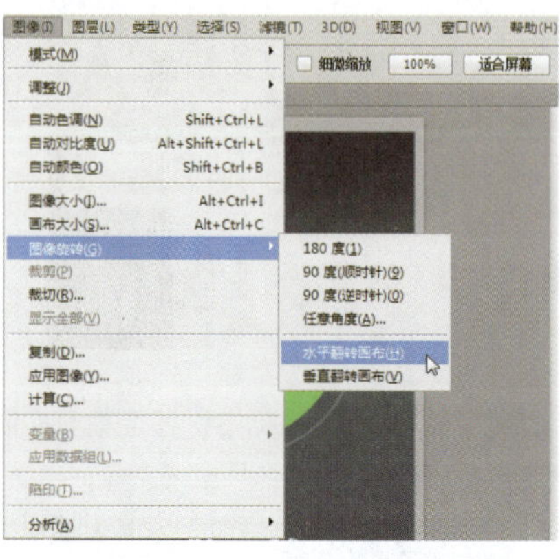

单击“水平翻转画布”命令

水平翻转画布

> **知识链接**
>
> “水平翻转画布”命令和“水平翻转”命令的区别如下。
>
> - **水平翻转画布：**执行该操作后，可将整个画布（即画布中的全部图层）水平翻转。
> - **水平翻转：**执行该操作后，可将画布中的某个图像（即选中画布中的某个图层）水平翻转。

150 垂直翻转移动 UI 图像画布

在 Photoshop CC 中，用户可以根据需要，对移动 UI 素材图像进行垂直翻转画布操作。单击菜单栏上的“图像” | “图像旋转” | “垂直翻转画布”命令，即可垂直翻转画布。

> **知识链接**
>
> “垂直翻转画布”命令和“垂直翻转”命令的区别如下。
>
> - **垂直翻转画布：**执行该操作后，可将整个画布（即画布中的全部图层）垂直翻转。
> - **垂直翻转：**执行该操作后，可将画布中的某个图像（即选中画布中的某个图层）垂直翻转。

原图

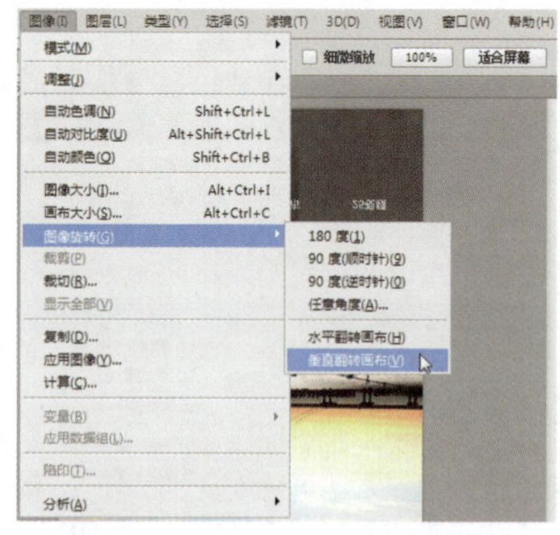

单击“垂直翻转画布”命令

垂直翻转画布

151 调整 UI 图像的元素位置

移动工具是 Photoshop CC 最常用的工具之一，不论是在移动 UI 图像文档中移动图层或选区内的图像，还是将其

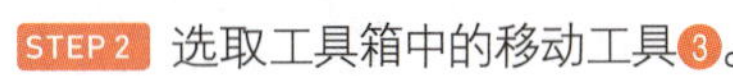

他文档中的移动 UI 图像元素拖入当前文档，都需使用移动工具。

STEP 1 单击“文件”|“打开”命令，打开一幅素材图像❶，在“图层”面板中选择“图层 1”图层❷。

STEP 2 选取工具箱中的移动工具❸。

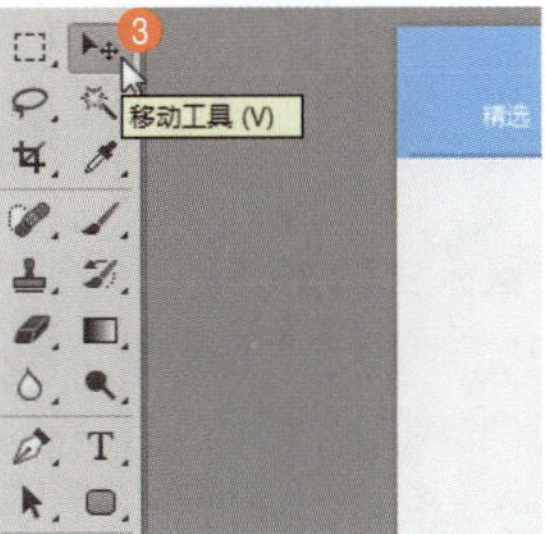

STEP 3 移动鼠标指针至图像编辑窗口中需要移动的图像上❹，按住鼠标左键并拖曳至合适位置❺，释放鼠标左键，即可完成移动图像素材的操作❻。

知识链接

除了运用上述方法可以移动图像外，还有以下4种方法可以移动图像。

- **鼠标1：**如果当前没有选择移动工具，可按住【Ctrl】键，当图像编辑窗口中的鼠标指针呈形状时，按住鼠标左键并拖曳，即可移动图像。
- **鼠标2：**按住【Alt】键的同时，在图像上按住鼠标左键并拖曳，即可移动图像。
- **鼠标3：**按住【Shift】键的同时，按住鼠标左键并拖曳，可以将图像垂直或水平移动。
- **方向键：**按【↑】、【↓】、【←】、【→】方向键，分别使图像向上、下、左、右移动一个像素。

152 删除移动 UI 图像中的元素

在移动 UI 图像编辑过程中，Photoshop 会创建不同内容的图层，将多余的图层删除，可以节省磁盘空间，加快软件运行速度。

STEP 1 单击“文件”|“打开”命令，打开一幅素材图像①，在“图层”面板中，选择“图层 1”图层②。

STEP 2 按住鼠标左键并拖曳“图层 1”图层至“图层”面板最下方“删除图层”按钮上🗑③，释放鼠标左键，即可删除图像④。

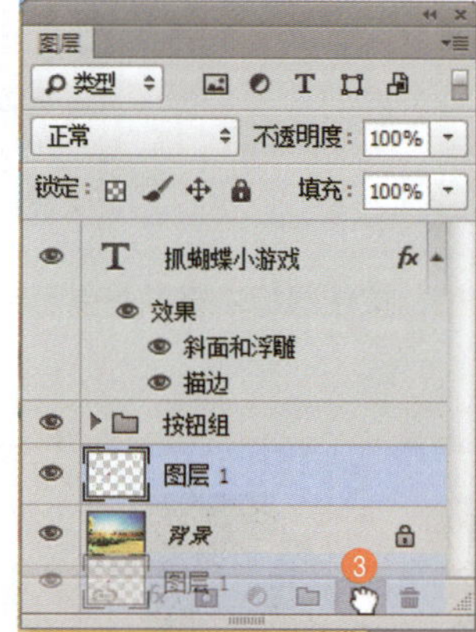

知识链接 如果在背景图层上清除图像，则清除的图像区域将填充为背景色，若是在其他图层上清除图像，则以透明区域显示。除了上述操作方法可删除素材图像外，还可选择图层后按【Delete】键清除图像。

153 缩放 / 旋转移动 UI 图像

将移动 UI 的素材图像扫描到计算机中，有时候会发现图像出现了颠倒或倾斜现象，此时需要对图像进行变换或旋转操作。

在 Photoshop CC 中，缩放或旋转图像，能使平面图像显示视角独特，同时也可以将倾斜的图像纠正。

STEP 1 单击“文件”|“打开”命令，打开一幅素材图像①，在“图层”面板中，选择“图层 1”图层②。

STEP 2 在菜单栏中单击“编辑”|“变换”|“缩放”命令③。

STEP 3 调出变换控制框，移动鼠标指针至变换控制框右下方的控制柄上，鼠标指针呈双向箭头形状时，按住鼠标左键并拖曳至合适位置后释放鼠标左键，按【Enter】键确认缩放④。

STEP 4 在菜单栏中单击“编辑”|“变换”|“旋转”命令⑤，移动鼠标指针至控制框右上方的控制柄外，鼠标指针呈形状时，按住鼠标左键并拖曳，旋转至合适位置后释放鼠标左键，按【Enter】键确认旋转⑥。

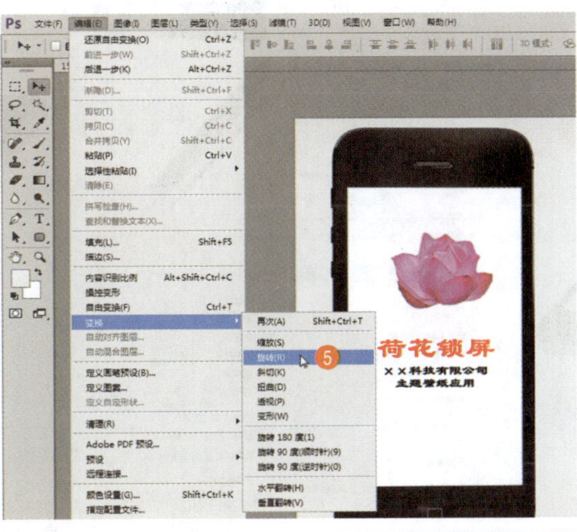

知识链接 对图像进行缩放操作时，按住【Shift】键的同时，按住鼠标左键并拖曳可以等比例缩放图像。除使用命令外，按【Ctrl＋T】组合键，也可调出变换控制框。

154 水平翻转移动 UI 图像

在 Photoshop CC 中，用户可以根据需要对移动 UI 图像素材进行水平翻转操作。在菜单栏中单击“编辑”|“变换”|“水平翻转”命令，即可水平翻转图像素材。

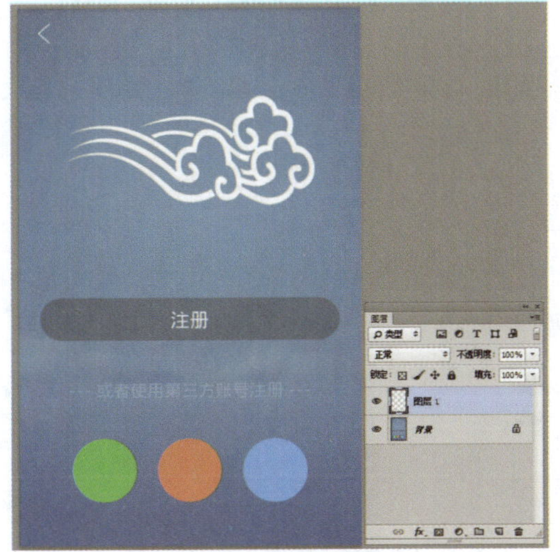

原图

单击“水平翻转”命令

水平翻转图像素材

155 垂直翻转移动 UI 图像

当移动 UI 素材图像出现颠倒状态，用户可以对图像素材进行垂直翻转操作。

在菜单栏中单击“编辑” | “变换” | “垂直翻转”命令，即可垂直翻转素材图像。

原图

单击“垂直翻转”命令

垂直翻转素材图像

知识链接 在变换图像时，单击“编辑” | “变换” | “水平翻转”命令或“垂直翻转”命令，可分别以经过图像中心的垂直线为轴水平翻转或以经过图像中心的水平线为轴垂直翻转图像。

156 斜切移动 UI 图像素材

在 Photoshop CC 中，变换移动 UI 图像是非常有效的图像编辑手段，用户可以根据需要对图像进行斜切、扭曲、透视、变形、操控变形及重复上次变换等操作。在 Photoshop CC 中，用户可以运用“自由变换”命令斜切图像，为移动 UI 制作出逼真的倒影效果。

STEP 1 单击“文件” | “打开”命令，打开一幅素材图像①，展开“图层”面板，选择“图层 3”图层②，单击“编辑” | “变换” | “垂直翻转”命令③。

STEP 2 选取移动工具，移动图像至合适位置④，单击“编辑”|“变换”|“斜切”命令，即可调出变换控制框⑤，将鼠标指针移至变换控制框右侧上方的控制柄上，鼠标指针呈白色三角▷形状时，按住鼠标左键并向上拖曳⑥。

STEP 3 按【Enter】键确认⑦，设置“图层 3”图层的“不透明度”为 20%⑧，制作倒影效果⑨。

157 扭曲移动 UI 图像素材

在 Photoshop CC 中，用户可以根据需要，运用“扭曲”命令对移动 UI 图像素材进行扭曲变形操作。

STEP 1 单击“文件”|“打开”命令打开一幅素材图像①，在“图层”面板中，选择“图层 2”图层②。

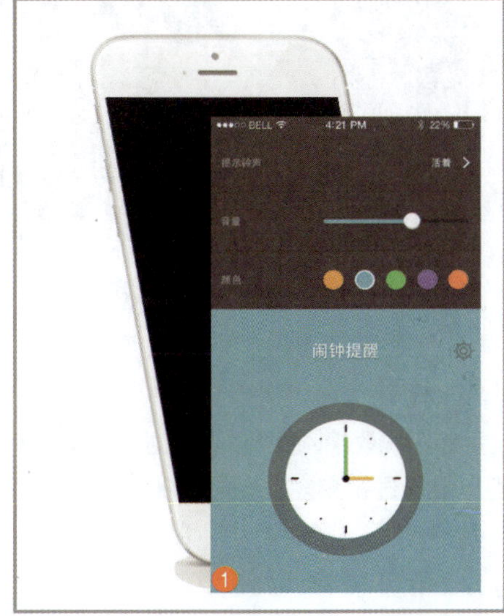

STEP 2 在菜单栏中单击“编辑”|“变换”|“扭曲”命令③。

STEP 3 执行上述操作后，即可调出变换控制框4。

STEP 4 移动鼠标指针至变换控制框左上方的控制柄上，当鼠标指针呈三角形状时5，按住鼠标左键并向左上角拖曳至合适位置6。

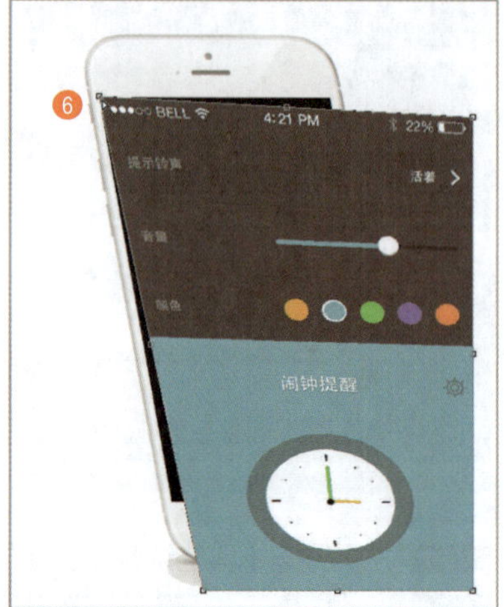

STEP 5 将变换控制框上的 4 个控制柄分别拖曳至合适位置后7，按【Enter】键确认操作，即可扭曲图像，得到最终效果8。

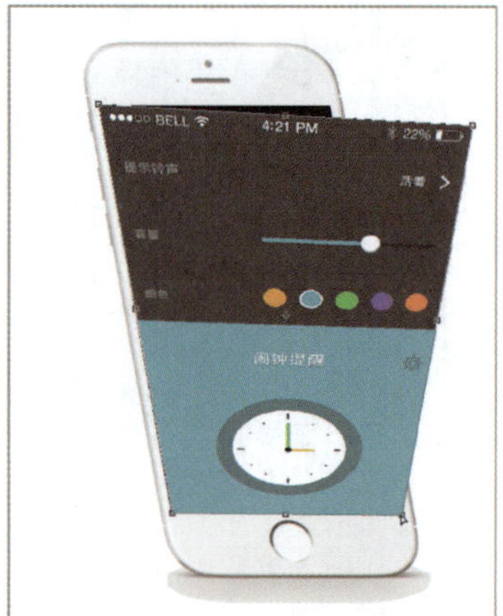

知识链接 与斜切不同的是，执行扭曲操作时，可以随意拖动控制点，不受调整边框方向的限制，若在拖曳鼠标的同时按住【Alt】键，则可以制作出对称扭曲效果，如右图所示，而斜切则会受到调整边框的限制。

对称扭曲

158 透视移动 UI 图像素材

在 Photoshop CC 中进行移动 UI 图像处理时，如果需要将平面图变换为透视效果，就可以运用透视功能进行调节。单击“透视”命令，即会显示变换控制框，此时按住鼠标左键并拖曳可以进行透视变换，下面详细介绍使用透视命令的操作方法。

STEP 1 单击“文件”|“打开”命令，打开一幅素材图像①，选择“图层 1”图层②。

STEP 2 单击“编辑”|“变换”|“透视”命令，调出变换控制框③。

STEP 3 将鼠标指针移至变换控制框左侧中间的控制柄上，鼠标指针呈白色三角▷形状时，按住鼠标左键并拖曳④。

STEP 4 执行上述操作后，再一次对图像进行微调⑤，按【Enter】键确认，即可透视图像⑥。

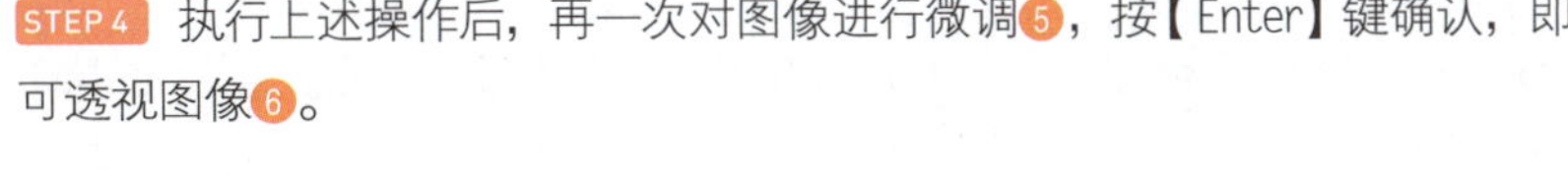

159 变形移动 UI 图像素材

执行“变形”命令时，移动 UI 图像上会出现变形网格和锚点，拖曳锚点或调整锚点的方向线可以对图像进行更加自由和灵活的变形处理。

STEP 1 单击“文件”|“打开”命令，打开一幅素材图像①。

STEP 2 在“图层”面板中选择“图层 1”图层②，按【Ctrl＋T】组合键，调出变换控制框③。

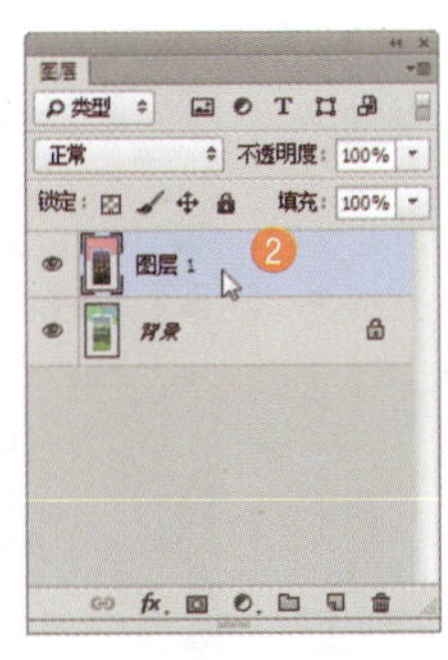

STEP 3 在变换控制框中单击鼠标右键，在弹出的快捷菜单中选择“变形”选项❹，即可调出自由变换网格❺。

STEP 4 将鼠标指针移至自由变换网格的右下角的控制柄上，按住鼠标左键并拖曳，调整控制柄的位置❻。

STEP 5 执行上述操作后，按【Enter】键确认，即可变形图像❼。

STEP 6 为“图层 1”图层添加默认的“外发光”图层样式❽。

160 在移动 UI 图像中重复变换

用户在对移动 UI 图像进行变换操作后，通过“再次”命令，可以重复上次变换操作。

STEP 1 单击“文件”|“打开”命令，打开一幅素材图像❶。

STEP 2 在“图层”面板选择“图层 1”图层❷，在菜单栏中单击“编辑”|“变换”|“旋转”命令❸。

STEP 3 执行上述操作后，即可调出变换控制框④，移动鼠标指针至控制框右下方的控制柄外侧，鼠标指针呈↰形状时，按住鼠标左键并拖曳，旋转至合适位置⑤。

STEP 4 按【Enter】键确认变换操作⑥。

STEP 5 在菜单栏中单击“编辑”|“变换”|“再次”命令⑦。

STEP 6 执行上述操作后即可重复上次变换操作，再次旋转“图层 1”图层中的图像⑧。

知识链接 按【Ctrl＋Shift＋T】组合键，也可以执行“再次”命令。按【Ctrl＋Alt＋Shift＋T】组合键，不仅可以重复变换图像，还可复制出新的图像内容。

161 操控变形移动 UI 图像素材

在 Photoshop CC 中，操控变形功能比变形网格更强大，也更吸引人。使用该功能时，用户可以在移动 UI 图像的关键点上放置图钉，然后通过拖曳图钉来对图像进行变形操作，灵活运用“操控变形”命令可以设计出更有创意的移动 UI 图像效果。

在菜单栏中单击“编辑”|“操控变形”命令，即可显示变形网格。

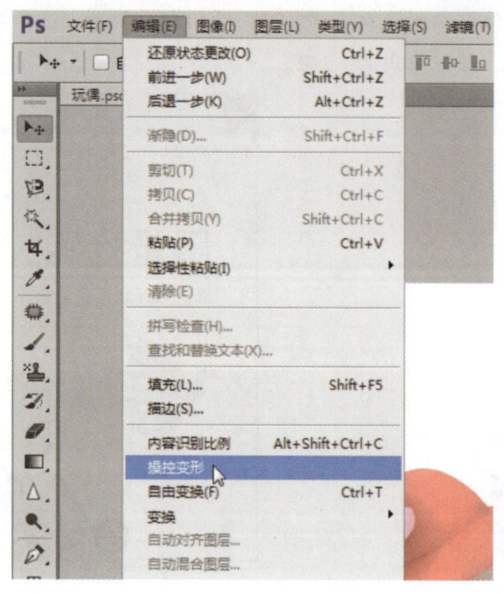

单击“操控变形”命令

显示变形网格

在图像的变形网格点上单击鼠标左键，添加图钉，在工具属性栏中取消选择的“显示网格”复选，即可框隐藏网格。

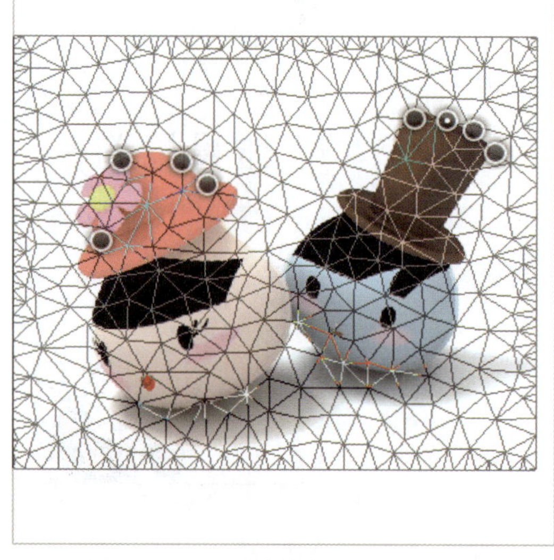

添加图钉

隐藏网格

知识链接 单击操控变形网格中的任意一个图钉，按【Delete】键可将其删除，按住【Alt】键的同时单击图钉也可以将其删除。

PART 02

软件功能篇

移动 UI 图像的编辑与修复

Photoshop CC 的编辑与修复图像的功能是不可小觑的，它提供了丰富多样的编辑与修复图像的工具，正确合理地运用各种工具修饰图像，才能制作出完美的移动 UI 图像效果。本章主要向读者介绍编辑与修复移动 UI 图像的方法和技巧。

162 选择移动 UI 图像中的图层

正确地选择图层是正确操作移动 UI 图像的前提条件，只有选择了正确的图层，所有基于此图层的操作才有意义。下面主要向读者介绍选择单个图层、多个连续图层以及多个间隔图层的操作方法。

1. 选择单个图层

在 Photoshop CC 中，用户如果要对某一个图层中的移动 UI 元素进行编辑，必须要先选择该图层。

STEP 1 单击“文件”|“打开”命令，打开一幅素材图像❶，在菜单栏中单击“窗口”|“图层”命令，即可展开“图层”面板❷。

STEP 2 移动鼠标指针至“图层 1”图层上，单击鼠标左键，即可选择“图层 1”图层❸。

2. 选择多个连续图层

在 Photoshop CC 中编辑移动 UI 图像时，用户可以根据需要，选择多个连续图层进行编辑。展开“图层”面板，移动鼠标指针至第一个要选择的图层上，单击鼠标左键，按住【Shift】键的同时，移动鼠标指针至需要选择的最后一个图层上，单击鼠标左键，即可选中第一个图层至最后一个图层之间的所有连续图层。

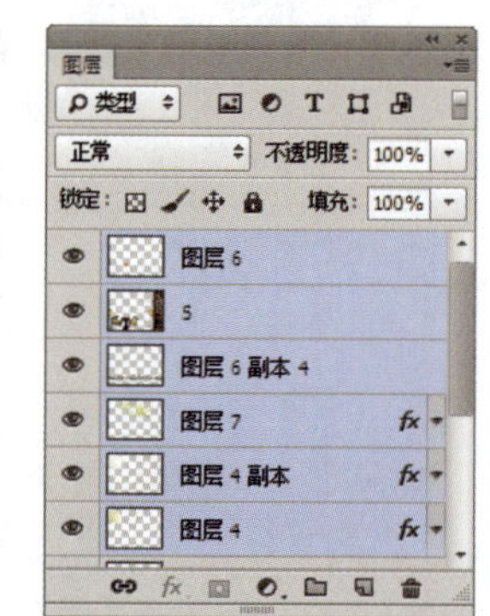

选择连续图层

3. 选择多个间隔图层

在 Photoshop CC 中编辑移动 UI 图像时，用户可以根据需要，选择多个间隔图层进行编辑。

展开“图层”面板，选择“图层 1”图层，按住【Ctrl】键的同时，移动鼠标指针至“图层 2”图层和“背景”图层上，分别单击鼠标左键，即可一起选中 3 个图层。

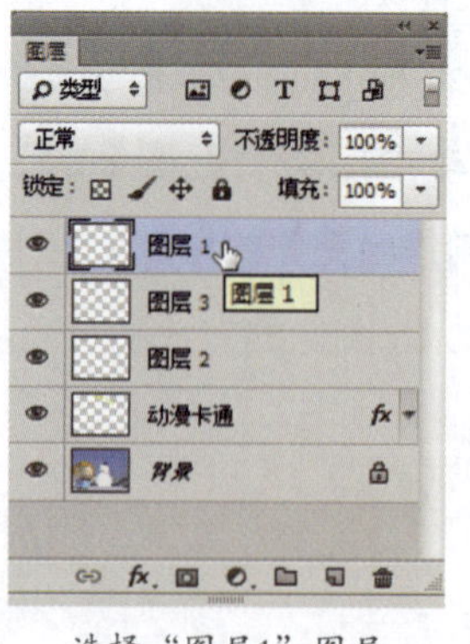

选择“图层1”图层

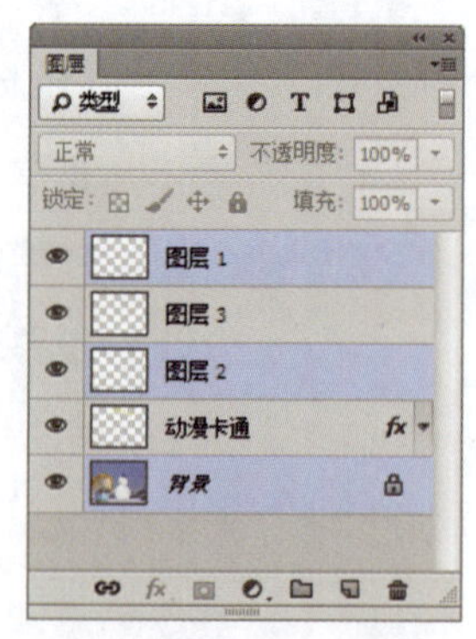

选择间隔图层

163 在移动 UI 图像中创建普通图层

普通图层是 Photoshop CC 最基本的图层，用户在创建和编辑移动 UI 图像时，新建的图层都是普通图层。

STEP 1 单击“文件”|“打开”命令，打开一幅素材图像①。

STEP 2 展开“图层”面板，单击面板底部的“创建新图层”按钮②，即可新建普通图层③。

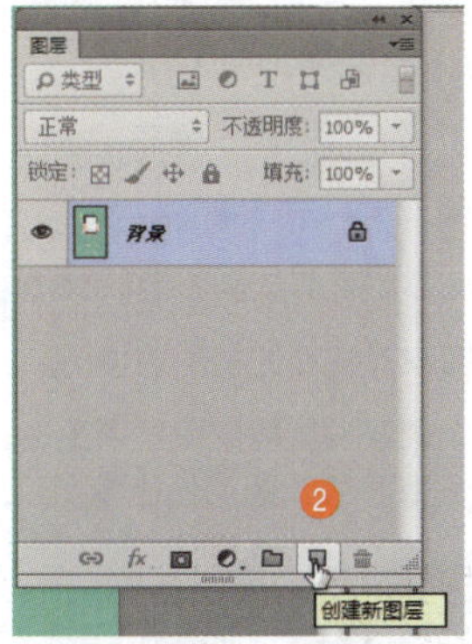

知识链接

在Photoshop CC中可以创建多种类型的图层，它们都有各自不同的功能和用途，在“图层”面板中显示的状态也各不相同。图层类型主要有背景图层、普通图层、文字图层、形状图层和填充图层等。各种图层类型的主要功能如下。

- **当前图层：**当前选择的图层。在对图像处理时，编辑操作将在当前图层中进行。
- **中性色图层：**填充了中性色的特殊图层，其中包含了预设的混合模式，可以用于承载滤镜或在上面绘画。
- **链接图层：**保持链接状态的多个图层。
- **剪贴蒙版：**蒙版的一种，可以使用一个图层中的图层控制它上面多个图层内容的显示范围。
- **智能对象：**包含有智能对象的图层。
- **背景图层：**当在Photoshop CC中打开一幅素材图像时，在“图层”面板中会出现一个默认的背景图层，且呈不可编辑状态。
- **普通图层：**普通图层是最基本的图层，新建、粘贴、置入的文字或形状图层都属于普通图层，在普通图层上可以设置图层混合模式和不透明度。

原图

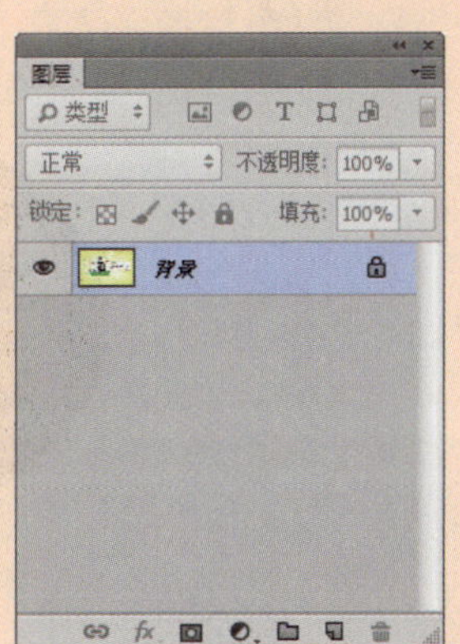

背景图层

- **矢量蒙版图层**：带有矢量形状的蒙版图层。
- **图层样式**：添加了图层样式的图层，通过图层样式可以快速创建特效，如投影、发光等。
- **图层组**：用来组织和管理图层，以便于查找和编辑图层，类似于Windows的文件夹。
- **变形文字图层**：进行了变形处理后的文字图层。
- **视频图层**：包含有视频文件帧后的图层。
- **3D图层**：包含有置入的3D文件的图层。
- **形状图层**：形状图层是Photoshop中的一种图层。在形状图层中包含了位图、矢量图这两种元素，因此使得Photoshop软件在进行绘画的时候，可以以某种矢量形式保存图像。
- **调整图层**：可以调整图层的亮度、色彩平衡等，但不会改变像素值，而且可以重复编辑。
- **填充图层**：通过填充纯色、渐变或图案而创建的特殊效果图层。
- **图层蒙版**：添加了图层蒙版的图层，蒙版可以控制图层中图像的显示范围，将部分图像进行隐藏，或者保护某些图像区域不被破坏，在许多创意设计作品中，蒙版是较为常见的操作。

原图

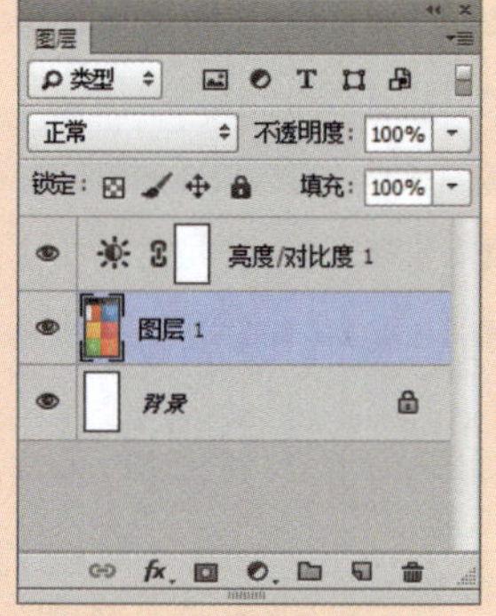

普通图层

原图

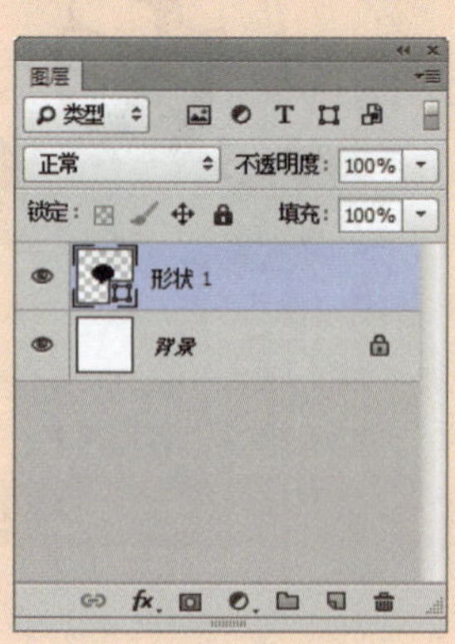

形状图层

164 在移动 UI 图像中创建调整图层

调整图层使用户可以对移动 UI 图像进行颜色填充和色调调整，而不会永久地修改图像中的像素，即颜色和色调更改位于调整图层内，该图层像一层透明的膜一样，下层图像及其调整后的效果可以透过它显示出来。

STEP 1 单击“文件”|“打开”命令，打开一幅素材图像①。

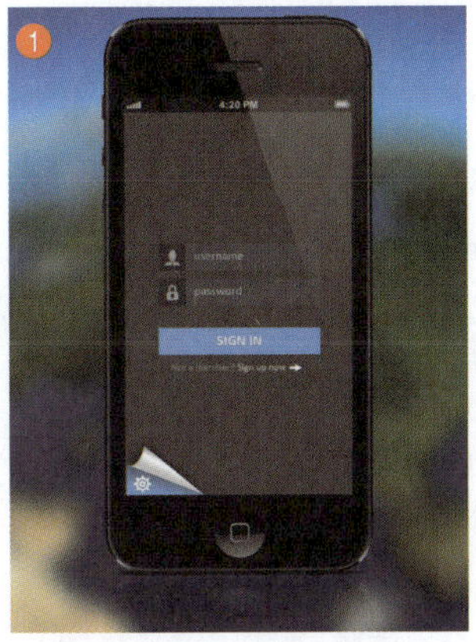

STEP 2 在菜单栏中单击“图层”|“新建调整图层”|“色相 / 饱和度”命令②，弹出“新建图层”对话框，保持默认设置即可③。

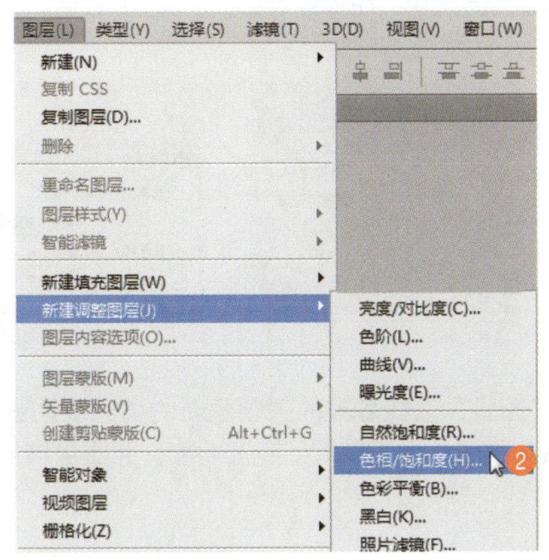

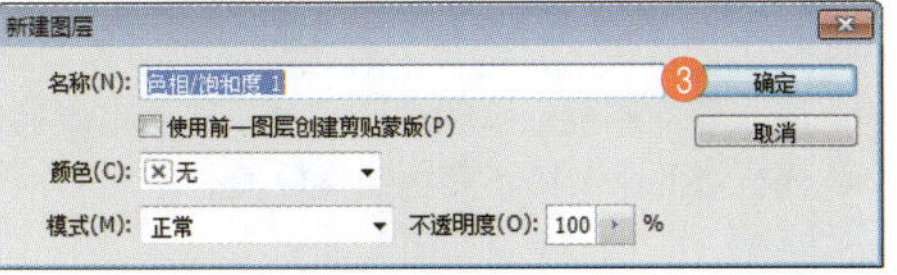

STEP 3 单击“确定”按钮，即可创建调整图层④，同时展开“属性”面板，设置“色相”为 +6、“饱和度”为 28、“明度”为— 5 ⑤。

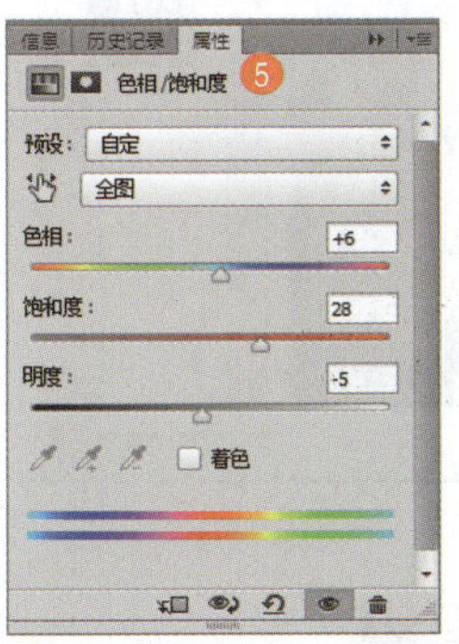

STEP 4 隐藏“属性”面板，得到相应的图像效果⑥。

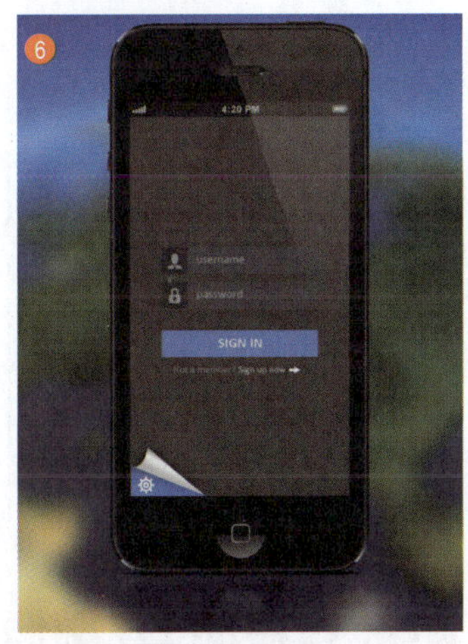

知识链接

“属性”面板中主要选项各含义如下。

- **参数设置区：**用于设置调整图层中的色相与饱和度参数。
- **功能按钮区：**列出Photoshop CC提供的全部调整图层，单击各个按钮，即可对调整图层进行相应操作。

调整图层可以使用户对图像进行颜色填充和色调的调整，而不会修改图像中的像素，即颜色和色调等更改位于调整图层内，调整图层会影响此图层下面的所有图层。

165 在移动 UI 图像中创建填充图层

填充图层是指在原有图层的基础上新建一个图层，并在该图层上填充相应的颜色。用户可以根据需要为新图层填充纯色、渐变色或图案，通过调整图层的混合模式和不透明度使其与底层图层叠加，以产生特殊的移动 UI 图像效果。

STEP 1 单击“文件”|“打开”命令，打开一幅素材图像❶。

STEP 2 选择“图层1”图层，在菜单栏中单击“图层”|“新建填充图层”|“纯色”命令❷，弹出“新建图层”对话框，设置“颜色”为“蓝色”，“模式”为“色相”❸。

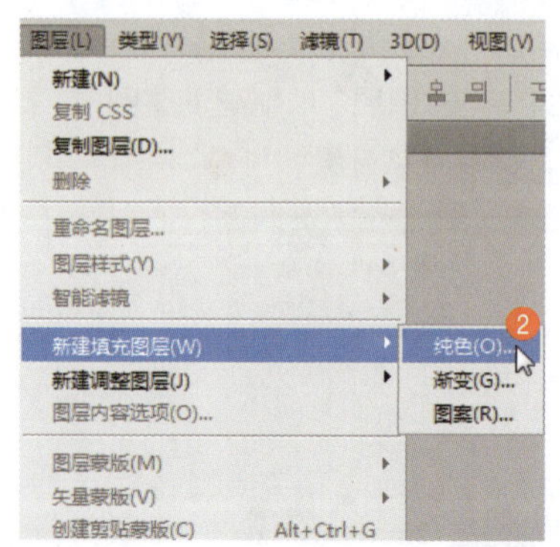

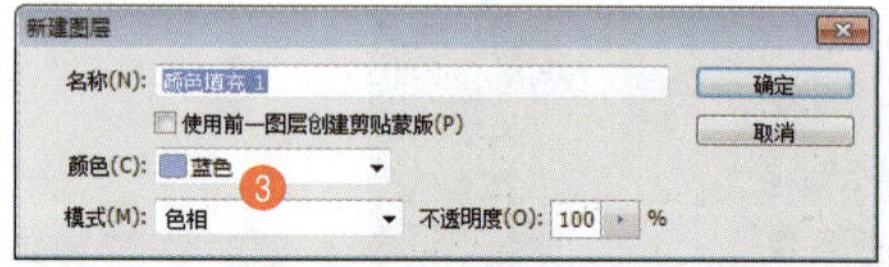

知识链接 除了运用上述方法可以创建填充图层外，单击“图层”面板底部的“创建新的填充或调整图层”按钮，也可以创建填充图层。填充图层也是图层的一类，因此可以通过改变图层的混合模式、不透明度，为图层增加蒙版或将其应用与剪贴蒙版的操作，以此来获得不同的图像效果。

STEP 3 单击“确定”按钮，即可创建填充图层❹，同时弹出“拾色器(纯色)”对话框，设置 RGB 参数分别为 0、155、255 ❺。

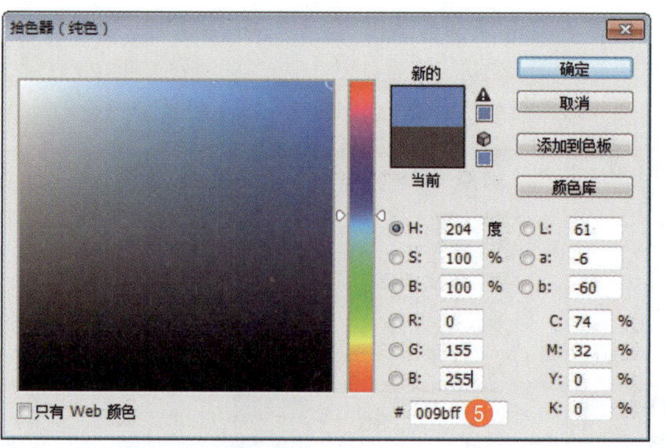

STEP 4 单击“确定”按钮，即可制作颜色填充图层效果❻。

166 在移动 UI 图像中创建图层组

图层组就类似于文件夹，用户可以将图层按照类别放在不同的组内，当关闭图层组后，在“图层”面板中就只显示图层组的名称。

在菜单栏中单击“图层”|“新建”|“组”命令，弹出“新建组”对话框，保持默认设置即可，单击“确定”按钮，即可创建新图层组。

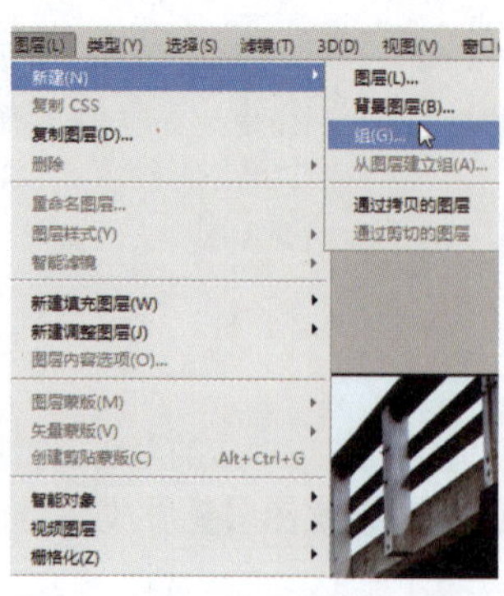

单击“组”命令

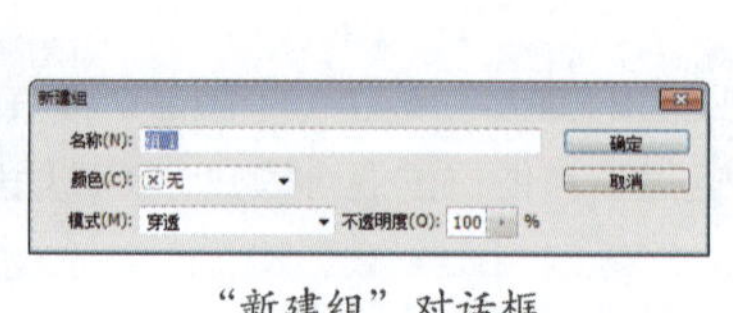

“新建组”对话框

创建新图层组

167 移动 UI 图像的图层基本操作

在设计移动 UI 图像过程中，图层的一些基础操作是最常用的，例如调整图层顺序、复制与隐藏图层、删除与重命名图层、设置图层不透明度等。

1. 复制图层

在 Photoshop CC 中，用户可以通过直接复制图层来快速复制该图层中的多个移动 UI 图像。

STEP 1 单击“文件”|“打开”命令，打开一幅素材图像①。

STEP 2 在菜单栏中单击“窗口”|“图层”命令，展开“图层”面板，选择“图层 1”图层②，单击鼠标右键，在弹出的快捷菜单中选择“复制图层”选项③。

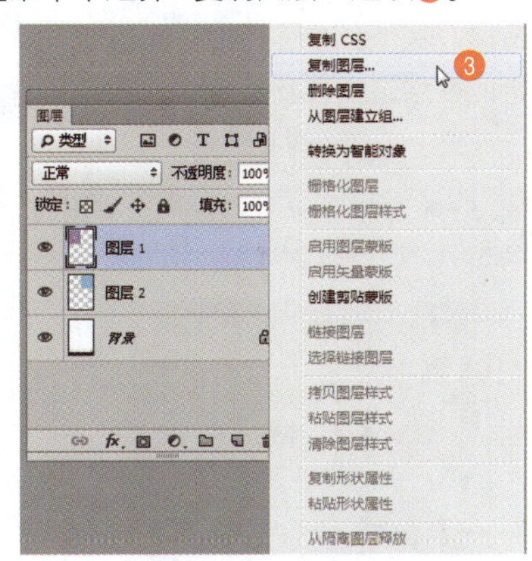

STEP 3 执行上述操作后，即可弹出“复制图层”对话框，各项均保持默认设置即可，单击“确定”按钮④。

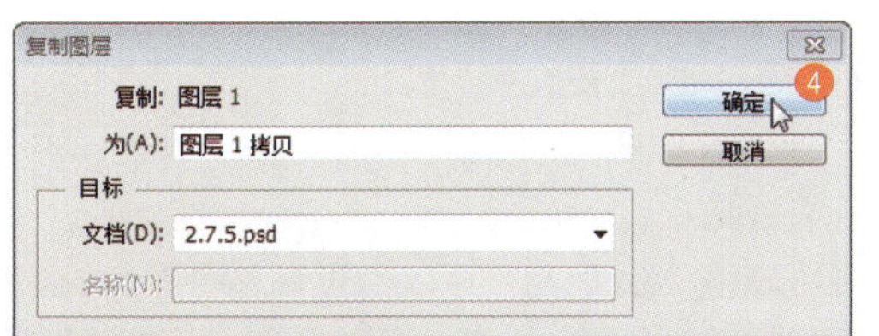

STEP 4 此时即可复制图层，得到“图层 1 拷贝”图层⑤，并运用移动工具将其图像调整至合适位置⑥。

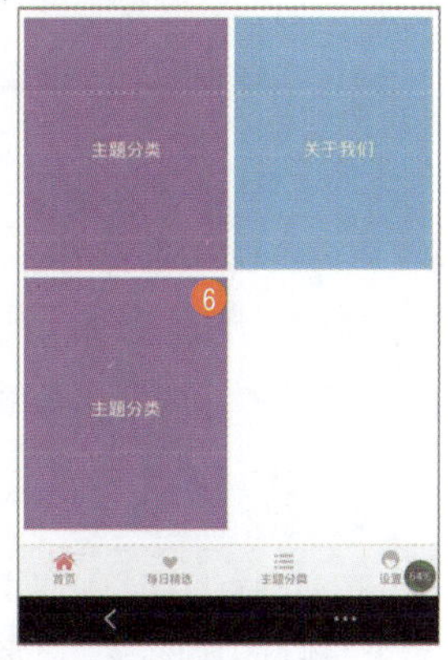

知识链接

除了使用快捷菜单的操作方法可复制图层以外，用户还可以进行以下方法操作。

- 在菜单栏中单击“图层”|“复制图层”命令，即可弹出“复制图层”对话框，单击“确定”按钮，即可复制图层。
- 在“图层”面板选中“背景”图层，按住鼠标左键并将该图层拖曳至面板底部的“创建新图层”按钮上，释放鼠标即可复制图层。

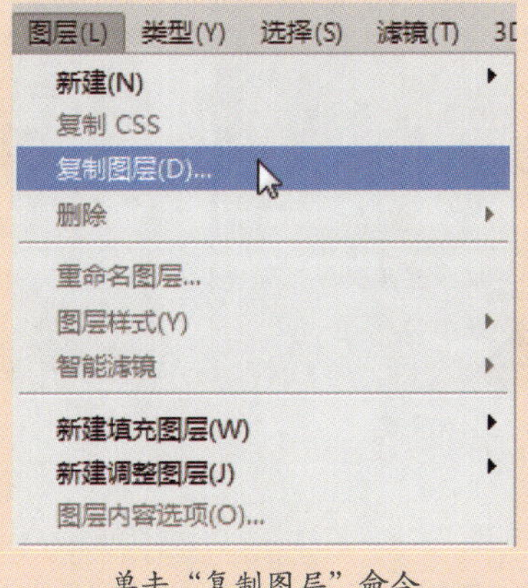

单击“复制图层”命令

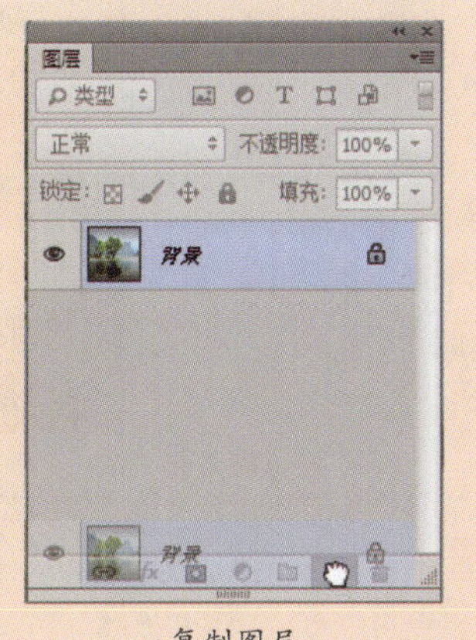

复制图层

2. 显示与隐藏图层

单击图层缩览图前面的“指示图层可见性”图标，可以用来控制图层的可见性。有该图标的图层为可见图层，无该图标的图层为隐藏图层。

3. 删除与重命名图层

在“图层”面板中每个图层都有默认的名称，用户可以根据需要，自定义图层的名称，以利于过程中操作的方便，对于多余的图层，应该及时将其从图像中删除，以减少图像文件的大小。

显示图层效果

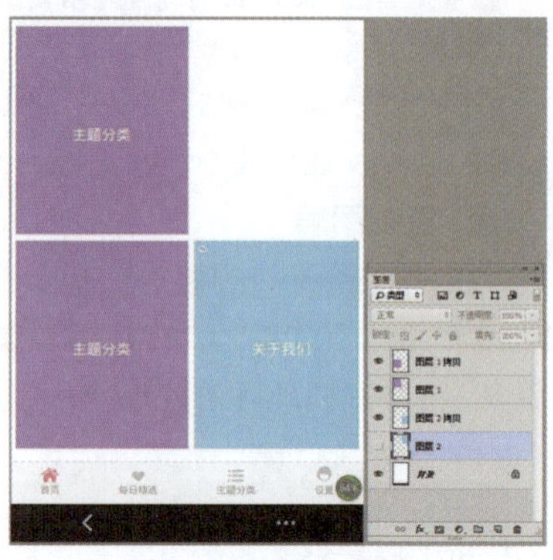
隐藏图层后显示效果

展开“图层”面板，选择要删除的图层，单击面板底部的“删除图层”按钮，弹出信息提示框，单击“是”按钮，即可删除图层。

单击“删除图层”按钮

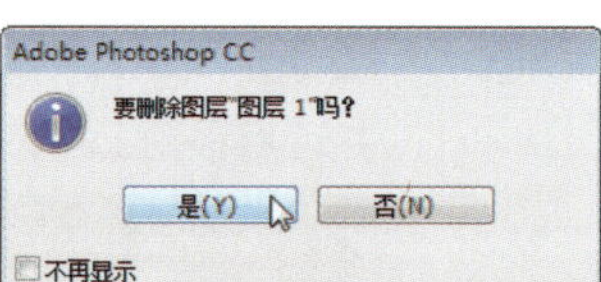

信息提示框

删除图层

> **知识链接**
> 删除图层的方法有两种，分别如下。
> - **命令：** 单击“图层”|“删除”|“图层”命令。
> - **快捷键：** 在选取移动工具并且当前图像中不存在选区的情况下，按【Delete】键，删除图层。

4. 调整图层顺序

在 Photoshop CC 的图像文件中，位于上方的图像会将下方的图像遮掩，此时用户可以通过调整各图像的顺序，改变整幅图像的显示效果。展开“图层”面板，选择“图层 2”图层，按住鼠标左键并拖曳该图层至“图层 1”图层的下方，即可调整图层顺序。

选择图层

拖曳图层

调整图层顺序效果

> **知识链接**
> 可以利用“图层”|“排列”子菜单中的命令来执行改变图层顺序的操作，其中各个命令的含义如下。
> - **命令1：** 单击“图层”|“排列”|“置为顶层”命令将图层置于最顶层，快捷键为【Ctrl+Shift+]】组合键。

- **命令2：**单击“图层”|“排列”|“后移一层”命令将图层下移一层，快捷键为【Ctrl+[】组合键。
- **命令3：**单击“图层”|“排列”|“置为底层”命令将图层置于图像的最底层，快捷键为【Ctrl+Shift+[】组合键。

5. 锁定图层对象

移动UI图像中的某个图层被锁定后，将限制图层编辑的内容和范围，被锁定的内容将不再受到编辑图层中其他内容的影响。展开“图层”面板，选择“图层1”图层，单击“锁定透明像素”按钮，即可锁定图层对象。

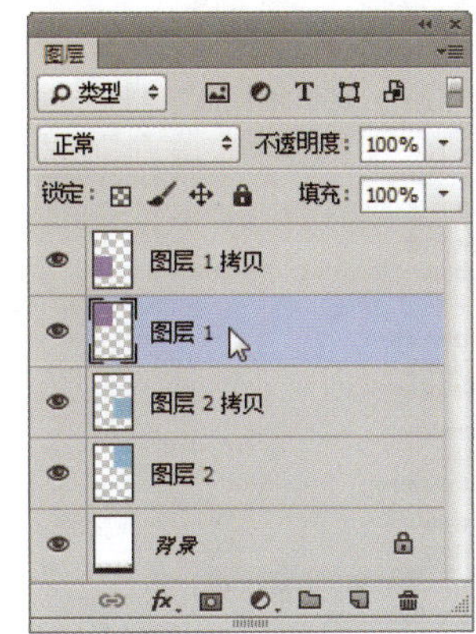

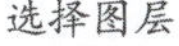
选择图层

单击“锁定透明像素”按钮

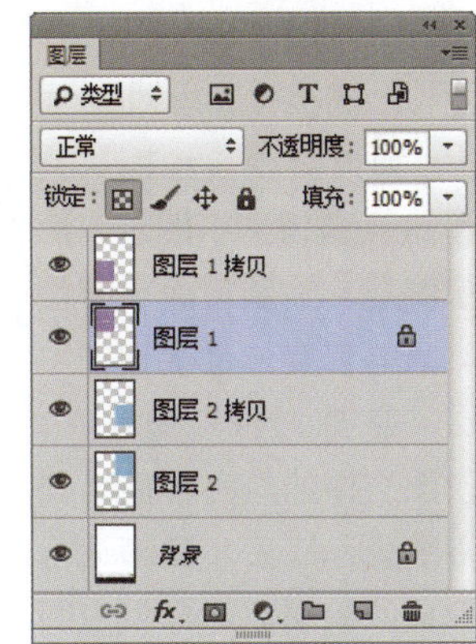

锁定图层

6. 对齐与分布图层

对齐图层是将移动UI图像文件中包含的图层按照指定的方式（沿水平或垂直方向）对齐；分布图层是将图像文件中的几个图层中的内容按照指定的方式（沿水平或垂直方向）平均分布，将当前选择的多个图层或链接图层进行等距排列。

展开“图层”面板，选择需要进行对齐操作的图层，在菜单栏中单击“图层”|“对齐”|“顶边”命令，然后单击“图层”|“分布”|“水平居中”命令，执行操作后，即可顶边对齐图层并且水平居中分布图层中的移动UI元素。

原图

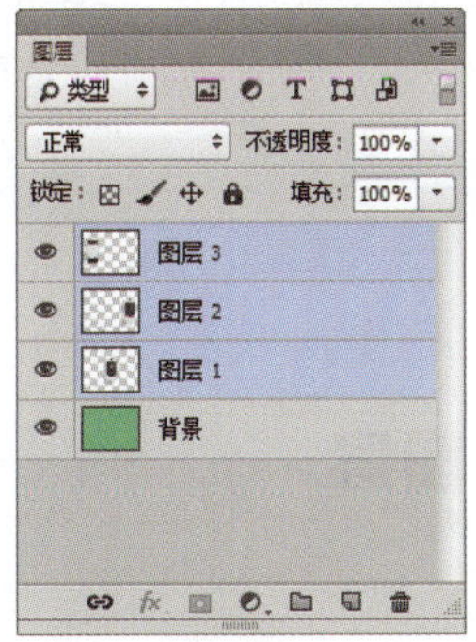

选择图层

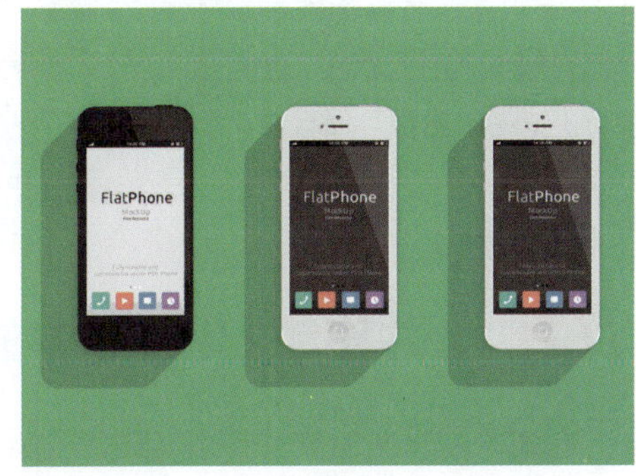

顶边对齐并且水平居中分布图层

知识链接

“对齐”菜单中的各命令含义如下。

- **顶边：**所选图层对象将以位于最上方的对象为基准，进行顶部对齐。
- **垂直居中：**所选图层对象将以位置居中的对象为基准，进行垂直居中对齐。
- **底边：**所选图层对象将以位于最下方的对象为基准，进行底部对齐。
- **左边：**所选图层对象将以位于最左侧的对象为基准，进行左对齐。
- **水平居中：**所选图层对象将以位于中间的对象为基准，进行水平居中对齐。
- **右边：**所选图层对象将以位于最右侧的对象为基准，进行右对齐。

“分布”菜单中的各命令含义如下。

- **顶边：**可以均匀分布各链接图层或所选择的多个图层的位置，使它们最上方的图像间相隔同样的距离。
- **垂直居中：**可将所选图层对象间垂直方向的图像相隔同样的距离。
- **底边：**可将所选图层对象间最下方的图像相隔同样的距离。

- **左边：** 可以将所选图层对象间最左侧的图像相隔同样的距离。
- **水平居中：** 可将所选图层对象间水平方向的图像相隔同样的距离。
- **右边：** 可将所选图层对象间最右侧的图像相隔同样的距离。

7. 栅格化图层对象

如果要使用绘图工具和滤镜编辑文字图层、形状图层、矢量蒙版或智能对象等包含矢量数据的图层，需要先将其栅格化，使图层中的内容转换为栅格图像，然后才能够进行相应的编辑。选择相应图层，在菜单栏中单击“图层”|“栅格化”|“形状”命令，即可栅格化图层为普通图层。

选择形状图层

单击相应命令

栅格化图层

8. 设置图层不透明度

“不透明度”选项用于控制图层中所有对象(包括图层样式和混合模式)的透明属性。通过设置图层的不透明度，能够使图像主次分明，主体突出。选择图层，在“图层”面板右上方调整“不透明度”，即可设置图层不透明度。

原图

设置“不透明度”

效果

168 合并移动 UI 图像中的图层

在编辑移动 UI 图像文件时，经常会创建多个图层，占用的磁盘空间也随之增加，因此对于没必要分开的图层，可以将它们合并，这样有助于减少图像文件对磁盘空间的占用，可以提高系统的处理速度。

图层越多则移动 UI 图像文件就越复杂，用户可以将不必分开或相似的图层进行合并，这样不仅可以使图层井然有序，也会减少文件大小。

在“图层”面板中，移动鼠标指针至需要合并的图层上，单击鼠标左键，按住【Ctrl】键的同时拖曳鼠标至另一个需要合并的图层上，再次单击鼠标左键，同时选择两个图层，单击“图层”|“合并图层”命令，即可合并选中的图层。

选择图层对象

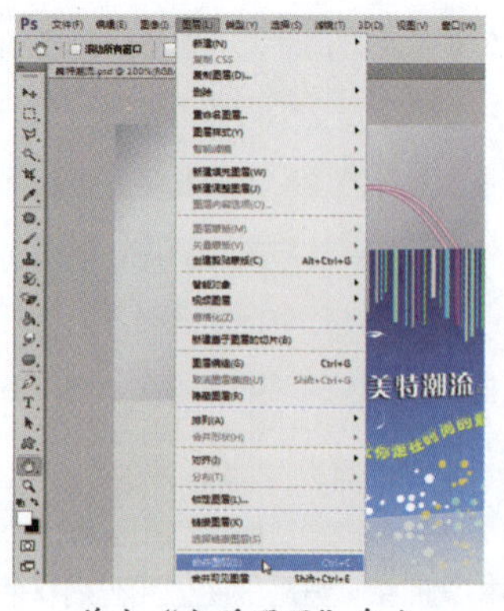

单击“合并图层”命令

合并图层对象

知识链接

除了运用命令的方法可以合并图层外，用户还可通过以下方法合并图层。

- 选择需要合并的图层后，按【Ctrl+E】组合键。
- 选择需要合并的图层后，单击鼠标右键，在弹出的快捷菜单中选择“合并图层”选项。

在“图层”面板中，除了合并所选择的图层外，用户还可以对移动UI图像中的所有可见的图层进行合并。展开“图层”面板，选择“背景”图层，在菜单栏中单击“图层”|“合并可见图层”命令，即可合并所有可见图层。

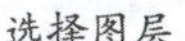

选择图层

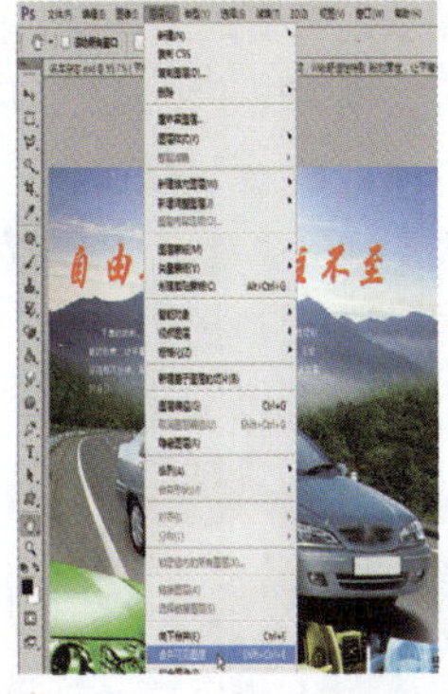

单击“合并可见图层”命令

知识链接

除了运用命令的方法可以合并图层外，用户还可选择“背景”图层后，单击鼠标右键，在弹出的快捷菜单中选择“合并可见图层”选项。

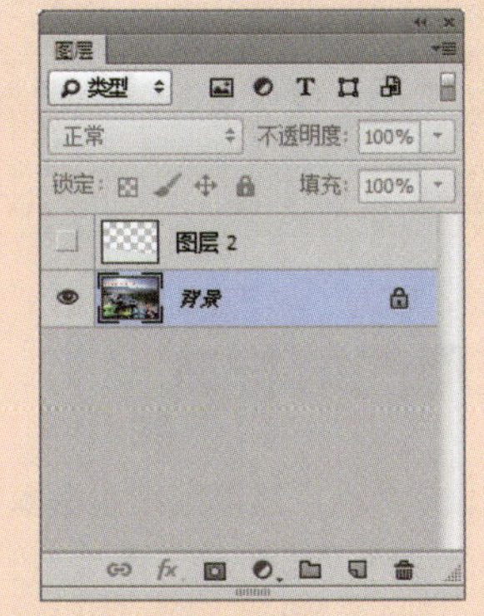

选择图层

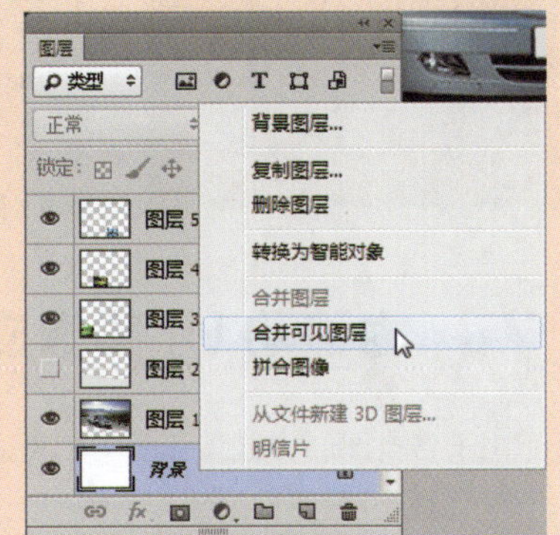

选择“合并可见图层”选项

169 使用混合模式编辑移动 UI 图像

Photoshop 中的混合模式主要分为图层混合模式和绘图混合模式两种，前者位于“图层”面板中，后者位于绘图工具（如画笔工具、渐变工具等）属性栏中。在“图层”面板中选择一个图层，单击面板顶部的下拉按钮，在打开的列表框中可以选择一种混合模式。

知识链接

混合模式分为6组，共27种，每一组的混合模式都可以产生相似的效果或者有着相近的用途。

- **组合模式组：** 该组中的混合模式需要降低图层的不透明度才能产生作用。
- **加深模式组：** 该组中的混合模式可以使图像变暗，在混合过程中，当前图层中的白色将被底层较暗的像素替代。
- **减淡模式组：** 该组与加深模式组产生的效果截然相反，它们可以使图像变亮。在使用这些混合模式时，图像中的黑色会被较亮的像素替换，而任何比黑色亮的像素都可能加亮底层图像。
- **对比模式组：** 该组中的混合模式可以增强图像的反差。在混合时，50%的灰色会完全消失，任何亮度值高于50%灰色的像素都可能加亮底层的图像，亮度值低于50%灰色的像素都有可能使底层的图像变暗。
- **类型：** “类型”菜单主要是针对字体方面的设置，包括设置文本排列方向、创建3D文字、栅格化文字图层等。
- **选择：** “选择”菜单中的命令主要是针对选区进行操作，可以对选区进行反向、修改、变换和扩大、载入选区等操作，这些命令结合选区工具，更便于对选区的操作。

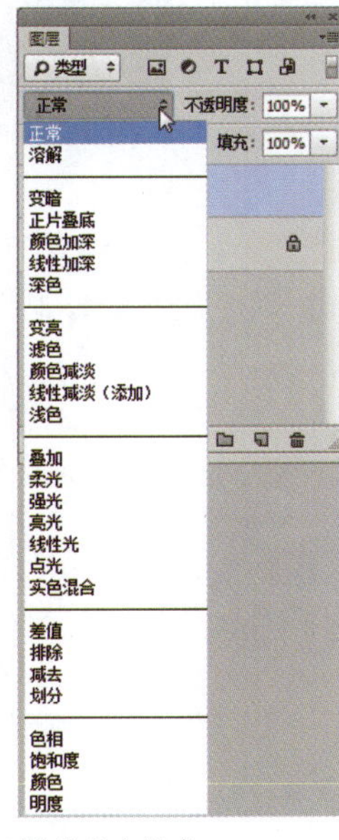

图层混合模式

图层混合模式用于控制移动 UI 图像的图层之间像素颜色相互融合的效果，不同的混合模式会得到不同的效果。由于混合模式用于控制上下两个图层在叠加时所显示的总体效果，通常为上方的图层选择合适的混合模式。

例如，“柔光”模式会将上层图像以柔光的方式施加到下层，当前图层中的颜色决定了图像变亮或是变暗。如果当前图层中的像素比 50% 灰色亮，则图像变亮；如果像素比 50% 灰色暗，则图像变暗。

STEP 1 单击“文件”|“打开”命令，打开一幅素材图像❶，展开“图层”面板，选择“图层 2”图层❷。

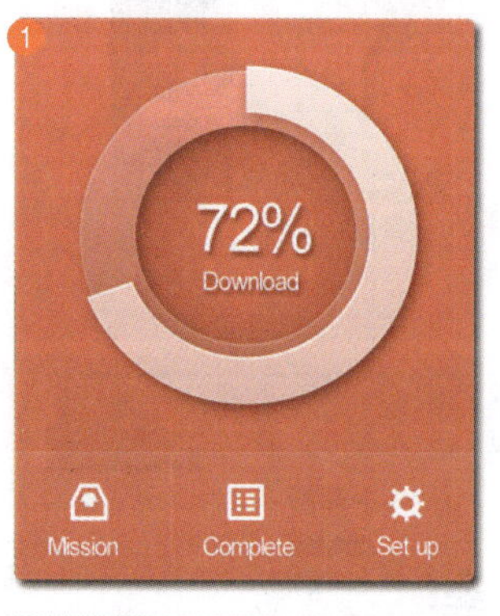

STEP 2 单击“正常”选项右侧的下拉按钮，在弹出的列表框中，选择“柔光”选项❸，图像呈“柔光”模式显示❹。

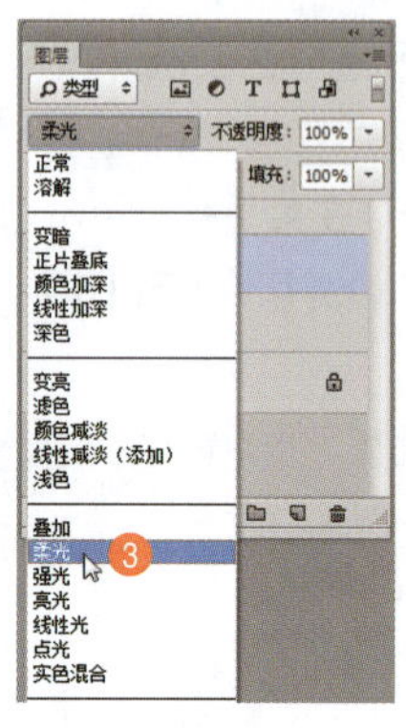

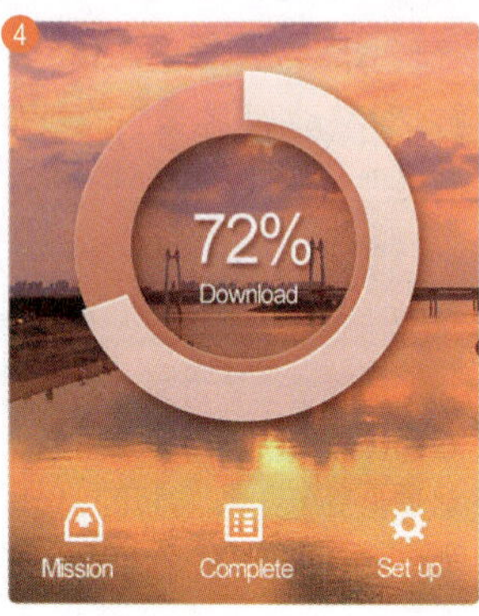

170 为移动 UI 图像应用图层样式

由于各类图层样式集和于一个对话框中，而且其参数结构基本相似，在此以“投影”图层样式为例讲解“图层样式”对话框。“投影”效果用于模拟光源照射生成的阴影，添加“投影”效果可使平面的移动 UI 图像产生立体感。

STEP 1 单击“文件”|“打开”命令，打开一幅素材图像❶，展开“图层”面板，选择“图层 1”图层❷。

STEP 2 在菜单栏中单击“图层”|“图层样式”|“投影”命令❸。

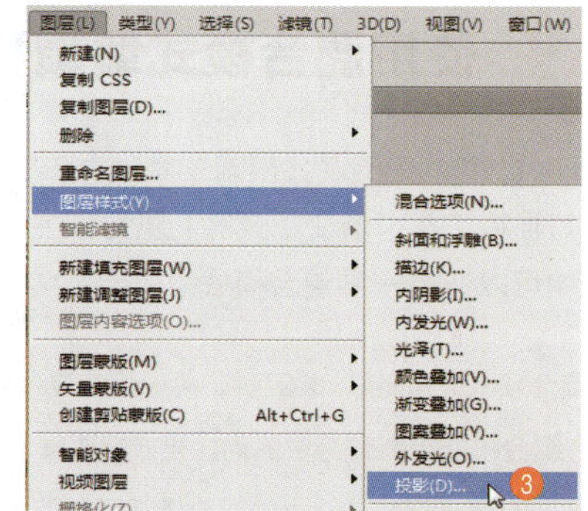

STEP 3 执行操作后，即可弹出“图层样式”对话框，设置“距离”为 20 像素、“扩展”为 5%、“大小”为 30 像素，单击“确定”按钮❹，即可制作投影效果❺。

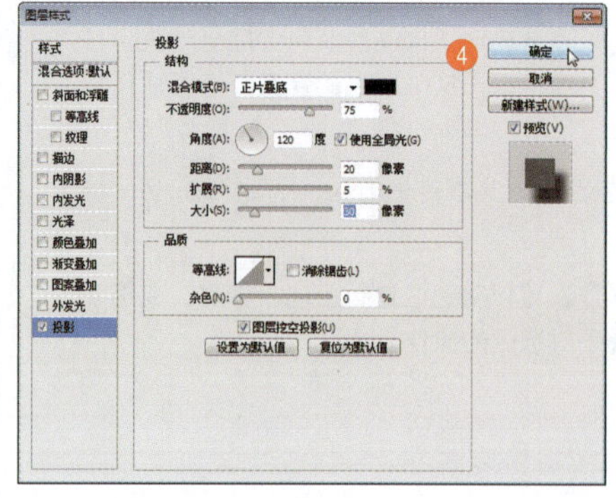

知识链接

“图层样式”对话框（投影样式）中主要选项的含义如下。

- **混合模式：**用来设置投影与下面图层的混合方式，默认为“正片叠底”模式。
- **不透明度：**设置图层效果的不透明度，不透明度值越大，图像效果就越明显。可以直接在后面的数值框中输入数值进行精确调节，或拖动滑块进行调节。
- **角度：**设置光照角度，可以确定投下阴影的方向与角度。当选中后面的“使用全局光”复选框时，可以将所有图层对象的阴影角度都统一。
- **距离：**设置阴影偏移的幅度，距离越大，层次感越强；距离越小，层次感越强。
- **扩展：**设置模糊的边界，“扩展”值越大，模糊的部分越少。
- **大小：**设置模糊的边界，“大小”值越大，模糊的部分就越大。
- **等高线：**设置阴影的明暗部分，单击右侧的下拉按钮，可以选择预设效果，也可以单击预设效果，弹出“等高线编辑器”对话框重新进行编辑。
- **消除锯齿：**混合等高线边缘的像素，使投影更加平滑。
- **杂色：**为阴影增加杂点效果，“杂色”值越大，杂点越明显。
- **图层挖空阴影：**该复选框用来控制半透明图层中投影的可见性。
- **投影颜色：**在“混合模式”右侧的颜色框中，可以设定阴影的颜色。

171 隐藏移动 UI 图像的图层样式

正确地对图层样式进行操作，可以使用户在移动UI设计工作中更方便地查看和管理图层样式。在Photoshop CC中，隐藏图层样式后，可以暂时将图层样式进行清除，并可以重新显示。展开“图层”面板，单击图层样式名称左侧的“切换单一图层效果可见性”图标，即可隐藏图层样式。

原图

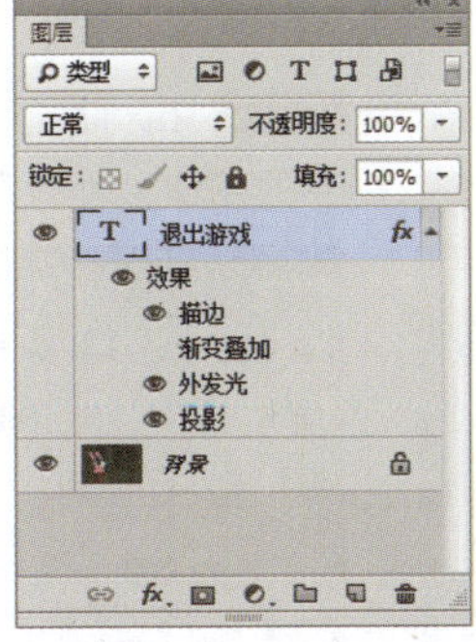

单击“切换单一图层效果可见性”图标

隐藏图层样式

知识链接

除了以上方法隐藏图层样式外，还有以下两种操作方法。

- **方法1：**在任意一个图层样式名称上单击鼠标右键，在弹出的菜单列表中选择“隐藏所有效果”选项，即可隐藏当前图层样式效果。
- **方法2：**在“图层”面板中，单击所有图层样式上方“效果”左侧的“切换所有图层效果可见性”图标，即可隐藏所有图层样式效果。

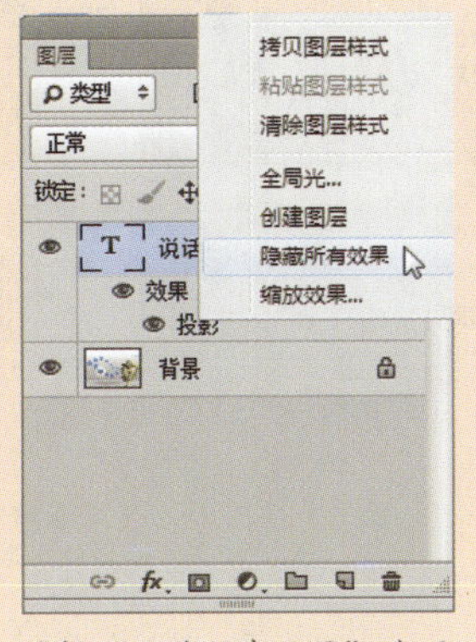

选择“隐藏所有效果”选项

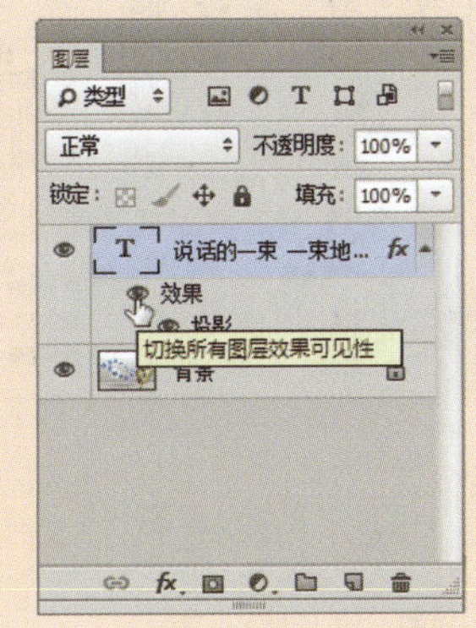

单击相应按钮

172 复制移动 UI 图像的图层样式

复制和粘贴图层样式可以将移动 UI 图像当前图层的样式效果完全复制于其他图层上，在工作过程中可以节省大量的操作时间。

首先选择包含要复制的图层样式的源图层，在该图层的图层名称上单击鼠标右键，在弹出的快捷菜单中，选择“拷贝图层样式”命令，选择要粘贴图层样式的图层，它可以是当图层也可以是多个图层，在图层名称上单击右键，在弹出的快捷菜单中选择“粘贴图层样式”选项即可。

STEP 1 单击“文件”|“打开”命令，打开一幅素材图像❶，展开“图层”面板，选择“图层 1”图层❷。

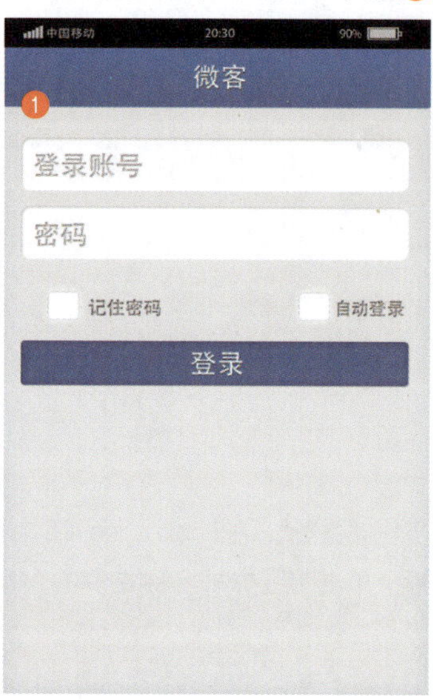

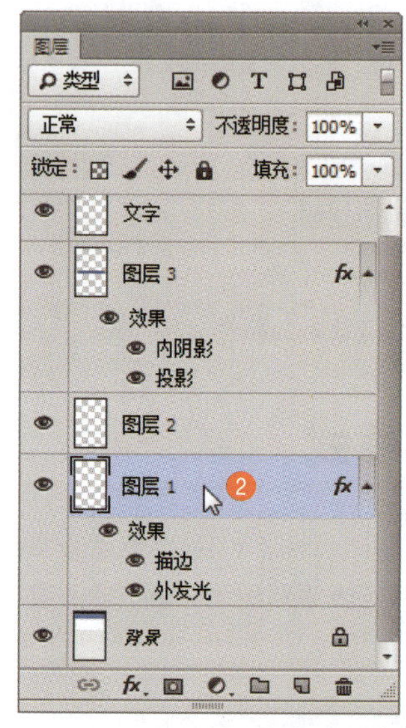

STEP 2 在选择的图层上，单击鼠标右键，在弹出的快捷菜单中选择“拷贝图层样式”选项❸。

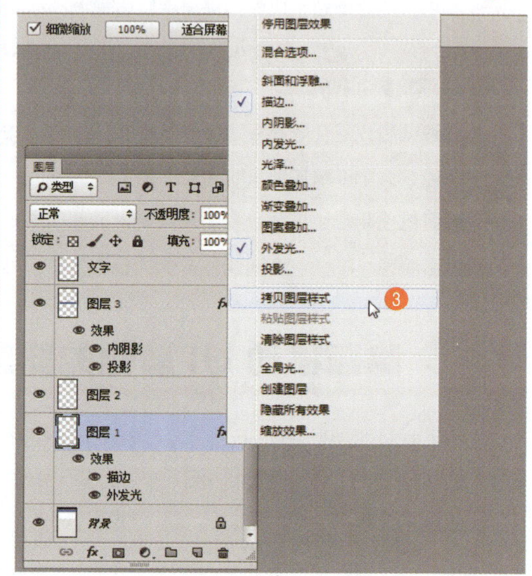

STEP 3 选择“图层 2”图层，单击鼠标右键，在弹出的快捷菜单中选择“粘贴图层样式”选项❹。

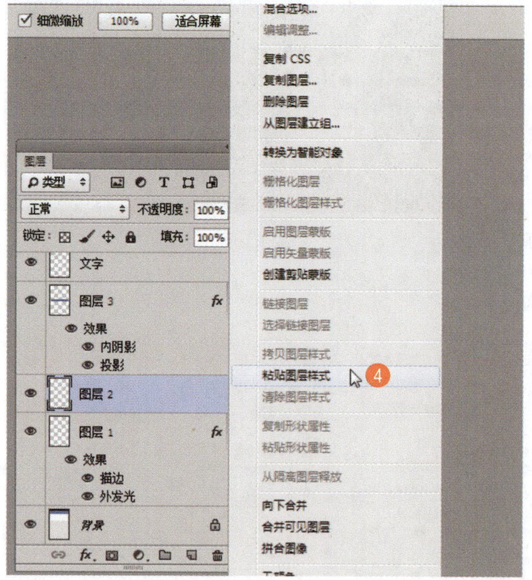

STEP 4 执行操作后，即可复制并粘贴图层样式❺，图像编辑窗口中的图像文件效果也会产生变化❻。

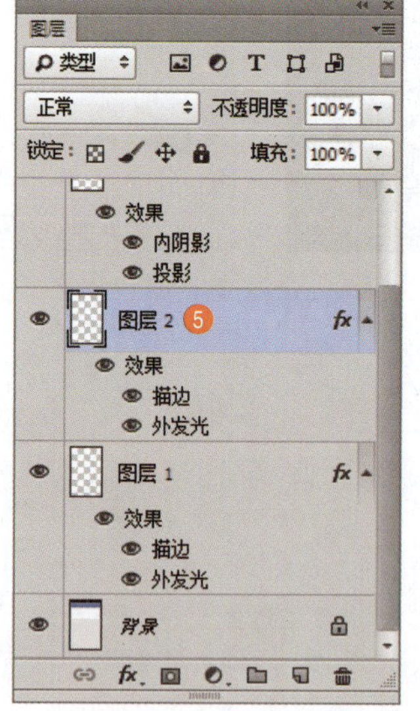

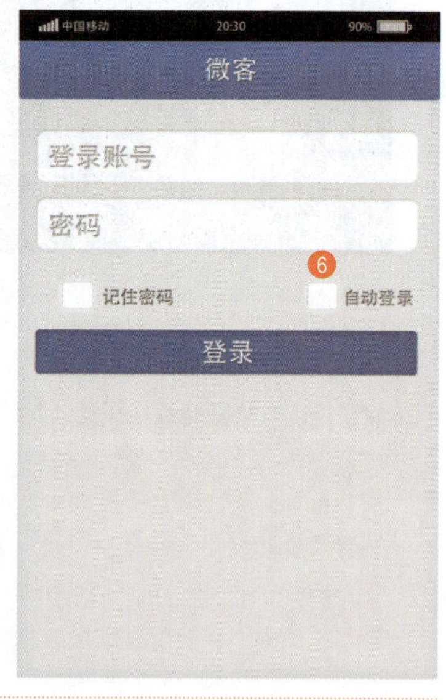

知识链接 当只需要复制原图像中的某个图层样式时，可以在“图层”面板中按住【Alt】键的同时按住鼠标左键并拖曳这个图层样式至目标图层中。

173 编辑移动 UI 图像的图层样式

在 Photoshop CC 中，用户可以根据需要，移动或缩放已添加的图层样式，改变移动 UI 图像效果。

STEP 1 单击“文件”|“打开”命令，打开一幅素材图像①。

STEP 2 展开“图层”面板，选择“图层 1”图层，单击“指示图层效果”图标fx，并拖曳至“图层 2”图层上②，释放鼠标左键，即可移动图层样式③。

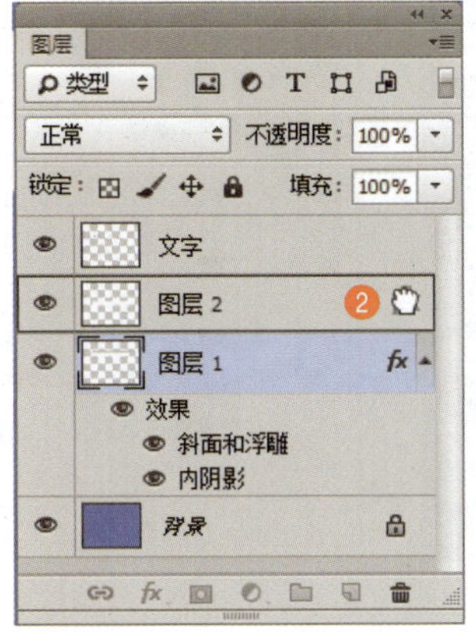

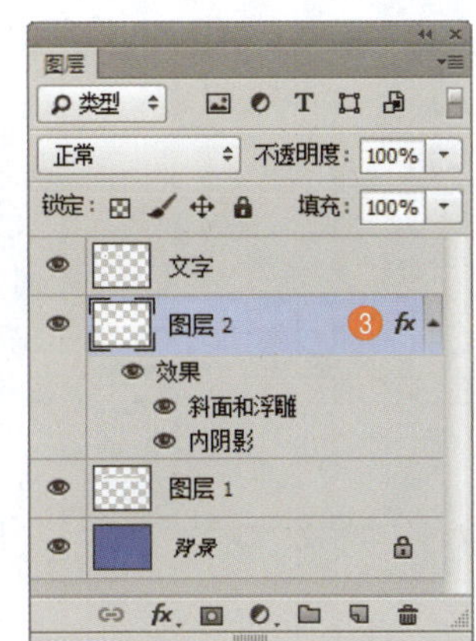

STEP 3 执行上述操作后，即可改变图像显示效果④。

STEP 4 选择“图层 2”图层，在菜单栏中单击“图层”|“图层样式”|“缩放效果”命令⑤，即可弹出“缩放图层效果”对话框⑥。

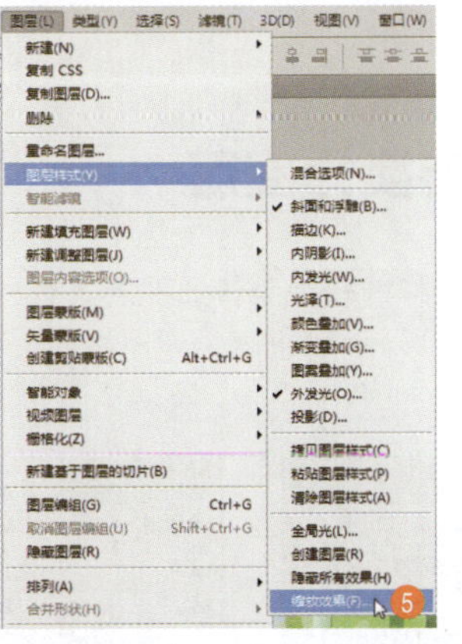

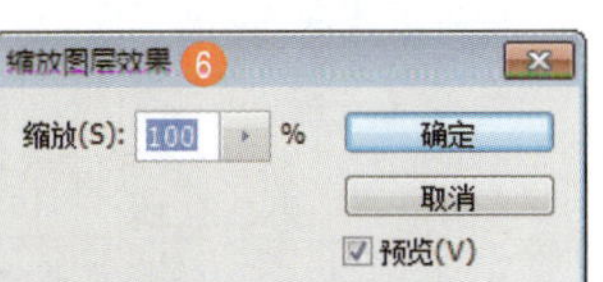

STEP 5 在“缩放图层效果”对话框中设置“缩放”为 80%⑦。

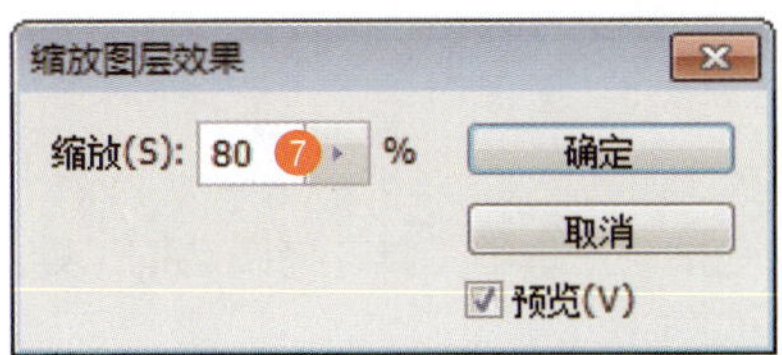

STEP 6 单击“确定”按钮，即可缩放图层样式⑧。

174 清除移动 UI 图像的图层样式

在 Photoshop CC 中，删除图层样式可以将移动 UI 图像图层中的图层样式进行彻底清除，无法还原。展开“图层”面板，选择相应图层，单击鼠标右键，在弹出的快捷菜单中选择“清除图层样式”选项，执行操作后，即可清除图层样式。

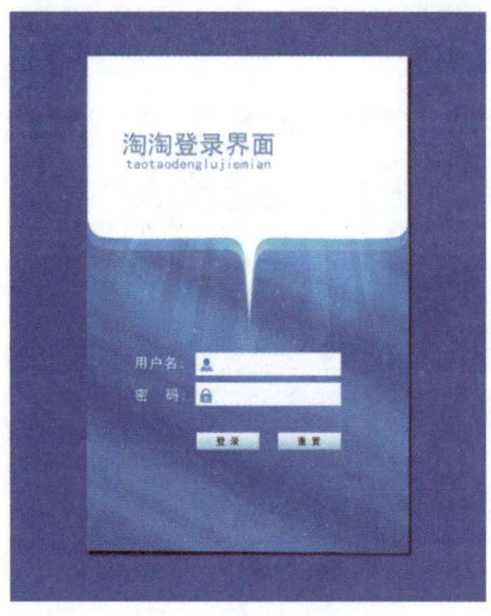

原图

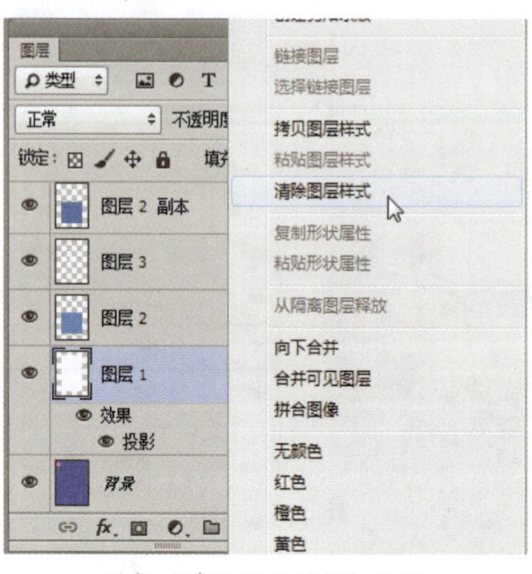

选择“清除图层样式”选项

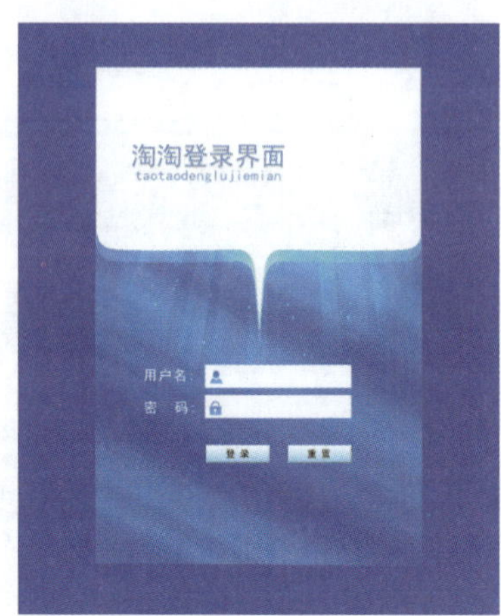

清除图层样式效果

知识链接

除了以上方法可以清除图层样式外，还有以下两种操作方法。

- 用户需要清除某一图层样式，则需要在“图层”面板中将其拖曳至“图层”面板底部的“删除图层”按钮上。
- 如果要一次性删除应用于图层的所有图层样式，则可以在“图层”面板中拖曳图层名称下的“效果”至“删除图层”按钮上。

175 将图层样式转换为图层

在 Photoshop CC 中，将图层样式转换为普通图层，有利于对移动 UI 图像中的图层样式进行编辑。

展开“图层”面板选择图层，在图层样式上单击鼠标右键，在弹出的快捷菜单中选择“创建图层”选项，即可将图层样式转换为剪贴蒙版图层。

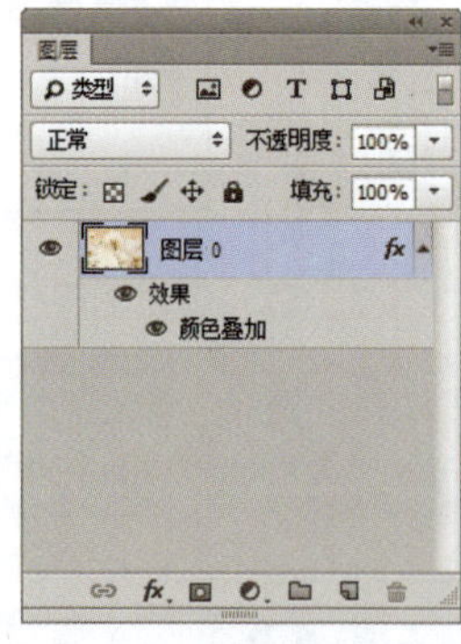

选择图层

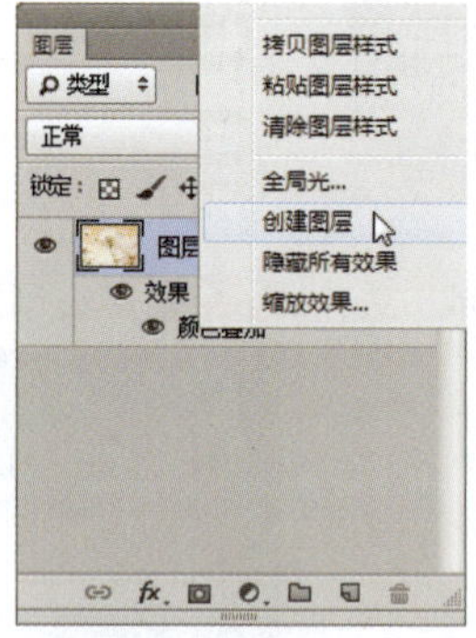

选择“创建图层”选项

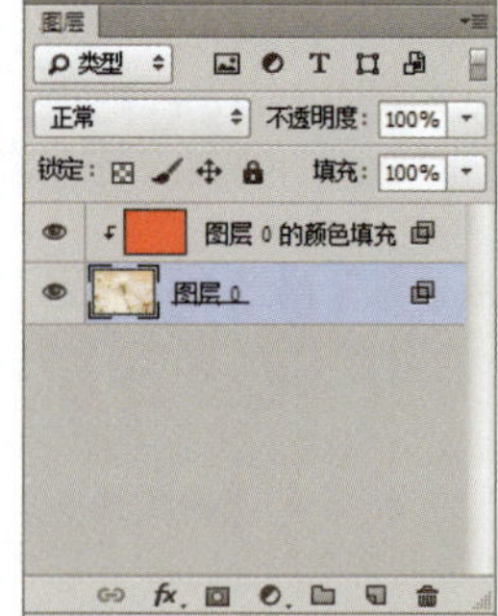

将图层样式转换为剪贴蒙版图层

176 使用矩形选框工具创建矩形选区

Photoshop CC 提供了 4 个选框工具用于创建形状规则的选区，其中包括矩形选框工具、椭圆选框工具、单行选框工具和单列选框工具，分别用于建立矩形选区、椭圆选区、单行选区和单列选区。

在 Photoshop CC 中矩形选框工具可以在移动 UI 图像中建立矩形选区，该工具是区域选择工具中最基本、最常用的工具，用户选择矩形选框工具后，其工具属性栏如下图所示。

选框工具绘制的各种选区

矩形选框工具属性栏

知识链接

矩形选框工具的工具属性栏各选项基本含义如下。

- **羽化：**用户用来设置选区的羽化范围。
- **样式：**用户用来设置创建选区的方法。选择“正常”选项，可以通过拖动鼠标创建任意大小的选区；选择“固定比例”选项，可在右侧设置“宽度”和“高度”的数值。单击⇄按钮，可以切换“宽度”和“高度”值。
- **调整边缘：**用来对选区进行平滑、羽化等处理。

STEP 1 单击“文件”|“打开”命令，打开两幅素材图像❶。

STEP 2 切换至 176（2）.jpg 图像编辑窗口，选取工具箱中的矩形选框工具❷。

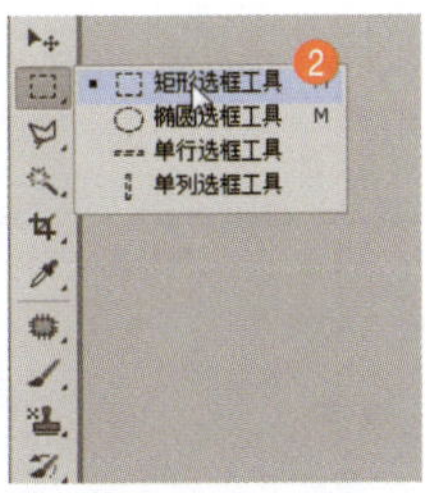

STEP 3 移动鼠标指针至图像编辑窗口中的合适位置，创建一个矩形选区❸。

STEP 4 选取工具箱中的移动工具，拖曳选区内的图像至 176（1）.jpg 编辑窗口中❹，将图像调整至合适大小和位置❺。

知识链接

与创建矩形选框有关的技巧如下。

- 按【M】键，可快速选取矩形选框工具。
- 按【Shift】键，可创建正方形选区。
- 按【Alt】键，可创建以起点为中心的矩形选区。
- 按【Alt+Shift】组合键，可创建以起点为中心的正方形。

当图像中的一部分被选中，此时可以对图像选定的部分进行移动、复制、填充以及滤镜、颜色校正等操作，选区外的图像不受影响。

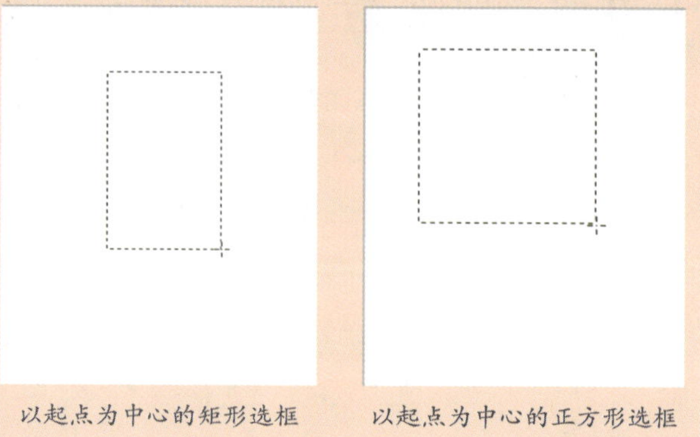

以起点为中心的矩形选框　　以起点为中心的正方形选框

177 使用椭圆选框工具创建椭圆选区

在 Photoshop CC 中，用户运用椭圆选框工具可以在移动 UI 图像中创建椭圆选区或正圆选区。

STEP 1 单击“文件”|“打开”命令，弹出“打开”对话框，选中需要打开的图像文件①，单击“打开”按钮，即可打开素材图像②。

STEP 2 选取工具箱中的椭圆选框工具③。

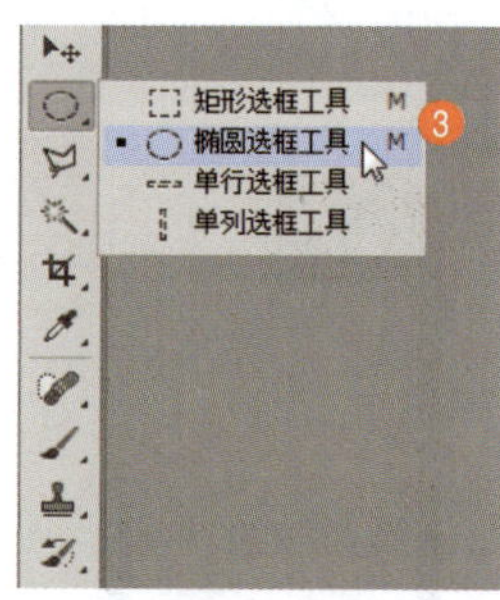

STEP 3 移动鼠标指针至图像编辑窗口中的合适位置，创建一个椭圆选区④。

STEP 4 单击“图像”|“调整”|“色相/饱和度”命令⑤，在弹出的“色相/饱和度”对话框中，设置“色相”为+58⑥。

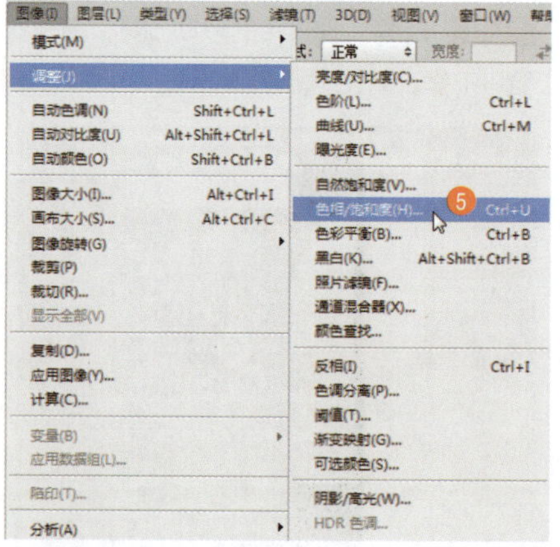

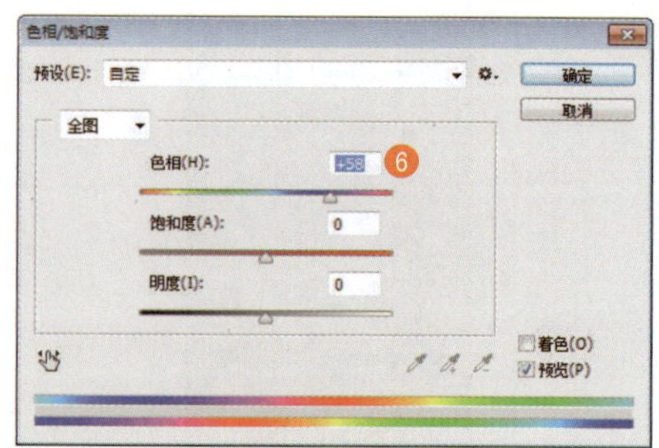

STEP 5 单击“确定”按钮，即可调整图像色相7。

STEP 6 按【Ctrl + D】组合键，取消选区8。

知识链接

与创建椭圆选框有关的技巧如下。

- 按【Shift+M】组合键，可快速选择椭圆选框工具。
- 按【Shift】键，可创建正圆选区。
- 按【Alt】键，可创建以起点为中心的椭圆选区。
- 按【Alt+Shift】组合键，可创建以起点为中心的正圆选区。

在Photoshop CC中建立选区的方法非常多，用户可以根据不同选择对象的形状、颜色等特征决定采用的工具和方法。

- **创建规则形状选区：** 规则选区中包括矩形、圆形等规则形态的图像，运用选框工具可以框选出选择的区域范围，这是Photoshop CC创建选区最基本的方法。

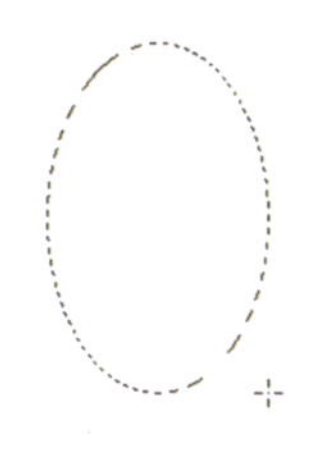

以起点为中心的椭圆选框

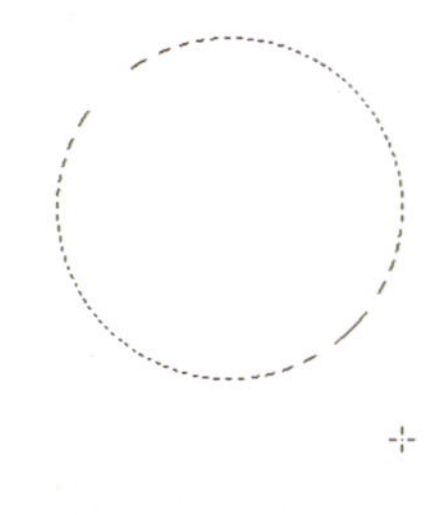

以起点为中心的正圆选框

选框工具创建的选区

- **创建不规则选区：** 当图片的背景颜色比较单一时，且与选择对象的颜色存在较大的反差时，就可以运用快速选择工具、魔棒工具和多边形套索工具等。用户在使用过程中，只需要注意在拐角及边缘不明显处手动添加一些节点，即可快速将图像选中。
- **通过通道或蒙版创建选区：** 运用通道和蒙版创建选区是所有选择方法中功能最为强大的一个，因为它表现选区不是用虚线选框，而是用灰阶图像，这样就可以像编辑图像一样来编辑选区，画笔、橡皮擦工具、色调调整工具、滤镜都可以自由使用。
- **通过图层或路径创建选区：** 图层和路径都可以转换为选区。只需要在按住【Ctrl】键的同时单击图层左侧的缩览图，即可得到该图层非透明区域的选区。运用路径工具创建的路径是非常光滑的，而且还可以反复调节各锚点的位置和曲线的曲率，因而常用来建立复杂和边界较为光滑的选区。

使用魔棒工具创建选区

将路径转换为选区

178 运用套索工具创建不规则选区

创建选区是为了限制移动 UI 图像编辑的范围，从而得到精确的效果。在 Photoshop CC 中建立选区的方法非常广泛，用户可以根据选择对象的形状、颜色等特征决定所采用的方法。其中，运用套索工具可以在移动 UI 图像编辑窗口中创建任意形状的选区，通常用于创建不太精确的选区。

STEP 1 单击“文件”|“打开”命令，弹出“打开”对话框，选择需要打开的两幅素材图像①。

STEP 2 单击“打开”按钮，即可打开素材图像②。

STEP 3 切换至 178（2）.jpg 素材图像编辑窗口，选取工具箱中的套索工具③，移动鼠标指针至图像编辑窗口中的合适位置，按住鼠标左键并拖动鼠标以创建一个不规则选区④。

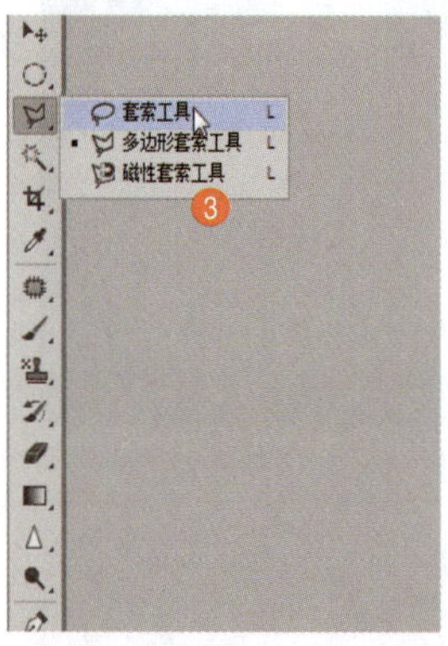

STEP 4 选取工具箱中的移动工具，移动鼠标指针至图像编辑窗口中的选区内，单击鼠标左键并拖曳至 178（1）.jpg 图像编辑窗口中的合适位置⑤。

STEP 5 适当调整图像的大小、角度和位置⑥。

STEP 6 在“图层”面板中，设置“图层 1”图层的“混合模式”为“正片叠底”模式⑦，即可更改“图层 1”图层的“混合模式”效果⑧。

知识链接

Photoshop CC的工具箱中包含3种不同类型的套索工具：套索工具、多边形套索工具和磁性套索工具。灵活运用这3种工具可以创建不同的不规则多边形选区。套索工具主要用来选取对选择区精度要求不高的区域，该工具的最大优势是选取选区的效率很高。

179 运用多边形套索工具创建选区

在 Photoshop CC 中，利用多边形套索工具可以在图像编辑窗口中绘制不规则的选区，并且创建的选区非常精确。

STEP 1 单击“文件”|“打开”命令，弹出“打开”对话框，选择需要打开的素材图像①。

STEP 2 单击“打开”按钮，即可打开素材图像②。

知识链接

运用多边形套索工具创建选区时，按住【Shift】键的同时单击鼠标左键，可以沿水平、垂直或45°方向创建选区。

STEP 3 切换至 179(1).jpg 素材图像编辑窗口，选取工具箱中的多边形套索工具，移动鼠标指针至图像窗口合适位置，多次单击鼠标左键创建选区③，移动鼠标指针至图像编辑窗口中选区内，按住鼠标左键并拖曳至 179(2).jpg 图像编辑窗口中的合适位置④。

STEP 4 选取工具箱中的移动工具，移动鼠标指针至图像编辑窗口中选区内，按住鼠标左键并拖曳至 179(1).jpg 图像编辑窗口中的合适位置⑤。

180 运用磁性套索工具创建选区

在 Photoshop CC 中，磁性套索工具用于快速选择与背景对比强烈并且边缘复杂的对象，它可以沿着图像的边缘生成选区。

磁性套索工具属性栏

知识链接

磁性套索工具的工具属性栏各选项基本含义如下。

- **宽度：** 以鼠标指针中心为准，其周围有多少个像素能够被工具检测到，如果对象的边界不是特别清晰，需要使用较小的宽度值。
- **对比度：** 用来设置工作感应图像边缘的灵敏度。如果图像的边缘清晰，可将该数值设置得高一些；反之，则设置得低一些。
- **频率：** 用来设置创建选区时生成锚点的数量。
- **使用绘图板压力以更改钢笔压力：** 在计算机配置有数位板和压感笔是，单击此按钮，Photoshop会根据压感笔的压力自动调整工具的检测范围。

STEP 1 单击“文件”|“打开”命令，打开一幅素材图像①。

STEP 2 选取工具箱中的磁性套索工具②，将鼠标指针移至图像编辑窗口中的适当位置，单击鼠标左键，并拖曳鼠标③。

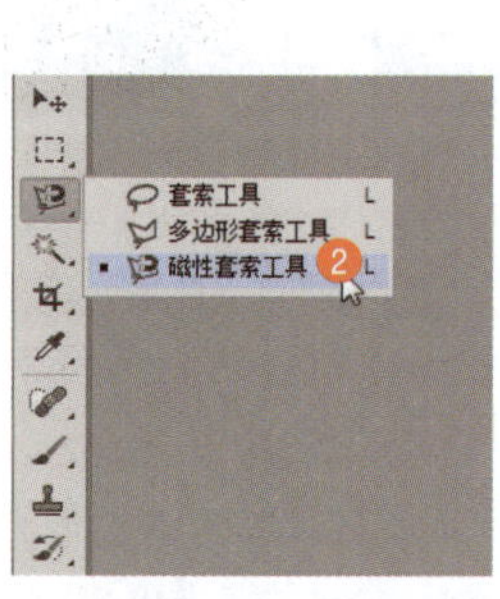

STEP 3 沿图像边缘拖曳鼠标指针至起点处并单击鼠标左键，即可创建选区④，将鼠标指针移动至选区内，单击鼠标右键，在弹出的快捷菜单中选择“选择反向”选项⑤。

STEP 4 执行上述操作后，即可反选选区⑥。

STEP 5 在菜单栏中单击“图像”|“调整”|“去色”命令7。

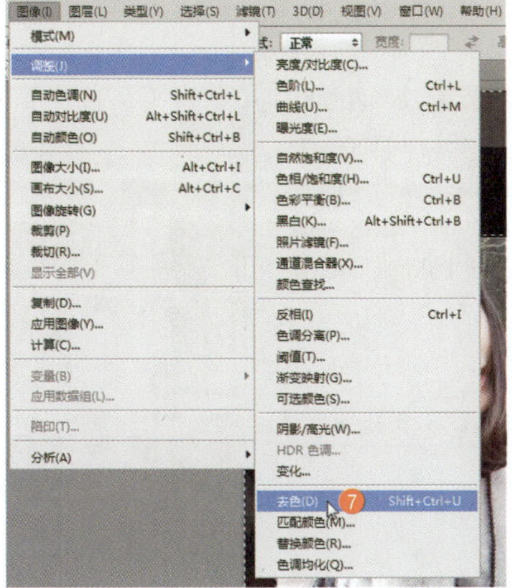

STEP 6 执行上述操作后，即可对图像进行去色8，按【Ctrl+D】组合键，取消选区9。

知识链接

运用磁性套索工具自动创建边界选区时，按【Delete】键可以删除上一个节点或线段。若选择的边框没有贴近被选图像的边缘，可以在选区上单击鼠标左键，手动添加一个节点，然后将其调整至合适位置。

181 运用魔棒工具创建颜色相近选区

在 Photoshop CC 中，当移动 UI 图像中色彩相邻像素的颜色相近时，用户可以运用魔棒工具或快速选择工具进行选取。魔棒工具是用来创建与图像颜色相近或相同的像素选区，在颜色相近的图像上单击鼠标左键，即可选取到相近颜色范围。

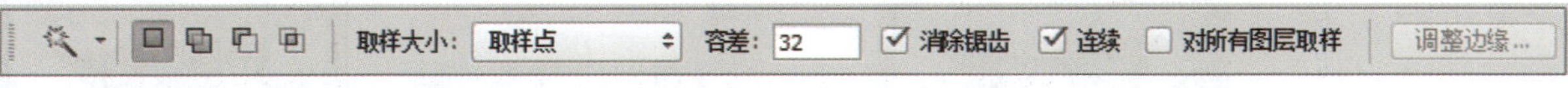

魔棒工具属性栏

STEP 1 单击“文件”|“打开”命令，打开两幅素材图像1。

STEP 2 切换至 181(2).jpg 图像编辑窗口，选取工具箱中的魔棒工具2。

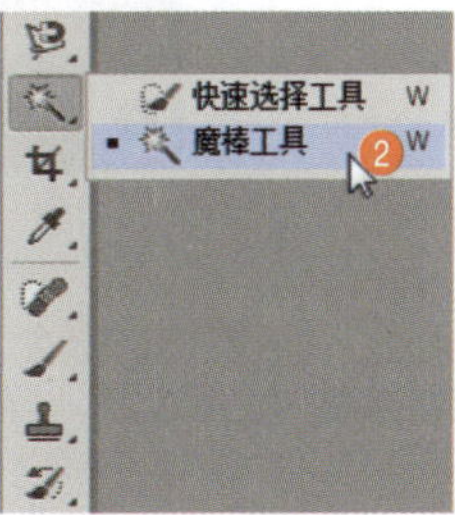

知识链接

魔棒工具的工具属性栏各选项基本含义如下。

- **容差：**在其右侧的文本框中可以设置0～255的数值，其主要用于确定选择范围的容差，控制创建选区范围的大小，默认值为32。设置的数值越小，选择的颜色范围越相近，选择的范围也就越小；数值越大，则颜色相差越大。
- **消除锯齿：**用来模糊羽化边缘的像素，使其与背景像素产生颜色的过渡，从而消除边缘明显的锯齿。

● **连续：** 选中该复选框后，只选取与鼠标单击处相近的颜色。

● **对所有图层取样：** 用于有多个图层的文件，选中该复选框后，能选区文件中所有图层中相近颜色的区域；不选中时，只选取当前图层中相近颜色的区域。

STEP 3 移动鼠标指针至图像编辑窗口中，在黄色位置上单击鼠标左键③，即可选中黄色区域④。

STEP 4 将图像拖曳至 181（1）.jpg 图像编辑窗口中的合适位置，并适当调整其大小⑤。

182 运用快速选择工具创建选区

快速选择工具是用来选择颜色的工具，在拖曳鼠标的过程中，它能够快速选择移动 UI 图像中多个颜色相似的区域，相当于按住【Shift】键或【Alt】键的同时不断使用魔棒工具单击。

快速选择工具属性栏

STEP 1 单击“文件”|“打开”命令，打开一幅素材图像①。

STEP 2 选取工具箱中的快速选择工具②，移动鼠标指针至图像编辑窗口中，在红色位置上连续单击鼠标左键，即可选中红色区域③。

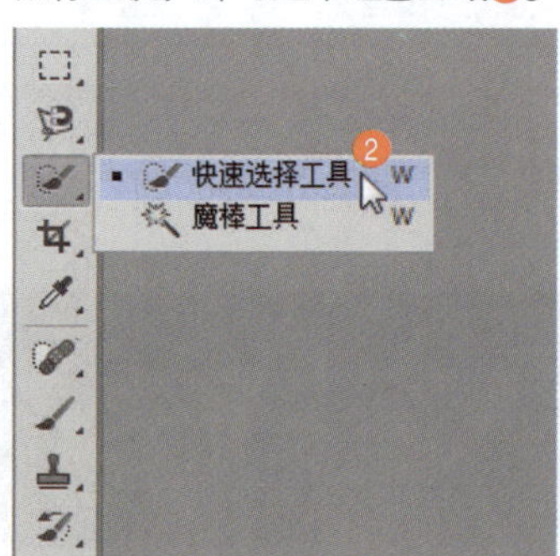

知识链接

快速选择工具的工具属性栏各选项基本含义如下。

● **选区运算按钮：** “新选区”，可以创建一个新的选区；“添加到选区”，可在原选区的基础上添加新的选区；“从选区减去”，可在原选区的基础上减去当前绘制的选区。

● **“画笔拾取器”：** 单击该按钮，可以设置画笔笔尖的大小、硬度、间距。

● **对所有图层取样：** 可基于所有图层创建选区。

● **自动增强：** 可以减少选区边界的粗糙度和块效应。

快速选择工具是根据颜色相似性来选择区域的，可以将画笔大小内的相似的颜色一次性选中。快速选择工具默认选择鼠标指针周围与鼠标指针范围内的颜色类似且连续的图像区域，因此鼠标指针的大小决定着选取的范围。

STEP 3 单击"图像"｜"调整"｜"色相/饱和度"命令，弹出"色相/饱和度"对话框，设置"色相"为+25④，单击"确定"按钮，即可调整图像色相⑤。

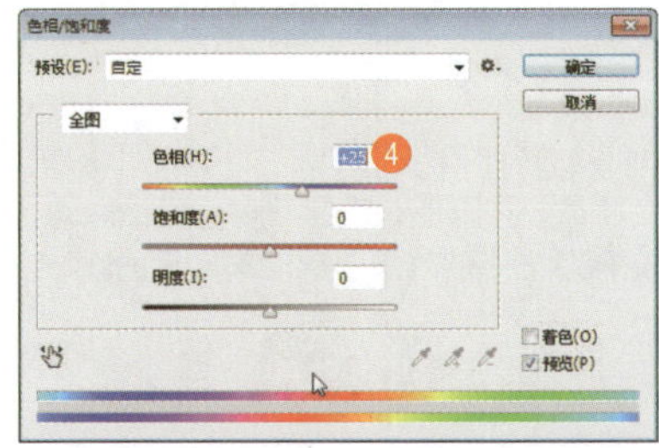

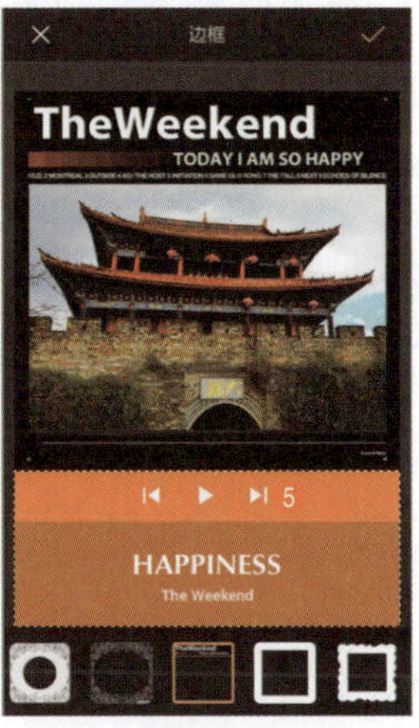

STEP 4 按【Ctrl+D】组合键，取消选区⑥。

183 运用"色彩范围"命令自定选区

在Photoshop CC中，复杂不规则选区指的是随意性强、不被局限在几何形状内的选区，它可以是任意创建的，也可以是通过计算而得到的单个选区或多个选区。

"色彩范围"是一个利用移动UI图像中的颜色变化关系来制作选择区域的命令，此命令根据选取色彩的相似程度，在图像中提取相似的色彩区域而生成的选区。

STEP 1 单击"文件"｜"打开"命令，打开一幅素材图像①。

STEP 2 单击"选择"｜"色彩范围"命令②，弹出"色彩范围"对话框，设置"颜色容差"为130，选中"选择范围"单选按钮③。

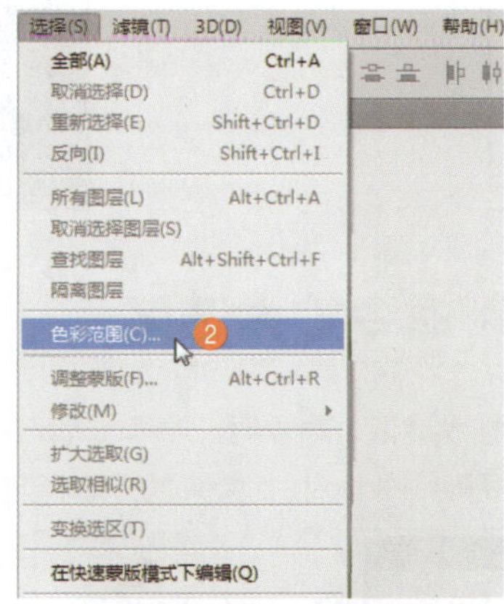

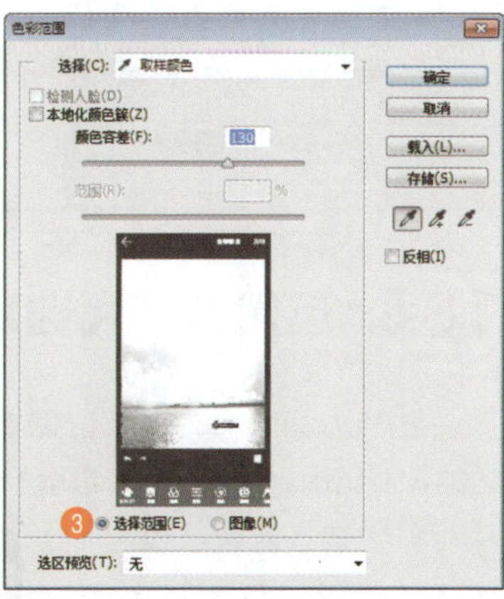

STEP 3 单击"色彩范围"对话框中的"添加到取样"按钮，将鼠标指针移至红色图像处单击鼠标左键，即可选中红色的部分图像④，单击"确定"按钮，即可选中图像编辑窗口中的红色区域图像⑤。

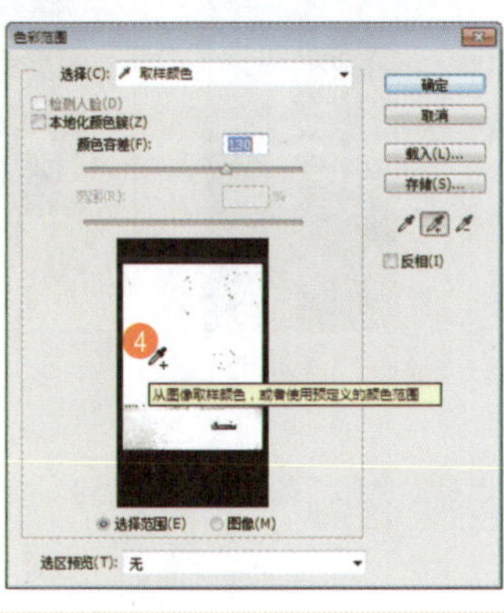

STEP 4 单击"图像"｜"调整"｜"色彩平衡"命令⑥。

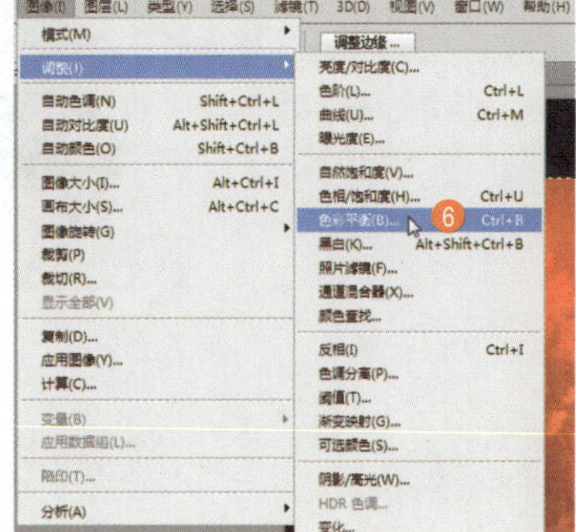

知识链接

"色彩范围"对话框各选项基本含义如下。

- **选择：**用来设置选区的创建方式。选择"取样颜色"选项时，可将鼠标指针放在文档窗口中的图像上，或在"色彩范围"对话中预览图像上单击，对颜色进行取样。可以为添加颜色取样，也可以为减去颜色取样。
- **本地化颜色簇：**当选中该复选框后，拖动"范围"滑块可以控制要包含在蒙版中的颜色与取样的最大和最小距离。
- **颜色容差：**是用来控制颜色的选择范围，该值越高，包含的颜色就越广。
- **选区预览图：**选区预览图包含了两个选项，选中"选择范围"单选按钮时，预览区的图像中，呈白色的代表被选择的区域；选中"图像"单选按钮时，预览区会出现彩色的图像。
- **选区预览：**设置文档的选区的预览方式。用户选择"无"选项，表示不在窗口中显示选区；用户选择"灰度"选项，可以按照选区在灰度通道中的外观来显示选区；选择"灰色杂边"选项，可在未选择的区域上覆盖一层黑色；选择"白色杂边"选项，可在未选择的区域上覆盖一层白色；选择"快速蒙版"选项，可以显示选区在快速蒙版状态下的效果，此时未选择的区域会覆盖一层红色。
- **载入/存储：**用户单击"存储"按钮，可将当前的设置保存为选区预设；单击"载入"按钮，可以载入存储的选区预设文件。
- **反相：**可以反转选区。

STEP 5 弹出"色彩平衡"对话框，设置"色阶"分别为 +18、+22、+33，单击"确定"按钮⑦。

STEP 6 执行上述操作后，即可调整图像色调⑧，按【Ctrl＋D】组合键，取消选区⑨。

184 运用"扩大选取"命令扩大选区

在 Photoshop CC 中，用户选择"扩大选取"命令时，Photoshop 会基于魔棒工具属性栏中的"容差"值来决定选区的扩展范围。选择"扩大选取"命令时，Photoshop 会查找并选择与当前移动 UI 图像选区中的像素色相近的像素，从而扩大选择区域。但该命令只扩大到与原选区相连接的区域。

在图像编辑窗口中创建选区后，在菜单栏中单击"选择"|"扩大选取"命令，即可扩大选区范围。

创建选区

单击"扩大选取"命令

扩大选区

知识链接

使用"扩大选取"命令可以将原选区扩大，所扩大的范围是与原选区相邻近且颜色相近的区域，扩大的范围由魔棒工具属性栏中的容差值决定。

185 运用“选取相似”命令创建选区

在 Photoshop CC 中，“选取相似”命令是针对移动 UI 图像中所有颜色相近的像素，此命令在有大面积实色的情况下非常有用。

在图像编辑窗口中创建一个选区，在菜单栏中单击“选择”|“选取相似”命令，即可选取相似范围。

创建选区

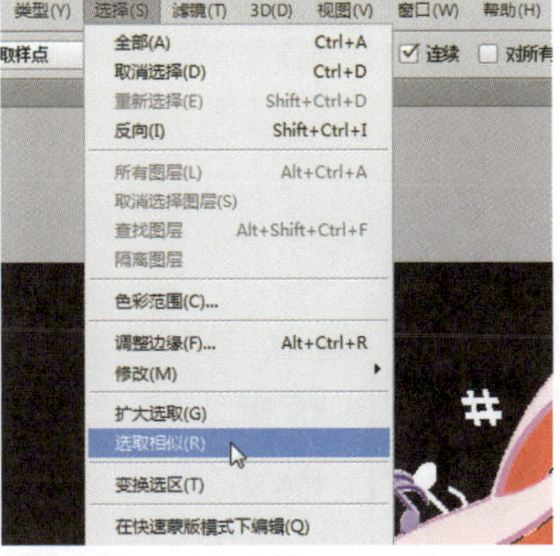

单击“选取相似”命令

选取相似范围

知识链接 “选取相似”命令是将图像中所有的与选区内像素颜色相近的像素都扩充到选区中，不适合用于复杂像素图像。

186 运用按钮创建移动 UI 图像选区

在运用选区处理移动 UI 图像中的元素时，第一次创建的选区一般很难完成理想的选择范围，因此要进行第二次或者第三次的选择，此时用户可以使用选区范围加减运算功能，这些功能都可直接通过工具属性栏中的图标来实现。

1. 运用“新选区”按钮

在设计移动 UI 图像时，如果用户要创建新选区，可以单击“新选区”按钮，即可在图像中创建不重复选区。

STEP 1 单击“文件”|“打开”命令，打开一幅素材图像①。

STEP 2 选取工具箱中的矩形选框工具，在工具属性栏中单击“新选区”按钮②，在图像编辑窗口中按住鼠标左键并拖曳，即可创建选区③。

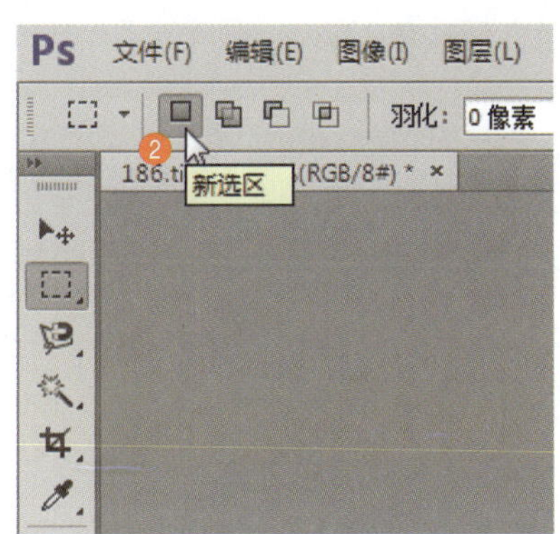

STEP 3 在菜单栏中单击“图像”|“调整”|“自然饱和度”命令④，弹出“自然饱和度”对话框，设置“自然饱和度”为50、“饱和度”为30⑤。

STEP 4 单击“确定”按钮，即可调整图像自然饱和度，按【Ctrl+D】组合键，取消选区⑥。

2. 运用“添加到选区”按钮

如果用户要在已经创建的选区之外再加上另外的选择范围，就需要用到选框工具。创建一个选区后，单击“添加到选区”按钮，即可得到两个选区范围的并集。

选取工具箱中的魔棒工具，移动鼠标指针至图像编辑窗口中的合适位置，单击鼠标左键创建选区，移动鼠标指针至工具属性栏中，单击“添加到选区”按钮，移动鼠标指针至图像编辑窗口中的合适位置，单击鼠标左键再次创建选区。

创建选区

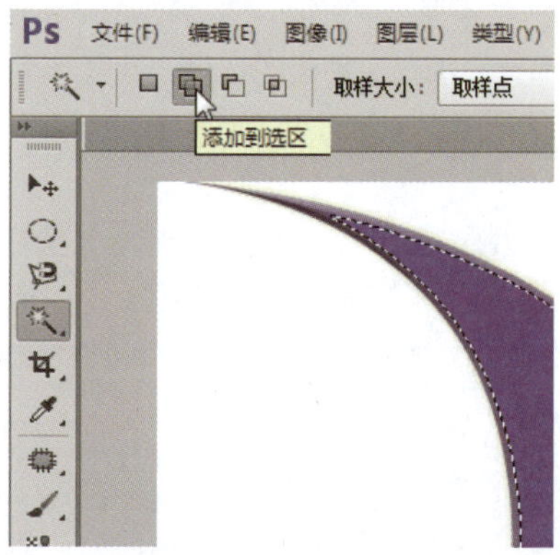

单击“添加到选区”按钮

添加到选区

3. 运用“从选区减去”按钮

在 Photoshop CC 中运用“从选区减去”按钮，是对已存在的选区利用选框工具将原有选区减去一部分。

选取工具箱中的魔棒工具，移动鼠标指针至图像编辑窗口中的合适位置，单击鼠标左键创建选区。选取工具箱中的椭圆选框工具，移动鼠标指针至工具属性栏中单击“从选区减去”按钮，在图像编辑窗口中的合适位置，创建椭圆选区，即可从选区中减去一部分。

创建选区

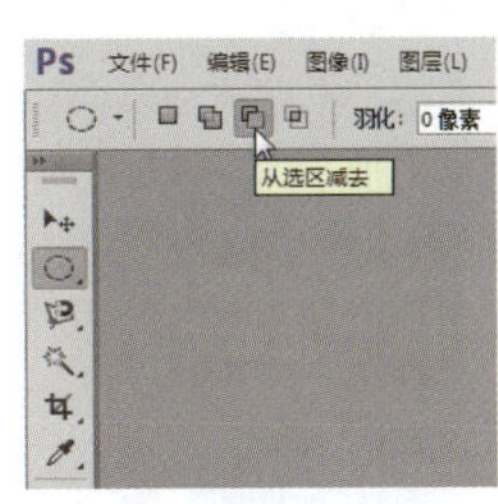
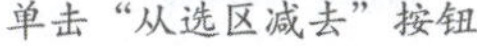
单击"从选区减去"按钮

减去椭圆选区

4. 运用"与选区交叉"按钮

交集运算是两个选择范围重叠的部分。在创建一个选区后，单击"与选区交叉"按钮，再创建一个选区，此时就会得到两个选区的交集。

187 调整移动 UI 图像中的选区位置

选区具有灵活操作性，可多次对选区进行编辑操作，以便得到满意的选区状态。用户在移动 UI 图像中创建选区时，可以对选区进行多项修改，如移动选区、取消选区、重选选区、储存和载入选区等。

在 Photoshop CC 中编辑移动 UI 图像时，对选区的位置是可以进行调整，选取工具箱中的任意选框工具，将鼠标指针移动至选区内，当鼠标指针呈形状，表示可以移动，此时按住鼠标左键并拖曳，即可将选区移动至图像的另一个位置。

知识链接 按住【Shift】键的同时，可沿水平、垂直或45° 方向移动选区。使用键盘上的4个方向键来移动选区，按一次键移动一个像素。按【Shift＋方向键】组合键，按一次键可以移动10个像素的位置。按【Ctrl】键的同时并拖曳选区，则移动选区内的图像。

188 存储移动 UI 图像中的选区

用户在移动 UI 图像中创建选区后，为了防止操作失误而造成选区丢失，或者后面制作其他效果时还需要该选区，可以将选区存储起来。

STEP 1 单击"文件"|"打开"命令，打开一幅素材图像①。

STEP 2 选取工具箱中的矩形选框工具，在图像中创建一个矩形选区②，单击鼠标右键，在弹出的快捷菜单中选择"选择反向"选项③。

STEP 3 执行上述操作后，即可反选选区4。

STEP 4 在菜单栏中，单击“选择”|“存储选区”命令5，即可弹出“存储选区”对话框，设置“名称”为“APP功能区”6，单击“确定”按钮，即可存储选区。

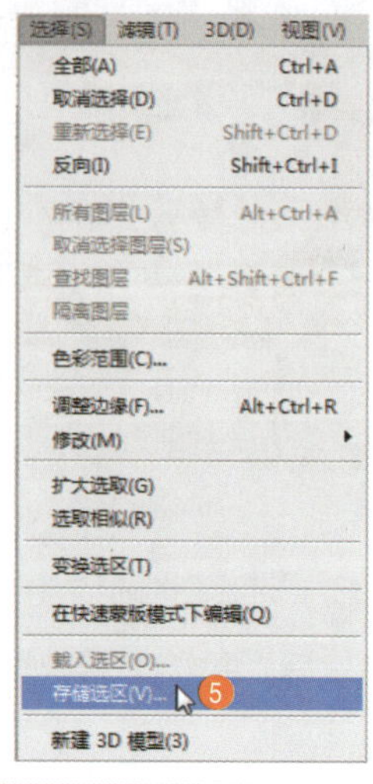

知识链接

“存储选区”对话框各含义如下。

- **文档：** 可以选择保存选区的目标文件，默认情况下选区保存在当前文档中，也可以选择将选区保存在一个新建的文档中。
- **通道：** 可以选择将选区保存到一个新建的通道，或保存到其他Alpha通道中。
- **名称：** 设置存储的选择区域在通道中的名称。
- **新建通道：** 选中该单选按钮，可以将当前选区存储在新通道中。
- **添加到通道：** 选中该单选按钮，可以将选区添加到目标通道的现有选区中。
- **从通道中减去：** 选中该单选按钮，可以从目标通道内的现有选区中减去当前的选区。
- **与通道交叉：** 选中该单选按钮，可以从与当前选区和目标通道中的现有选区交叉的区域中存储为一个选区。

189 变换移动 UI 图像中的选区

用户在编辑移动UI图像时如果创建了选区，可以根据需要，对选区进行变换操作。在菜单栏中单击“选择”|“变换选区”命令，即可调出变换控制框，移动鼠标指针至变换控制框的控制柄上按住鼠标左键并拖曳至合适位置，即可将矩形选区进行任意变换，在变换控制框中双击鼠标左键，确认变换操作，即可变换选区。

单击“变换选区”命令

调出变换控制框

确认变换操作

知识链接

变换选区时，对于选区内的图像没有任何影响，当执行“变换”命令时，则会将选区内的图像一起变换。

190 剪切移动 UI 图像中的选区内容

在 Photoshop CC 中，若用户需要将移动 UI 图像中的全部或部分区域进行移动，可进行剪切操作。

选取工具箱中的矩形选框工具，创建一个矩形选区，在菜单栏中，单击“编辑”|“剪切”命令，即可剪切选区内的图像。

创建选区

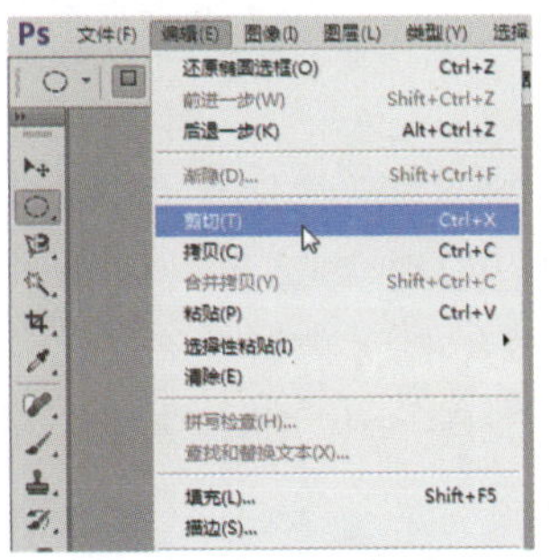

单击“剪切”命令

剪切选区内的图像

知识链接 除了运用上述命令剪切选区内的图像外，按【Ctrl＋X】组合键也可以剪切选区内的图像。

191 复制和粘贴移动 UI 选区图像

选取移动 UI 图像中需要的区域后，用户可将选区内的图像复制到剪贴板中进行粘贴，复制选区内的图像。

STEP 1 单击“文件”|“打开”命令，打开一幅素材图像①，选取工具箱中的魔棒工具，移动鼠标指针至图像编辑窗口中，创建一个选区②。

STEP 2 在菜单栏中，单击“编辑”|“拷贝”命令③，即可复制选区图像。

STEP 3 执行上述操作后，在菜单栏中单击“编辑”|“粘贴”命令④。

STEP 4 执行上述操作后，即可粘贴所复制的图像⑤，并将图像移至合适位置⑥。

知识链接

在Photoshop CC中，用户对选区内图像的操作完成以后，可以根据需要将选区取消，以便进行下一步操作。在菜单栏中单击“选择”|“取消选择”命令，即可取消选区。

当用户取消选区后，还可以利用“重新选择”命令，重选上次取消的选区，灵活运用“重选选区”命令，能够大大提高工作的效率。

除了运用上述方法可以取消和重选选区图像外，还有以下方法。

- **快捷键1：** 按【Ctrl＋D】组合键，可以取消选区。
- **快捷键2：** 按【Shift＋Ctrl＋D】组合键，可以重新选择选区。
- 在菜单栏中单击“选择”|“重新选择”命令，即可重选选区。

192 在移动 UI 图像选区内贴入图像

在运用选区设计移动 UI 图像时，使用“拷贝”命令可以将选区内的图像复制到剪贴板中。使用“粘贴”命令，可以将剪贴板中的图像粘贴到同一图像或不同图像的相应位置，并生成一个蒙版图层。

STEP 1 单击“文件”|“打开”命令，打开两幅素材图像❶。

STEP 2 切换至 192（1）.jpg 图像编辑窗口，选取工具箱中的矩形选框工具，创建一个矩形选区❷。

STEP 3 在菜单栏中，单击“编辑”|“拷贝”命令，复制选区图像，切换至 192（2）.jpg 图像编辑窗口，选取矩形选框工具，移动鼠标指针至图像编辑窗口中的合适位置，创建选区❸。

STEP 4 在菜单栏中单击“编辑”|“粘贴”命令❹，即可在选区内粘贴图像❺。

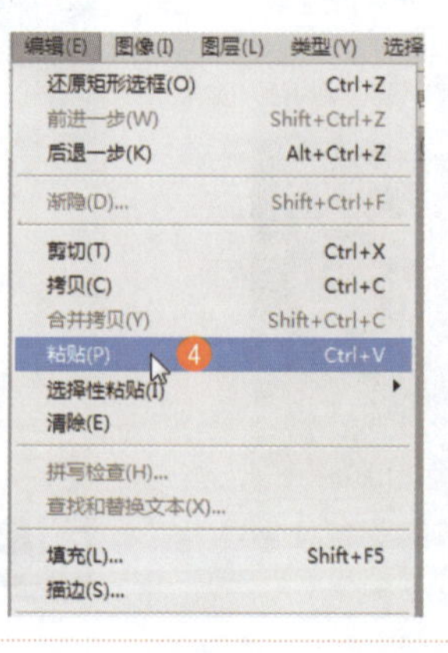

193 为移动 UI 图像选区添加边界

使用“边界”命令可以得到具有一定羽化效果的选区，因此在进行填充或描边等操作后可得到柔边效果的图像。选取工具箱中的椭圆选框工具，移动鼠标指针至图像编辑窗口中的合适位置，创建一个椭圆形选区，并调整其大小和位置。在菜单栏中单击“选择”|“修改”|“边界”命令，弹出“边界选区”对话框，设置“宽度”值，单击“确定”按钮，即可为当前选区添加一定宽度的边界。

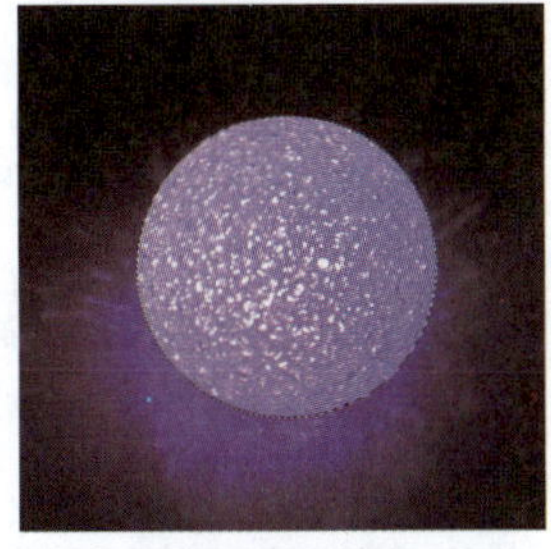

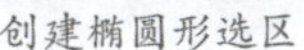

创建椭圆形选区

“边界选区”对话框

为选区添加边界

194 平滑移动 UI 图像中的选区

使用“平滑”命令修改选区，可平滑移动 UI 图像中的选区尖角和去除锯齿，使选区边缘变得更加流畅和平滑。选取工具箱中的矩形选框工具，移动鼠标指针至图像编辑窗口中的合适位置，创建一个矩形选区。在菜单栏中单击“选择”|“修改”|“平滑”命令，弹出“平滑选区”对话框，设置“取样半径”为 30 像素。单击“确定”按钮，即可平滑选区。

创建矩形选区

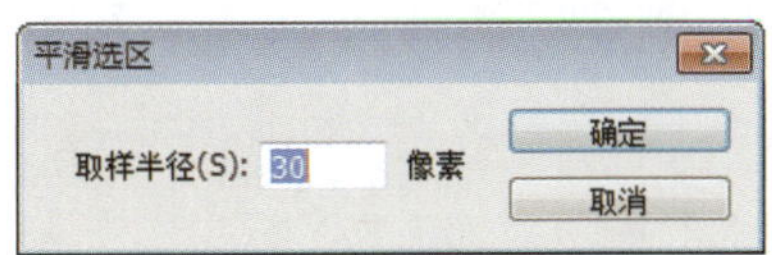

设置“取样半径”

平滑选区

知识链接 除了运用上述方法外，还可按【Alt+S+M+S】组合键，弹出“平滑选区”对话框。

195 扩展与收缩移动 UI 图像中的选区

使用“扩展”命令可以扩大移动 UI 图像中的当前选区范围，设置“扩展量”值越大，选区被扩展得就越大，在此允许输入的数值范围为 1 ~ 100。

选取工具箱中的矩形选框工具，移动鼠标指针至图像编辑窗口中的合适指针位置，创建一个矩形选区。在菜单栏中单击“选择”|“修改”|“扩展”命令，弹出“扩展选区”对话框，设置“扩展量”为 10 像素，单击“确定”按钮，即可扩展选区。

创建选区

扩展选区
扩展量(E): 10 像素
确定
取消

设置“扩展量”

扩展选区

使用“收缩”命令可以缩小选区的范围，在“收缩量”文本框中输入的数值越大，选区的收缩量越大，输入的数值范围为 1 ~ 100。

在菜单栏中单击“选择”|“修改”|“收缩”命令，即可弹出“收缩选区”对话框，设置“收缩量”，单击“确定”按钮，即可收缩选区。当选区的边缘已经到达图像文件的边缘时再应用“收缩”命令，与图像边缘相接处的选区不会被收缩。

196 羽化移动 UI 中的选区图像

羽化选区是移动 UI 图像处理中经常用到的操作，羽化效果可以在选区和背景之间建立一条模糊的过渡边缘，使选区产生“晕开”的效果。羽化是通过建立选区和选区周围像素之间的转换边界来模糊边缘的，这种模糊方式将丢失选区边缘的一些图像细节。

STEP 1 单击“文件”|“打开”命令，打开一幅素材图像①，选取工具箱中的矩形选框工具，移动鼠标指针至图像编辑窗口中的合适位置，创建一个矩形选区②。

STEP 2 在菜单栏中单击“选择”|“修改”|“羽化”命令，即可弹出“羽化选区”对话框，设置“羽化半径”为 20 像素③。

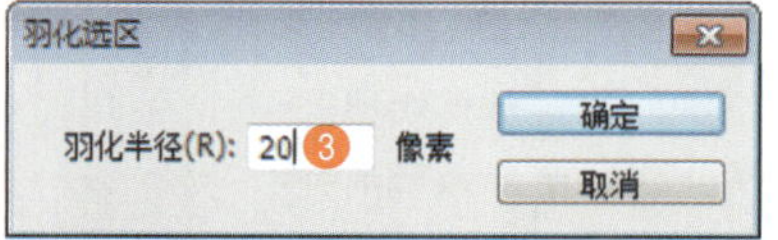

STEP 3 单击“确定”按钮，即可羽化选区④，单击“选择”|“反向”命令，即可反向选区⑤。

STEP 4 执行上述操作后，按【Delete】键删除选区内的图像，按【Ctrl + D】组合键，取消选区⑥。

知识链接

羽化选区时，过渡边缘的宽度即为“羽化半径”，以“像素”为单位。除了运用上述方法可以弹出“羽化选区”对话框外，还有以下两种方法。

- **快捷菜单：** 创建选区后，单击鼠标右键，在弹出快捷菜单中选择“羽化”选项，也可以弹出“羽化选区”对话框。
- **快捷键：** 创建选区后，按住【Shift + F6】组合键也可以弹出“羽化选区”对话框。

197 调整移动 UI 图像中的选区边缘

在 Photoshop CC 中，“调整边缘”命令在功能上有了很大的扩展，尤其是提供的边缘检测功能，可以大大提高移动 UI 图像设计过程中的抠图效率。另外，使用“调整边缘”命令可以方便地修改选区，并且可以更加直观地看到调整效果，从而得到更为精确的选区。除了“调整边缘”命令，也可以在各个创建选区工具的工具属性栏中单击“调整边缘”按钮，弹出“调整边缘”对话框。

知识链接

“调整边缘”对话框各选项含义如下。

- **视图：** 包含7种选区预览方式，用户可以根据需求进行选择。
- **显示半径：** 选中该复选框，可以显示微调选区与图像边缘之间的距离。
- **半径：** 可以微调选区与图像边缘之间的距离，数值越大，则选区会越来越精确地靠近图像边缘。
- **平滑：** 用于减少选区边界中的不规则区域，创建更加平滑的轮廓。
- **羽化：** 与“羽化”命令的功能基本相同，都是用来柔化选区边缘的。
- **对比度：** 可以锐化选区边缘并去除模糊的不自然感。
- **移动边缘：** 负值收缩选区边界；正值扩展选区边界。

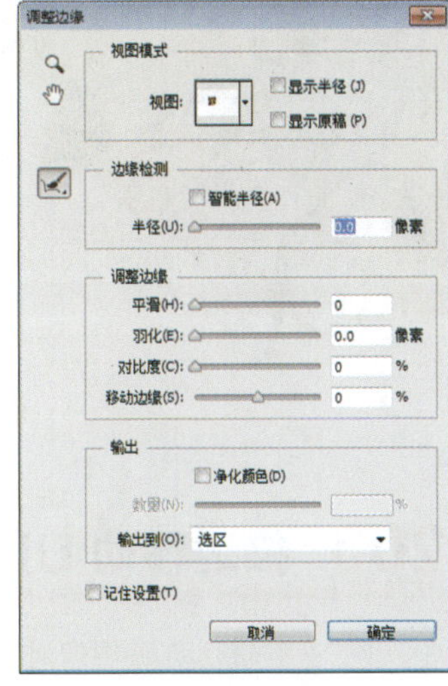

“调整边缘”对话框

198 填充移动 UI 图像中的选区

用户在移动 UI 图像中创建选区后，可以对选区内部填充前景色或背景色，而利用“填充”命令还可以选择更多的填充效果。

选取工具箱中的矩形选框工具，将鼠标指针移动至图像编辑窗口中的合适位置，创建一个矩形选区。设置前景色为黑色（RGB 参数值均为 0），按【Alt + Delete】组合键，填充前景色，按【Ctrl + D】组合键，取消选区。

创建选区

填充前景色

取消选区

199 使用选区定义移动 UI 图案

在移动 UI 图像编辑的过程中，一些图案被经常使用，用户可以通过定义图案的方式将图案保存，定义图案需要将图案区域的范围指定出来。

选取工具箱中的矩形选框工具，将鼠标指针移动至图像编辑窗口中的合适位置，创建一个矩形选区。单击“编辑”|“定义图案”命令，即可弹出“图案名称”对话框，设置相应的“名称”，单击“确定”按钮，并取消选区，即可将选区中的图像定义为图案。

选取工具箱中的油漆桶工具，在工具属性栏中单击“设置填充区域的源”按钮，在弹出的列表框中选择“图案”选项，单击“点按可打开图案拾色器”右侧的三角形按钮，在弹出的下拉列表框中即可看到定义的选区图案。将鼠标指针移至图像上，单击鼠标左键即可填充图案。

创建选区

设置"名称"

定义的选区图案

200 描边移动 UI 图像中的选区

用户在编辑移动 UI 图像时，可以根据工作需要，使用"描边"命令为选区中的图像添加不同颜色和宽度的边框，以增强图像的视觉效果。选取工具箱中的矩形选框工具，将鼠标指针移动至图像编辑窗口中的合适位置，创建一个矩形选区。在菜单栏中单击"编辑"|"描边"命令,弹出"描边"对话框,设置"宽度""颜色""位置"等选项。单击"确定"按钮，取消选区，即可制作描边效果。

创建选区

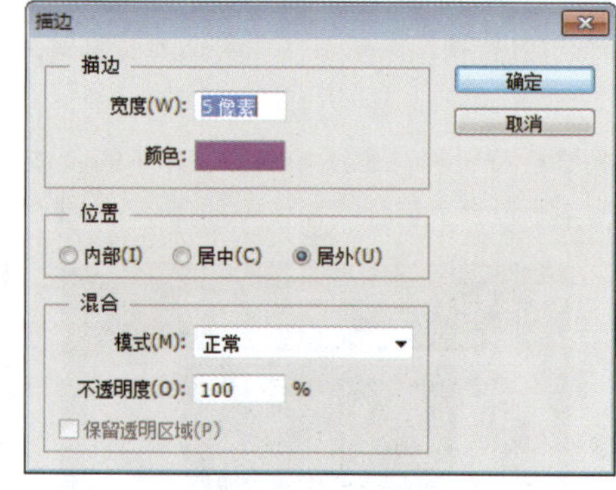

"描边"对话框

描边效果

201 清除移动 UI 图像选区内容

在 Photoshop CC 软件中,可以使用"清除"命令清除移动 UI 图像选区内的内容。如果在背景图层中清除选区图像,将会在清除的图像区域内填充背景色；如果在其他图层中清除图像，将得到透明区域。

选取工具箱中的多边形套索工具，将鼠标指针移动至图像编辑窗口中的合适位置，创建一个不规则选区。设置背景色为白色，在菜单栏中单击"编辑"|"清除"命令，即可清除选区图像，取消选区。

创建一个不规则选区

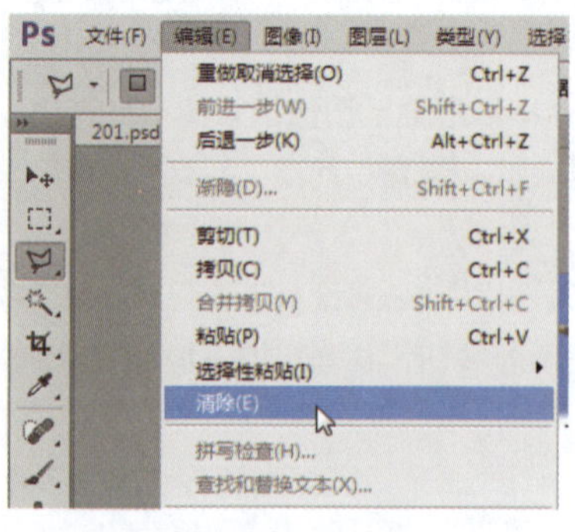

单击"清除"命令

清除选区图像

202 运用污点修复画笔工具修复移动 UI 图像

用户利用污点修复画笔工具可以自动进行像素的取样，只需要在移动 UI 图像中有杂色或污渍的地方单击鼠标左键即可修复图像。

污点修复画笔工具的工具属性栏

知识链接

污点修复画笔工具属性栏中，各主要选项含义如下。

- **模式：**在该列表框中可以设置修复图像与目标图像之间的混合方式。
- **近似匹配：**选中该单选按钮修复图像时，将根据当前图像周围的像素来修复瑕疵。
- **创建纹理：**选中该单选按钮后，在修复图像时，将根据当前图像周围的纹理自动创建一个相似的纹理，从而在修复瑕疵的同时保证不改变原图像的纹理。
- **内容识别：**选中该单选按钮修复图像时，将根据图像内容识别像素并自动填充。
- **对所有图层取样：**选中该复选框，可以从所有的可见图层中提取数据。

STEP 1 单击“文件”|“打开”命令，打开一幅素材图像①。

STEP 2 选取工具箱中的污点修复画笔工具，移动鼠标指针至图像编辑窗口中，在日期元素上按住鼠标左键并拖曳涂抹，鼠标涂抹过的区域呈黑色显示②，释放鼠标左键，即可修复图像③。

知识链接

Photoshop CC中的污点修复画笔工具能够自动分析鼠标单击处及周围图像的不透明度、颜色与质感，从而进行采样与修复操作。

203 运用修复画笔工具修复移动 UI 图像

在修饰小部分移动 UI 图像时会经常用到修复画笔工具。在使用“修复画笔工具”时，应先取样，然后将选取的图像填充到要修复的目标区域，使修复的区域和周围的图像相融合，还可以将所选择的图案应用到要修复的图像区域中。

修复画笔工具的工具属性栏

知识链接

修复画笔工具属性栏中，各主要选项含义如下。

- **模式：**用于设置图像在修复过程中的混合模式。
- **取样：**选中该单选按钮，按住【Alt】键的同时在图像内单击，即可确定取样点，释放【Alt】键，将鼠标指针移到需要复制的位置，拖曳鼠标即可完成修复。

- **图案：** 用于设置在修复图像时以图案或自定义图案对图像进行填充。
- **对齐：** 用于设置在修复图像时将复制的图案对齐。

选取工具箱中的修复画笔工具，移动鼠标指针至图像编辑窗口中的相应位置，按住【Alt】键的同时，单击鼠标左键进行取样，释放【Alt】键确认取样，在需要修复的部位按住鼠标左键并拖曳，即可修复图像。

原图

进行取样

修复图像

204 运用修补工具修复移动 UI 图像

用户利用修补工具可以使用其他区域的色块或图案来修补选中的区域，使用修补工具修复移动 UI 图像，可以将移动 UI 图像的纹理、亮度和层次进行保留。

修补工具的工具属性栏

STEP 1 单击"文件"|"打开"命令，打开一幅素材图像①。

STEP 2 选取工具箱中的修补工具②，移动鼠标指针至图像编辑窗口中，在需要修补的位置按住鼠标左键并拖曳，创建一个选区③。

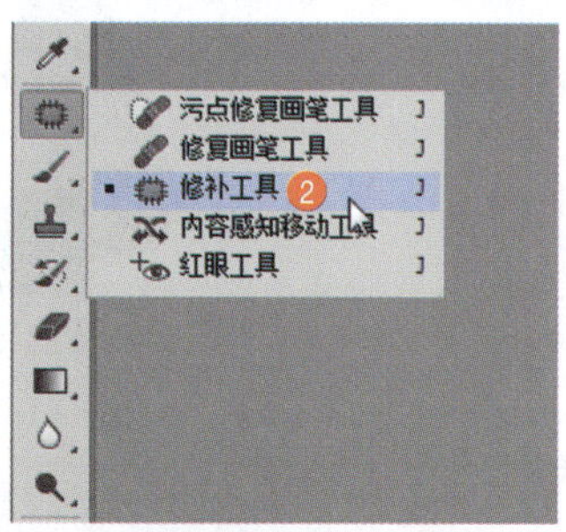

STEP 3 移动鼠标指针至选区内，按住鼠标左键并拖曳选区至图像颜色相近的区域④，释放鼠标左键，即可修补图像⑤。

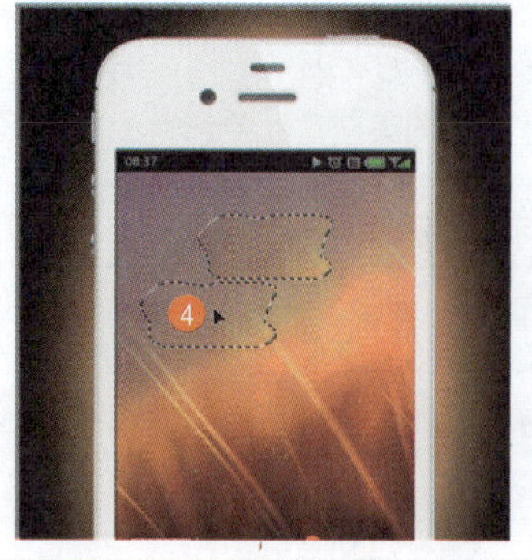

STEP 4 按【Ctrl + D】组合键，取消选区⑥。

知识链接

修补工具属性栏中，各主要选项含义如下。

- **源**：选中“源”单选按钮，拖动选区并释放鼠标后，选区内的图像将被选区释放时所在的区域所代替。
- **目标**：选中“目标”单选按钮，拖动选区并释放鼠标后，释放选区时的图像区域将被原选区的图像所代替。
- **透明**：选中“透明”单选按钮，被修饰的图像区域内的图像效果呈半透明状态。
- **使用图案**：在未选中“透明”单选按钮的状态下，在修补工具属性栏中选择一种图案，然后单击“使用图案”按钮，选区内将被应用为所选图案。

205 使用颜色替换工具替换移动 UI 图像颜色

颜色替换工具位于绘图工具组，它能在保留图像原有材质纹理与明暗的基础上，用前景色替换图像中的颜色。

颜色替换工具属性栏

知识链接

颜色替换工具属性栏中，各主要选项含义如下。

- **模式**：该列表框中包括“色相”“饱和度”“颜色”“明度”4种模式。常用的模式为“颜色”模式，这也是默认模式。
- **取样**：取样方式包括“连续”“一次”“背景色板”。其中，“连续”是以鼠标指针当前位置的颜色为颜色基准；“一次”是以始终以开始涂抹时的基准颜色为颜色基准；“背景色板”则是以背景色为颜色基准进行替换。
- **限制**：设置替换颜色的方式，以工具涂抹时的第一次接触颜色为基准色。“限制”包括3个选项，分别为“连续”“不连续”“查找边缘”。其中，“连续”是以涂抹过程中鼠标指针当前所在位置的颜色作为基准颜色来选择替换颜色的范围；“不连续”是指凡是鼠标指针移动到的地方都会被替换颜色；“查找边缘”主要是将色彩区域之间的边缘部分替换颜色。
- **消除锯齿**：选中该复选框，可以为校正的区域定义平滑的边缘，从而消除锯齿。

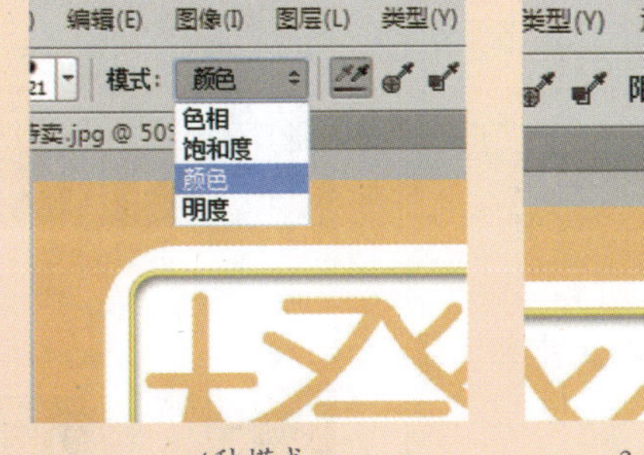

4种模式

3个“限制”选项

设置相应的前景色参数，选取工具箱中的颜色替换工具，移动鼠标指针至图像编辑窗口中的合适位置，单击鼠标左键并拖曳，涂抹图像，即可替换图像颜色。

原图

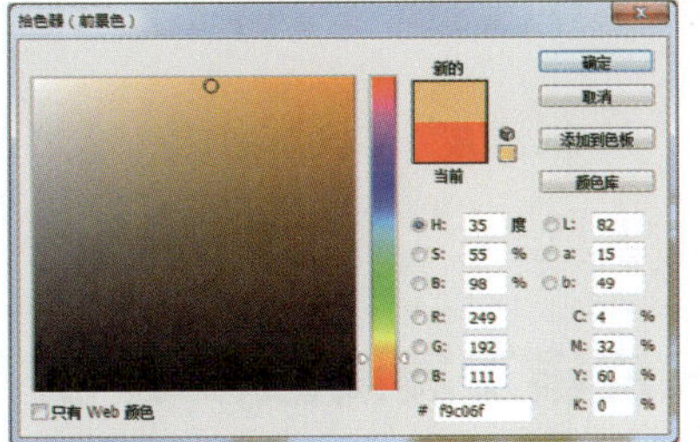

设置前景色参数

替换图像颜色

206 运用橡皮擦工具清除移动 UI 图像内容

橡皮擦工具和现实中所使用的橡皮擦的作用是相同的，用此工具在移动 UI 图像上涂抹时，被涂抹到的区域中的颜色会被擦除掉。

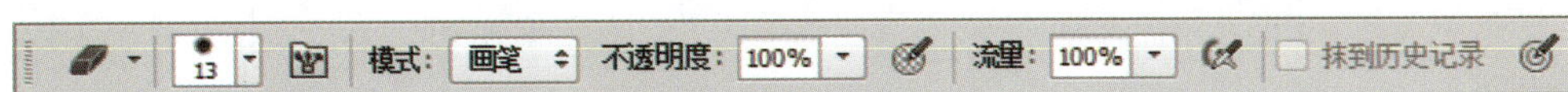

橡皮擦工具的工具属性栏

橡皮擦工具属性栏中，各主要选项含义如下。

● **模式**

可以选择橡皮擦的种类。选择“画笔”选项，可以创建柔边擦除效果；选择“铅笔”选项，可以创建硬边擦除效果；选择“块”选项，擦除的效果为块状。

柔边擦除效果

硬边擦除效果

块状擦除效果

● **不透明度**

在数值框中输入数值或拖动滑块，可以设置橡皮擦的不透明度。设置工具的擦除强度，100% 的不透明度可以完全擦除像素，较低的不透明度将部分擦除像素。

● **流量**

用来控制工具的涂抹速度。

● **喷枪工具**

选取工具属性栏中的喷枪工具，将以喷枪工具的作图模式进行擦除。

100%透明度擦除效果

70%透明度擦除效果

30%透明度擦除效果

● **抹到历史记录**

选中此复选框后，将橡皮擦工具移动到图像上时则变成图案，可以将图像恢复到历史面板中任何一个状态或图像的任何一个“快照”。

知识链接

按住【Alt】键进行擦除操作，可以暂时屏蔽“抹除到历史记录”功能。

207 运用背景橡皮擦工具清除移动 UI 图像内容

使用背景橡皮擦工具可以擦除移动 UI 图像的背景区域，并将其涂抹成透明的区域，在涂抹背景图像的同时保留对象的边缘，是非常重要的抠图工具。

背景橡皮擦工具的工具属性栏

选取工具箱中的背景橡皮擦工具，移动鼠标指针至图像编辑窗口中，按住鼠标左键并拖曳进行涂抹，即可擦除背景区域。

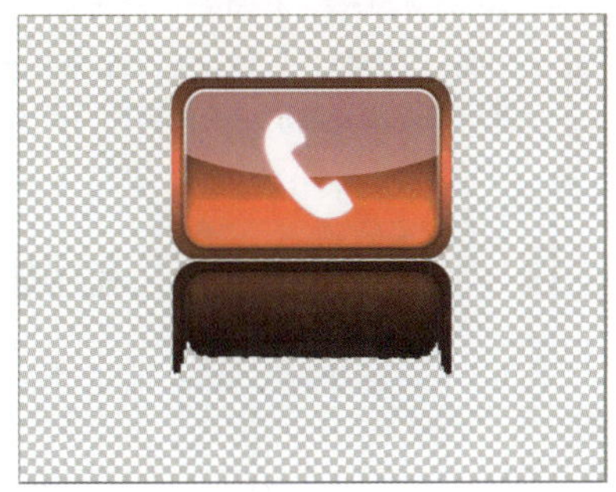

擦除背景区域

知识链接

背景橡皮擦工具属性栏中，各主要选项含义如下。

- **“取样”**：主要用于设置清除颜色的方式，若选择“取样：连续”按钮，则在擦除图像时，会随着鼠标指针移动进行连续的颜色取样，并进行擦除，因此该按钮可以用于擦除连续区域中的不同颜色；若选择“取样：一次”按钮，则只擦除第一次单击取样的颜色区域；若选择“取样：背景色板”按钮，则会擦除包含背景颜色的图像区域。
- **“限制”**：主要用于设置擦除颜色的限制方式，在该选项的列表框中，若选择“不连续”选项，则可以擦除图层中的任何一个位置的颜色；若选择“连续”选项，则可以擦除取样点与取样点相互连接的颜色；若选择“查找边缘”选项，在擦除取样点与取样点相连的颜色的同时，还可以较好地保留与擦除位置颜色反差较大的边缘轮廓。
- **“容差”**：控制擦除颜色的范围区域，数值越大擦除的颜色范围就越大，反之则越小。
- **“保护前景色”**：选中该复选框，在擦除图像时可以保护与前景色相同的颜色区域。

208 运用魔术橡皮擦工具清除移动 UI 图像内容

魔术橡皮擦工具是根据移动 UI 图像中相同或相近的颜色进行擦除操作，被擦除后的区域均以透明方式显示。

魔术橡皮擦工具的工具属性栏

知识链接

背景魔术橡皮擦工具属性栏中，各主要选项含义如下。

- **“容差”**：该文本框中的数值越大代表可擦除范围越广。
- **“消除锯齿”**：选中该复选框可以使擦除后图像的边缘保持平滑。
- **“连续”**：选中该复选框可以一次性擦除“容差”数值范围内的相同或相邻的颜色。
- **“对所有图层取样”**：该复选框与Photoshop CC中的图层有关，当选中此复选框后，所使用的工具对所有的图层都起作用，而不是只针对当前操作的图层。
- **“不透明度”**：该数值用于指定擦除的强度，数值为100%则将完全抹除像素。

选取工具箱中的魔术橡皮擦工具，移动鼠标指针至图像编辑窗口中的相应颜色区域上，多次单击鼠标左键，即可将相同或相近的颜色区域擦除。

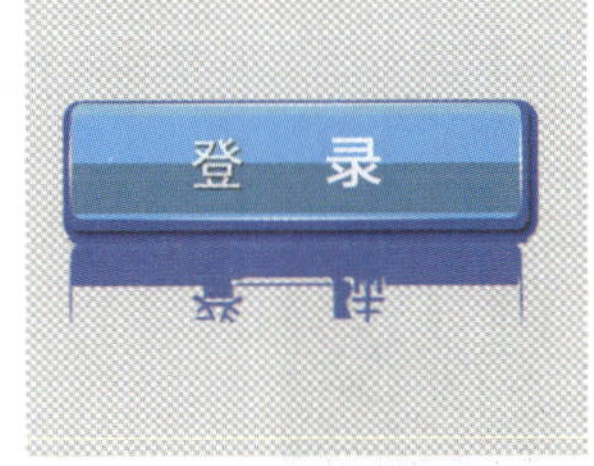

将相同或相近的颜色区域擦除

知识链接 运用魔术橡皮擦工具可以擦除图像中所有与鼠标单击颜色相近的像素，在被锁定透明像素的普通图层中擦除图像时，被擦除的图像将更改为背景色；在背景图层或普通图层擦除图像时，被擦除的图像将为透明色。

209 运用加深工具调整移动 UI 图像色调

加深工具可使移动 UI 图像中被操作的区域变暗，其工具属性栏及操作方法与减淡工具相同。减淡工具可以加亮图像的局部，通过提高图像选区的亮度来校正曝光。

加深工具的工具属性栏

知识链接 减淡工具的工具属性栏中，各主要选项含义如下。

- **“范围”**：该列表框中包含暗调、中间调和高光3个选项。
- **“曝光度”**：在该文本框中设置的值越高，减淡工具的使用效果就越明显。
- **“保护色调”**：如果希望操作后图像的色调不发生变化，选中该复选框即可。

STEP 1 单击“文件”|“打开”命令，打开一幅素材图像①。

STEP 2 选取工具箱中的加深工具②，在工具属性栏中的“范围”列表框中选择“中间调”选项③。

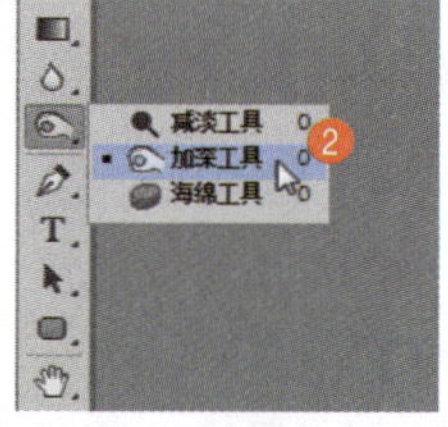

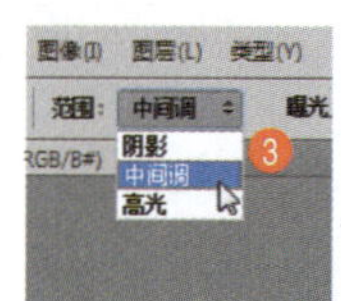

知识链接 “范围”列表框中，各选项含义如下。

- **“阴影”**：选择该选项表示对图像暗部区域的像素加深或减淡。
- **“中间调”**：选择该选项表示对图像中间色调区域加深或减淡。

STEP 3 在工具属性栏中设置“大小”为 300 像素④，在工具属性栏中设置“曝光度”为 50%⑤。

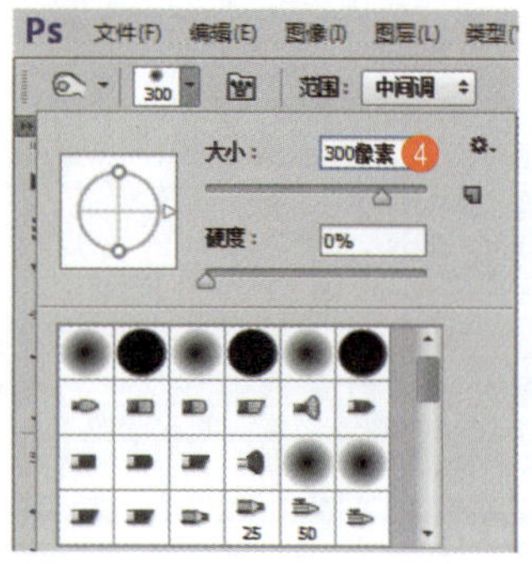

STEP 4 移动鼠标指针至图像编辑窗口中，按住鼠标左键并拖曳，在图像上涂抹，即可加深图像颜色⑥。

210 运用海绵工具加深移动 UI 图像色彩浓度

海绵工具为色彩饱和度调整工具，使用海绵工具可以精确地更改移动 UI 图像的色彩饱和度，其“模式”包括“饱和”与“降低饱和度”两种。

海绵工具的工具属性栏

知识链接

海绵工具属性栏中，各主要选项含义如下。

- **模式：** 用于设置添加颜色或者降低颜色。
- **流量：** 用于设置海绵工具的作用强度。
- **自然饱和度：** 选中该复选框后，可以得到最自然地加色或减色效果。

选取工具箱中的海绵工具，移动鼠标指针至图像编辑窗口中按住鼠标左键并拖曳，进行涂抹，即可使用海绵工具调整图像。

原图

涂抹图像

调整图像局部的色彩浓度

211 运用仿制图章工具复制移动 UI 元素

用户利用仿制图章工具可以从移动 UI 图像中取样，复制移动 UI 元素，然后将样本应用到其他图像或同一图像的其他部分。

仿制图章工具的工具属性栏

知识链接

仿制图章工具属性栏中，各主要选项含义如下。

- **“切换画笔面板”按钮：** 单击此按钮，展开“画笔”面板，可对画笔属性进行更具体的设置。
- **“切换到仿制源面板”按钮：** 单击此按钮，展开“仿制源”面板，可对仿制的源图像进行更加具体的管理和设置。
- **“不透明度”选项：** 用于设置应用仿制图章工具时不透明度。
- **“流量”选项：** 用于设置扩散速度。
- **“对齐”复选框：** 选中该复选框，取样的图像源在应用时，若由于某些原因停止，再次仿制图像时，仍可从上次仿制结束的位置开始；若未选中该复选框，则每次仿制图像时，将是从取样点的位置开始应用。
- **“样本”选项：** 用于定义取样源的图层范围，主要包括“当前图层”“当前和下方图层”“所有图层”3个选项。
- **“忽略调整图层”按钮：** 当设置“样本”为“当前和下方图层”或“所有图层”时，才能激活该按钮，选中该按钮，在定义取样源时可以忽略图层中的调整图层。

STEP 1 单击“文件”|“打开”命令，打开一幅素材图像①。

STEP 2 选取工具箱中的仿制图章工具②，移动鼠标指针至图像编辑窗口中的合适位置，按住【Alt】键的同时单击鼠标左键取样③。

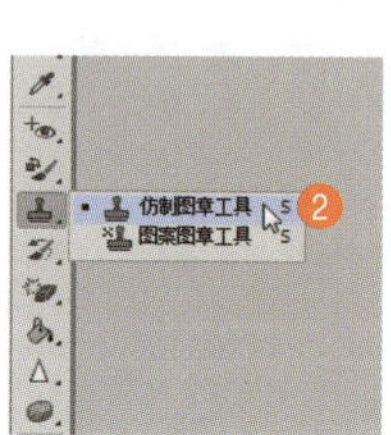

STEP 3 释放【Alt】键，在合适位置按住鼠标左键并拖曳，进行涂抹④，即可将取样点的图像复制到涂抹的位置上⑤。

STEP 4 重复操作，复制相应的元素⑥。

212 运用图案图章工具绘制移动 UI 元素

用户利用图案图章工具可以将定义好的图案应用于其他图像中，并以连续填充的方式在移动 UI 图像中进行绘制各种元素。

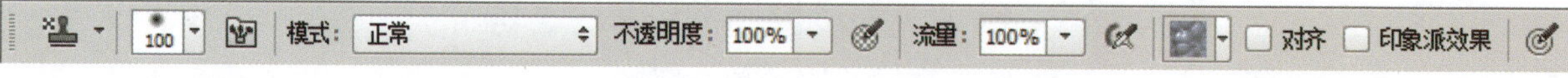

图案图章工具的工具属性栏

知识链接

图案图章工具属性栏中，各主要选项含义如下。

- **对齐：** 选中该复选框后，可以保持图案与原始起点的连续性，即使多次单击鼠标也不例外；取消选中该复选框后，则每次单击鼠标都重新应用图案。
- **印象派效果：** 选中该复选框，则对绘画选取的图像产生模糊、朦胧化的印象派效果。

使用仿制图案图章工具时，先自定义一个图案，用矩形选框工具选定图案中的一个范围之后，单击“编辑”|“定义图案”命令，这时该命令呈灰色，即处于隐藏状态，这种情况下无法定义图案。这可能是在操作时设置了“羽化”值，这时选取矩形选框工具后，在工具属性栏中不要设置“羽化”即可。

定义图案后，选取工具箱中的图案图章工具，在工具属性栏中单击“点按可打开‘图案’拾色器”按钮，在弹出的列表框中设置“图案”，新建一个图层，移动鼠标指针至图像编辑窗口中，按住鼠标左键并拖曳，即可绘制图像。

原图

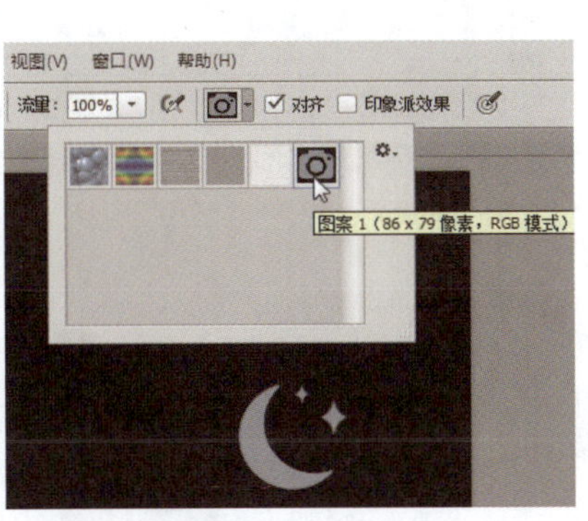

选择“图案”

绘制图案

213 运用模糊工具模糊移动 UI 图像

用户利用模糊工具可以将突出的色彩打散，使得僵硬的移动 UI 图像边界变得柔和，颜色的过渡变得平缓、自然，起到一种模糊图像的效果。

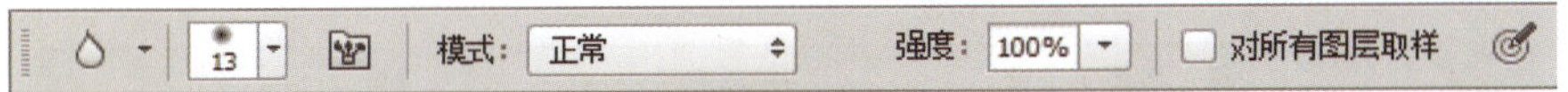

模糊工具属性栏

知识链接

模糊工具属性栏中，各主要选项含义如下。

- **强度：** 用来设置工具的强度。
- **对所有图层取样：** 如果文档中包含多个图层，可以选中该复选框，表示使用所有可见图层中的数据进行处理；取消选中该复选框，则只处理当前图层中的数据。

STEP 1 单击“文件”|“打开”命令，打开一幅素材图像①。

STEP 2 选取工具箱中的模糊工具，在工具属性栏中设置“大小”为 200 像素、“强度”为 100%②，移动鼠标指针至图像编辑窗口中，单击鼠标左键，进行涂抹，即可模糊图像③。

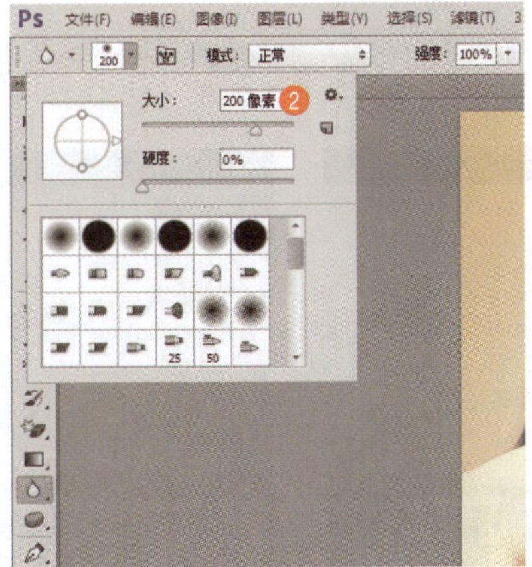

214 运用锐化工具锐化移动 UI 图像

锐化工具[△]与模糊工具的作用刚好相反，它用于锐化移动 UI 图像的部分像素，使得被编辑的图像更加清晰。选取工具箱中的锐化工具，在工具属性栏中设置“大小”为 100 像素，移动鼠标指针至图像编辑窗口中，按住鼠标左键并拖曳，进行涂抹，即可锐化图像。

原图

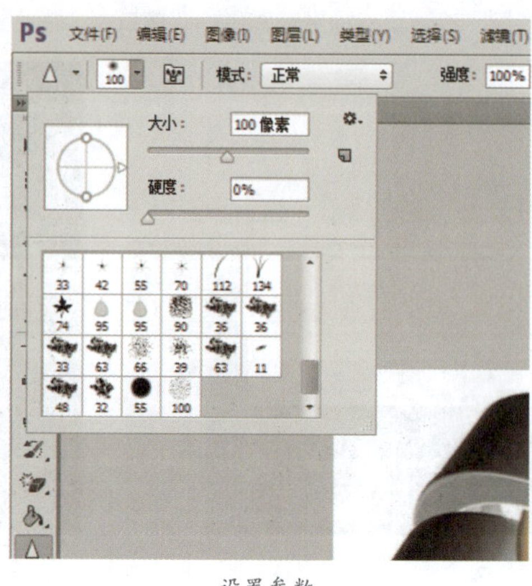

设置参数

锐化图像

215 运用历史记录画笔工具恢复移动 UI 图像

用户利用历史记录画笔工具可以将设计中的移动 UI 图像恢复到编辑过程中的某一步骤，或者将部分图像恢复为原样，该工具需要配合“历史记录”面板一同使用。

历史记录画笔工具属性栏

知识链接

历史记录画笔工具属性栏中，各主要选项含义如下。

- **模式：** 该列表框中提供了28种模式可供选择，用于设置画笔的模式。
- **不透明度：** 该文本框用于设置画笔的不透明度。
- **流量：** 该文本框用于设置画笔在使用时笔触的流量。

对原图执行模糊滤镜操作后，选取工具箱中的历史记录画笔工具，在工具属性栏中设置相应的“画笔”参数，移动鼠标指针至图像编辑窗口中，按住鼠标左键并拖曳，被涂抹的区域即可恢复图像。

模糊图像

拖曳鼠标进行涂抹

恢复图像

PART 02

软件功能篇

移动 UI 的色彩设计

移动 UI 设计由色彩、图形、文案这三大要素构成。调整图像色彩是移动 UI 图像修饰和设计中一项非常重要的内容，图形和文案都离不开色彩的表现。本章主要介绍在 Photoshop 中如何调整图像的光影色调，以及通过相应的调整命令调整移动 UI 图像的光效质感。

216 设置移动 UI 图像的前景色与背景色

在编辑移动 UI 图像的过程中，通常会根据整幅图像的设计效果，对每一个移动 UI 元素填充不同颜色，而前景色与背景色就是 Photoshop 中最常用的色彩设置。

移动鼠标指针至工具箱底部的前景色色块上，单击鼠标左键，即可弹出“拾色器（前景色）”对话框，设置 RGB 参数值后单击“确定”按钮，即可设置前景色。

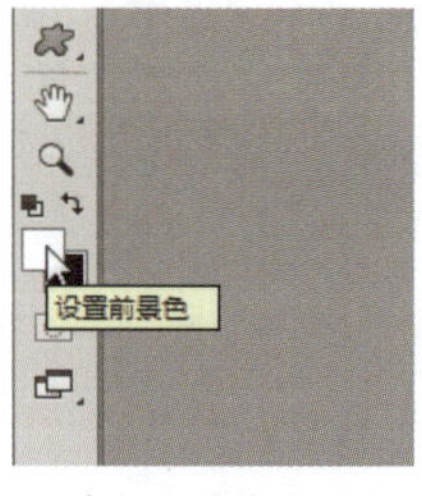

单击前景色色块

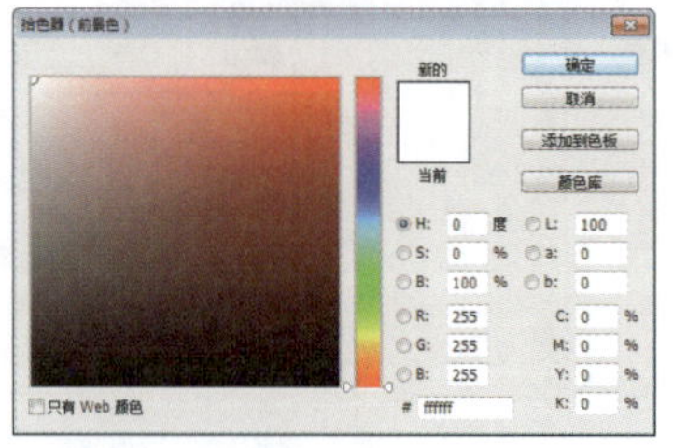
弹出“拾色器（前景色）”对话框

移动鼠标指针至工具箱底部的背景色色块上，单击鼠标左键，即可弹出“拾色器（背景色）”对话框，设置 RGB 参数值后单击“确定”按钮，即可设置背景色。

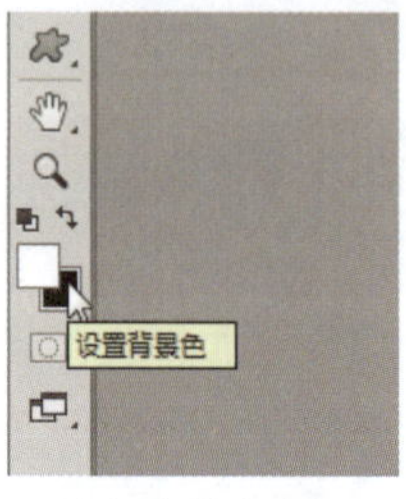

单击背景色色块

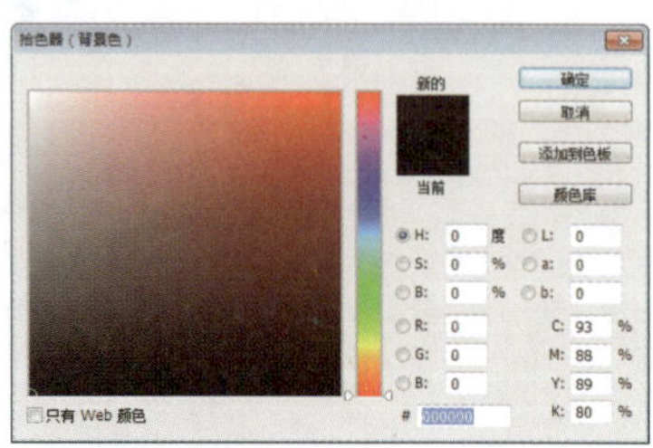
弹出“拾色器（背景色）”对话框

217 使用吸管工具设置移动 UI 图像颜色

在 Photoshop CC 软件中处理移动 UI 图像时，如果需要从图像中获取颜色修补附近区域，就需要用到吸管工具。

STEP 1 单击“文件”|“打开”命令，打开一幅素材图像①。

STEP 2 选取工具箱中的磁性套索工具②，移动鼠标指针至图像编辑窗口中的合适位置，按住鼠标左键并拖曳，创建一个选区③。

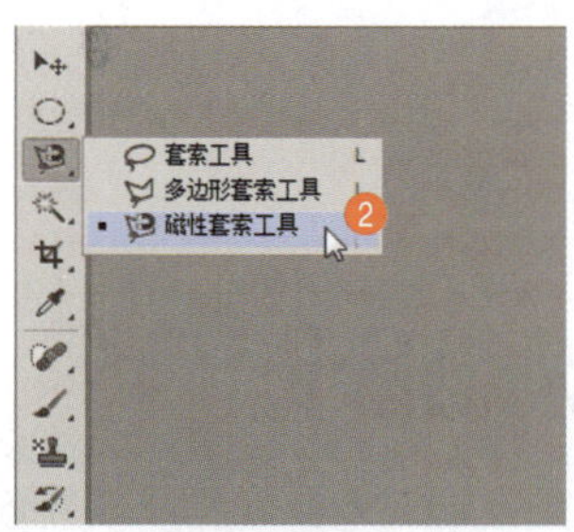

STEP 3 选取工具箱中的吸管工具，移动鼠标指针至图像编辑窗口中的红色区域，单击鼠标左键即可吸取颜色④。

STEP 4 执行上述操作后，前景色自动变为红色⑤，按【Alt＋Delete】组合键，即可为选区内填充颜色，按【Ctrl＋D】组合键取消选区⑥。

218 使用"颜色"面板设置移动 UI 图像颜色

在设计移动 UI 图像时，使用"颜色"面板选取颜色后，可以通过设置不同参数值来调整前景色和背景色。

STEP 1 单击"文件"|"打开"命令，打开一幅素材图像❶，选取工具箱中的魔棒工具，选择"背景"图层，移动鼠标指针至图像编辑窗口中的合适位置，单击鼠标左键，创建一个选区❷。

STEP 2 在菜单栏中单击"窗口"|"颜色"命令❸。

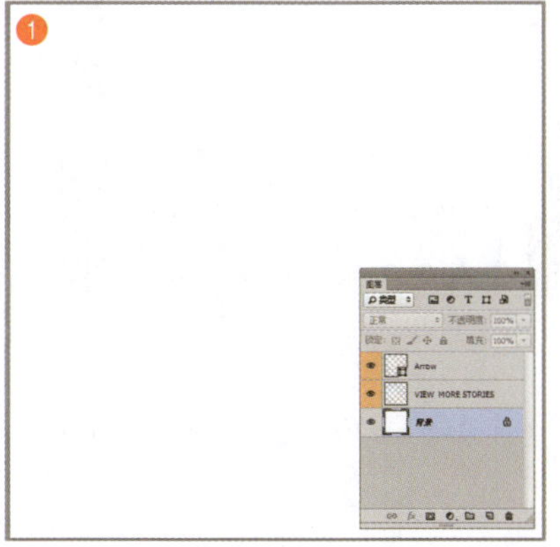

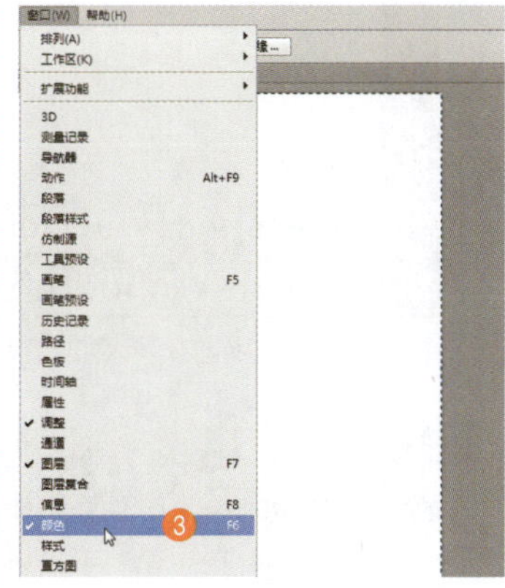

STEP 3 执行上述操作后，即可展开"颜色"面板，设置颜色为红色（RGB 参数值为 234、96、96）❹，按【Alt + Delete】组合键，即可为选区填充前景色❺。

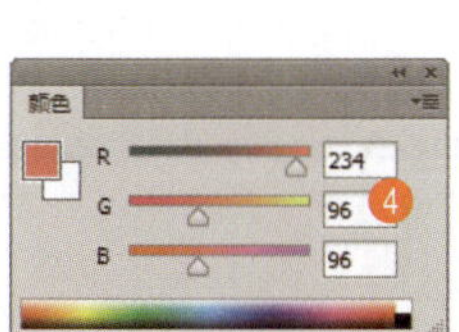

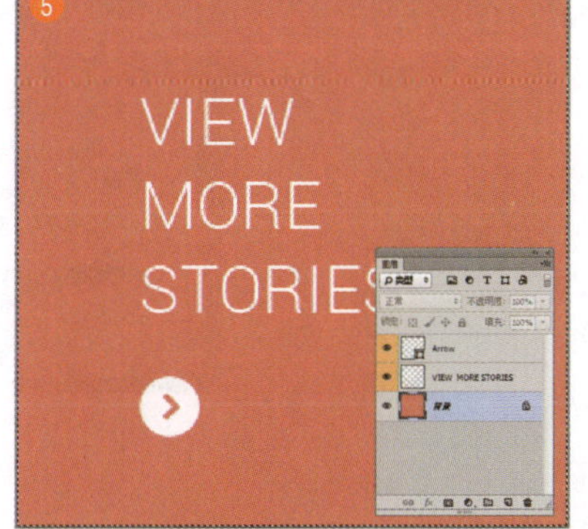

STEP 4 按【Ctrl + D】组合键，取消选区❻。

知识链接

除了运用上述方法填充颜色外，还有以下两种常用的方法。

- **快捷键1：** 按【Alt + Backspace】组合键填充前景色。
- **快捷键2：** 按【Ctrl + Backspace】组合键填充背景色。

219 使用"色板"面板设置移动 UI 图像颜色

"色板"面板中的颜色是系统预设的，用户可以直接在其中选取相应颜色而不用自己配置，还可以在"色板"调板中调整颜色。

选取工具箱中的魔棒工具，移动鼠标指针至图像编辑窗口中的合适位置，单击鼠标左键，创建一个选区。在菜单栏中单击"窗口" |"色板"命令，展开"色板"面板，移动鼠标指针至"色板"面板中，选择"纯青"色块。选取工具箱中的油漆桶工具，移动鼠标指针至选区中，单击鼠标左键，即可填充颜色，按【Ctrl + D】组合键，取消选区。

创建选区　　选择色块　　填充颜色

知识链接

油漆桶工具与“填充”命令非常相似，主要用于在图像或选区中填充颜色或图案，但油漆桶工具在填充前会对鼠标单击位置的颜色进行取样，从而常用于填充颜色相同或相似的图像区域。

220 使用“填充”命令填充移动 UI 图像颜色

在 Photoshop CC 中，用户可以运用“填充”命令对移动 UI 中的选区或图像填充颜色。单击“编辑”|“填充”命令，即可弹出“填充”对话框。

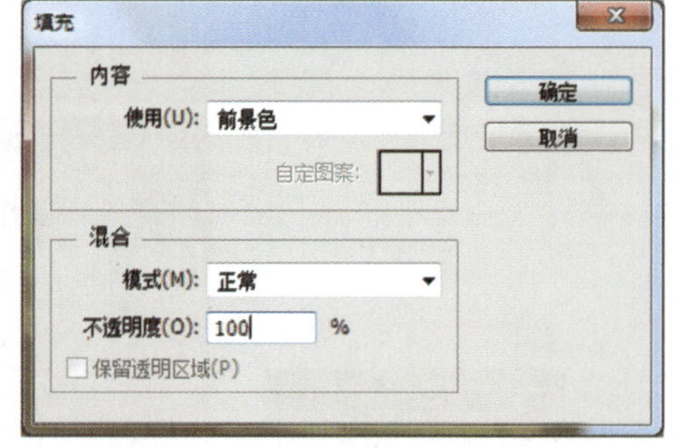

“填充”对话框

知识链接

“填充”对话框中各主要选项的含义如下。

- **使用：**在该列表框中可以选择7种填充类型，包括“前景色”“背景色”“颜色”等。
- **自定图案：**选择“使用”列表框中的“图案”选项，“自定图案”选项将呈可用状态，单击其右侧的下拉按钮，在弹出的图案面板中选择一种图案，进行图案填充。
- **混合：**用于设置填充模式和不透明度。
- **保留透明区域：**对图层进行颜色填充时，可以保留透明的部分不填充颜色，该复选框只有对透明的图层进行填充时才有效。

STEP 1 单击“文件”|“打开”命令，打开一幅素材图像①，选取工具箱中的魔棒工具，在图像编辑窗口中创建一个选区②。

STEP 2 单击背景色色块，弹出“拾色器（背景色）”对话框，设置 RGB 参数值分别为253、246、142③，单击“确定”按钮。

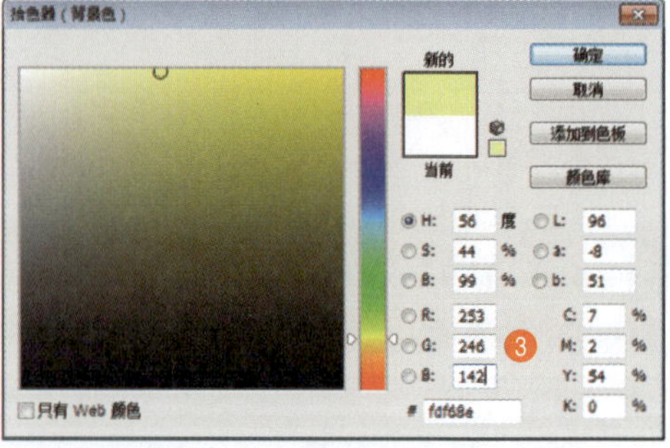

知识链接 通常情况下，在运用该命令进行填充操作前，需要创建一个合适的选区，若当前图像中不存在选区，则填充效果将作用于整幅图像内，此外该命令对“背景”图层无效。

STEP 3 单击“编辑”|“填充”命令④，弹出“填充”对话框，设置“使用”为“背景色”⑤。

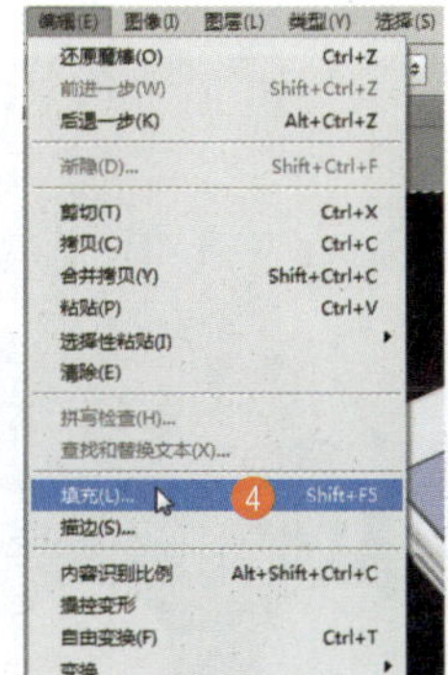

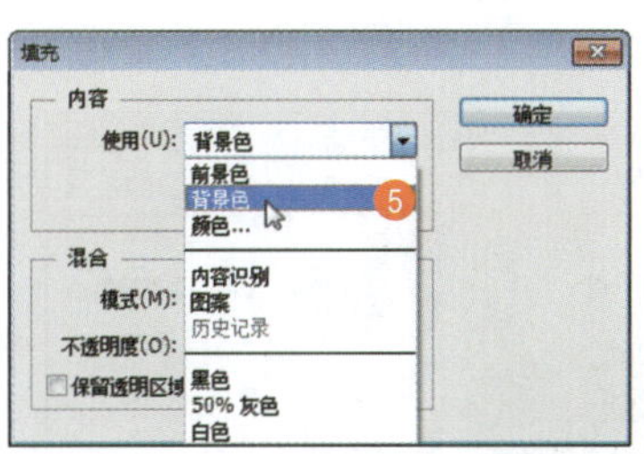

STEP 4 单击“确定”按钮，即可运用“填充”命令填充颜色，按【Ctrl＋D】组合键，取消选区⑥。

221 快捷菜单选项填充移动 UI 图像颜色

用户在编辑移动 UI 图像时，如果需要对当前图层或创建的选区填充颜色，可以使用快捷菜单来完成。

选取工具箱中的魔棒工具，移动鼠标指针至图像编辑窗口中，单击鼠标左键，创建选区。设置前景色为蓝色（RGB 参数值分别为 0、3、255），选取工具箱中的磁性套索工具，移动鼠标指针至图像编辑窗口中选区内，单击鼠标右键，在弹出的快捷菜单中选择“填充”选项。执行操作后，弹出“填充”对话框，在“使用”列表框中，选择“前景色”选项，单击“确定”按钮，即可填充前景色，按【Ctrl＋D】组合键，取消选区。

原图

创建选区

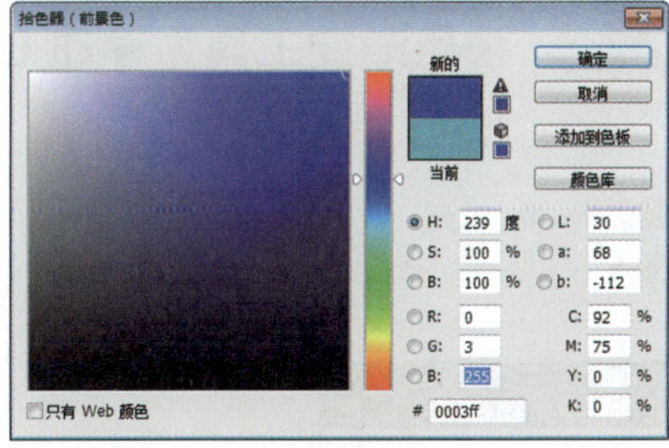

设置颜色为蓝色

选择“填充”选项

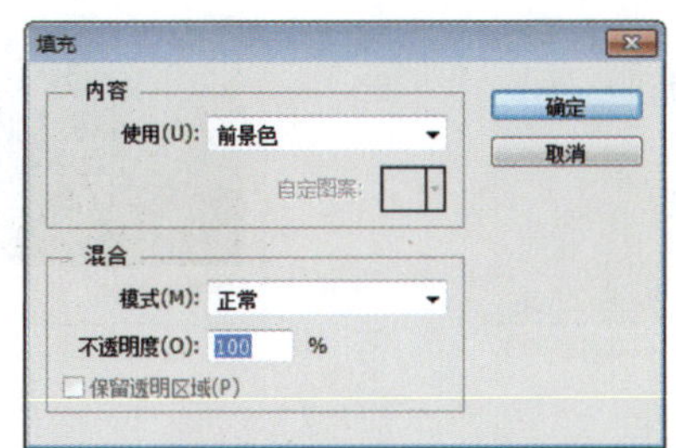

选择“前景色”选项

填充颜色

222 使用油漆桶工具填充移动 UI 图像颜色

使用油漆桶工具可以快速、便捷地为移动 UI 图像填充颜色，填充颜色以前景色为准。

选取工具箱中的魔棒工具，移动鼠标指针至图像编辑窗口中的合适位置，单击鼠标左键，创建一个选区。单击工具箱下方的“设置前景色”色块，弹出“拾色器（前景色）”对话框，设置前景色为浅黄色（RGB 参数值分别为 250、237、151），单击“确定”按钮。选取工具箱中油漆桶工具，移动鼠标指针至选区中，单击鼠标左键，即可为选区填充颜色，按【Ctrl＋D】组合键，取消选区。

创建选区

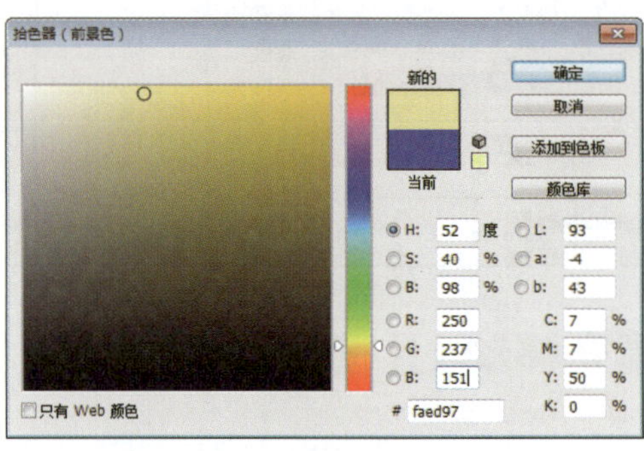

设置前景色参数

填充颜色

知识链接 油漆桶工具与“填充”命令非常相似，用于在图像或选区中填充颜色或图案，但油漆桶工具在填充前会对鼠标单击位置的颜色进行取样，从而常用于填充颜色相同或相似的图像区域。

223 使用渐变工具为移动 UI 图像填充双色

在 Photoshop CC 中，用户可以使用渐变工具对所选定的移动 UI 图像进行双色填充。

STEP 1 单击“文件”|“打开”命令，打开一幅素材图像①，在“图层”面板中选择“背景”图层②。

STEP 2 单击前景色色块，弹出“拾色器（前景色）”对话框，设置前景色为浅蓝色（RGB 参数值分别为 158、222、249）③，单击“确定”按钮。

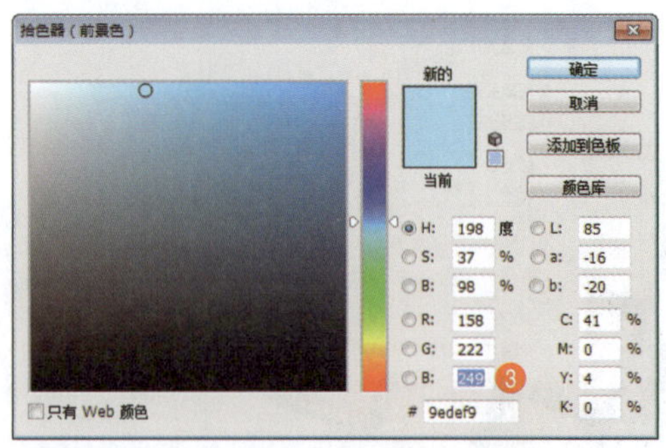

STEP 3 单击背景色色块，即可弹出“拾色器（背景色）”对话框，设置背景色为白色（RGB 参数值均为 255），单击“确定”按钮4。

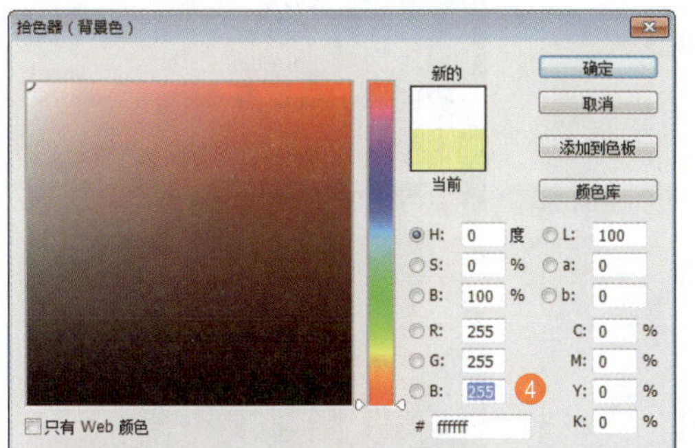

STEP 4 选取工具箱中的渐变工具5，在工具属性栏中单击“点按可编辑渐变”按钮6。

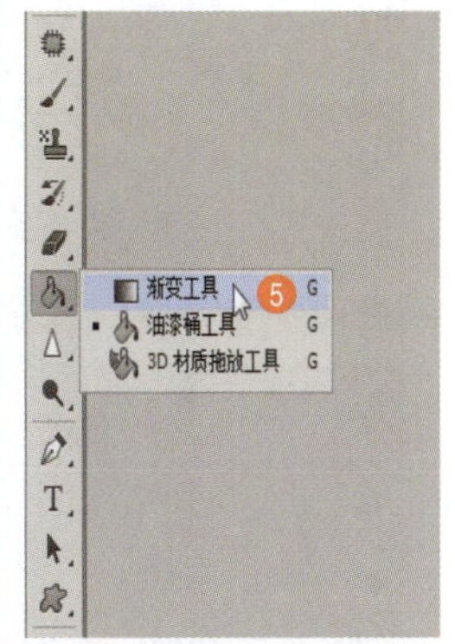

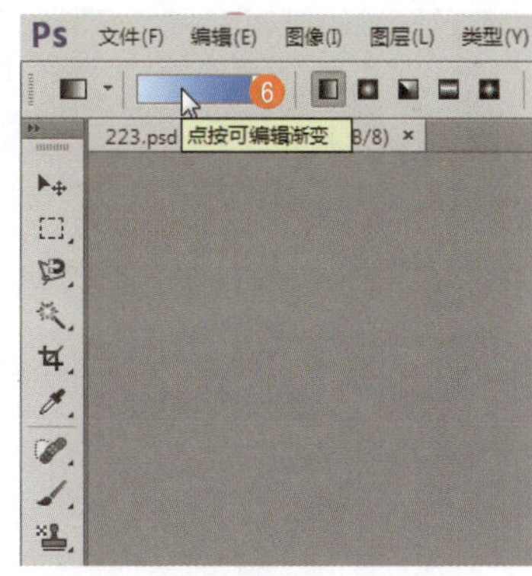

知识链接 运用渐变工具，可以对所选定的图像进行多种颜色的混合填充，从而达到增强图像的视觉效果。“渐变编辑器”中的“位置”文本框中显示标记点在渐变效果预览条的位置，用户可以输入数字来改变颜色标记点的位置，也可以直接拖曳渐变颜色带下端的颜色标记点。单击【Delete】键可将此颜色标记点删除。

STEP 5 弹出“渐变编辑器”对话框，在“预设”选项区中，选择“前景色到背景色渐变”色块7。

STEP 6 单击“确定”按钮，即可选中渐变颜色，将鼠标指针移动至图像编辑窗口的上方，按住【Shift】键的同时，按住鼠标左键并从上到下拖曳8，释放鼠标左键，即可填充渐变颜色9。

224 使用渐变工具为移动 UI 图像填充多色

在编辑移动 UI 图像时，用户可以根据需要，运用渐变工具创建多色图像，增强图像的视觉效果。

选取工具箱中的渐变工具，在工具属性栏中，单击“点按可编辑渐变”按钮，执行上述操作后，即可弹出“渐变编辑器”对话框。

原图

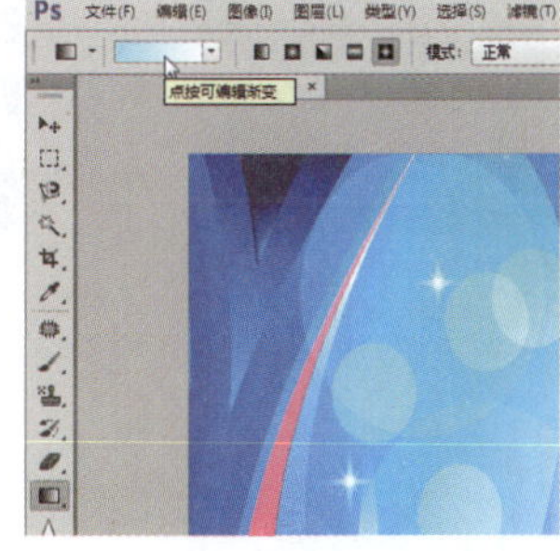

单击“点按可编辑渐变”按钮

“渐变编辑器”对话框

在"预设"选项区中，选择"透明彩虹渐变"色块，单击"确定"按钮，即可选中渐变颜色。在工具属性栏中，单击"径向渐变"按钮，移动鼠标指针至图像编辑窗口中的合适位置，按住鼠标左键并拖曳，释放鼠标左键，即可创建彩虹渐变。

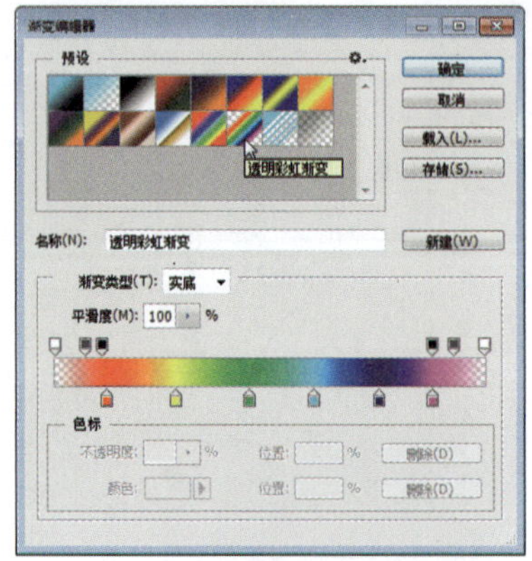
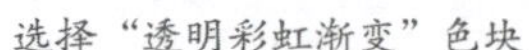
选择"透明彩虹渐变"色块

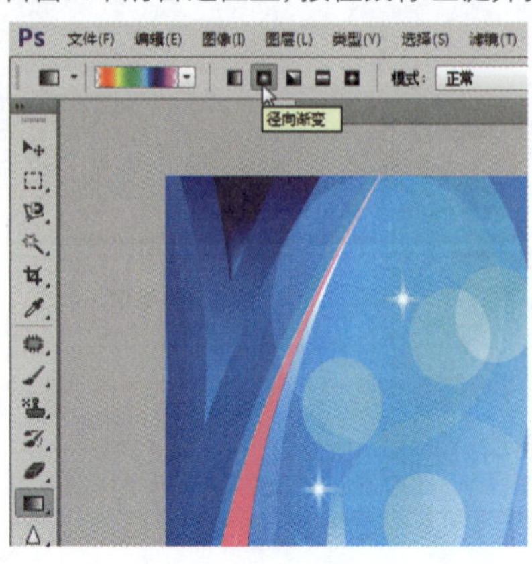
单击"径向渐变"按钮

创建彩虹渐变

知识链接 在"渐变编辑器"对话框的"预设"选项区中，前两个渐变色块是系统根据前景色和背景色自动设置的，若用户对当前的渐变色不满意，也可以在该对话框中通过渐变滑块对渐变色进行调整。

225 使用"填充"命令为移动 UI 图像填充图案

简单来说，填充操作可以分为无限制和有限制两种情况，前者就是当前无任何选区或路径的情况下执行的填充操作，此时将对整体移动 UI 图像进行填充；而后者则是通过设置适当的选区或路径来限制填充移动 UI 图像的范围。

使用"填充"命令不但可以填充颜色，还可以填充相应的图案，除了运用软件自带的图案外，用户还可以用选区定义填充图案。

STEP 1 单击"文件"|"打开"命令，打开一幅素材图像①，选取工具箱中的矩形选框工具②。

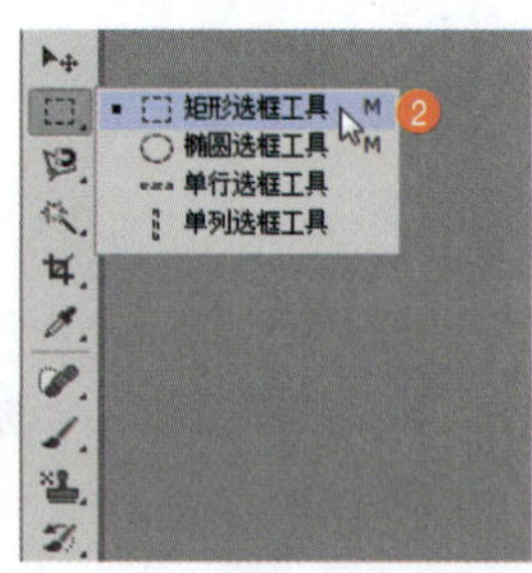

STEP 2 选择"图层 2"图层，移动鼠标指针至图像编辑窗口中的合适位置，创建一个矩形选区③。

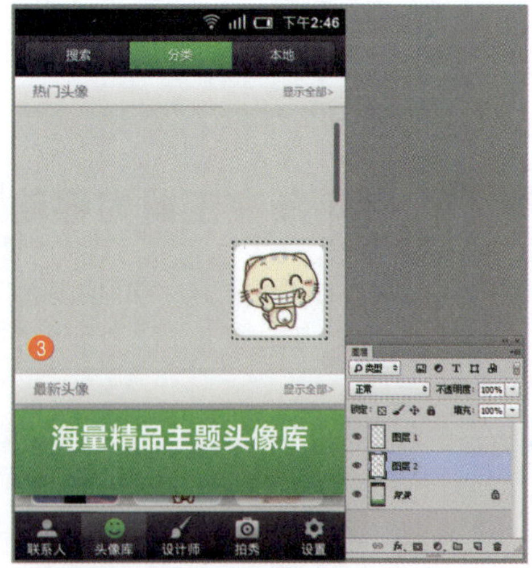

STEP 3 在菜单栏中单击“编辑”|“定义图案”命令④。

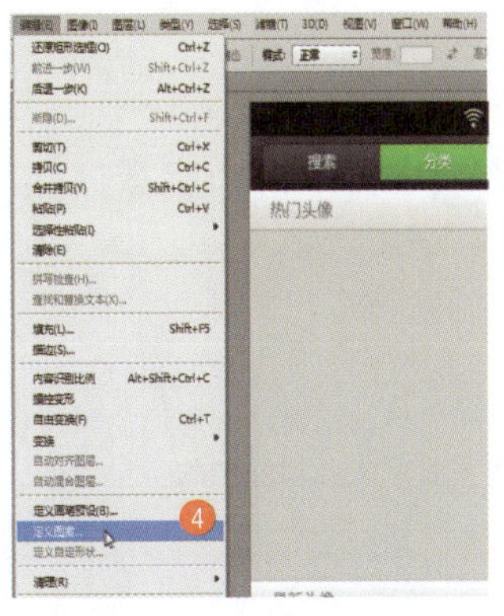

STEP 4 执行上述操作后，即可弹出“图案名称”对话框，在“名称”文本框中输入“头像”⑤，单击“确定”按钮，并取消选区⑥。

STEP 5 选择“背景”图层，选取工具箱中的矩形选框工具，移动鼠标指针至图像编辑窗口中的合适位置以创建选区⑦。

STEP 6 在菜单栏中单击“编辑”|“填充”命令⑧，弹出“填充”对话框，设置“使用”为“图案”选项⑨。

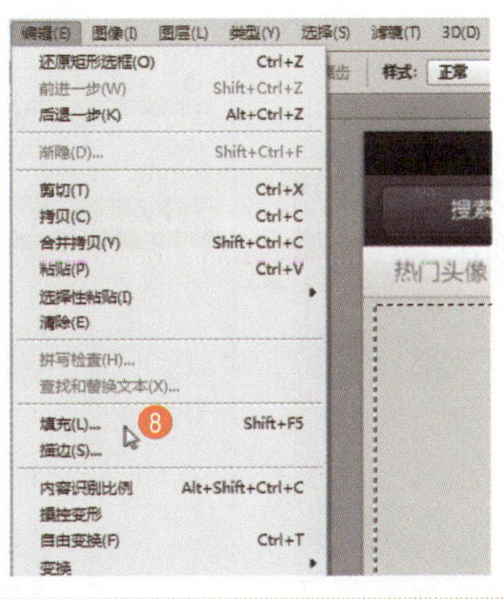

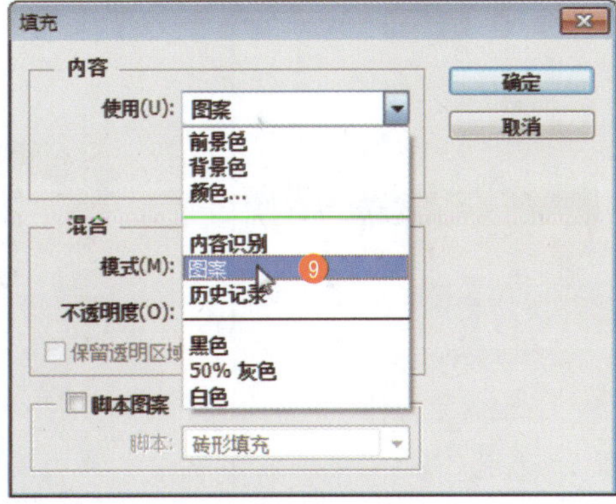

STEP 7 单击“自定图案”右边的“点按可打开‘图案’拾色器”按钮，弹出“‘图案’拾色器”列表框，选择“头像”图案⑩。

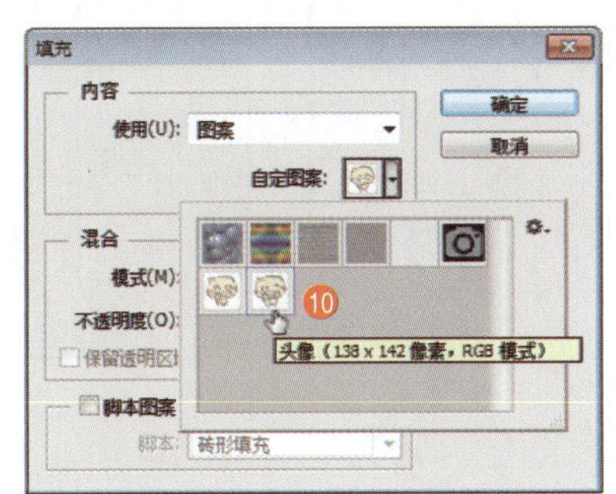

STEP 8 单击“确定”按钮，即可填充图案，并隐藏“图层 2”图层，按【Ctrl＋D】组合键，取消选区⑪。

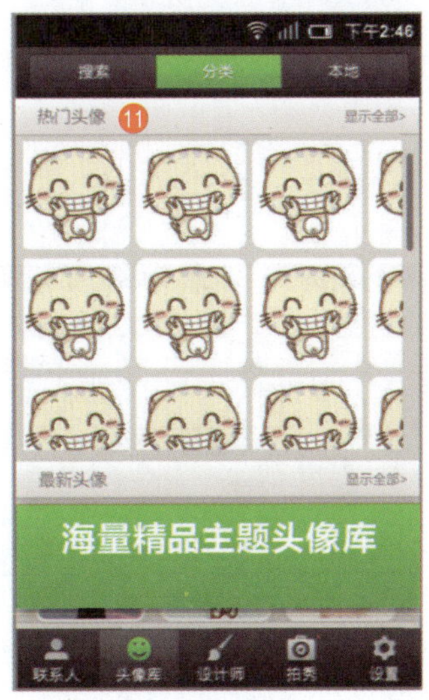

知识链接 除了运用上述方法可以填充图案外，按【Shift+F5】组合键也可以弹出“填充”对话框，通过相应设置即可对图像进行图案填充。

226 运用“填充”命令修复移动 UI 图像

“填充”对话框中的“内容识别”选项可以将内容自动填补，运用此功能可以删除移动 UI 图像中某个区域（例如不想要的物体），遗留的空白区域由 Photoshop 自动填补，即使是复杂的背景也同样可以识别填充。此功能也适用于填补相片四角的空白。

知识链接 颜色可以修饰移动UI图像，使图像的色彩显得更加绚丽多彩，不同的颜色能表达不同的感情和思想，正确地运用颜色能使黯淡的图像明亮，使毫无生气的图像充满活力。色彩的三要素为色相、饱和度和亮度，这3种要素以人类对颜色的感觉为基础，构成人类视觉中完整的颜色表相。

STEP 1 单击“文件”|“打开”命令，打开一幅素材图像①。

STEP 2 选取工具箱中的矩形选框工具②，在图像编辑窗口中创建选区③。

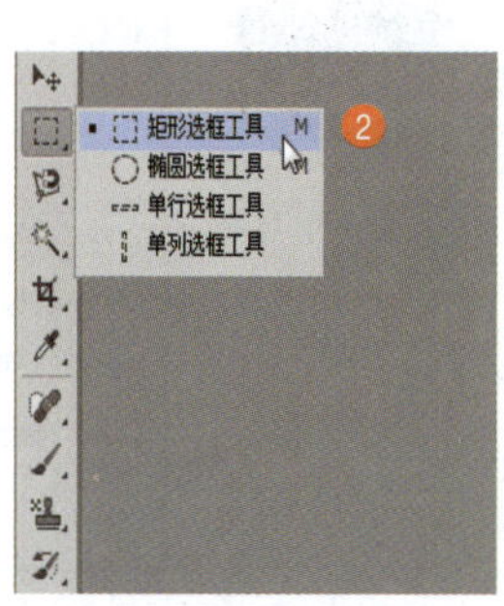

STEP 3 单击“编辑”|“填充”命令，弹出“填充”对话框，设置“使用”为“内容识别”④。

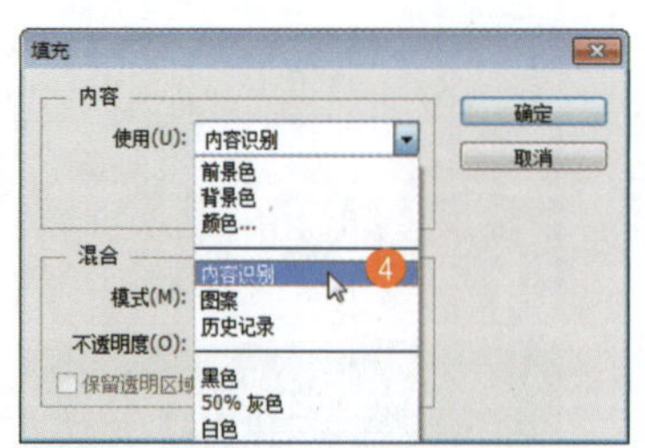

STEP 4 单击“确定”按钮，即可填充图像⑤，按【Ctrl+D】组合键，即可取消选区⑥。

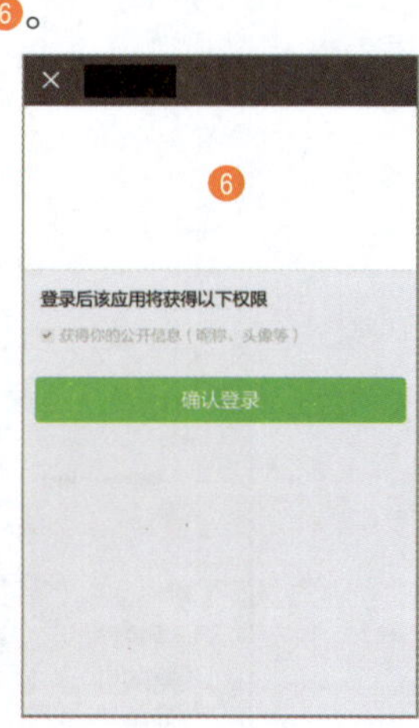

227 使用油漆桶工具填充移动 UI 图像颜色

用户利用工具箱中的油漆桶工具不仅可以快速对移动 UI 图像填充前景色，还可以快速的对图像填充图案。

选取工具箱中的魔棒工具，移动鼠标指针至图像编辑窗口中的合适位置，多次单击鼠标左键以创建选区。设置相应的前景色，选取工具箱中的油漆桶工具，移动鼠标指针至新建的图像编辑窗口中，多次单击鼠标左键，即可填充填充前景色。

创建选区

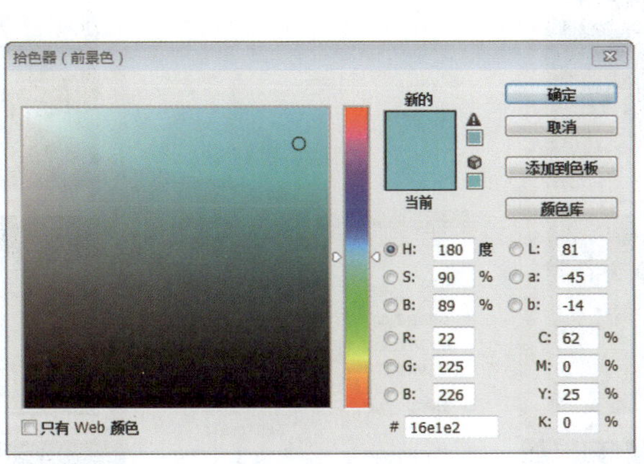

设置前景色参数

填充颜色

228 使用"自动色调"命令调整移动 UI 色调

"自动色调"命令是根据移动 UI 图像整体颜色的明暗程度进行自动调整，使得亮部与暗部的颜色按一定的比例分布。

单击"图像"|"自动色调"命令，即可自动调整移动 UI 图像明暗。

知识链接

除了运用"自动色调"命令调整移动UI图像色彩明暗外，还可以按【Shift＋Ctrl＋L】组合键，调整图像明暗。

原图

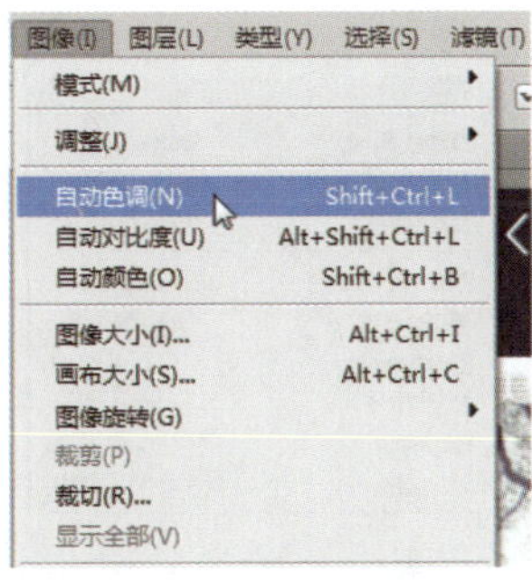

单击"自动色调"命令

调整图像明暗

229 使用“自动对比度”命令调整移动 UI 对比度

“自动对比度”命令可以自动调整移动 UI 图像颜色的总体对比度和混合颜色，它将图像中最亮和最暗的像素映射为白色和黑色。

单击“图像”|“自动对比度”命令，即可自动调整图像对比度。

原图

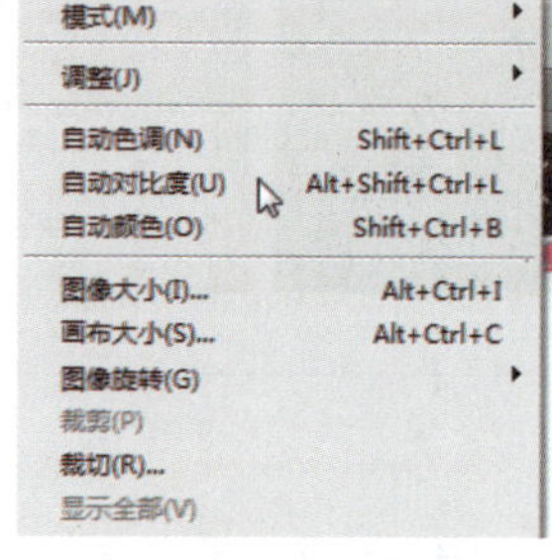

单击“自动对比度”命令

调整图像对比度

知识链接 除了运用上述命令可以自动调整图像色彩的对比度外，按【Alt＋Shift＋Ctrl＋L】组合键，也可以运用“自动对比度”调整图像对比度。

230 使用“自动颜色”命令调整移动 UI 颜色

使用“自动颜色”命令，可以自动识别移动 UI 图像中的实际阴影、中间调和高光，从而自动校正图像的颜色。单击“图像”|“自动颜色”命令，即可自动校正图像颜色。

原图

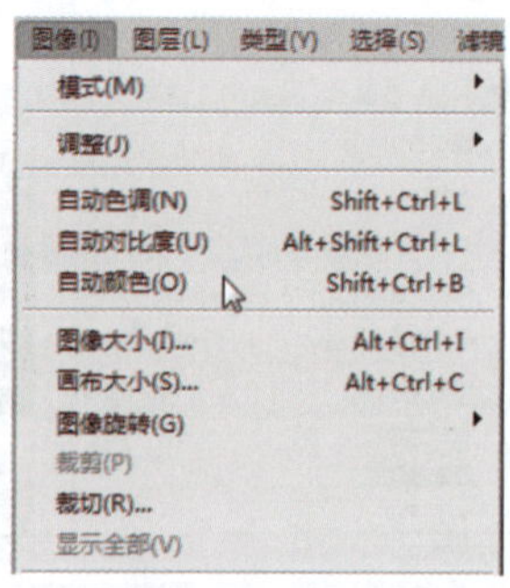

单击“自动颜色”命令

调整图像颜色

知识链接 除了运用上述命令可以自动调整图像颜色外，按【Shift＋Ctrl＋B】组合键，也可以运用“自动颜色”自动校正图像颜色。

231 查看移动 UI 图像的颜色分布

在移动 UI 设计中，色彩与色调的处理是非常重要的工作。因此，在开始进行移动 UI 图像的颜色校正之前，或者对图像做出编辑之后，都应分析图像的色阶状态和色阶的分布，以决定需要编辑的图像区域。

1.“信息”面板

“信息”面板在没有进行任何操作时，它会显示鼠标指针所处位置的颜色值、文档的状态、当前工具的使用提示等信息，如果执行了操作，面板中就会显示与当前操作有关的各种信息。在 Photoshop CC 中，单击“窗口”|“信息”命令，或按【F8】键，将弹出“信息”面板。

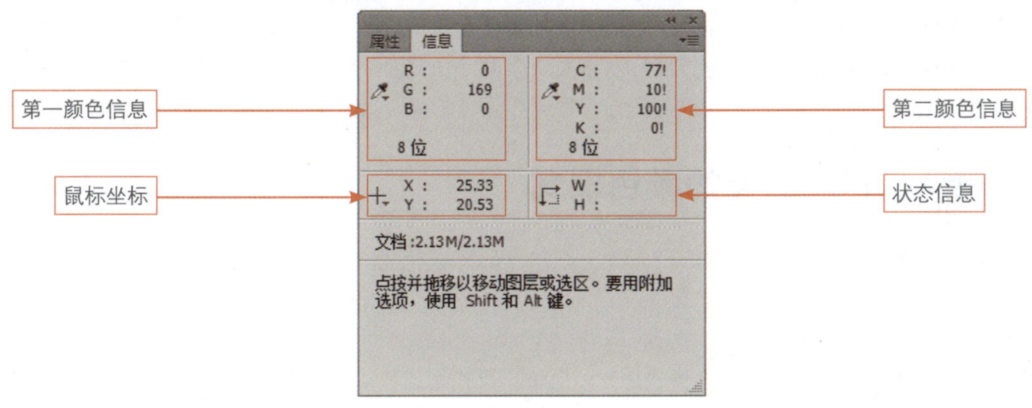

“信息”面板

“信息”面板中各选项的主要含义如下。

- **第一颜色信息：**在该选项的下拉列表中可以设置“信息”面板中第一个吸管显示的颜色信息。选择“实际颜色”选项，可以显示图像当前颜色模式下的值；选择“校样颜色”选项可以显示图像的输出颜色空间的值；选择“灰度”“RGB 颜色”“CMYK 颜色”等颜色模式，可以显示相应颜色模式下的颜色值；选择“油墨总量”选项，可以显示指针当前位置的所有 CMYK 油墨的总百分比；选择“不透明度”选项，可以显示当前图层的不透明度，该选项不适用于背景。
- **鼠标坐标：**用来设置鼠标指针位置的测量单位。
- **第二颜色信息：**用来设置“信息”面板中第二个吸管显示的颜色信息。
- **状态信息：**用来设置“信息”面板中“状态信息”处的显示内容。

2.“直方图”面板

直方图是一种统计图形，它由来已久，在图像领域的应用非常广泛。Photoshop CC 的“直方图”面板用图像方式表示了图像的每个亮度级别的像素数量，展现了像素在图像中的分布情况。通过观察直方图，可以快速判断出照片的阴影、中间调和高光中包含的细节是否充足，以便对其做出正确的调整。在 Photoshop CC 中，单击“窗口”|“直方图”命令，将弹出“直方图”面板。

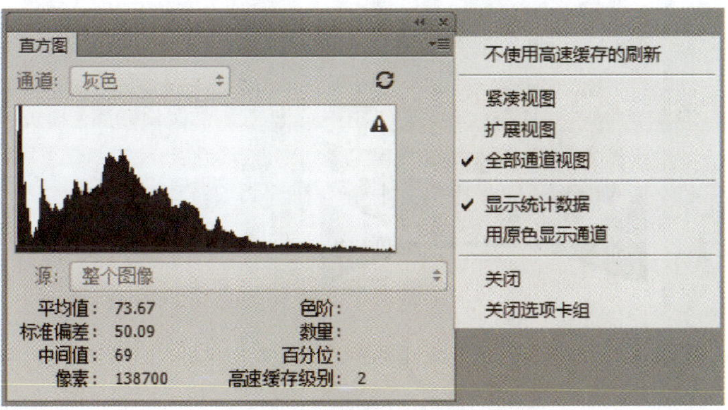

“直方图”面板

“直方图”面板中各选项的主要含义如下。

● **通道：**在列表框中选择一个通道（包括颜色通道、Alpha 通道和专色通道）以后，面板中会显示该通道的直方图；选择"明度"选项，则可以显示复合通道的亮度或强度值；选择"颜色"选项，可以显示颜色中单个颜色通道的复合直方图。

● **平均值：**显示了像素的平均亮度值（0 ~ 255 的平均亮度），通过观察该值，可以判断出图像的色调类型。

● **标准偏差：**该数值显示了亮度值的变化范围，若该值越高，说明图像的亮度变化越剧烈。

● **中间值：**显示了亮度值范围内的中间值，图像的色调越亮，它的中间值就越高。

● **像素：**显示了用于计算直方图的像素总数。

● **色阶：**显示了鼠标指针下面区域的亮度级别。

● **数量：**显示了鼠标指针下面亮度级别的像素总数。

● **百分位：**显示了鼠标指针所指的级别或该级别以下的像素累计数，如果对全部色阶范围进行取样，该值为 100，对部分色阶取样时，显示的是取样部分。

● **不使用高速缓存的刷新：**单击该按钮可以刷新直方图，显示当前状态下最新的统计结果。

● **面板的显示方式：**"直方图"面板的快捷菜单中包含切换面板显示方式的命令。"紧凑视图"是默认显示方式，它显示的是不带统计数据或控件的直方图；"扩展视图"显示的是带统计数据和控件的直方图；"全部通道视图"显示的是带有统计数据和控件的直方图，同时还显示每一个通道的单个直方图。

232 转换移动 UI 图像的颜色模式

转换移动 UI 图像的颜色模式。下面对 RGB 模式、CMYK 模式、灰度模式和多通道模式这 4 种主要模式的转换方法进行介绍。

1. 转换图像为 RGB 模式

RGB 颜色模式是目前应用最广泛的颜色模式之一，用 RGB 模式处理移动 UI 图像比较方便，且存储文件较小。RGB 模式为彩色图像中每个像素的 RGB 分量指定一个介于 0（黑色）~ 255（白色）的强度值。

当所有参数值均为 255 时，得到的颜色为纯白色。

当所有参数值均为 0 时，得到的颜色为纯黑色。

在 Photoshop CC 中，用户可以根据需要，转换移动 UI 图像为 RGB 颜色模式。单击"图像"|"模式"|"RGB 颜色"命令，下图所示为转换图像为 RGB 颜色模式前后的对比效果。

图像转换为RGB模式前后的对比效果

2. 转换图像为 CMYK 模式

CMYK 模式又称为“印刷四分色”模式，它是彩色印刷时常常采用的一种套色模式，主要是利用色料的三原色混色原理，然后加上黑色油墨来调整明暗，共计 4 种颜色混合叠加。只要是在印刷品上看到的移动 UI 图像，就是通过 CMYK 模式来表现的。

STEP 1 单击“文件”|“打开”命令，打开一幅素材图像①。

STEP 2 在菜单栏中单击“图像”|“模式”|“CMYK 颜色”命令，弹出信息提示框，单击“确定”按钮②，即可将图像转换为 CMYK 模式③。

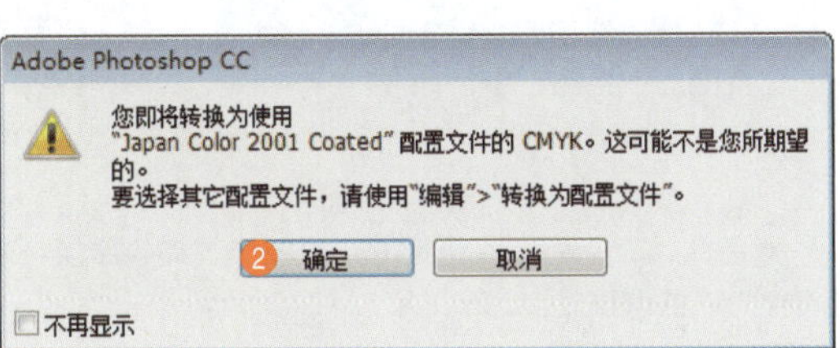

知识链接：一幅彩色图像不能多次在RGB与CMYK模式之间转换，因为每一次转换都会损失图像颜色质量。

3. 转换图像为灰度模式

灰度模式的移动 UI 图像不包含颜色，其中的每个像素都有一个 0（黑色）~ 255（白色）的亮度值。

在 Photoshop CC 中，当用户需要将移动 UI 图像转换为灰度模式时，可以单击菜单栏中的“图像”|“模式”|“灰度”命令，弹出信息提示框，单击“扔掉”按钮，即可将图像转换为灰度模式。

原图

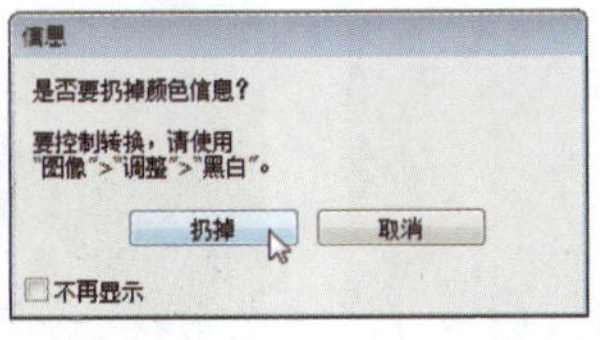

信息提示框

图像转换为灰度模式

4. 转换图像为多通道模式

多通道模式与 CMYK 模式类似，同样也是一种减色模式。将 RGB 图像转换为多通道模式后，可以得到青色、洋红和黄色通道这 3 个专色通道，由于专色通道的不同特性以及多通道模式区别于其他通道的特点，可以组合出各种不同的特殊效果。此外，在 RGB、CMYK、Lab 模式中，如果删除某个颜色通道，图像就会自动转换为多通道模式。

在 Photoshop CC 中，用户可以根据需要，转换移动 UI 图像多通道模式，只要单击“图像”|“模式”|“多通道”命令即可。

原图

转换图像为多通道模式效果

知识链接

双色模式通过1～4种自定油墨创建单色调、双色调、三色调和四色调的灰度图像，如果希望将彩色图像模式转换为双色调模式，则必须先将图像转换为灰度模式，再转换为双色调模式。

233 识别移动 UI 图像色域范围外的颜色

在移动 UI 图像设计中，获得一张好的扫描图像是所有工作的良好开端，因此在扫描素材前，很有必要对素材图像进行识别色域范围的操作，更宽广的色域范围可以获得更加多姿多彩的源素材图像。

1. 预览 RGB 颜色模式里的 CMYK 颜色

运用“校样颜色”命令，可以不用将移动 UI 图像转换为 CMYK 颜色模式就可看到转换之后的效果。

在 Photoshop CC 中，用户可以根据需要，预览 RGB 颜色模式里的 CMYK 颜色，单击“视图”|“校样颜色”命令，即可预览 RGB 颜色模式里的 CMYK 颜色。

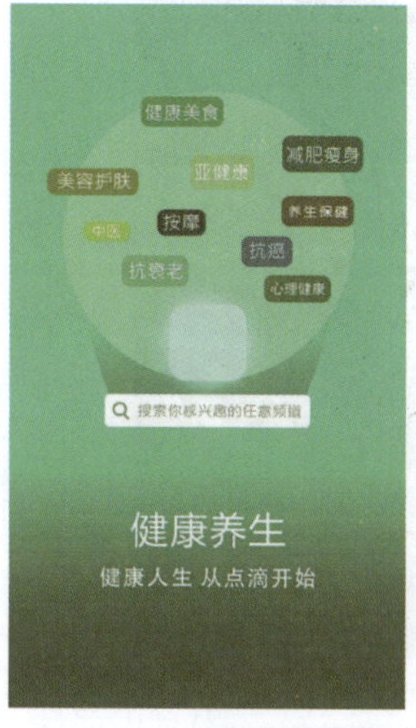

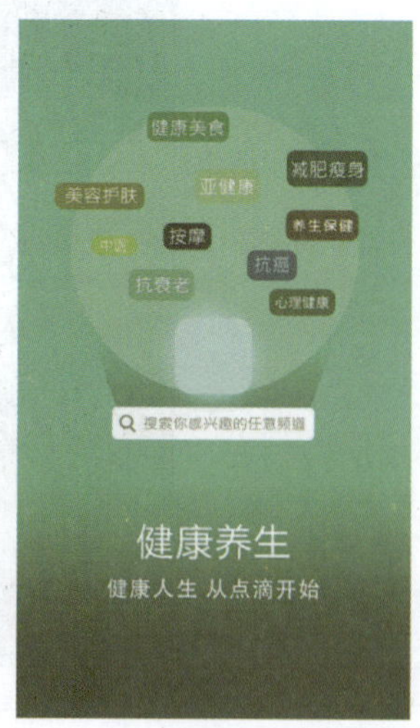

预览RGB颜色模式里的CMYK颜色

2. 识别图像色域外的颜色

色域范围是指颜色系统可以显示或打印的颜色范围。用户可以在将移动 UI 图像转换为 CMYK 模式之前，先识别出图像中的溢色部分，并手动进行校正。

在 Photoshop CC 中，使用“色域警告”命令即可高亮显示溢色。单击“视图”|“色域警告”命令，即可识别图像色域外的颜色。

识别图像色域外的颜色

234 使用“色阶”命令调整移动 UI 图像亮度范围

“色阶”命令是将每个通道中最亮和最暗的像素定义为白色和黑色，按比例重新分配中间像素值，从而校正图像的色调范围和色彩平衡。

STEP 1 单击“文件”|“打开”命令，打开一幅素材图像①，选择“图层 1”图层②。

STEP 2 在菜单栏中单击“图像”|“调整”|“色阶”命令③。

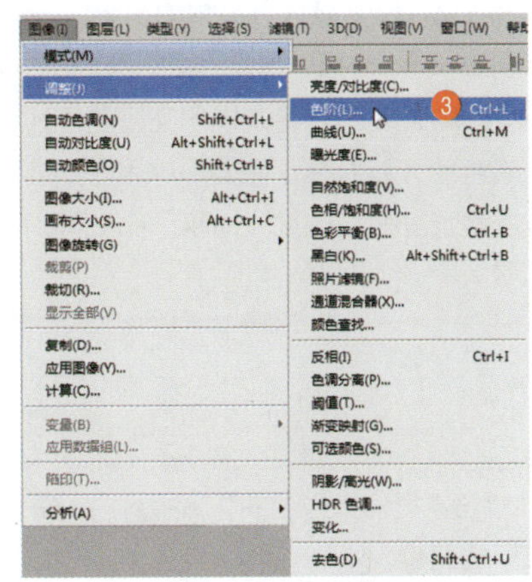

STEP 3 弹出“色阶”对话框，设置“输入色阶”为 11、1.12、250 ④。

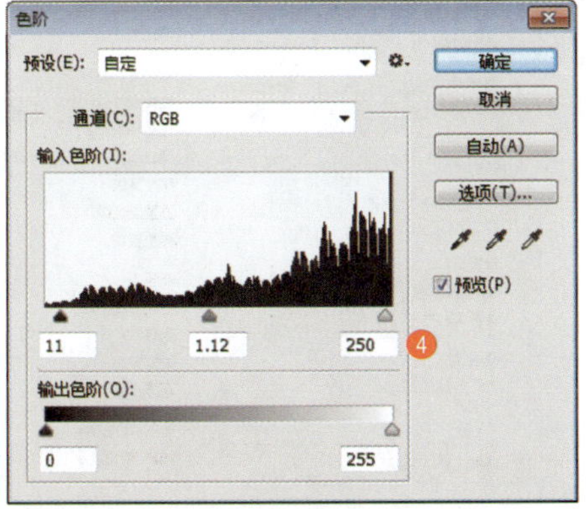

STEP 4 单击“确定”按钮，即可调整图像亮度⑤。

知识链接

“色阶”对话框各选项含义如下。

- **预设：** 在“选择预设选项”列表框中，选择“存储预设”选项，可以将当前的调整参数保存为一个预设的文件。
- **通道：** 可以选择一个通道进行调整，调整通道会影响图像的颜色。
- **自动：** 单击该按钮，可以应用自动颜色校正，Photoshop会以0.5%的比例自动调整图像色阶，使图像的亮度分布更加均匀。
- **选项：** 单击该按钮，可以打开“自动颜色校正选项”对话框，在该对话框中可以设置黑色像素和白色像素的比例。
- **在图像中取样以设置白场：** 使用该工具在图像中单击，可以将单击点的像素调整为白色，原图中比该点亮度值高的像素也都会变为白色。
- **输入色阶：** 用来调整图像的阴影、中间调和高光区域。
- **在图像中取样以设置灰场：** 使用该工具在图像中单击，可以根据单击点像素的亮度来调整其他中间色调的平均亮度，通常用来校正色偏。
- **在图像中取样以设置黑场：** 使用该工具在图像中单击，可以讲单击点的像素调整为黑色，原图中比该点暗的像素也变为黑色。
- **输出色阶：** 可以限制图像的亮度范围，从而降低对比度，使图像呈现褪色效果。

235 使用“亮度 / 对比度”命令调整移动 UI 图像色彩

在移动 UI 设计中，图像的亮度（Value，缩写为 V，又称为明度）是指图像中颜色的明暗程度，通常使用 0% ~ 100% 的百分比来度量。在正常强度的光线照射下的色相，被定义为标准色相，亮度高于标准色相的，称为该色相的高光，反之称为该色相的阴影。

在移动 UI 设计中，不同亮度的颜色给人的视觉感受各不相同，高亮度颜色给人以明亮、纯净、唯美等感觉。中亮度颜色给人以朴素、稳重、亲和的感觉。低亮度颜色则让人感觉压抑、沉重、神秘。

高亮度图像

低亮度图像

STEP 1 单击“文件”|“打开”命令，打开一幅素材图像①，选择“图层 1”图层②。

STEP 2 在菜单栏中单击“图像”|“调整”|“亮度 / 对比度”命令③。

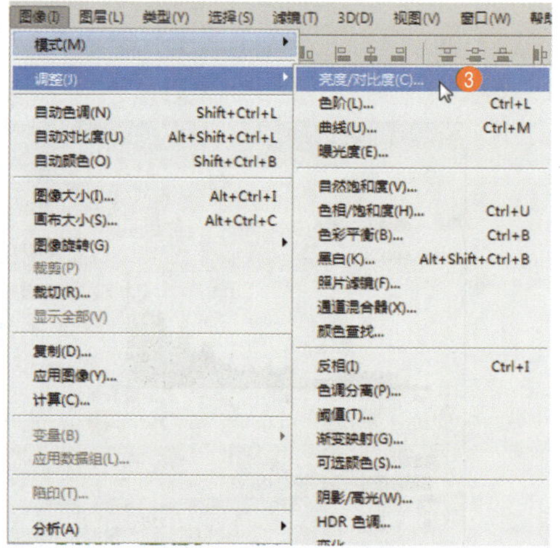

STEP 3 弹出“亮度 / 对比度”对话框，设置“亮度”为 20、“对比度”为 12④。

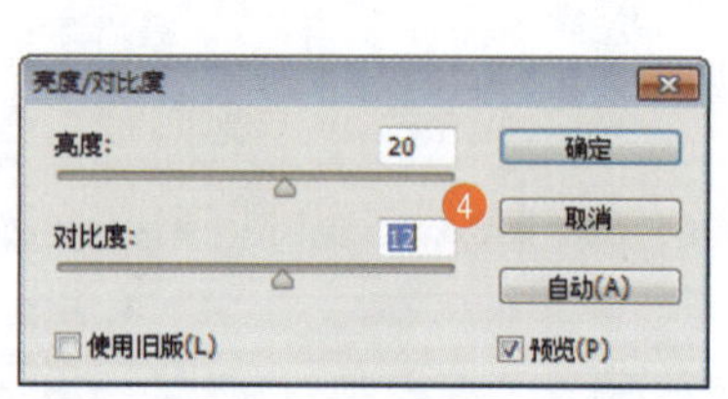

STEP 4 单击“确定”按钮，即可调整图像亮度对比度⑤。

"亮度/对比度"对话框各选项含义如下。

- **亮度：** 用于调整图像的亮度。该值为正时增加图像亮度，为负时降低亮度。
- **对比度：** 用于调整图像的对比度。正值时增加图像对比度，负值时降低对比度。

236 使用"曲线"命令调整移动 UI 图像整体色调

"曲线"命令调节曲线的方式，可以对移动 UI 图像的亮调、中间调和暗调进行适当调整，而且只对某一范围的图像进行色调的调整。

知识链接

"曲线"对话框各选项含义如下。

- **预设：** 包含了Photoshop提供的各种预设调整文件，可以用于调整图像。
- **通道：** 在其列表框中可以选择要调整的通道，调整通道会改变图像的颜色。
- **编辑点以修改曲线：** 该按钮为选中状态，此时在曲线中单击可以添加新的控制点，拖动控制点改变曲线形状即可调整图像。
- **通过绘制来修改曲线：** 单击该按钮后，可以绘制手绘效果的自由曲线。
- **输出/输入：** "输入"色阶显示了调整前的像素值，"输出"色阶显示了调整后的像素值。
- **在图像上单击并拖动可以修改曲线：** 单击该按钮后，将鼠标指针放在图像上，曲线上会出现一个圆形图形，它代表鼠标指针处的色调在曲线上的位置，在画面中单击并拖动鼠标可以添加控制点并调整相应的色调。
- **平滑：** 使用铅笔绘制曲线后，单击该按钮，可以对曲线进行平滑处理。
- **自动：** 单击该按钮，可以对图像应用"自动颜色""自动对比度"或"自动色调"校正。具体校正内容取决于"自动颜色校正选项"对话框中的设置。
- **选项：** 单击该按钮，可以打开"自动颜色校正选项"对话框。自动颜色校正选项用来控制由"色阶"和"曲线"中的"自动颜色""自动色调""自动对比度"和"自动"选项应用的色调和颜色校正。它允许指定"阴影"和"高光"剪切百分比，并为阴影、中间调和高光指定颜色值。

STEP 1 单击"文件"|"打开"命令，打开一幅素材图像❶。

STEP 2 选择"图层 1"图层，在菜单栏中单击"图像"|"调整"|"曲线"命令，弹出"曲线"对话框，在网格中单击鼠标左键，建立曲线编辑点，设置"输出"和"输入"的参数值分别为 150、125❷，单击"确定"按钮，即可调整图像色调❸。

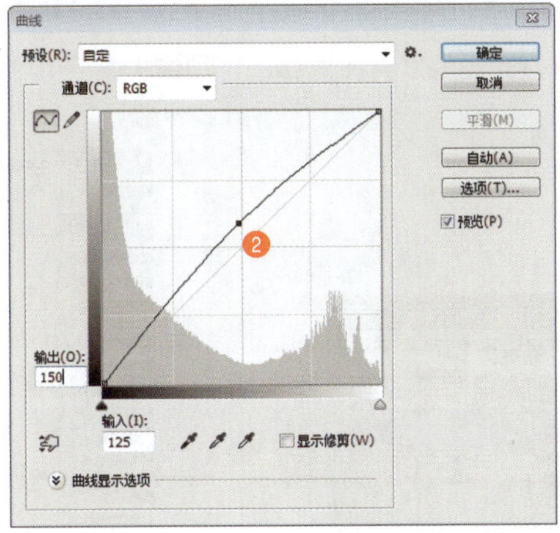

237 使用"曝光度"命令调整移动 UI 图像曝光

有些移动 UI 的素材图像因为曝光过度而导致图像偏白，或因为曝光不足而导致图像偏暗，可以使用"曝光度"命令调整图像的曝光度。

在菜单栏中单击“图像”|“调整”|“曝光度”命令，弹出“曝光度”对话框，设置“曝光度”为2，单击“确定”按钮，即可调整图像曝光度。

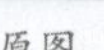

原图

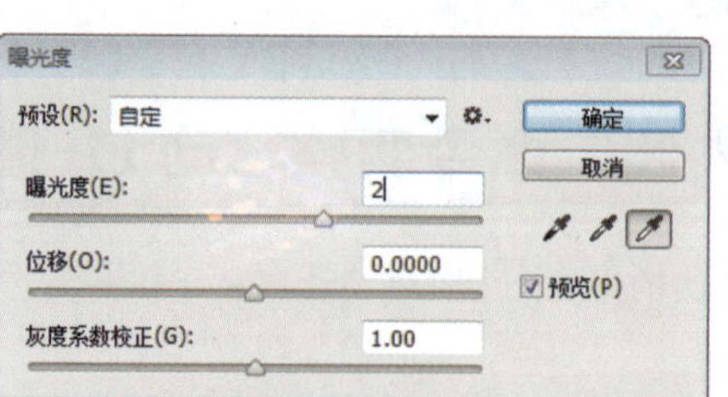

“曝光度”对话框

调整图像曝光度

知识链接

“曝光度”对话框各选项含义如下。

- **预设：** 可以选择一个预设的曝光度调整文件。
- **曝光度：** 调整色调范围的高光端，对极限阴影的影响很轻微。
- **位移：** 使阴影和中间调变暗，对高光的影响很轻微。
- **灰度系数校正：** 使用简单乘方函数调整图像灰度系数，负值会被视为它们的相应正值。

238 使用“自然饱和度”命令调整移动 UI 饱和度

图像的饱和度（Chroma，缩写为 C，又称为彩度）是指颜色的强度或纯度，它表示色相中颜色本身色素分量所占的比例，使用从 0% ~ 100% 的百分比来度量。在标准色轮上，饱和度从中心到边缘逐渐递增，颜色的饱和度越高，其鲜艳程度也就越高。反之，颜色则因包含其他颜色而显得陈旧或混浊。

在移动 UI 设计中，不同饱和度的颜色会给人带来不同的视觉感受，高饱和度的颜色给人以积极、冲动、活泼、和喜庆的感觉。低饱和度的颜色给人以消极、无力、安静、沉稳和厚重的感觉。

LOGIN

高饱和度图像

LOGIN

低饱和度图像

“自然饱和度”命令可以调整整幅移动 UI 图像或单个颜色分量的饱和度和亮度值。

STEP 1 单击“文件”|“打开”命令，打开一幅素材图像❶，选择“图层 1”图层❷。

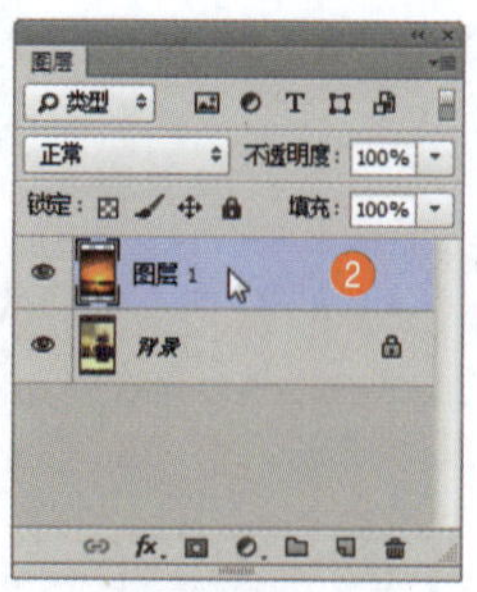

STEP 2 在菜单栏中单击“图像”|“调整”|“自然饱和度”命令❸。

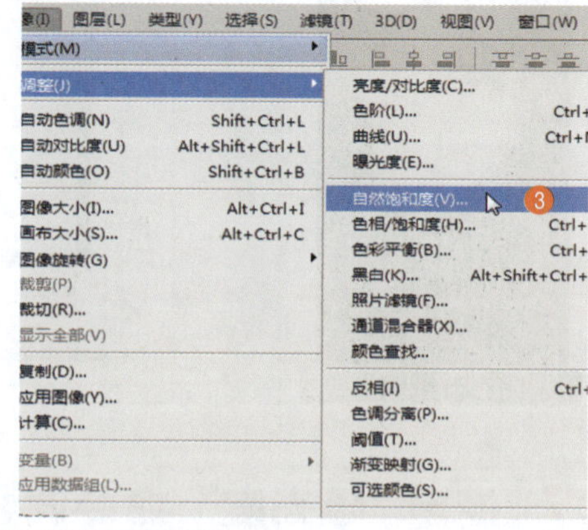

STEP 3 执行上述操作后，即可弹出“自然饱和度”对话框，设置“自然饱和度”为 50、“饱和度”为 20 4。

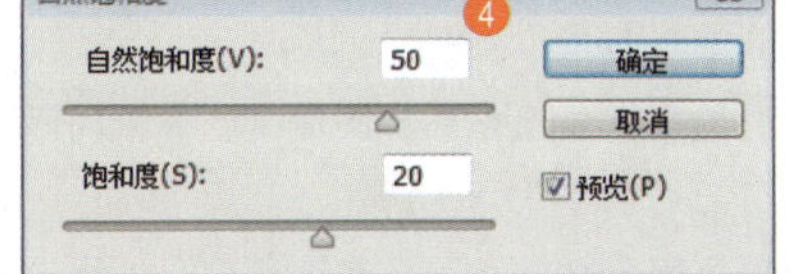

STEP 4 单击“确定”按钮，即可调整图像的饱和度5。

知识链接

“自然饱和度”对话框各选项含义如下。

- **自然饱和度：**在颜色接近最大饱和度时，最大限度地减少修剪，可以防止过度饱和。
- **饱和度：**用于调整所有颜色，而不考虑当前的饱和度。

239 使用“色相 / 饱和度”命令调整移动 UI 色相

在设计移动 UI 图像时，首先应了解图像的色相属性。色相（Hue，缩写为 H）是色彩三要素之一，即色彩相貌，也就是每种颜色的固有颜色表相，是每种颜色相互区别的最显著特征。

色相是色彩的首要特征，是区别各种不同色彩的最准确的标准。在通常的使用中，颜色的名称就是根据其色相来决定的，例如红色、橙色、蓝色、黄色和绿色。赤（红）、橙、黄、绿、青、蓝和紫是 7 种最基本的色相，将这些色相相互混合可以产生许多不同色相的颜色。色轮是研究颜色相加混合的颜色表，通过色轮可以展现各种色相之间的关系。

除了以颜色固有的色相来命名颜色外，还经常以植物所具有的颜色命名（如青绿色）、动物所具有的颜色命名（如鸽子灰色）以及颜色的深浅和明暗命名（如鹅黄色）。

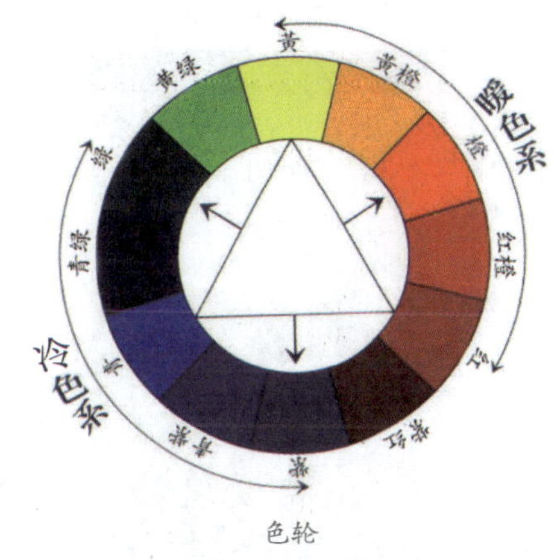

色轮

在 Photoshop CC 中，“色相 / 饱和度”命令可以调整整幅移动 UI 图像或单个颜色分量的色相、饱和度和亮度值，还可以同步调整图像中所有的颜色。

STEP 1 单击“文件”|“打开”命令，打开一幅素材图像1。

STEP 2 在菜单栏中单击“图像”|“调整”|“色相 / 饱和度”命令2。

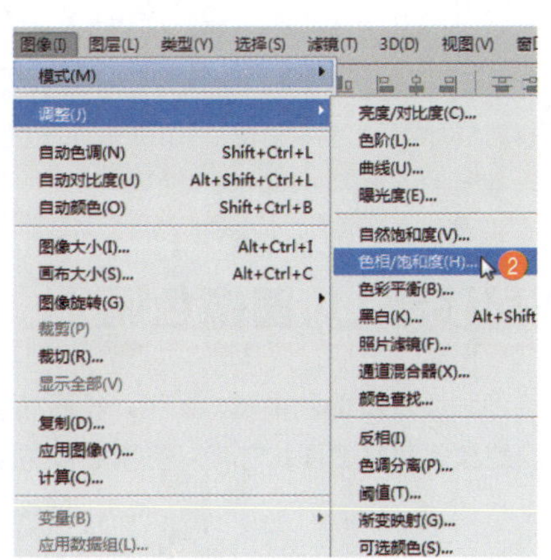

STEP 3 执行上述操作后，即可弹出“色相 / 饱和度”对话框，设置“色相”为 25 3。

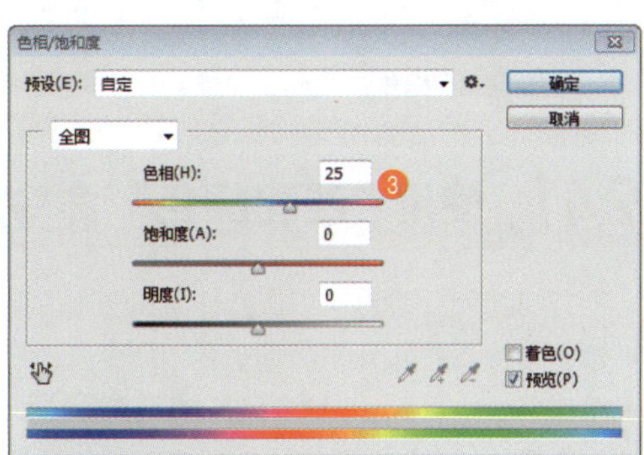

STEP 4 单击“确定”按钮，即可调整图像色相④。

知识链接

“色相/饱和度”对话框各选项含义如下。

- **预设：**在“预设”列表框中提供了8种色相/饱和度预设。
- **通道：**在“通道”列表框中可以选择全图、红色、黄色、绿色、青色、蓝色和洋红通道，进行色相、饱和度和明度的参数调整。
- **着色：**选中该复选框后，图像会整体偏向于单一的红色调。
- **在图像上单击并拖动可修改饱和度：**使用该工具在图像上单击设置取样点以后，向右拖曳鼠标可以增加图像的饱和度；向左拖曳鼠标可以降低图像的饱和度。

240 使用“色彩平衡”命令调整移动 UI 图像偏色

“色彩平衡”命令通过增加或减少处于高光、中间调及阴影区域中的特定颜色，可以改变移动 UI 图像的整体色调。

在菜单栏中单击“图像”|“调整”|“色彩平衡”命令，弹出“色彩平衡”对话框，设置参数值，单击“确定”按钮，即可调整图像偏色。

原图

设置各参数

效果

知识链接

按【Ctrl +B】组合键，也可以弹出“色彩平衡”对话框。“色彩平衡”对话框各选项含义如下。

- **色彩平衡：**分别显示了青色和红色、洋红和绿色、黄色和蓝色这3对互补的颜色，每一对颜色中间的滑块用于控制各主要色彩的增减。
- **色调平衡：**分别选中该区域中的3个单选按钮，可以调整图像颜色的最暗处、中间度和最亮度。
- **保持明度：**选中该复选框，图像像素的亮度值不变，只有颜色值发生变化。

241 使用“匹配颜色”命令匹配移动 UI 图像色调

“匹配颜色”命令可以调整移动 UI 图像的明度、饱和度以及颜色平衡，还可以将两幅色调不同的图像自动调整统一成一个协调的色调。“匹配颜色”命令是一个智能的颜色调整工具。它可以使原图像与目标图像的亮度、色相和饱和度进行统一，不过该命令只在 RGB 模式下才可用。

在菜单栏中单击“图像”|“调整”|“匹配颜色”命令，即可弹出“匹配颜色”对话框，设置相应的“源”选项，单击“确定”按钮，即可匹配图像色调。

知识链接

"匹配颜色"对话框各选项含义如下。

- **目标：** 该选项区显示要修改的图像的名称以及颜色模式。
- **应用调整时忽略选区：** 如果目标图像中存在选区，选中该复选框，Photoshop将忽视选区的存在，会将调整应用到整个图像。
- **图像选项：** "明亮度"选项用来调整图像匹配的明亮程度；"颜色强度"选项相当于图像的饱和度，因此它用来调整图像的饱和度；"渐隐"选项有点类似于图层蒙版，它决定了有多少源图像的颜色匹配到目标图像的颜色中；"中和"选项主要用来去除图像中的偏色现象。
- **图像统计：** "使用源选区计算颜色"选项可以使用源图像中的选区图像的颜色来计算匹配颜色；"使用目标选区计算调整"选项可以使用目标图像中的选区图像的颜色来计算匹配颜色；"源"选项用来选择源图像，即将颜色匹配到目标图像的图像；"图层"选项用来选择需要用来匹配颜色的图层；"载入数据统计"和"存储数据统计"选项主要用来载入已经存储的设置与存储当前的设置。

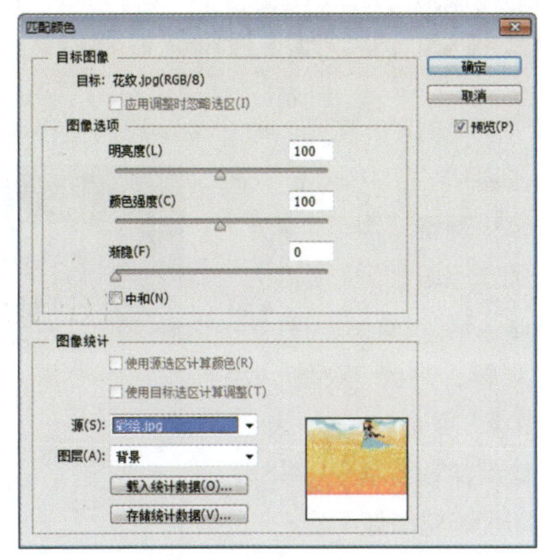

"匹配颜色"对话框

242 使用"替换颜色"命令替换移动 UI 图像色调

使用"替换颜色"命令能够基于特定颜色通过在移动UI图像中创建蒙版来调整色相、饱和度和明度值。"替换颜色"命令能够将整幅图像或者选定区域的颜色用指定的颜色代替。使用"替换颜色"命令，可以为需要替换的颜色创建一个临时蒙版，以选择移动 UI 图像中的特定颜色，然后进行替换。同时，还可调整替换颜色的色相、饱和度和亮度。

在菜单栏中单击"图像"|"调整"|"替换颜色"命令，弹出"替换颜色"对话框，单击"添加到取样"按钮，在黑色矩形框中适当位置重复单击，即可选中颜色相近的区域，在"替换"选项区中，设置"色相""饱和度"等选项，单击"确定"按钮，即可替换图像颜色。

原图

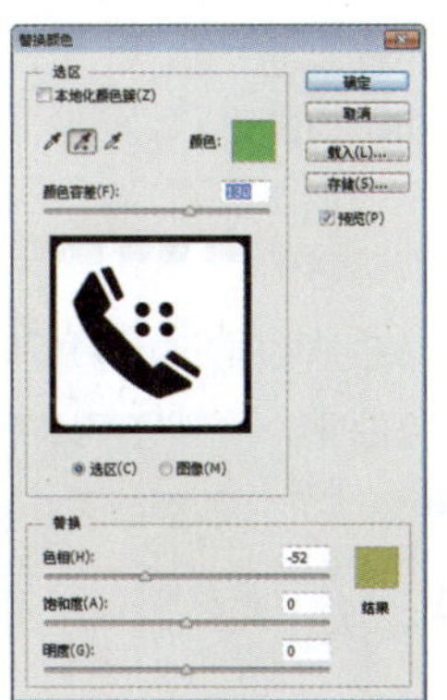

"替换颜色"对话框

替换图像色调

"替换颜色"对话框各选项含义如下。

- **本地化颜色簇：** 该复选框主要用来在图像上选择多种颜色。
- **吸管：** 单击"吸管工具"按钮后，在图像上单击鼠标左键可以选中单击点处的颜色，同时在"选区"缩略图中也会显示出选中的颜色区域；单击"添加到取样"按钮 后，在图像上单击鼠标左键，可以将单击点处的颜色添加到选中的颜色中；单击"从取样中减去"按钮 ，在图像上单击鼠标左键，可以将单击点处的颜色从选定的颜色中减去。
- **颜色容差：** 该选项用来控制选中颜色的范围，数值越大，选中的颜色范围越广。
- **选区/图像：** 选择"选区"选项，可以以蒙版方式进行显示，其中白色表示选中的颜色，黑色表示未选中的颜色，灰色表示只选中了部分颜色；选择"图像"选项，则只显示图像。
- **色相/饱和度/明度：** 这3个选项与"色相/饱和度"命令的3个选项相同，可以调整选定颜色的色相、饱和度和明度。

243 使用“阴影 / 高光”命令调整移动 UI 图像明暗

“阴影 / 高光”命令能快速调整移动 UI 图像曝光度或曝光不足区域的对比度，同时保持照片色彩的整体平衡。在菜单栏中单击“图像”|“调整”|“阴影 / 高光”命令，弹出“阴影 / 高光”对话框，设置阴影“数量”为 0%、高光“数量”为 20%、高光“半径”为 62 像素，单击“确定”按钮，即可调整图像明暗。

原图

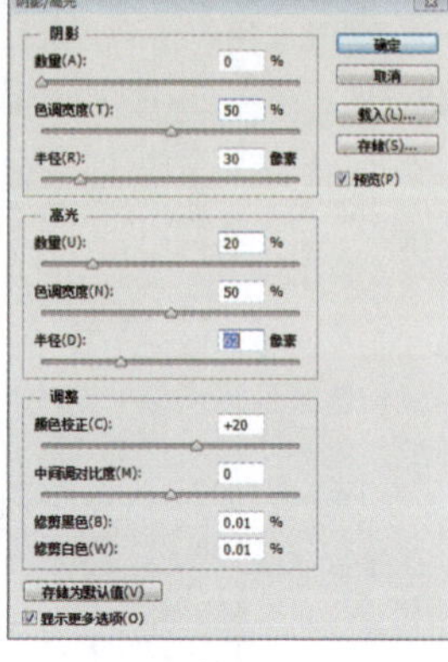

“阴影/高光”对话框

调整明暗后的图像

知识链接

“阴影/高光”对话框各选项含义如下。

- **数量：** 用于调整图像阴影或高光区域，该值越大则调整的幅度也越大。
- **色调宽度：** 用于控制对图像的阴影或高光部分的修改范围，该值越大，则调整的范围越大。
- **半径：** 用于确定图像中哪些是阴影区域，哪些区域是高光区域，然后对已确定的区域进行调整。

244 使用“照片滤镜”命令过滤移动 UI 图像色调

使用“照片滤镜”命令可以模仿镜头前面加彩色滤镜的效果，以便调整通过镜头传输的色彩平衡和色温。该命令还允许选择预设的颜色，以便为移动 UI 图像应用色相调整。

知识链接

“照片滤镜”对话框各选项含义如下。

- **滤镜：** 包含20种预设选项，用户可以根据需要选择合适的选项，对图像进行调整。
- **颜色：** 单击该色块，在弹出的“拾色器”对话框中可以自定义一种颜色作为图像的色调。
- **浓度：** 用于调整应用于图像的颜色数量。该值越大，应用的颜色调越大。
- **保留明度：** 选中该复选框，在调整颜色的同时保持原图像的亮度。

在菜单栏中单击“图像”|“调整”|“照片滤镜”命令，弹出“照片滤镜”对话框，选中“滤镜”单选按钮，在列表框中选择滤镜类型，并设置“浓度”参数，单击“确定”按钮，即可过滤图像色调。

原图

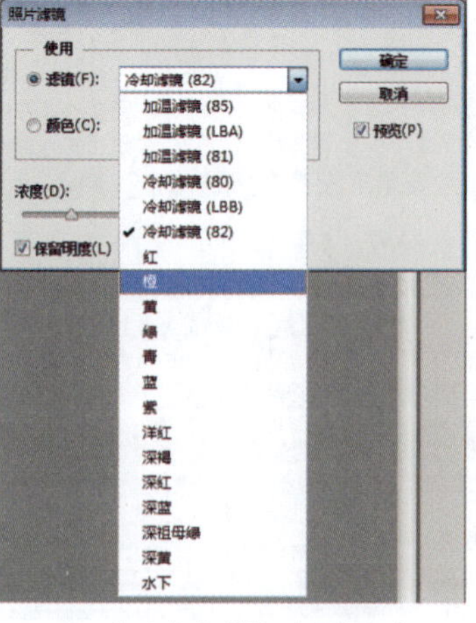

“照片滤镜”对话框

过滤图像色调

245 使用“可选颜色”命令校正移动 UI 图像色彩

“可选颜色”命令主要校正移动 UI 图像的色彩不平衡和调整图像的色彩，它可以在高档扫描仪和分色程序中使用，并有选择性地修改主要颜色的印刷数量，不会影响到其他主要颜色。

在菜单栏中单击“图像”|“调整”|“可选颜色”命令，弹出“可选颜色”对话框，设置相应参数值后单击“确定”按钮，即可校正图像颜色平衡。

原图

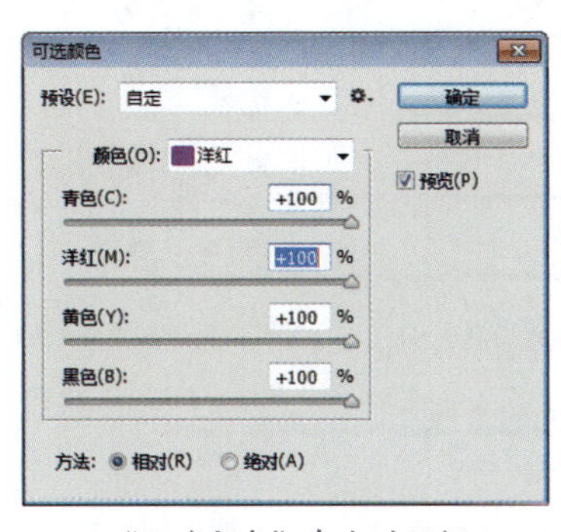

“可选颜色”命令对话框

校正图像颜色平衡

知识链接

“可选颜色”对话框各选项含义如下。

- **预设：** 可以使用系统预设的参数对图像进行调整。
- **颜色：** 可以选择要改变的颜色，然后通过下方的“青色”“洋红”“黄色”“黑色”滑块对选择的颜色进行调整。
- **方法：** 用该选项区中包括“相对”和“绝对”两个单选按钮，选中“相对”单选按钮，表示设置的颜色为相对于原颜色的改变量，即在原颜色的基础上增加或减少某种印刷色的含量；选中“绝对”单选按钮，则直接将原颜色校正为设置的颜色。

246 使用“通道混合器”命令调整移动 UI 图像色彩

“通道混合器”命令可以用当前颜色通道的混合器修改移动 UI 图像的颜色通道，但在使用该命令前要选择复合通道。

在菜单栏中单击“图像”|“调整”|“通道混合器”命令，弹出“通道混合器”对话框，设置相应的参数值，单击“确定”按钮，即可调整图像色彩。

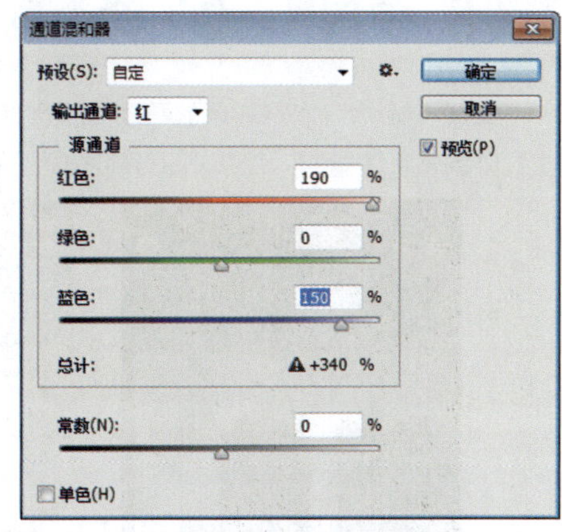

“通道混合器”对话框

知识链接

“通道混合器”对话框各选项含义如下。

- **预设：** 该列表框中包含了Photoshop提供的预设调整设置文件。
- **输出通道：** 可以选择要调整的通道。
- **源通道：** 用来设置输出通道中源通道所占的百分比。
- **总计：** 显示了通道的总计值。
- **常数：** 用来调整输出通道的灰度值。
- **单色：** 选中该复选框，可以将彩色图像转换为黑白效果。

247 使用“黑白”命令制作单色移动 UI 图像效果

运用“黑白”命令可以将移动 UI 图像调整为具有艺术感的黑白效果图像，也可以调整出不同单色的艺术效果。在菜单栏中单击“图像”|“调整”|“黑白”命令，弹出“黑白”对话框，单击“确定”按钮，即可制作单色图像。

原图

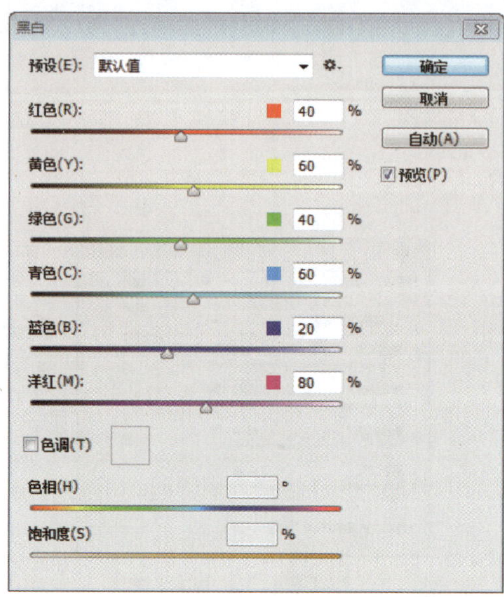

“黑白”对话框

制作单色图像

知识链接

“黑白”对话框各选项含义如下。

- **自动：** 单击该按钮，可以设置基于图像的颜色值的灰度混合，并使灰度值的分布最大化。
- **拖动颜色滑块调整：** 拖动各个颜色的滑块可以调整图像中特定颜色的灰色调，向左拖动灰色调变暗，向右拖动灰色调变亮。
- **色调：** 选中该复选框，可以为灰度着色，创建单色调效果，拖动“色相”和“饱和度”滑块进行调整，单击颜色块，可以打开“拾色器”对话框对颜色进行调整。

248 使用“去色”命令制作灰度移动 UI 图像效果

“去色”命令可以将彩色的移动 UI 素材图像转换为灰度图像，同时图像的颜色模式保持不变。在菜单栏中单击“图像”|“调整”|“去色”命令，即可将图像去色成灰色显示。

原图

单击“去色”命令

黑白图像效果

知识链接 按【Shift + Ctrl + U】组合键也可以将窗口中的图像去色，以制作黑白图像。

249 使用“阈值”命令制作黑白移动 UI 图像效果

使用“阈值”命令可以将灰度或彩色的移动 UI 图像转换为高对比度的黑白图像。指定某个色阶作为阈值，所有比阈值色阶亮的像素转换为白色，反之则转换为黑色。

在菜单栏中单击“图像”|“调整”|“阈值”命令，弹出“阈值”对话框，设置“阈值色阶”参数值，单击“确定”按钮，即可制作黑白图像效果。

原图

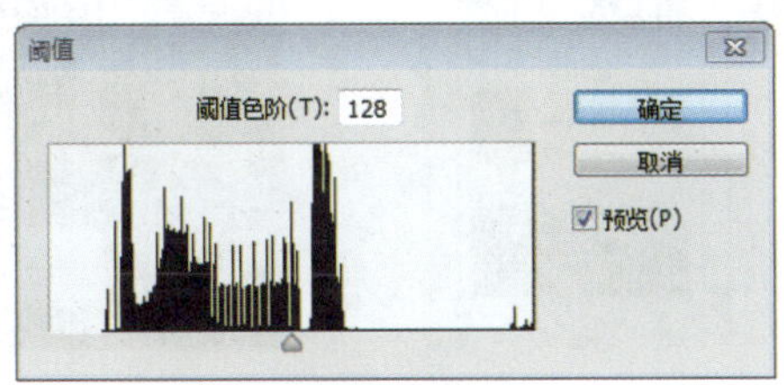

设置参数值

制作黑白图像

知识链接 在“阈值”对话框中，可以对“阈值色阶”进行设置，设置后图像中所有的亮度值比其小的像素都会变成黑色，所有亮度值比其大的像素都将变成白色。

250 使用“变化”命令制作彩色移动 UI 图像效果

“变化”命令是一个简单直观的图像调整工具，在调整移动 UI 图像的颜色平衡、对比度以及饱和度的同时，能看到图像调整前和调整后的缩览图，使调整更为简单、明了。

STEP 1 单击“文件”|“打开”命令，打开一幅素材图像①，选择“图层 1”图层②。

STEP 2 在菜单栏中单击“图像”|“调整”|“变化”命令③。

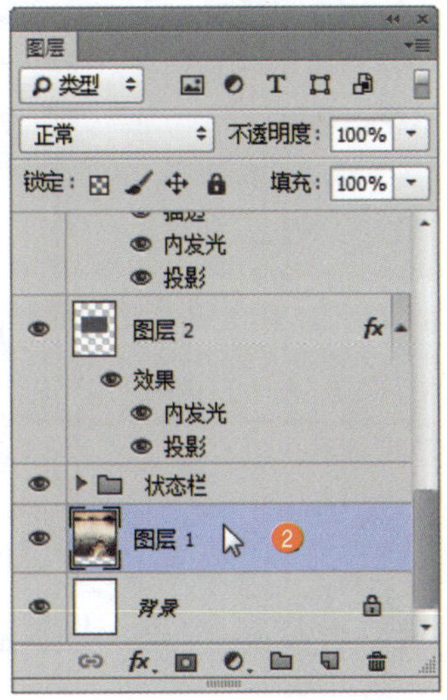

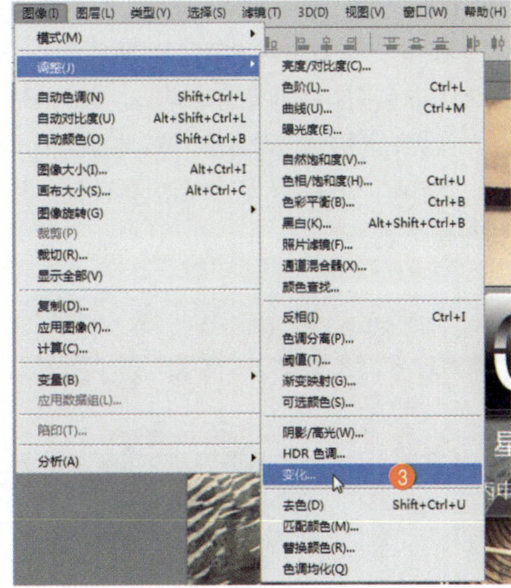

STEP 3 执行上述操作后，即可弹出“变化”对话框，在“加深黄色”缩略图上单击鼠标左键两次④。

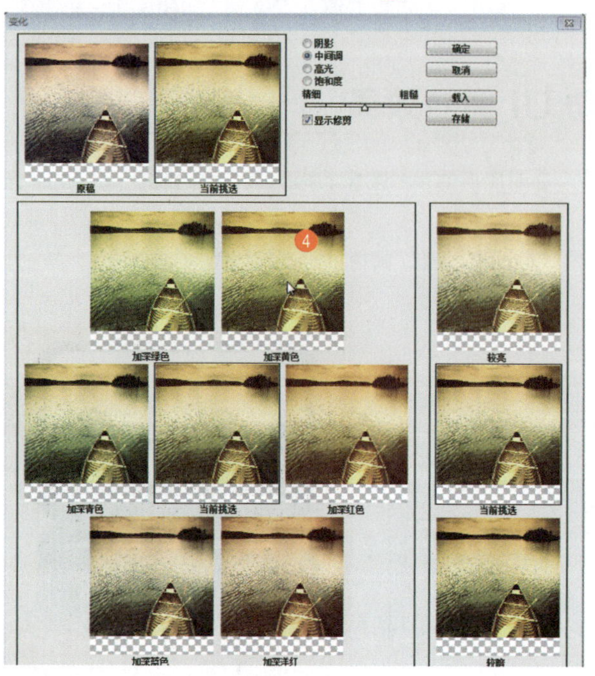

STEP 4 单击“确定”按钮，即可使用“变化”命令制作彩色图像⑤。

知识链接

“变化”命令对于调整色调均匀并且不需要精确调整色彩的图像非常有用，但是不能用于索引图像或16位通道图像。

“变化”对话框各选项含义如下。

- **阴影/中间色调/高光：** 选择相应的选项，可以调整图像的阴影、中间调或高光的颜色。
- **饱和度：** “饱和度”选项用来调整颜色的饱和度。
- **原稿/当前挑选：** 在对话框顶部的“原稿”缩览图中显示了原始图像，“当前挑选”缩览图中显示了图像的调整结果。
- **精细/粗糙：** 用来控制每次的调整量，每移动一格滑块，可以使调整量增加100%。
- **显示修剪：** 选中该复选框，如果出现溢色，颜色就会被修剪，以标识出溢色区域。

251 使用“HDR 色调”命令调整移动 UI 图像色调

HDR（High Dynamic Range），即高动态范围，动态范围是指信号最高和最低值的想对比值。“HDR 色调”命令能使移动 UI 图像中亮的地方非常亮，暗的地方非常暗，亮暗部的细节都很明显。

在菜单栏中单击“图像”|“调整”|“HDR 色调”命令，即可弹出“HDR 色调”对话框，设置相应参数值后单击“确定”按钮，即可调整图像色调。

知识链接

“HDR色调”对话框各选项含义如下。

- **预设：** 用于选择Photoshop的预设HDR色调调整选项。
- **方法：** 用于选择HDR色调应用图像的方法，可以对边缘光、色调和细节、颜色等选项进行精确的细节调整。单击“色调曲线和直方图”展开按钮，在下方调整“色调曲线和直方图”选项。

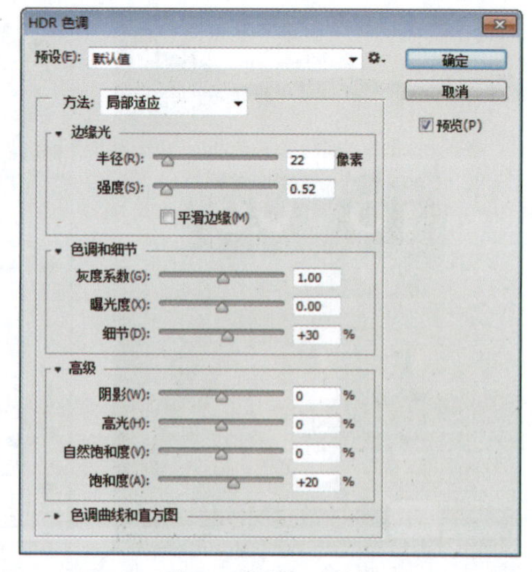

“HDR色调”对话框

252 使用“渐变映射”命令制作渐变移动 UI 图像效果

“渐变映射”命令的主要功能是将移动 UI 图像灰度范围映射到指定的渐变填充色。如果指定双色渐变作为映射渐变，图像中暗调像素将映射到渐变填充的一个端点颜色，高光像素将映射到另一个端点颜色，中间调映射到两个端点之间的过渡颜色。

在菜单栏中单击“图像”|“调整”|“渐变映射”命令，弹出“渐变映射”对话框，单击“渐变颜色带”按钮，展开相应的面板选择渐变类型，单击“确定”按钮，即可制作彩色渐变效果。

原图

“渐变映射”对话框

制作彩色渐变效果

知识链接

在“渐变映射”对话框中，单击“图像色调的高级调整”选项下的渐变颜色条右侧的下三角按钮，在弹出的面板中选择一个预设渐变。如果要创建自定义渐变，则可以单击渐变条，打开“渐变编辑器”对话框进行设置。

PART 02

软件功能篇

移动 UI 的图形图像设计

本章主要介绍绘制移动 UI 图形图像时经常用到的工具的操作方法，例如画笔工具、路径工具、通道、蒙版和 3D 等，帮助用户了解其使用方法，以便在移动 UI 设计的实际操作中能运用自如。

253 选择设计移动 UI 的纸张

Photoshop 被人们称为图形图像处理软件，但 Photoshop 自 7.0 版本之后，就大大增强了绘画功能，从而使其成为一款优秀的图形图像处理及绘图软件。当今时代，手工绘画已经进步到了计算机绘画，虽然在两者之间绘画的方式产生了巨大的区别，但其流程与思路还是基本相同的。

在手工绘画中，纸的选择是多种多样的，可以在普通白纸上绘画，也可以在宣纸上绘画，还可以在各式的画布上进行绘画，从而得到风格迥异的绘画作品。

在 Photoshop CC 中进行移动 UI 设计时，也需要创建一个绘画或作图区域，在通常情况下创建的文档为空白图像。另外，移动 APP 对于绘图区域的尺寸及分辨率也有一定的要求。例如，iPhone 手机的界面尺寸通常为：320 像素 ×480 像素、640 像素 ×960 像素、640 像素 ×1136 像素；iPad 界面尺寸通常为：1024 像素 ×768 像素、2048 像素 ×1536 像素；单位为：72 点 / 英寸。

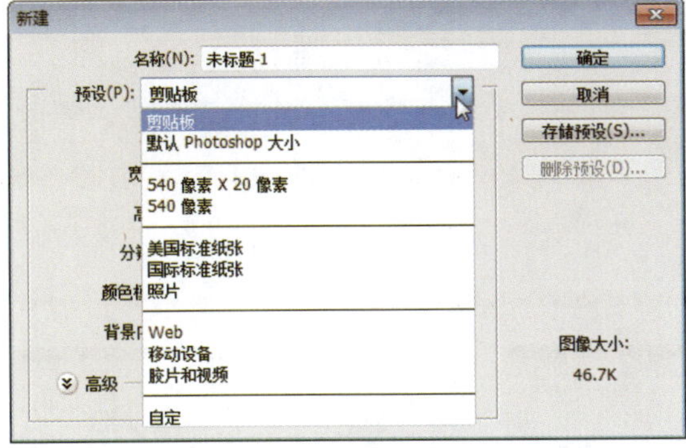

选择预设的纸张

640像素×960像素

640像素×1136像素

iPhone手机的界面尺寸

> 知识链接
>
> 不过，在设计移动UI图像的时候并不是每个尺寸都要做一套，可以按自己的手机来设计尺寸，这样比较方便预览效果。

254 选择设计移动 UI 的画笔

在手工绘画中，画笔的类型非常之多，就毛笔而言，在绘画或书写时，可以选择羊毫笔或狼毫笔，还可以选择大毫、中毫或小毫等。

在 Photoshop 中除了画笔工具外，还可以运用铅笔工具、钢笔工具来进行绘画，同时还可以通过“画笔”面板精确控制画笔的大小，绘制出粗细不同的线条。

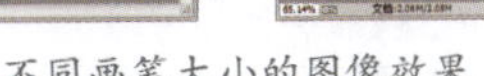

不同画笔大小的图像效果

> 知识链接
>
> 在Photoshop CC中，常用的绘图工具有以下两种。
>
> （1）画笔工具
>
> 画笔工具是绘制图形时使用最多的工具之一，利用画笔工具可以绘制边缘柔和的线条，且画笔的大小、边缘柔和的幅度都可以灵活调节。

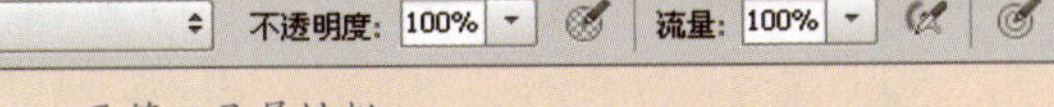

画笔工具属性栏

知识链接

画笔工具属性栏各选项含义如下。

- **点按可打开“画笔预设”选取器：** 单击该按钮，打开画笔下拉面板，在面板中可以选择笔尖，设置画笔的大小和硬度。
- **模式：** 在弹出的列表框中，可以选择画笔笔迹颜色与下面像素的混合模式。
- **不透明度：** 用来设置画笔的不透明度，该值越低，线条的透明度越高。
- **流量：** 用来设置当鼠标指针移动到某个区域上方时应用颜色的速率。在某个区域上方涂抹时，如果一直按住鼠标左键，颜色将根据流动的速率增加，直至达到不透明度设置。
- **启用喷枪模式：** 单击该按钮，可以启用喷枪功能，Photoshop会根据鼠标左键的单击程度确定画笔线条的填充数量。

（2）铅笔工具

铅笔工具也是使用前景色来绘制线条的，它与画笔工具的区别是：画笔工具可以绘制带有柔边效果的线条，而铅笔工具只能绘制硬边线条，除“自动抹除”功能外，其他选项均与画笔工具相同。

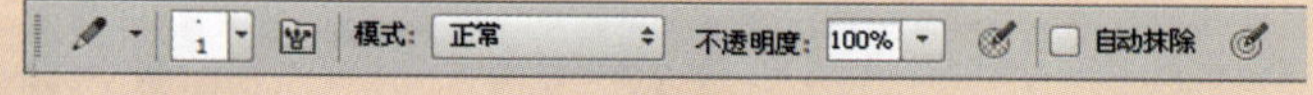

铅笔工具属性栏

选中“自动抹除”复选框后，开始拖动鼠标时，如果光标的中心在包含前景色的区域上，可将该区域涂抹成背景色；如果光标的中心在不包含前景色的区域上，则可以将该区域涂抹成前景色。

255 选择设计移动 UI 的颜色

在移动 UI 图像的设计过程中，大多数绘画作品都需要使用五颜六色的颜料或使用调色盘自己调配出需要的颜色，因此在这一个步骤中应该选择合适的颜料。

Photoshop 中颜色的选择不仅在手段上比较丰富，而且颜色的选择范围也广泛了很多，用户可以在计算机中调配出上百万种不同的颜色，有些颜色之间的差别是人眼无法分辨出来的。右图所示为不同画笔颜色的图像效果。

不同画笔颜色的图像效果

256 使用“画笔”面板

Photoshop CC 之所以能够绘制出丰富、逼真的移动 UI 图像效果，原因在于其具有强大的“画笔”面板。画笔工具的各种属性主要是通过“画笔”面板来实现的，在面板中可以对画笔笔触进行更加详细的设置，从而可以获取更加丰富的画笔效果。

选取工具箱中的画笔工具，在菜单栏中单击“窗口”|“画笔”命令，即可展开“画笔”面板。

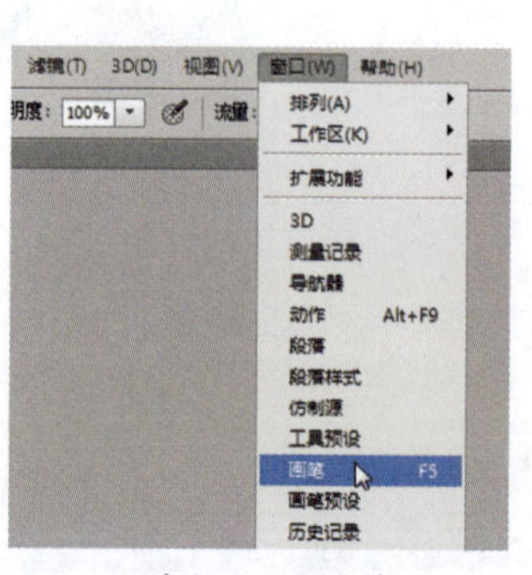

单击“画笔”命令

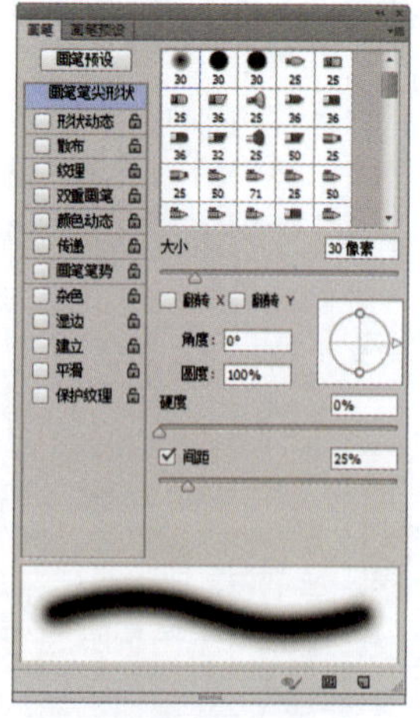

展开“画笔”面板

知识链接

“画笔”面板中，各选项区域含义如下。

- **“画笔预设”**：单击“画笔预设”按钮，可以在面板右侧的“画笔形状列表框”中选择所需要的画笔形状。
- **“动态参数区”**：在该区域中列出了可以设置动态参数的选项，其中包含画笔笔尖形状、形状动态、散布、纹理、双重画笔、颜色动态、传递、杂色、湿边、喷枪、平滑以及保护纹理共12个选项。
- **“画笔选择框”**：该区域在选择“画笔笔尖形状”选项时出现，在该区域中可以选择要用于绘图的画笔。
- **“参数区”**：该区域中列出了与当前所选的动态参数相对应的参数，在选择不同的选项时，该区域所列的参数也不相同。
- **“预览区”**：在该区域中可以看到根据当前的画笔属性而生成的预览图。

257 使用“画笔预设”面板

在设计移动UI图像时，使用“画笔预设”面板可以更好地控制画笔，可以选择画笔样式，也可以调整画笔大小。选取工具箱中的画笔工具，在菜单栏中单击“窗口”|“画笔预设”命令，即可展开“画笔预设”面板。

知识链接

画笔预设相当于所有画笔的一个控制台，可以利用“描边缩览图”显示方式方便地观看画笔描边效果，或者对画笔进行重命名、删除等操作，拖动画笔形状列表框下面的“主直径”滑块，还可以调节画笔的直径。

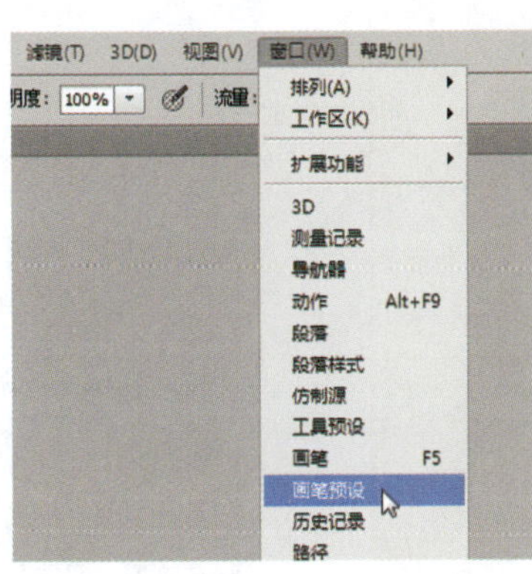

单击“画笔预设”命令

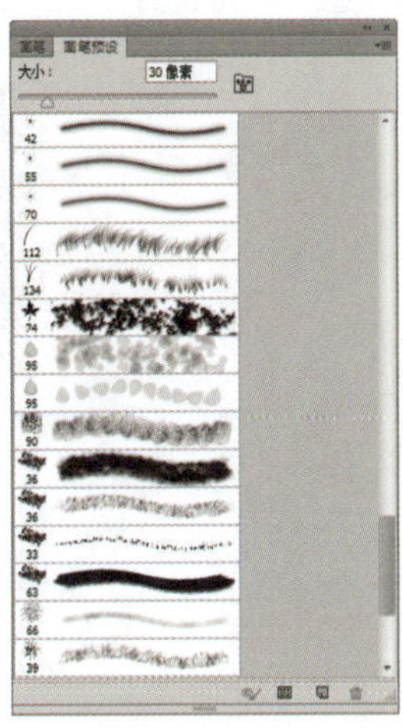

展开“画笔预设”面板

258 设置画笔笔尖形状

画笔笔尖形状由许多单独的画笔笔迹组成，其决定了画笔笔迹的直径和其他特性，用户可以通过编辑其相应选项来设置画笔笔尖形状，从而绘制出各种移动UI元素效果。

选取工具箱中的画笔工具，展开“画笔”面板，设置“画笔笔尖形状”为74号、“大小”为74像素、“间距”为100%。设置前景色为橙色（RGB参数值分别为241、131、38），移动鼠标指针至图像编辑窗口中，多次单击鼠标左键即可绘制画笔笔尖形状。

原图

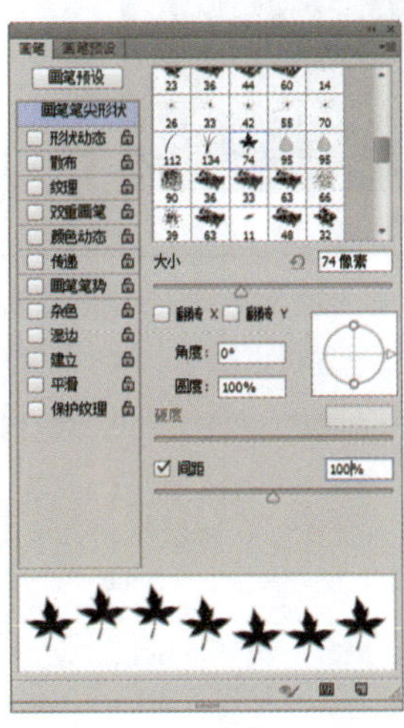

设置画笔参数

绘制图形

259 设置随机变化的画笔效果

“形状动态”决定了描边中画笔的笔迹如何变化，它可以使画笔的大小、圆度等产生随机变化效果，可以用来制作特殊的移动 UI 图像效果。

STEP 1 单击“文件”|“打开”命令，打开一幅素材图像①。

STEP 2 选取工具箱中的画笔工具②，展开“画笔”面板，设置“画笔笔尖形状”为 42 号、“大小”为 100 像素、“间距”为 80% ③。

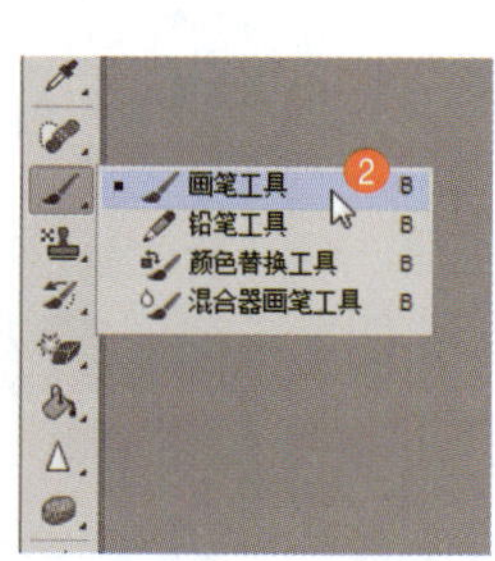

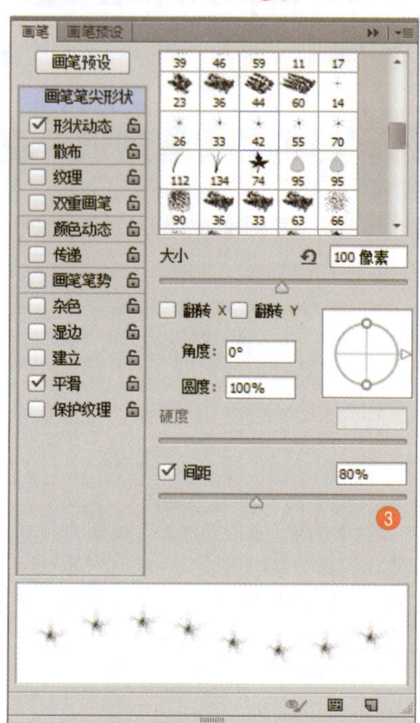

STEP 3 选中“形状动态”复选框，设置“大小抖动”为 50%、“角度抖动”为 60%、“圆度抖动”为 50%、“最小圆度”为 25% ④。

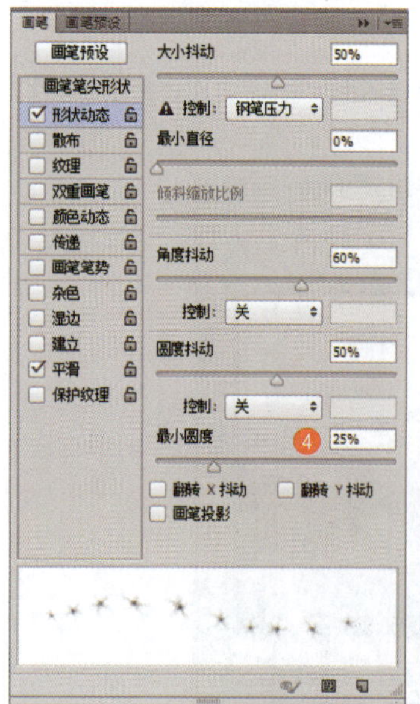

STEP 4 设置前景色为白色⑤，移动鼠标指针至图像编辑窗口中，按住鼠标左键并拖曳，即可绘制形状动态画笔图像⑥。

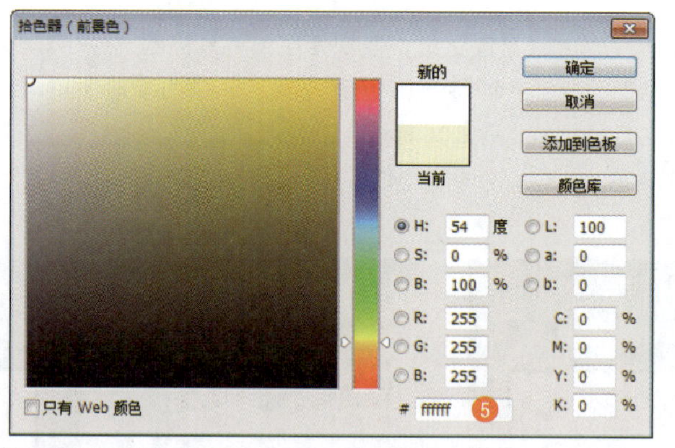

知识链接

在“画笔”面板中选中“形状动态”复选框时，右侧参数区各主要选项含义如下。

- **“大小抖动”选项：**表示指定画笔在绘制线条的过程中标记点大小的动态变化状况。
- **“控制”选项：**此列表框中包括关、渐隐、钢笔压力、钢笔斜度和光笔轮等选项。
- **“最小直径”选项：**设置“大小抖动”及其“控制”选项后，“最小直径”选项用来指定画笔标记点可以缩小的最小尺寸，它是以画笔直径的百分比为基础的。

知识链接

在“画笔”面板中其他各复选框含义如下。

（1）散布

“散布”决定了描边中笔迹的数目和位置，是笔迹沿绘制的线条扩散。

“散布”复选框中各选项含义如下。

- **“散布/两轴”选项：**表用来设置画笔笔迹的分散程度，该值越高，分散的范围越广。
- **“数量”选项：**用来指定在每个间距间隔应用的画笔笔迹数量。
- **“数量抖动/控制”选项：**用来指定画笔笔迹的数量如何针对各种间距间隔而变化，从而产生抖动的效果。

（2）纹理

如果要使用画笔绘制出的线条像是在带纹理的画布上绘制的一样，可以选中“画笔”面板左侧的“纹理”复选框。“纹理”复选框中各选项含义如下。

- **“设置纹理/反相” 选项：**单击图案缩览图右侧的下拉按钮，在打开的面板中选择一个图案，将其设置为纹理，选中“反相”复选框，可基于图案中的色调反转纹理中的亮点和暗点。
- **“缩放”选项：**用来缩放图案。
- **“为每个笔尖设置纹理”选项：**用来决定绘画时是否单独渲染每个笔尖，如果不选中该复选框，将无法使用“深度”变化选项。
- **“深度”选项：**用来指定油彩渗入纹理中的深度，该值为0%时，纹理中的所有点都接收相同数量的油彩，进而隐藏图案；该值为100%时，纹理中的暗点不接收任何油彩。
- **“最小深度”选项：**用来指定当“深度控制”设置为“渐隐”“钢笔压力”“钢笔斜度”或“光笔轮”，并且选中“为每个笔尖设置纹理”是油彩可渗入的最小深度，只有选中“为每个笔尖设置纹理”复选框后，该选项才可用。
- **“深度抖动”选项：**用来设置纹理抖动的最大百分比，只有选中“为每个笔尖设置纹理”复选框后，该选项才可用。

（3）双重画笔

在编辑图像时，用户可以根据需要，设置双重画笔效果，“双重画笔”是指描绘的线条中呈现出两种画笔效果。要使用双重画笔，首先要在“画笔笔尖形状”选项中设置主笔尖，然后再从“双重画笔”复选框中选择另一个笔尖。

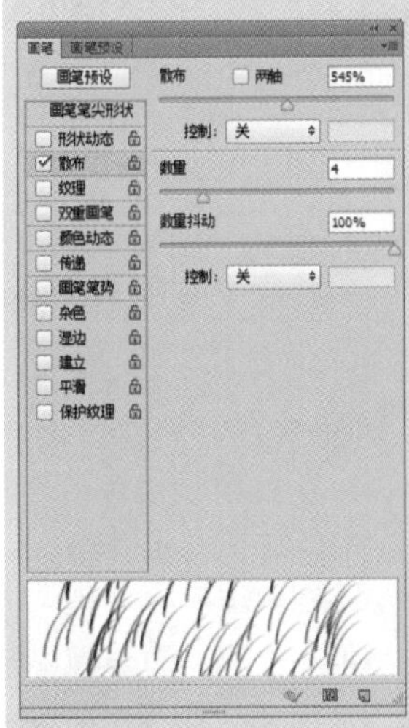

选中“散布”复选框

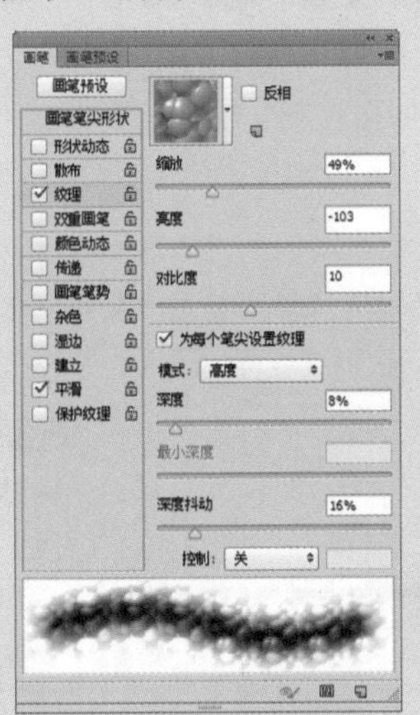

选中“纹理”复选框

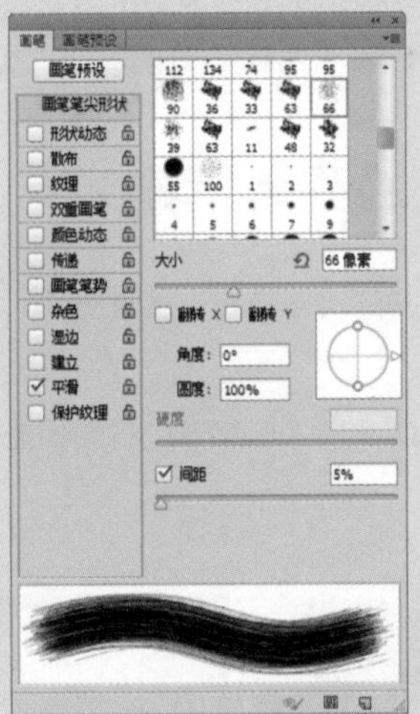

设置主笔尖

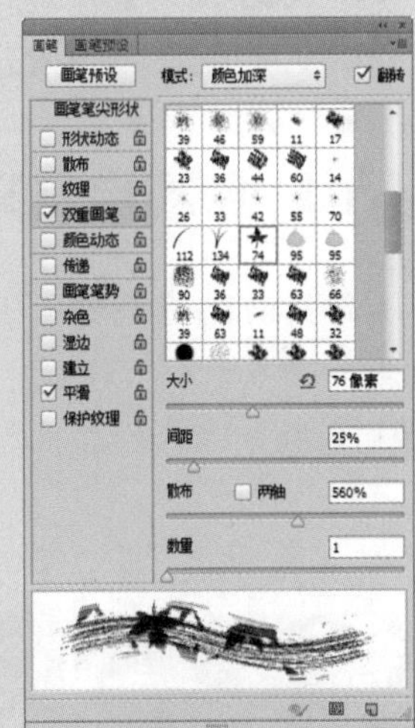

选择另一个笔尖

“双重画笔”复选框中各选项含义如下。

- **“模式”选项：**可用选择两种笔尖的组合时使用的混合模式。
- **“大小”选项：**用来设置笔尖的大小。
- **“间距”选项：**用来控制描边中双笔尖画笔笔迹之间的距离。
- **“散布”选项：**用来指定描边中双笔尖画笔笔迹的分布式，如果选中“两轴”复选框，双笔尖笔迹按径向分布；取消选中“两轴”复选框后，双笔尖画笔笔迹垂直于描边路径分布。

- **“数量”选项：**用来指定在每个间距间隔应用的双笔尖画笔笔迹的数量。

（4）颜色动态

“画笔”面板中的“颜色动态”参数选项区用于设置在绘画过程中画笔的变化情况。

选取工具箱中的画笔工具，展开“画笔”面板，设置各选项，选中“画笔”面板左侧的“颜色动态”复选框，切换至“颜色动态”参数选项区，在其中分别设置前景色为绿色，背景色为黄色，移动鼠标指针至图像编辑窗口中的合适位置，按住鼠标左键并拖曳，即可绘制图像。

使用画笔颜色动态绘制图形后的前后对比效果

在“画笔”面板中选中“颜色动态”复选框时，右侧参数区各主要选项含义如下。

- **“前景/背景抖动”选项：**用于控制画笔笔触颜色的变化情况，若数值越大，则笔触颜色越趋向于背景色；若数值越小，则笔触颜色越趋向于前景色。
- **“色相抖动”选项：**用于控制画笔色相的随机效果，若数值越大，则笔触颜色越趋向于背景色；若数值越小，则笔触颜色越趋向于前景色。
- **“饱和度抖动”选项：**用于设置画笔绘图时笔触饱和度的动态变化范围。
- **“亮度抖动”选项：**用于设置画笔绘图时笔触亮度的动态变化范围。
- **“纯度”选项：**主要用于控制画笔笔触颜色的纯度。

260 创建自定义的画笔笔刷

除了编辑画笔的形状，用户还可以自定义图案画笔，将自己喜欢的图像或图形定义为画笔笔刷，以创建更丰富的移动 UI 画笔图像效果。

STEP 1 单击“文件”|“打开”命令，打开两幅素材图像①。

STEP 2 切换至 260（2）.psd 图像编辑窗口，在菜单栏中单击“编辑”|“定义画笔预设”命令②。

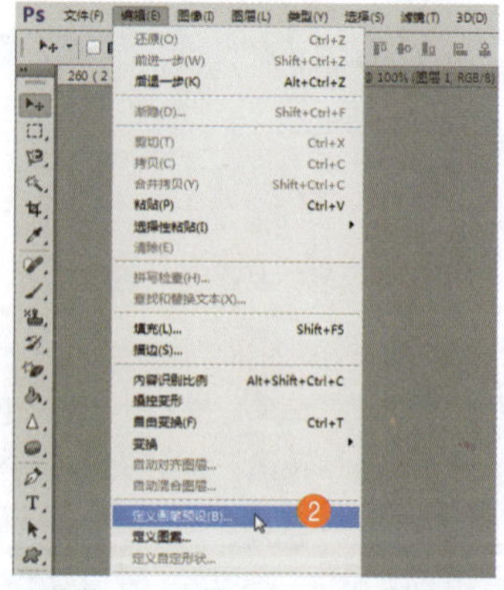

STEP 3 弹出“画笔名称”对话框，设置“名称”为“小草”，单击“确定”按钮③，选取工具箱中的画笔工具，在工具属性栏中单击“点按可打开‘画笔预设’选取器”按钮，在弹出的列表框中选择“小草”画笔④。

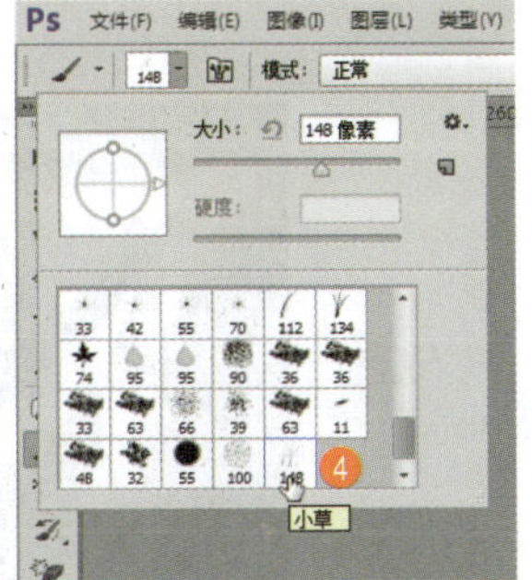

STEP 4 在工具箱底部单击前景色色块，弹出“拾色器(前景色)”对话框，设置前景色为紫色(RGB参数值分别为255、0、255)⑤，单击“确定”按钮。

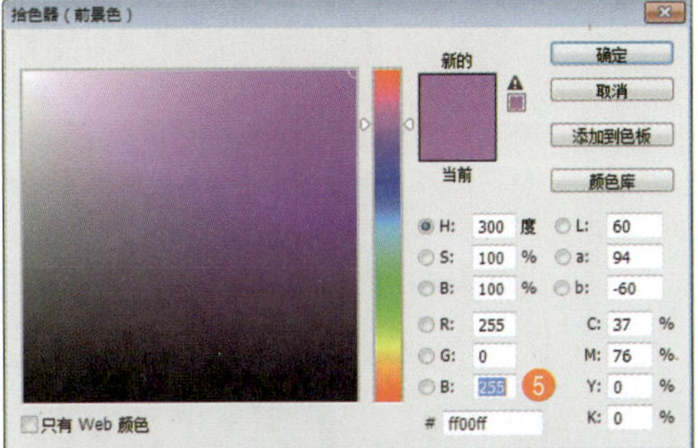

STEP 5 切换至260(1).psd图像编辑窗口，新建“图层2”图层⑥，移动鼠标指针至图像编辑窗口中的合适位置，多次单击鼠标左键，即可运用定义画笔笔刷绘制形状⑦。

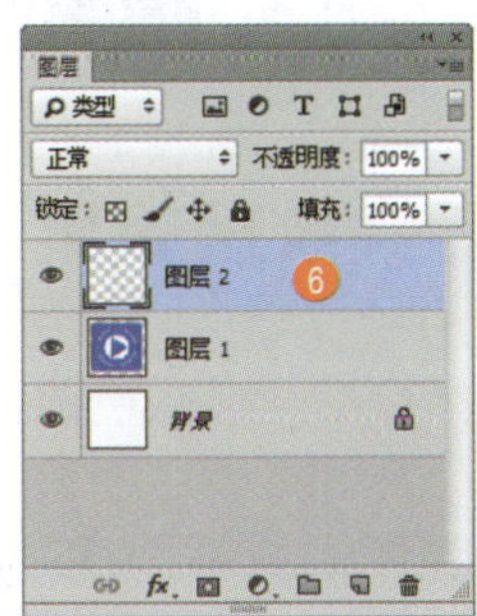

261 设置画笔笔触的散射效果

在运用画笔工具设计移动UI图像时，当选中“画笔”面板中的“散布”复选框时，可以设置画笔绘制的图形或线条产生一种笔触散射效果。选取工具箱中的画笔工具，展开“画笔”面板，设置“画笔”为55号画笔，设置“间距”为192%，选中“画笔”面板左侧的“散布”复选框，设置“数量”为2、“数量抖动”为62%。

原图

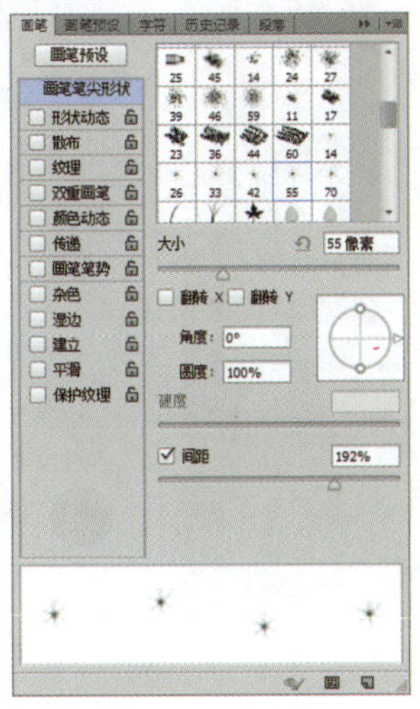

设置画笔笔尖参数值

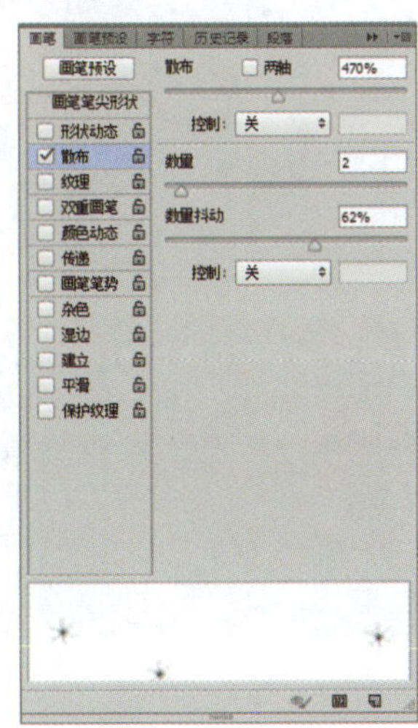

设置画“散布”参数值

知识链接

“散布”复选框的含义是：控制画笔偏离绘画路线的程度，数值越大，偏离的距离就越大；若选中“两轴”复选框，则绘制的对象将在X、Y两个方向分散，否则仅在一个方向上分散。

在工具箱底部单击前景色色块，弹出“拾色器（前景色）”对话框，设置前景色为浅蓝色（RGB 参数值分别为 192、247、255），单击“确定”按钮。移动鼠标指针至图像编辑窗口中，按住鼠标左键并拖曳，绘制图像。

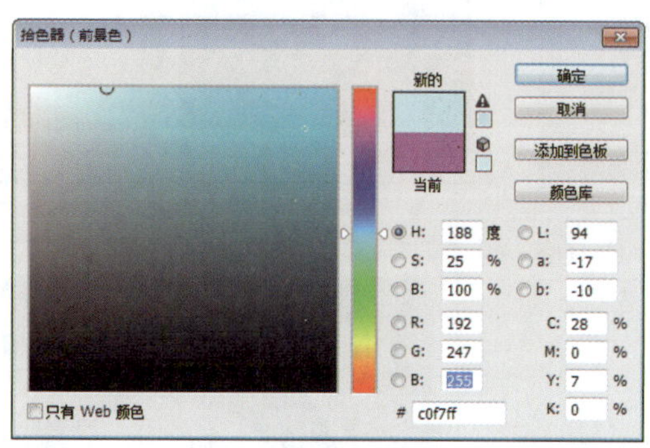

设置前景色

绘制图像

262 在移动 UI 图像中创建图案纹理效果

在运用画笔工具设计移动 UI 图像时，用户可以选中“画笔”面板中的“纹理”复选框，设置画笔工具产生图案纹理效果。

STEP 1 单击“文件”|“打开”命令，打开一幅素材图像❶，选取工具箱中的画笔工具，展开“画笔”面板，设置“画笔”为“尖角 30”画笔、“大小”为 92 像素、“间距”为 162%❷。

STEP 2 选中“纹理”复选框，设置“纹理”为“扎染”，“缩放”为 43%，“模式”为“正片叠底”，“深度”为 97%，“深度抖动”为 62%❸。

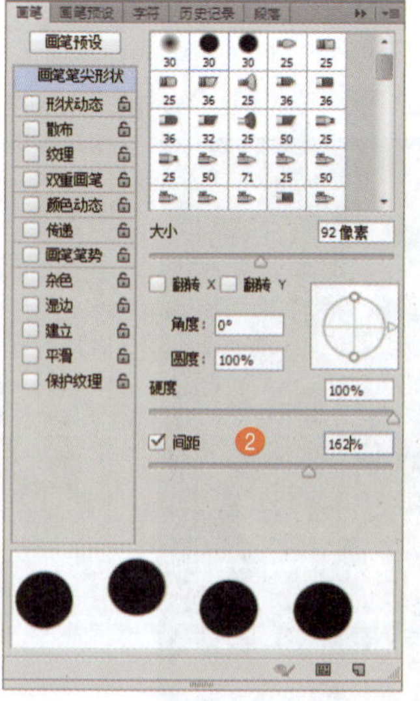

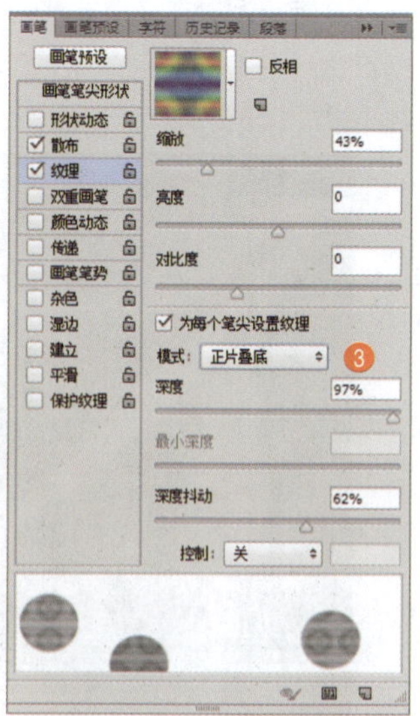

STEP 3 选中"散布"复选框，设置"数量"为 2、"数量抖动"为 67% ❹。

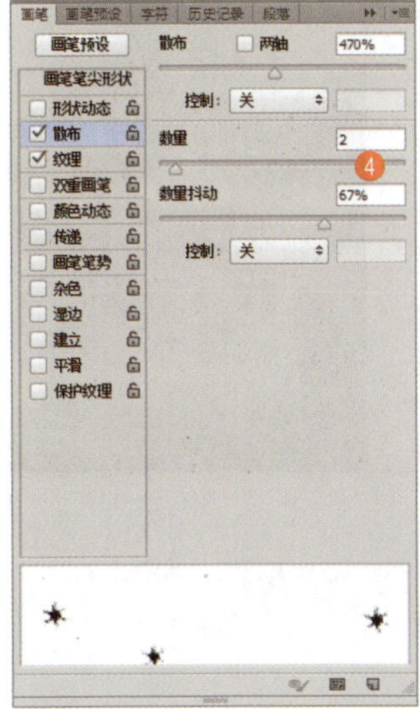

STEP 4 在"图层 1"图层上新建"图层 2"图层❺，设置前景色为白色，移动鼠标指针 至图像编辑窗口中，多次按住鼠标左键并拖曳，即可绘制图像，并设置"图层 2"图层的"不透明度"为 60%，改变图像的透明度效果❻。

知识链接：使用画笔工具绘制图像时，若按住【Alt】键，则画笔工具变为吸管工具；若按住【Ctrl】键，则暂时将画笔工具切换为移动工具。

263 使用双重画笔绘制移动 UI 图像

"双重画笔"选项与"纹理"选项的原理基本相同，"双重画笔"选项是画笔与画笔的混合，"纹理"选项是画笔与纹理的混合。

STEP 1 单击"文件"|"打开"命令，打开一幅素材图像❶。

STEP 2 选取工具箱中的画笔工具，展开"画笔"面板，设置"画笔"为 55 号画笔、"大小"为 195 像素、"间距"为 137% ❷；选中"画笔"面板左侧的"双重画笔"复选框，在右侧设置"画笔"为 66 号画笔、"大小"为 85 像素、"间距"为 5%、"数量"为 7，选中"两轴"复选框，并设置为 1000% ❸。

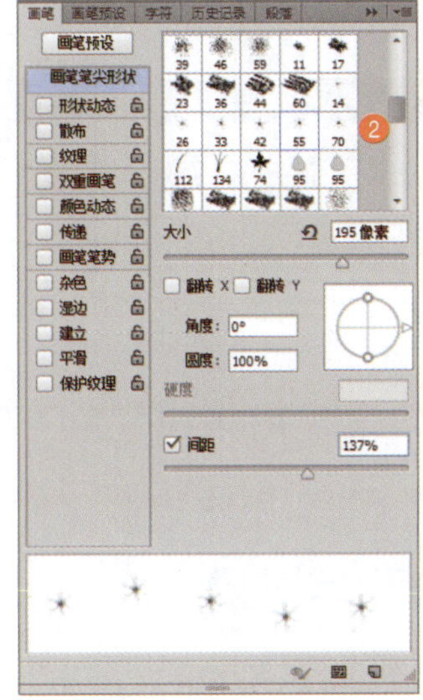

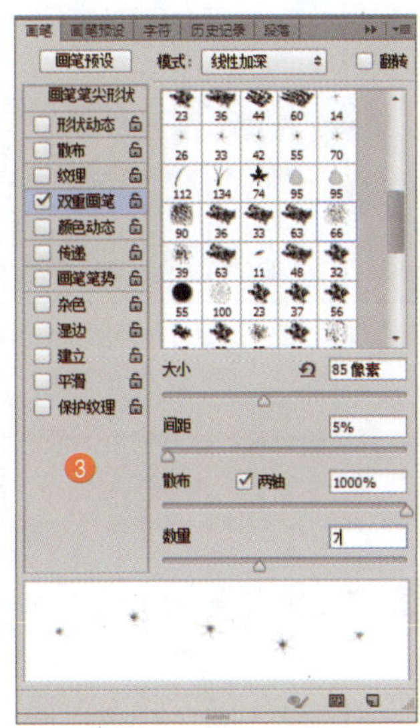

STEP 3 单击前景色色块，弹出“拾色器（前景色）”对话框，设置前景色为蓝色，RGB 参数值分别为199、249、255 ④，单击“确定”按钮。

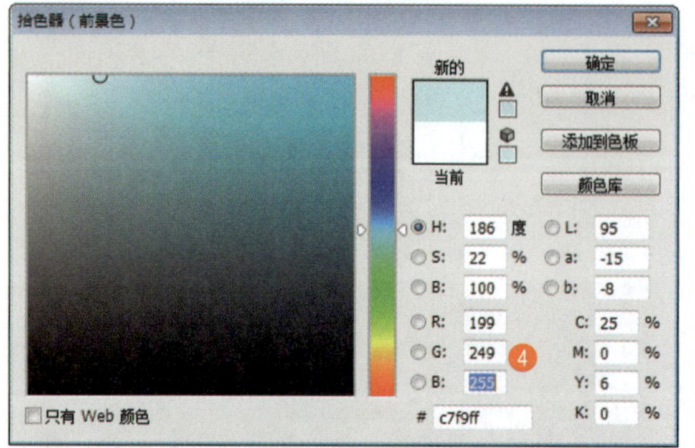

STEP 4 在工具属性栏中，设置“不透明度”为 60%、“流量”为 100% ⑤。选择“图层 1”图层，移动鼠标指针至图像编辑窗口中的合适位置，按住鼠标左键并拖曳，即可绘制图像⑥。

知识链接 在定义画笔时，只有非白色的图像才可以将其定义为画笔，根据图像黑色或灰色的程度，所显示的透明程度也会有所不同。

264 恢复到系统默认的画笔设置

在 Photoshop CC 中，画笔工具主要是用“画笔”面板来实现控制，用户熟悉掌握管理画笔，对移动 UI 设计将会大有好处。“重置画笔”选项可以清除用户当前所定义的所有画笔类型，并恢复到系统默认设置。选取工具箱中的画笔工具，移动鼠标指针至工具属性栏中，单击“点按可打开‘画笔预设’选取器”按钮，弹出“画笔预设”选取器。单击右上角的设置图标，在弹出的快捷菜单中选择“复位画笔”选项。

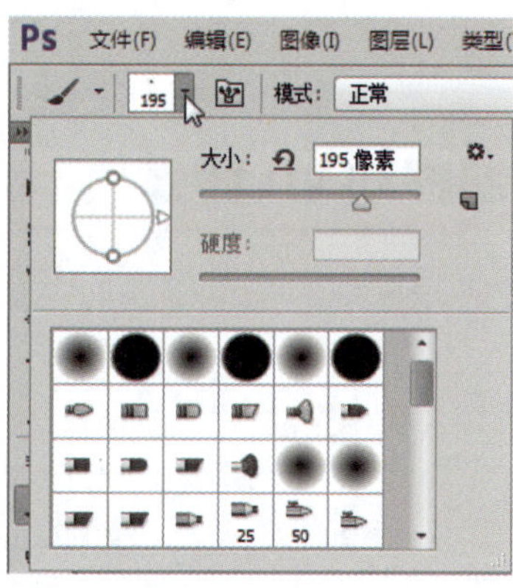

单击相应按钮

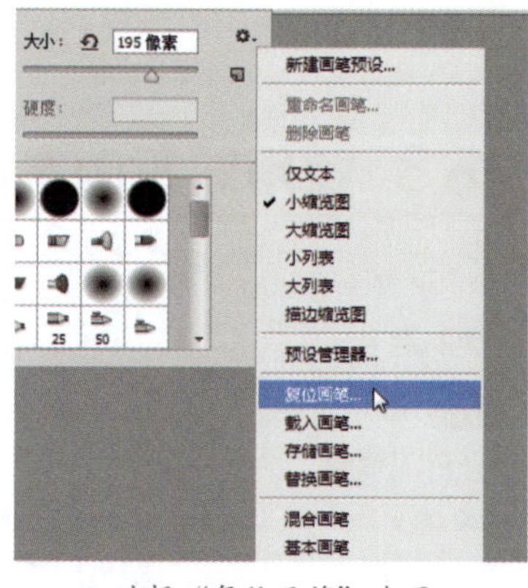

选择“复位画笔”选项

执行上述操作后，即可弹出信息提示框，单击“确定”按钮。执行操作后，再次弹出提示信息框，单击“否”按钮，即可重置画笔。

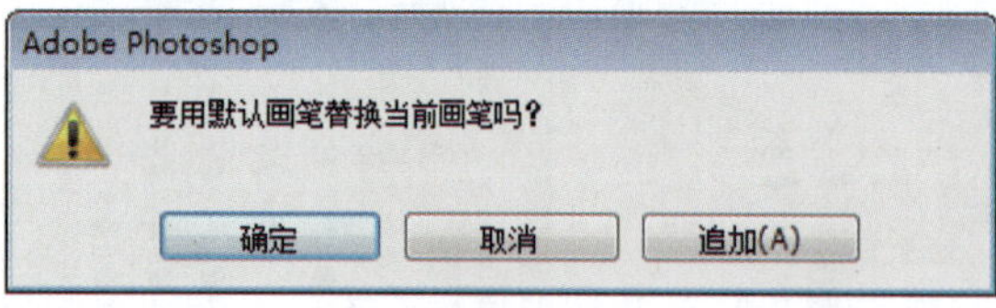

弹出信息提示框

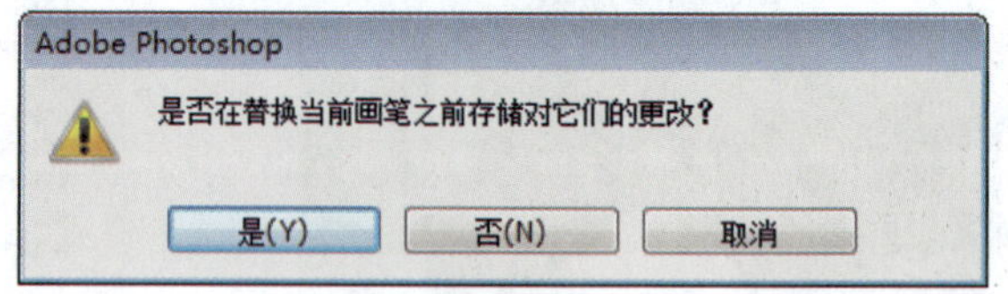

信息提示框

知识链接 在“画笔预设”选取器中，单击右上角的设置图标按钮，会弹出许多画笔模式，选择这些画笔模式，即可快速地将其追加至“画笔预设”选取器中。

265 存储当前使用的画笔设置

保存画笔可以存储当前用户使用的画笔属性及参数，以文件的方式保存在用户指定的文件夹中，以便用户在其他计算机中快速载入使用。

选取工具箱中的画笔工具，移动鼠标指针至工具属性栏中，单击“点按可打开‘画笔预设’选取器”按钮，弹出“画笔预设”选取器，在展开的“画笔预设”选取器中，选择相应画笔，单击右上角的设置图标按钮，在弹出的快捷菜单中选择“存储画笔”选项，弹出“另存为”对话框，设置保存路径和文件名，单击“保存”按钮，即可保存画笔。

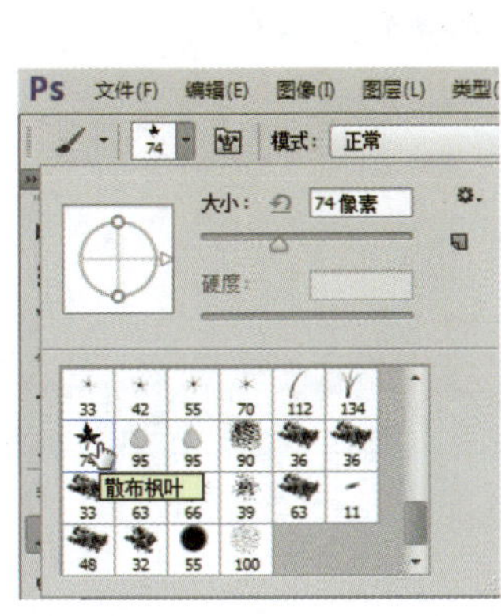

选择画笔

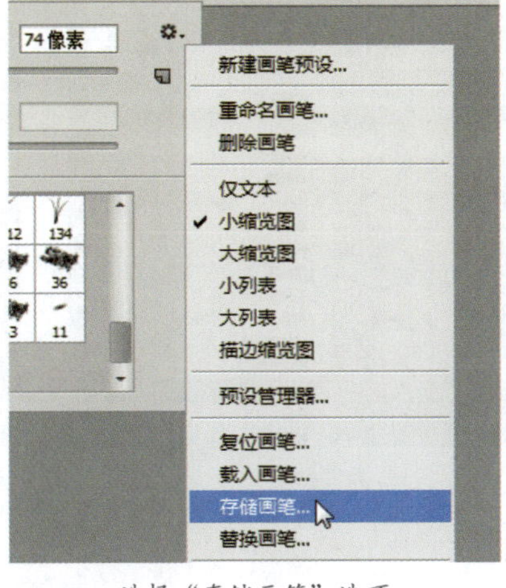

选择“存储画笔”选项

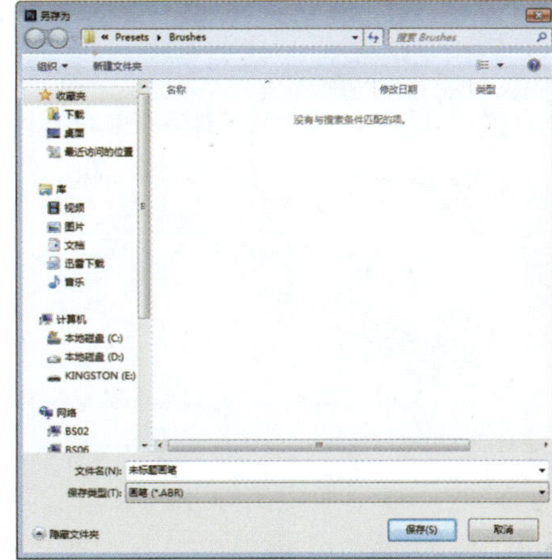

“另存为”对话框

266 对多余的画笔进行删除操作

在编辑移动UI图像过程中，用户可以根据需要对多余的画笔进行删除操作。选取工具箱中的画笔工具，移动鼠标指针至工具属性栏中，单击“点按可打开‘画笔预设’选取器”按钮，弹出“画笔预设”选取器，在其中选择一种画笔，单击鼠标右键，在弹出的快捷菜单中选择“删除画笔”选项，弹出提示信息框，单击“确定”按钮，即可删除画笔。

知识链接

在Photoshop CC中，用户可以根据需要，运用铅笔工具绘制出自由手画的线条。在铅笔工具的工具属性栏上，选中“自动抹除”选项的情况下，利用该工具绘图时，若铅笔工具涂抹图像存在以前使用该工具所绘制的图像，则铅笔工具将暂时转换为擦除工具，将以前绘制的图像擦除。

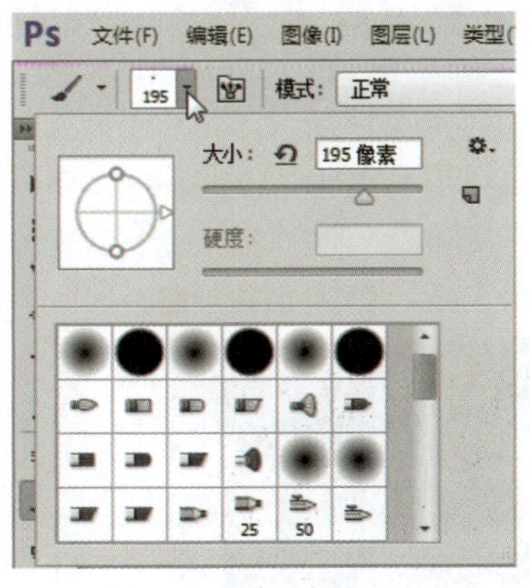

单击相应按钮

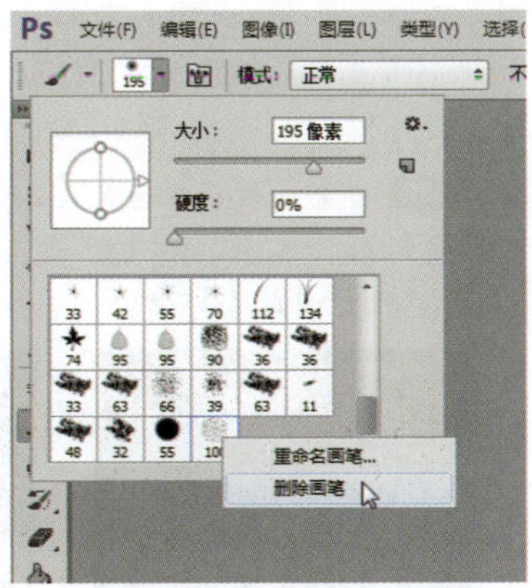

选择“删除画笔”选项

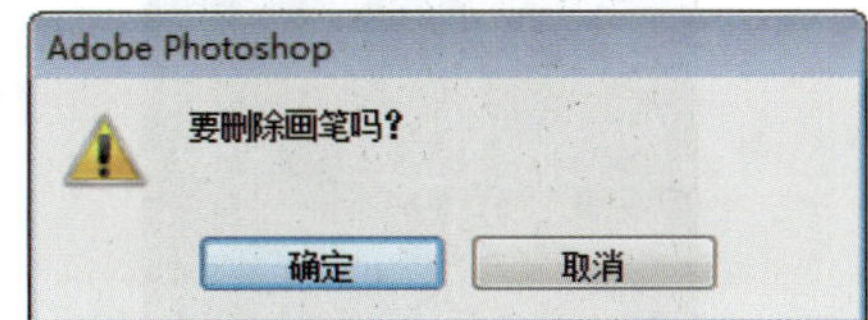

弹出信息提示框

267 新建移动UI图像路径

Photoshop CC是一个标准的位图软件，但仍然具有较强的矢量线条绘制功能，系统本身提供了非常丰富的线条形状绘制工具，如钢笔工具、矩形工具、圆角矩形工具以及多边形工具等，这些都是绘制移动UI图像时必须掌握的路径工具。

路径多用锚点来标记路线的端点或调整点，当创建的路径为曲线时，每个选中的锚点上将显示一条或两个方向线和一个或两个方向点，并附带相应的控制柄；方向线和方向点的位置决定了曲线段的大小和形状，通过调整控制柄，方向线或方向点随之改变，且路径的形状也将改变。

在 Photoshop CC 中，“路径”面板用于保存和管理路径，面板中显示了每条存储的路径，当前工作路径和当前矢量蒙版的名称和缩览图。单击“窗口”|“路径”命令，即可展开“路径”面板，当创建路径后，在“路径”面板上就会自动创建一个新的工作路径。

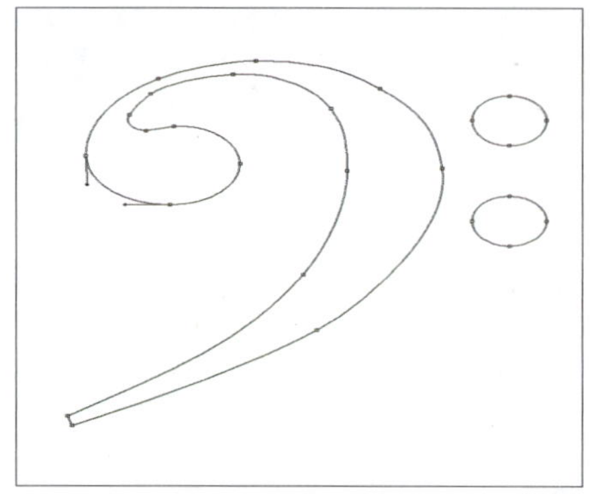

路径示意图

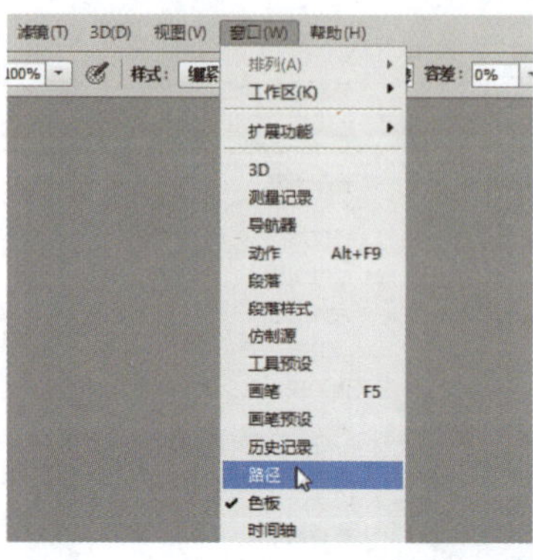

单击“路径”命令

展开“路径”面板

知识链接

“路径”面板中各主要选项含义如下。

- **工作路径：**显示了当前文件中包含的路径、临时路径和矢量蒙版。
- **用前景色填充路径**：可以用当前设置的前景色，填充被路径包围的区域。
- **用画笔描边路径**：可以按当前选择的绘画工具和前景色沿路径进行描边。
- **将路径作为选区载入**：可以将创建的路径作为选区载入。
- **从选区生成工作路径**：可以将当前创建的选区生成为工作路径。
- **添加图层蒙版**：可以为当前图层创建一个图层蒙版。
- **创建新路径**：可以创建一个新路径层。
- **删除当前路径**：可以删除当前选择的工作路径。

运用钢笔工具、自由钢笔工具或其中任意一种绘制路径的工具在图像文件中绘制，即可绘制出新路径。要绘制另一条路径并希望其独立显示，可以在面板中单击“创建新路径”按钮，即可得到“路径 1”。使用路径绘制工具绘制路径时，如果当前没有在“路径”面板中选择任何一个路径，则 Photoshop CC 会自动创建一个“工作路径”。

STEP 1 单击“文件”|“打开”命令，打开一幅素材图像①。

STEP 2 选取工具箱中的钢笔工具，移动鼠标指针至图像编辑窗口中的合适位置，单击鼠标左键，确定路径起点②，再次移动鼠标指针至图像编辑窗口中的合适位置，单击鼠标左键，即可新建路径③。

知识链接

一条完整的路径是由一个/多个直线路径段或曲线路径段组合而成的。用来连接路径段的对象便是锚点，它们同时也标记了路径段的端点。路径是使用形状或钢笔工具绘制的直线或曲线，是矢量图形，一般包括直线型路径和曲线型路径。

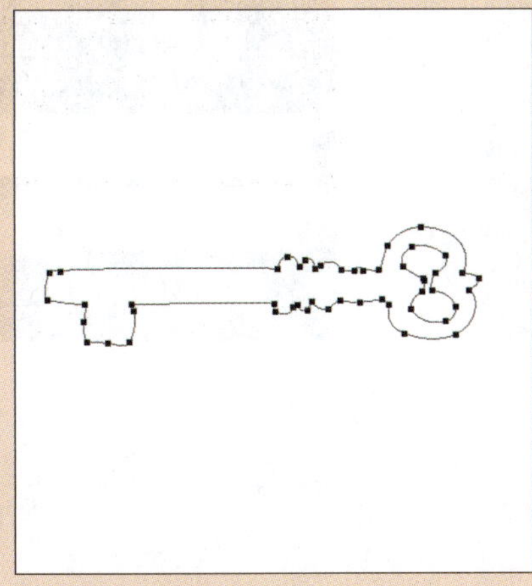
完整路径

直线路径

曲线路径

路径中的锚点可以分为两种：一种是平滑点，另一种是角点。平滑的曲线由平滑点连接而成；转角曲线和直线则是由角点连接而成的。

在曲线路径段上，每个锚点都包含一条或两条方向线，方向线的端点是方向点。方向线指示了曲线的走向，用户可以拖动方向点来调整方向线，将其拉长、拉短或者改变角度，从而改变曲线的形状。当移动平滑点上的方向点时，将同时调整平滑点两侧的曲线路径段。移动角点上的方向点时，则只调整与方向线同侧的曲线路径段。

路径也分为两种，一种是有明确起点和终点的开放式路径，另一种是没有起点和终点的闭合式路径，这两种路径都可以转换为选区。

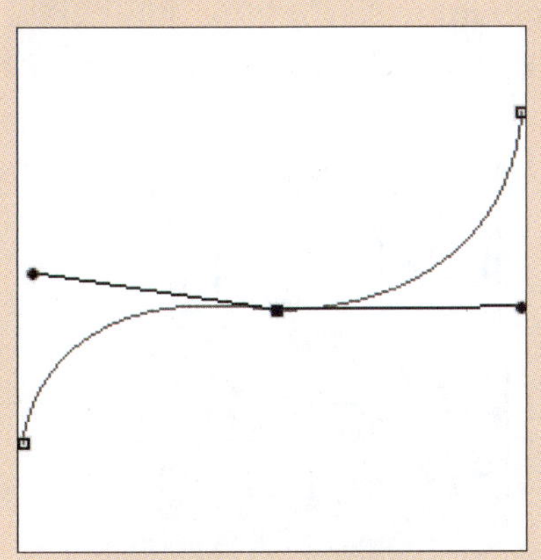
平滑点连接成的平滑曲线

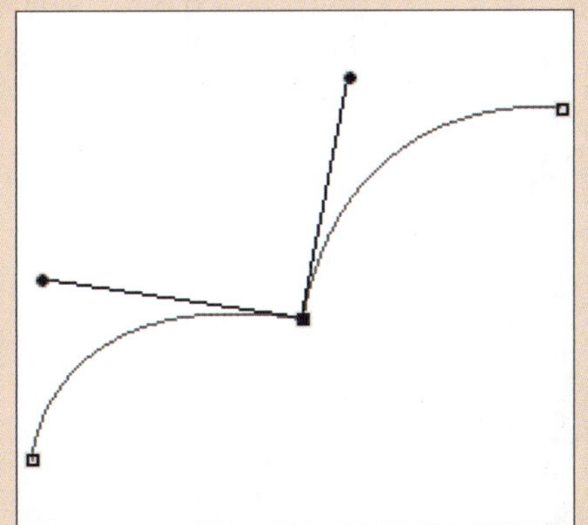
角点连接成的转角曲线

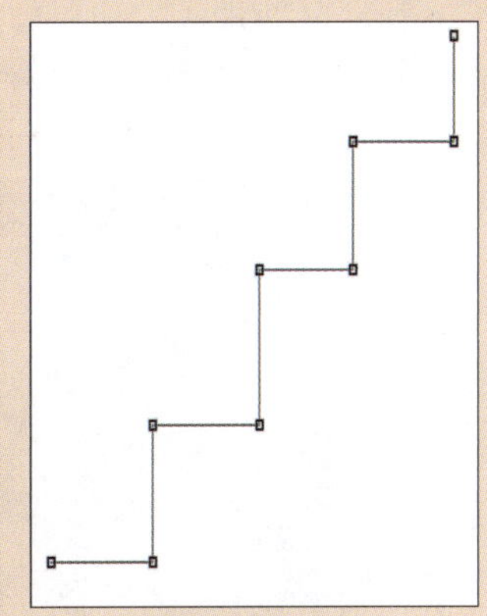
角点连接成的直线

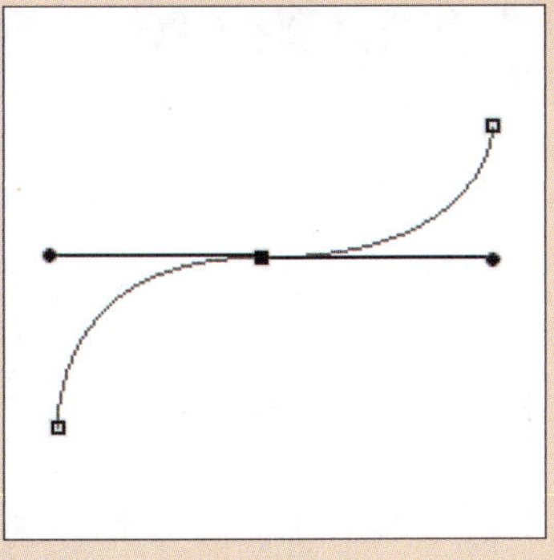
方向点和方向线

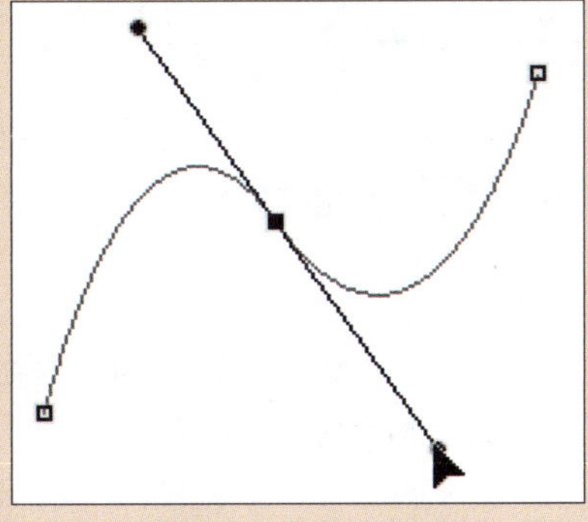
移动平滑点上的方向点

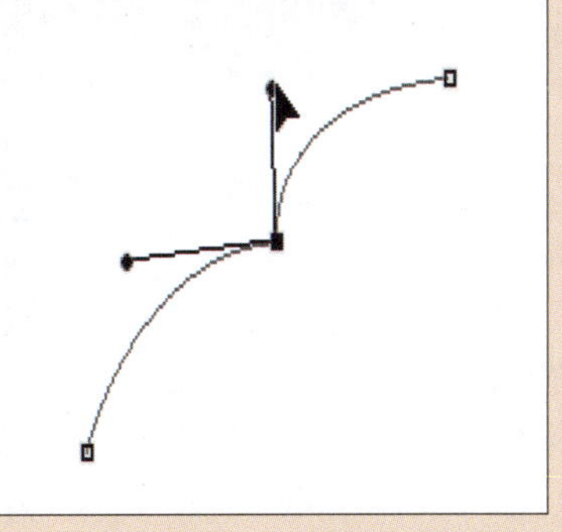
移动角点上的反向点

268 选择移动 UI 图像中的路径

要选择移动 UI 图像中的整条路径，应该选取工具箱中的路径选择工具，直接单击需要选择的路径即可，当整条路径处于选中状态时，路径线呈黑色显示。选取工具箱中的路径选择工具。移动鼠标指针至图像编辑窗口中的路径上，单击鼠标左键，即可选择路径，如右图所示。

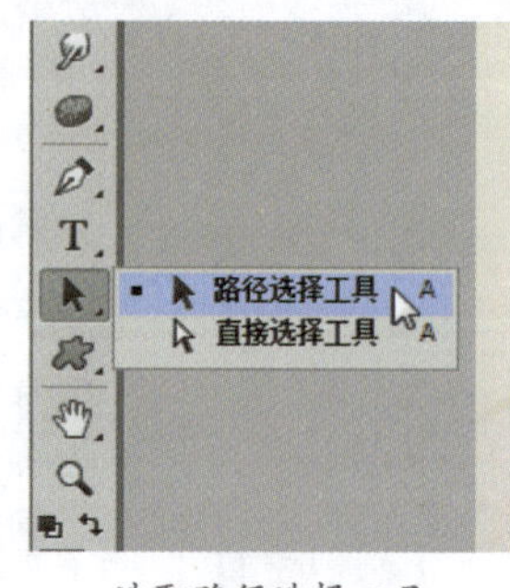

选取路径选择工具

选择路径

知识链接

利用钢笔工具只能创建路径，若要对路径进行编辑、移动等操作，必须将其选中。路径是由锚点与锚点之间的线段组合而成，选择路径有两种方式，一种是选择整条路径，另一种是选择路径的锚点或路径中的某一段，根据选择方法的不同，编辑的效果也不一样，因此最好是根据不同的需要，使用不同的选择路径方式。

如果需要修改路径的外形，应该将路径线的线段选中，可以在工具箱中选取直接选择工具，单击需要选择的路径线段并进行拖动或变换操作。

269 重命名移动 UI 图像中的路径

在设计移动 UI 图像过程中，可能会建立多个路径，用户可以通过重命名路径名称来区分各个路径。新创建的路径会自动命名为“路径 1”“路径 2”“路径 3”等。在“路径”面板中，选择要重命名的路径，通过双击路径的名称，待其名称变为可输入状态时，在文本框中重新输入文字以改变路径的名称。在路径未被保存的情况下，双击“工作路径”，弹出“存储路径”对话框，在“名称”文本框中重新设置名称，即可重命名路径。

展开“路径”面板，在“路径”面板中选择“工作路径”，双击鼠标左键，即可弹出“存储路径”对话框，设置“名称”为“路径 1”，单击“确定”按钮，即可给路径重命名。

展开“路径”面板

设置名称

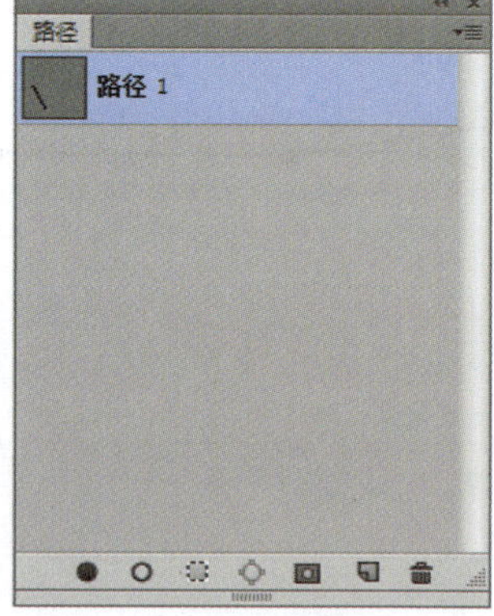

重命名路径

270 保存移动 UI 图像中的工作路径

在没有保存路径的情况下，绘制的新路径会替换原来的旧路径，这也是许多用户在绘制路径之后发现原来路径不存在的原因。在 Photoshop CC 中，任何一个移动 UI 图像文件中都只能存在一个工作路径，如果原来的工作路径没有保存，就继续绘制新路径，那么原来的工作路径就会被新路径取代。

在设计移动 UI 图像过程中，为了避免造成不必要的损失，建议用户养成随时保存路径的好习惯，以免原有的路径被新建的路径替换。

展开"路径"面板,在"路径"面板中选择"工作路径",单击鼠标左键并拖曳至面板右下角的"创建新路径"按钮上,释放鼠标,即可保存"工作路径"为"路径 1"路径。

拖曳鼠标

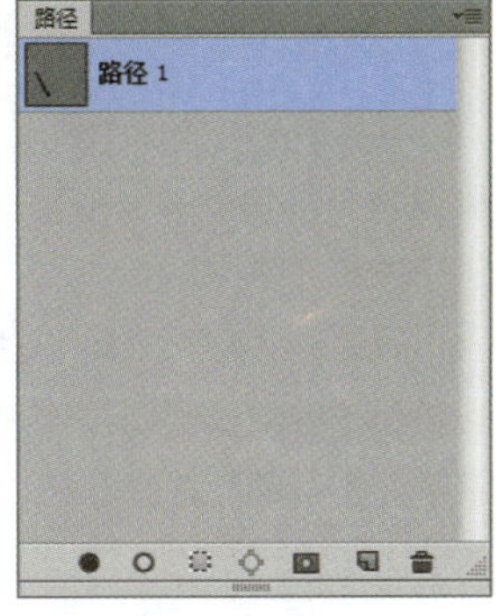

保存路径

271 复制移动 UI 图像中的路径

在设计移动 UI 图像时,用户可以根据需要,对所创建的路径进行复制操作。在"路径"面板中选择"路径 1"路径,单击鼠标右键,在弹出的快捷菜单中选择"复制路径"选项,弹出"复制路径"对话框,单击"确定"按钮,即可得到"路径 1 拷贝"路径。

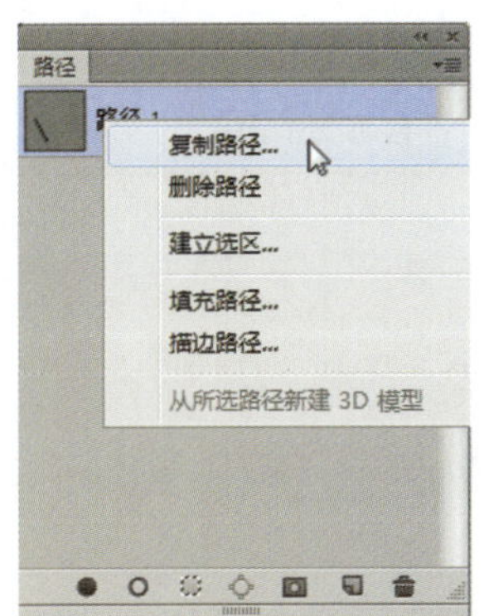

选择"复制路径"选项

弹出"复制路径"对话框

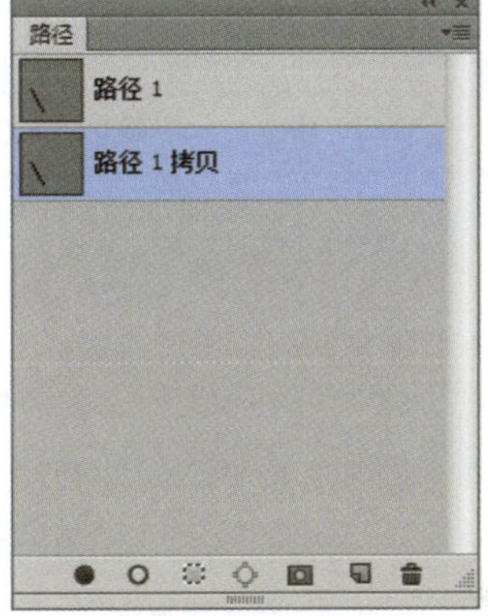

得到"路径1拷贝"路径

272 调整移动 UI 图像中的路径位置

在设计移动 UI 图像时,用户可以根据需要,对所创建的路径进行移动操作。在"路径"面板中选择相应路径,选取工具箱中的路径选择工具,移动鼠标指针至图像编辑窗口中的路径上,按住鼠标左键并拖曳,即可移动路径。

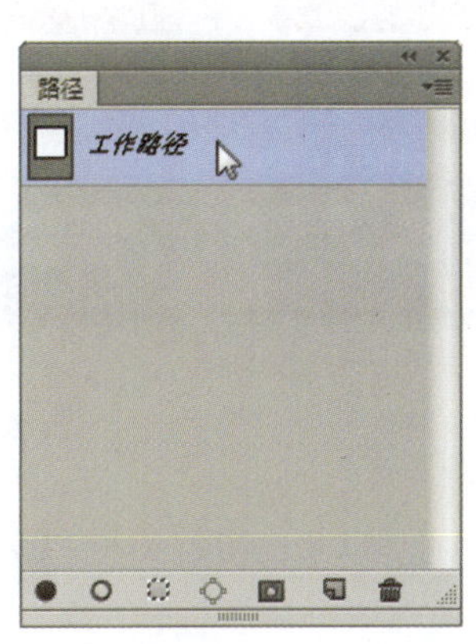

选择路径

显示路径

移动路径

273 删除移动 UI 图像中的路径

在设计移动 UI 图像时，删除路径有多种操作方法，常用的是直接单击“路径”面板底部的“删除”按钮，即可删除所选择的路径。

展开“路径”面板，选择“路径 1 拷贝”路径，单击鼠标右键，在弹出的快捷菜单中选择“删除路径”选项，即可删除路径。

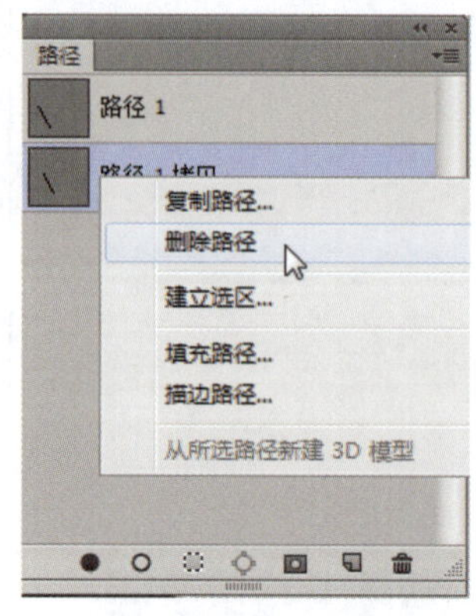

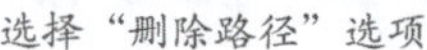
选择“删除路径”选项

删除路径

274 运用钢笔工具绘制闭合移动 UI 路径

钢笔工具是最常用的移动 UI 图像路径绘制工具，可以创建直线和平滑流畅的曲线，通过编辑路径的锚点，可以很方便地改变路径的形状。

钢笔工具属性栏

知识链接

钢笔工具属性栏各选项含义如下。

- **路径**：该列表框中包括图形、路径和像素3个选项。
- **制造**：该选项区中包括有“选择”“蒙版”“图形”3个按钮，使用相应的按钮可以创建选区、蒙版和图形。
- **对齐**：单击该按钮，在弹出的列表框中，可以选择相应的选项对齐路径。
- **自动添加/删除**：选中该复选框，则“钢笔工具”就具有了智能增加和删除锚点的功能。

STEP 1 单击“文件”|“打开”命令，打开一幅素材图像①。

STEP 2 选取工具箱中的钢笔工具②，将鼠标指针移至图像编辑窗口中的合适位置，单击鼠标左键，确认路径的第 1 点③。

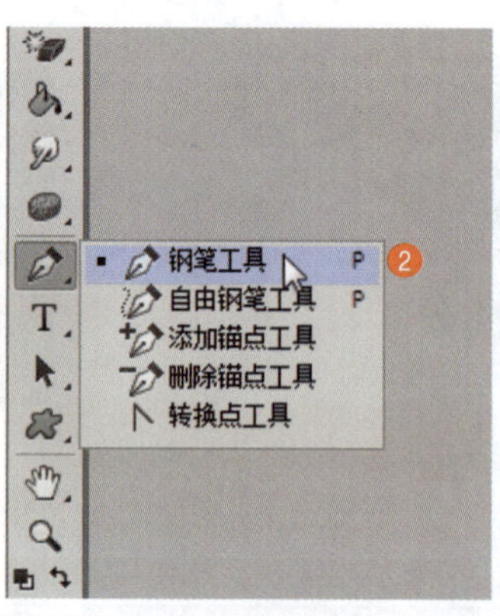

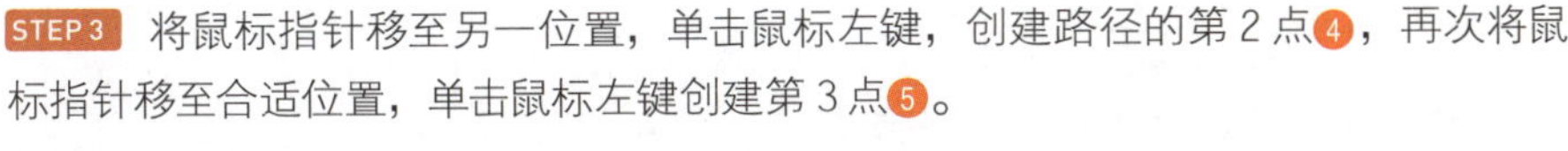

STEP 3 将鼠标指针移至另一位置，单击鼠标左键，创建路径的第 2 点④，再次将鼠标指针移至合适位置，单击鼠标左键创建第 3 点⑤。

STEP 4 用与前面同样的方法，依次单击鼠标左键，创建路径⑥。

知识链接

形状和路径十分相似，但较为明显的区别是，路径只是一条线，它不会随着图像一起打印输出，是一个虚体；而形状是一个实体，可以拥有自己的颜色，并可以随着图像一起打印输出，而且由于它是矢量的，所以在输出的时候不会受到分辨率的约束。

钢笔工具绘制的路径主要分为三大类：直线、平滑曲线和转折曲线。几乎所有形状的路径都是由这3类基本路径构成的。

（1）使用钢笔工具绘制直线

使用钢笔工具绘制直线路径的方法非常简单，在图像上单击鼠标即可，如果在绘制直线路径的同时，按住【Shift】键，即可绘制出水平、垂直或者呈45° 角倍数的直线。

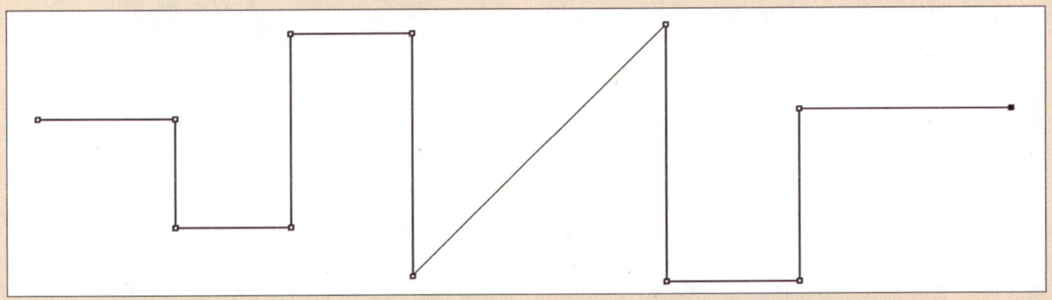

使用钢笔工具绘制直线

使用钢笔工具绘制路径时，按住【Shift】键，如果在已经绘制好的路径上单击鼠标则表示禁止自动添加和删除锚点的操作，如果在路径之外单击鼠标则表示强制绘制的路径为45° 角的倍数。

路径的类型由其具有的锚点所决定，直线型路径的锚点没有控制柄，因此其两侧的线段为直线。

（2）使用钢笔工具绘制平滑曲线

使用钢笔工具绘制平滑曲线时，需要按住鼠标左键不放并拖曳鼠标，即可在同一个锚点上出现两条位于同一直线且方向相反的方向线。

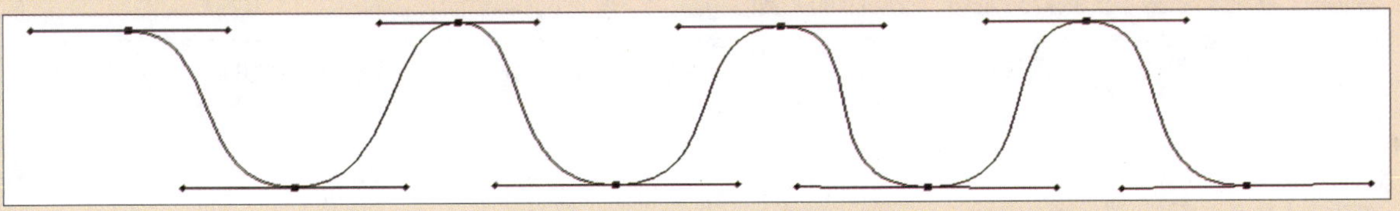

使用钢笔工具绘制平滑曲线

（3）使用钢笔工具绘制转折曲线

使用钢笔工具绘制转折曲线时，需要在拖曳鼠标时按住【Alt】键，即可使同一锚点的两条方向线分开，从而使平滑路径出现转折。

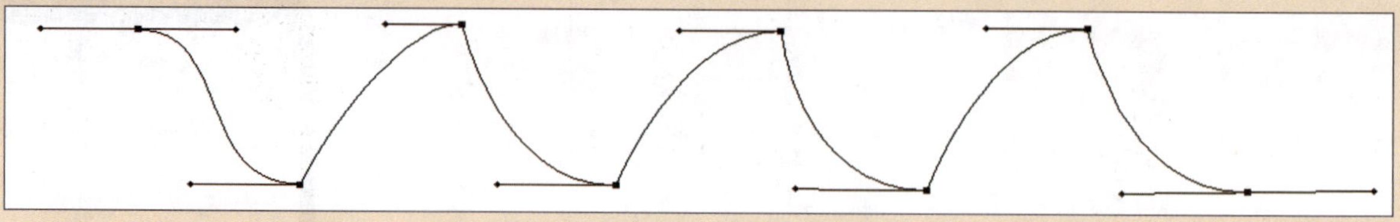

使用钢笔工具绘制转折曲线

（4）临时切换为其他路径工具

使用钢笔工具在绘制路径的时候，如果按住【Ctrl】键，则会临时切换为直接选择工具；如果按住【Alt+Ctrl】组合键，则可以临时切换为路径选择工具；如果按【Alt】键，则可以临时转换为转换点工具。

此外，还可以使用形状类路径工具绘制路径，包括矩形工具、圆角矩形工具、椭圆工具、多边形工具、直线工具和自定义形状工具六大类。其使用方法与基本的矩形选框工具和椭圆选框工具等基本相同。

275 运用钢笔工具绘制开放移动 UI 路径

使用钢笔工具不仅可以绘制闭合路径，还可以绘制开放的直线路径或曲线路径，帮助用户更好地完成移动 UI 图像中的元素设计工作。

新建一个指定大小的空白文档，选取工具箱中的钢笔工具，移动鼠标指针至空白画布左侧，单击鼠标左键并拖曳，释放鼠标左键，拖曳鼠标至右侧，单击鼠标左键并拖曳，绘制出一条开放曲线路径，如下图所示。

单击鼠标左键并拖曳

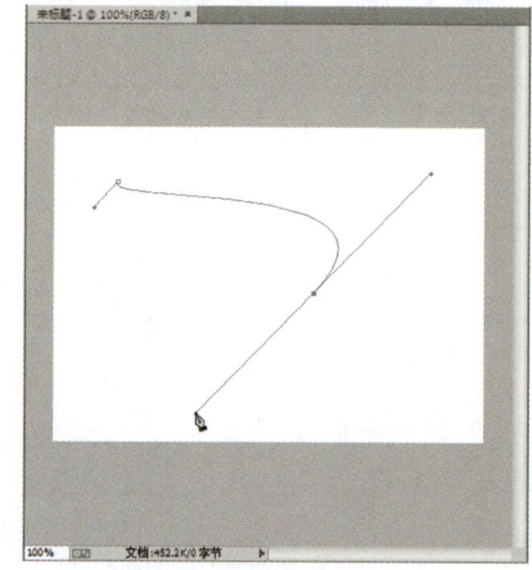

绘制出一条开放曲线路径

276 运用自由钢笔工具绘制移动 UI 路径

用户运用自由钢笔工具可以随意绘图，不需要像使用钢笔工具那样通过创建锚点来绘制路径。自由钢笔工具属性栏与钢笔工具属性栏基本一致，只是将“自动添加 / 删除”变为“磁性的”复选框。

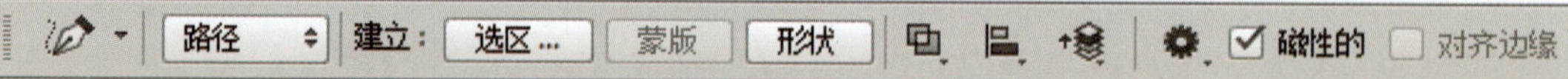

知识链接

在自由钢笔工具属性栏中，选中“磁性的”复选框，在创建路径时，可以仿照磁性套索工具的用法设置平滑的路径曲线，对创建具有轮廓的图像的路径很有帮助。

STEP 1 单击“文件”|“打开”命令，打开一幅素材图像①。

STEP 2 选取工具箱中的自由钢笔工具，移动鼠标指针至工具属性栏中，选中“磁性的”复选框②，将鼠标指针移动至图像编辑窗口中的合适位置，单击鼠标左键，确定起始位置③。

STEP 3 沿图像边缘拖曳鼠标，创建一个闭合路径④，按【Ctrl＋Enter】组合键，将所选路径转换为选区⑤。

STEP 4 在菜单栏中单击“图像”|“调整”|“色相/饱和度”命令⑥。

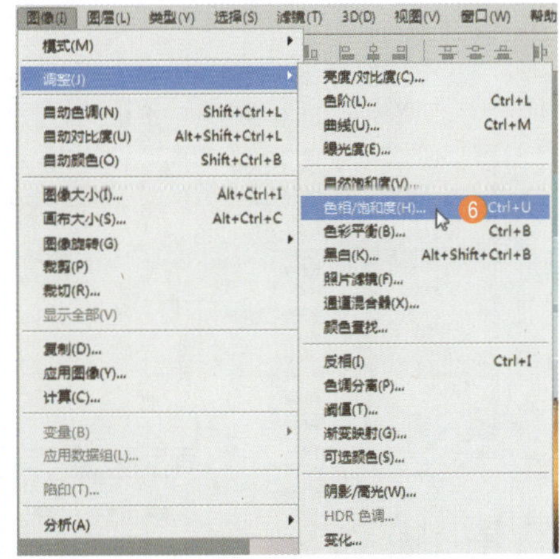

STEP 5 执行上述操作后，即可弹出“色相/饱和度”对话框，设置“饱和度”为20⑦。

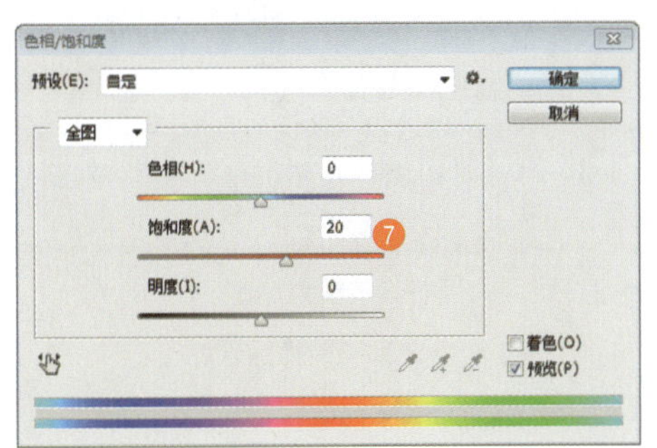

STEP 6 单击“确定”按钮，即可调整选区中的颜色⑧，按【Ctrl＋D】组合键，取消选区⑨。

277 运用选区创建移动 UI 图像路径

在“路径”面板中可以将移动 UI 图像中的选区保存为路径，也可以将路径作为选区载入。

STEP 1 单击“文件”|“打开”命令，打开一幅素材图像❶，选取工具箱中的魔棒工具，移动鼠标指针至图像编辑窗口中下方的黑色区域，单击鼠标左键，创建选区❷。

STEP 2 展开“路径”面板，单击“路径”面板底部的“从选区生成工作路径”按钮❸，即可将选区转换为路径❹。

知识链接

除上述操作方法可将选区转换为路径以外，用户还可以进行以下方法操作。

- **通过面板菜单命令转换：**该单击“路径”面板菜单中的“建立工作路径”命令，打开“建立工作路径”对话框，输入“容差”值后，单击“确定”按钮，即可将选区转换为路径。“容差”（范围为0.5像素~10像素）决定了转换为路径后，所包含的锚点数量，该值越高，锚点越少。一般来说，锚点数量较多时，路径也会变得复杂，不仅编辑起来很麻烦，光滑度也会降低。锚点的数量越少，与选区的形状背离越大，但路径比较简单、平滑。

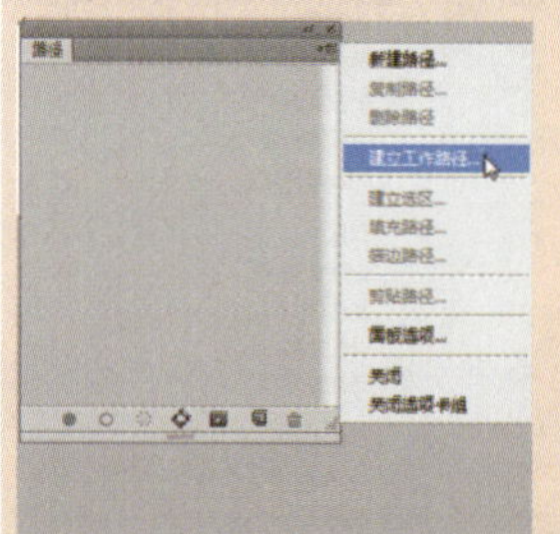

单击“建立工作路径”命令

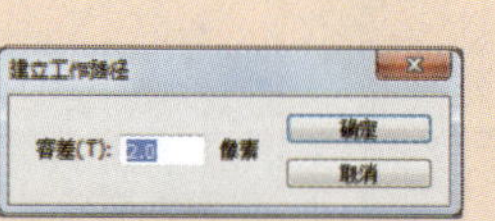

弹出“建立工作路径”对话框

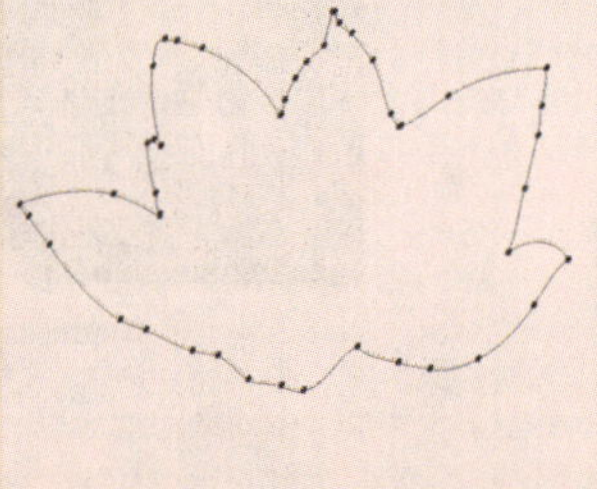

容差值为1像素得到的路径

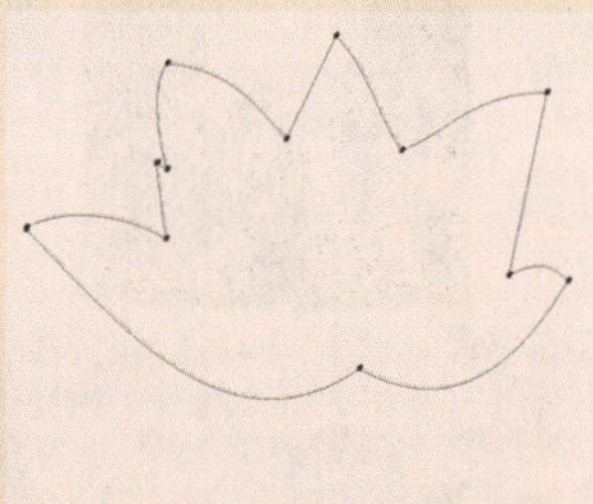

容差值为10像素得到的路径

- **通过快捷菜单命令转换：**如果当前使用的是选框、套索、魔棒等工具，则在画面中单击鼠标右键，可以在打开的快捷菜单中选择“建立工作路径”命令来进行转换。

注意：如果选区进行了羽化，则将其保存为路径时，会消除羽化，只保留清晰的轮廓。以后从该路径中转换选区时，无法恢复原有的羽化效果。

路径与选区可以相互转换，也就是说路径可以变为选区，选区也能变为路径。将路径转换为选区以后，可以利用其他选择工具、图层蒙版或是快速蒙版来编辑选区；当选区转换为路径以后，则可以用路径编辑工具或形状工具对其进行处理。

用户可以通过以下4种方法，将路径转换为选区。

- **通过快捷键转换1：**按住【Ctrl】键的同时，单击“路径”面板中的路径缩览图，即可将其转换为选区。
- **通过快捷键转换2：**在“路径”面板中，单击路径将其选中，按住【Ctrl+Enter】组合键即可转换为选区。
- **通过按钮转换：**在“路径”面板中单击路径，再单击将路径作为选区载入按钮，即可进行转换。

● **通过快捷菜单转换：** 如果当前使用的是钢笔工具、形状工具、路径选择工具或直接选择工具，则在画面中单击鼠标右键，打开快捷菜单，选择“建立选区”命令，即可进行转换。

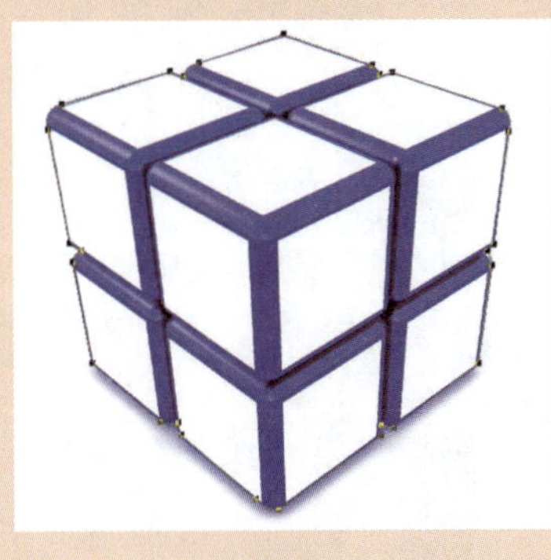

将路径转换为选区

278 在移动 UI 图像中绘制矩形路径形状

在 Photoshop CC 中，不仅可以运用工具箱中的钢笔工具进行绘制路径，还可以运用工具箱中的矢量图像工具绘制不同形状的路径。其中，运用矩形工具可以在移动 UI 图像中绘制出矩形图形、矩形路径或填充像素，可在工具属性栏上设置矩形的尺寸、固定宽高比例等。

矩形工具属性栏

STEP 1 单击“文件”|“打开”命令，打开一幅素材图像①。

STEP 2 选取工具箱中的矩形工具②，在工具属性栏中单击“选择工具模式”按钮，在弹出的列边框中选择“路径”选项③。

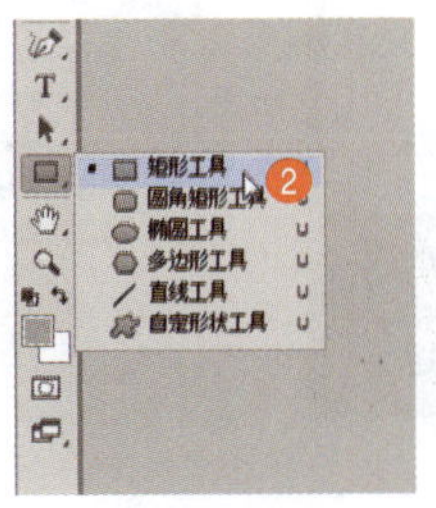

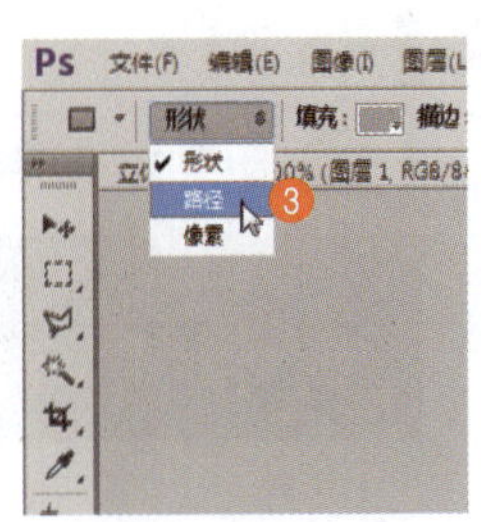

STEP 3 在“图层”面板中选择“背景”图层④，移动鼠标指针至图像编辑窗口中的合适位置，按住鼠标左键并拖曳，创建一个矩形路径⑤。

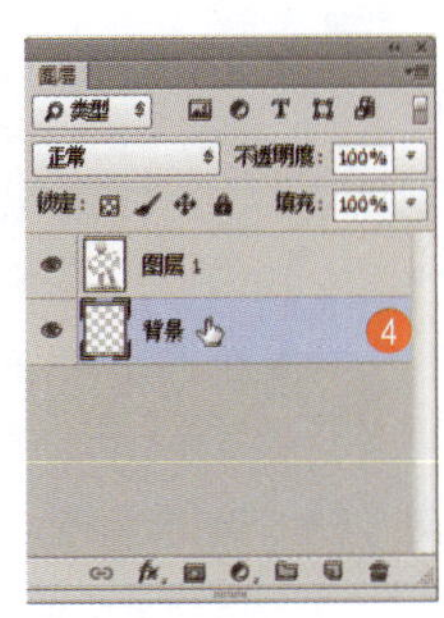

STEP 4 在工具箱底部单击前景色色块，弹出“拾色器（前景色）”对话框，设置前景色为灰色（RGB 参数值均为164）❻。

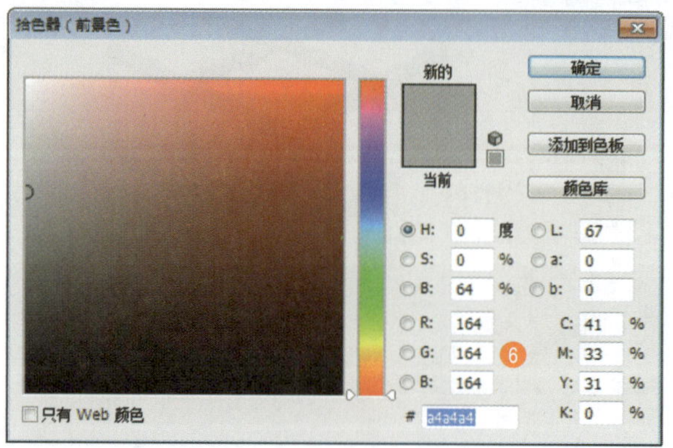

STEP 5 单击“确定”按钮，按【Alt + Delete】组合键，填充前景色❼。

279 在移动 UI 图像中绘制圆角矩形路径形状

圆角矩形工具用来绘制圆角矩形，选取工具箱中的圆角矩形工具，在工具属性栏的“半径”文本框中可以设置圆角半径。选取工具箱中的圆角矩形工具，移动鼠标指针至图像编辑窗口中的合适位置，按住鼠标左键并拖曳即可创建圆角矩形路径。

原图

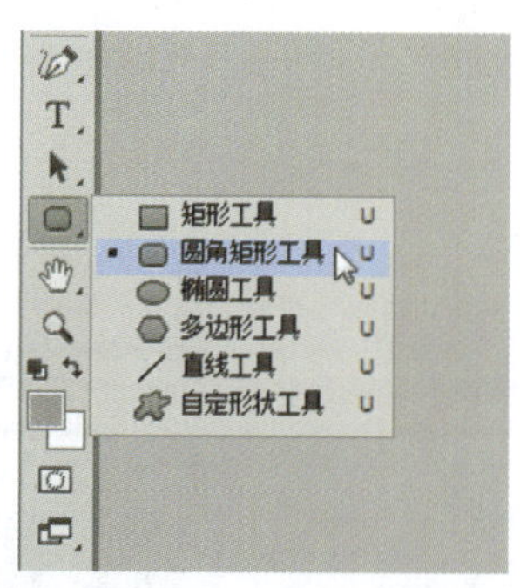

选取工具箱中的圆角矩形工具

绘制圆角矩形路径

280 在移动 UI 图像中绘制多边形路径形状

在设计移动 UI 图像时，使用多边形工具可以创建等边多边形，如等边三角形、五角星以及星形等。

知识链接

“多边形选项”面板各选项含义如下。

- **半径：**设置多边形或星形的半径长度，此后按住鼠标左键并拖曳时将创建指定半径值的多边形或星形。
- **平滑拐角：**创建具有平滑拐角的多边形和星形。
- **星形：**选中该选项可以创建星形。在“缩进边依据”选项中可以设置星形边缘向中心缩进的数量，该值越高，缩进量越大。选中“平滑缩进”，可以使星形的边平滑地向中心缩进。
- **平滑缩进：**选中该复选框可以使星形的边平滑的向中心缩进。

STEP 1 单击"文件"|"打开"命令，打开一幅素材图像①。

STEP 2 选取工具箱中的多边形工具②，在工具属性栏中，设置"边"为5，单击"几何选项"按钮，在弹出的"多边形选项"面板中选中"星形"复选框③。

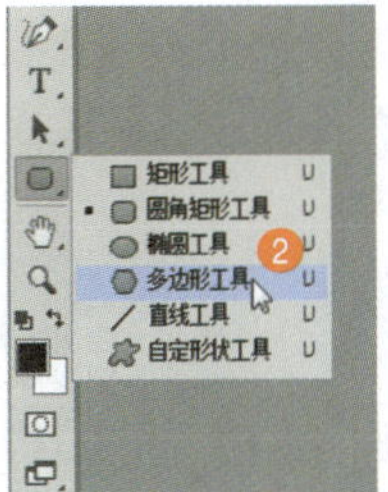

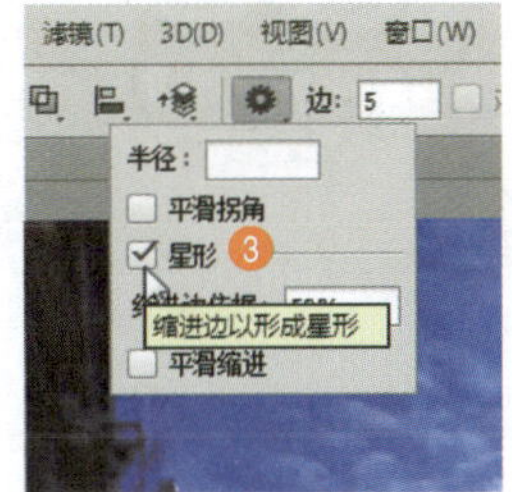

STEP 3 移动鼠标指针至图像编辑窗口中，按住鼠标左键并拖曳，即可创建五角星路径④，按【Ctrl+Enter】组合键，将路径转换为选区⑤。

STEP 4 设置前景色为白色，按【Alt+Delete】组合键，为选区填充前景色，按【Ctrl+D】组合键，取消选区⑥。

知识链接 设置不同的多边形选项参数，可以绘制不同的多边形效果，用户可以自行选择。

281 在移动 UI 图像中绘制椭圆路径形状

使用椭圆工具可以在移动 UI 图像中绘制椭圆或圆形图形，其使用方法与矩形工具的操作方法相同，只是绘制的形状不同。

选取工具箱中的椭圆工具，移动鼠标指针至图像编辑窗口中的合适位置，按住鼠标左键并拖曳，即可创建一个椭圆路径。

原图

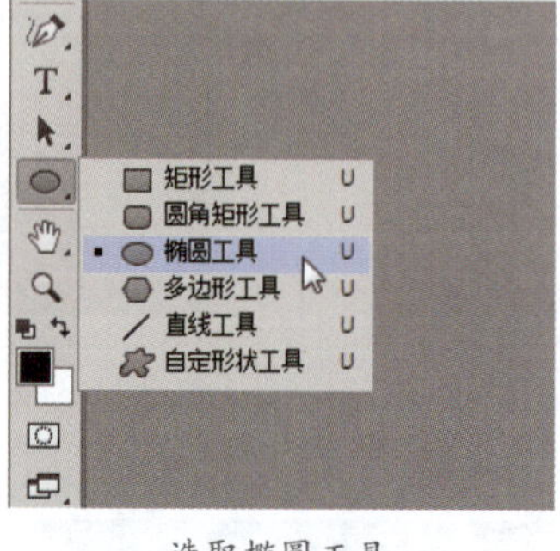

选取椭圆工具

创建一个椭圆路径

282 在移动 UI 图像中绘制直线路径形状

在设计移动 UI 图像时，使用直线工具可以创建直线和带有箭头的线段。在使用直线工具创建直线时，首先需要在工具属性栏中的“粗细”选项区中设置线的宽度。

STEP 1 单击“文件”|“打开”命令，打开一幅素材图像❶。

STEP 2 选取工具箱中的直线工具❷，在工具属性栏中，设置“粗细”为 10 像素，单击设置图标按钮，选中“起点”复选框❸。

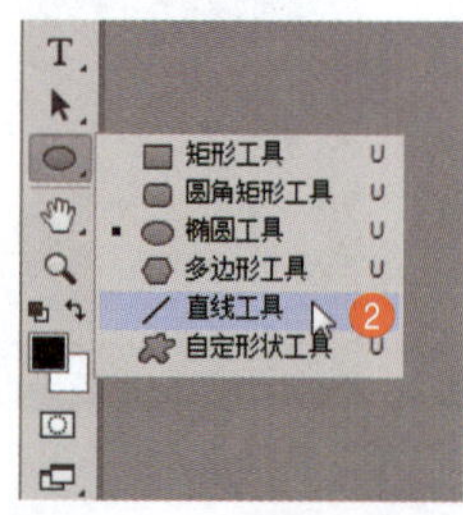

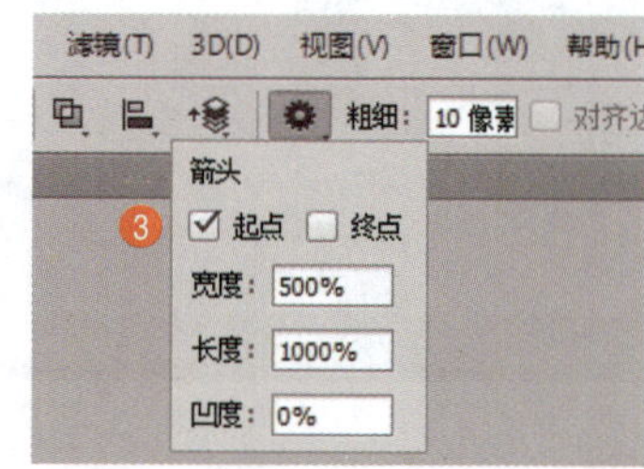

STEP 3 移动鼠标指针至图像编辑窗口中的合适位置，按住鼠标左键并拖曳，绘制一个箭头形状路径❹，按【Ctrl + Enter】组合键，将路径转换为选区❺。

STEP 4 在工具箱底部单击前景色色块，弹出“拾色器（前景色）”对话框，设置前景色为红色（RGB 参数值分别为 255、3、3）❻，单击“确定”按钮。

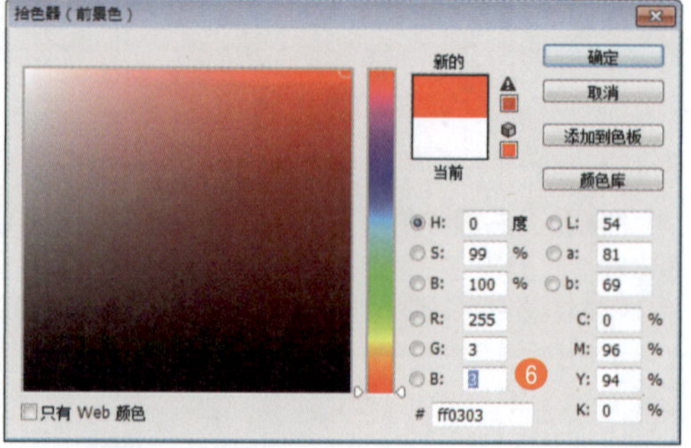

知识链接

"箭头"面板中主要选项含义如下。

- **起点：**用来设置箭头宽度与直线宽度的百分比，范围为10%～1000%。
- **长度：**用来设置箭头长度与直线宽度的百分比，范围为10%～1000%。
- **凹度：**用来设置箭头的凹陷程度，范围为-50%～50%.该值为0%时，箭头尾部平齐；大于0%时，向内凹陷；小于0%时，向外凸出。
- **终点：**选中该复选框，可以在直线的终点添加箭头。

STEP 5 新建"图层 1"图层⑦，按【Alt + Delete】组合键，填充前景色⑧。

STEP 6 按【Ctrl + D】组合键，取消选区⑨。

知识链接

使用直线工具可以绘制直线和箭头，按住【Shift】键的同时，在图像编辑窗口中按住鼠标左键并拖曳，可以绘制水平、垂直或呈45° 的直线。

283 在移动 UI 图像中绘制自定路径形状

在设计移动 UI 图像时，使用自定形状工具可以通过设置不同的形状来绘制形状路径或图形，在"自定形状"拾色器中有大量的特殊形状可供选择。

选取工具箱中的自定形状工具，设置前景色为粉色，在工具属性栏中单击"图形"右侧的下拉按钮，弹出"形状"面板，选择"百合花饰"选项，移动鼠标指针至图像编辑窗口中的合适位置，按住鼠标左键并拖曳，绘制一个百合花饰图形路径。

原图

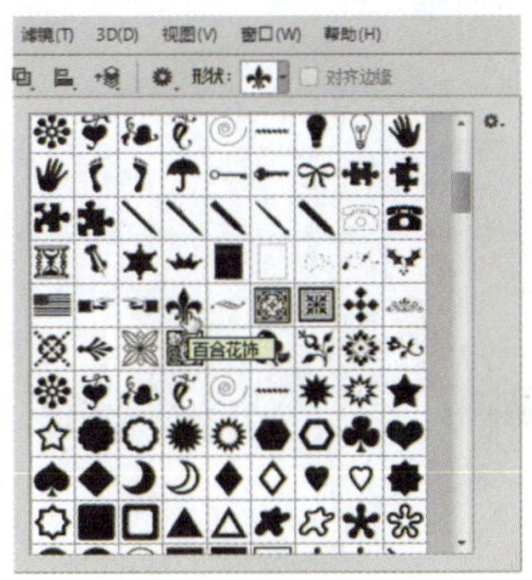

选择"百合花饰"选项

绘制路径

284 在移动 UI 路径中添加或删除锚点

当移动 UI 图像中的路径被选中时，运用添加锚点工具单击要增加锚点的位置，即可增加锚点，运用删除锚点工具，单击鼠标左键即可删除此锚点。

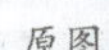

原图

增加锚点

删除锚点

知识链接 在路径被选中的状态下，使用添加锚点工具直接单击要增加锚点的位置，即可增加一个锚点。使用钢笔工具时，若移动鼠标指针至路径上的非锚点位置，则鼠标指针呈添加锚点形状；若移动鼠标指针至路径锚点上，则鼠标指针呈删除锚点形状。

285 平滑移动 UI 图像中的路径锚点

用户在对移动 UI 图像中的路径锚点进行编辑时，经常需要将一个两侧没有控制柄的直线型锚点转换为两侧具有控制柄的圆滑型锚点。

STEP 1 单击“文件”|“打开”命令，打开一幅素材图像❶。

STEP 2 在菜单栏中单击“窗口”|“路径”命令❷，展开“路径”面板，选择“工作路径”路径❸。

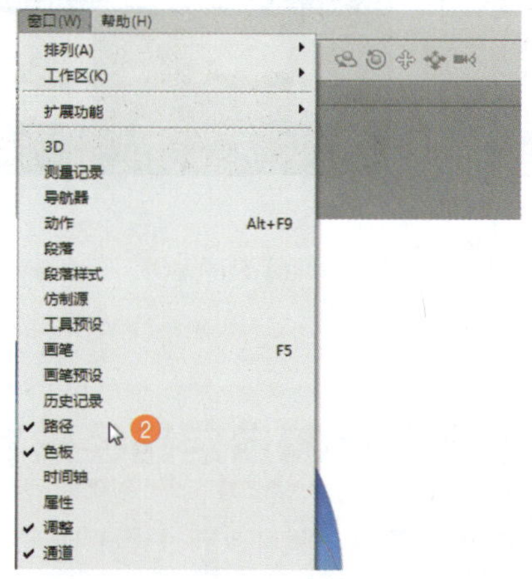

STEP 3 执行上述操作后，即可在图像编辑窗口中显示路径❹。

STEP 4 选取工具箱中的转换点工具，移动鼠标指针至路径的锚点上，按住鼠标左键并拖曳❺，即可平滑锚点❻。

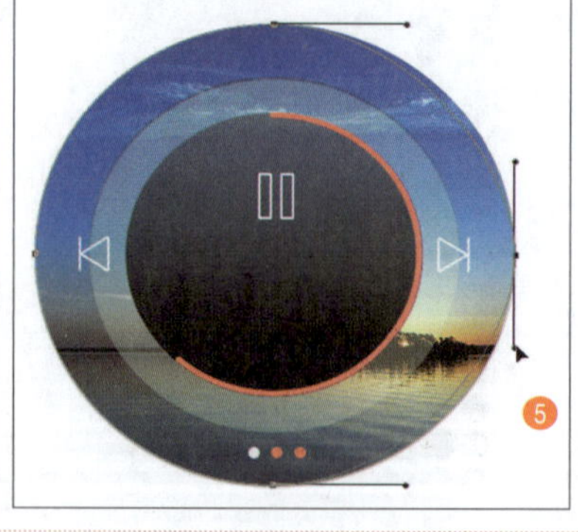

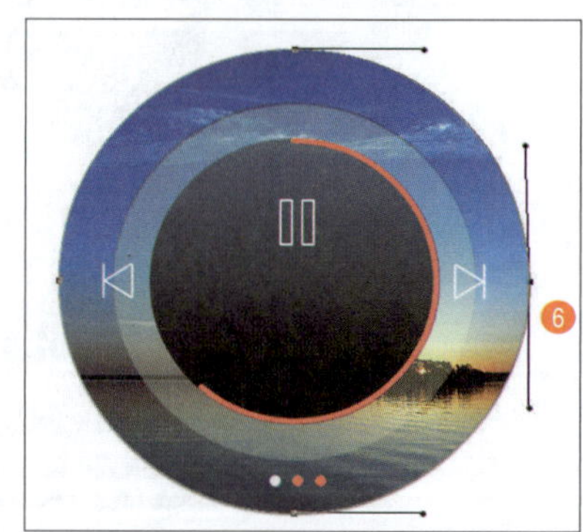

知识链接

在按【Ctrl】键的同时按住鼠标左键并拖曳，即可移动节点。

286 将圆滑型锚点转换为直线型锚点

在运用路径设计移动 UI 元素时，使用转换点工具可以将圆滑型锚点转换为直线型锚点。使用此工具在圆形型锚点单击，即可将锚点转换成为直线锚点。

在图像编辑窗口中显示路径，选取工具箱中的转换点工具 ，移动鼠标指针至路径的锚点上，按住鼠标左键并拖曳，即可尖突锚点。

原图

显示路径

尖突锚点

287 断开移动 UI 图像中的路径

在移动 UI 图像中的路径被选中的情况下，选择单个或多组锚点，按【Delete】键，即可将选中的锚点清除，将路径断开。

选择路径

断开路径

288 连接移动 UI 图像中的路径

在移动 UI 图像中绘制路径时，可能会因为种种原因而得到一些不连续的曲线，用户可以使用钢笔工具来连接这些零散的线段。

显示路径，选取工具箱中的钢笔工具 ，将鼠标指针移至需要连接的第 1 个锚点上，单击鼠标左键，将鼠标指针移至需要连接的第 2 个锚点上，按住鼠标左键并拖曳，即可连接路径。

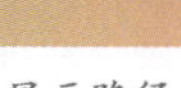
显示路径

单击鼠标左键

连接路径

289 填充移动 UI 图像中的路径

路径的应用主要是指一条路径绘制完成后，将其转换成选区并应用，或者直接对其进行填充操作，制作一些特殊效果。在 Photoshop CC 中，用户在绘制完路径后，可以对路径所包含的区域内填充颜色、图案或快照。

STEP 1 单击“文件”|“打开”命令，打开一幅素材图像①。

STEP 2 选取工具箱中的自定形状工具，在工具属性栏中单击“图形”右侧的下拉按钮，弹出“形状”面板，选择“常春藤 2”选项②，移动鼠标指针至图像编辑窗口中的合适位置，按住鼠标左键并拖曳，绘制自定形状路径③。

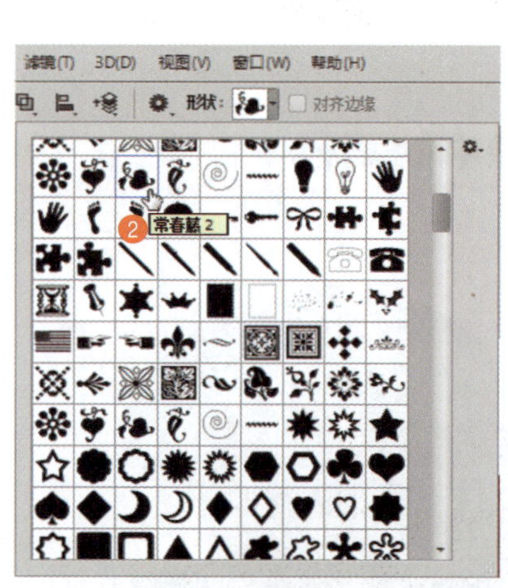

STEP 3 在工具箱底部单击前景色色块，弹出“拾色器（前景色）”对话框，设置前景色为红色（RGB 参数值分别为 214、0、14）④，单击“确定”按钮。

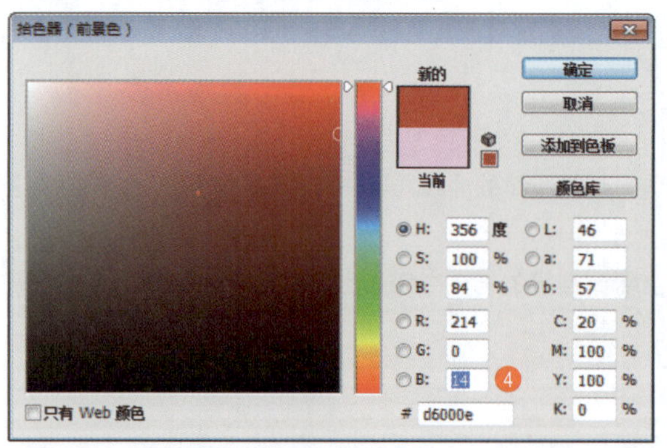

STEP 4 在菜单栏中，单击“窗口”|“路径”命令，展开“路径”面板⑤，在“路径”面板上单击右上方的三角形按钮，在弹出的快捷菜单中选择“填充路径”选项⑥。

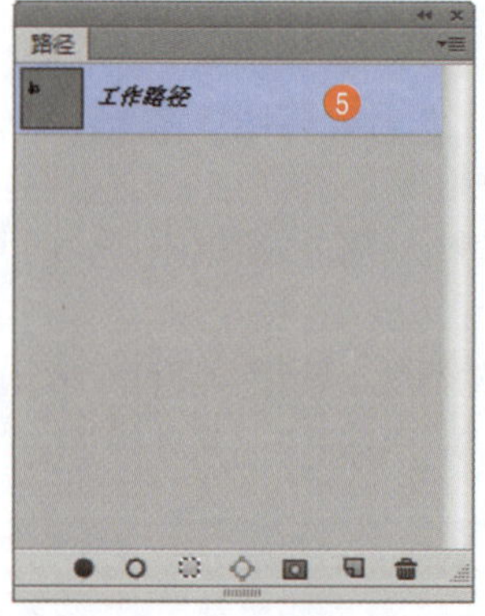

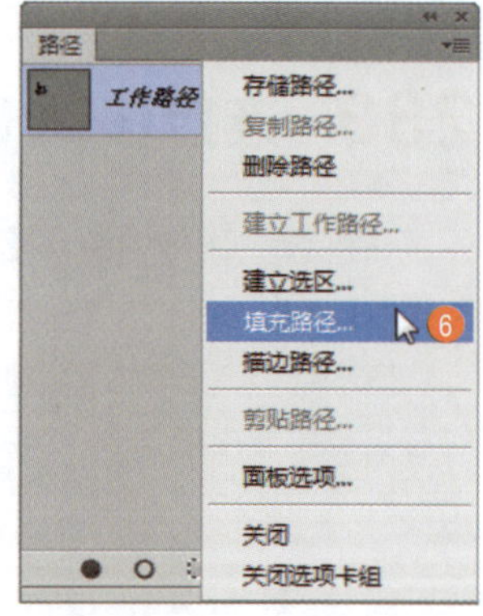

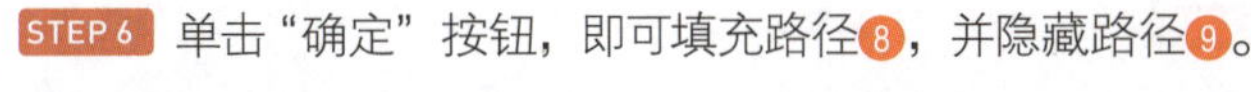

STEP 5 弹出“填充路径”对话框，设置“使用”为“前景色”7。

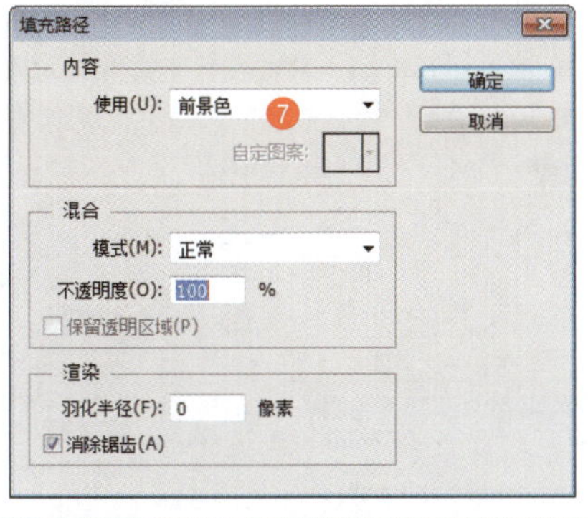

STEP 6 单击“确定”按钮，即可填充路径8，并隐藏路径9。

290 描边移动 UI 图像中的路径

在 Photoshop CC 中，用户在绘制完路径后，通过为路径描边可以得到非常丰富的移动 UI 图像轮廓效果。

STEP 1 单击“文件”|“打开”命令，打开一幅素材图像1，选取工具箱中的路径选择工具，移动鼠标指针至图像编辑窗口中的合适位置，单击鼠标左键，选择需要描边的路径2。

STEP 2 在工具箱底部单击前景色色块，弹出“拾色器（前景色）”对话框，设置前景色为黄色（RGB 参数值分别为 254、222、170），单击“确定”按钮3。

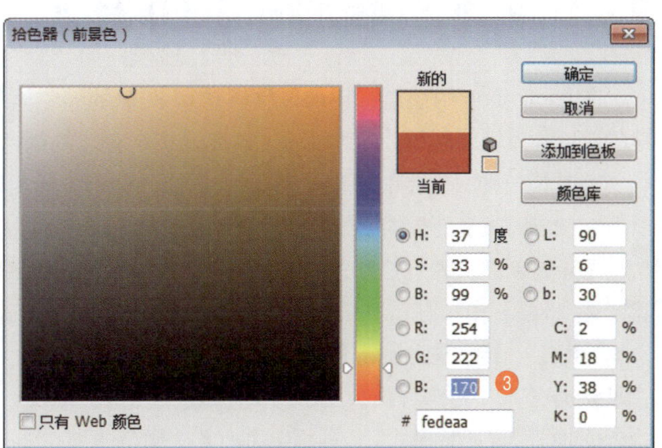

STEP 3 选取工具箱中的画笔工具，在工具属性栏中，设置画笔为“星形 26 像素”选项4。

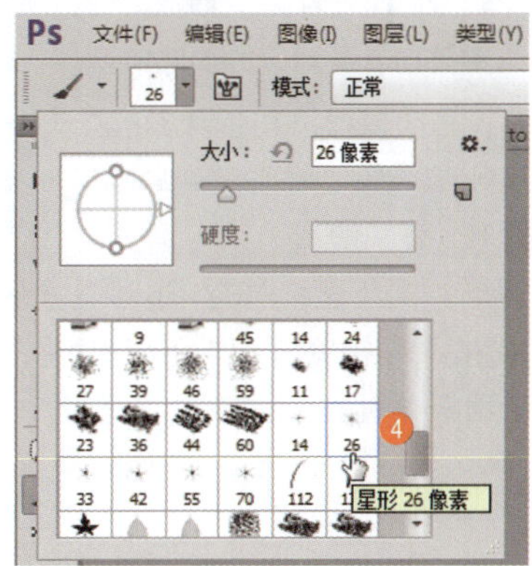

STEP 4 在菜单中单击“窗口”|“路径”命令，展开“路径”面板，单击“用画笔描边路径”按钮 ⑤，即可对路径进行描边操作，隐藏路径⑥。

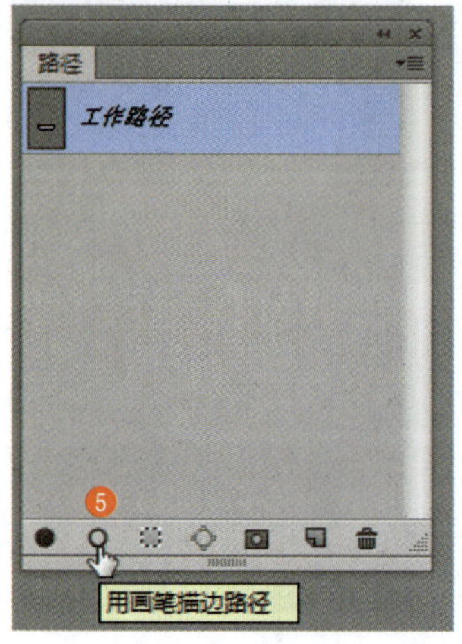

知识链接

除了以上方法描边路径以外，用户还可以进行以下操作：单击“路径”面板右上方的三角形按钮，在弹出的面板菜单中，选择“描边路径”选项，弹出“描边路径”对话框，设置相应选项，单击“确定”按钮，即可描边路径。

在绘制路径的过程中，用户除了需要掌握绘制各类路径的方法外，还应该了解如何运用工具属性栏上的4种运算按钮在路径间进行运算。工具属性栏上的4种运算选项分别为“合并形状”“减去顶层形状”“与形状区域相交”“排除重叠形状”。

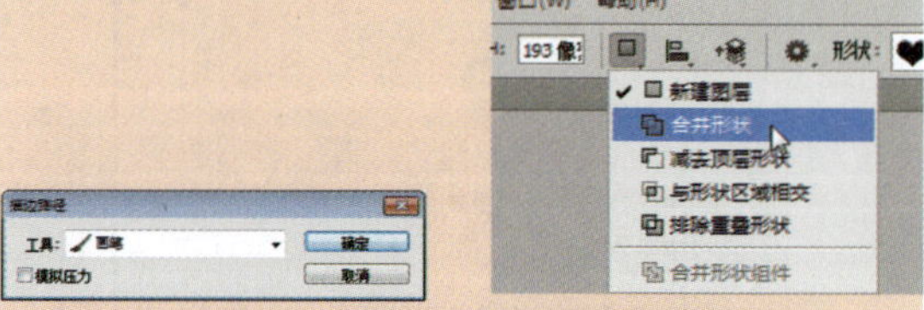

“描边路径”对话框　　　　路径运算选项

路径工具属性栏中各种运算按钮的含义如下。

- **“合并形状”按钮：**在原路径区域的基础上合并新的路径区域。
- **“减去顶层形状”按钮：**在原路径区域的基础上减去新的路径区域。
- **“与形状区域相交”按钮：**新路径区域与原路径区域交叉区域为最终路径区域。
- **“排除重叠形状”按钮：**原路径区域与新路径区域不相交的区域为最终的路径区域。

291 创建通道辅助移动 UI 制图

在 Photoshop 中通道被用来存放移动 UI 图像的颜色信息及自定义的选区，设计者不仅可以使用通道得到非常特殊的选区，以辅助制图，还可以通过改变通道中存放的颜色信息来调整移动 UI 图像的色调。

通道是一种很重要的移动 UI 图像处理方法，它主要用来存储图像色彩的信息和图层中选择的信息，使用通道可以复制扫描时失真严重的图像，还可以对图像进行合成，从而创作出一些意想不到的效果。

无论是新建文件、打开文件或者是扫描文件，当一个图像文件调入 Photoshop CC 后，Photoshop CC 就将为其创建图像文件固有的通道，即颜色通道或原色通道，原色通道的数目取决于图像的颜色模式。

“通道”面板是存储、创建和编辑通道的主要场所。在默认情况下，“通道”面板显示的均为原色通道。当图像的色彩模式为 CMYK 模式时，面板中将有 4 个原色通道，即“青”通道、“洋红”通道、“黄”通道和“黑”通道，每个通道都包含着对应的颜色信息。

当图像的色彩模式为 RGB 色彩模式时，面板中将有 3 个原色通道，即“红”通道、“绿”通道、“蓝”通道。只要将“红”通道、“绿”通道、“蓝”通道合成在一起，则得到一幅色彩绚丽的 RGB 模式图像。在 Photoshop CC 界面中，单击“窗口”|“通道”命令，弹出“通道”面板，在此面板中列出了图像所有的通道。

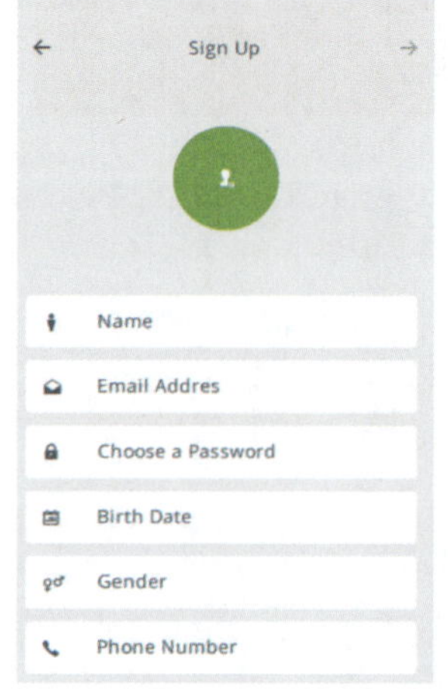

原图

“通道”面板默认状态

知识链接

"通道"面板中各个按钮的含义如下。

- **将通道作为选区载入：** 单击该按钮，可以调出当前通道所保存的选区。
- **将选区存储为通道：** 单击该按钮，可以将当前选区保存为Alpha通道。
- **创建新通道：** 单击该按钮，可以创建一个新的Alpha通道。
- **删除当前通道：** 单击该按钮，可以删除当前选择的通道。

Photoshop CC 提供了很多种用于创建 Alpha 通道的操作方法，用户在设计工程中，根据实际需要选择一种合适的方法。

STEP 1 单击"文件"|"打开"命令，打开一幅素材图像①。

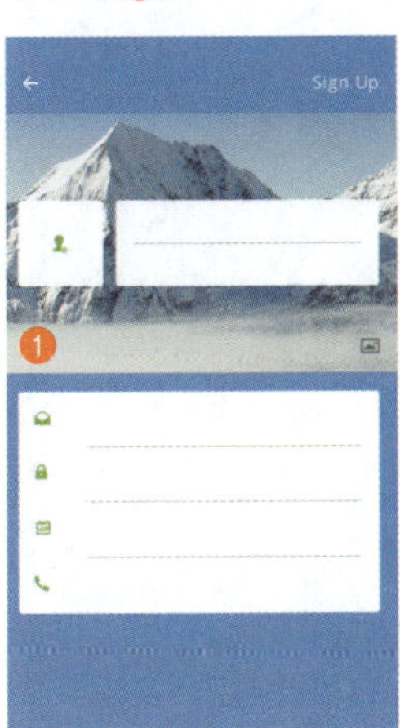

STEP 2 在菜单栏中单击"窗口"|"通道"命令②，展开"通道"面板，单击面板右上角的三角形按钮，在弹出快捷菜单中选择"新建通道"选项③。

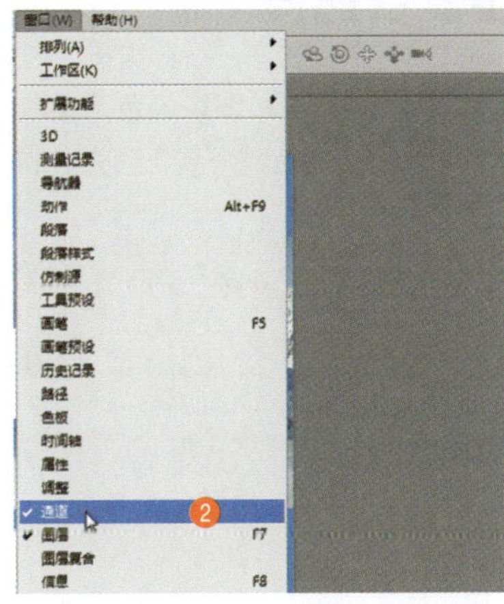

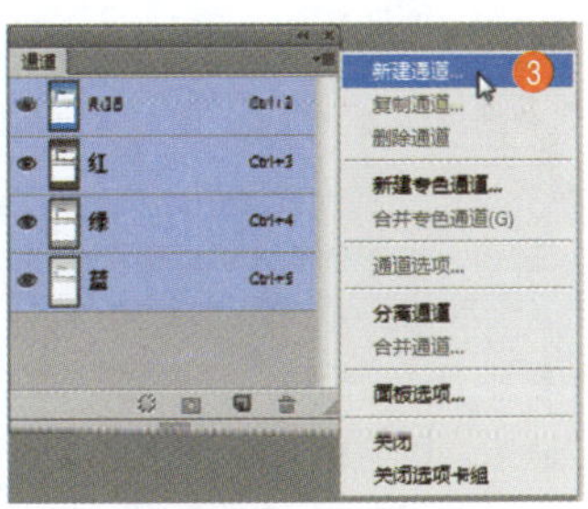

知识链接

在Photoshop CC中，通道除了可以保存颜色信息外，还可以保存选区的信息，此类通道被称为Alpha通道。Alpha通道主要用于创建和存储选区，创建并保存选区后，将以一个灰度图像保存在Alpha通道中，在需要的时候可以载入选区。

创建Alpha通道的操作方法有以下两种。

- **按钮：** 单击"通道"底部的"创建新通道"按钮，可创建空白通道。
- **快捷键：** 按住【Alt】键的同时单击"通道"面板底部的"创建新通道"按钮即可。

STEP 3 执行上述操作后，即可弹出"新建通道"对话框，设置"颜色"为绿色（RGB 参数值分别为 0、255、255）、"不透明度"为 20%④。

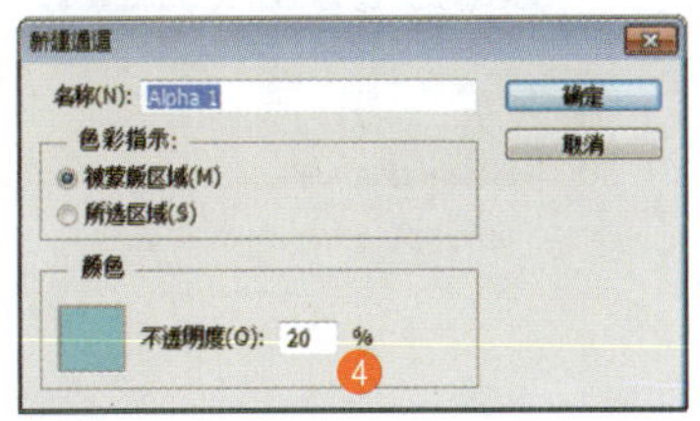

STEP 4 单击"确定"按钮，即可创建一个新的 Alpha 通道，单击面板中 Alpha 1 通道左侧的"指示通道可见性"图标⑤，即可显示 Alpha 1 通道⑥。

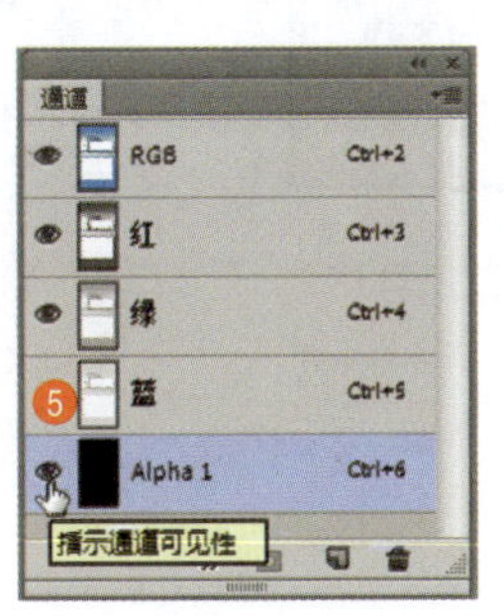

知识链接

通道是一种灰度图像，每一种图像包括一些基于颜色模式的颜色信息通道，颜色通道也称原色通道，主要用于保存图像的颜色信息，颜色通道的数目由图像的颜色模式所决定，RGB颜色模式的图像有4个颜色通道，而CMYK颜色模式的图像则有5个颜色通道。

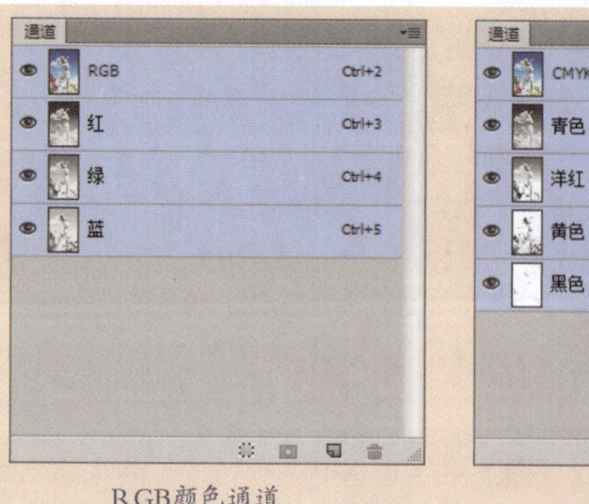

RGB颜色通道

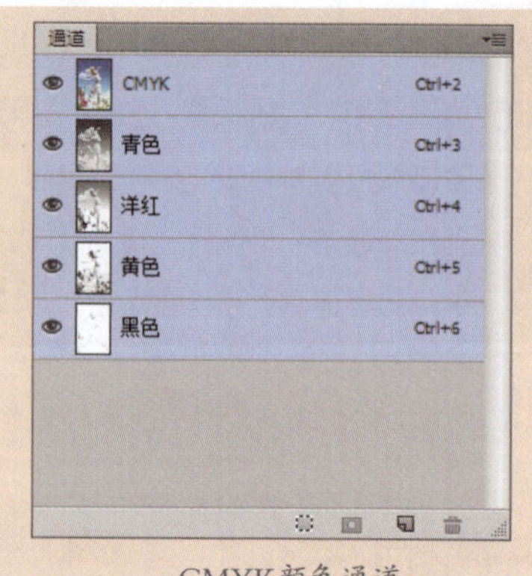

CMYK颜色通道

292 在移动 UI 图像中创建复合通道

复合通道始终以彩色显示，是用于预览并编辑整个移动 UI 图像颜色通道的一个快捷方式。分别单击“红”“绿”“蓝”通道左侧的“指示通道可见性”图标，都可以复合其他两个复合通道，得到不同的颜色显示。

知识链接

在编辑图像时，将新建的选区保存到通道中，可方便用户对图像进行多次编辑和修改。展开“通道”面板，单击面板底部的“将选区存储为通道”按钮，即可保存选区到通道。

在图像编辑窗口中创建选区后，单击“选择”|“存储选区”命令，在弹出的“存储选区”对话框中设置相应的选项，单击“确定”按钮，也可将创建的选区存储为通道。

在菜单栏中单击“窗口”|“通道”命令，即可展开“通道”面板，单击“蓝”通道左侧的“指示通道可见性”图标，隐藏“蓝”通道，即可创建复合通道。

原图

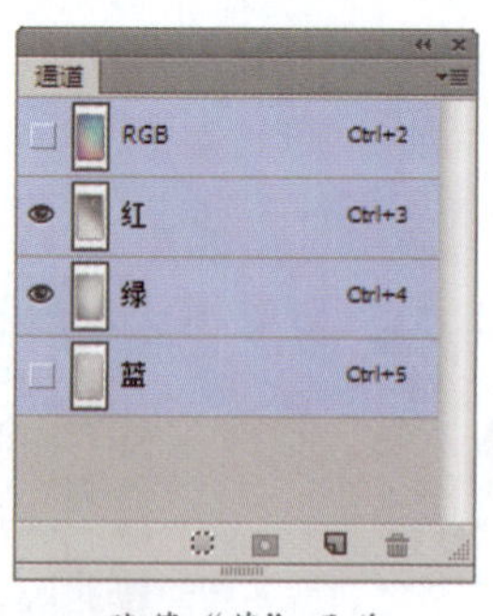

隐藏“蓝”通道

创建复合通道效果显示

293 在移动 UI 图像中创建单色通道

如果将移动 UI 图像中的某一种颜色通道删除，则混合通道及该颜色通道都将被删除，而移动 UI 图像将自动转换为单色通道模式。

在菜单栏中单击“窗口”|“通道”命令，即可展开“通道”面板，选择“蓝”通道，单击鼠标右键，在弹出的快捷菜单中选择“删除通道”选项，即可创建单色通道。

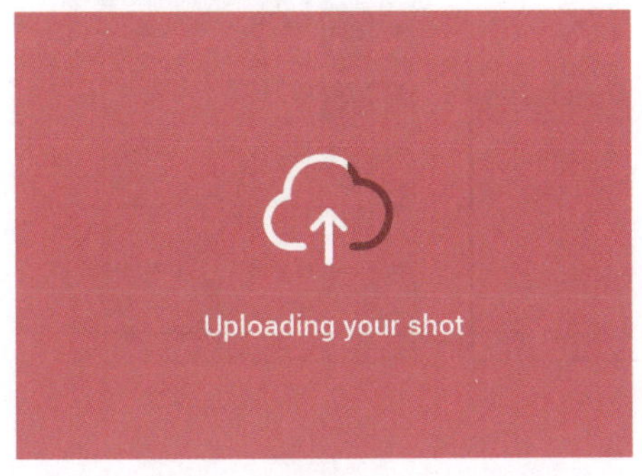

原图

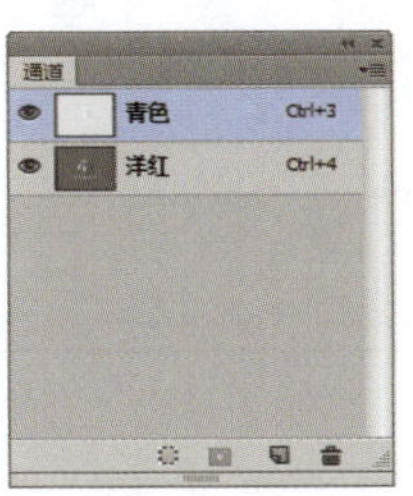

单色通道

创建单色通道效果显示

知识链接：在“通道”面板中随意删除其中一个通道，所有通道都会变成黑白的，原有彩色通道即使不删除也会变成灰度的。

294 在移动 UI 图像中创建专色通道

在移动 UI 图像中创建专色通道，只能用来在屏幕上显示模拟效果，对实际打印输出并无影响。此外，如果新建专色通道之前创建了选区，则新建通道后，将在选区内填充专色通道颜色。专色通道用于印刷，在印刷时每种专色油墨都要求专用的印版，以便单独输出。

展开“通道”面板，单击面板右上角的三角形按钮，在弹出的快捷菜单中选择“新建专色通道”选项，弹出“新建专色通道”对话框，设置“颜色”参数，单击“确定”按钮，即可创建专色通道。

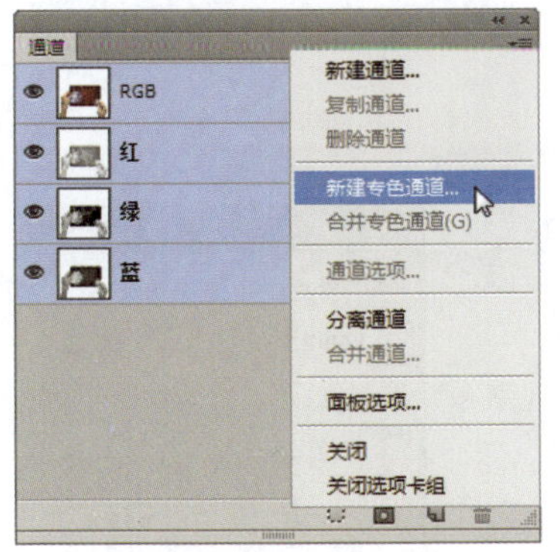

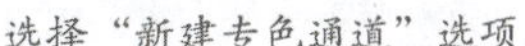
选择“新建专色通道”选项

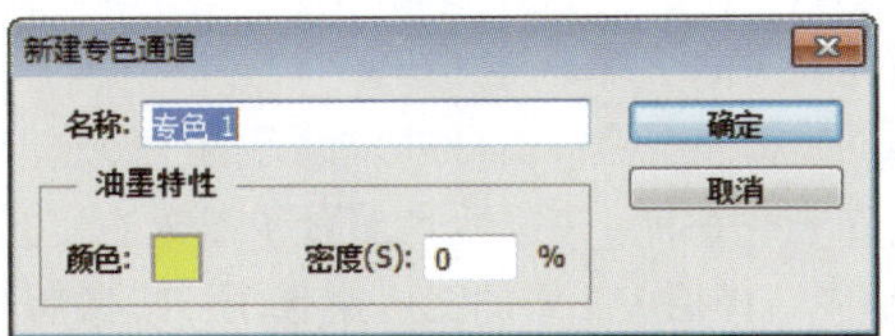

设置参数

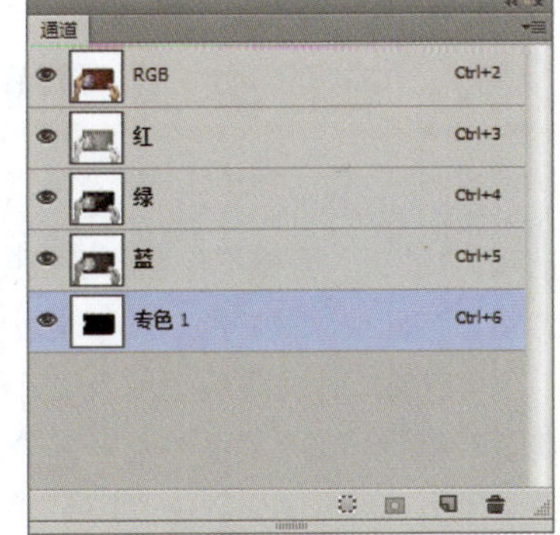

创建专色通道

知识链接：专色通道应用于印刷领域，当需要在印刷物上添加一种特殊的颜色（如金色、银色），就可以创建专色通道，以存放专色油墨的浓度、印刷范围等信息。

295 复制与删除移动 UI 图像中的通道

在处理移动 UI 图像时，有时需要对某一通道进行复制或删除操作，以获得不同的图像效果。展开“通道”面板，选择“蓝”通道，单击鼠标右键，在弹出的快捷菜单中选择“复制通道”选项，即可弹出“复制通道”对话框，单击“确定”按钮，即可复制“蓝”通道。

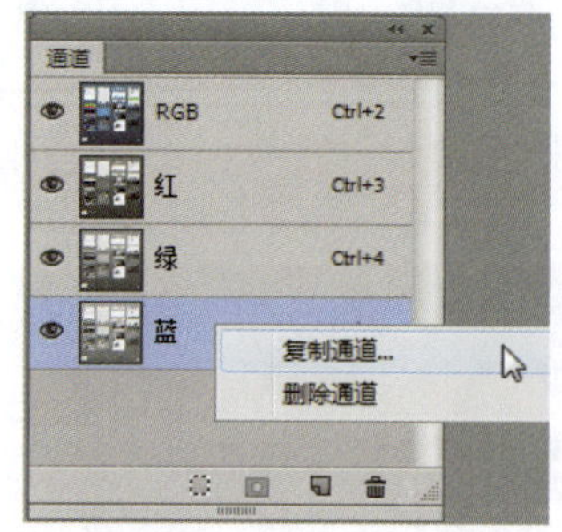

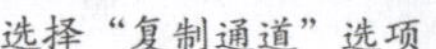
选择“复制通道”选项

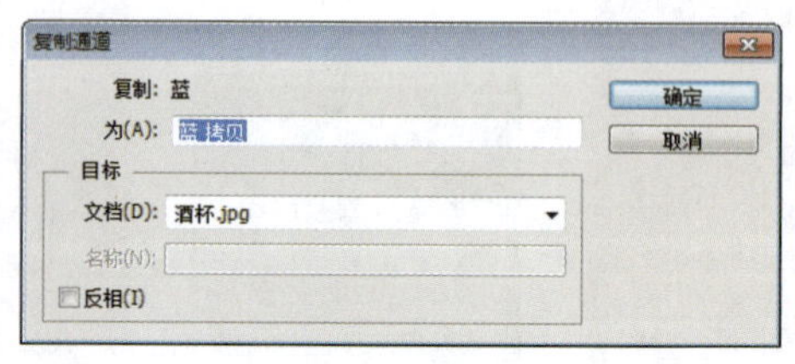

“复制通道”对话框

复制“蓝”通道

知识链接 选择需要复制的通道，单击“通道”面板右上角的三角形按钮，弹出面板菜单，选择“复制通道”选项，也可以复制通道。

选择“蓝 拷贝”通道，按住鼠标左键并将其拖曳至面板底部的“删除当前通道”按钮上，释放鼠标左键，即可删除所选择的通道。

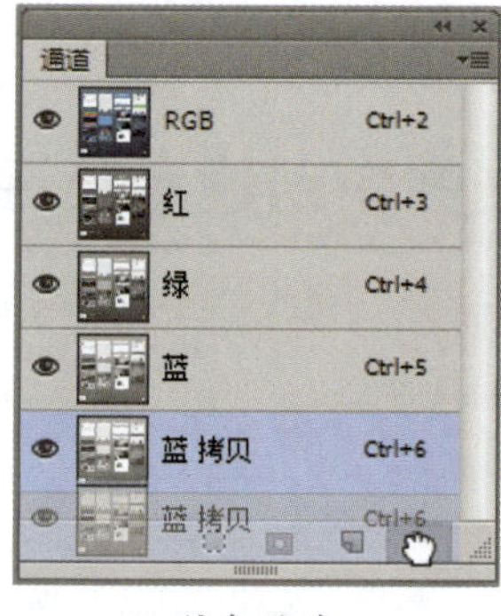

拖曳通道

删除通道

296 在移动 UI 图像中创建剪贴蒙版

在 Photoshop CC 中，“蒙版”面板提供了用于图层蒙版以及矢量蒙版的多种控制选项，“蒙版”面板不仅可以轻松更改移动 UI 图像不透明度、边缘化程度，而且可以方便地增加或删减蒙版、反相蒙版或调整蒙版边缘。

可以简单地将蒙版理解为望远镜的镜筒——镜筒屏蔽外部世界的一部分，使观察者仅观察到出现在镜头中那一部分。在 Photoshop 中蒙版也屏蔽了图像的一部分，而只显示另一部分图像。在“图层”蒙版中选择相应图层的图层蒙版，展开“蒙版”面板。

“蒙版”面板

知识链接

"蒙版"面板各选项含义如下。

- **当前选择的蒙版：**显示了在"图层"面板中选择的蒙版的类型，此时可在"蒙版"面板中对其进行编辑。
- **"从蒙版中载入选区"按钮 ：**单击该按钮，可以从蒙版中载入选区。
- **"应用蒙版"按钮 ：**单击该按钮以后，可以将蒙版应用到当前图像中，同时删除被蒙版遮盖的图像。
- **"停用/启用蒙版"按钮 ：**单击该按钮，或按住【Shift】键的同时，单击蒙版缩览图，可以停用（或重新启用）蒙版。停用蒙版时，蒙版缩览图上会出现一个红色的×。

当前选择的蒙版

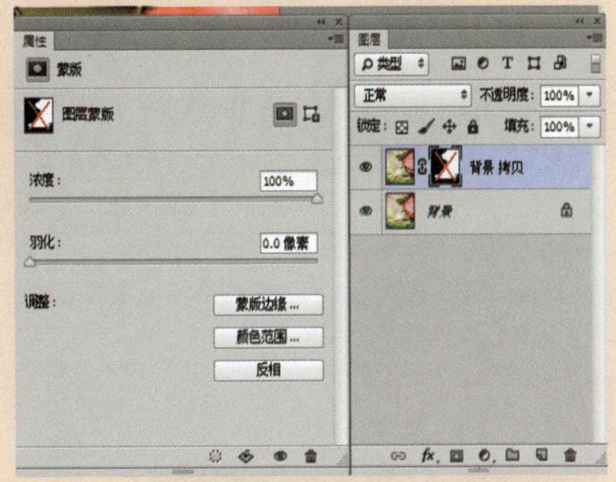

停用/启用蒙版

- **"删除蒙版"按钮 ：**删除当前选择的蒙版。此外，在"图层"面板中将蒙版缩览图拖曳至删除图层按钮上，也可以将其删除。
- **"选择图层蒙版"按钮 ：**单击该按钮，可以选择当前图层蒙版。
- **"添加矢量蒙版"按钮 ：**单击该按钮，则添加矢量蒙版。
- **浓度：**拖动滑块可以控制蒙版的不透明度，即蒙版的遮盖强度。
- **羽化：**拖动滑块可以柔化蒙版的边缘。
- **"蒙版边缘"按钮：**单击该按钮，可以打开"调整蒙版"对话框修改蒙版边缘，并针对不同的背景查看蒙版。这些操作与调整选区边缘基本相同。
- **"颜色范围"按钮：**单击该按钮，可以打开"色彩范围"对话框，通过在图像中取样并调整颜色容差可修改蒙版范围。

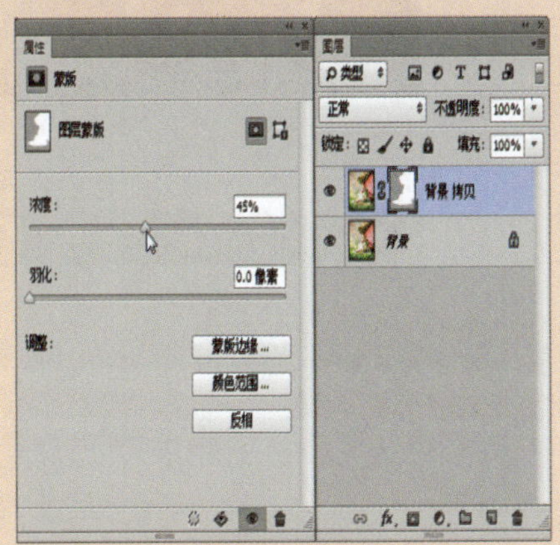

调整蒙版浓度

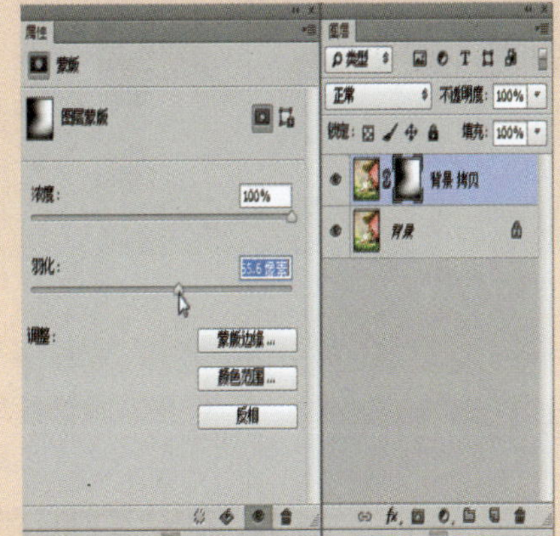

调整蒙版羽化

- **"反相"按钮：**单击该按钮，可以反转蒙版的遮盖区域。

除了使用命令可以创建剪贴蒙版以外，用户还可以在"图层"面板中选择该图层，单击鼠标右键，在弹出的快捷菜单中选择"创建剪贴蒙版"选项。

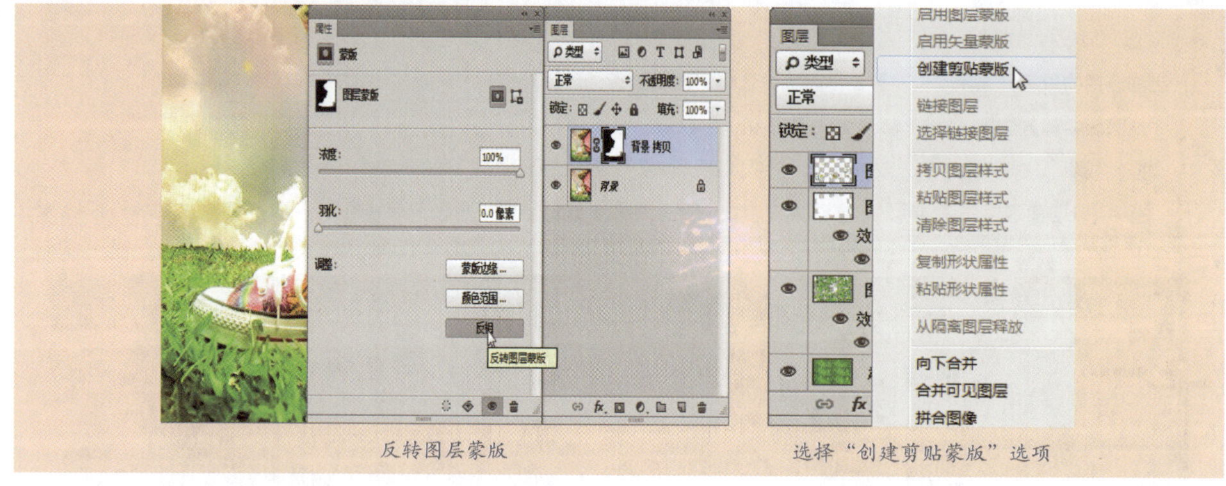

反转图层蒙版　　　　选择“创建剪贴蒙版”选项

用户通过剪贴蒙版可以用一个图层中包含像素的区域来限制它上层图像的显示范围，最大优点是可以通过一个图层来控制多个图层的可见内容。

STEP 1 单击“文件”|“打开”命令，打开一幅素材图像①，选择“图层 2”图层②。

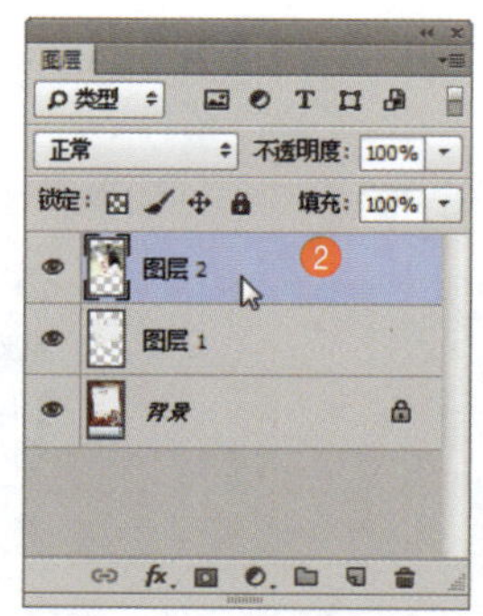

STEP 2 在菜单栏中单击“图层”|“创建剪贴蒙版”命令，即可创建剪贴蒙版③。

知识链接 单击“图层”|“释放剪贴蒙版”命令，即可从剪贴蒙版中释放出该图层，如果该图层上面还有其他内容图层，则这些图层也会一同被释放。

297 设置移动 UI 剪贴蒙版的混合模式

在设计移动 UI 图像时，图层的混合模式对剪贴蒙版的整体效果影响非常大。混合模式对剪贴蒙版的影响分为两类，一类是为内容图层应用混合模式所产生的影响，另一类是为基层应用混合模式所产生的影响。在“图层”面板中，选择剪贴蒙版图层，设置图层的“混合模式”为“叠加”，即可改变移动 UI 图像效果。

原图

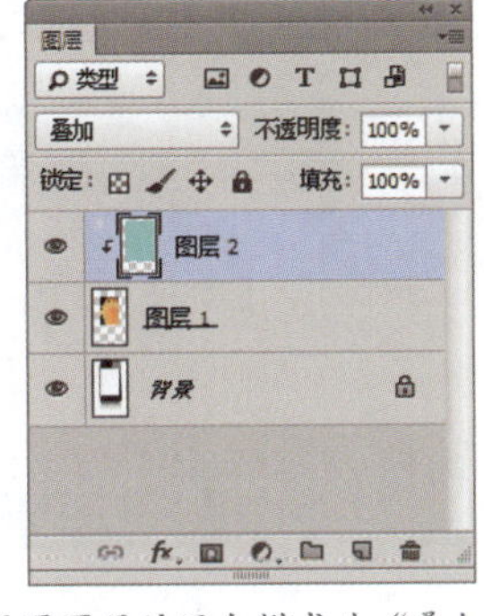

设置图层的混合模式为“叠加”

效果

知识链接 这是一类通过图层与图层之间的关系来控制图层中图像显示区域与显示效果的蒙版，能够实现一对一或一对多的屏蔽效果。对于剪贴蒙版而言，基层图层中的像素分布将影响剪贴蒙版的整体效果，基层中的像素不透明度越高则分布范围就越大，而整个剪贴蒙版产生的效果也越不明显，反之则越明显。

298 设置移动 UI 剪贴蒙版的不透明度

在 Photoshop CC 中，用户可以根据需要，设置移动 UI 图像剪贴蒙版的不透明度。在“图层”面板中，选择相应图层，并设置图层的“不透明度”为 58%，即可改变移动 UI 图像效果。

原图

设置图层“不透明度”为58%的效果

知识链接 与设置剪贴蒙版的混合模式一样，在设置基层的不透明度属性后，将影响整个剪贴蒙版，基层不透明度值越大，则图层内容显示也越清晰；反之，基层的不透明度值越小则图层内容也越暗淡；如果基层的不透明度为0，则整个剪贴蒙版不可见。

299 在移动 UI 图像中创建快速蒙版

快速蒙版是一种手动创建移动 UI 图像选区的方法，其特点是与绘图工具、选框工具等结合起来创建选区，较适用于对选择要求不很高的情况。

选取工具箱中的多边形套索工具，在图像编辑窗口中创建选区，单击工具箱底部的“以标准模式编辑”按钮，即可创建快速蒙版。

创建选区

单击相应按钮

创建快速蒙版

快速蒙版出现的意义是为了制作选择区域，而其制作方法则是通过屏蔽图像的某一个部分，显示另一个部分来达到制作精确选区的目的。快速蒙版通过不同的颜色对图像产生屏蔽作用，效果非常明显。

300 在移动 UI 图像中创建矢量蒙版

与图层蒙版非常相似，矢量蒙版也是一种控制图层中图像显示与隐藏的方法，不同的是，矢量蒙版是依靠路径来限制移动 UI 图像的显示与隐藏，因此它创建的都是具有规则边缘的蒙版。

矢量蒙版是由钢笔、自定义等矢量工具创建的蒙版，矢量蒙版与分辨率无关，常用来制作移动 UI 图像的 Logo、按钮或其他设计元素。

STEP 1 单击“文件”|“打开”命令，打开一幅素材图像①。

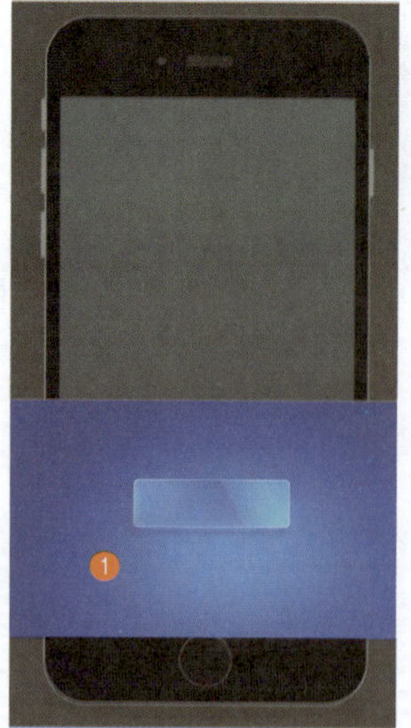

STEP 2 选取工具箱中的圆角矩形工具，设置“选择工具模式”为“路径”，“半径”为 10 像素②。

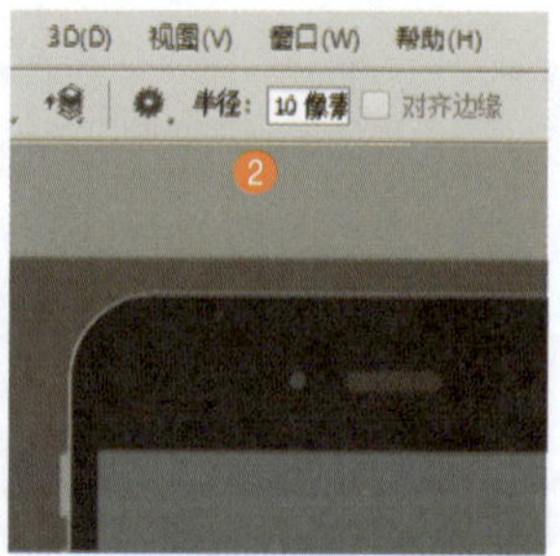

STEP 3 移动鼠标指针至图像编辑窗口中的合适位置，按住鼠标左键并拖曳，绘制一个圆角矩形路径③。

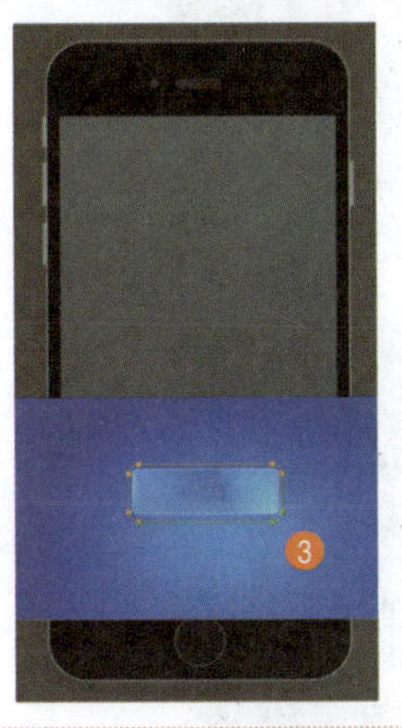

STEP 4 在菜单栏中单击“图层”|“矢量蒙版”|“当前路径”命令④，即可创建矢量蒙版，在“图层”面板中，即可查看到基于当前路径创建的矢量蒙版⑤。

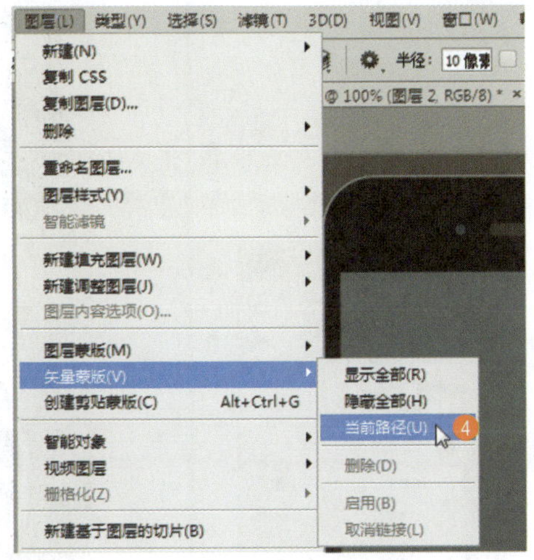

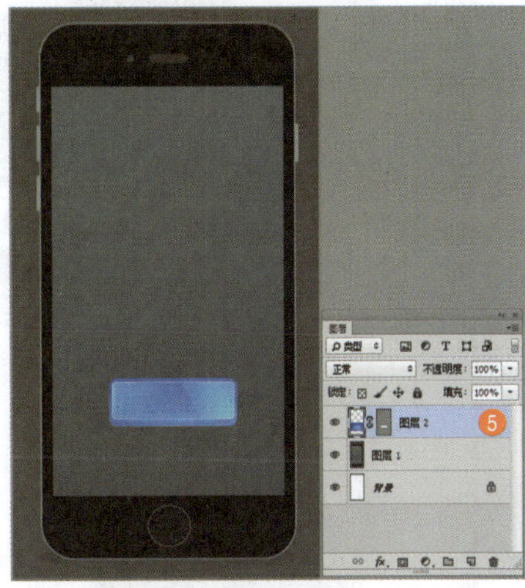

知识链接：矢量蒙版是图层蒙版的另一种类型，但两者可以共存，用于以矢量图像的形式屏蔽图像。矢量蒙版依靠蒙版中的矢量路径的形状与位置，使图像产生被屏蔽的效果。

301 删除移动 UI 图像中的矢量蒙版

在设计移动 UI 图像时，如果创建的矢量蒙版不需要了，用户可以根据需要，删除多余的矢量蒙版。

展开“图层”面板，将图层矢量蒙版拖曳至删除图层按钮上，执行上述操作后，弹出信息提示框，单击“确定”按钮，即可删除矢量蒙版。

拖曳鼠标

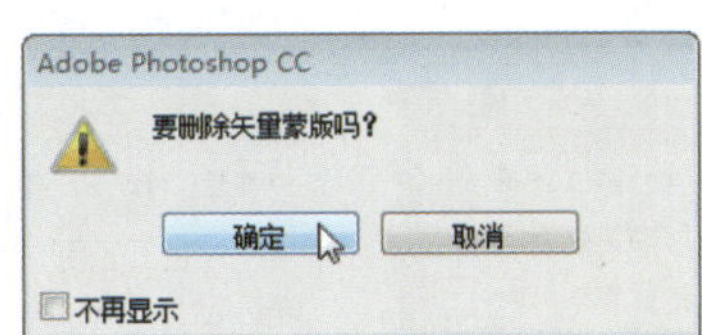

单击“确定”按钮

删除矢量蒙版

知识链接：如果要删除图层矢量蒙版，还可以选择“图层”|“删除矢量蒙版”命令。如果要删除图层矢量蒙版中的某一条或某几条路径，可以使用工具箱中路径选择工具将路径选中，然后按【Delete】键删除。

302 通过选区创建移动 UI 图层蒙版

图层蒙版依靠蒙版中像素的亮度来使图层显示出被屏蔽的效果，亮度越高，屏蔽作用越小，反之则亮度越低，而屏蔽效果越明显。在 Photoshop CC 中，如果当前移动 UI 图像中存在选区，用户可以根据需要将选区转换为图层蒙版。

展开“图层”面板，选择“图层 2”图层，选取工具箱中的矩形选框工具创建一个矩形选区，在“图层”面板中单击底部的“添加图层蒙版”按钮，即可创建图层蒙版，同时改变图像效果。

创建选区

创建图层蒙版

效果

知识链接

在当前图像中存在选区的情况下，单击“添加图层蒙版”按钮，可以从当前选区所选择的范围来显示或隐藏图像，选择范围在转换为图层蒙版后会变为白色图像，非选择范围的区域将变为黑色。

图层蒙版也可以称为像素蒙版或者位图蒙版，是Photoshop中最重要的一类蒙版，也是使用最频繁的一类蒙版，绝大多数图像合成作品都需要使用图层蒙版。

图层蒙版依靠蒙版中像素的亮度来使图层显示出被屏蔽的效果：亮度越高，图层蒙版的屏蔽作用越小；反之，图层蒙版中像素的亮度越低，屏蔽效果越明显。

303 在移动 UI 图像中直接创建图层蒙版

在 Photoshop CC 中编辑移动 UI 图像时，当前不存在选区的情况下时，用户可以直接为某个图层或图层添加图层蒙版。

展开“图层”面板，选择“图层 2”图层，单击“图层”面板底部的“添加图层蒙版”按钮，即可直接创建图层蒙版。

单击“添加图层蒙版”按钮

创建图层蒙版

知识链接

单击“图层”|“图层蒙版”|“显示全部”命令，即可显示创建一个显示图层内容的白色蒙版；单击“图层”|“图层蒙版”|“隐藏全部”命令，即可创建一个隐藏图层内容的黑色蒙版。

304 编辑移动 UI 图像中的图层蒙版

图层蒙版就是一个灰度格式的图像，用户可以使用多种多样的方式对其进行编辑。

在图层蒙版存在的情况下，用户根据需要可以对图层蒙版进行隐藏。

展开“图层”面板，选择添加了蒙版的图层，在菜单栏中单击“图层”|“图层蒙版”|“隐藏全部”命令，即可隐藏图像。

原图

单击“隐藏全部”命令

隐藏图像

知识链接 不同图层蒙版使用的命令也将有所区别，若图像中添加的是“矢量蒙版”，则需要单击“图层”|“矢量蒙版”|“隐藏全部”命令，才可隐藏矢量蒙版。

在图层蒙版存在的状态下，只能观察没有被图层蒙版隐藏的部分图像，因此不利于对移动 UI 图像进行编辑，此时就需要显示图层蒙版。

STEP 1 单击“文件”|“打开”命令，打开一幅素材图像①。

STEP 2 将鼠标指针移至“图层”面板中的“图层蒙版缩览图”图标上，单击鼠标左键，即可选择图层蒙版②。

STEP 3 在工具箱底部单击前景色色块，弹出“拾色器（前景色）”对话框，设置前景色为白色（RGB 参数值分别为 255、255、255）③，单击“确定”按钮。

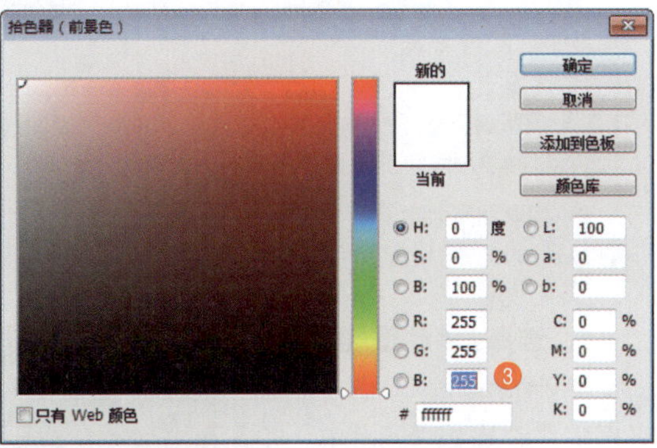

STEP 4 按【Alt＋Delete】组合键填充前景色，为图层蒙版填充白色④，即可显示图像⑤。

305 管理移动 UI 图像中的图层蒙版

为了节省存储空间和提高移动 UI 图像的处理速度，用户可通过执行停用图层蒙版、应用图层蒙版或删除图层蒙版等操作，减少图层文件的大小。

1. 停用 / 启用图层蒙版

在移动 UI 图像中添加图层蒙版后，如果后面的操作不再需要蒙版，用户可以将其关闭以节省对系统资源的占用。在“图层”面板中，右击图层蒙版，在弹出的快捷菜单中选择“停用图层蒙版”选项，即可停用图层蒙版。

2. 删除图层蒙版

在 Photoshop CC 中,用户可将创建的图层蒙版删除,移动 UI 图像即可还原为设置图层蒙版之前的效果。在“图层”面板中，右击图层蒙版，在弹出的快捷菜单中选择“删除图层蒙版”选项，即可删除图层蒙版。

3. 应用图层蒙版

在 Photoshop CC 中，用户在编辑移动 UI 图像过程中，如果创建了图层蒙版，可以应用图层蒙版来减少文件大小。

STEP 1 单击“文件”|“打开”命令，打开一幅素材图像❶。

STEP 2 展开“图层”面板，选择“图层 2”图层，在图层蒙版缩览图上，单击鼠标右键，在弹出的快捷菜单中选择“应用图层蒙版”选项❷，即可应用图层蒙版❸。

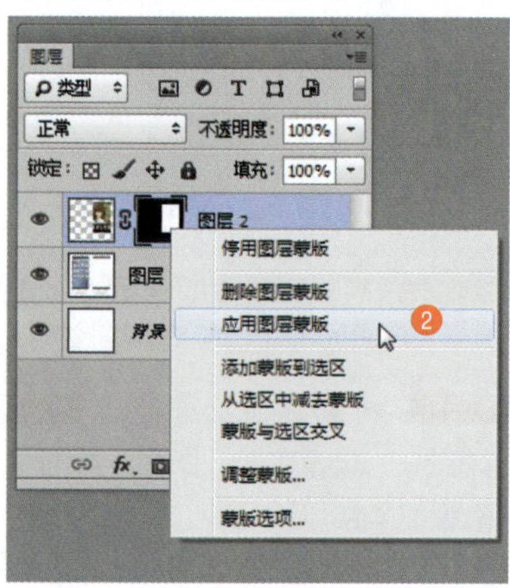

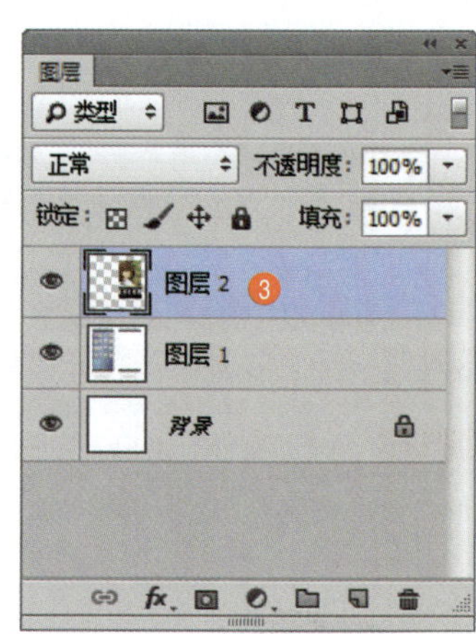

知识链接

图层蒙版起到显示及隐藏图像的作用，并非删除图像。因此，如果某些图层蒙版效果已无须再进行改动，可以应用图层蒙版，以删除被隐藏的图像，从而减少图像文件大小。

应用图层蒙版效果后，图层蒙版中的白色区域对应的图层图像被保留，而蒙版中黑色区域对应的图层图像被删除，灰色过度区域所对应的图层图像部分像素被删除。

4. 选择 / 移动图层蒙版

在 Photoshop CC 中，用户在编辑移动 UI 图像过程中，可以根据需要选择或移动图层蒙版。

展开“图层”面板，在“图层 1”图层的“图层蒙版缩览图”上单击鼠标左键，即可选择图层蒙版。按住鼠标左键并拖曳，移动蒙版至其他图层上，释放鼠标左键，即可移动图层蒙版。

选择图层蒙版图

拖曳鼠标

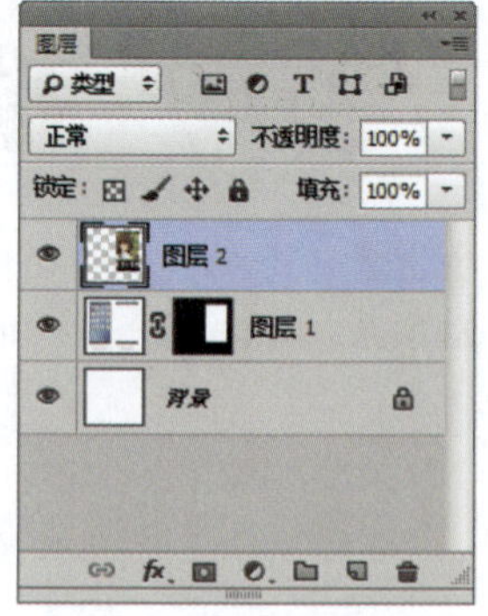

移动图层蒙版

5. 查看图层蒙版

在 Photoshop CC 中编辑移动 UI 图像时，用户可以根据需要查看图层蒙版。

展开“图层”面板，拖曳鼠标指针至“图层 2”图层的“图层蒙版缩览图”上，按住【Alt】键的同时单击鼠标左键。执行上述操作后，即可在图像编辑窗口中显示蒙版。再次按住【Alt】键的同时单击“图层 2”图层的“图层蒙版缩览图”，即可恢复图像状态。

单击“图层蒙版缩览图”

显示蒙版

恢复图像显示状态

306 移动 UI 图像中的蒙版链接操作

在 Photoshop CC 中编辑移动 UI 图像时，用户可以对图层与图层蒙版链接进行取消的操作。展开“图层”面板，移动鼠标指针至“图层”面板中的“指示图层蒙版链接到图层”图标上，单击鼠标左键即可取消图层与图层蒙版的链接。

另外，用户还可以根据需要，链接移动 UI 图像中的图层与图层蒙版，使其保持同样的变化。拖曳鼠标指针至“图层”面板中的“指示图层蒙版链接到图层”图标上，单击鼠标左键，即可链接图层与图层蒙版。

拖曳鼠标指针至相应位置

取消图层与图层蒙版的链接

链接图层与图层蒙版

知识链接 默认图层与图层蒙版之间是相互链接的，因而当对其中的一方进行移动、缩放或变换操作时，另一方也会发生变化。

307 图层蒙版与选区的相互转换操作

在 Photoshop CC 中编辑移动 UI 图像时，用户可以根据工作需要将图层蒙版转换为选区，或者将选区转换为图层蒙版，以满足移动 UI 图像的设计需求。

STEP 1 单击"文件"|"打开"命令，打开一幅素材图像❶。

STEP 2 展开"图层"面板，选择"图层 2"图层，在"图层蒙版缩览图"上单击鼠标右键，在弹出的快捷菜单中，选择"添加蒙版到选区"选项❷，即可将图层蒙版转换为选区❸。

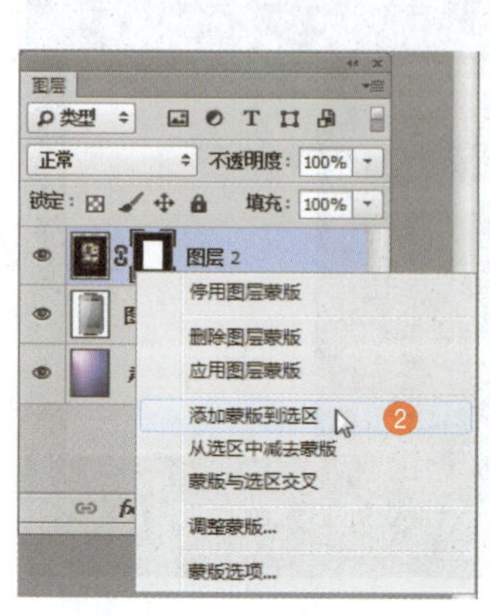

STEP 3 取消选区，选取工具箱中的魔棒工具，选择"图层 1"图层❹，在图像编辑窗口中的白色区域单击鼠标左键以创建选区，并反选选区❺。

STEP 4 单击"图层"面板底部的"添加图层蒙版"按钮，即可将选区转换为图层蒙版❻。

知识链接 普通图层的矢量蒙版与形状图层的矢量蒙版，两者的特性是完全相同的，用户可以像载入形状图层的选区一样载入矢量蒙版的选区。展开"图层"面板，按住【Ctrl】键的同时，在矢量蒙版缩览图上单击鼠标左键，即可将矢量蒙版转换为选区。

308 将矢量蒙版转换为图层蒙版

在 Photoshop CC 中编辑移动 UI 图像时，用户可以根据需要将矢量蒙版转换为图层蒙版。对于一个矢量蒙版来说，它较适合于为图像添加边缘界限明显的蒙版效果，但仅能使用钢笔、矩形等工具对其进行编辑，此时用户可以通过将矢量蒙版栅格化，从而将其转换为图层蒙版，再继续使用其他绘图工具继续进行编辑。

展开"图层"面板，在"矢量蒙版缩览图"上单击鼠标右键，在弹出的快捷菜单中选择"栅格化矢量蒙版"选项，即可将矢量蒙版转换为图层蒙版。

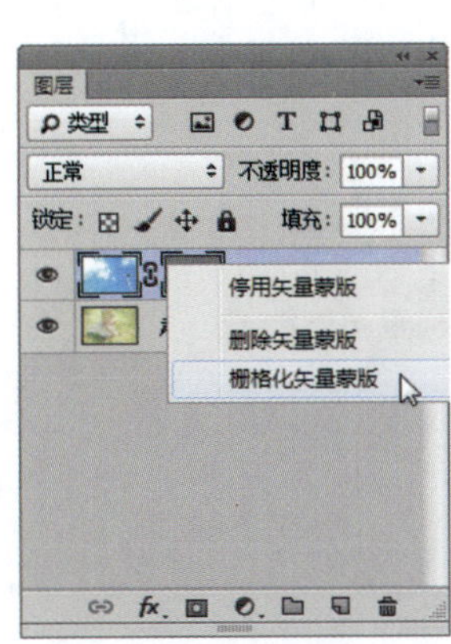

选择“栅格化矢量蒙版”选项

转换为图层蒙版

知识链接 除了运用上述方法外，选择菜单“图层”|“栅格化”|“矢量蒙版”命令，也可以将矢量蒙版转换为图层蒙版。

PART 02

软件功能篇

移动 UI 的文字编排设计

在移动 UI APP 图像设计中，文字的使用是非常广泛的，通过对文字进行编排与设计，不但能够更加有效地突出设计主题，而且可以对图像起到美化的作用。本章主要向读者讲述与文字处理相关的知识，帮助读者掌握文字工具的具体操作。

309 移动 UI 的文字类型

在移动 UI APP 设计中，文字是多数设计作品尤其是商业作品中不可或缺的重要元素，有时甚至在作品中起着主导作用。Photoshop 除了提供丰富的文字属性设计及版式编排功能外，还允许对文字的形状进行编辑，以便制作出更多、更丰富的文字效果。

下面主要向读者详细介绍在移动 UI 中输入文字的操作方法。

在移动 UI APP 设计过程中，对文字进行艺术化处理是 Photoshop 的强项之一。在将文字栅格化之前，Photoshop 会保留基于矢量的文字轮廓，可以任意缩放文字或调整文字大小而不会产生锯齿。

Photoshop 提供了 4 种文字类型，主要包括：横排文字、直排文字、段落文字和选区文字，如下图所示。

横排文字

直排文字

段落文字

选区文字

310 了解文字工具属性栏

在移动 UI 图像中输入文字之前，首先需要在工具属性栏或“字符”面板中设置字符的属性，包括字体、大小以及文字颜色等。

文字工具属性栏

文字工具的工具属性栏中各选项的主要含义如下。

- **切换文本取向：**如果当前文字为横排文字，单击 按钮，即可将其转换为直排文字；如果文字为直排文字，即可将其转换为横排文字。

切换文本取向

● **设置字体：**在该选项列表框中，用户可以根据需要选择不同字体。

● **字体样式：**为字符设置样式，包括字距调整、Regular（规则的）、Ltalic（斜体）、Bold（粗体）和 Bold Ltalic（粗斜体），该选项只对部分英文字体有效。

Regular（规则的）

Ltalic（斜体）

Bold（粗体）

Bold Ltalic（粗斜体）

● **字体大小：**可以选择字体的大小，或者直接输入数值来进行调整。

● **消除锯齿的方法：**可以为文字消除锯齿选择一种方法，Photoshop CC 会通过部分填充边缘像素来产生边缘平滑的文字，使文字的边缘混合到背景中而看不出锯齿。

● **文本对齐：**根据输入文字时鼠标光标的位置来设置文本的对齐方式，包括左对齐文本、居中对齐文本和右对齐文本。

● **设置文本颜色：**单击颜色块，可以在弹出的“拾色器（文本颜色）”对话框中设置文字的颜色。

单击颜色块

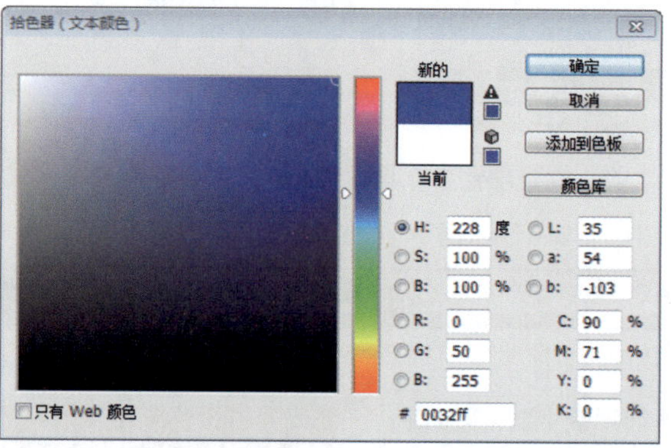

“拾色器（文本颜色）”对话框

设置文字颜色效果

● **文本变形：**单击该按钮，可以在打开的“变形文字”对话框中为文本添加变形样式，创建变形文字。

● **显示/隐藏字符和段落面板：**单击该按钮，可以显示或隐藏“字符”面板和“段落”面板。

知识链接

用户不仅可以在工具属性栏中设置文字的字体、字号、文字颜色以及文字样式等属性，还可以在“字符”面板中设置文字的各种属性。

311 输入横排移动 UI 图像文字

横排文字是一个水平的文本行，每行文本的长度随着文字的输入而不断增加，但是不会换行。在设计移动 UI 图像时，输入横排文字的方法很简单，使用工具箱中的横排文字工具或横排文字蒙版工具，即可在图像编辑窗口中输入横排文字。

STEP 1 单击“文件”|“打开”命令，打开一幅素材图像①。

STEP 2 选取工具箱中的横排文字工具②，将鼠标指针移至适当位置，在图像上单击鼠标左键，确定文字的插入点③。

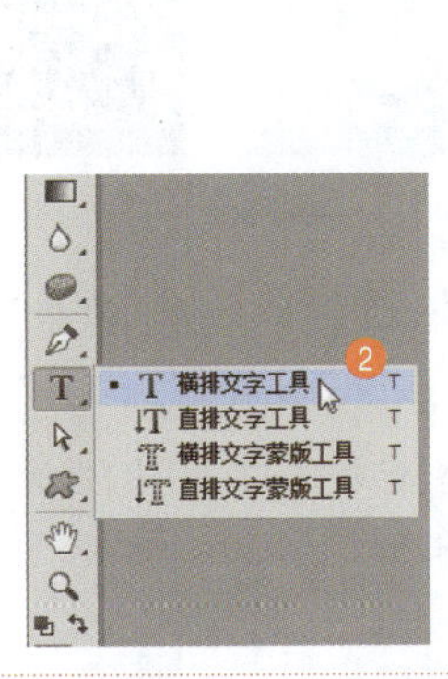

STEP 3 在工具属性栏中设置“字体系列”为“微软雅黑”，“字体大小”为36点④，设置“文本颜色”为白色（RGB参数值分别为255、255、255）⑤。

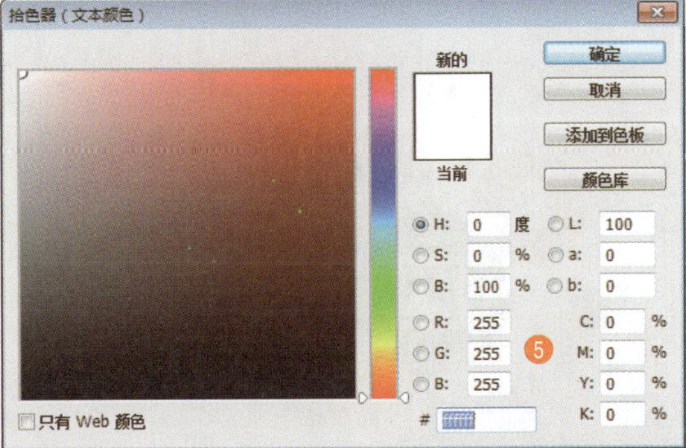

STEP 4 在图像上输入相应文字，单击工具属性栏右侧的“提交所有当前编辑”按钮，即可完成横排文字的输入操作，并将文字移至合适位置⑥。

知识链接 在Photoshop CC中，在英文输入法状态下，按【T】键也可以快速切换至横排文字工具，然后在图像编辑窗口中输入相应文本内容即可。如果输入的文字位置不能满足用户的需求，此时用户可以通过移动工具，将文字移动到相应位置。

312 输入直排移动UI图像文字

在设计移动UI图像时，选取工具箱中的直排文字工具或直排文字蒙版工具，将鼠标指针移动到图像编辑窗口中，单击鼠标左键确定插入点，图像中出现闪烁的鼠标光标之后，即可输入直排文字，如下图所示。

直排文字效果

直排文字是一个垂直的文本行，每行文本的长度随着文字的输入而不断增加，但是不会换行。用户不仅可以在工具属性栏中设置文字的字体，还可以在“字符”面板中设置文字的字体。

STEP 1 单击“文件”|“打开”命令，打开一幅素材图像①。

STEP 2 选取工具箱中的直排文字工具②，将鼠标指针移至适当位置，在图像上单击鼠标左键，确定文字的插入点③。

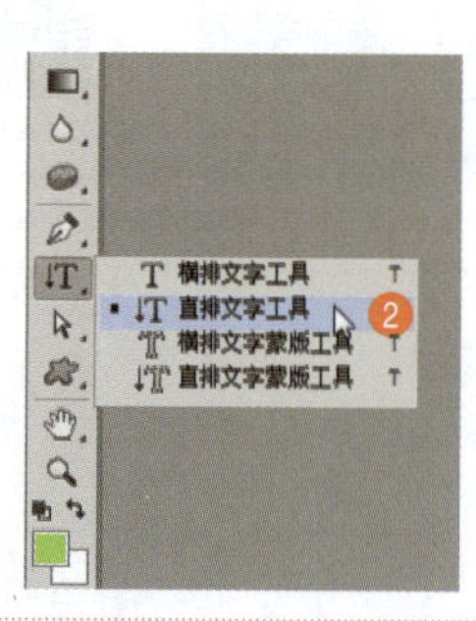

STEP 3 在工具属性栏中，设置“字体系列”为“微软雅黑”，“字体大小”为36点、“文本颜色”为绿色（RGB参数值分别为115、183、50）④。

STEP 4 在图像上输入相应文字，单击工具属性栏右侧的“提交所有当前编辑”按钮5，即可完成直排文字的输入操作，并将文字移至合适位置6。

313 输入段落移动 UI 图像文字

在移动 UI 图像中，段落文字是一类以段落文字定界框来确定文字的位置与换行情况的文字。下图所示为段落文字效果。在 Photoshop CC 中，当用户改变段落文字的文本框时，文本框中的文本会根据文本框的位置自动换行。

段落文字效果

STEP 1 单击“文件”|“打开”命令，打开一幅素材图像1。

STEP 2 选取工具箱中的横排文字工具，在图像窗口中的合适位置，创建一个文本框2。

STEP 3 在工具属性栏中，设置“字体系列”为“微软雅黑”，“字体大小”为30点，“文本颜色”为黑色（RGB参数值均为0）③。

STEP 4 在图像上输入相应文字，单击工具属性栏右侧的“提交所有当前编辑”按钮，即可完成段落文字的输入操作，并将文字移至合适位置④。

314 输入选区移动UI图像文字

在设计移动UI图像时，运用工具箱中的横排文字蒙版工具和直排文字蒙版工具，可以在图像编辑窗口中创建文字形状选区。

STEP 1 单击“文件”|“打开”命令，打开一幅素材图像①。

STEP 2 选取工具箱中的直排文字蒙版工具②，将鼠标指针移至图像编辑窗口中的合适位置，在图像上单击鼠标左键，确认文本输入点，此时图像背景呈淡红色显示③。

STEP 3 在工具属性栏中，设置“字体”为“方正粗宋简体”，“字体大小”为60点4。

STEP 4 输入“开店”，此时输入的文字呈实体显示5，按【Ctrl＋Enter】组合键确认，即可创建文字选区6。

STEP 5 新建“图层1”图层，设置前景色为浅绿色（RGB的参数值分别为178、250、180）7。

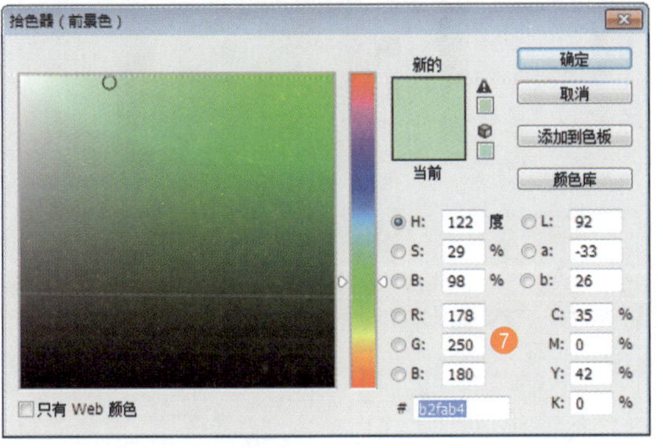

STEP 6 按【Alt＋Delete】组合键，为选区填充前景色8，按【Ctrl＋D】组合键，取消选区9。

315 设置移动UI文字属性

在设计移动UI图像时，设置文字的属性主要是在“字符”面板中进行，在“字符”面板中可以设置字体、字体大小、字符间距以及文字倾斜等属性。

在“图层”面板中，选择需要编辑的文字图层，单击“窗口”|“字符”命令，展开“字符”面板，设置“字距调整”为100%，即可更改文字属性，按【Enter】键确认。

原图

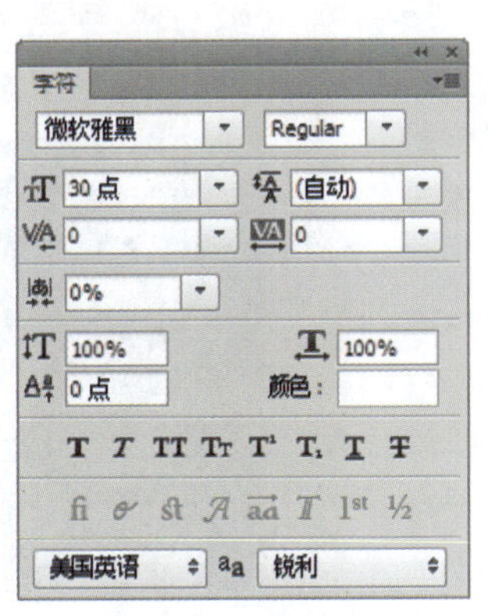

设置“字距调整”

更改文字属性

316 设置移动 UI 段落属性

在设计移动 UI 图像时，设置段落的属性主要是在“段落”面板中进行，使用“段落”面板可以改变或重新定义文字的排列方式、段落缩进及段落间距等。

STEP 1 单击“文件”|“打开”命令，打开一幅素材图像①。

STEP 2 单击“窗口”|“段落”命令，展开“段落”面板，在“段落”面板中，单击“居中对齐文本”按钮②，即可设置文本的段落属性③。

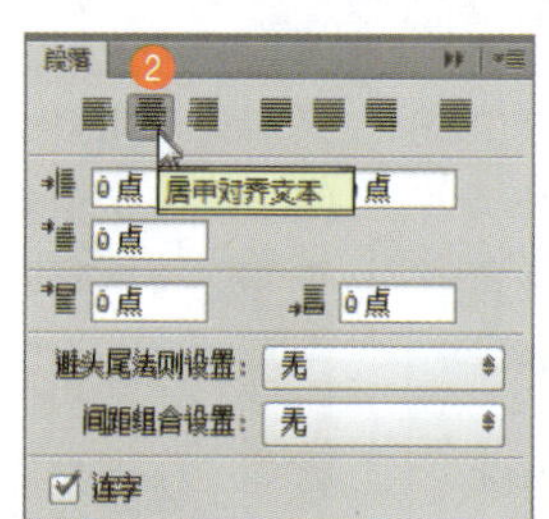

知识链接

“段落”面板中各主要选项含义如下。

- **文本对齐方式：** 文本对齐方式从左到右分别为左对齐文本、居中对齐文本、右对齐文本、最后一行左对齐、最后一行居中对齐、最后一行右对齐和全部对齐。
- **左缩进：** 设置段落的左缩进。
- **右缩进：** 设置段落的右缩进。
- **首行缩进：** 缩进段落中的首行文字，对于横排文字，首行缩进与左缩进有关；对于直排文字，首行缩进与顶端缩进有关，要创建首行悬挂缩进，必须输入一个负值。
- **段前添加空格：** 设置段落与上一行的距离，或全选文字的每一段的距离。
- **断后添加空格：** 设置每段文本后的一段距离。

317 选择和移动 APP 图像文字

在设计移动 UI 图像时，选择文字是编辑文字过程中的第一步，适当地移动文字，将文字移至图像中的合适位置，可以使整体图像更美观。

在 Photoshop CC 中，用户可以根据需要，选取工具箱中的移动工具，选择文字图层，将鼠标指针移至输入完成的文字上，按住鼠标左键并拖曳鼠标，将文字移至图像中的合适位置。

原图

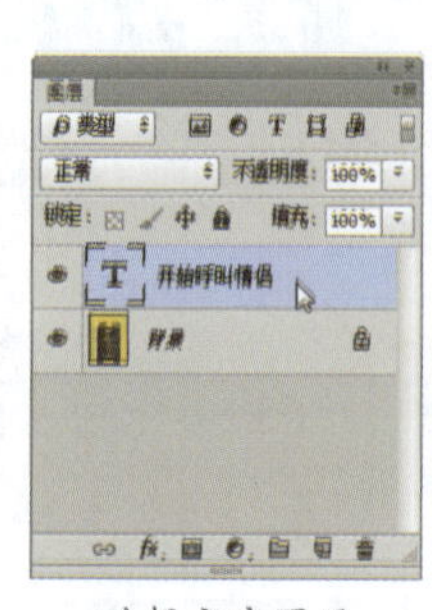

选择文字图层

移动文字

318 互换移动 UI 文字的方向

在设计移动 UI 图像时，虽然使用横排文字工具只能创建水平排列的文字，使用直排文字工具只能创建垂直排列的文字，但在需要的情况下，用户可以相互转换这两种文本的显示方向。在 Photoshop CC 中，用户可以根据需要，单击文字工具属性栏上的"更改文本方向"按钮，或单击"类型"|"文本排列方向"|"横排"命令，将输入完成的文字切换为横排排列。

原图

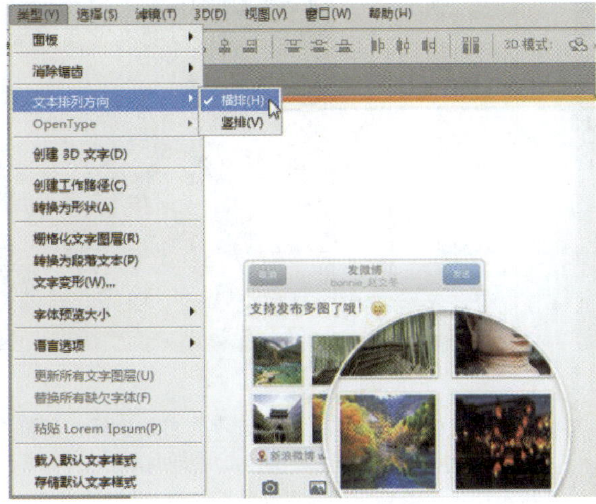

单击"横排"命令

切换为横排排列效果

319 切换点文本和段落文本

在设计移动 UI 图像时，点文本和段落文本可以相互转换，转换时单击"类型"|"转换为段落文本"或单击"类型"|"转换为点文本"命令即可。

STEP 1 单击"文件"|"打开"命令，打开一幅素材图像①，在"图层"面板中，选择相应的文字图层②。

STEP 2 单击"类型"|"转换为段落文本"命令③。

STEP 3 执行上述操作后，即可将点文本转换为段落文本，选取工具箱中的横排文字工具，在文字处单击鼠标左键，即可查看段落文本状态④。

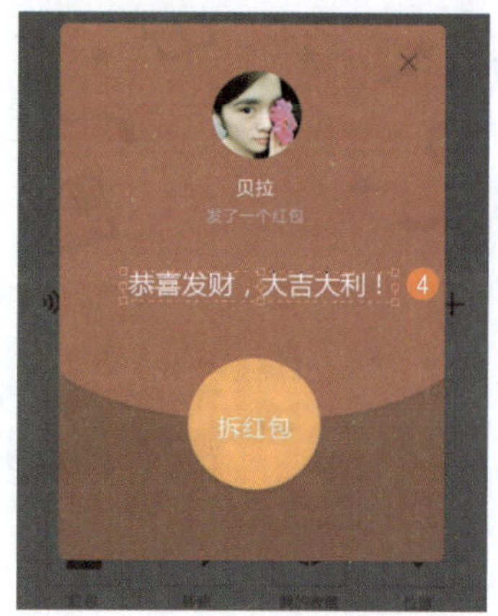

STEP 4 按【Ctrl + Enter】组合键确认，单击“类型”|“转换为点文本”命令⑤，即可将段落文本转换为点文本，选取工具箱中的横排文字工具，在文字处单击鼠标左键，即可查看点文本状态⑥。

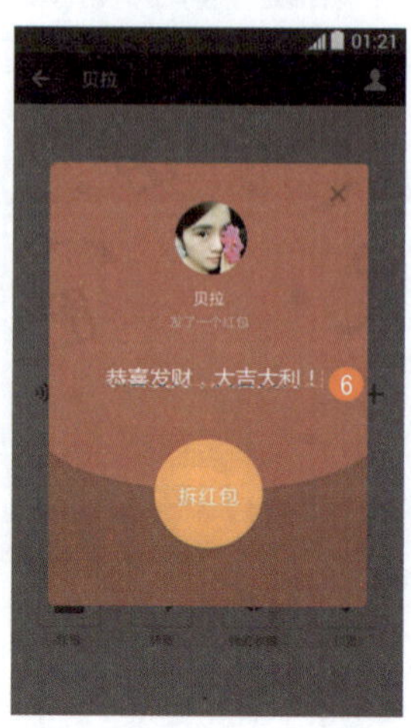

知识链接 点文本的文字行是独立的，即文字的长度随文本的增加而变长却不会自动换行，如果在输入点文字时需要换行必须按【Enter】键；输入段落文本时，文字基于文本框的尺寸将自动换行，用户可以输入多个段落，也可以进行段落调整，文本框的大小可以任意调整，以便重新排列文字。

320 拼写检查移动 UI 文字

在设计移动 UI 图像时，通过“拼写检查”命令检查输入的拼音文字，将对词典中没有的字进行询问，如果被询问的字拼写是正确的，可以将该字添加到拼写检查词典中；如果询问的字的拼写是错误的，可以将其改正。

当移动 UI 图像中出现错误的英文单词时，用户可以单击“编辑”|“拼写检查”命令，弹出“拼写检查”对话框，系统会自动查找不在词典中的单词，在“更改为”文本框中输入正确的单词。单击“更改”按钮，弹出信息提示框，单击“确定”按钮，即可将拼写错误的英文更改正确。

原图

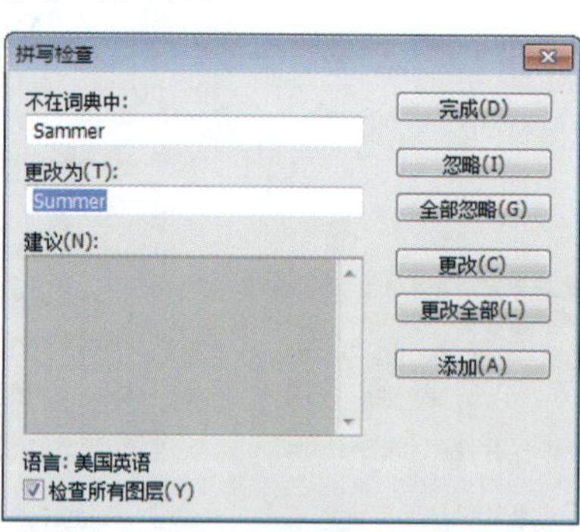

设置“更改为”选项

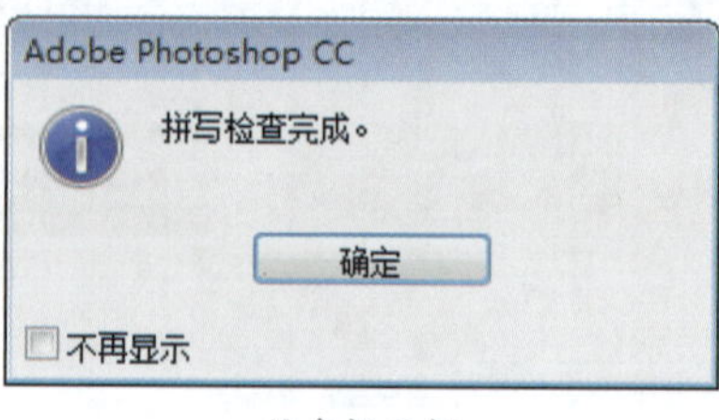

信息提示框

更正错误单词

“拼写检查”选项框中各选项的主要含义如下。

- **忽略：**单击此按钮继续进行拼写检查而不更改文字。
- **更改：**要改正一个拼写错误，应确保“更改为”文本框中的词语拼写正确，然后单击“确定”按钮。
- **更改全部：**要更改正文档中重复的拼写错误，单击此按钮。
- **添加：**单击此按钮可以将无法识别的词存储在拼写检查词典中。
- **检查所有图层：**选中该复选框，可以对整体图像中的不同图层的拼写进行检查。

321 查找与替换移动 UI 文字

在设计移动 UI 图像时，在图像中输入大量的文字后，如果出现相同错误的文字很多，可以使用“查找和替换文本”功能对文字进行批量更改，以提高工作效率。

STEP 1 单击“文件”|“打开”命令，打开一幅素材图像①。

STEP 2 选择文字图层②，单击“编辑”|“查找和替换文本”命令，弹出“查找和替换文本”对话框，设置“查找内容”为“运用”，“更改为”为“应用”③。

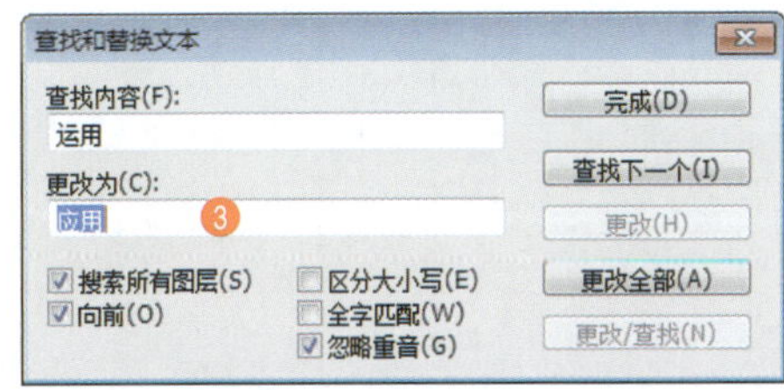

STEP 3 单击“查找下一个”按钮，即可查找到相应文本④。

STEP 4 单击“更改全部”按钮，弹出信息提示框，单击“确定”按钮⑤，即可完成文字的替换⑥。

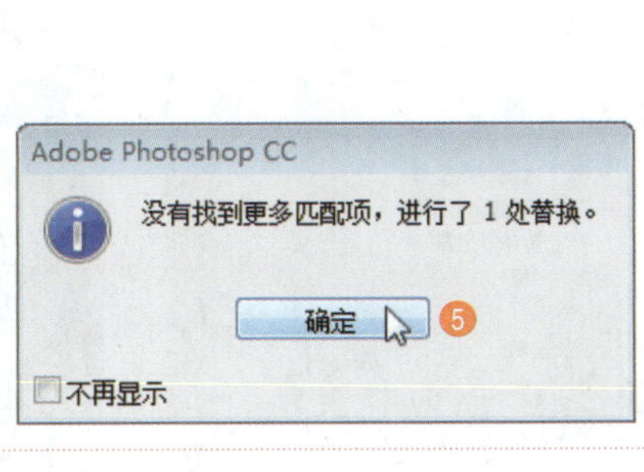

“查找和替换文本”选项框中各选项的主要含义如下。

- **查找内容：**在该文本框中输入需要查找的文字内容。
- **更改为：**在该文本框中输入需要更改的文字内容。
- **区分大小写：**对于英文字体，查找时严格区分大小写。
- **全字匹配：**对于英文字体，忽略嵌入在大号字体内的搜索文本。
- **向前：**选中该复选框时，只查找鼠标光标所在点前面的文字。

322 输入沿路径排列的移动 UI 文字

在许多移动 UI APP 作品中，设计的文字呈连绵起伏的状态，这就是路径绕排文字的效果。沿路径绕排文字时，可以先使用钢笔工具或形状工具创建直线或曲线路径，再进行文字的输入。

在设计移动 UI 图像时，用户可以沿路径输入文字，文字将沿着锚点添加到路径方向。如果在路径上输入横排文字，文字方向将与基线垂直；当在路径上输入直排文字时，文字方向将与基线平行。

连绵起伏的文字

STEP 1 单击“文件”|“打开”命令，打开一幅素材图像①。

STEP 2 选取钢笔工具②，在图像编辑窗口中创建一条曲线路径③。

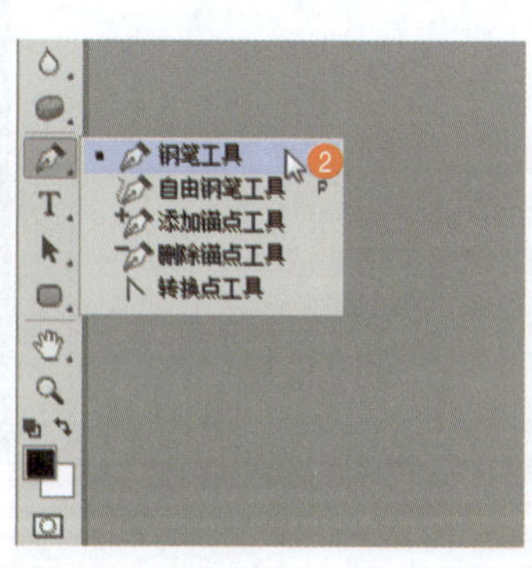

STEP 3 选取工具箱中的横排文字工具，在工具属性栏中设置“字体系列”为“微软雅黑”，“字体大小”为 36 点，“文本颜色”为白色，移动鼠标指针至图像编辑窗口中曲线路径上，单击鼠标左键确定插入点并输入文字❹。

STEP 4 按【Ctrl＋Enter】组合键确认❺，并隐藏路径❻。

323 调整移动 UI 文字排列的位置

在设计移动 UI 中的路径文字效果时，选取工具箱中的路径选择工具，移动鼠标指针至输入的文字上，按住鼠标左键并拖曳即可调整文字在路径上的起始位置。

选择文字图层，展开“路径”面板，在“路径”面板中，选择文字路径。选取工具箱中的路径选择工具，移动鼠标指针至图像窗口的文字路径上，按住鼠标左键并拖曳，即可调整文字排列的位置，并隐藏路径。

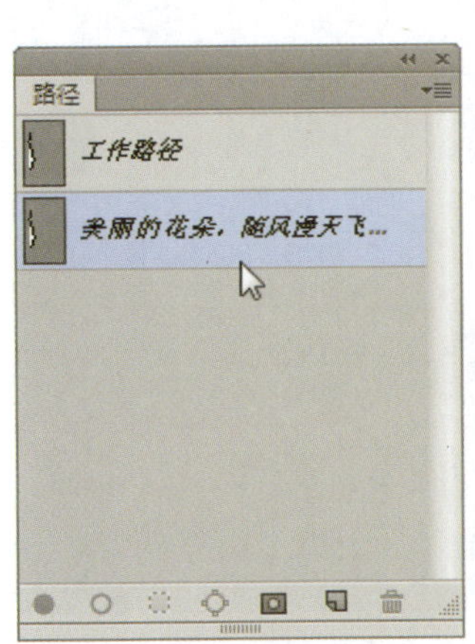

选择文字路径

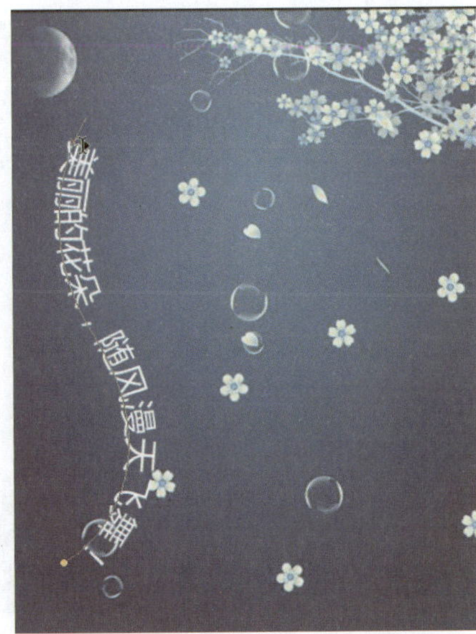

拖曳鼠标

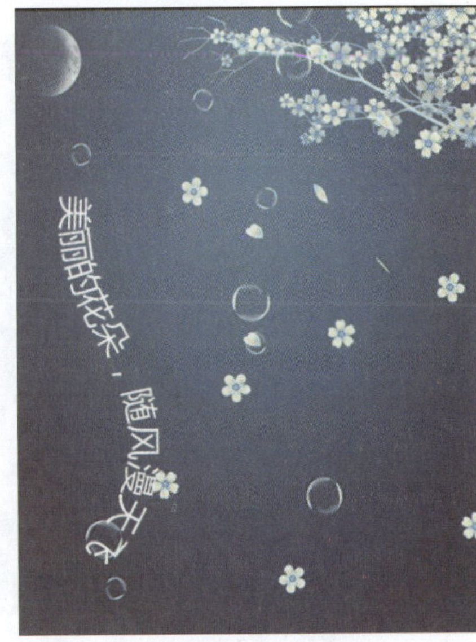

调整文字排列的位置

324 调整移动 UI 文字的路径形状

在设计移动 UI 中的路径文字效果时，选取工具箱中的直接选择工具，移动鼠标指针至文字路径上，按住鼠标左键并拖曳路径上的节点或控制柄，即可调整文字路径的形状。

展开“路径”面板，在“路径”面板中，选择相应文字路径。选取工具箱中的直接选择工具，移动鼠标指针至图像编辑窗口中的文字路径上，按住鼠标左键并拖曳节点或控制柄，即可调整文字路径的形状，并隐藏路径。

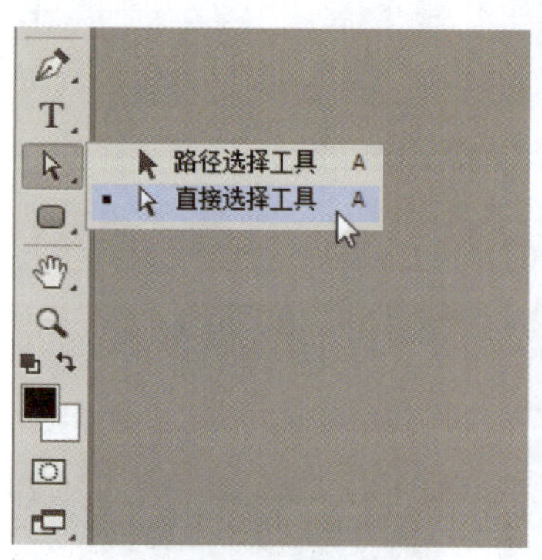

选取直接选择工具

拖曳节点或控制柄

调整文字路径的形状

325 调整移动 UI 文字与路径距离

在设计移动 UI 中的路径文字效果时，调整路径文字的基线偏移距离，可以在不编辑路径的情况下轻松调整文字的距离。

展开“路径”面板，选择“工作路径”路径，选取工具箱中的移动工具，移动鼠标指针至图像编辑窗口中的文字上，按住鼠标左键并拖曳，即可调整文字与路径间的距离。

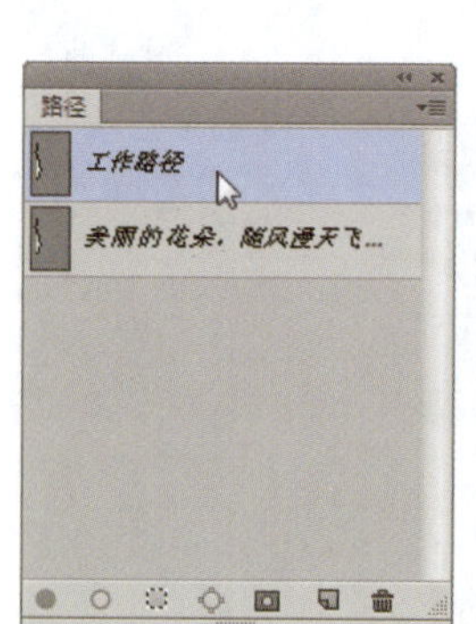

选择“工作路径”路径

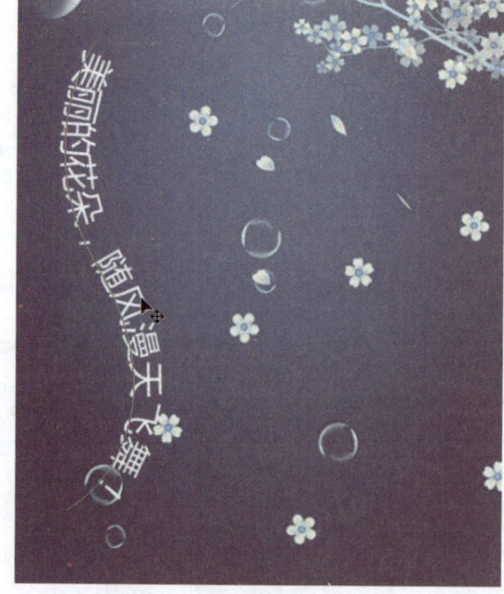

拖曳鼠标

调整文字与路径间的距离

326 移动 UI 图像的变形文字样式

在 Photoshop CC 中，系统自带了多种变形文字样式，用户可以通过“变形文字”对话框，对选定的移动 UI 中的文字进行多种变形操作，使文字更加富有灵动感。

平时大家看到的 APP 界面中的文字广告，很多都采用了变形文字方式来改变文字的显示效果。单击“类型”|“变形文字”命令，可以弹出“变形文字”对话框。

“变形文字”对话框中各选项的主要含义如下。

● **样式：**在该选项的下拉列表中可以选择15种变形样式。

● **水平/垂直：**文本的扭曲方向为水平方向或垂直方向。

● **弯曲：**设置文本的弯曲程度。

● **水平扭曲/垂直扭曲：**拖动滑块，调整水平扭曲和垂直扭曲的参数值，可以对文本应用透视效果。

变形文字效果

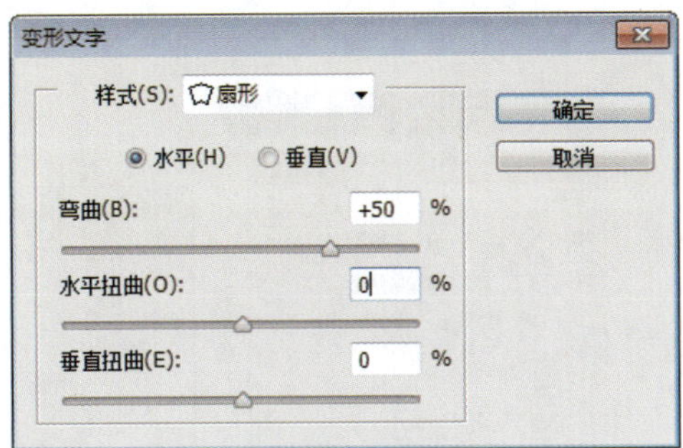

“变形文字”对话框

327 创建移动 UI 变形文字效果

在设计移动 UI 中的文字效果时，可以将文字设置为变形文字样式，包括“扇形”“上弧”“下弧”“拱形”“凸起”以及“贝壳”等样式，通过更改变形文字样式，使 APP 中的文字显得更美观、引人注目。

STEP 1 单击“文件”|“打开”命令，打开一幅素材图像①，在“图层”面板中，选择文字图层②。

STEP 2 单击“类型”|“文字变形”命令，弹出“变形文字”对话框，在“样式”列表框中选择“凸起”选项③。

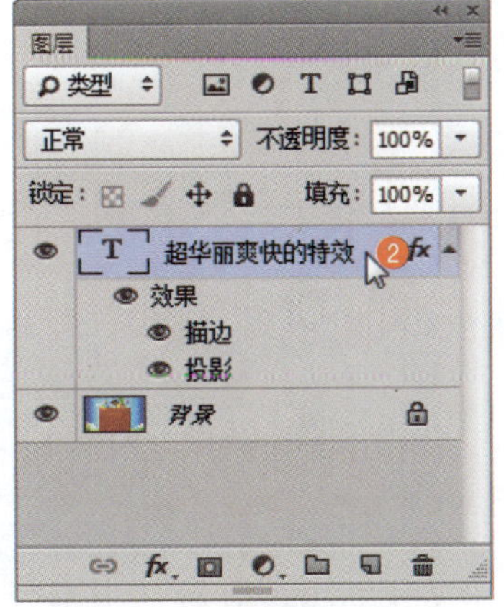

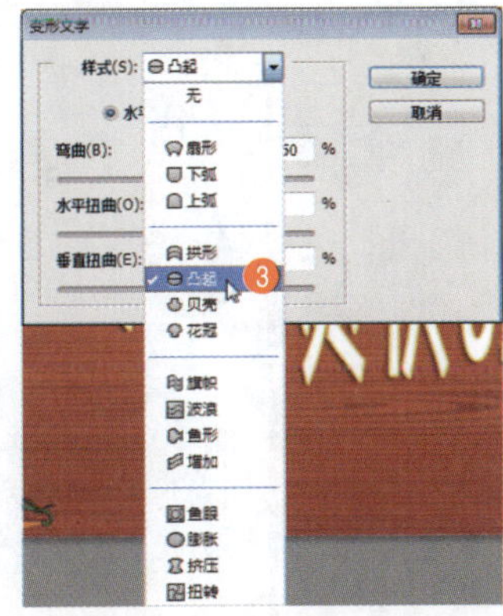

STEP 3 单击“确定”按钮，即可变形文字④。

STEP 4 选取工具箱中的移动工具，将文字移至合适位置⑤。

328 编辑移动 UI 变形文字效果

在设计移动 UI 中的文字效果时，用户可以对变形文字进行编辑操作，以得到更好的视觉效果。

在“图层”面板中，选择文字图层，单击“类型”|“文字变形”命令，弹出“变形文字”对话框，设置“样式”为“膨胀”，“水平扭曲”为 8%，“垂直扭曲”为– 20%，单击“确定”按钮，即可编辑变形文字效果。

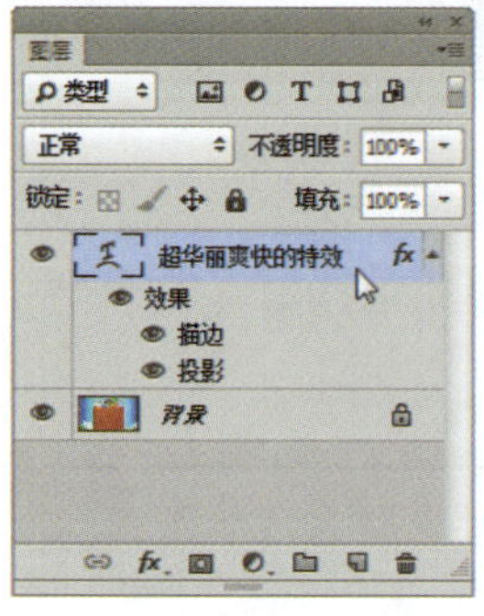

选择文字图层

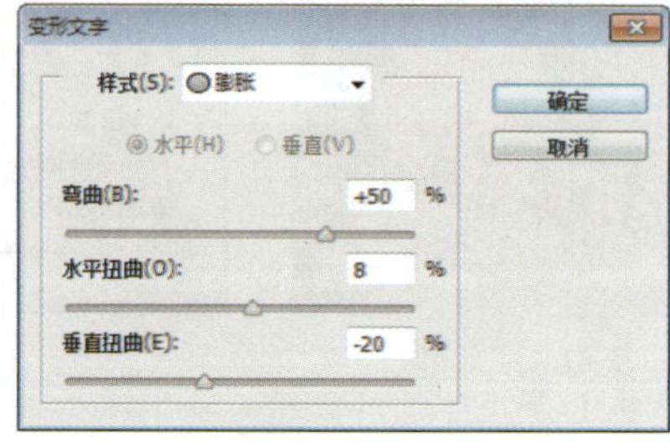

设置相应选项

编辑移动UI变形文字效果

329 将移动 UI 文字转换为路径

在设计移动 UI 中的文字效果时，可以直接将文字转换为路径，从而可以直接通过此路径进行描边、填充等操作，制作出特殊的文字效果。在移动 UI 图像中，选择文字图层，单击“类型”|“创建工作路径”命令，即可将文字转换为路径，隐藏文字图层。

原图

将文字转换为路径

隐藏文字图层效果

330 将移动 UI 文字转换为形状

在设计移动 UI 中的文字效果时，选择文字图层，单击“文字”|“转换为形状”命令，即可将文字转换为有矢量蒙版的形状，此时可以使用钢笔工具、添加锚点工具等路径编辑工具对其进行调整，而无法再为其设置文字属性。

在移动 UI 图像中，选择文字图层，单击“类型”|“转换为形状”命令，即可将文字转换为形状，将文字转换为形状后，原文字图层已经不存在，取而代之的是一个形状图层。

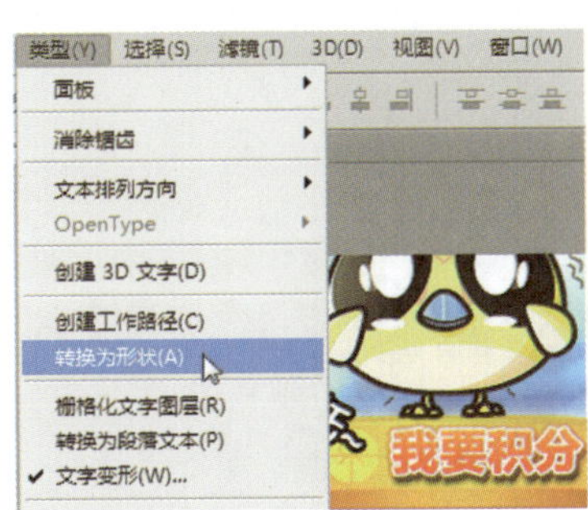

单击“转换为形状”命令

将文字转换为形状

转换为形状图层

331 将移动 UI 文字转换为图像

文字图层具有不可编辑的特性，如果需要在文本图层中进行绘画、颜色调整或滤镜等操作，首先需要将文字图层转换为普通图层，以方便移动 UI 中的文字图像的编辑和处理。

STEP 1 单击“文件”|“打开”命令，打开一幅素材图像①。

STEP 2 选择文字图层，单击“类型”|“栅格化文字图层”命令②。

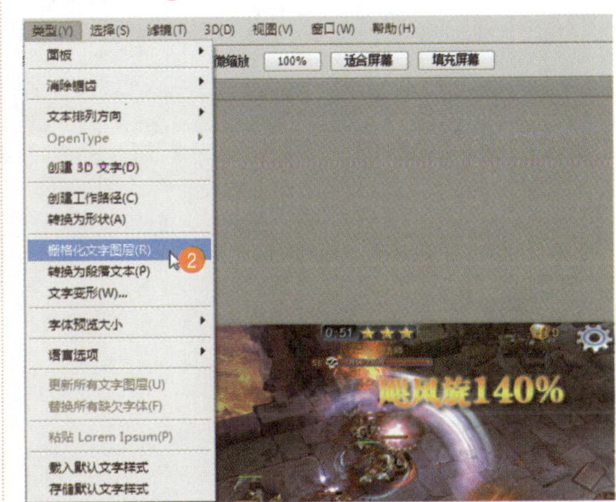

STEP 3 执行操作后，即可将文字转换为图像③。

STEP 4 在“图层”面板中，文字图层将被转换为普通图层④。

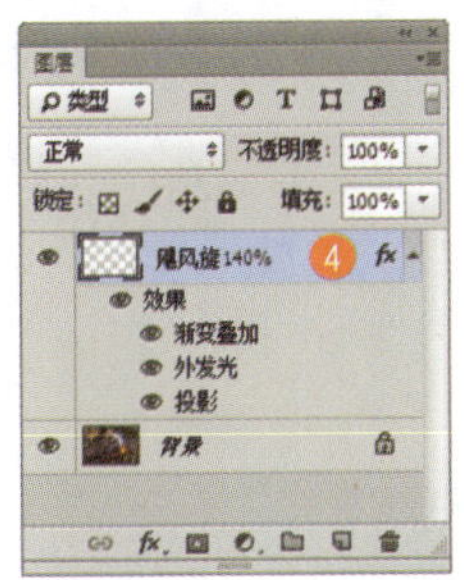

PART 02

软件功能篇

移动 UI 的特效质感设计

Photoshop 提供了 100 多种滤镜，包括 6 种独立特殊滤镜和 14 种特效滤镜，具有十分强大的功能。利用滤镜可以为移动 UI 图像制作丰富多彩的艺术效果。本章主要讲解运用滤镜制作各种特殊效果的方法，滤镜功能是本章的重点和难点。通过本章的学习，不仅可以帮助用户学会应用滤镜制作各种移动 UI 图像特效，还有助于提高审美能力。

332 在移动 UI 图像中创建智能滤镜

智能滤镜是 Photoshop CC 中的一个强大功能，当所选择的移动 UI 图像为智能对象并运用滤镜后，即可生成一个智能滤镜，通过智能滤镜可以进行反复编辑、修改、删除或停用等操作，但图像所应用的滤镜效果不会被保存。

将图层转换为智能对象才能应用智能滤镜，“图层”面板中的智能对象可以直接将滤镜添加到图像中，但不破坏图像本身的像素。

STEP 1 单击“文件”|“打开”命令，打开一幅素材图像①，设置前景色为白色，在“图层”面板中，选择“图层 1”图层②。

STEP 2 单击鼠标右键，在弹出的快捷菜单中选择“转换为智能对象”选项③，将“图层 1”图层的图像转换为智能对象。

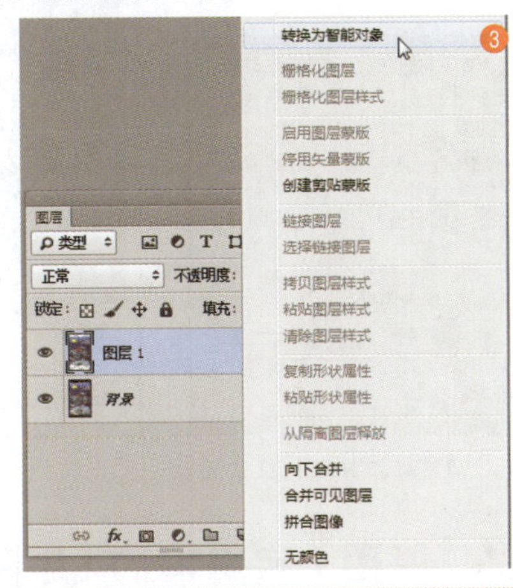

知识链接 如果选择的是没有参数的滤镜，则可以直接对智能对象图层中的图像进行处理，并创建对应的智能滤镜。

STEP 3 在菜单栏中单击“滤镜”|“扭曲”|“球面化”命令，弹出“球面化”对话框，设置“数量”为 60%④，单击“确定”按钮，即可生成一个对应的智能滤镜图层⑤。

STEP 4 图像呈球面化滤镜效果显示⑥。

知识链接 在添加了多个智能滤镜的情况下，用户编辑先添加的智能滤镜，将会弹出信息提示框，提示用户需要在修改参数后才能看到这些滤镜叠加在一起应用的效果。

333 编辑移动 UI 图像中的智能滤镜

在 Photoshop CC 中为移动 UI 图像创建智能滤镜后，可以根据需要反复编辑所应用的滤镜参数。展开“图层”面板，将鼠标指针移至“图层 1”图层中的“球面化”滤镜效果图层上，双击鼠标左键，弹出“球面化”对话框，设置“模式”为“水平优先”，单击“确定”按钮，即可编辑智能滤镜。

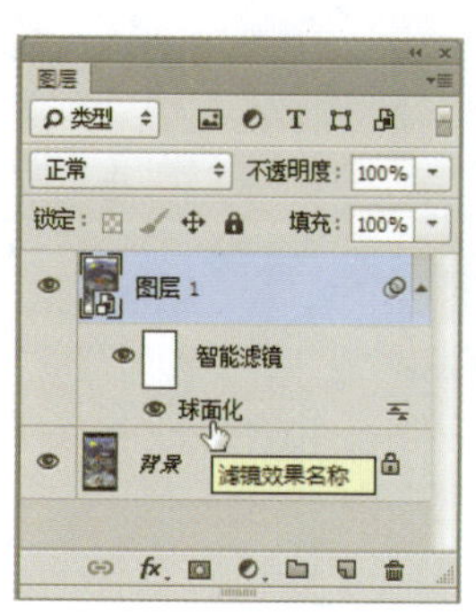

移动鼠标指针至相应位置

设置选项

编辑智能滤镜效果

334 停用 / 启用移动 UI 图像中的智能滤镜

在 Photoshop 中设计移动 UI 图像时，停用或启用智能滤镜可分为两种操作，即对所有的智能滤镜操作和对某个单独智能滤镜操作。

展开“图层”面板，选择“图层 1”图层，单击“图层”面板中“球面化”智能滤镜左侧的“切换单个智能滤镜可见性”图标，即可停用智能滤镜。再次单击“球面化”智能滤镜左侧的“切换单个智能滤镜可见性”图标，即可启用智能滤镜。

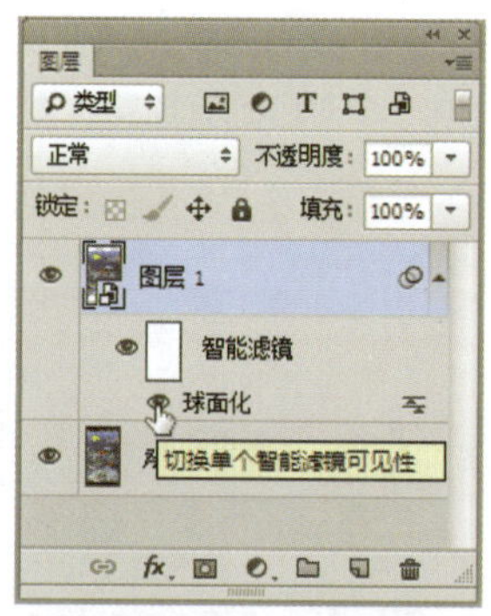

单击“切换单个智能滤镜可见性”图标

停用智能滤镜

知识链接

要停用所有智能滤镜，可以使用鼠标右键单击其所属的智能对象图层最右侧的“指示滤镜效果”按钮，在弹出的快捷菜单中选择“停用智能滤镜”选项，即可隐藏所有智能滤镜生成的图像效果，再次在该位置上右击鼠标，在弹出的快捷菜单上选择“启用智能滤镜”选项，将显示所有智能滤镜。

335 删除移动 UI 图像中的智能滤镜

在 Photoshop 中设计移动 UI 图像时，如果要删除一个智能滤镜，可直接在该滤镜名称上单击鼠标右键，在弹出的菜单中选择“删除智能滤镜”命令，或者直接将要删除的滤镜拖至“图层”面板底部的删除图层命令按钮上。

STEP 1 单击“文件”|“打开”命令，打开一幅素材图像①。

STEP 2 展开“图层”面板，选择“图层 1”图层②，在“高斯模糊”智能滤镜上，单击鼠标右键，在弹出的快捷菜单中，选择“删除智能滤镜”选项③。

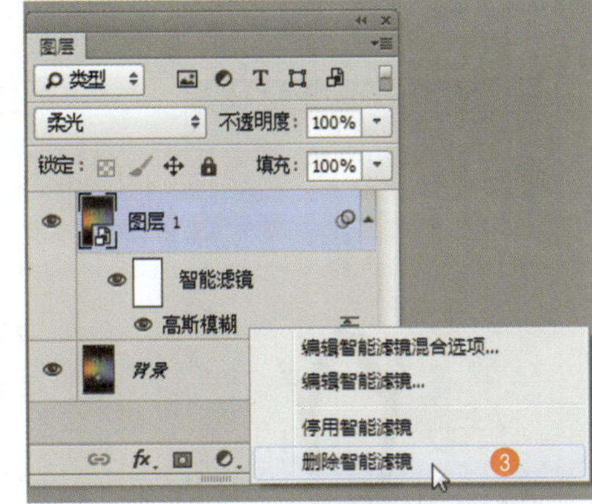

STEP 3 执行上述操作后，即可删除智能滤镜④。

STEP 4 删除智能滤镜后，其图像显示效果也会产生变化⑤。

知识链接

需要清除所有的智能滤镜，可以使用以下两种方法。

- **快捷菜单：**右击智能滤镜，在弹出的快捷菜单中选择“清除智能滤镜”选项。
- **命令：**单击“图层”|“智能滤镜”|“清除智能滤镜”命令。

336 为移动 UI 图像添加液化效果

在 Photoshop CC 中，特殊滤镜是相对众多滤镜组中的滤镜而言的，该滤镜相对独立，但功能强大，使用频率也较高。

在 Photoshop 中设计移动 UI 图像时，使用“液化”滤镜可以逼真地模拟液化的效果，通过它用户可以对图像调整弯曲、旋转、扩展和收缩等效果。

STEP 1 单击“文件”|“打开”命令，打开一幅素材图像①。

STEP 2 在菜单栏中单击“滤镜”|“液化”命令②，弹出“液化”对话框③。

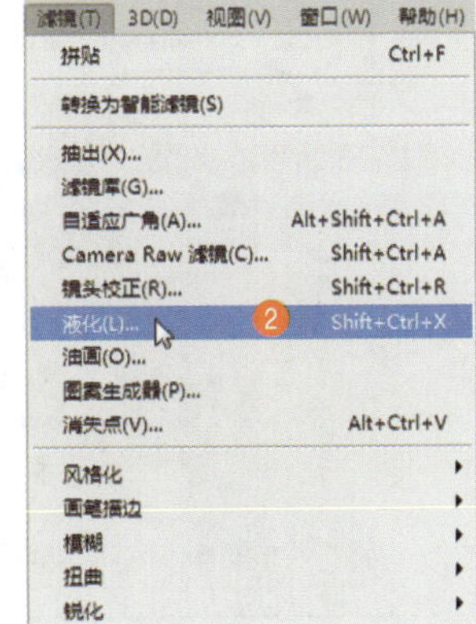

STEP 3 单击“向前变形工具”按钮，移动鼠标指针至缩略图中的红心图像上，按住鼠标左键并拖曳，重复操作，调整图像形状④。

STEP 4 执行上述操作后，单击“确定”按钮，即可制作“液化”效果⑤。

337 为移动 UI 图像添加消失点效果

在 Photoshop 中设计移动 UI 图像时，可以使用“消失点”滤镜，根据需要将选定的区域内的图像复制并移至图像上的任意位置，以去除部分图像。

STEP 1 单击“文件”|“打开”命令，打开一幅素材图像①。

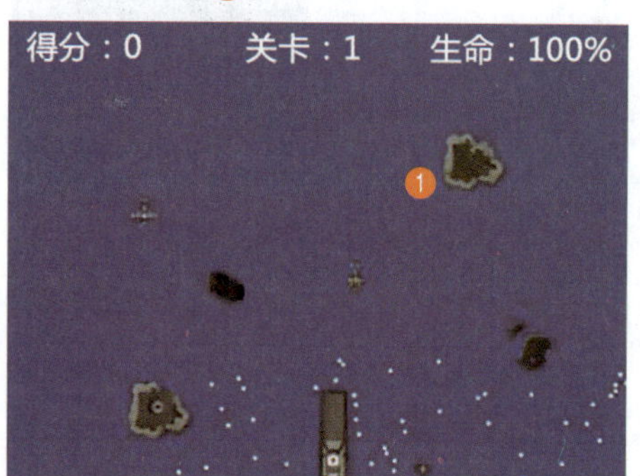

STEP 2 选择“背景”图层，单击“滤镜”|“消失点”命令②，弹出“消失点”对话框③。

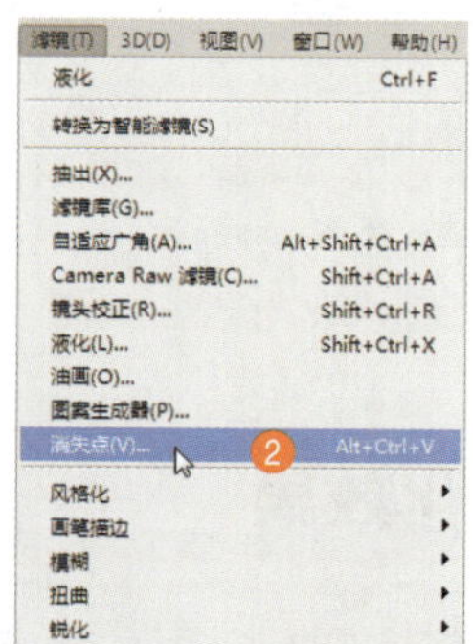

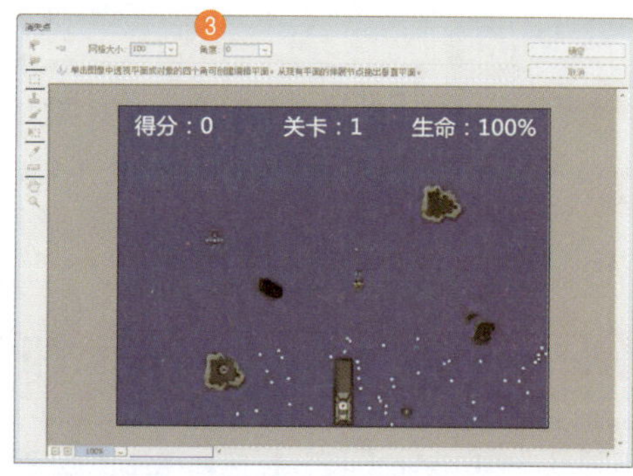

STEP 3 单击“创建平面工具”按钮，创建一个透视矩形框，并适当调整透视矩形框④。

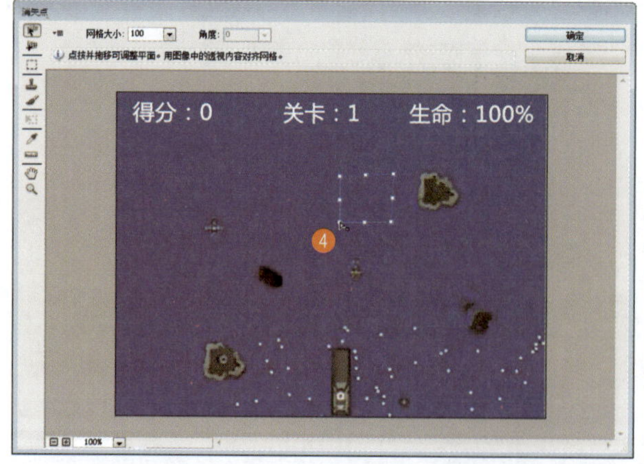

STEP 4 执行上述操作后，单击“选框工具”按钮，在透视矩形框中双击鼠标左键，按住【Alt】键的同时按住鼠标左键并拖曳⑤。

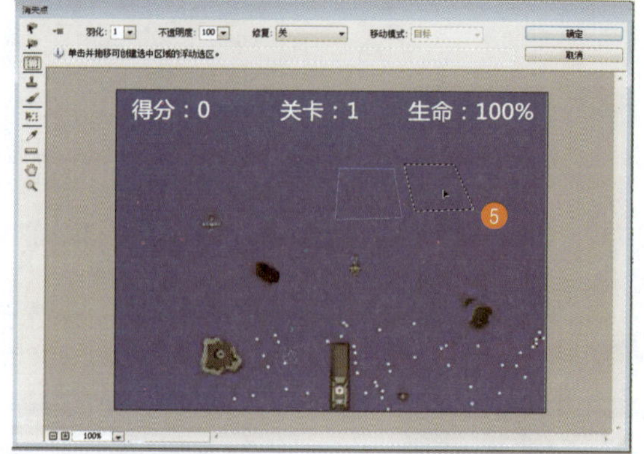

STEP 5 单击“变换工具”按钮，调出变换控制框，移动鼠标指针至控制柄上，按住鼠标左键并拖曳，调整大小⑥。

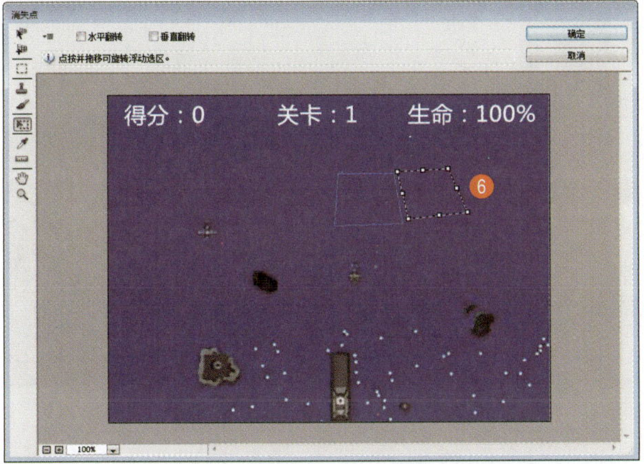

STEP 6 单击“确定”按钮，即可去除部分图像⑦。

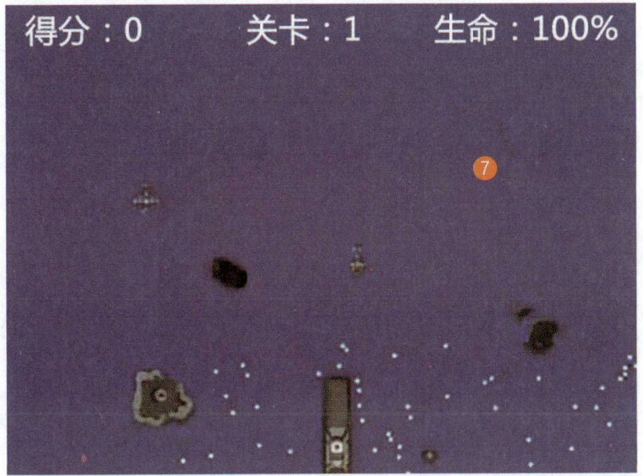

知识链接 使用“消失点”滤镜，用户可以自定义透视参考线，从而将图像复制、转换或移动到透视结构图上，图像进行透视校正编辑中，将通过消失点在图像中指定平面，然后可应用绘制、仿制、复制、粘贴及变换等编辑操作。

338 使用滤镜库编辑移动 UI 图像

滤镜库是 Photoshop 滤镜的一个集合体，在此对话框中包括了绝大部分的内置滤镜，可以实现移动 UI 图像的各种特殊效果。

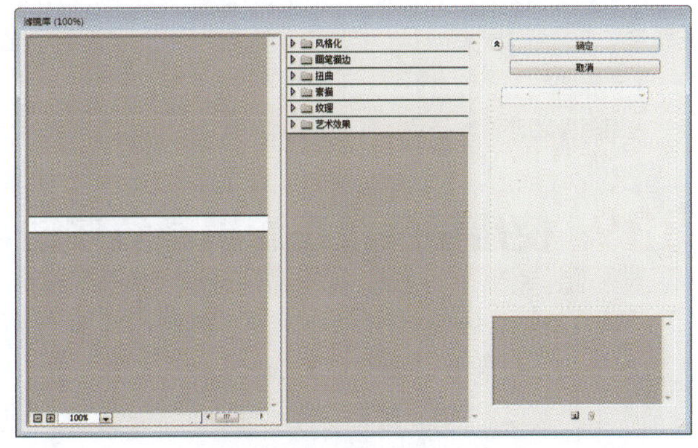

“滤镜库”对话框

STEP 1 单击“文件”|“打开”命令，打开一幅素材图像①，选择“背景”图层②。

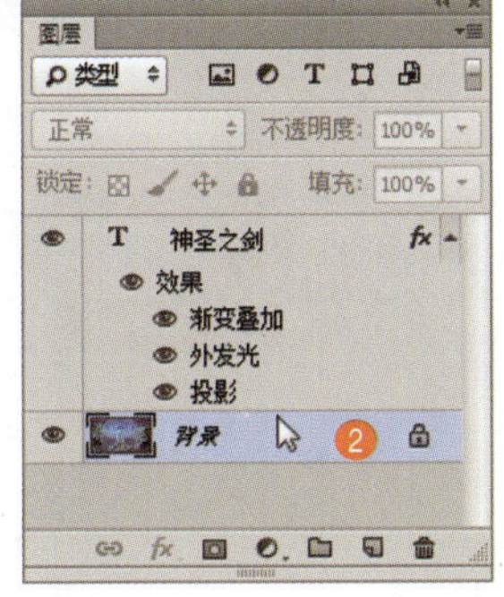

STEP 2 单击“滤镜”|“滤镜库”命令，在弹出的对话框中选择“艺术效果”|“木刻”选项③。

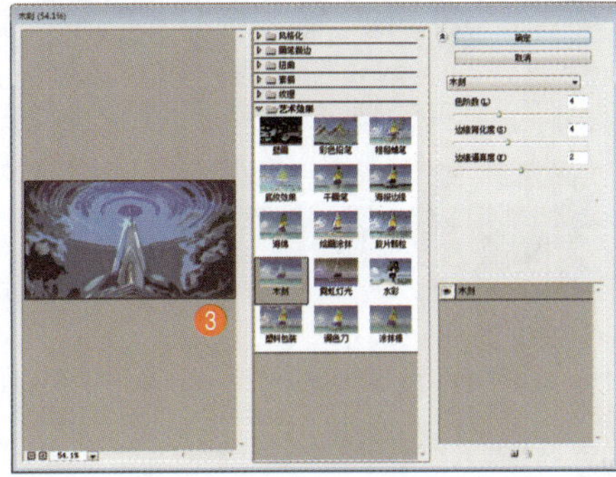

STEP 3 单击“确定”按钮，应用“木刻”滤镜效果④。

STEP 4 单击“编辑”|“渐隐滤镜库”命令，弹出“渐隐”对话框，设置“不透明度”为80%、“模式”为“柔光”⑤，单击“确定”按钮，即可制作出渐隐滤镜图像效果⑥。

知识链接

“木刻”对话框中主要选项的含义如下。

- **预览区：** 用来预览滤镜效果。
- **缩放区：** 单击 + 按钮，可放大预览区图像的显示比例；单击 - 按钮，则缩小显示比例。单击文本框右侧的下拉按钮，即可在打开的下拉菜单中选择显示比例。
- **显示/隐藏滤镜缩览图：** 单击该按钮，可以隐藏滤镜组，将窗口空间留给图像预览区，再次单击则显示滤镜组。
- **弹出式菜单：** 单击按钮，可在打开的下拉菜单中选择一个滤镜。
- **参数设置区：** “滤镜库”中共包含6组滤镜，单击滤镜组前的按钮，可以展开该滤镜组。单击滤镜组中的滤镜可使用该滤镜，与此同时，右侧的参数设置内会显示该滤镜的参数选项。
- **效果图层：** 显示当前使用的滤镜列表。单击“眼睛”图标可以隐藏或显示滤镜。
- **当前使用滤镜：** 显示当前使用的滤镜。

339 使用镜头校正滤镜修复移动 UI 图像

“镜头校正”滤镜可以用于对失真或倾斜的移动 UI 图像进行校正，还可以对移动 UI 图像调整扭曲、色差、晕影和变换效果，使移动 UI 图像恢复至正常状态。

单击“滤镜”|“镜头校正”命令，弹出“镜头校正”对话框，单击“移去扭曲工具”按钮，在缩略图右下角按住鼠标左键并向外拖曳，单击“确定”按钮，即可校正扭曲图像。按【Ctrl＋F】组合键，重复镜头校正。

“镜头校正”对话框

校正扭曲图像

重复镜头校正

知识链接

镜头校正相对应的快捷键为【Shift＋Ctrl＋R】组合键。

340 为移动 UI 图像添加切变效果

“切变”滤镜是沿一条曲线扭曲移动 UI 图像。在“切变”对话框中，可以通过拖曳框中的线条添加节点来设定扭曲曲线形状。

STEP 1 单击“文件”|“打开”命令，打开一幅素材图像①，选择“背景”图层②。

STEP 2 单击“滤镜”|“扭曲”|“切变”命令③。

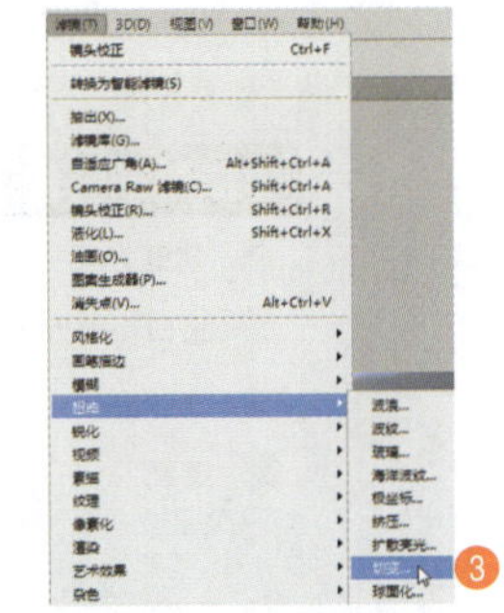

STEP 3 弹出“切变”对话框④，在其中设置各选项⑤。

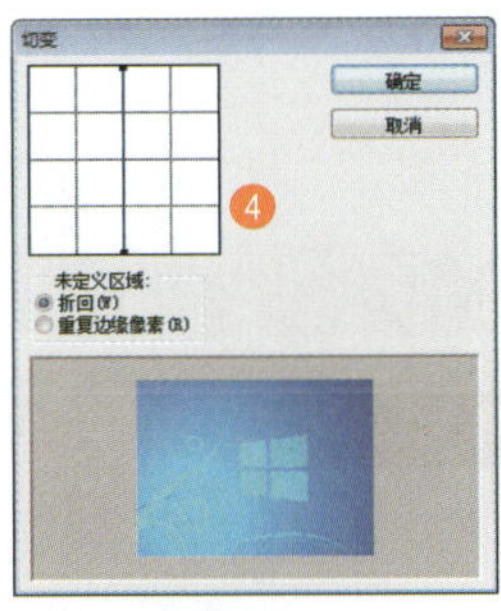

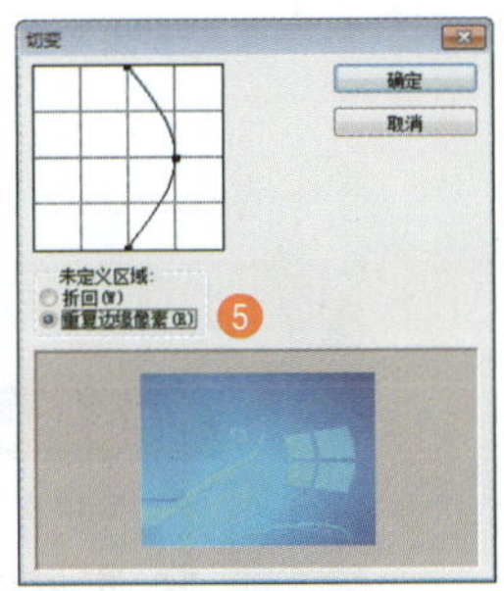

STEP 4 单击“确定”按钮，即可为图像添加切变效果⑥。

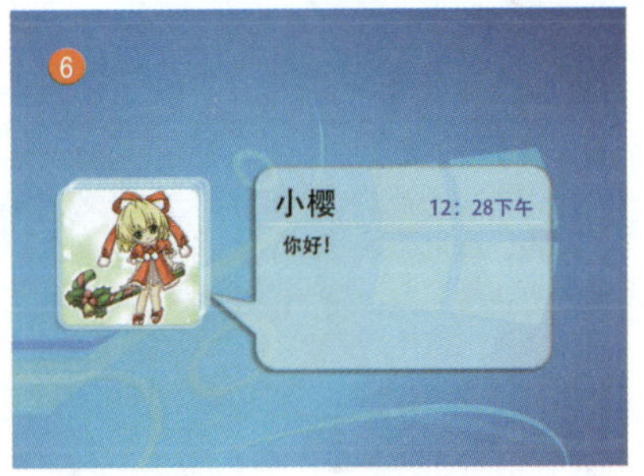

知识链接

“切变”对话框中个各主要选项含义如下。

- **折回：**选中该单选按钮，将图像中的边缘填充定义的空白区域。
- **重复边缘像素：**选中该按钮，将按指定的方向扩充图像的边缘像素。

341 为移动 UI 图像添加波浪效果

在 Photoshop 中设计移动 UI 图像时，使用“波浪”滤镜可以在图像上创建类似于波浪起伏的效果。

单击“滤镜”|“扭曲”|“波浪”命令，弹出“波浪”对话框，保持默认设置即可，单击“确定”按钮，即可为图像添加波浪效果。

原图

“波浪”对话框

波浪效果

342 为移动 UI 图像添加波纹效果

“波纹”滤镜与“波浪”滤镜的工作方式相同，但是提供的选项较少，只能控制移动 UI 图像中的波纹数量和大小。

STEP 1 单击“文件”|“打开”命令，打开一幅素材图像①，选择“图层 2”图层②。

STEP 2 单击“滤镜”|“扭曲”|“波纹”命令③。

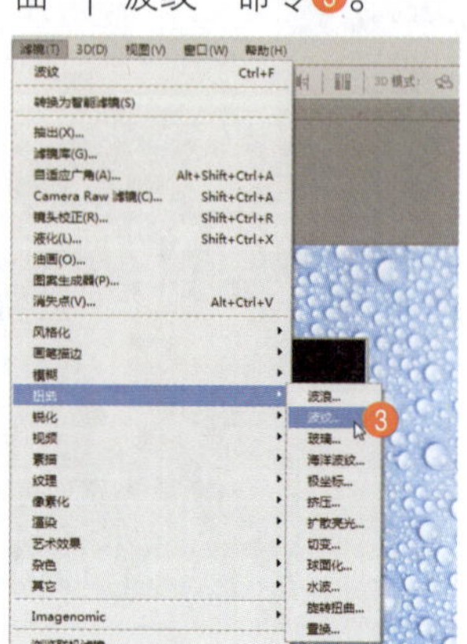

STEP 3 执行上述操作后，弹出“波纹”对话框，设置“大小”为“大”④。

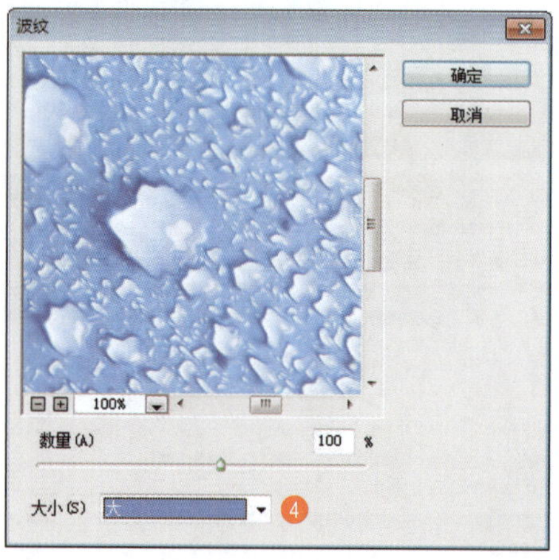

STEP 4 单击“确定”按钮，即可为图像添加波纹效果⑤。

343 为移动 UI 图像添加玻璃效果

在 Photoshop 中设计移动 UI 图像时，使用“玻璃”滤镜可以使图像像是透过不同类型的玻璃进行观看的效果。单击“滤镜”|“扭曲”|“玻璃”命令，弹出“玻璃”对话框，设置“纹理”为“块状”，单击“确定”按钮，即可为图像添加玻璃效果。

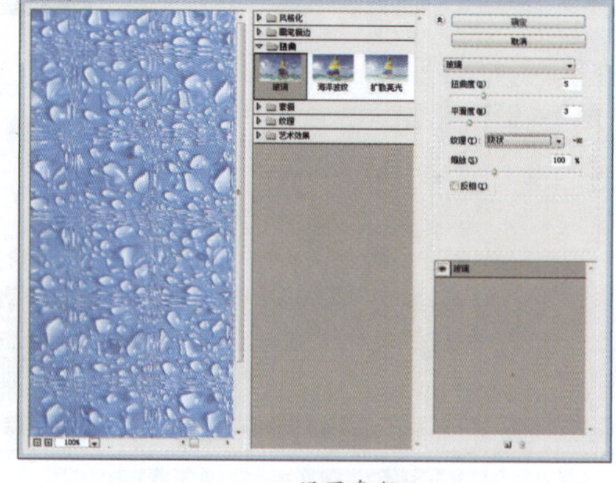

设置参数

玻璃效果

344 为移动 UI 图像添加水波效果

在 Photoshop 中设计移动 UI 图像时，使用“水波”滤镜可以在图像上创建水滴波纹荡漾效果。单击“滤镜”|“扭曲”|“水波”命令，弹出“水波”对话框，设置“数量”与“起伏”参数，单击“确定”按钮，即可为图像添加水波效果。

原图

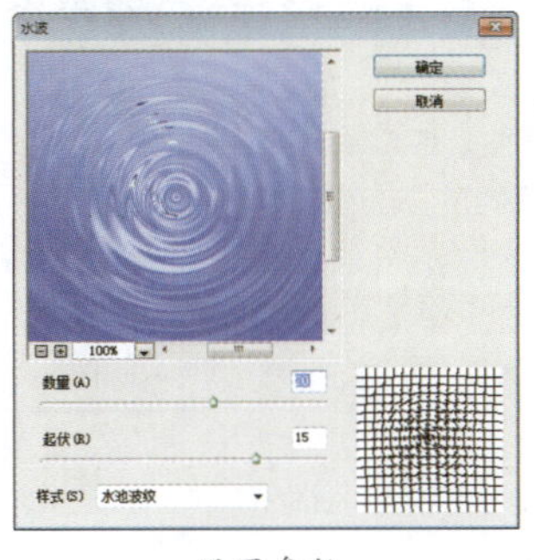
设置参数

水波效果

345 为移动 UI 图像添加海洋波纹效果

在 Photoshop 中设计移动 UI 图像时，使用“海洋波纹”滤镜可以将随机分隔的波纹添加到图像表面，使图像看上去像是在水中一样。

STEP 1 单击“文件”|“打开”命令，打开一幅素材图像①，选择“图层 1”图层②。

STEP 2 单击“滤镜”|“扭曲”|“海洋波纹”命令③。

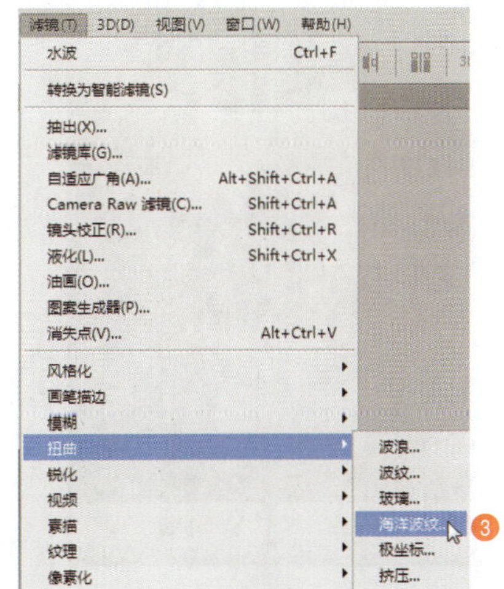

STEP 3 执行上述操作后，弹出“海洋波纹”对话框，保持默认设置即可④。

STEP 4 单击“确定”按钮，即可为图像添加海洋波纹效果⑤。

知识链接

在Photoshop中设计移动UI图像时，使用“极坐标”滤镜可使图像坐标从平面坐标转换为极坐标，或者从极坐标转换为平面坐标，产生一种图像极度变形的效果。单击“滤镜”|“扭曲”|“极坐标”命令，弹出“极坐标”对话框，保持默认设置即可，单击“确定”按钮，即可为图像添加极坐标效果。

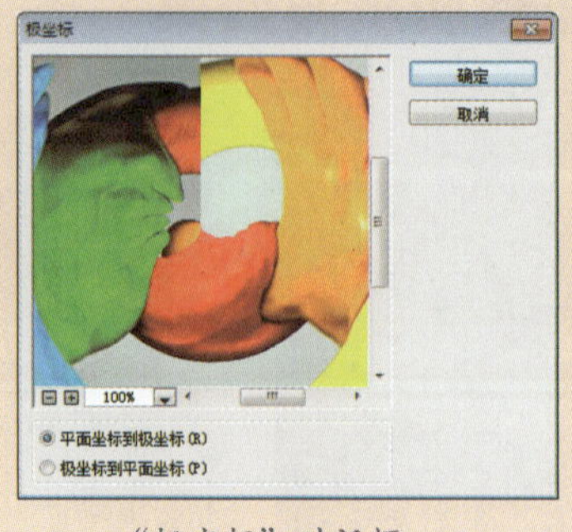

“极坐标”对话框

极坐标效果

346 为移动 UI 图像添加扩散亮光效果

在 Photoshop 中设计移动 UI 图像时，使用“扩散亮光”滤镜可以向图像中添加白色杂色，并从图像中心向外渐隐高光，使图像产生一种光芒漫射的效果。

STEP 1 单击“文件”|“打开”命令，打开一幅素材图像①，选择“图层 1”图层②。

STEP 2 单击“滤镜”|“扭曲”|“扩散亮光”命令③。

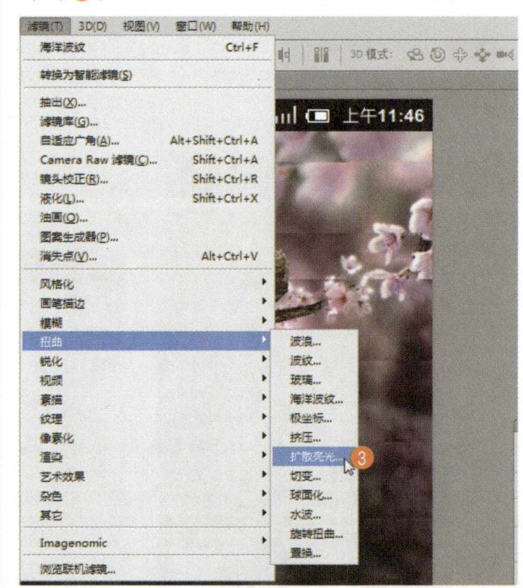

STEP 3 执行上述操作后，弹出“扩散亮光”对话框，保持默认设置即可④。

STEP 4 单击“确定”按钮，即可为图像添加“扩散亮光”效果⑤。

知识链接

在Photoshop中设计移动UI图像时，使用“挤压”滤镜可以将选区内的图像或者整个图像向外或者向内挤压。

单击“滤镜”|“扭曲”|“挤压”命令，弹出“挤压”对话框，设置“数量”为80%，单击“确定”按钮，即可为图像添加挤压效果。

原图

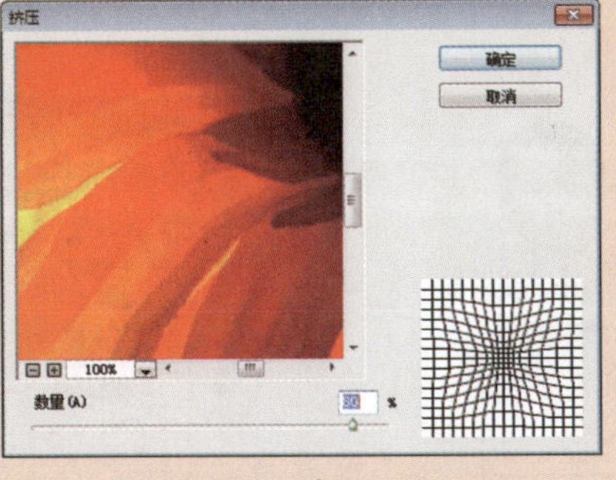

设置参数

挤压效果

347 为移动 UI 图像添加旋转扭曲效果

在 Photoshop 中设计移动 UI 图像时，使用“旋转扭曲”滤镜可以顺时针或者逆时针旋转图像，图像会绕着图像中心进行旋转。

单击“滤镜”|“扭曲”|“旋转扭曲”命令，弹出“旋转扭曲”对话框，设置“角度”为 65 度，单击“确定”按钮，即可为图像添加旋转扭曲效果。

原图

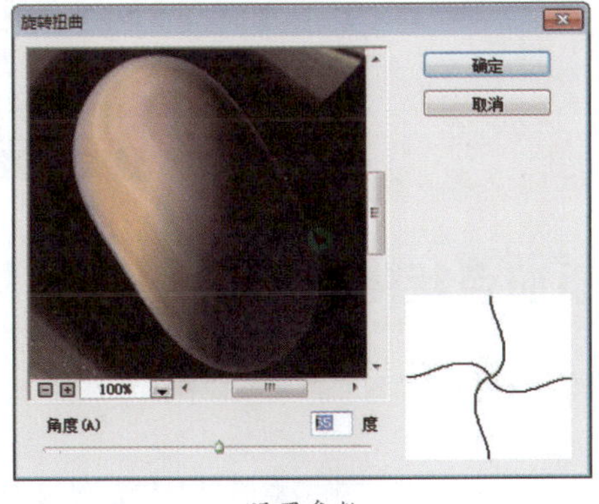

设置参数

旋转扭曲效果

348 为移动 UI 图像添加马赛克效果

“像素化”滤镜组主要是按照指定大小的点或块，对移动 UI 图像进行平均分块或平面化处理，从而产生特殊的图像效果。在“像素化”滤镜组中，“马赛克”滤镜可以将画面分割成若干形状的小块，并在小块之间增加深色的缝隙。

知识链接

“马赛克”对话框中个各主要选项含义如下。

- **“单元格大小”选项：**在该文本框中输入的数值，将确定生成的块状图像大小，该数值越大则块状图像越大。
- **“预览”复选框：**选中该复选框，可以在图像中预览马赛克效果。

STEP 1 单击“文件”|“打开”命令，打开一幅素材图像①，选择“图层 5”图层②。

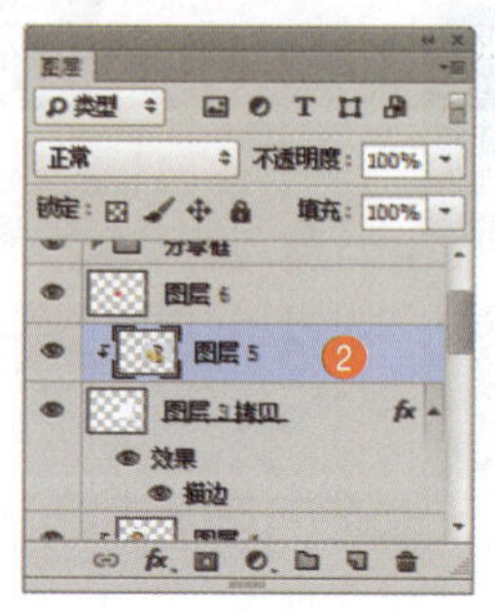

STEP 2 单击“滤镜”|“像素化”|“马赛克”命令③。

STEP 3 执行上述操作后，即可弹出“马赛克”对话框，设置“单元格大小”为 10 方形④。

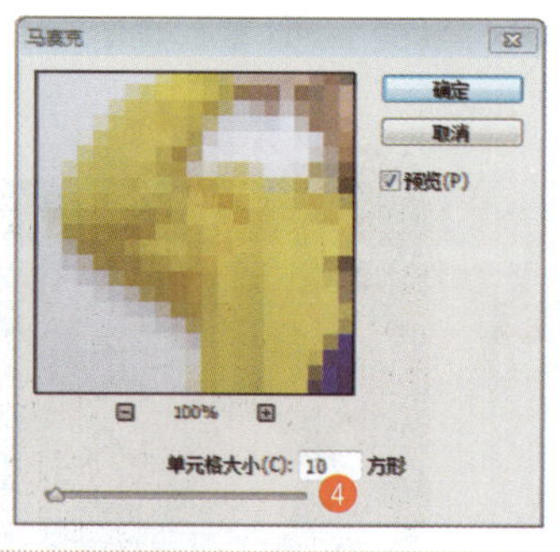

STEP 4 单击“确定”按钮，即可为图像添加马赛克效果⑤。

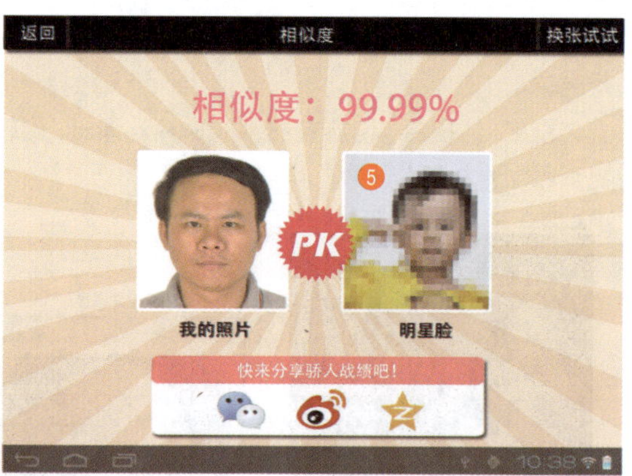

349 为移动 UI 图像添加点状化效果

在 Photoshop 中设计移动 UI 图像时，使用“点状化”滤镜可以在晶块间产生空隙，空隙内用背景色填充，通过“单元格大小”选项来控制晶块的大小。

单击“滤镜”|“像素化”|“点状化”命令，即可弹出“点状化”对话框，设置“单元格大小”为 3，单击“确定”按钮，即可为图像添加点状化效果。

原图

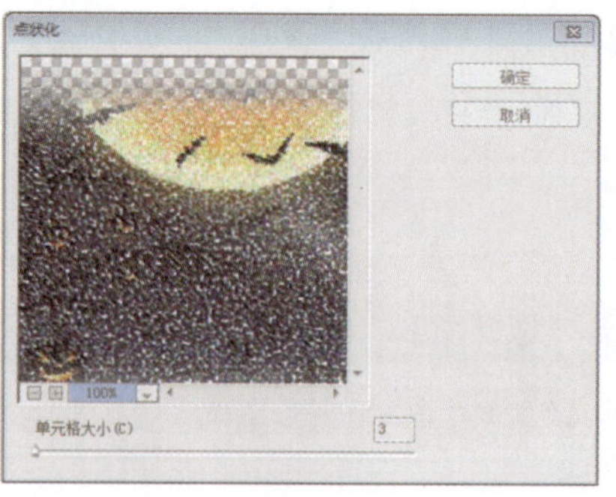

设置参数

点状化效果

350 为移动 UI 图像添加彩块化效果

在 Photoshop 中设计移动 UI 图像时，使用“彩块化”滤镜可以将纯色或相近色的像素结成相近颜色的像素块。单击“滤镜”|“像素化”|“彩块化”命令，即可为图像添加彩块化效果。

原图

彩块化效果

351 为移动 UI 图像添加彩色半调效果

在 Photoshop 中设计移动 UI 图像时，使用 “彩色半调” 滤镜可以模拟在图像的每个通道上使用放大半调网屏的效果。

STEP 1 单击“文件”|“打开” 命令，打开一幅素材图像①，选择“图层 1” 图层②。

STEP 2 单击“滤镜”|“像素化”|“彩色半调” 命令③。

STEP 3 弹出“彩色半调” 对话框，设置“最大半径” 为 5 像素④。

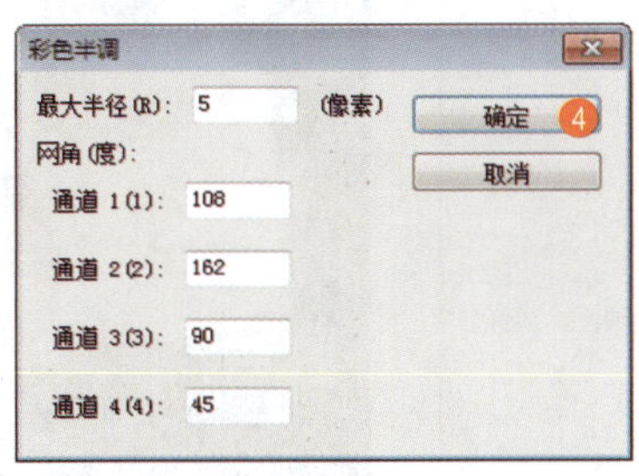

STEP 4 单击“确定”按钮，即可为图像添加彩色半调效果⑤。

STEP 5 单击"编辑"|"渐隐彩色半调"命令，弹出"渐隐"对话框，设置"不透明度"为80%、"模式"为"柔光"❻，单击"确定"按钮，即可制作出渐隐滤镜图像效果❼。

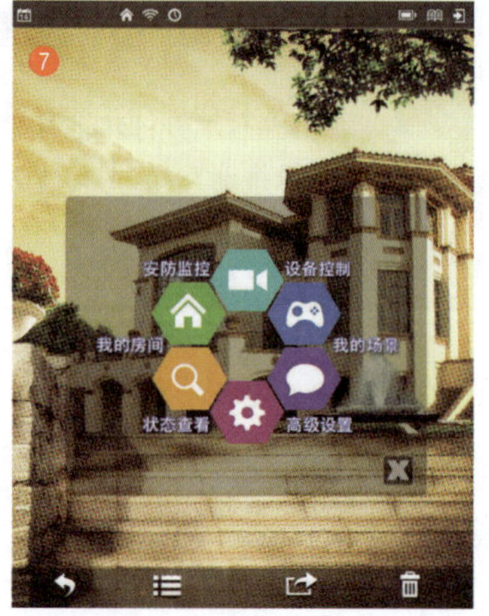

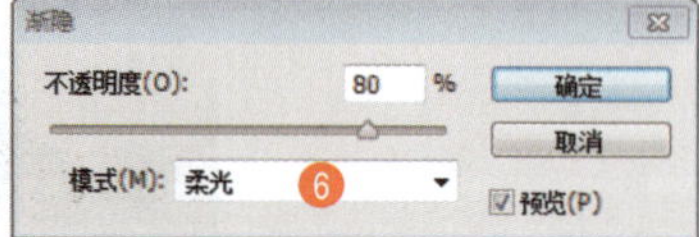

352 为移动 UI 图像添加晶格化效果

在 Photoshop 中设计移动 UI 图像时，使用"晶格化"滤镜可以使图像中颜色相近的像素结成多边形纯色。

单击"滤镜"|"像素化"|"晶格化"命令，弹出"晶格化"对话框，设置"单元格大小"为 10，单击"确定"按钮，即可为图像添加晶格化效果。

原图

设置参数

晶格化效果

353 为移动 UI 图像添加铜版雕刻效果

在 Photoshop 中设计移动 UI 图像时，使用"铜版雕刻"滤镜可以将图像转换为黑白区域的随机图案，或彩色图像中完全饱和颜色的随机图案。

单击"滤镜"|"像素化"|"铜版雕刻"命令，弹出"铜版雕刻"对话框，设置"类型"为"中长直线"，单击"确定"按钮，即可为图像添加铜版雕刻效果。

原图

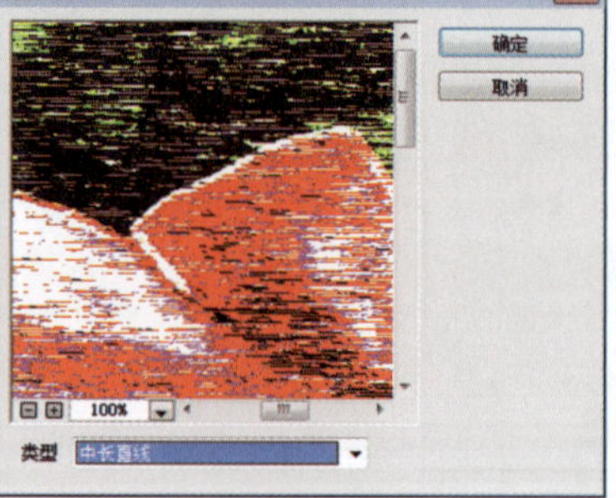

设置参数

铜版雕刻效果

354 为移动 UI 图像添加碎片效果

在 Photoshop 中设计移动 UI 图像时，使用“碎片”滤镜可以将图像的像素复制 4 次，并将它们平均和移位，然后降低不透明度，产生不聚散的效果，执行该命令不需要设置参数。

STEP 1 单击“文件”|“打开”命令，打开一幅素材图像❶，选择“图层 1”图层❷。

STEP 2 在菜单栏中单击“滤镜”|“像素化”|“碎片”命令，即可为移动 UI 图像添加碎片效果❸。

355 为移动 UI 图像添加杂色效果

应用“杂色”滤镜可以减少移动 UI 图像中的杂点，也可以增加杂点，从而使图像混合时产生色彩漫散的效果。在 Photoshop 中设计移动 UI 图像时，使用“添加杂色”滤镜可以将一定数量的杂点以随机的方式引入到图像中，并可以使混合时产生的色彩有散漫的效果。

STEP 1 单击“文件”|“打开”命令，打开一幅素材图像❶，选择“图层 1”图层❷。

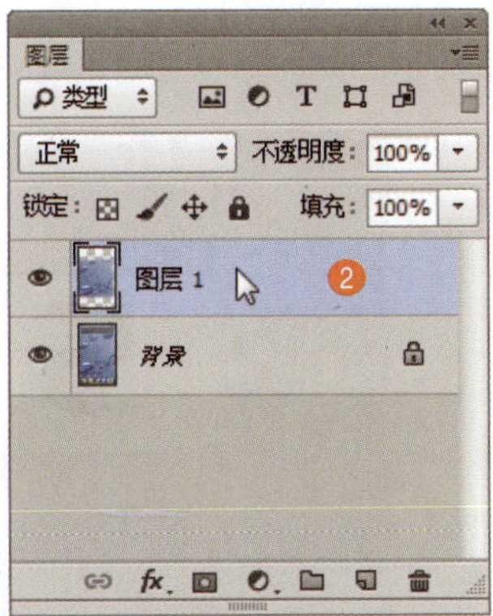

STEP 2 单击“滤镜”|“杂色”|“添加杂色”命令❸。

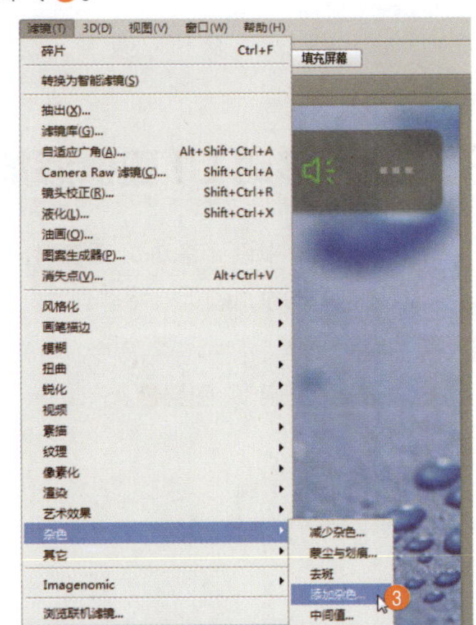

STEP 3 弹出“添加杂色”对话框，设置“数量”为12.5% 4。

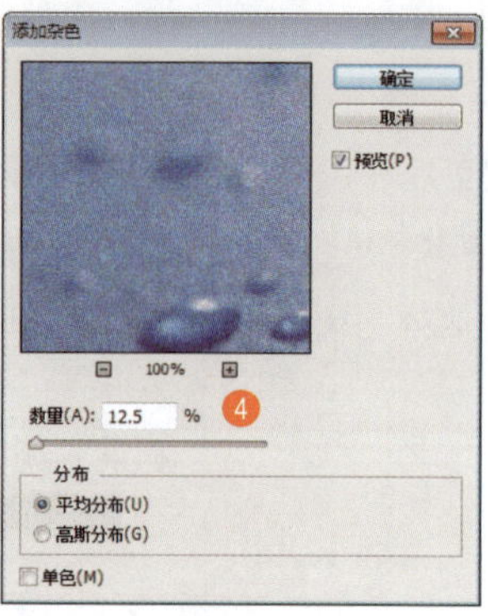

STEP 4 单击“确定”按钮，即可为图像添加杂色效果5。

知识链接

“添加杂色”对话框中的各主要选项含义如下。

- **数量：**该值决定图像中所产生杂色的数量，数值越大，所添加的杂色越多。
- **分布：**该选项组中包括“平均分布”和“高斯分布”两个单选按钮，当选择不同的分布选项时所添加杂色的方式将会不同。
- **单色：**选中该复选框，添加的色彩将会是单色。

用户利用“杂色”滤镜可以添加或移去杂色或带有随机分布色阶的像素，这有助于将选区混合到周围的像素中，还可以创建与众不同的纹理或移去有问题的区域，如灰尘和划痕。

356 为移动 UI 图像添加减少杂色效果

在 Photoshop 中设计移动 UI 图像时，使用“减少杂色”滤镜可以将基于影响整个图像或各个通道的参数设置来保留边缘并减少图像中的杂色。

单击“滤镜”|“杂色”|“减少杂色”命令，弹出“减少杂色”对话框，设置“强度”为 10、“保留细节”为 45%、“减少杂色”为 100%、“锐化细节”为 60%，选中“移去 JPEG 不自然感”复选框，单击“确定”按钮，即可为图像添加“减少杂色”效果。

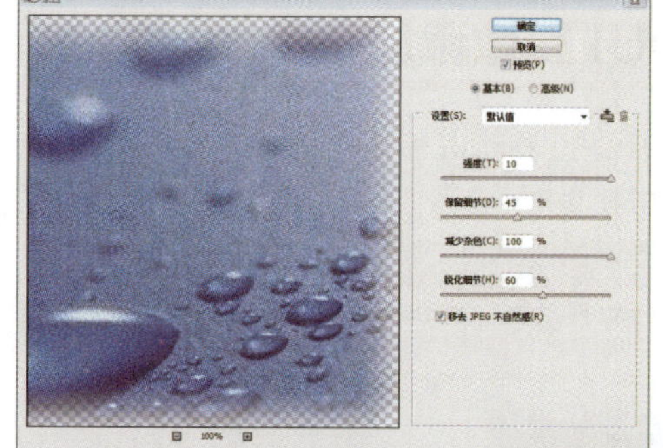

设置参数

减少杂色效果

357 为移动 UI 图像添加蒙尘与划痕效果

在 Photoshop 中设计移动 UI 图像时，使用“蒙尘与划痕”滤镜可以通过更改后的像素来减少杂色，该滤镜对于去除扫描图像中的杂点和折痕特别有效。

STEP 1 单击“文件”|“打开”命令，打开一幅素材图像1，选择“图层 1”图层2。

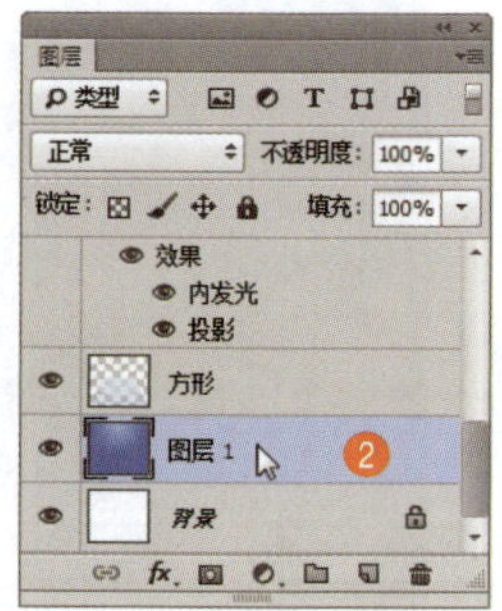

STEP 2 单击“滤镜”|“杂色”|“蒙尘与划痕”命令❸。

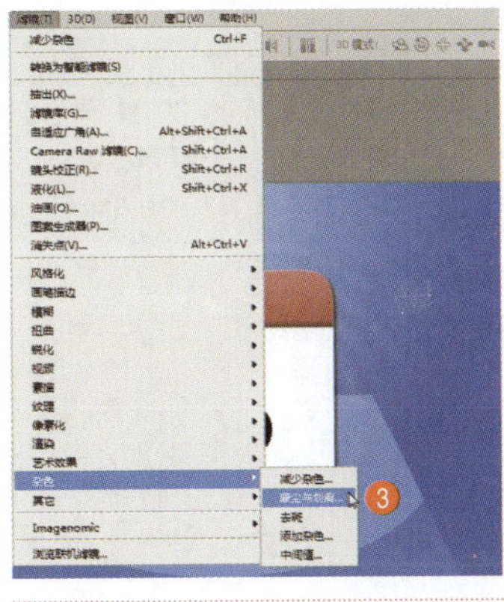

STEP 3 弹出“蒙尘与划痕”对话框，设置“半径”为 5 像素、“阈值”为 5 色阶❹。

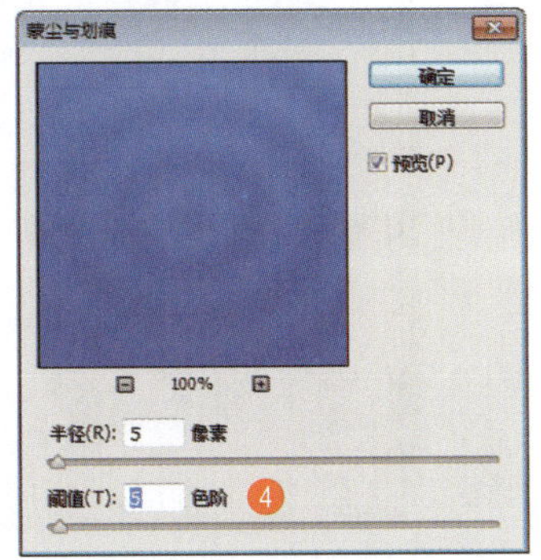

STEP 4 单击“确定”按钮，即可为图像添加蒙尘与划痕效果❺。

358 为移动 UI 图像添加中间值效果

“中间值”滤镜通过混合选区中像素的亮度来减少图像的杂色，该滤镜可以搜索像素选区的半径范围以查找亮度相近的像素，扔掉与相邻像素差异太大的像素，并用搜索到的像素的中间亮度值替换中心像素，在消除或减少移动 UI 图像的动感效果时非常有用。

单击“滤镜”|“杂色”|“中间值”命令，弹出“中间值”对话框，设置“半径”为 10 像素，单击“确定”按钮，即可为图像添加“中间值”效果。

原图

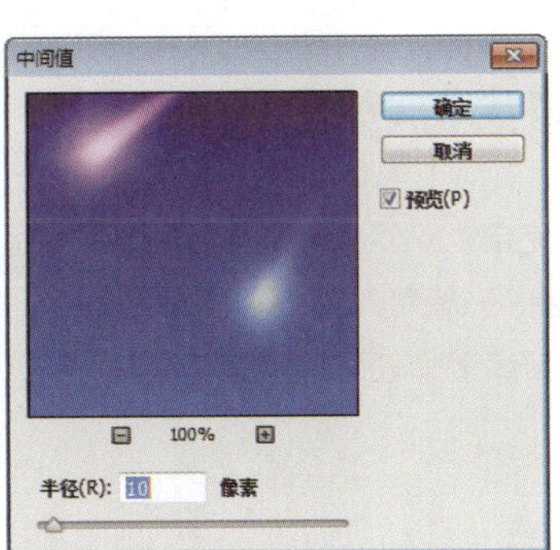

设置参数

添加中间值效果

359 为移动 UI 图像添加径向模糊效果

应用“模糊”滤镜组中的滤镜效果，可以使移动 UI 图像中清晰或对比度较强烈的区域，产生模糊的效果。例如，在 Photoshop 中设计移动 UI 图像时，使用“径向模糊”滤镜可以使图像产生旋转或放射的模糊运动效果。

知识链接

“径向模糊”对话框中的各主要选项含义如下。

- **数量：** 该值确定图像模糊的程度，数值越大，模糊程度越强烈。
- **模糊方法：** 该选项组中包括选择和缩放两种模糊方法，这两种模糊方法对图像所产生的模糊效果截然不同。
- **品质：** 在该选项组中可以选择质量级别，其中包括草图、好和最好这3个级别。

STEP 1 单击“文件”|“打开”命令，打开一幅素材图像❶，选择“图层 1”图层❷。

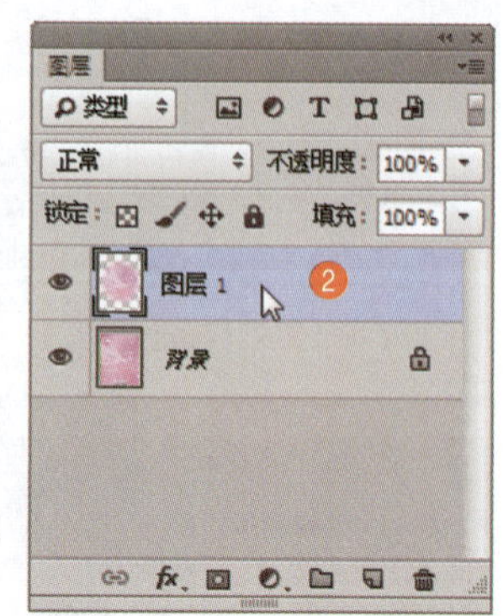

STEP 2 单击“滤镜”|“模糊”|“径向模糊”命令❸。

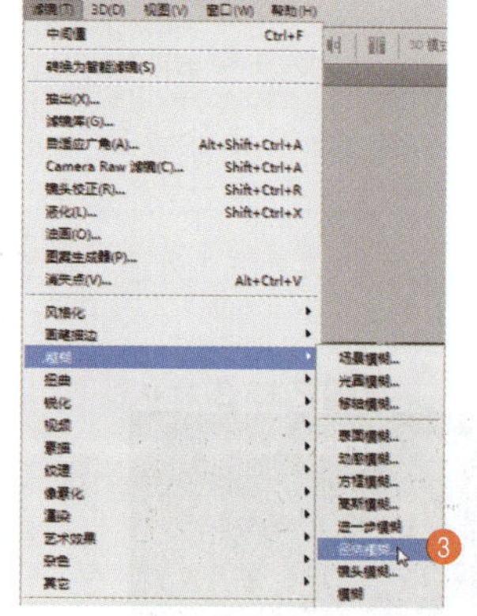

STEP 3 弹出“径向模糊”对话框，设置“数量”为 5 ❹。

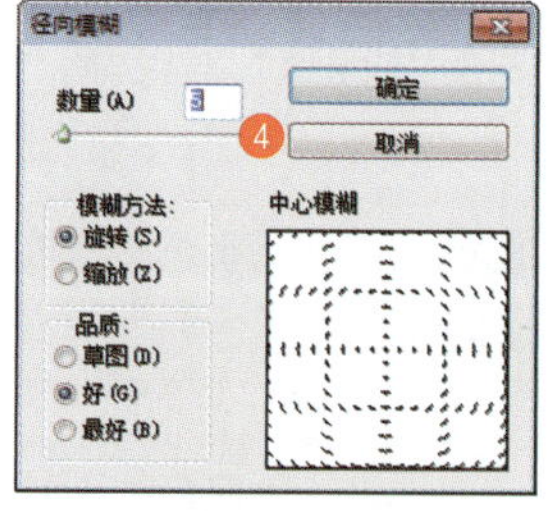

STEP 4 单击“确定”按钮，即可为图像添加径向模糊效果❺。

360 为移动 UI 图像添加表面模糊效果

在 Photoshop 中设计移动 UI 图像时，使用“表面模糊”滤镜可以在保留边缘的同时模糊图像，还可以用该滤镜创建特殊效果并消除杂色或粒度。单击“滤镜”|“模糊”|“表面模糊”命令，弹出“表面模糊”对话框，设置“半径”和“阈值”选项，单击“确定”按钮，即可为图像添加表面模糊效果。

原图

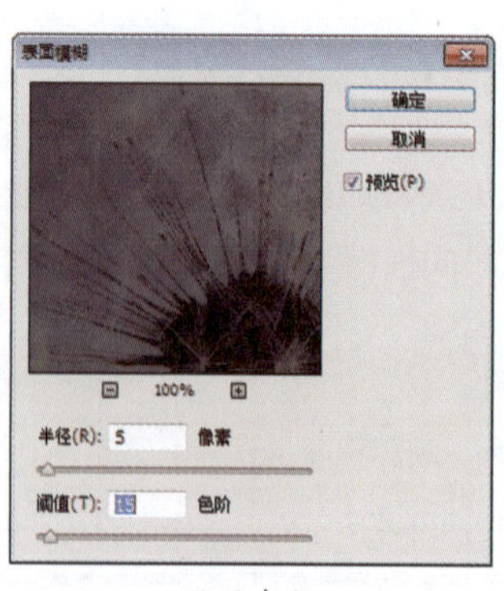

设置参数

表面模糊效果

361 为移动 UI 图像添加动感模糊效果

在 Photoshop 中设计移动 UI 图像时，使用“动感模糊”滤镜可以在保留边缘的同时模糊图像，可以用该滤镜创建特殊效果并消除杂色或粒度。

STEP 1 单击“文件”|“打开”命令，打开一幅素材图像①，选择“图层 1”图层②。

STEP 2 单击“滤镜”|“模糊”|“动感模糊”命令③。

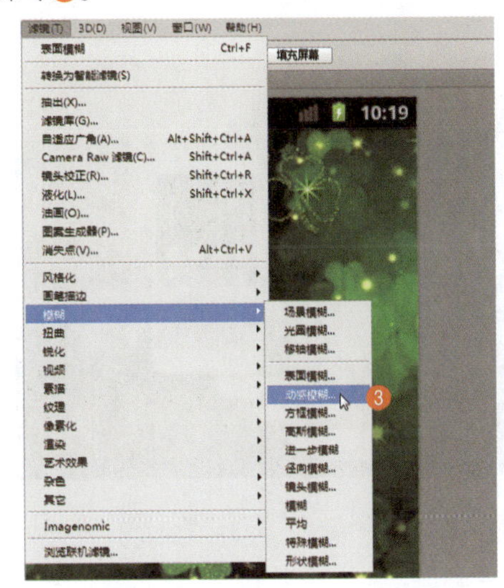

STEP 3 弹出“动感模糊”对话框，设置“角度”为 30 度、“距离”为 8 像素④，单击“确定”按钮，即可为图像添加动感模糊效果⑤。

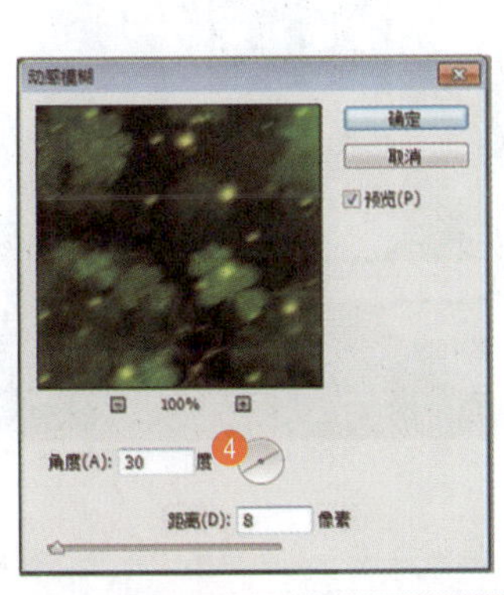

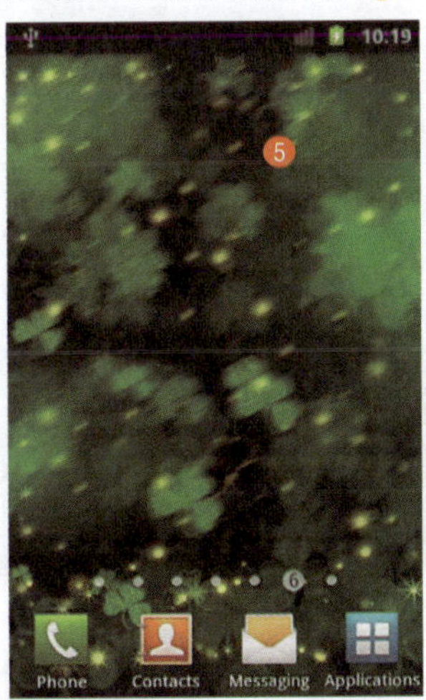

STEP 4 设置“图层 1”图层的“混合模式”为“滤色”，改变图像效果⑥。

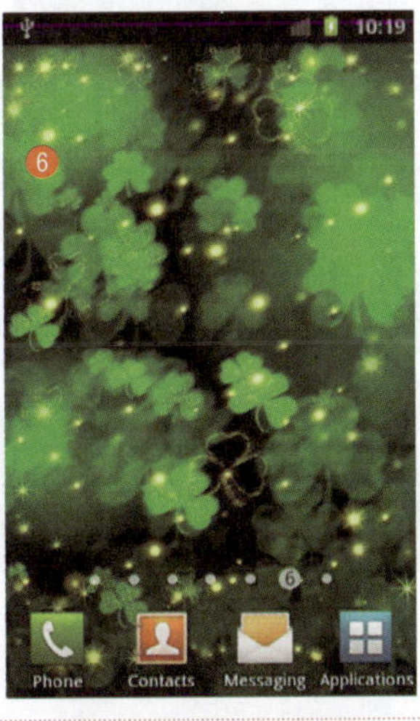

知识链接

“方框模糊”滤镜可以基于相邻像素的平均颜色值来模糊图像，所生成的模糊效果类似于方块模糊。单击“滤镜”|“模糊”|“方框模糊”命令，弹出“方框模糊”对话框，设置“半径”参数，单击“确定”按钮，即可为图像添加方框模糊效果。

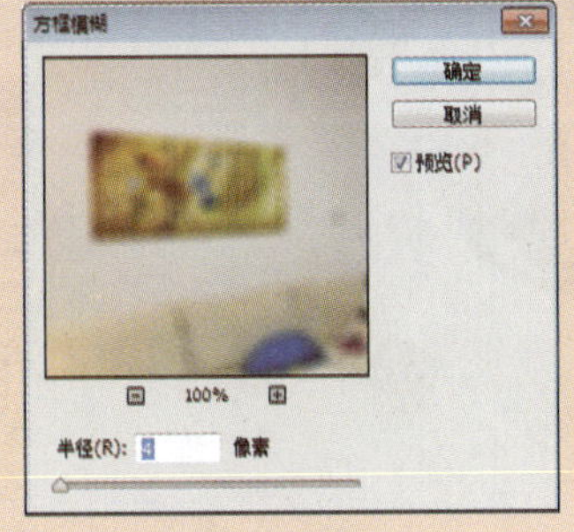

设置参数

方框模糊效果

362 为移动 UI 图像添加高斯模糊效果

“高斯模糊”滤镜的模糊程度比较强烈，它可以在很大的程度上对移动 UI 图像进行高斯模糊处理，使图像产生难以辨认的模糊效果。

STEP 1 单击“文件”|“打开”命令，打开一幅素材图像①，选择“图层 1”图层②。

STEP 2 单击“滤镜”|“模糊”|“高斯模糊”命令，弹出“高斯模糊”对话框，设置“半径”为 3 像素③。

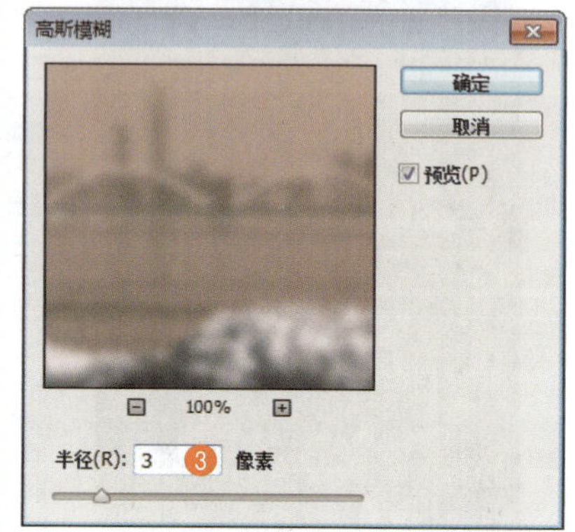

STEP 3 单击“确定”按钮，即可为图像添加高斯模糊效果④。

STEP 4 单击“滤镜”|“高斯模糊”命令，再一次应用高斯模糊效果⑤。

知识链接

“进一步模糊”滤镜可以平衡已定义的线条和遮蔽区域的清晰边缘旁边的像素，使变化显得柔和。该滤镜属于轻微模糊滤镜，并没有参数设置对话框。单击“滤镜”|“模糊”|“进一步模糊”命令，即可给图像添加进一步模糊效果。

原图

单击“进一步模糊”命令

进一步模糊效果

知识链接 “特殊模糊”滤镜提供了半径、阈值和模糊品质等设置选项，可以精确地模糊移动UI图像。单击“滤镜”|“模糊”|“特殊模糊”命令，弹出“特殊模糊”对话框，设置“半径”“阈值”“品质”等选项，单击“确定”按钮，即可为图像添加特殊模糊效果。

原图

设置参数

特殊模糊效果

363 为移动 UI 图像添加强化的边缘效果

通过应用“画笔描边”滤镜组中不同的画笔或油墨描边，可以在图像中增加颗粒、线条、杂色或锐化细节效果，从而制作出形式不同的绘画效果。

在 Photoshop CC 的“滤镜库”对话框中，选择“画笔描边”选项卡中的“强化的边缘”滤镜，可以在移动 UI 图像中产生颗粒飞溅的效果。

知识链接 通常情况下，“画笔描边”滤镜中的各命令均用于模拟绘画时各种笔触技法的运用，以不同的画笔和颜料生成一些精美的绘画艺术效果。例如，在“强化的边缘”对话框中，设置高的“边缘亮度”参数值时，强化效果类似白色粉笔；设置低的“边缘亮度”参数值时，强化效果类似黑色油墨。

STEP 1 单击“文件”|“打开”命令，打开一幅素材图像①。

STEP 2 单击“滤镜”|“滤镜库”命令②。

滤镜(T) 3D(D) 视图(V) 窗口(W) 帮助(H)
特殊模糊 Ctrl+F
转换为智能滤镜(S)
抽出(X)...
滤镜库(G)... ②
自适应广角(A)... Alt+Shift+Ctrl+A
Camera Raw 滤镜(C)... Shift+Ctrl+A
镜头校正(R)... Shift+Ctrl+R
液化(L)... Shift+Ctrl+X
油画(O)...
图案生成器(P)...
消失点(V)... Alt+Ctrl+V
风格化
画笔描边
模糊

STEP 3 弹出“滤镜库”对话框，展开“画笔描边”选项卡，选择“强化的边缘”选项3。

STEP 4 单击“确定”按钮，即可为图像添加强化的边缘效果4。

364 为移动 UI 图像添加喷溅效果

在 Photoshop 中设计移动 UI 图像时，使用“喷溅”滤镜可以在图像中产生绘画效果，其工作原理为在图像中增加颗粒、杂色或纹理，从而使图像产生多种的绘图效果。

单击“滤镜”|“滤镜库”命令，弹出“滤镜库”对话框，展开“画笔描边”选项卡，选择“喷溅”选项，单击“确定”按钮，即可为图像添加喷溅效果。

原图

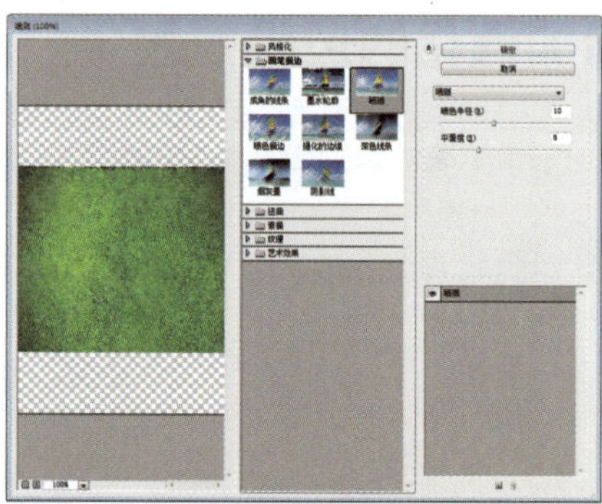

选择“喷溅”选项

喷溅效果

365 为移动 UI 图像添加成角的线条效果

“成角的线条”滤镜用对角线来修描移动 UI 图像，在图像中较亮的区域用正方向的线条绘制，在较暗的区域用相反方向的线条绘制。单击“滤镜”|“滤镜库”命令，弹出“滤镜库”对话框，展开“画笔描边”选项卡，选择“成角的线条”选项，单击“确定”按钮，即可为图像添加成角的线条效果。

原图

选择“成角的线条”选项

成角的线条效果

366 为移动 UI 图像添加阴影线效果

“阴影线”滤镜的作用是模糊铅笔阴影，可以为移动 UI 图像添加纹理并粗糙化图像，同时彩色区域的边缘可以保留图像的细节和特征。

STEP 1 单击“文件”|“打开”命令，打开一幅素材图像①，选择“图层 1”图层②。

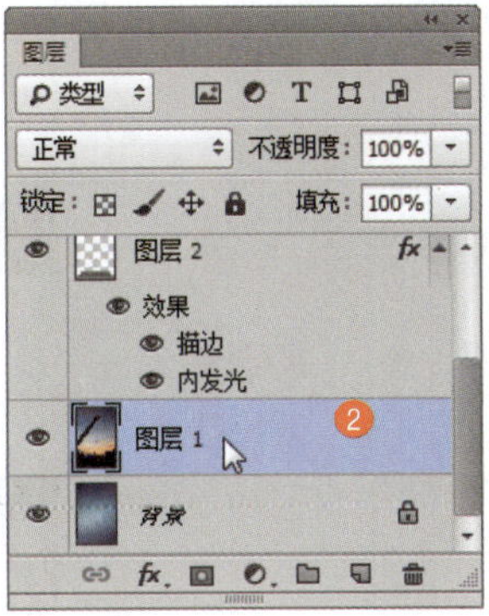

STEP 2 单击“滤镜”|“画笔描边”|“阴影线”命令③。

STEP 3 弹出“阴影线”对话框，设置“描边长度”为 10、“锐化程度”为 8、“强度”为 2④。

STEP 4 单击“确定”按钮，即可为图像添加阴影线效果⑤。

367 为移动 UI 图像添加水彩画纸效果

“素描”滤镜组中除了“水彩画纸”滤镜是以移动 UI 图像的色彩为标准外，其他的滤镜都是用黑、白、灰来替换图像中的色彩，从而产生多种绘画效果。

用户在“素描”滤镜组中，选择“水彩画纸”滤镜，可以产生在潮湿纸上作画时溢出的混合效果，使移动 UI 图像中的颜色产生流动效果并相互混合。

知识链接

“水彩画纸”滤镜选项区中各选项主要功能如下。

- **纤维长度：**用于设置勾画线条的尺寸。
- **亮度：**用于控制图像的亮度。
- **对比度：**用于控制图像的对比度。

STEP 1 单击“文件”|“打开”命令，打开一幅素材图像❶，选择“图层 1”图层❷。

STEP 2 单击“滤镜”|“素描”|“水彩画纸”命令❸。

STEP 3 执行上述操作后，弹出“水彩画纸”对话框，保持默认设置即可❹。

STEP 4 单击“确定”按钮，即可为图像添加水彩画纸效果❺。

知识链接

“炭精笔”滤镜可以在图像上模拟出浓黑和纯白的炭精笔纹理效果，它可以将前景色用于较暗区域，将背景色用于较亮区域。

单击“滤镜”|“滤镜库”命令，弹出“滤镜库”对话框，展开“素描”选项卡，选择“炭精笔”选项，设置“前景色阶”“背景色阶”均为5，单击“确定”按钮，并修改图层“混合模式”为“叠加”，即可为图像添加炭精笔效果。

设置参数

炭精笔效果

炭笔种类繁多，除了木炭条外，更有以炭粉加胶混制成的各类炭精笔，由于炭笔可表现出比铅笔更深的暗色调，又易于大面积涂抹，故常作为素描练习的重要笔材。在Photoshop中，通过“炭精笔”滤镜即可非常容易地模拟出炭精笔效果。

368 为移动 UI 图像添加壁画效果

“艺术效果”滤镜是模拟素描、蜡笔、水彩、油画以及木刻石膏等手绘艺术的特殊效果，将不同的滤镜运用于不同的平面设计作品中，可以使图像产生不同的艺术效果。

在 Photoshop CC 中，“艺术效果”滤镜组中的“壁画”滤镜用短的、圆的和潦草的斑点绘制风格粗犷的移动 UI 图像效果。

STEP 1 单击“文件”|“打开”命令，打开一幅素材图像1，选择“图层 1”图层2。

STEP 2 单击“滤镜”|“艺术效果”|“壁画”命令3。

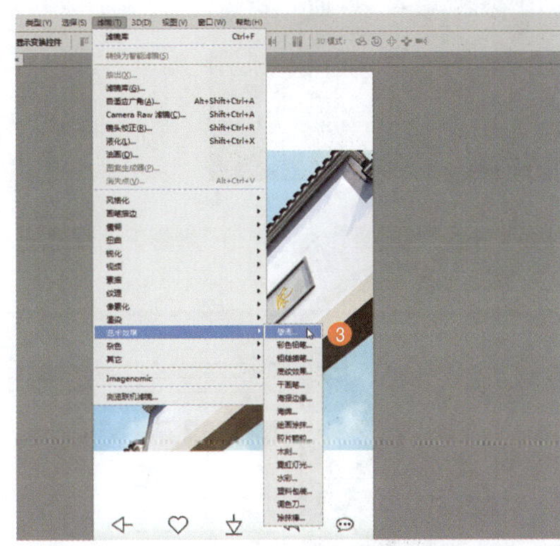

STEP 3 执行上述操作后，弹出“壁画”对话框，保持默认设置即可4。

STEP 4 单击“确定”按钮，即可为图像添加壁画效果5。

369 为移动 UI 图像添加水彩效果

在 Photoshop 中设计移动 UI 图像时，使用“艺术效果”滤镜组中的“水彩”滤镜可以对图像产生水彩画的绘制效果。

STEP 1 单击“文件”|“打开”命令，打开一幅素材图像❶，选择“图层 1”图层❷。

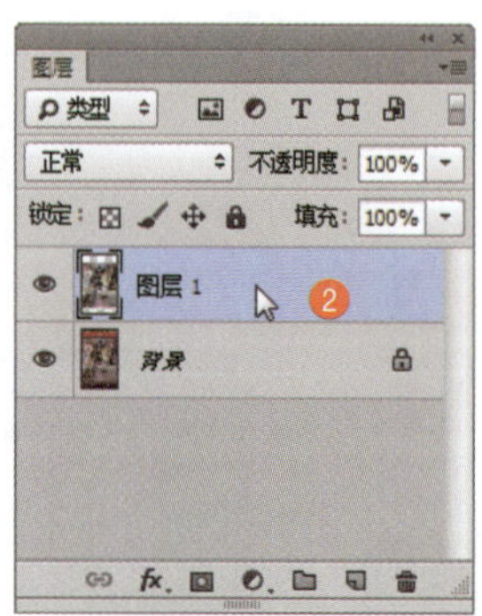

STEP 2 单击“滤镜”|“艺术效果”|“水彩”命令❸。

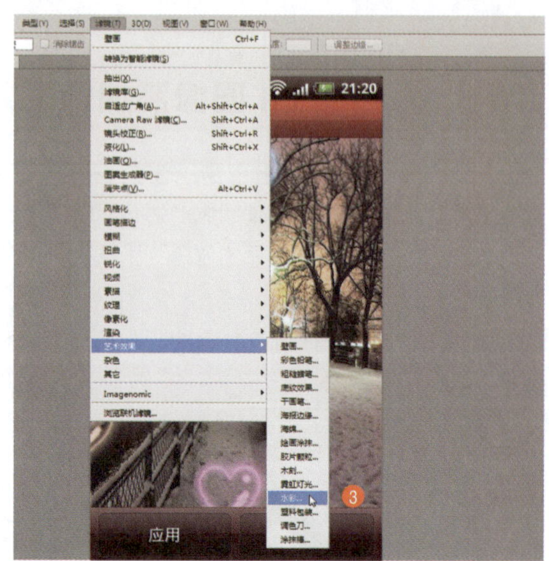

STEP 3 执行上述操作后，弹出“水彩”对话框，保持默认设置即可❹。

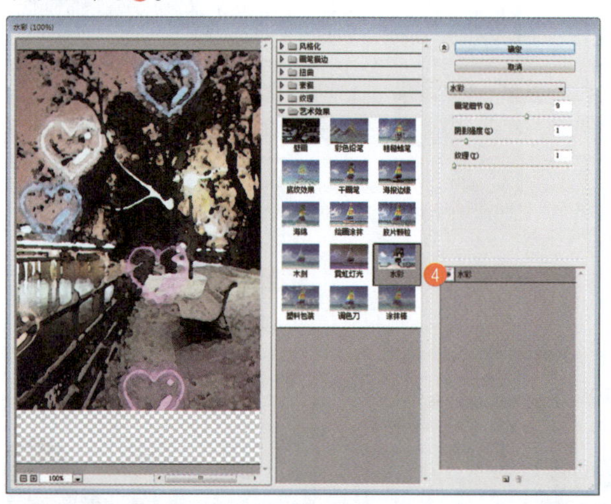

STEP 4 单击“确定”按钮，即可为图像添加水彩效果❺。

STEP 5 在“图层”面板中，设置“图层 1”图层的“混合模式”为“柔光”❻。

STEP 6 执行操作后，即可改变图像效果❼。

PART 02

软件功能篇

移动 UI 图像抠取与合成

在抠图之前，首先应该分析图像的特点，然后再根据分析结果找出最佳的抠图方法。分析图像是抠图前的首要工作，只有把握住了图像的特点，才能正确而有针对性地进行抠图。本章主要向读者介绍如何使用路径功能、图层模式、蒙版功能以及通道功能对移动 UI 图像进行抠图与合成的方法。

370 使用“全部”命令合成移动 UI 图像

在处理移动 UI 图像时，若图像比较复杂，需要对整幅图像或指定图层中的图像进行调整，则可以通过“全部”命令快速抠取需要的移动 UI 元素以进行合成处理，为设计者节省时间。

STEP 1 单击“文件”|“打开”命令，打开两幅素材图像❶，切换至 370(1).jpg 图像编辑窗口，在菜单栏中单击“选择”|“全部”命令❷，执行上述操作后，即可全选图像❸。

STEP 2 按【Ctrl＋J】组合键，得到“图层 1”图层❹，选取工具箱中的移动工具，在图像上按住鼠标左键并将该图层拖曳至 370(2).jpg 图像编辑窗口中❺，执行上述操作后，移动图像至合适位置❻。

知识链接 在处理单一背景的移动UI素材图像时，用户可以先选取背景，然后通过“反向”命令反选图像来抠取图像，这样可以更便捷、快速地抠取图像。

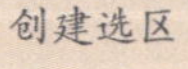
创建选区

反选选区

抠图

371 使用“色彩范围”命令抠图

设计者在处理移动 UI 图像时，若图像复杂不好抠取，则可通过“色彩范围”命令利用图像中的颜色变化关系来抠取需要的图像。

STEP 1 在菜单栏中单击“文件”|“打开”命令，打开一幅素材图像①，在菜单栏中单击“选择”|“色彩范围”命令②，执行上述操作后，即可弹出“色彩范围”对话框，设置“颜色容差”为 200，选中“选择范围”单选按钮③。

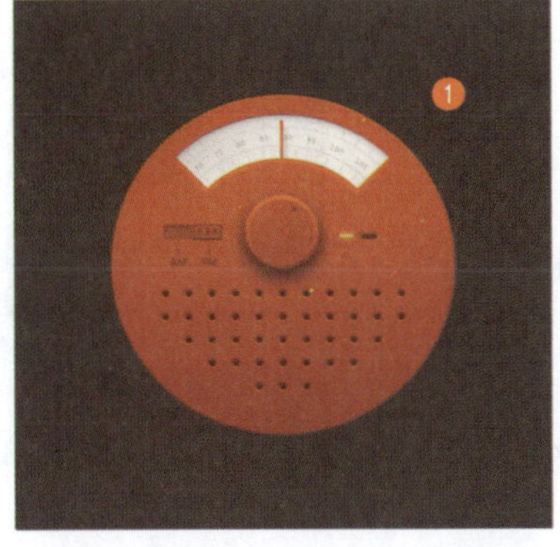

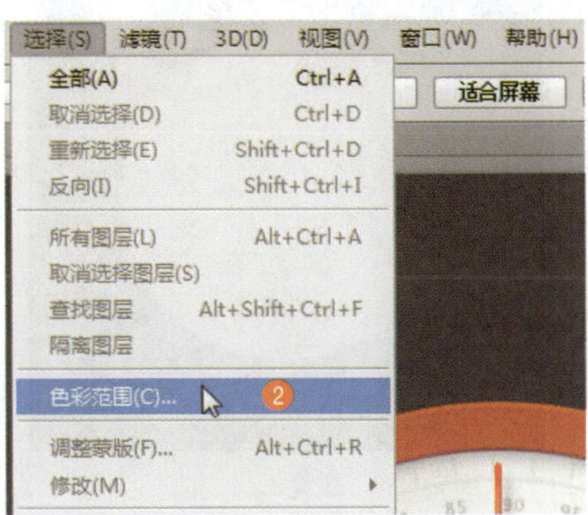

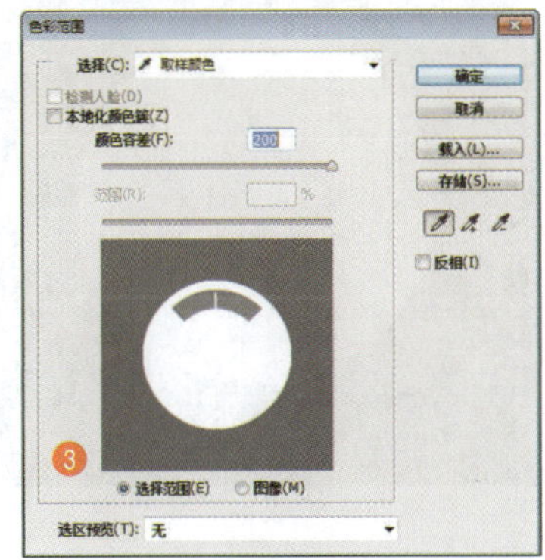

STEP 2 在图像灰色处单击鼠标左键，返回“色彩范围”对话框，单击“确定”按钮，即可选中灰色区域④，在菜单栏中单击“选择”|“反向”命令⑤，即可反向选择图像⑥。

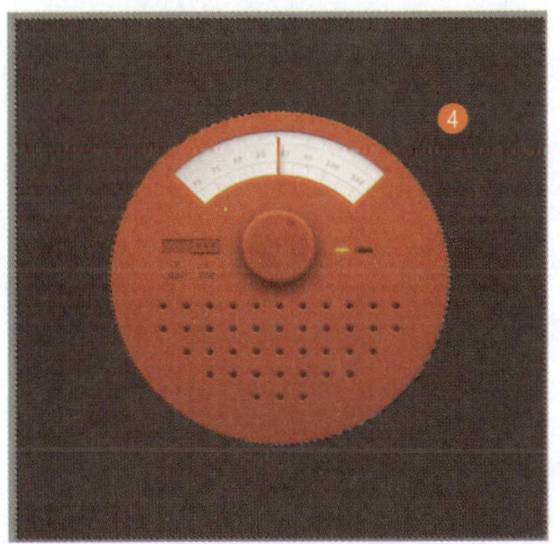

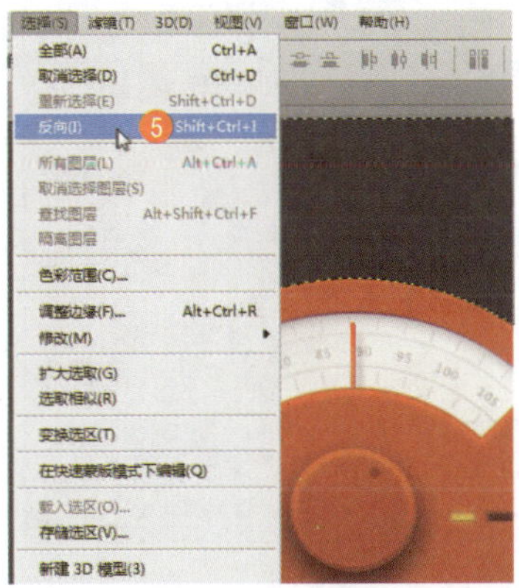

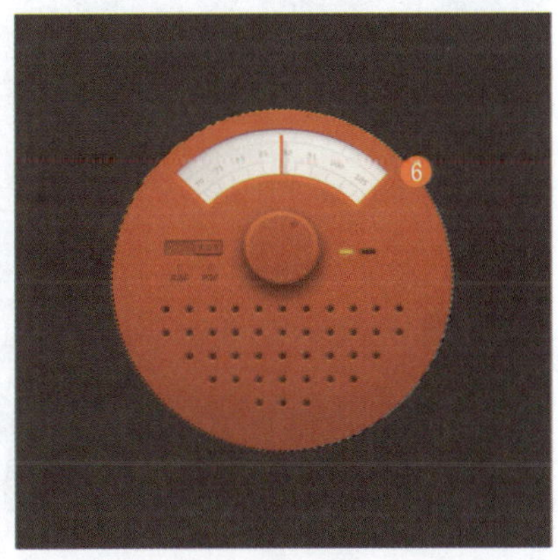

STEP 3 按【Ctrl + J】组合键，得到“图层 1”图层⑦。单击“背景”图层的“指示图层可见性”图标，执行上述操作后，即可隐藏“背景”图层得到抠图效果⑧。

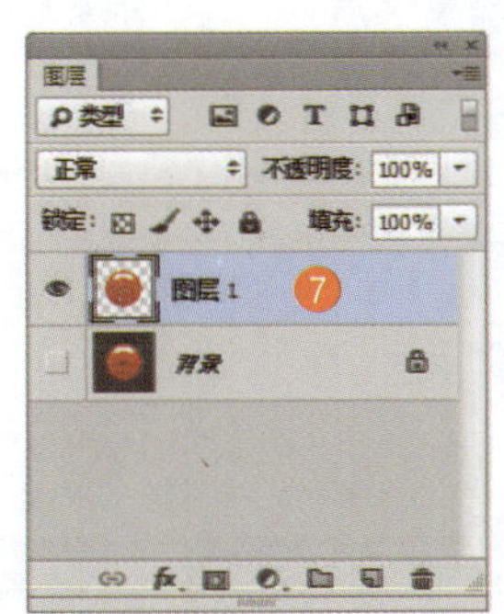

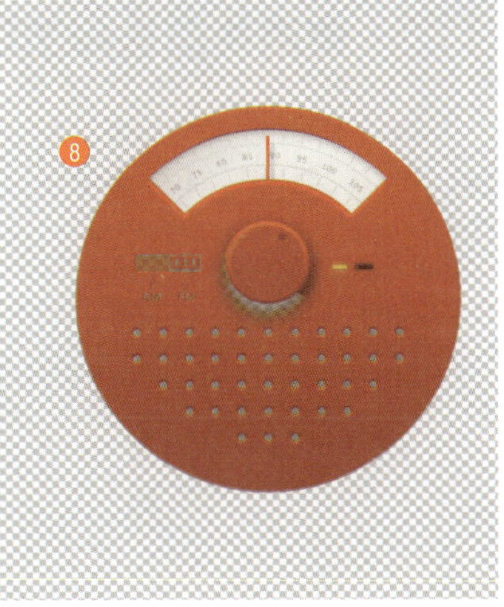

372 使用“选取相似”命令抠图

在处理背景复杂、颜色相似的移动 UI 图像时，可以先选取部分区域，通过“选取相似”命令扩大选取图像周围相似的颜色像素区域，以达到抠图目的。选取工具箱中的魔棒工具，在图像上单击鼠标左键创建选区，在菜单栏中连续 3 次单击“选择”|“选取相似”命令。

原图

创建选区

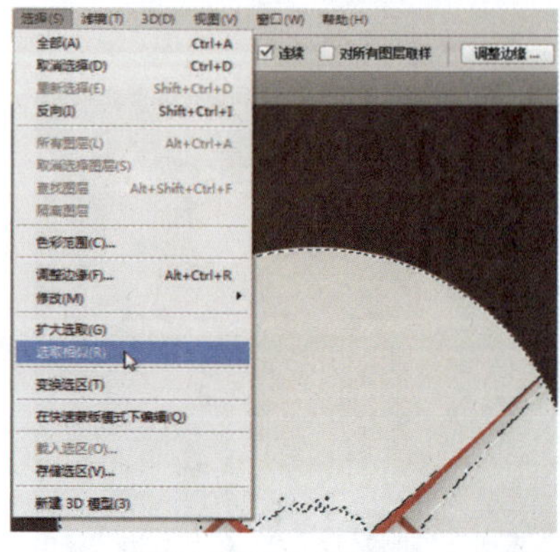
单击“选取相似”命令

执行上述操作后，即可选取相似颜色区域，按【Ctrl + J】组合键，得到“图层 1”图层，单击“背景”图层的“指示图层可见性”图标👁隐藏“背景”图层，即可完成抠图操作。

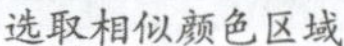
选取相似颜色区域

隐藏“背景”图层

抠图

373 使用快速选择工具抠图

选取工具箱中的快速选择工具，在工具属性栏中单击“画笔选取器”按钮，在弹出的列表框中，设置相应的“大小”参数。

原图

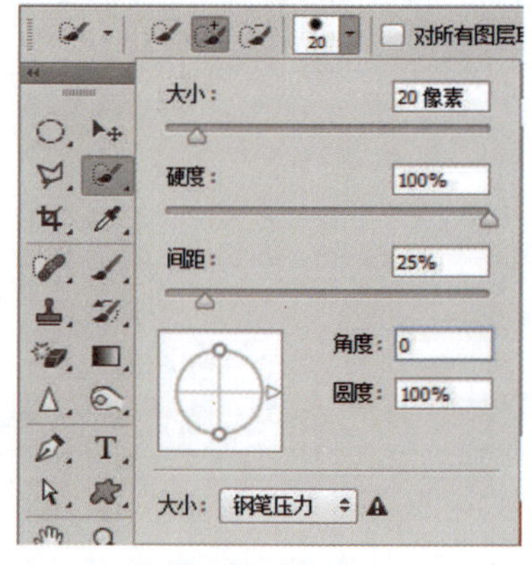

设置“大小”参数

将鼠标指针移至图像中的适当位置，按住鼠标左键并拖曳以创建选区，按【Ctrl＋J】组合键，复制选区内的图像，建立一个新图层，并隐藏“背景”图层，即可得到抠取图像效果。

创建选区

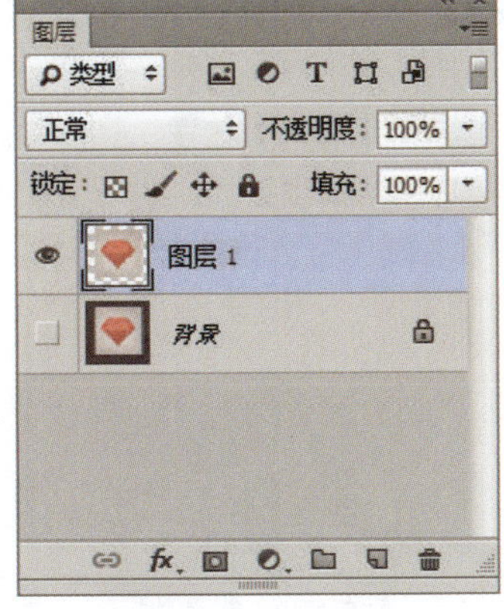

隐藏“背景”图层

抠图

374 使用对所有图层取样抠图

在快速选择工具属性栏中，有一个“对所有图层取样”选项，选中该复选框，可以用来设置选取的图层范围，设计者可以通过该功能对移动 UI 图像进行抠图操作。

STEP 1 单击“文件”|“打开”命令，打开一幅素材图像①，选择“图层 1”图层，选取工具箱中的快速选择工具②，在工具属性栏中设置合适的画笔大小，并选中“对所有图层取样”复选框，在图像编辑窗口中，按住鼠标左键并拖曳，选中“图层 1”图层中的图像③。

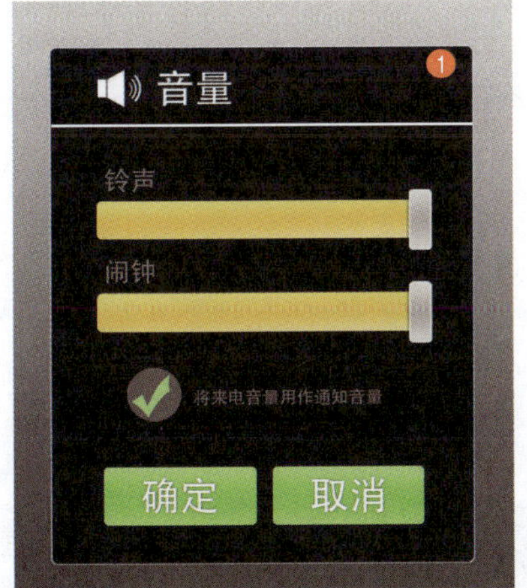

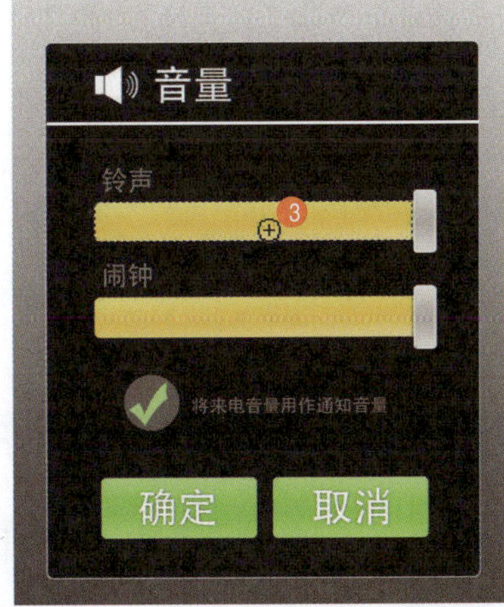

STEP 2 继续在图像中拖曳鼠标，选取“背景”图层中的其他图像，对所有图层进行取样④，分别选择相应图层，按【Ctrl＋J】组合键，复制选区内的图像，并隐藏相应图层，抠取图像⑤。

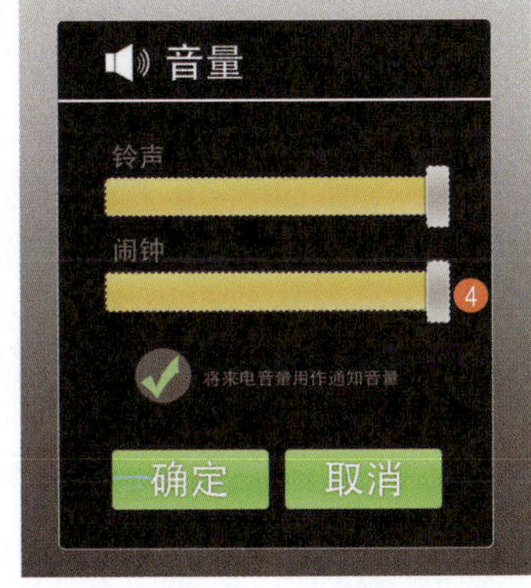

375 通过单一选取功能抠图

使用魔棒工具在移动 UI 图像中选取图像区域时，每次只能选择一个区域，再次进行单击选取时，则前面选择的区域将自动取消选择，接下面介绍通过单一的选取区域抠取移动 UI 图像的操作方法。

STEP 1 单击“文件”|“打开”命令，打开一幅素材图像①，选取工具箱中的魔棒工具②，移动鼠标指针至图像编辑窗口中，在白色区域上单击鼠标左键，即可选中白色区域③。

STEP 2 单击“选择”|“反向”命令，反选选区④，按【Ctrl + J】组合键，复制选区内的图像，建立“图层 1”图层，并隐藏“背景”图层，抠取图像⑤。

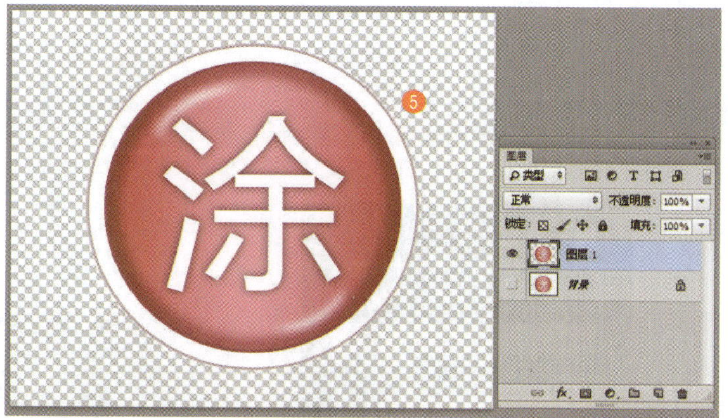

376 通过添加选区功能抠图

使用选区工具在移动 UI 图像中抠图时，在工具属性栏中单击“添加到选区”按钮，可以在原有选区的基础上添加新选区，将新建的选区与原来的选区合并成为新的选区，增加抠图范围。

选取工具箱中的魔棒工具，在工具属性栏中选中“连续”复选框，在图像编辑窗口单击黑色背景区域，创建选区。

原图

创建选区

知识链接 在"新选区"状态下，按住【Shift】键的同时，单击相应区域，可快速切换到"添加到选区"状态。

在工具属性栏中单击"添加到选区"按钮，单击绿色背景区域，使背景全部被选中，单击"选择"|"反向"命令，反选选区，按【Ctrl＋J】组合键，复制选区内的图像，建立"图层1"图层，并隐藏"背景"图层，完成抠图操作。

添加选区

反选选区

抠图

377 通过减选选区抠图

使用选区工具在移动UI图像中抠图时，在工具属性栏中单击"从选区减去"按钮，可以从原有选区中减去不需要的部分，从而得到新的选区。

STEP 1 单击"文件"|"打开"命令，打开一幅素材图像①，在菜单栏中单击"选择"|"全部"命令，即可全选图像②。

STEP 2 选取工具箱中的魔棒工具，在工具属性栏中单击"从选区减去"按钮，并选中"连续"复选框，在图像中的适当位置单击减选选区③，按【Ctrl＋J】组合键，复制选区内的图像，建立"图层1"图层④，并隐藏"背景"图层，完成抠图操作⑤。

378 通过交叉选取功能抠图

使用选区工具在移动 UI 图像中抠图时，可以运用交叉选取功能使用选区工具在图形中创建交叉选区，如果新创建的选区与原来的选区有相交部分，结果会将相交的部分作为新的选区。

单击“文件”|“打开”命令，打开一幅素材图像，选取工具箱中的矩形选框工具，在图像编辑窗口中的合适位置，绘制一个矩形选区。

选取工具箱中的魔棒工具，在工具属性栏中单击“与选区交叉”按钮，在中间蓝色区域单击鼠标左键，创建交叉选区，按【Ctrl + J】组合键，复制选区内的图像，建立“图层 1”图层，并隐藏“背景”图层，抠取图片。

原图

创建选区

创建交叉选区

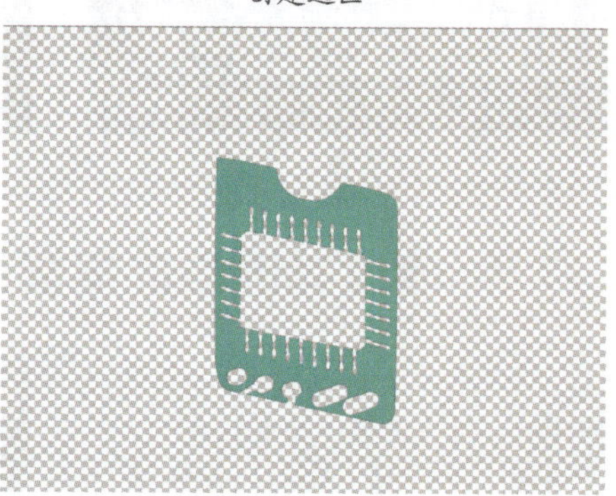

抠图

379 通过透明图层功能抠图

在 Photoshop 中，使用橡皮擦工具在透明图层中擦除图像时，将直接擦除到透明，以此也可以实现移动 UI 图像的抠图操作。但是如果将图层的透明度锁定，将会直接擦除到背景色。选取工具箱中的橡皮擦工具，在工具属性栏中设置选项，在图像编辑窗口中擦除背景图像，抠取图像。

原图

擦除背景图像

抠图

380 通过取样背景色板功能抠图

在处理移动 UI 素材图像时，擦除前先设置好的背景色，即设置好取样颜色，单击“取样：背景色板”按钮，可以擦除与背景色相同或相近的颜色，以实现移动 UI 图像的抠图操作。

STEP 1 单击“文件”|“打开”命令，打开一幅素材图像①，选择工具箱中的吸管工具②，在图像灰色背景上单击鼠标左键，吸取前景色，并单击“切换前景色和背景色”按钮切换前景色和背景色③。

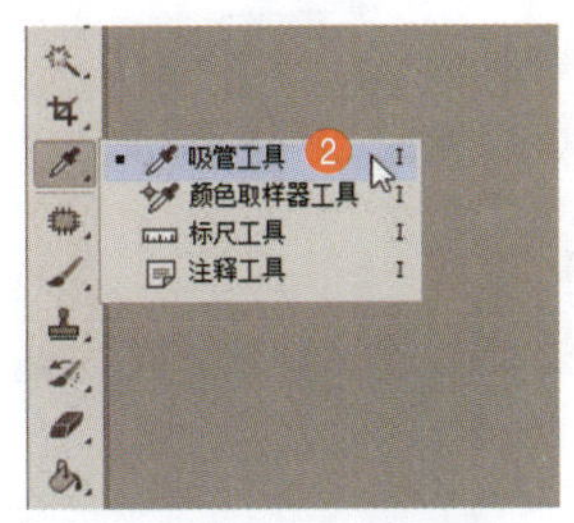

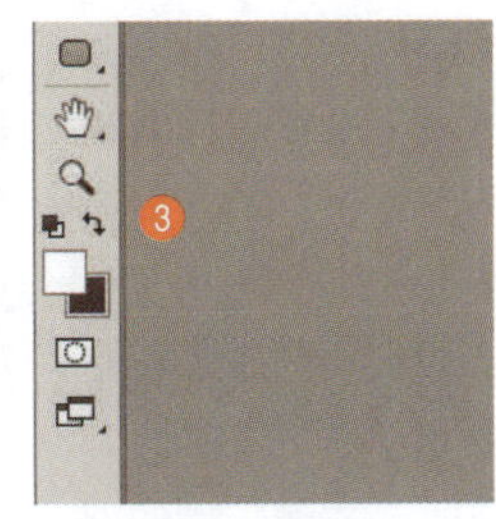

STEP 2 选取工具箱中的背景橡皮擦工具，在工具属性栏中设置“大小”为 20 像素，并单击“取样：背景色板”按钮，在图像适当位置擦除背景区域④，继续在其他背景区域拖曳鼠标，抠取图像⑤。

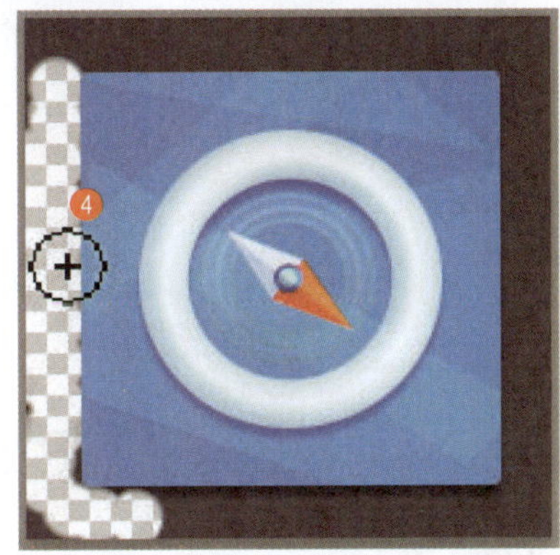

381 通过取样一次功能抠图

在抠取移动 UI 素材图像时，通过“取样：一次”按钮进行颜色取样，然后使用背景橡皮擦在图像上擦除与取样颜色相同或相近的颜色，以达到抠取图像的效果。选取工具箱中的背景橡皮擦工具，在工具属性栏中单击“取样：一次”按钮。

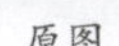
原图

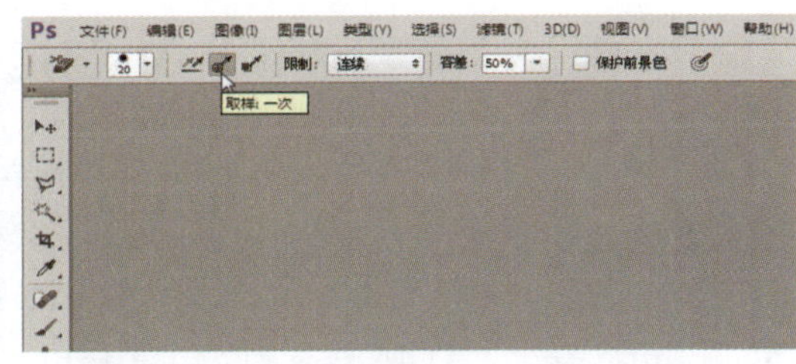

单击“取样：一次”按钮

将鼠标指针移至需要擦除的背景图像上，按住鼠标左键并在整个图像中的背景区域拖动，擦除图像，即可得到抠图效果。

定位鼠标

擦除图像

得到抠图效果

382 通过连续取样功能抠图

在抠取移动 UI 素材图像时，通过“取样：连续”功能进行颜色取样，然后使用背景橡皮擦工具在图像上擦除与取样颜色相同或相近的颜色，以达到抠取图像的效果。

选取工具箱中的背景橡皮擦工具，在工具属性栏中，设置“大小”为 10 像素、“容差”为 20%，单击“取样：连续”按钮。

原图

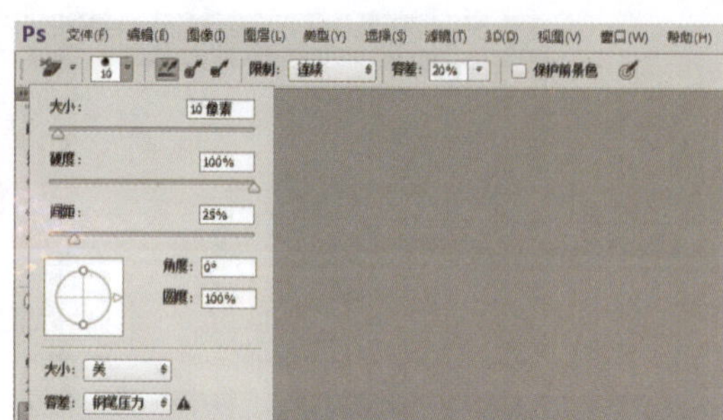
设置工具属性

移动鼠标指针至图像编辑窗口中，在图像适当位置取样并拖曳鼠标，擦除背景区域，继续拖曳鼠标，在相应位置连续取样，即可擦除背景区域。

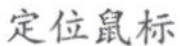
定位鼠标

擦除图像

得到抠图效果

383 通过“查找边缘”功能抠图

在背景橡皮擦工具属性栏中，“限制”下拉列表框中包含“查找边缘”“不连续”“连续”几个选项，可以用来控制擦除的限制模式。也就是说在拖曳鼠标时，不仅可以擦除连续的像素，还可以擦除工具范围内的所有相似的像素。在其中选择“查找边缘”选项以后，可擦除包含取样颜色的连续取样，但同时还能更好地保留形状边缘的锐化程度。

STEP 1 单击“文件”|“打开”命令，打开一幅素材图像①。选取工具箱中的背景橡皮擦工具，在工具属性栏中设置“取样”为“连续”，“限制”为“查找边缘”，“容差”为 50%②。将鼠标指针移至图像编辑窗口中，在背景位置按住鼠标左键并拖曳鼠标，擦除背景③。

STEP 2 继续拖曳鼠标，擦除白色背景❹，背景擦除完成以后，局部放大图像边缘，即可看到图像边缘基本保存完整❺。

知识链接 “查找边缘”与“连续”选项的作用有些相似，但是选择“连续”限制模式会破坏到物体的边缘，而选择“查找边缘”限制模式却能很好地区分边缘，不会破坏到物体边缘。

384 通过单一功能抠图

在处理移动 UI 素材图像时，可以使用魔术橡皮擦工具的单一擦除功能擦除相邻区域的相同像素或相似像素的图像，用于背景较简单的抠图。

知识链接 魔术橡皮擦工具的工具属性栏中默认为选中“连续”复选框，即表示在进行擦除的过程，仅擦除与单击处相邻的相同像素或相似像素，通常多用与背景单一且相互连接的简单图像。

选取工具箱中的魔术橡皮擦工具，在淡粉色背景区域单击鼠标左键，即可擦除背景。

原图

选取魔术橡皮擦工具

擦除背景

385 通过连续功能抠图

在处理移动 UI 素材图像时，可以使用魔术橡皮擦工具进行擦除图像，取消选中工具属性栏中的“连续”复选框，即可擦除图像中的所有相似像素。

STEP 1 单击“文件”|“打开”命令，打开一幅素材图像❶，选取工具箱中的魔术橡皮擦工具，保持工具属性栏的默认设置，在黑色背景区域单击鼠标左键，即可擦除背景❷。

STEP 2 在“历史记录”面板中单击“打开”步骤，恢复到打开状态，在工具属性栏中取消选中“连续”复选框③，再次在黑色区域单击鼠标左键④，即可擦除所有相似像素的背景，抠取图像⑤。

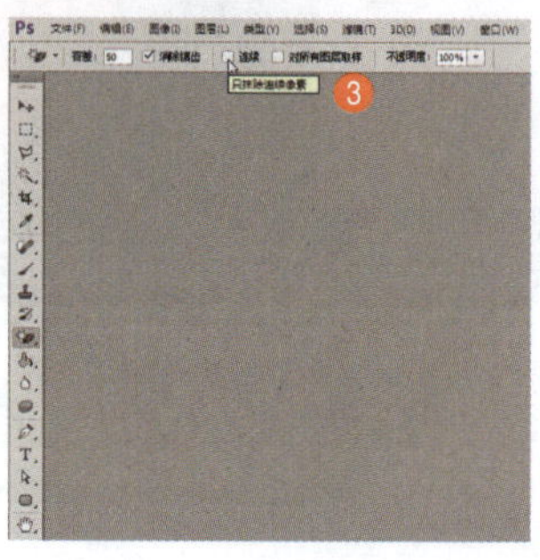

386 通过设置容差抠图

使用魔术橡皮擦工具在移动UI图像中进行抠图操作时，将容差数值设置得越大，擦除的颜色范围就越广。

选取工具箱中的魔术橡皮擦工具，保持默认设置，在红色区域单击鼠标左键，擦除背景。

原图

擦除背景

在“历史记录”面板中单击“打开”步骤，恢复到打开状态，在工具属性栏中设置“容差”为50，再次在红色区域单击鼠标左键，即可擦除全部的红色背景，抠取图像。

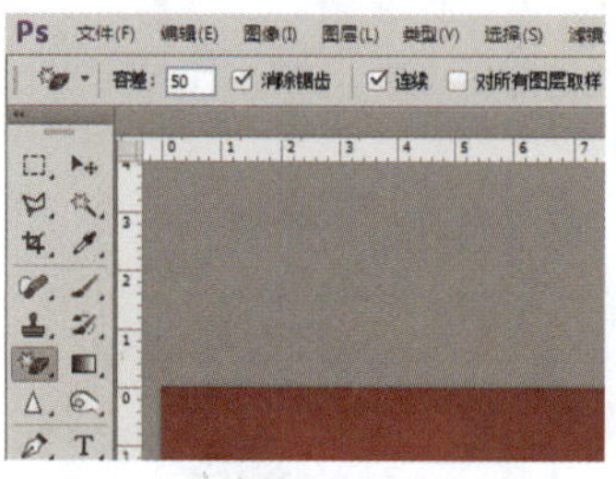

设置“容差”

单击鼠标左键

抠取图像

知识链接

在“容差”数值框中输入相应的数值，可以定义擦除的颜色范围，低容差会擦除颜色值范围内与单击像素非常相似的像素，而高容差会擦除范围更广的像素。

387 通过透明效果抠图

在处理移动UI素材图像时，使用魔术橡皮擦工具不但可以擦除图像，还可以通过工具属性栏的“不透明度”选项来设置图像的透明度属性。选取工具箱中的魔术橡皮擦工具，保持默认设置，选择相应图层，单击移动UI图像中的灰色背景区域，即可擦除背景。

原图

选择相应图层

擦除背景

在工具属性栏中设置“容差”为20、“不透明度”为60%，在白色图像上单击鼠标左键，擦除透明效果，抠取图像。

设置工具属性

擦除透明效果

388 通过矩形选框抠图

使用矩形选框工具可以创建形状规则的选区以进行抠图操作。选取工具箱中的矩形选框工具，在图像适当位置拖曳鼠标创建一个矩形选区。

原图

创建矩形选区

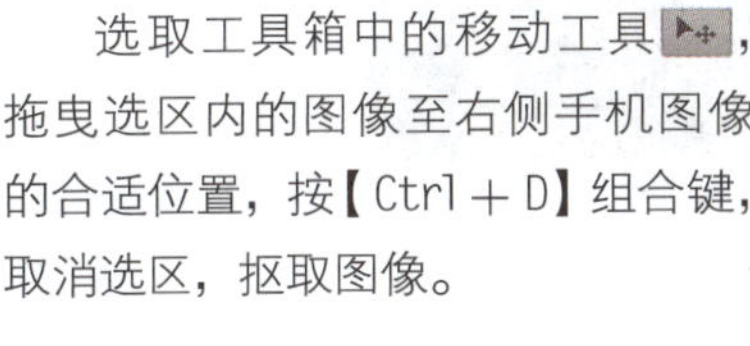
选取工具箱中的移动工具，拖曳选区内的图像至右侧手机图像的合适位置，按【Ctrl＋D】组合键，取消选区，抠取图像。

拖曳选区内的图像

调整位置

取消选区

389 通过椭圆选框抠图

用户利用椭圆选框工具可以选取移动UI图像中的椭圆或正圆的物体，并实现抠图效果。选取工具箱中的椭圆选框工具，在图像适当位置拖曳鼠标创建一个椭圆选区。

原图

创建椭圆选区

移动鼠标指针至椭圆选区内，适当拖曳选区至合适位置，按【Ctrl＋J】组合键，复制选区内的图像，建立“图层1”图层，并隐藏“背景”图层，抠取图像。

调整选区位置

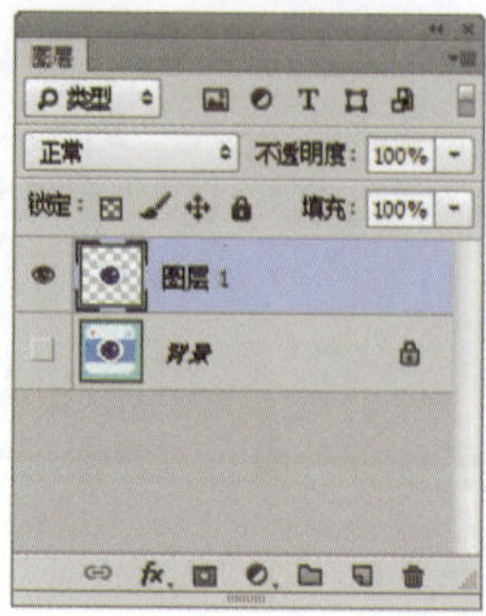
隐藏“背景”图层

抠取图像

390 通过套索工具抠图

选取工具箱中的套索工具，拖曳鼠标沿移动 UI 素材图像周边创建一个不规则选区。

原图

创建选区

单击“选择”|“修改”|“羽化”命令，在弹出的“羽化选区”对话框中，设置“羽化半径”为 20 像素，单击“确定”按钮，按【Ctrl＋J】组合键，复制选区内的图像，建立“图层 1”图层，并隐藏“背景”图层，抠取图像。

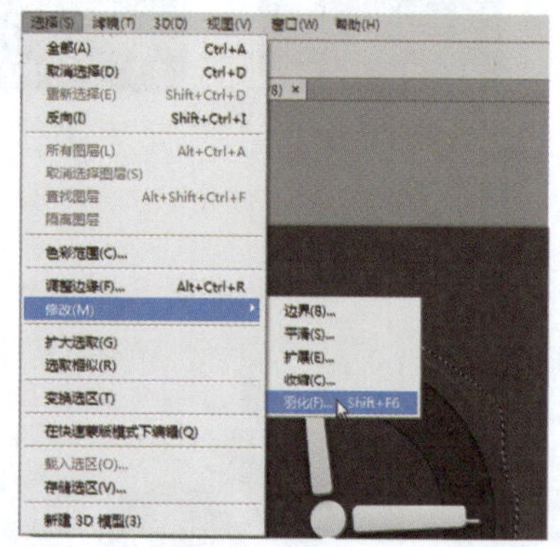
单击“羽化”命令

设置“羽化半径”

抠取图像

391 通过多边形套索工具抠图

多边形套索工具可以创建由直线构成的选区，适合选择边缘为直线的移动 UI 素材图像。

STEP 1 单击"文件"|"打开"命令，打开一幅素材图像❶，选取多边形套索工具，在矩形对象的角点处单击鼠标以指定起点，并在转角处单击鼠标，指定第2点❷。

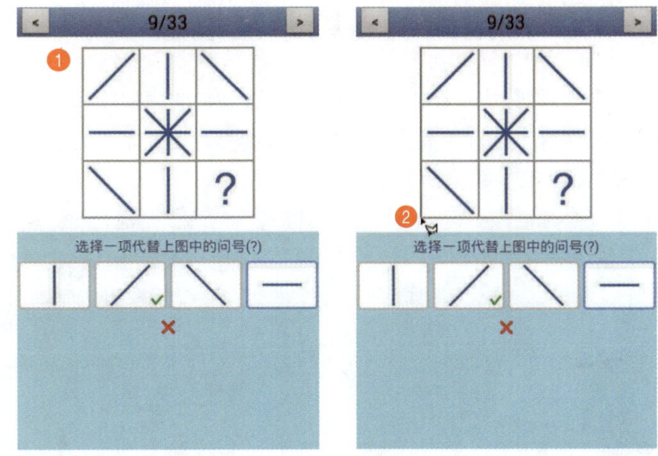

STEP 2 用与前面同样的方法，依次单击其他点，在起始点处单击鼠标左键，创建选区❸，按【Ctrl＋J】组合键，复制选区内的图像，建立"图层1"图层❹，并隐藏"背景"图层，抠取图像❺

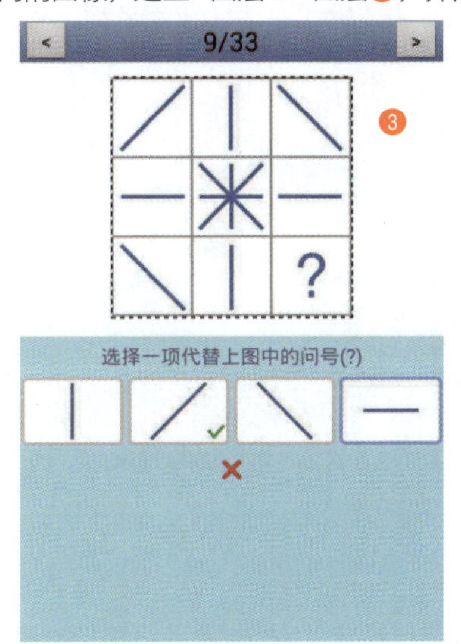

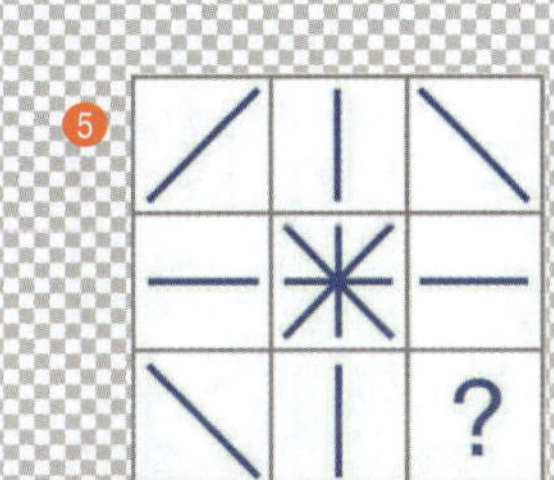

392 通过磁性套索工具抠图

磁性套索工具可以自动识别对象的边界，如果对象边缘较为清晰，并且与背景对比明显，可以使用该工具快速选择对象。

选取工具箱中的磁性套索工具，在工具属性栏中设置"羽化"为0像素，沿着图像的边缘移动鼠标。至起始点处，单击鼠标左键，即可建立选区，按【Ctrl＋J】组合键，复制选区内的图像，建立"图层1"图层，并隐藏"背景"图层，即可抠取图像。

原图

建立选区

抠取图像

393 运用绘制直线路径抠图

在处理移动 UI 素材图像时，若所选素材图像的轮廓呈多边形，可使用钢笔工具先绘制直线路径然后转换为选区来抠取图像。选取工具箱中的钢笔工具，在图像左上角单击鼠标左键，确定第 1 个锚点，移动鼠标指针至右上角，单击鼠标左键，确定第 2 个锚点。

原图

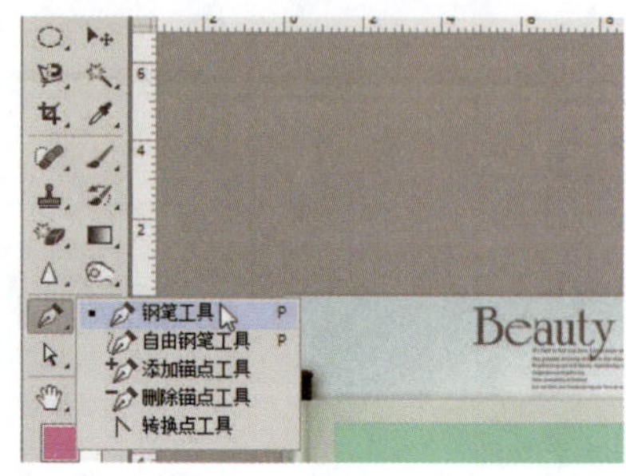

选取钢笔工具

确定第2个锚点

继续单击鼠标确定其他锚点，至起始位置单击鼠标左键，即可封闭路径，按【Ctrl＋Enter】组合键，将路径转换为选区，按【Ctrl＋J】组合键，复制选区内的图像，建立一个新图层，并隐藏“背景”图层，抠取图像。

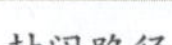
封闭路径

将路径转换为选区

抠取图像

394 运用绘制曲线路径抠图

在对移动 UI 图像进行抠图时，如果素材图像得边缘比较平滑，则可以使用钢笔工具来绘制曲线路径抠取图像。选取工具箱中的钢笔工具，在图像左侧适当位置单击并拖曳鼠标绘制第 1 个曲线锚点，移动鼠标指针至合适位置，再单击鼠标并拖曳绘制第 2 个曲线锚点。

原图

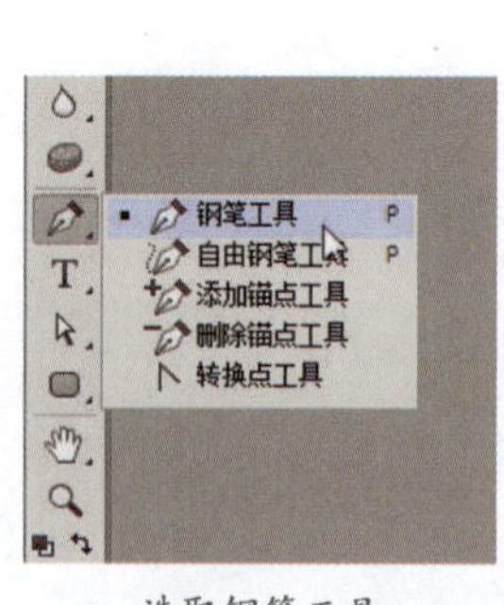

选取钢笔工具

确定第2个锚点

继续单击并拖曳鼠标以添加锚点，至起始点处单击鼠标左键以封闭路径，按【Ctrl＋Enter】组合键，将路径转换为选区，按【Ctrl＋J】组合键，复制选区内的图像，建立一个新图层，并隐藏“背景”图层，抠取图像。

封闭路径

将路径转换为选区

抠取图像

395 运用自由钢笔工具抠图

自由钢笔工具的使用方法类似于磁性套索工具，与磁性套索工具不同的是，使用自由钢笔工具绘制图形时得到的是路径，可以将其转换为选区以实现移动UI图像的抠图操作。选取工具箱中的自由钢笔工具，在移动UI素材图像中的合适位置单击鼠标，确定起始点，沿素材图像轮廓拖曳鼠标，绘制路径。

原图

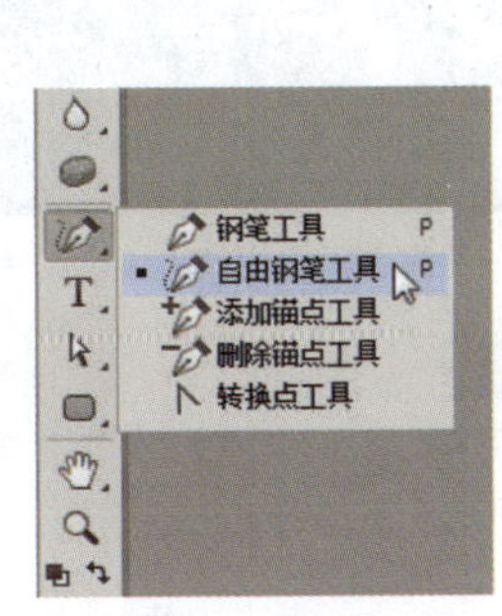

选取自由钢笔工具

绘制路径

继续拖曳鼠标至起始点处，封闭路径。按【Ctrl＋Enter】组合键，将路径转换为选区。按【Ctrl＋J】组合键，复制选区内的图像，建立一个新图层，并隐藏“背景”图层，抠取图像。

封闭路径

将路径转换为选区

抠取图像

396 运用建立选区功能抠图

在移动UI图像中绘制了不同的路径之后，还需要将所绘制的路径转换为选区，才可以进行移动UI图像的抠图操作，单独的路径是不能进行操作的。

STEP 1 单击“文件”|“打开”命令，打开一幅素材图像①，打开“路径”面板，在“工作路径”上单击鼠标右键，在弹出的快捷菜单中，选择“建立选区”选项②。

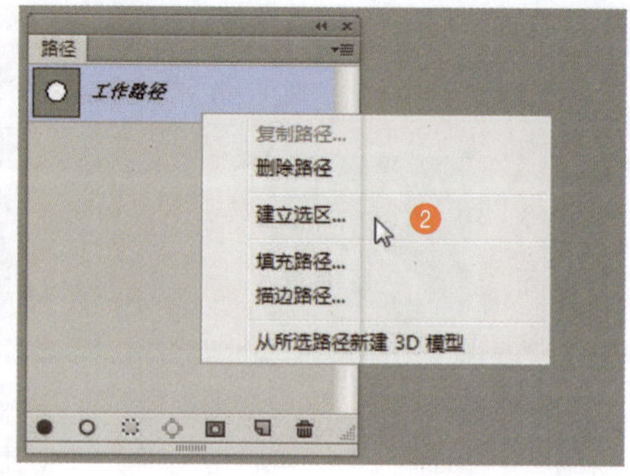

STEP 2 弹出“建立选区”对话框，在其中设置“羽化半径”为2像素③，单击“确定”按钮。执行操作后，即可将路径转换为选区④，按【Ctrl+J】组合键，复制选区内的图像，建立一个新图层，并隐藏“背景”图层，抠取图像⑤。

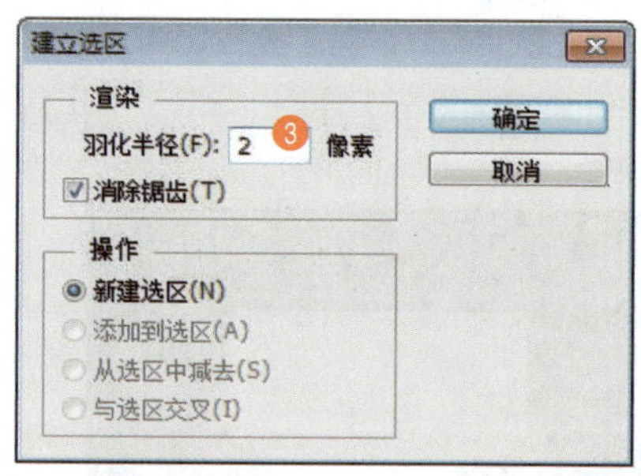

397 运用绘制矩形路径抠图

在移动 UI 素材图像中进行抠图操作时，若要抠取的对象呈矩形，则可以使用矩形工具创建路径来抠取图像。

知识链接 矩形工具用来绘制矩形和正方形。选择该工具后，按住并拖曳鼠标可以创建矩形；按住【Shift】键拖曳则可以创建正方形；按住【Alt】键拖曳则会以单击点为中心向外创建矩形；按住【Shift+Alt】键会以单击点为中心向外创建正方形。

STEP 1 单击“文件”|“打开”命令，打开一幅素材图像①，选取工具箱中的矩形工具②，选取矩形工具后，会在工具属性栏中显示相关选项③。

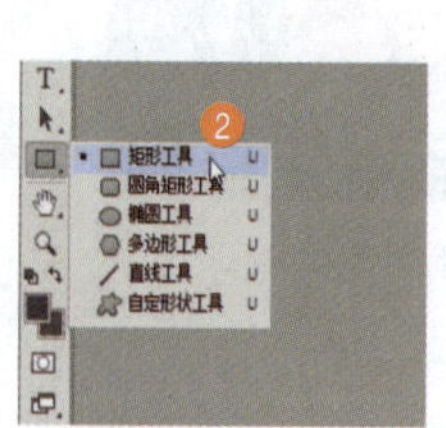

STEP 2 在工具属性栏中，设置“选择工具模式”为“路径”④，将鼠标指针移动至图像编辑窗口中的合适位置，按住鼠标左键并拖曳至合适位置，释放鼠标即可创建一个矩形路径⑤，在菜单栏中单击“窗口”|“路径”命令，即可展开“路径”面板，单击“将路径作为选区载入”按钮⑥。

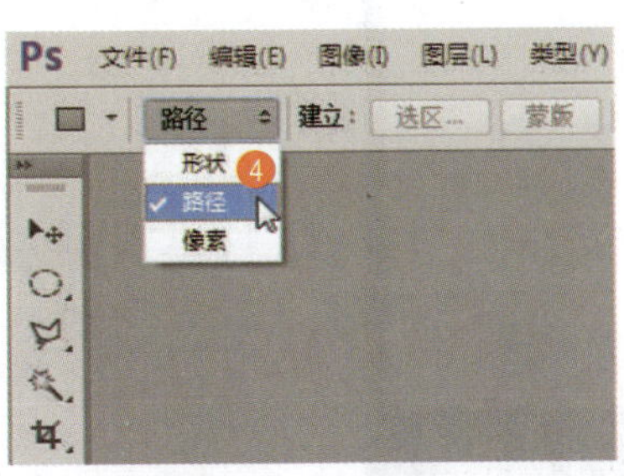

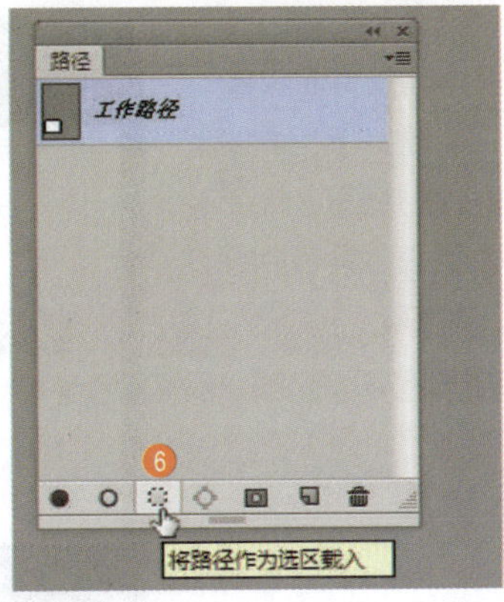

知识链接

单击工具属性栏中的 按钮，即可以打开下拉面板，在面板中可以设置矩形的创建方法，各选项含义如下。

- **不受约束：**可通过拖曳鼠标创建任意大小的矩形和正方形。
- **方形：**拖曳鼠标时只能创建任意大小的正方形。
- **从中心：**以任何方式创建矩形时，鼠标在画面中的单击点即为矩形的中心，拖曳鼠标时矩形将由中心向外扩展。
- **固定大小：**选中该选项并在它的右侧的文本框中输入数值（W为宽度，H为高度），此后单击鼠标时，只创建预设大小的矩形。
- **比例：**选中该选项并在它右侧的文本框中输入数值（W为宽度比例，H为高度比例），此后拖曳鼠标时，无论创建多大的矩形，矩形的宽度和高度都保持预设的比例。

STEP 3 执行上述操作后，即可创建选区⑦，展开“图层”面板，按【Ctrl＋J】组合键，得到“图层 1”图层⑧，并隐藏“背景”图层，得到运用绘制矩形路径抠取图像的效果⑨。

398 运用绘制圆角矩形路径抠图

在移动 UI 素材图像中进行抠图操作时，若要抠取的对象呈圆角矩形，则可以使用圆角矩形工具创建路径来抠取图像。

STEP 1 单击"文件"|"打开"命令，打开一幅素材图像①，运用标尺新建水平、垂直各一条参考线并移动至合适位置②，选取工具箱中的圆角矩形工具③。

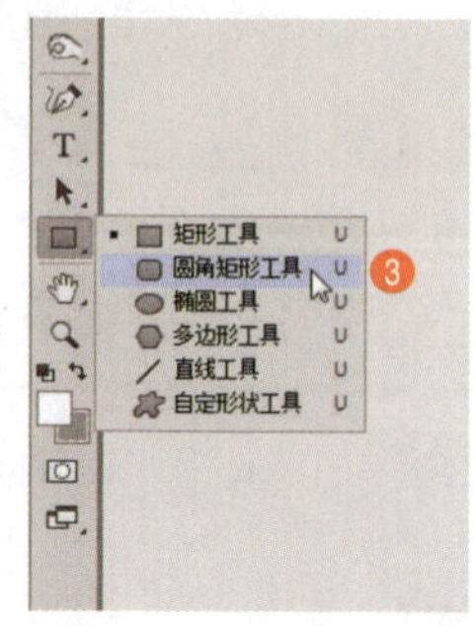

知识链接 在运用圆角矩形工具绘制路径时，按住【Shift】键的同时，在窗口中按住鼠标左键并拖曳，可绘制一个正圆角矩形路径；如果按住【Alt】键的同时，在窗口中按住鼠标左键并拖曳，可绘制以起点为中心的圆角矩形路径。

STEP 2 在工具属性栏设置"选择工具模式"为"路径"，将鼠标移动至图像编辑窗口中的合适位置，按住鼠标左键并拖曳鼠标至合适位置后释放鼠标，即可创建一个圆角矩形路径④，执行上述操作后，即可弹出"属性"面板，设置"角半径"为56像素，单击"将角半径链接到一起"按钮后，按【Enter】键确认⑤，执行上述操作后，即可改变圆角矩形的角半径⑥。

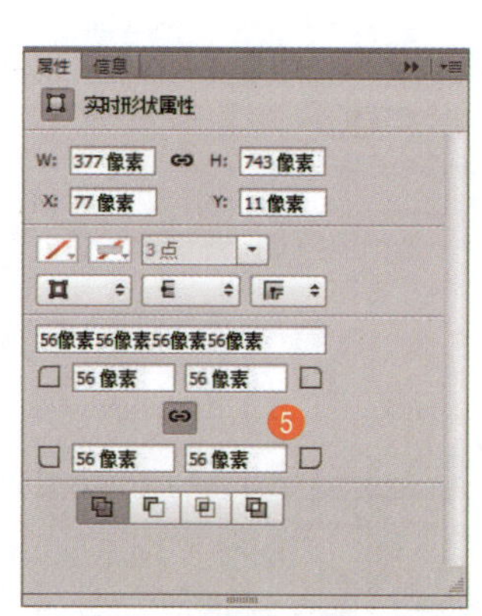

STEP 3 展开"路径"面板，单击"将路径作为选区载入"按钮⑦，执行上述操作后，即可创建选区⑧，展开"图层"面板，按【Ctrl+J】组合键，得到"图层1"图层，单击"背景"图层的"指示图层可见性"图标⑨。

STEP 4 执行上述操作后，即可隐藏“背景”图层⑩，在菜单栏中单击“视图”|“清除参考线”命令⑪，执行上述操作后，即可清除参考线，预览效果⑫。

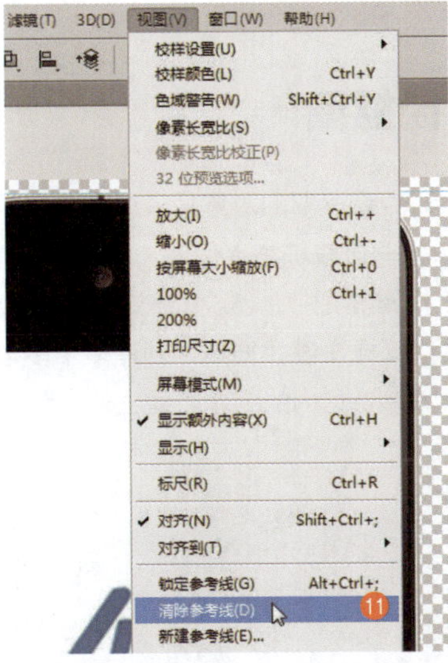

399 运用绘制椭圆路径抠图

在移动 UI 素材图像中进行抠图操作时，若要抠取的对象呈椭圆形，则可以使用椭圆工具创建路径来抠取图像。选取工具箱中的椭圆工具，在图像编辑窗口中创建一个椭圆路径。按【Ctrl + T】组合键，适当调整路径的位置和大小。

原图

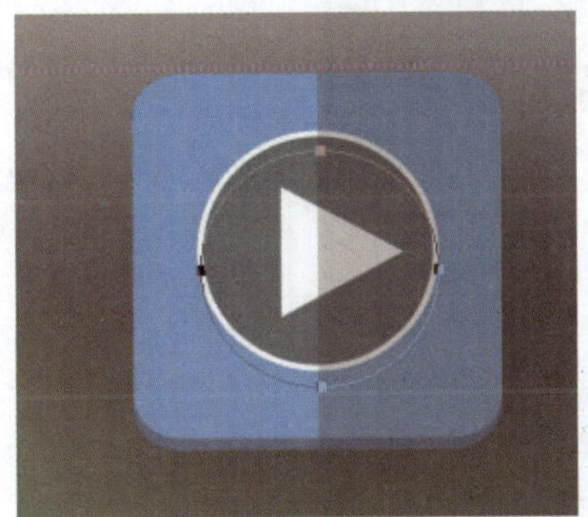
绘制椭圆路径

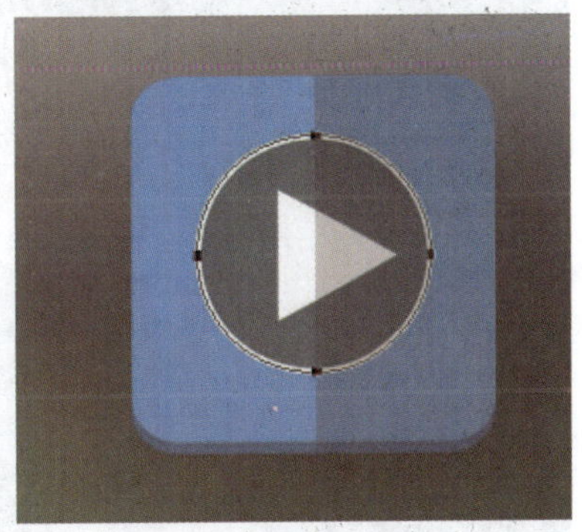
调整路径的位置和大小

按【Enter】键确认调整，按【Ctrl + Enter】组合键，将路径转换为选区，按【Ctrl + J】组合键，得到“图层 1”图层，单击“背景”图层的“指示图层可见性”图标，执行上述操作后，即可隐藏“背景”图层，预览抠图效果。

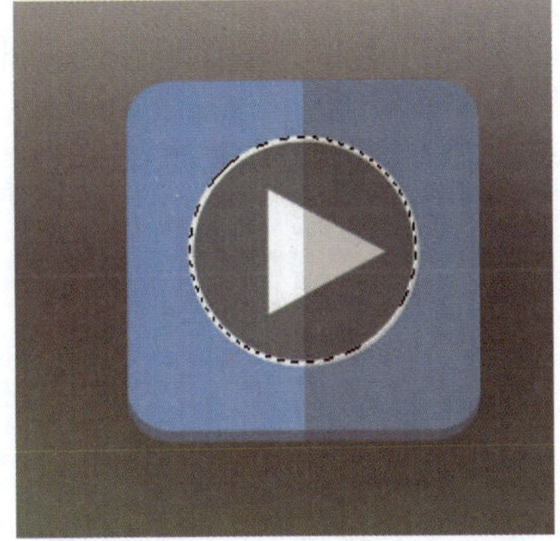
将路径转换为选区

隐藏“背景”图层

抠取图像

知识链接 在运用椭圆工具绘制路径时，按住【Shift】键的同时，在窗口中按住鼠标左键并拖曳，可绘制一个正圆形路径；如果按住【Alt】键的同时，在窗口中按住鼠标左键并拖曳，可绘制以起点为中心的椭圆形路径。

400 运用绘制多边形路径抠图

在移动 UI 素材图像中进行抠图操作时，若要抠取的对象呈多边形，则可以使用多边形工具创建路径来抠取图像。在运用多边形工具绘制路径形状时，始终会以鼠标单击位置为中心点，并且随着鼠标移动而改变多边形的大小。

选取工具箱中的多边形工具，在工具属性栏中单击“几何选项”下拉按钮，在弹出的“多边形选项”面板中，依次选中 3 个复选框。依次在相应位置按住鼠标左键并拖曳，创建多个多边形路径，按【Ctrl + Enter】组合键，将路径转换为选区，按【Ctrl + J】组合键，复制选区内的图像，建立一个新图层，并隐藏“背景”图层，抠取图像。

原图

单击“几何选项”下拉按钮

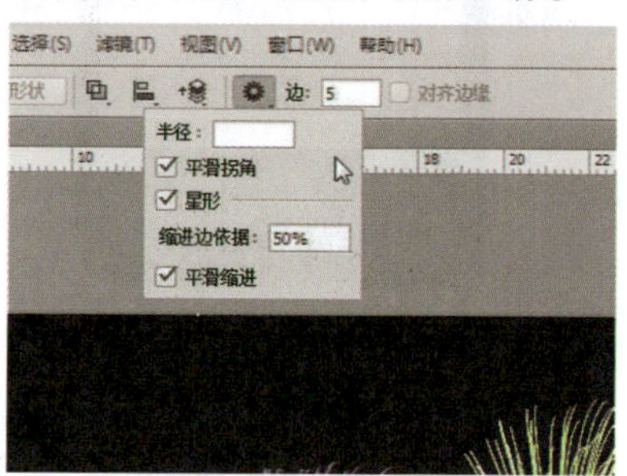

选中3个复选框

将路径转换为选区

抠取图像

401 运用绘制自定形状路径抠图

运用自定形状工具可以绘制各种预设的形状，如箭头、音乐符、闪电、电灯泡、信封和剪刀等丰富多彩的路径形状，从而抠出形状各异的移动 UI 素材图像。在工具箱中选取自定形状工具，在工具属性栏中，单击“形状”右侧的下拉按钮，在弹出的下拉列表框中，选择“红心形卡”选项。

原图

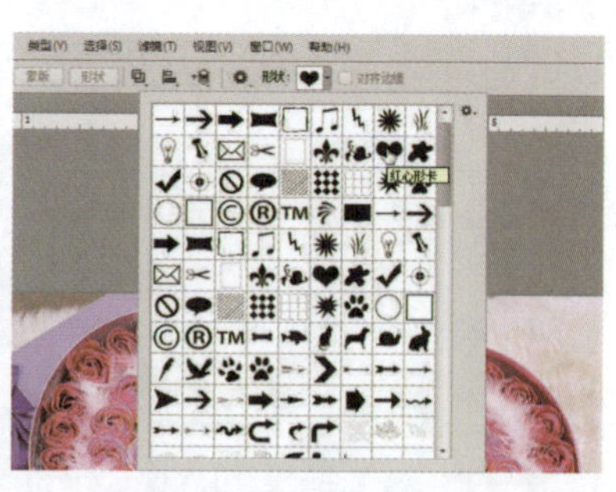

选择“红心形卡”选项

在图像中的相应位置绘制自定形状路径，按【Ctrl＋T】组合键，调出变换控制框，调整路径角度和大小，按【Enter】键确认变换操作，适当调整锚点，按【Ctrl＋Enter】组合键，将路径转换为选区，按【Ctrl＋J】组合键，复制选区内的图像，建立一个新图层，并隐藏“背景”图层，抠取图像。

调出变换控制框

将路径转换为选区

抠取图像

402 通过“变亮”模式合成移动 UI 图像

应用“变亮”模式在移动 UI 图像中进行合成操作时，上方图层中较亮像素代替下方图层中与其相对应的较暗像素，同此叠加后调整图像呈亮色调。在“图层”面板中选择相应图层，单击“正常”右侧的下拉按钮，在弹出的列表框中，选择“变亮”选项，执行操作后，即可使用“变亮”模式合成图像。

原图

选择“变亮”选项

合成图像效果

403 通过“滤色”模式合成移动 UI 图像

在做移动 UI 图像美化时，经常需要在图像上使用素材做特殊效果，若素材图像复杂难以抠取且背景呈黑色时，可使用“滤色”模式来合成图像。在“图层”面板中选择相应图层，单击“正常”右侧的下拉按钮，在弹出的列表框中，选择“滤色”选项，执行操作后，即可使用“滤色”模式合成图像，预览效果。

原图

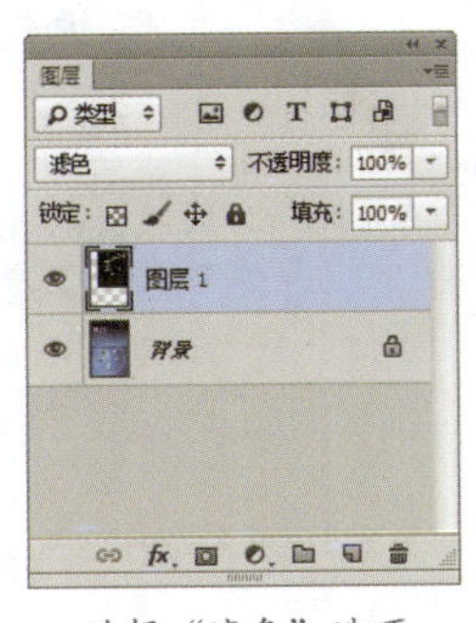

选择“滤色”选项

合成图像效果

404 通过“正片叠底”模式合成移动 UI 图像

在处理移动 UI 素材图像时，经常需要使用素材美化图像，若移动 UI 图像非常复杂难以抠取且背景呈白色，这时可以使用“正片叠底”模式快速将白色背景图像叠加抠出，制作完美特效。

STEP 1 单击“文件”|“打开”命令，打开一幅素材图像①。

STEP 2 在“图层”面板中，选择“图层 1”图层，单击“正常”右侧的下拉按钮，在弹出的列表框中选择“正片叠底”选项②，执行操作后，即可用“正片叠底”模式合成图像③。

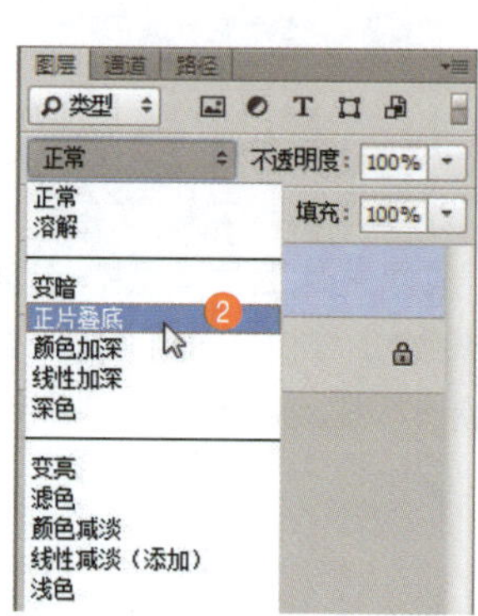

405 通过“颜色加深”模式合成移动 UI 图像

在做移动 UI 图像美化时，经常需要在图像上添加素材，若素材图像和原图颜色相差巨大且无黑色时，可使用“颜色加深”模式来合成图像。在“图层”面板中选择相应图层，在“设置图层的混合模式”列表框中选择“颜色加深”选项，即可用“颜色加深”模式来合成图像。

原图

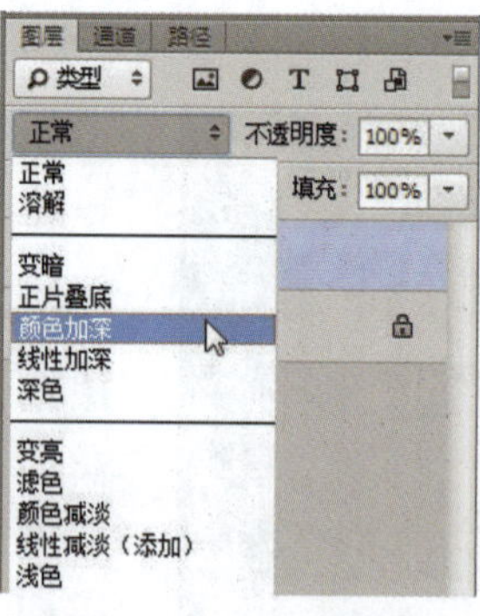

选择“颜色加深”选项

合成图像效果

知识链接

“颜色加深”模式可以降低上方图层中除黑色外的其他区域的对比度，使合成图像整体对比度下降，产生下方图层透过上方图层的投影效果。

406 通过矢量蒙版抠图

在做移动 UI 图像美化时，若图像轮廓分明，可使用矢量蒙版抠取图像。矢量蒙版主要借助路径来创建，利用路径选择图像后，通过矢量蒙版可以快速进行图像的抠取。

STEP 1 单击“文件”|“打开”命令，打开一幅素材图像❶，按【Ctrl＋J】组合键，新建“图层1”图层❷，展开“路径”面板，选择“工作路径”❸。

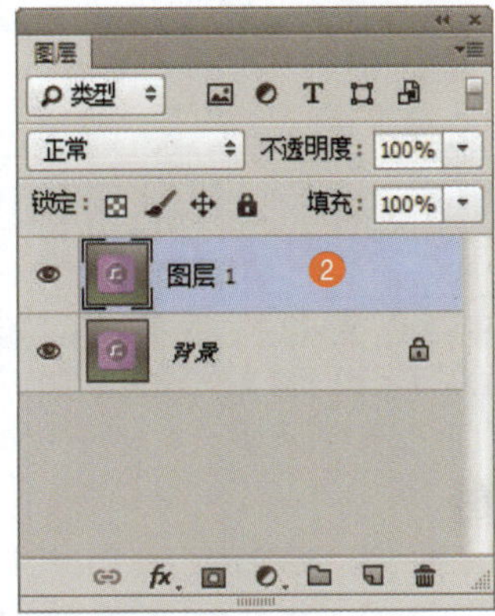

STEP 2 在菜单栏中单击“图层”|“矢量蒙版”|“当前路径”命令❹，在“图层”面板中，单击“背景”图层前的“指示图层可见性”图标，即可隐藏“背景”图层❺，预览抠图效果❻。

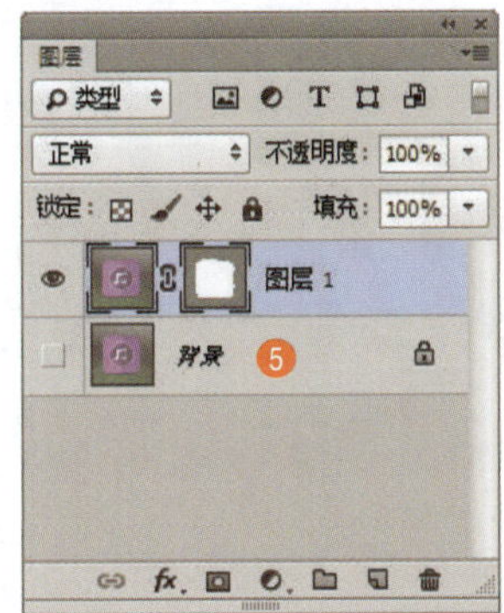

知识链接

在“背景”图层中不能创建矢量蒙版，所以首先要将“背景”图层进行复制。

407 通过图层蒙版合成移动 UI 图像

在移动 UI 素材图像中进行抠图操作时，使用图层蒙版可以隐藏图像中的任意区域，实现融合度较高的合成效果。

在移动 UI 素材图像中，展开“图层”面板，隐藏“图层 2”图层，选择“图层 1”图层，运用魔棒工具在图像中创建一个选区。

原图

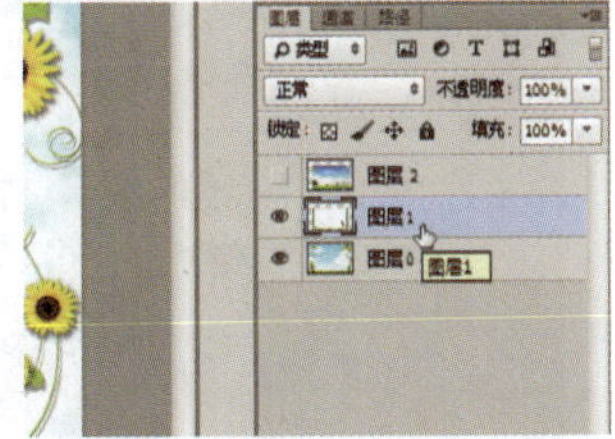

选择“图层1”图层

创建选区

知识链接 单击“图层”|“图层蒙版”|“显示全部”命令，即可创建一个显示图层内容的白色蒙版；单击“图层”|“图层蒙版”|“隐藏全部”命令，即可创建一个隐藏图层内容的黑色蒙版。

显示并选择“图层 2”图层，单击“图层”面板底部的“添加矢量蒙版”按钮，执行操作后，即可添加图层蒙版。

显示并选择“图层2”图层

合成图像效果

408 通过快速蒙版抠图

在处理移动 UI 图像时，若图片上的移动 UI 元素颜色和背景颜色呈渐变色彩或阴影变化丰富，这时可通过快速蒙版抠取图像。

STEP 1 单击“文件”|“打开”命令，打开一幅素材图像❶，在“路径”面板中，选择工作路径❷，按【Ctrl＋Enter】组合键，将路径转换为选区❸。

知识链接 一般使用“快速蒙版”模式都是从选区开始的，然后从中添加或者减去选区，以建立蒙版。使用快速蒙版可以通过绘图工具进行调整，以便创建复杂的选区。

STEP 2 在工具箱底部，单击“以快速蒙版模式编辑”按钮❹，执行上述操作后，即可启用快速蒙版，可以看到红色的保护区域，并可以看到物体多选的区域❺，选取工具箱中的画笔工具，设置画笔“大小”为 20 像素、“硬度”为 100%❻。

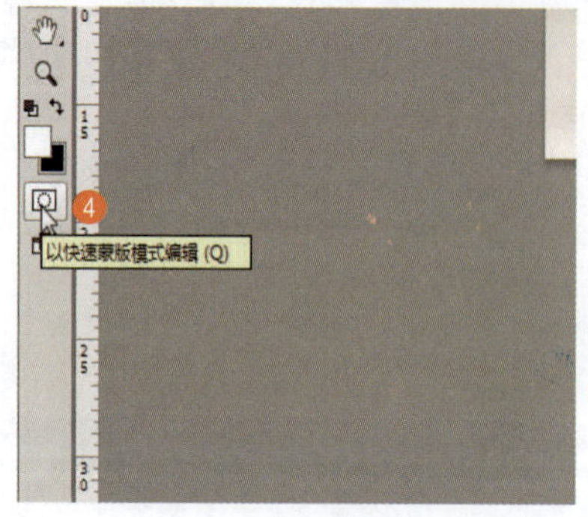

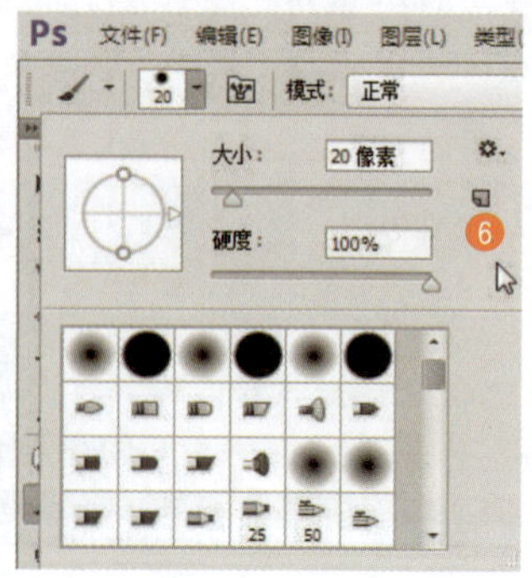

知识链接 在进入快速蒙版后，当运用黑色绘图工具进行作图时，将在图像中得到红色的区域，即为选区区域；当运用白色绘图工具进行作图时，可以去除红色的区域，即为生成的选区；用灰色绘图工具进行作图，则生成的选区将会带有一定的羽化。

STEP 3 设置前景色为白色，移动鼠标指针至图像编辑窗口中，按住鼠标左键并拖曳，进行适当擦除7，在工具箱底部，单击“以标准模式编辑”按钮，退出快速蒙版模式8，展开“图层”面板，按【Ctrl＋J】组合键，复制新图层，并隐藏“背景”图层，预览效果9。

知识链接 除了上述方法可以通过快速蒙版抠取图像，按【Q】键可以快速启用或者退出快速蒙版模式。

409 通过编辑图层蒙版抠图

在移动UI素材图像中进行抠图操作时，可以编辑相应的图层蒙版来完善抠图操作，首先要单击图层蒙版缩略图，进入图层蒙版模式才可以修改，同时这样也不影响图层的内容。

原图

编辑图层蒙版

抠取图像

在“图层”面板中，隐藏“背景”图层，单击“玩偶”图层的图层蒙版缩略图，进入图层蒙版模式。运用画笔工具在图层蒙版中进行适当的涂抹，然后在相应位置继续涂抹不需要的图像部分，即可应用编辑图层蒙版进行抠图。

410 通过路径和蒙版合成移动 UI 图像

在利用图层蒙版编辑移动UI图像时，使用画笔工具通过前景色的修改，可以使擦除的图像产生不同的透明效果，利用这种功能，可以对透明图像进行合成处理。

在“图层”面板中选择相应图层，单击面板底部的“添加图层蒙版”按钮，为其添加图层蒙版，选择画笔工具，设置前景色为灰色（RGB参数均为150），在图像上的适当位置涂抹，以显示半透明效果，完成整个抠图的处理。

原图

添加图层蒙版

涂抹图像

合成图像效果

411 应用自定蒙版合成移动 UI 图像

使用 Photoshop 中的形状工具建立路径，并添加矢量蒙版，也可以在移动 UI 图像中创建蒙版合成效果。选取工具箱中的自定形状工具，在工具属性栏中单击“选择工具模式”按钮，在弹出的列表框中选择“路径”选项，设置“形状”为“拼贴 4”，在图像编辑窗口中的合适位置绘制一个自定路径。单击“图层”|“矢量蒙版”|“当前路径”命令，即可创建矢量蒙版，并隐藏路径，以实现合成效果。

原图

绘制路径

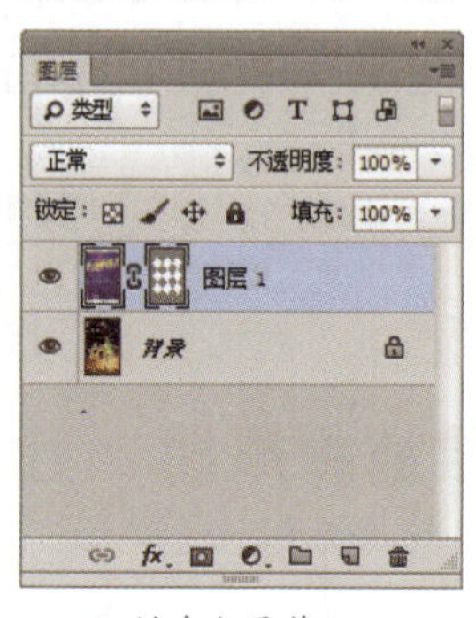

创建矢量蒙版

合成图像效果

412 应用剪贴蒙版合成移动 UI 图像

剪贴蒙版可以将一个图层中的图像剪贴至另一个图像的轮廓中，从而不会影响图像的源数据，创建剪贴蒙版后，还可以拖动被剪贴的图像以调整其位置。单击“图层”|“创建剪贴蒙版”命令，即可创建剪贴蒙版，实现合成效果。

原图

合成图像效果

知识链接

单击“图层”|“释放剪贴蒙版”命令，即可从剪贴蒙版中释放出该图层，如果该图层上面还有其他内容图层，则这些图层也会一同释放。

413 通过合并通道功能合成移动 UI 图像

在 Photoshop CC 中，多个灰度移动 UI 素材图像可以合并为一个图像的通道，创建为彩色移动 UI 图像。但素材图像必须都是灰度模式，具有相同的像素尺寸并且处于打开的状态。展开“通道”面板，单击右上角的三角形按钮，在弹出的面板菜单中，选择“合并通道”选项，弹出“合并通道”对话框，设置“模式”为“RGB 颜色”，单击“确定”按钮，即可弹出“合并 RGB 通道”对话框，各选项为默认设置，单击“确定”按钮，即可将 3 个图像合并为一个彩色的 RGB 图像。

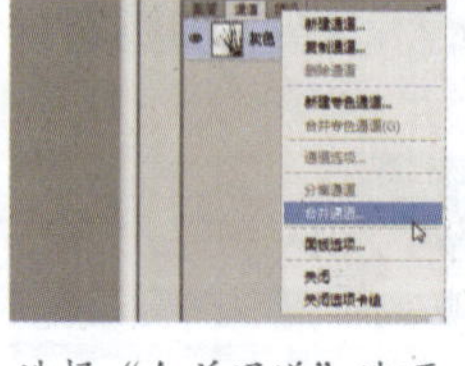
选择“合并通道”选项

“合并通道”对话框

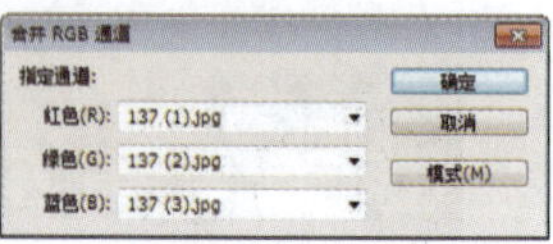

“合并RGB通道”对话框

414 通过调整通道抠图

在处理移动 UI 素材图像时，有些图像与背景过于相近，从而使抠图不是那么方便，此时可以利用“通道”面板，结合其他命令对图像进行适当调整。展开“通道”面板，分别查看各通道显示效果，将差异较大的通道进行复制，并调整其亮度与对比度参数，即可使用选区工具创建选区并显示 RGB 通道完成抠图操作（操作方法可以参照前面的选区工具抠图）。

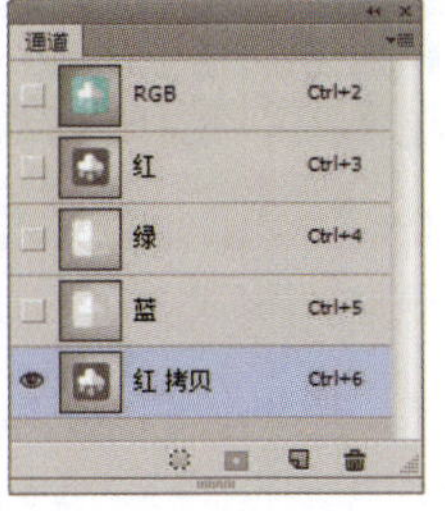

复制通道

调整其亮度与对比度

创建选区

抠取图像

415 通过利用通道差异性抠图

在抠取移动 UI 图像时，有些图像颜色差异较大不利于选取，这时可以利用通道的差异性并配合选区工具抠取图像。有一些图像在通道中的不同颜色模式下显示的颜色深浅会有所不同，利用通道的差异性可以快速选择图像，从而进行抠图。

416 通过钢笔工具配合通道抠图

抠图并不局限于一种工具或命令，有时还需要集合多种命令或工具进行抠图，一般常用于比较复杂的图像。例如，钢笔工具、自由钢笔工具与通道配合抠图就是一种常用的方法。选取自由钢笔工具，沿图像边缘拖曳鼠标绘制路径，将部分图像选中，复制背景图层并为所复制的图层添加一个矢量蒙版。

原图

绘制路径

添加矢量蒙版

展开“通道”面板，分别单击通道找出显示效果明显的通道，这里选择“蓝”通道，将“蓝”通道拖动到“创建新通道”按钮上，复制通道，单击“图像”|“调整”|“色阶”命令，弹出“色阶”对话框，设置相应的参数，使部分变成全黑。按住【Ctrl】键的同时，单击“蓝拷贝”通道，将选区载入，并反选选区。退出通道模式，返回 RGB 模式，选择“背景”图层，按【Ctrl + J】组合键，复制选区内的图像，建立一个新图层，并隐藏“背景”图层，抠取图像。

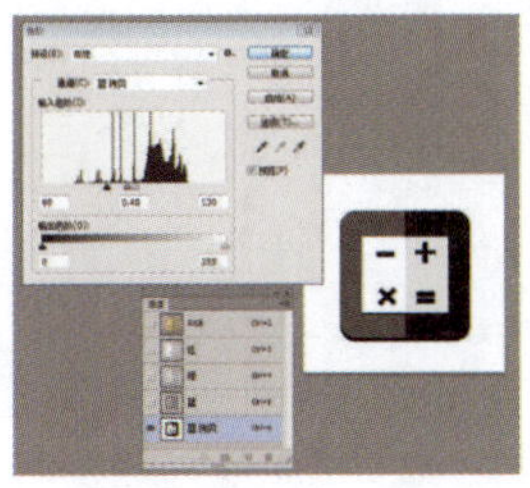
调整色阶参数

反选选区

抠取图像

417 色阶调整配合通道抠图

打开“通道”面板，通过分析可看出蓝色通道的黑白更分明，拖动“绿”通道至面板底部的“创建新通道”按钮上，复制“绿”通道。单击“图像”|“调整”|“色阶”命令，弹出“色阶”对话框，设置相应的参数，增加画面中的黑白对比。

原图

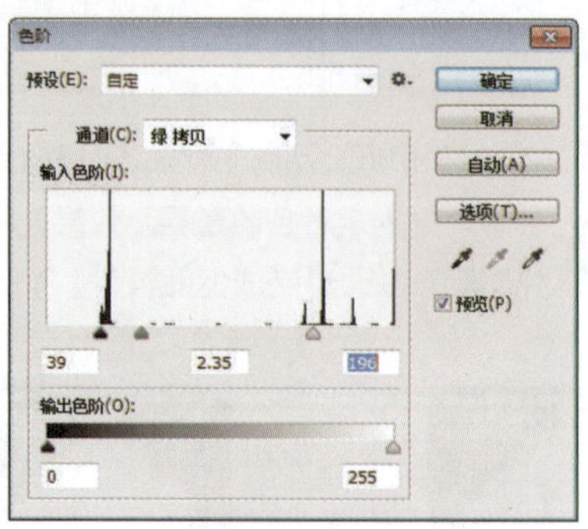
“色阶”对话框

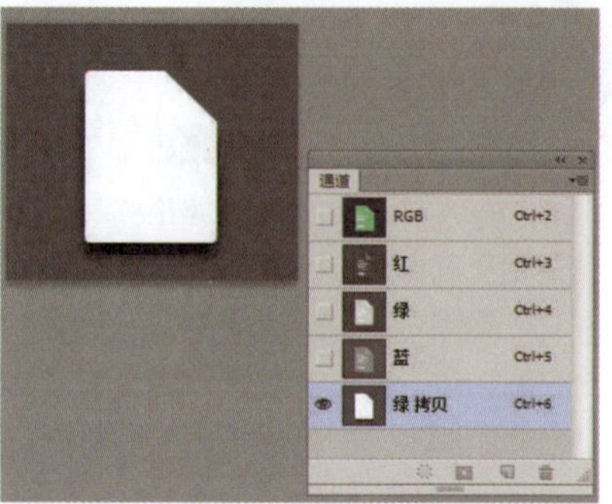
增加画面中的黑白对比

单击“通道”面板底部的“将通道作为选区载入”按钮，载入选区。退出通道模式，按【Ctrl＋J】组合键，以选区为基础复制一个新图层，在“图层”面板中隐藏“背景”图层，抠取图像。

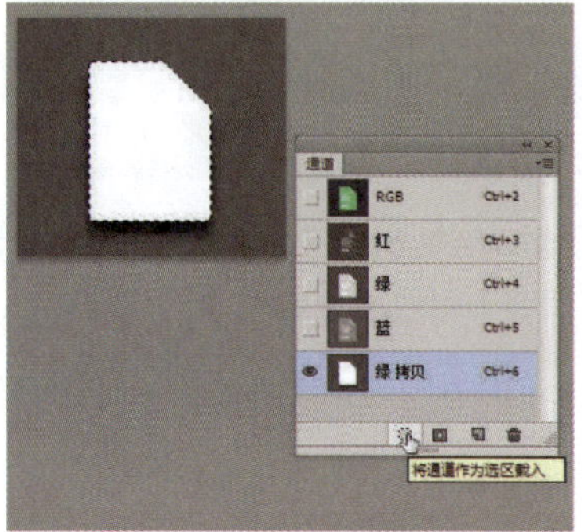
将通道作为选区载入

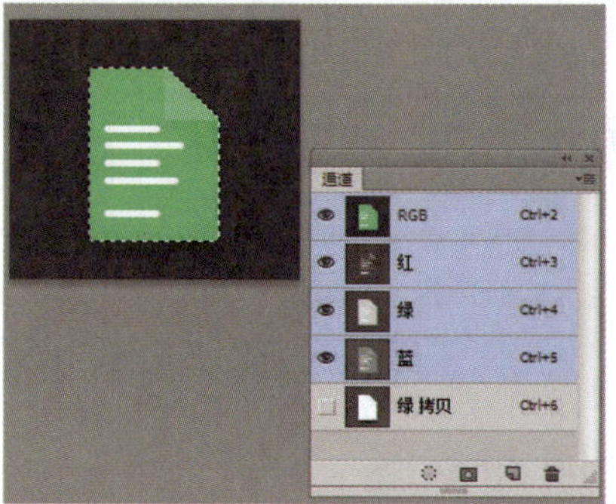
退出通道模式

抠取图像

418 曲线调整配合通道抠图

曲线调整配合通道抠图与前面介绍的色阶调整配合通道抠图操作方法类似，只是在移动 UI 图像的通道中运用“曲线”命令来增加画面对比，以便更好地创建选区进行抠图操作。

打开“通道”面板，复制“红”通道。单击“图像”|“调整”|“曲线”命令，即可弹出“曲线”对话框，调整曲线，单击“确定”按钮，即可使灰色加深变成黑色。

复制通道

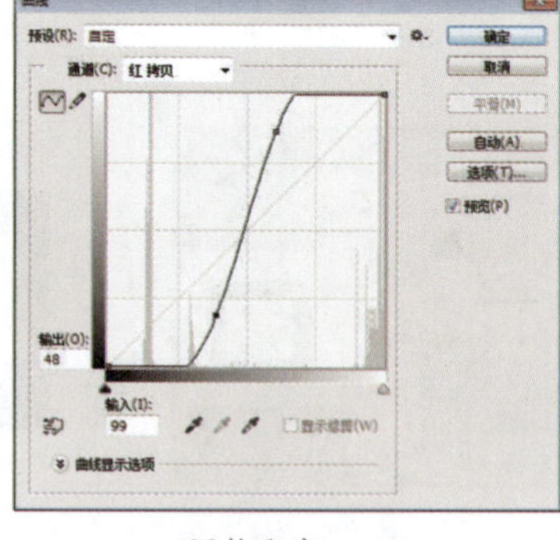
调整曲线

使灰色加深变成黑色

通过曲线调整通道后，用户可以使用魔棒工具、快速选择工具等在黑色区域创建选区，完成移动 UI 图像的抠图操作。

419 用通道对透明物体抠图

在编辑移动 UI 图像时，可以使用通道对透明物体抠图，其方法与 417、418 例操作类似，只是通道中的黑白对比不那么明显，中间还多了一些灰色，这些灰色就是透明物体。

在“通道”面板中，显示为白色的统称为选区部分，黑色为非选区部分。抠出图像后，黑色部分为完全不透明区域，白色部分则为完全透明区域，而介于黑色和白色之间的灰色即是透明部分，根据灰度的不同则透明度也不同，越是接近白色透明度越高。在实际抠图中，如果带有半透明区域，要特别注意灰色部分。

420 将通道作为选区载入抠图

利用“通道”面板的“将通道作为选区载入”功能，可以快速选择移动 UI 图像中的相应图像范围，以实现抠图操作。

在“通道”面板中找到并复制对比效果明显的通道后，单击“通道”面板底部的“将通道作为选区载入”按钮⬚，载入选区。退出通道模式，按【Ctrl + J】组合键，以选区为基础复制一个新图层，在“图层”面板中隐藏“背景”图层，抠取图像。

将通道作为选区载入

退出通道模式

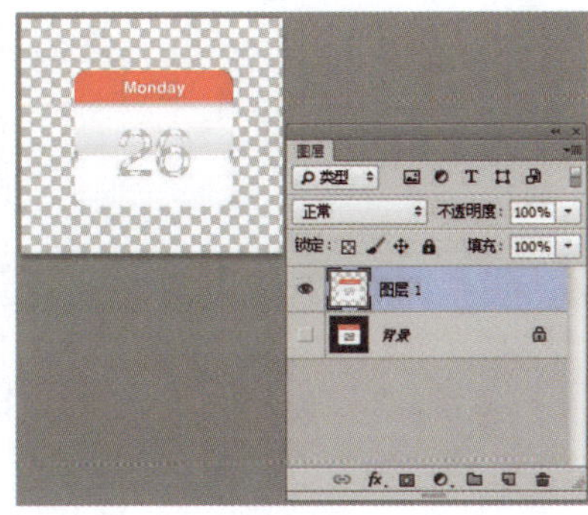

抠取图像

421 通过“计算”命令抠图

在应用“计算”命令时，可以将两个尺寸相同的不同图像或同一图像中两个不同的通道进行混合，并将混合后所得的结果应用到新图像或新通道以及当前选区中。

STEP 1 单击“文件”|“打开”命令，打开一幅素材图像❶，在“通道”面板中选择“红”通道❷，单击“图像”|“计算”命令，弹出“计算”对话框，保持默认设置，单击“确定”按钮❸。

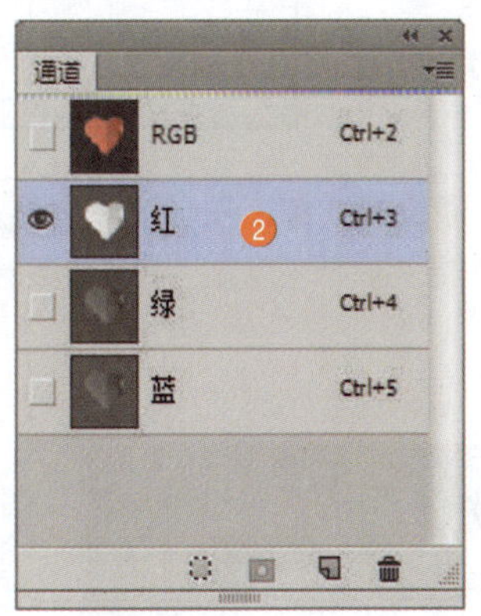

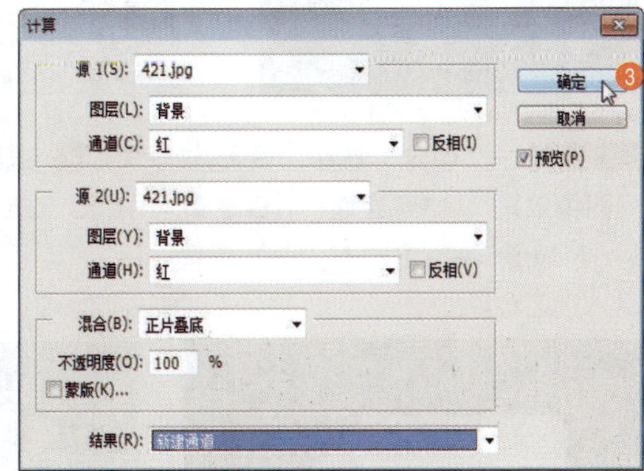

STEP 2 生成 Alpha 1 通道，运用魔棒工具在背景图像上创建选区❹，单击 RGB 通道，退出通道模式，返回 RGB 通道模式并反选选区❺，选择“背景”图层，按【Ctrl + J】组合键，复制选区内的图像，新建一个图层，并隐藏“背景”图层，抠取图像❻。

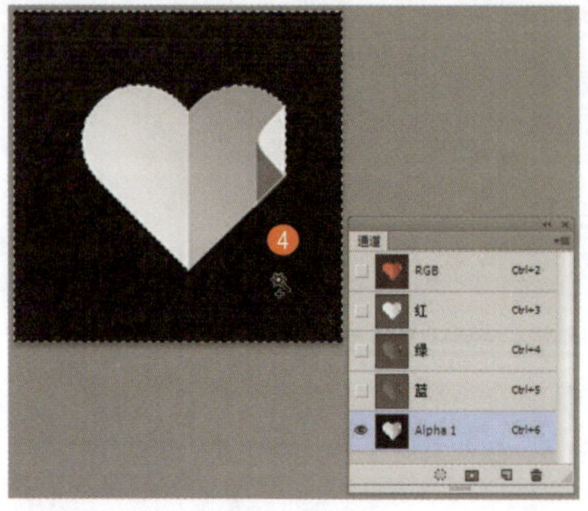

知识链接 对一个色调对比较强的图像应用“计算”命令，可以通过增强通道图像的对比度以抠取图像。因此，在选择通道时应尽量选择对比度较强且细节损失较少的通道，以便在计算图像时的效果更为精确。可以选择彩色图像或通道图像进行计算处理，但不能创建彩色图像。

422 通过“应用图像”命令抠图

“应用图像”命令可以将一个移动 UI 图像的源图层和通道与现用图像的目标图层和通道混合，制作出另外一种效果。

STEP 1 单击“文件”|“打开”命令，打开一幅素材图像①，打开“通道”面板，拖动“蓝”通道至面板底部的“创建新通道”按钮上，复制“蓝”通道②。

STEP 2 单击“图像”|“应用图像”命令，弹出“应用图像”对话框，设置“混合”为“实色混合”③。

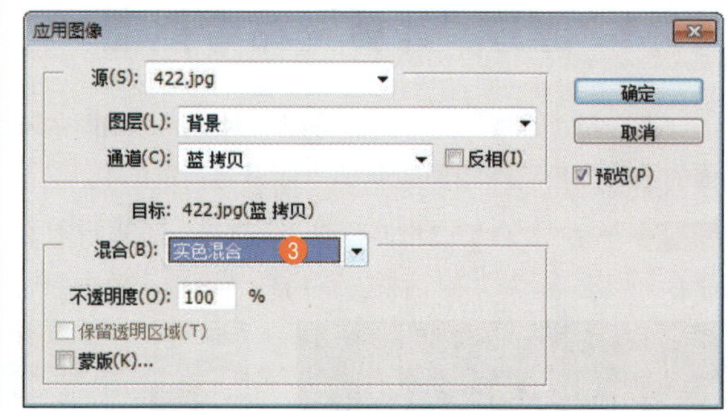

STEP 3 单击“确定”按钮，设置应用图像效果，单击“通道”面板底部的“将通道作为选区载入”按钮，载入选区④。

STEP 4 退出通道模式⑤，按【Ctrl＋J】组合键，以选区为基础复制一个新图层，在“图层”面板中隐藏“背景”图层，抠取图像⑥。

知识链接

"应用图像"对话框中主要选项的含义如下。

- **源：** 从中选择一幅源图像与当前活动图像相混合。其下拉列表框中将列出Photoshop当前打开的图像，该项的默认设置为当前的活动图像。
- **图层：** 选择源图像中的图层参与计算。
- **通道：** 选择源图像中的通道参与计算，选中"反相"复选框，则表示源图像反相后进行计算。
- **混合：** 该下拉列表框中包含用于设置图像的混合模式。
- **不透明度：** 用于设置合成图像时的不透明度。
- **保留透明区域：** 该复选框用于设置保留透明区域，选中后只对非透明区域合并，若在当前活动图像中选择了背景图层，则该选项不可用。
- **蒙版：** 选中该复选框，其下方的3个列表框和"反相"复选框为可用状态，从中可以选择一个"通道"和"图层"作用蒙版来混合图像。

423 通过"调整边缘"命令抠图

在使用一些选取工具创建选区后，应用"调整边缘"命令，可以调出选区特殊的边缘效果，从而将选区内的移动UI 图像抠取出来。在图像编辑窗口中的适当位置创建一个椭圆选区，单击工具属性栏中的"调整边缘"按钮，即可弹出"调整边缘"对话框，设置相应选项，单击"确定"按钮，即可新建一个带有图层蒙版的"图层 1 拷贝"图层，单击"背景"图层的"指示图层可见性"图标，即可隐藏"背景"图层，预览抠图效果。

创建选区

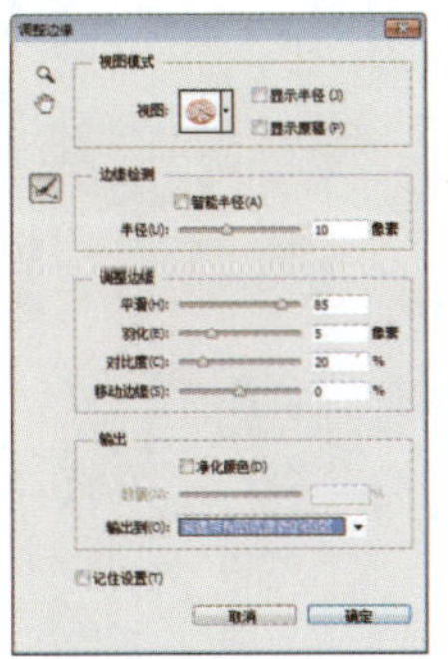

"调整边缘"对话框

抠取图像

424 运用外部动作抠图

Photoshop 提供了许多现成的动作，用户在"动作"面板中创建动作后，可以将其保存起来，以便在以后的工作中重复使用。载入动作可将从互联网下载的或者磁盘中所存储的动作文件添加到当前的动作列表之中，这样运用动作能够提高工作效率，减少机械化的重复操作。

展开"动作"面板，在"动作"面板中，单击面板右上方的三角形按钮，在弹出的面板菜单中选择"载入动作"选项，弹出"载入"对话框，在计算机中的相应位置选择"抠图"动作，单击"载入"按钮，即可在"动作"面板中载入"抠图"动作组。

在"动作"面板的"抠图"动作组中，选择"快速抠图"动作，单击面板底部的"播放选定的动作"按钮，执行操作后，即可将动作应用于图像，抠取图像。

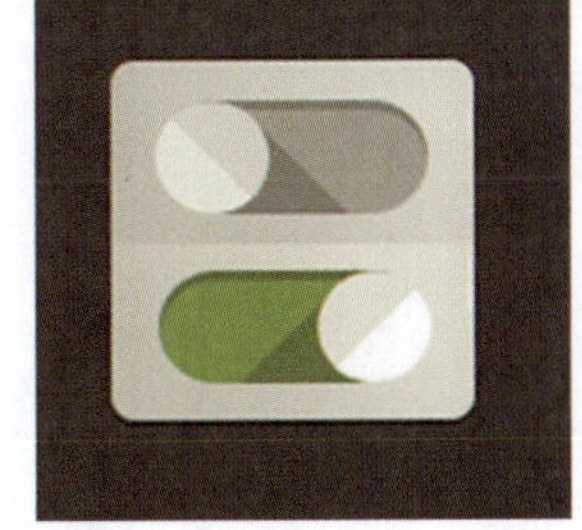

原图

单击"播放选定的动作"按钮

抠取图像

PART 03

实战应用篇

前面两篇对移动UI的设计基础理论，以及设计中的基本知识和软件的操作进行了比较深入的讲解。在本篇中，将结合前面介绍的知识进行实战操作，对移动UI设计中常见的图标图形、按钮控件、功能界面、登录界面、安卓系统界面、苹果系统界面、微软系统界面、程序软件界面以及游戏应用界面等分别进行实战设计制作，达到学以致用的目的。

移动 UI 图标图形设计

图标的制作在移动 APP UI 设计中占有主导地位，图标是移动 APP UI 中不可或缺的一部分。在移动 APP UI 设计中图形的应用范围非常广泛，如图标、自定义控件等制作，界面边框的制作以及界面中的文字效果设计等，这些都需要基础图形的绘制作为打底，可以说 UI 设计基础就是图形设计。

425 音乐 APP 图标设计 1——图标背景效果

如今，音乐已经成为人们生活中必不可少的一种调剂品，移动客户端音乐产品的竞争也越来越激烈，纷纷推出许多个性十足的新功能，让人眼花缭乱。图标就是用户接触音乐 APP 第一个界面，好的图标制作可以使音乐 APP 在众多产品中吸引用户关注。

下面主要介绍运用圆角矩形工具、“属性”面板、渐变工具、“内发光”图层样式、“投影”图层样式等设计音乐 APP 图标背景效果。

STEP 1 单击“文件”|“新建”命令，弹出“新建”对话框，设置“名称”为“音乐 APP 图标”，“宽度”为 500 像素，“高度”为 500 像素，“分辨率”为 300 像素 / 英寸，单击“确定”按钮，新建一幅空白图像。

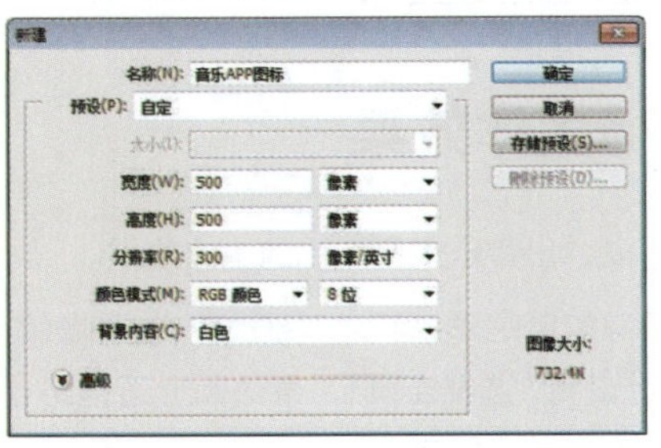

STEP 2 展开“图层”面板，新建“图层 1”图层。

STEP 3 选取工具箱中的圆角矩形工具，在工具属性栏上设置“选择工具模式”为“路径”，“半径”为 50 像素，绘制一个圆角矩形路径。

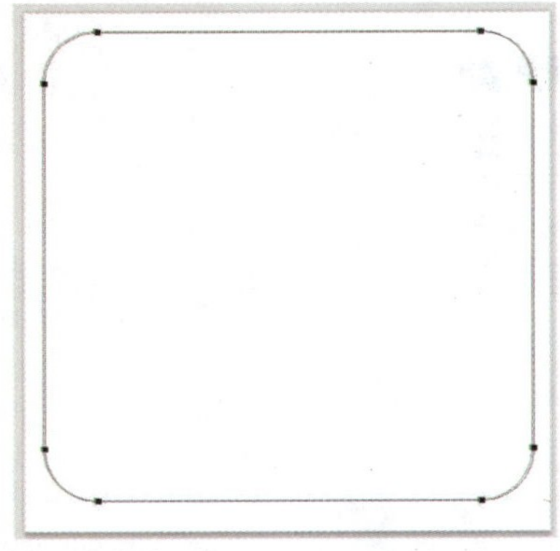

STEP 4 展开“属性”面板，设置 W 和 H 均为 400 像素、X 和 Y 均为 50 像素。

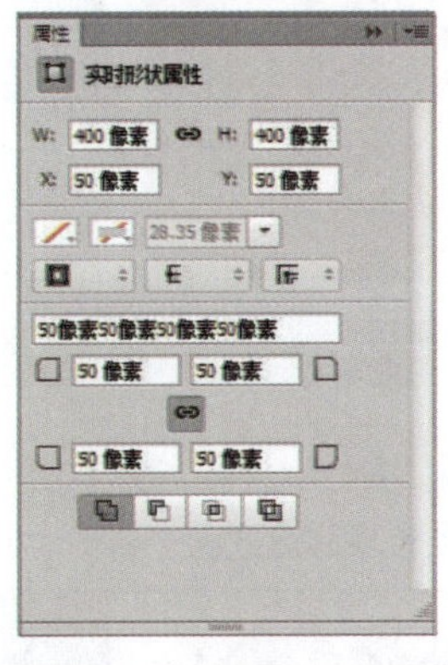

STEP 5 执行操作后，即可修改路径的大小和位置。

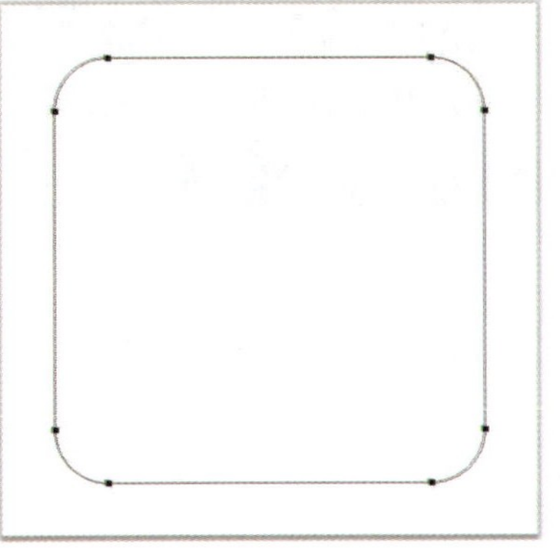

STEP 6 按【Ctrl + Enter】组合键，将路径转换为选区。

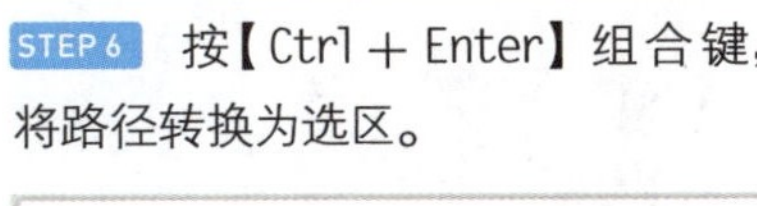

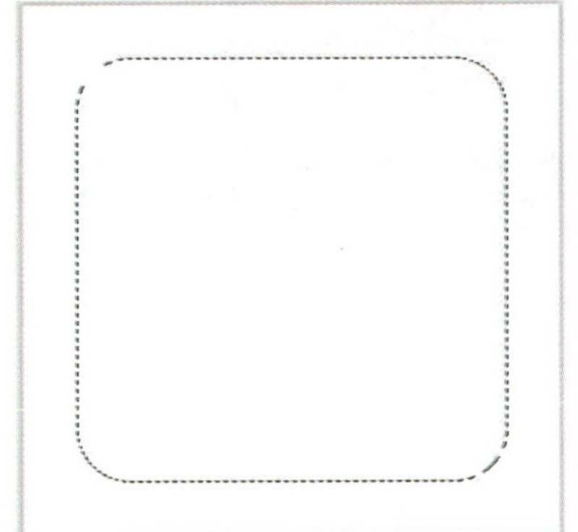

STEP 7 选取工具箱中的渐变工具，从上至下为选区填充深红色（RGB 参数为 200、9、43）到浅红色（RGB 参数为 252、95、42）的线性渐变。

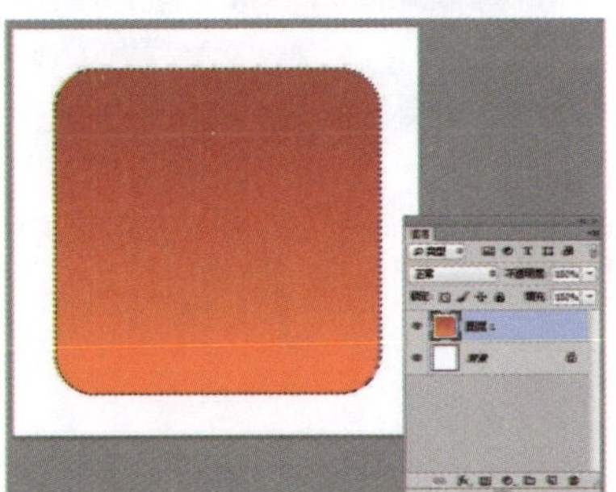

STEP 8 按【Ctrl + D】组合键，取消选区。

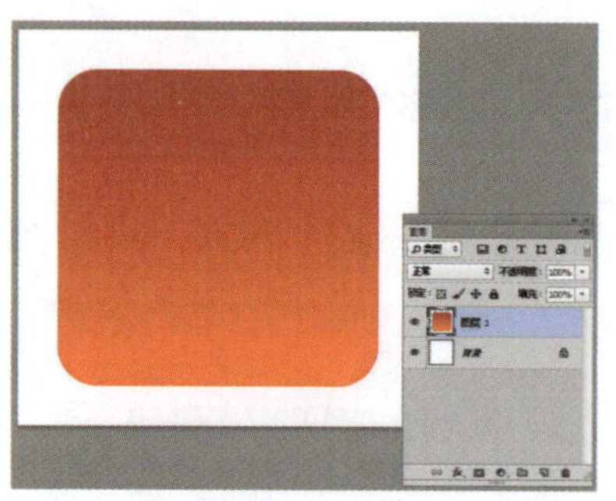

STEP 9 双击“图层 1”图层，弹出“图层样式”对话框，选中“内发光”复选框，在其中设置“发光颜色”为白色、“大小”为 2 像素。

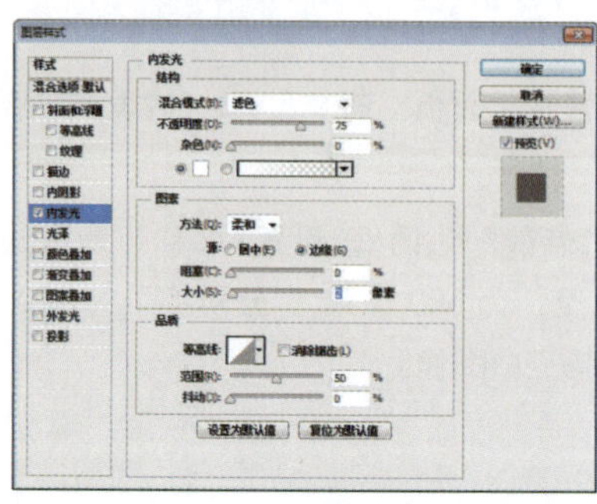

STEP 10 选中“投影”复选框，保持默认设置，单击“确定”按钮，应用图层样式。

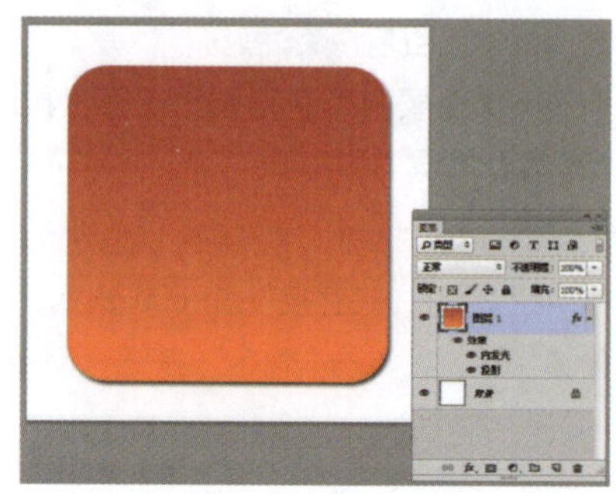

426 音乐 APP 图标设计 2——图标主体效果

下面主要介绍运用自定形状工具、“投影”图层样式等，设计出音乐 APP 图标的主体效果。

STEP 1 展开“图层”面板，新建“图层 2”图层。

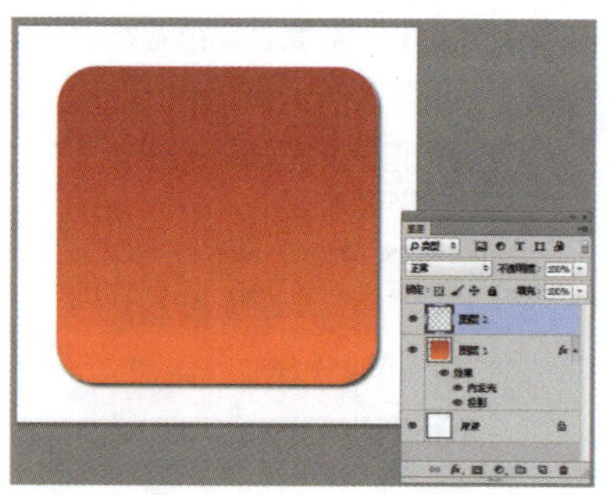

STEP 2 选取工具箱中的自定形状工具，在工具属性栏上设置“选择工具模式”为“路径”，在“形状”下拉列表框中选择“窄边圆形边框”形状。

STEP 3 在图像编辑窗口中绘制一个窄边圆形边框路径。

STEP 4 按【Ctrl + Enter】组合键，将路径转换为选区。

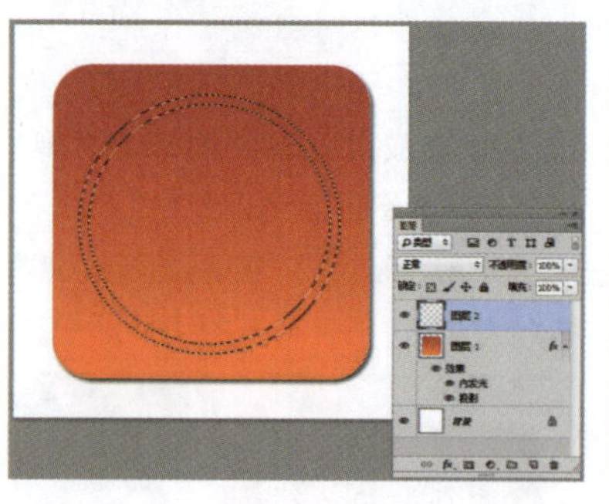

STEP 5 设置前景色为白色，按【Alt + Delete】组合键为选区填充白色。

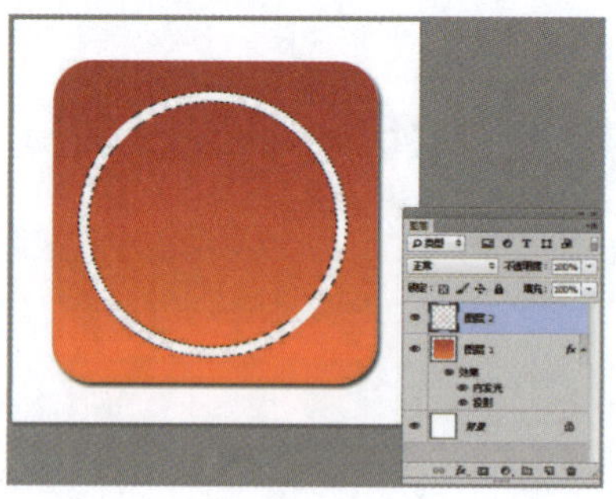

STEP 6 按【Ctrl + D】组合键，取消选区。

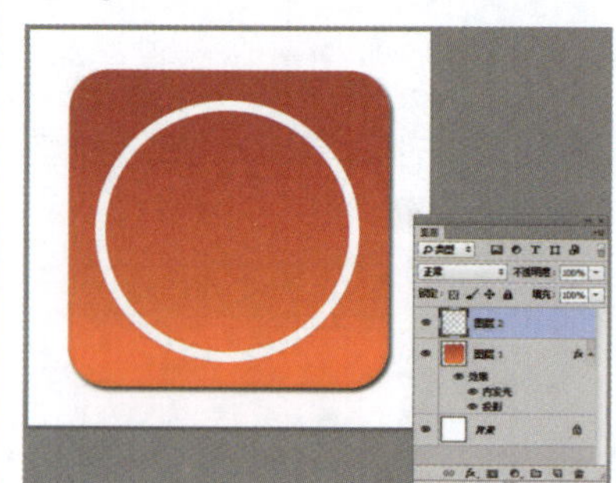

STEP 7 双击“图层 2”图层，弹出“图层样式”对话框，选中“投影”复选框，在其中取消选中“使用全局光”复选框，并设置“角度”为 30 度。

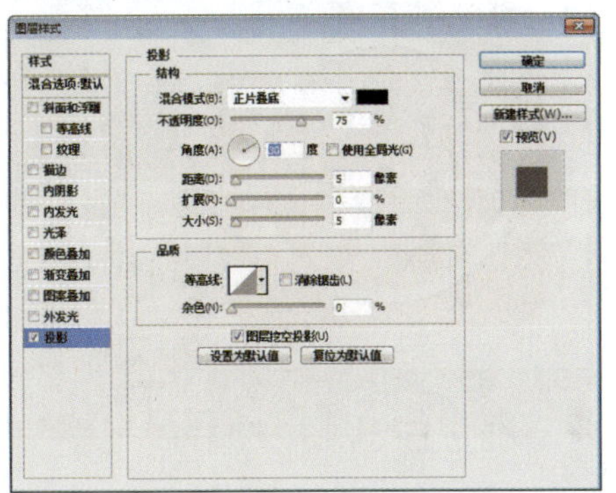

STEP 8 单击“确定”按钮，应用“投影”图层样式。

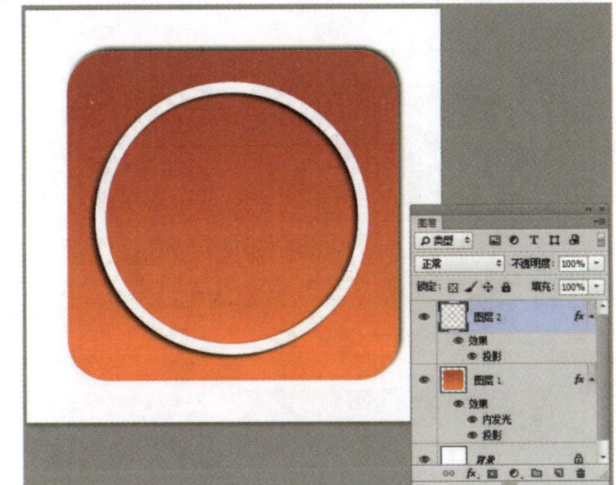

知识链接 “图层样式”可以为当前图层添加特殊效果，如投影、内阴影、外发光以及浮雕等样式，在不同的图层中应用不同的图层样式，可以使整幅图像更加富有真实感和突出感。

427 音乐 APP 图标设计 3——图标细节效果

下面主要介绍运用自定形状工具、渐变工具和变换控制框等，设计出音乐 APP 图标的细节效果。

STEP 1 展开“图层”面板，新建“图层 3”图层。

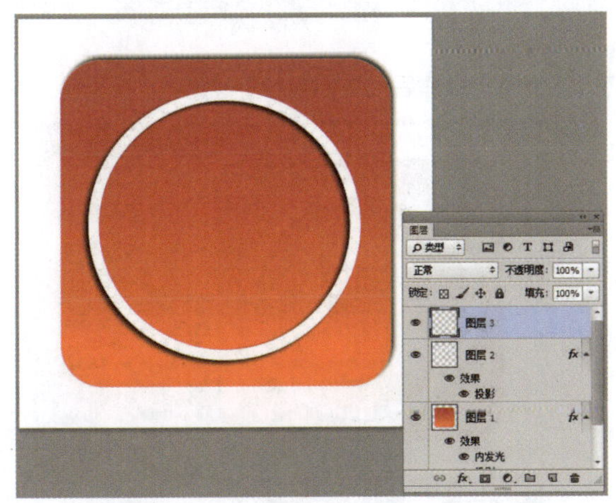

STEP 2 选取工具箱中的自定形状工具，在工具属性栏上设置“选择工具模式”为“路径”，在“形状”下拉列表框中选择“八分音符”形状。

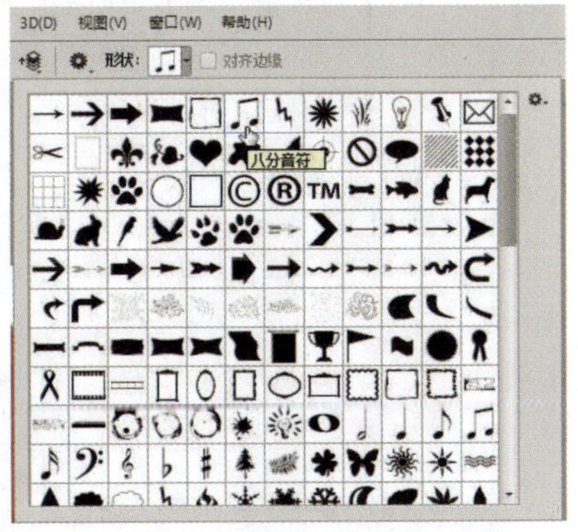

知识链接 如果默认状态下的形状效果不能满足工作需要，可以单击“形状”拾色器右上角的 按钮，在弹出的菜单中选择“全部”选项，弹出提示信息框，单击“确定”按钮，即可将Photoshop CC中提供的所有预设形状载入当前的“形状”拾色器中。

STEP 3 在图像编辑窗口中绘制一个八分音符路径。

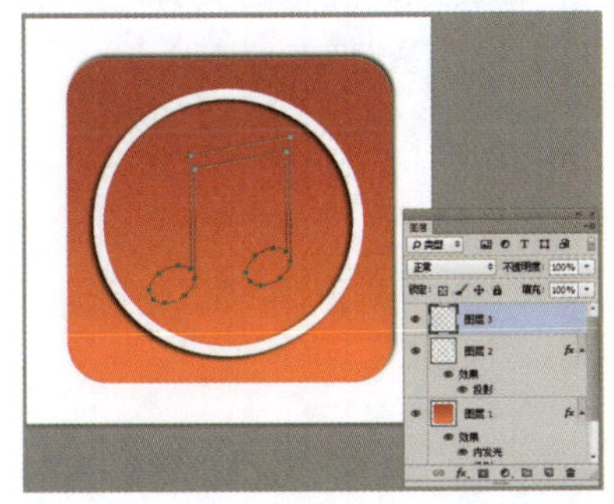

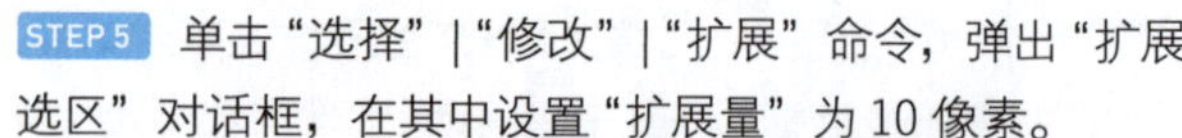

STEP 4 按【Ctrl＋Enter】组合键，将路径转换为选区。

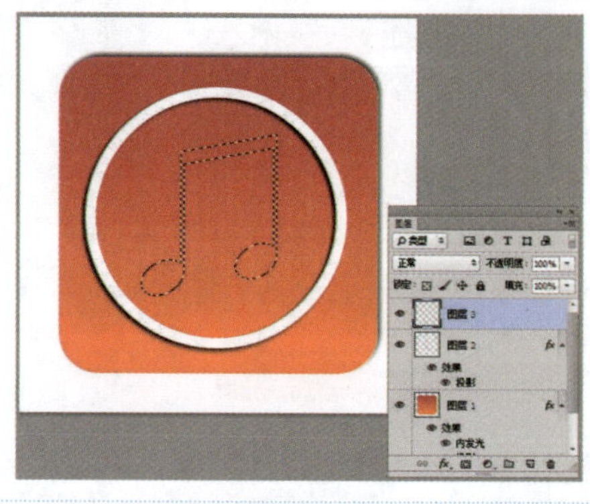

STEP 5 单击“选择”|“修改”|“扩展”命令，弹出“扩展选区”对话框，在其中设置“扩展量”为10像素。

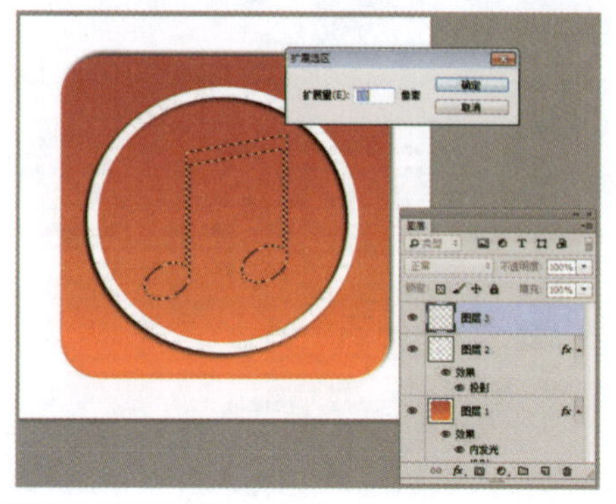

STEP 6 单击“确定”按钮，即可扩展选区。

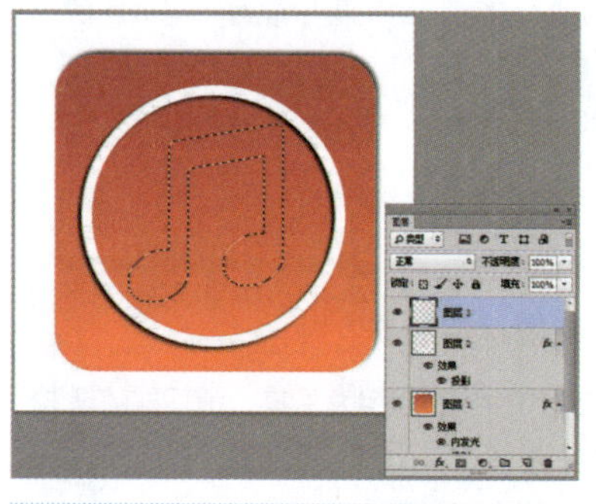

STEP 7 设置前景色为白色，按【Alt＋Delete】组合键为选区填充白色。

STEP 8 按【Ctrl＋D】组合键，取消选区。

STEP 9 按【Ctrl＋T】组合键，调出变换控制框，适当调整音符图形的大小和位置。

STEP 10 执行操作后，按【Enter】键确认。

STEP 11 复制“图层2”图层的图层样式，并将其粘贴到“图层3”图层上，添加图层样式。用户可以将制作好的音乐APP图标应用到应用程序上，查看图标效果。

428 邮箱 APP 图标设计 1——图标背景效果

如今，移动办公趋势势不可当，大部分职场人士每天都需要在移动端处理许多邮件，一款好用的邮箱 APP 成了高效人士的必备选择。

在本实例中，采用包含一个信封图形的邮箱 APP 图标设计，让用户一目了然，从图标 UI 中就知道这个 APP 的主要功能。

下面主要介绍运用圆角矩形工具、“属性”面板、渐变工具和“内发光”图层样式等，设计邮箱 APP 图标背景效果。

STEP 1 单击“文件”|“新建”命令，弹出“新建”对话框，设置“名称”为“邮箱 APP 图标”，“宽度”为 500 像素，“高度”为 500 像素，“分辨率”为 300 像素 / 英寸，单击“确定”按钮，新建一幅空白图像。

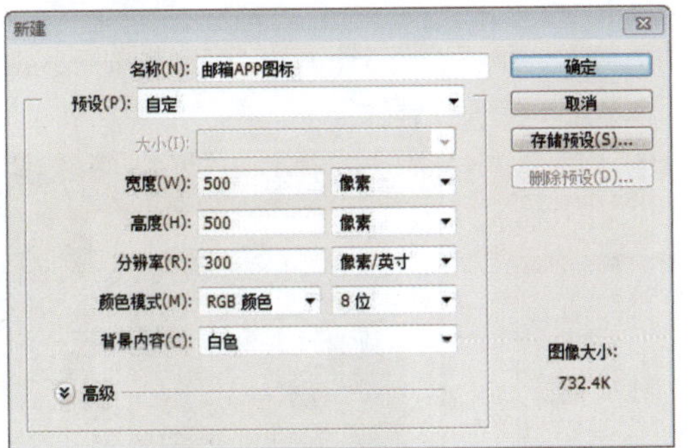

STEP 2 展开“图层”面板，新建“图层 1”图层。

STEP 3 选取工具箱中的圆角矩形工具，在工具属性栏上设置“选择工具模式”为“路径”，“半径”为 80 像素，绘制一个圆角矩形路径。

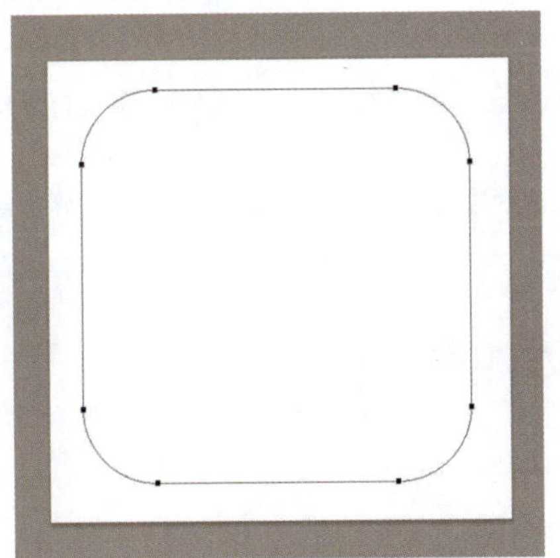

STEP 4 展开“属性”面板，设置 W 和 H 均为 400 像素、X 和 Y 均为 50 像素。

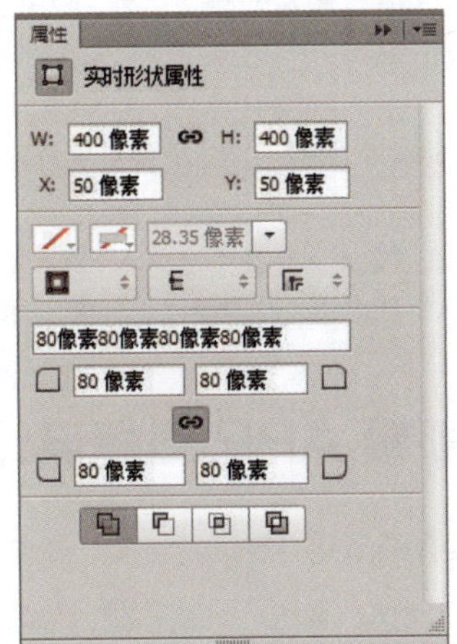

STEP 5 执行操作后，即可修改路径的大小和位置。

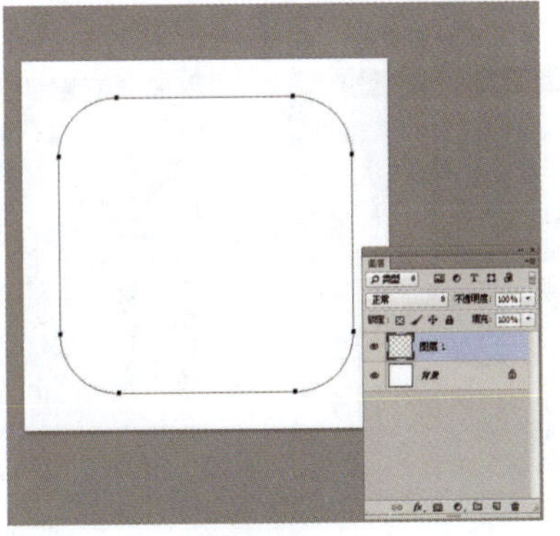

STEP 6 按【Ctrl＋Enter】组合键，将路径转换为选区。

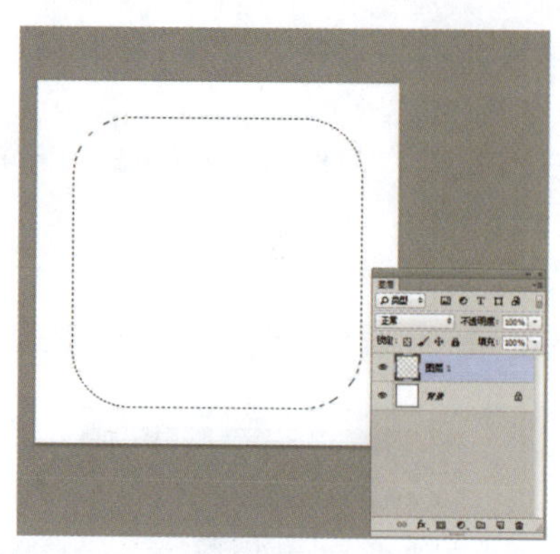

STEP 7 选取工具箱中的渐变工具，在选区中从上至下填充浅绿色（RGB 参数为 42、192、193）到深绿色（RGB 参数为 20、130、150）的线性渐变。

STEP 8 按【Ctrl＋D】组合键，取消选区。

STEP 9 双击“图层 1”图层，弹出“图层样式”对话框，选中“内发光”复选框，在其中设置“发光颜色”为白色、“大小”为 2 像素。

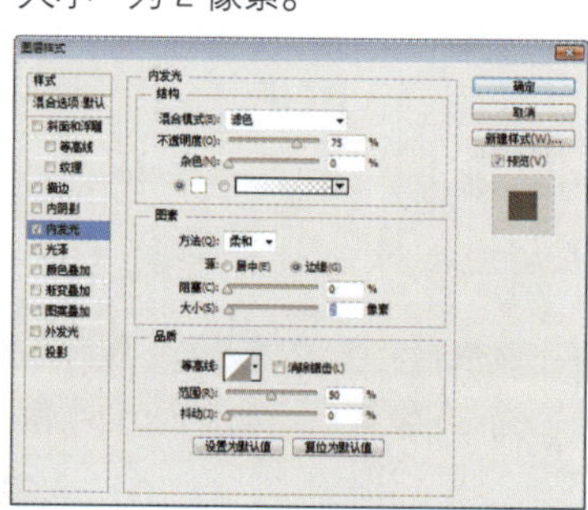

STEP 10 单击“确定”按钮，应用图层样式。

知识链接

选区在图像编辑过程中有着非常重要的位置，它限制着图像编辑的范围和区域。灵活而巧妙地应用选区，能得到许多意想不到的效果。

在Photoshop CC中，创建选区是为了限制图像编辑的范围，从而得到精确的效果。在选区建立之后，选区的边界就会显现出不断交替闪烁的虚线，此虚线框表示选区的范围。

429 邮箱 APP 图标设计 2——图标主体效果

下面主要介绍运用自定形状工具、渐变工具等，设计出邮箱 APP 图标的主体效果。

STEP 1 展开“图层”面板，新建“图层 2”图层。

STEP 2 选取工具箱中的自定形状工具，在工具属性栏上设置“选择工具模式”为“像素”。

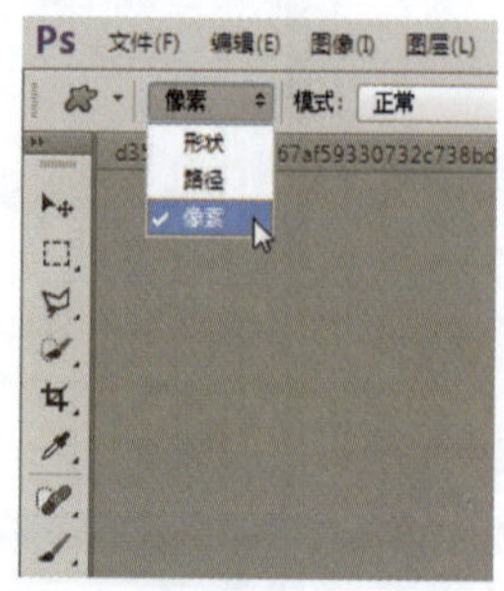

STEP 3 在“形状”下拉列表框中选择“信封 1”形状。

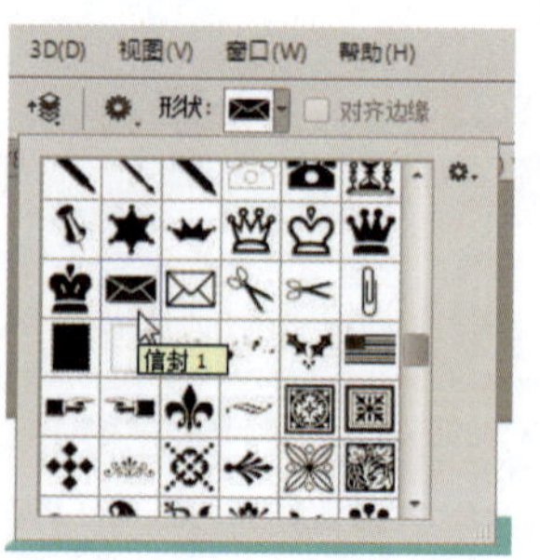

STEP 4 设置前景色为白色，在图像编辑窗口中绘制一个信封图形。

430 邮箱 APP 图标设计 3——调整图像形状

下面主要介绍运用变换控制框调整主体图像的形状，完成邮箱 APP 图标的效果设计。

STEP 1 按【Ctrl＋T】组合键，调出变换控制框。

STEP 2 适当调整信封图形的大小和位置。

STEP 3 执行操作后，按【Enter】键确认变换操作。

用户可以将制作好的邮箱 APP 图标应用到手机应用程序界面中，查看图标效果。

431 鼠标指针形状设计 1——制作主体效果

在游戏 APP 中，经常会运用到操作鼠标，以模拟计算机游戏的操作效果，提升用户的操作体验。本实例主要设计一个游戏 APP 的操作鼠标形状。

下面主要运用自定形状工具、变换控制框、“平滑”命令、渐变工具、“斜面和浮雕”图层样式、“光泽”图层样式、“渐变叠加”图层样式和“投影”图层样式等，制作鼠标指针形状的主体效果。

STEP 1 单击“文件”|“打开”命令，打开一幅素材图像。

STEP 2 在“图层”面板中，新建“图层 1”图层。

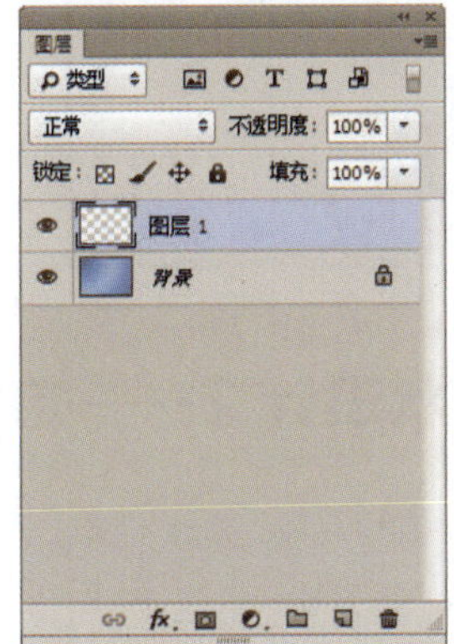

知识链接

图像都是基于图层来进行处理的，图层就是图像的层次，可以将一幅作品分解成多个元素，即每一个元素都由一个图层进行管理。

STEP 3 设置前景色为黑色，选取工具箱中的自定形状工具 ，在工具属性栏上设置“选择工具模式”为“像素”，“形状”为“箭头 6”。

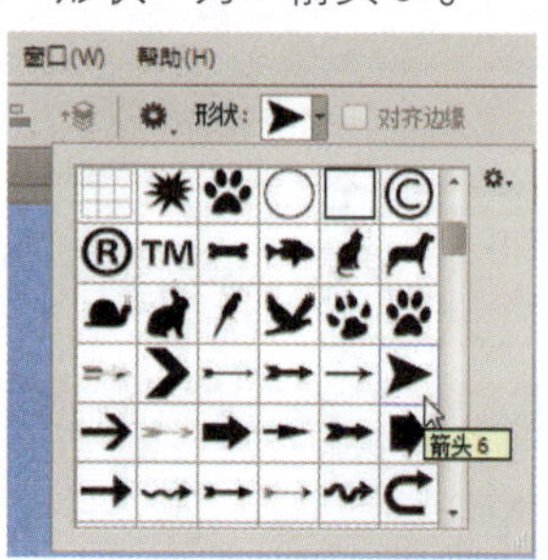

STEP 4 在图像编辑窗口中，绘制一个合适大小的箭头 6 图像。

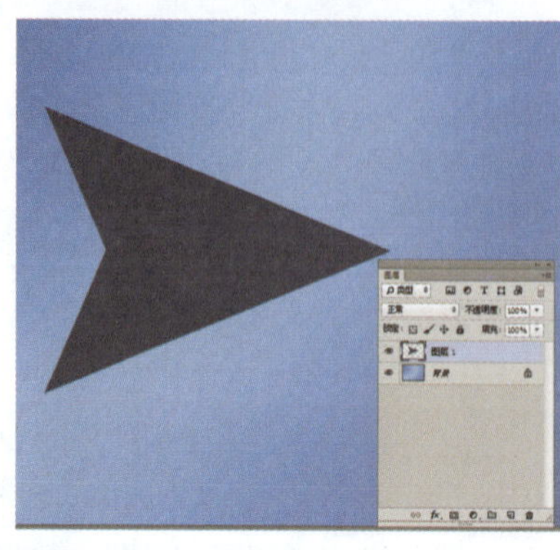

STEP 5 按【Ctrl＋T】组合键，调出变换控制框，适当旋转图像至合适角度。

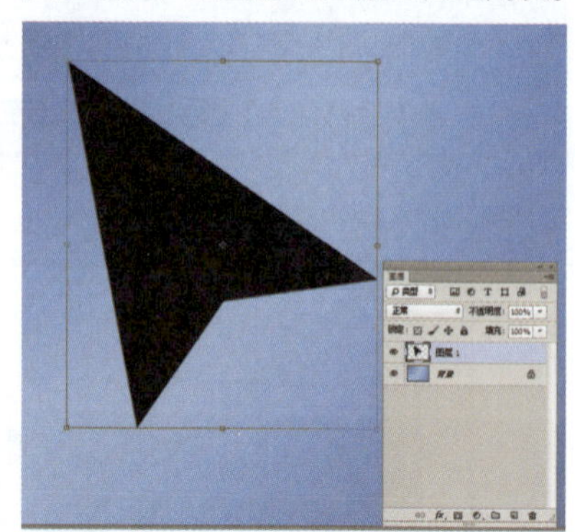

STEP 6 按【Enter】键确认变换操作。

STEP 7 按住【Ctrl】键的同时单击“图层 1”图层的图层缩览图，调出选区。

STEP 8 单击“选择”|“修改”|“平滑”命令。

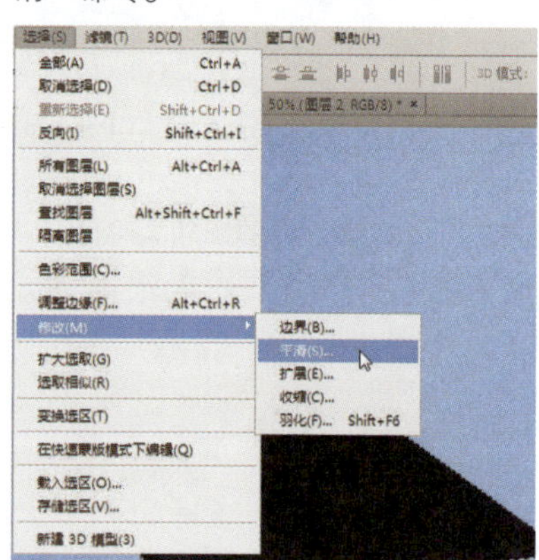

STEP 9 弹出“平滑选区”对话框，设置“取样半径”为 10 像素。

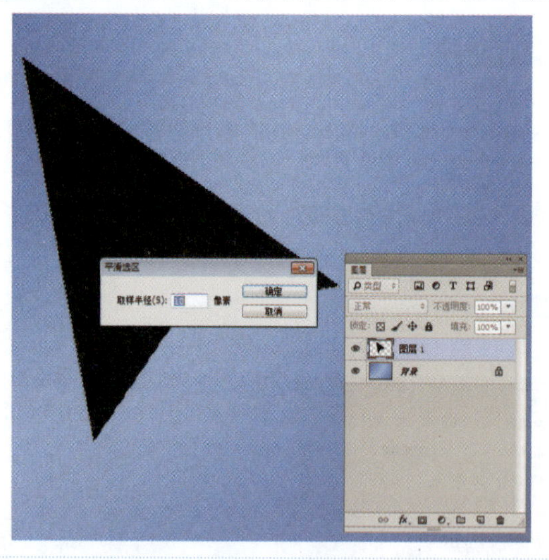

STEP 10 单击“确定”按钮，平滑选区。

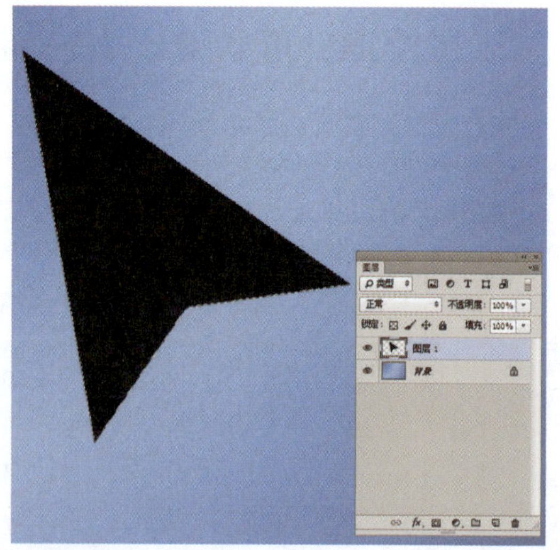

432 鼠标指针形状设计 2——完善主体效果

下面主要运用渐变工具、“斜面和浮雕”图层样式、“光泽”图层样式、“渐变叠加”图层样式和“投影”图层样式等，完善鼠标指针形状的主体效果。

STEP 1 在“图层”面板中，隐藏“图层 1”图层。

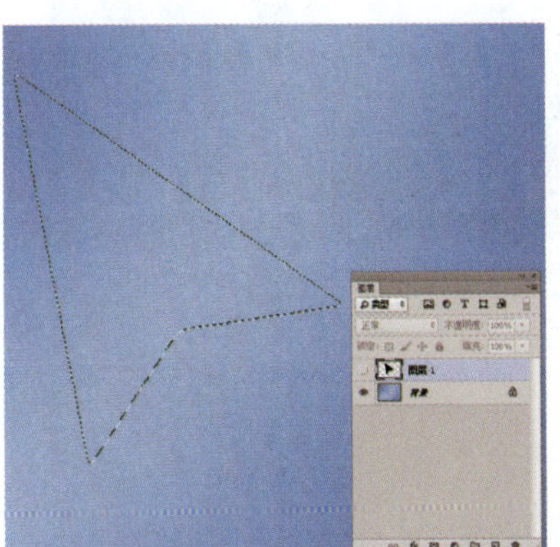

STEP 2 在“图层”面板中，新建“图层 2”图层。

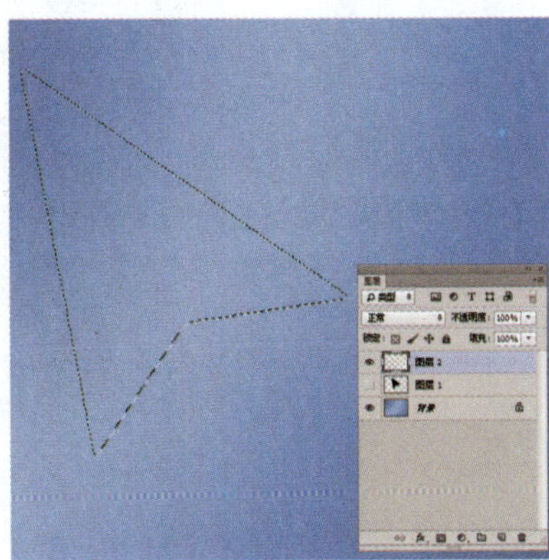

STEP 3 选取工具箱中的渐变工具，为选区从尖部到尾部填充白色到黑色的径向渐变。

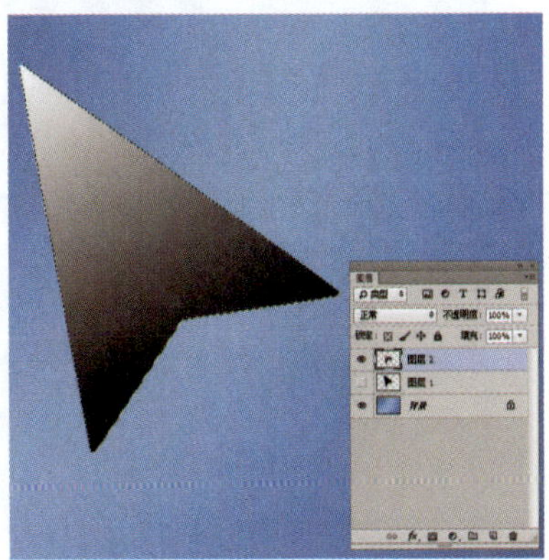

STEP 4 按【Ctrl＋D】组合键，取消选区。

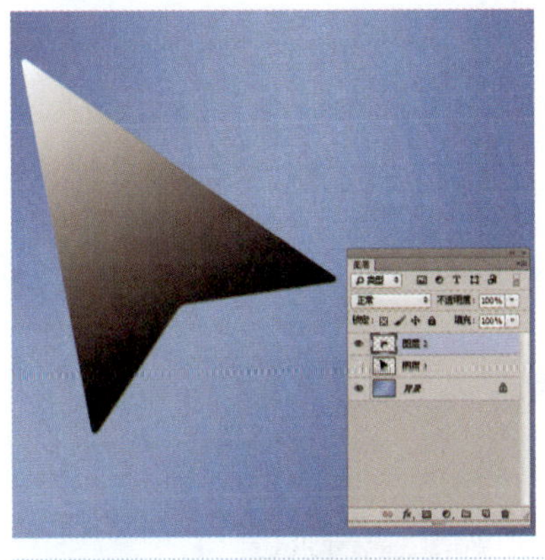

STEP 5 双击“图层 2”图层，在弹出的“图层样式”对话框中，选中“斜面和浮雕”复选框，设置“样式”为“外斜面”，“深度”为 276%。

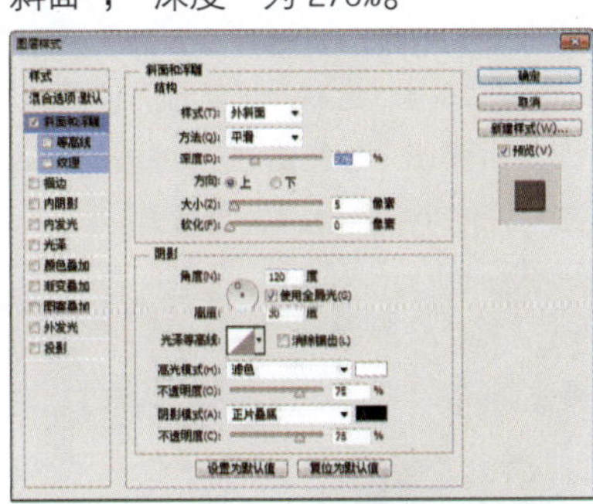

STEP 6 选中“光泽”复选框，设置“不透明度”为 44%。

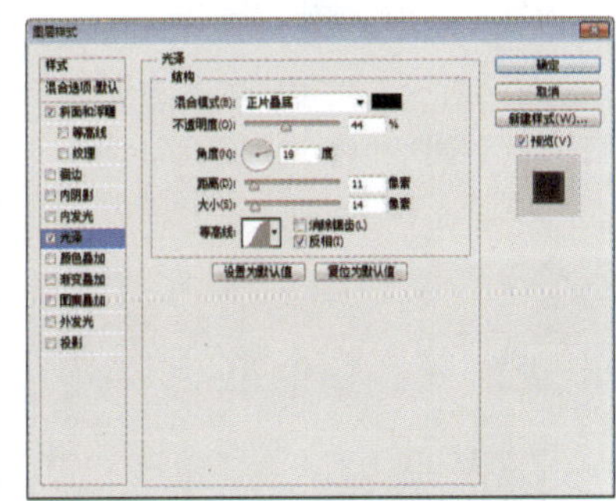

STEP 7 选中“渐变叠加”复选框，保持默认设置即可。

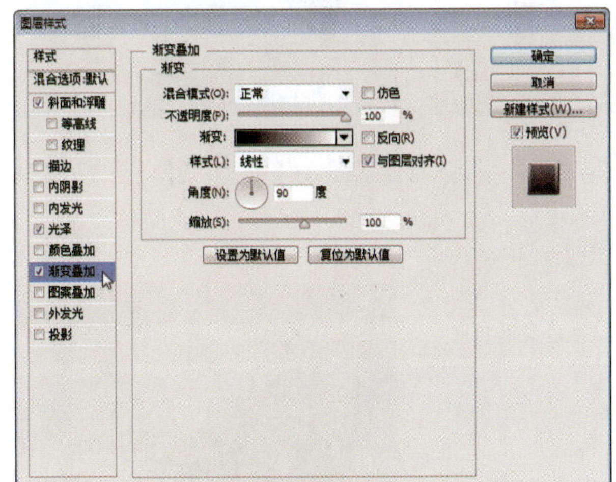

STEP 8 选中“投影”复选框，设置“距离”为 31 像素、“扩展”为 16%、“大小”为 49 像素。

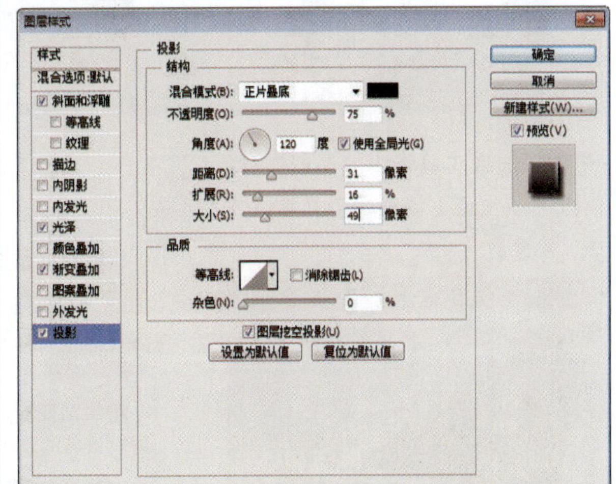

STEP 9 单击“确定”按钮，添加相应的图层样式。

STEP 10 在“图层”面板中，新建“图层 3”图层。

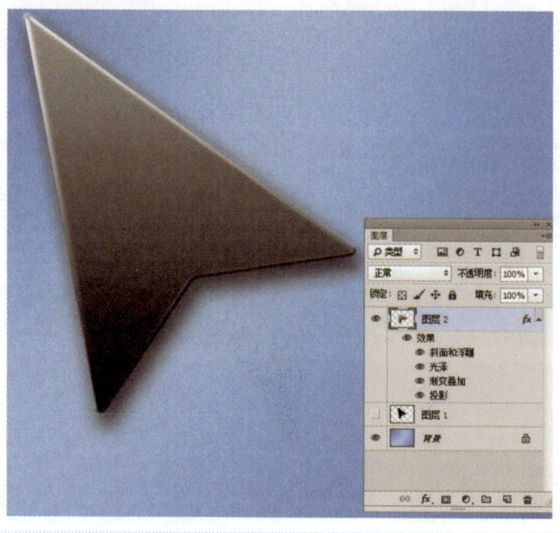

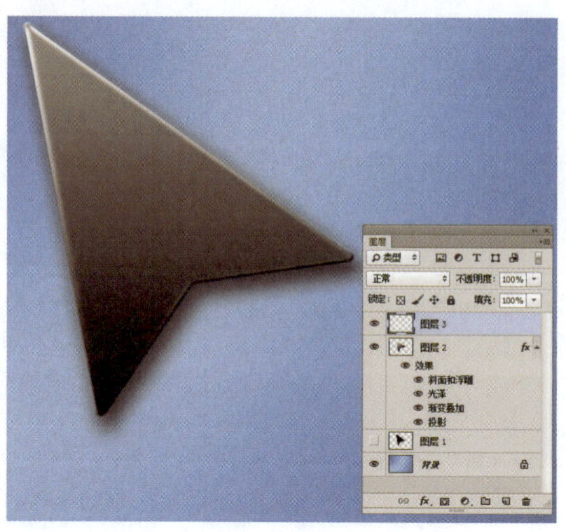

433 鼠标指针形状设计 3——制作细节效果

下面主要运用多边形套索工具、“羽化”命令、渐变工具、“斜面和浮雕”图层样式和“内阴影”图层样式等，制作鼠标指针形状的细节效果。

STEP 1 选取工具箱中的多边形套索工具，创建一个多边形选区。

STEP 2 单击“选择”|“修改”|“羽化”命令，弹出“羽化选区”对话框，设置“羽化半径”为 10 像素。

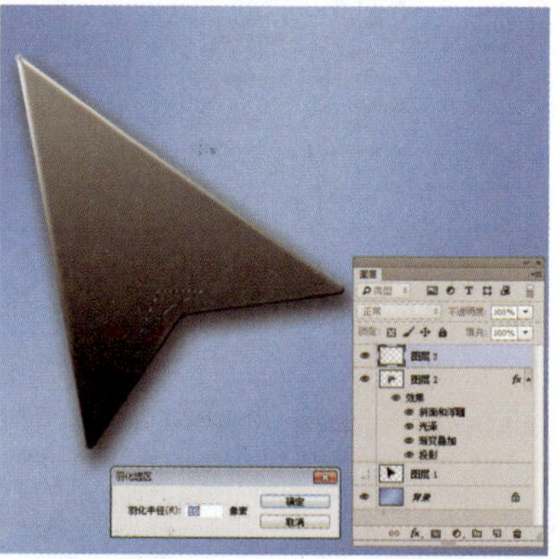

STEP 3 单击“确定”按钮，即可将选区羽化 10 个像素。

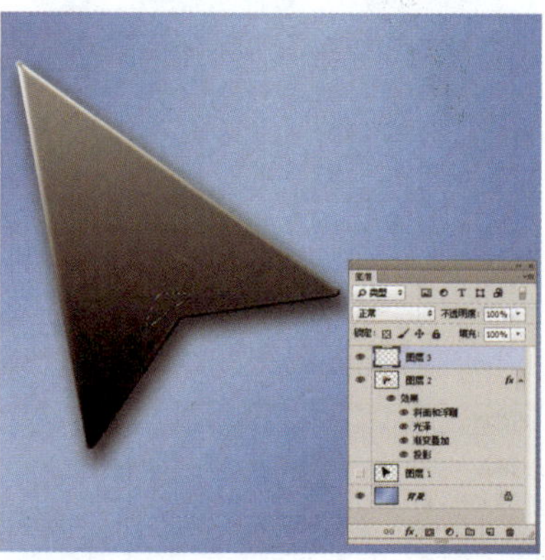

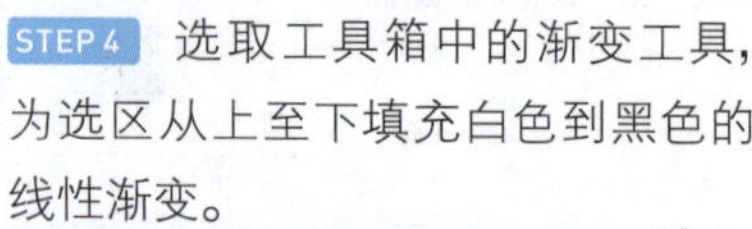

STEP 4 选取工具箱中的渐变工具，为选区从上至下填充白色到黑色的线性渐变。

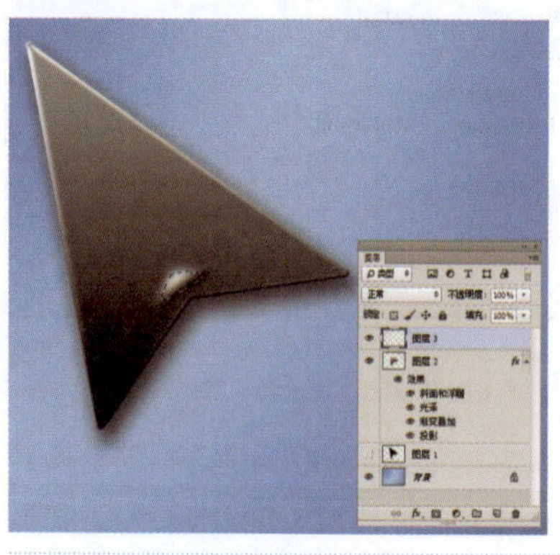

知识链接

在渐变工具属性栏中，渐变工具提供了以下5种渐变方式。

- **线性渐变**：从起点到终点作直线形状的渐变。
- **径向渐变**：从中心开始作圆形放射状渐变。
- **角度渐变**：从中心开始作逆时针方向的角度渐变。
- **对称渐变**：从中心开始作对称直线形状的渐变。
- **菱形渐变**：从中心开始菱形渐变。

STEP 5 按【Ctrl＋D】组合键，取消选区。

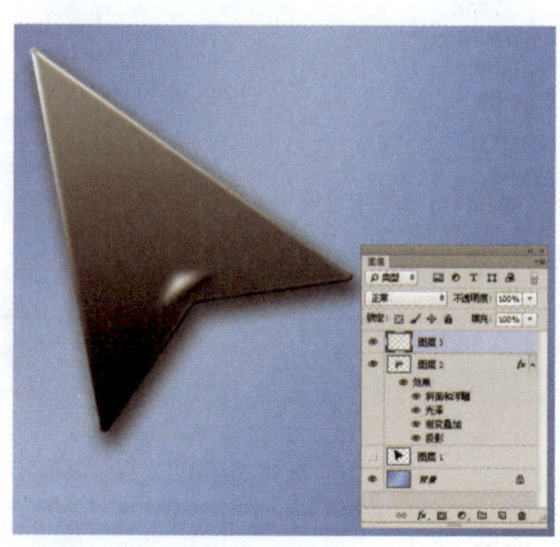

STEP 6 设置"图层3"图层的"不透明度"为50%。

STEP 7 为该图层添加默认的"斜面和浮雕"图层样式。

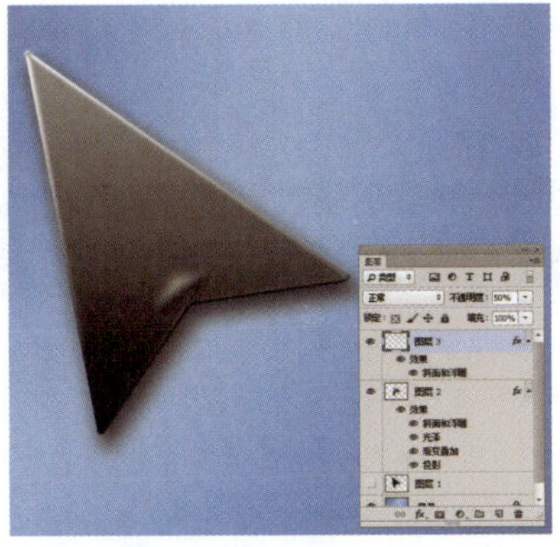

STEP 8 打开433.psd素材图像，将其拖曳至正在编辑的图像窗口中的合适位置。

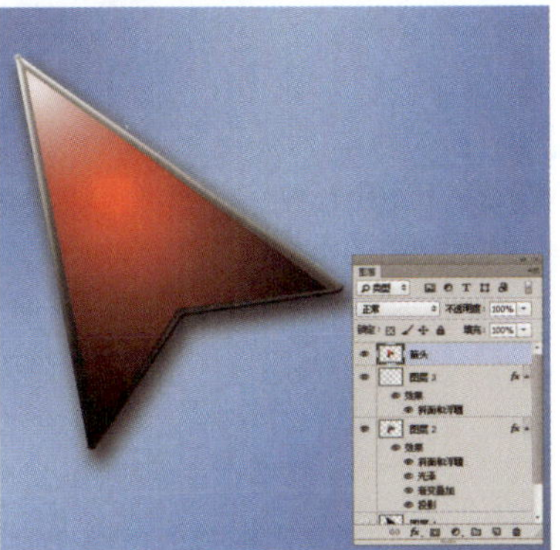

知识链接

新建图层的方法有7种，分别如下。

- **命令：** 单击"图层" | "新建" | "图层"命令，弹出"新建图层"对话框，单击"确定"按钮，即可创建新图层。
- **面板菜单：** 单击"图层"面板右上角的三角形按钮，在弹出的面板菜单中选择"新建图层"选项。
- **快捷键+按钮1：** 按住【Alt】键的同时，单击"图层"面板底部的"创建新图层"按钮。
- **快捷键+按钮2：** 按住【Ctrl】键的同时，单击"图层"面板底部的"创建新图层"按钮，可在当前图层中的下方新建一个图层。
- **快捷键1：** 按【Shift+Ctrl+N】组合键。
- **快捷键2：** 按【Alt+Shift+Ctrl+N】组合键，可以在当前图层对象的上方添加一个图层。
- **按钮：** 单击"图层"面板底部的"创建新图层"按钮，即可在当前图层上方创建一个新的图层。

STEP 9 双击"箭头"图层，在弹出的"图层样式"对话框中，选中"斜面和浮雕"复选框，设置"样式"为"枕状浮雕"，"深度"为150%，"大小"为20像素，"软化"为16像素。

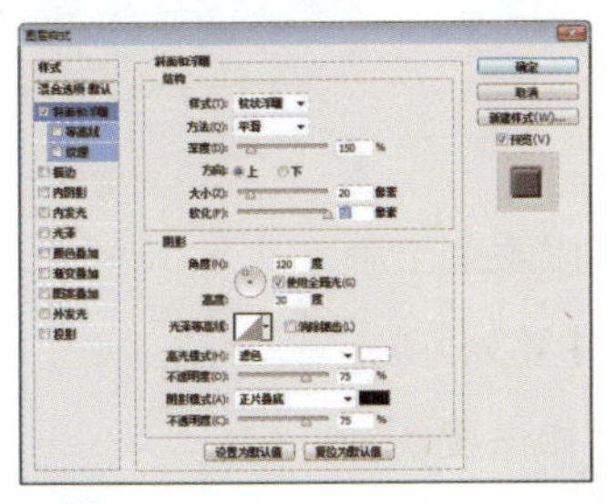

STEP 10 选中"内阴影"复选框，保持默认设置即可。

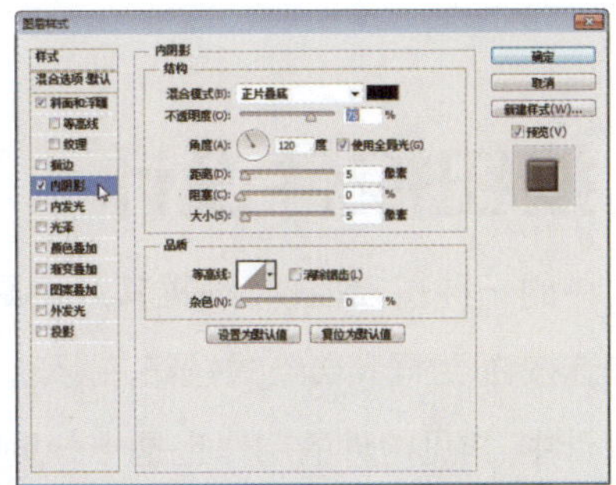

STEP 11 单击"确定"按钮，添加相应的图层样式。

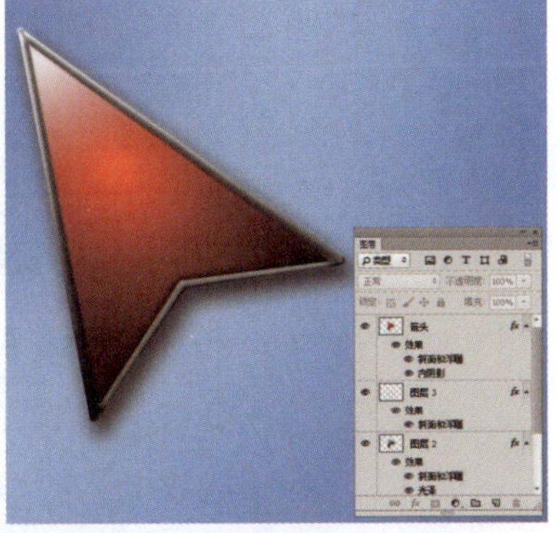

STEP 12 将"箭头"图层移至"图层3"图层的下方，完成鼠标指针形状设计。用户可以将制作好的邮箱APP图标应用到手机应用程序界面中，查看图标效果。

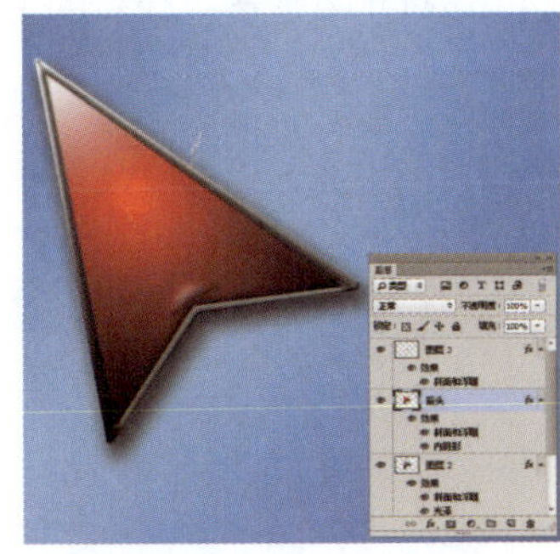

PART 03

实战应用篇

移动 UI 按钮控件设计

按钮控件是 APP 中的一种基础控件，根据其风格属性可以派生出命令按钮、复选框、单选按钮、组框和自绘式按钮，在移动 APP 中随处可见。在移动 APP UI 设计中，常见控件的制作也是十分重要的，如进度条、滑块、切换条和开关等控件在移动 APP UI 中是不可缺少的重要元素。

434 按钮设计 1——制作主体效果

按钮是界面设计中最重要的一个元素，一个漂亮的界面往往体现在按钮的质感上，水晶一般的按钮使人眼前一亮。下面主要运用圆角矩形工具、“投影”图层样式等，制作按钮主体效果。

STEP 1 单击“文件”|“打开”命令，打开一幅素材图像。

STEP 2 展开“图层”面板，新建“图层 1”图层。

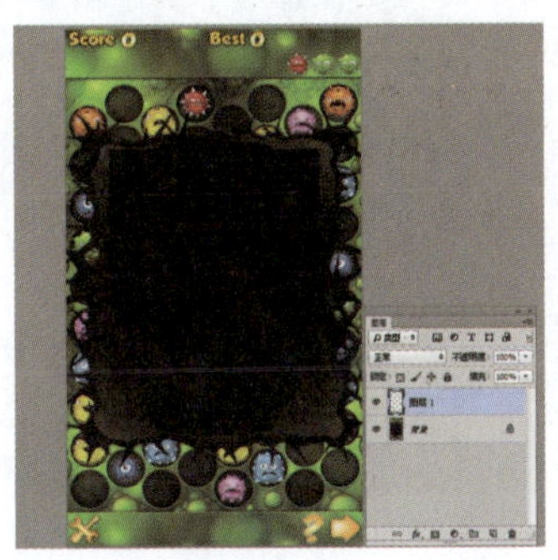

STEP 3 单击设置前景色色块，在弹出的“拾色器(前景色)”对话框中设置前景色为深绿色(RGB 参数值为 87、167、0)，单击“确定”按钮。

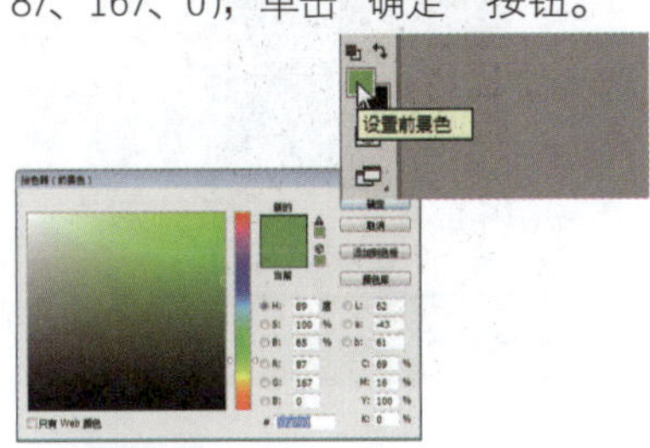

STEP 4 选取工具箱中的圆角矩形工具，在工具属性栏中设置“选择工具模式”为“像素”，“半径”为“10 像素”，绘制一个圆角矩形。

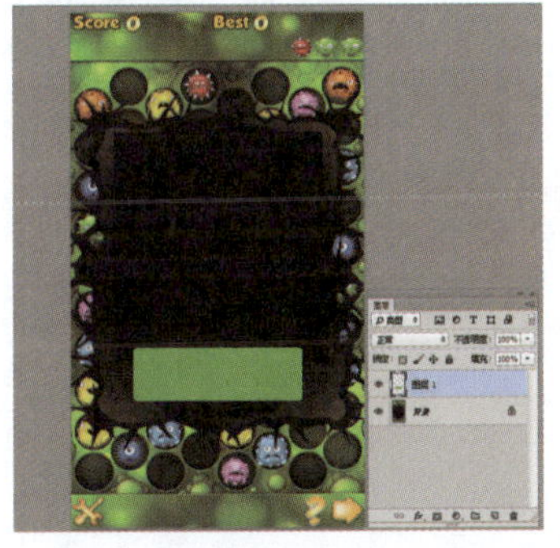

STEP 5 双击“图层 1”图层，弹出“图层样式”对话框，选中“内阴影”复选框，在其中取消选中“使用全局光”复选框，并设置“角度”为 -90 度。

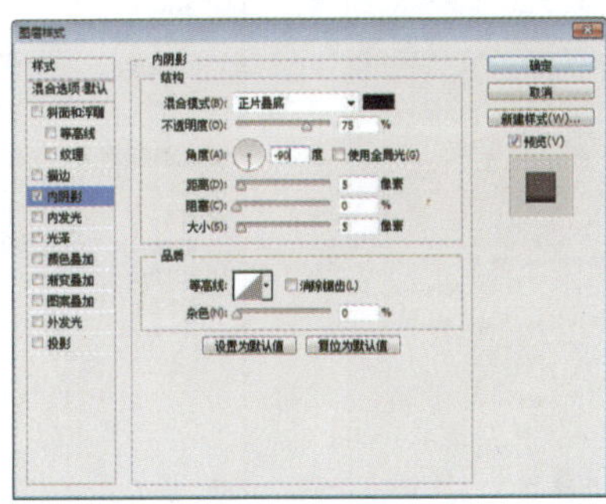

STEP 6 单击“确定”按钮，添加“内阴影”图层样式效果。

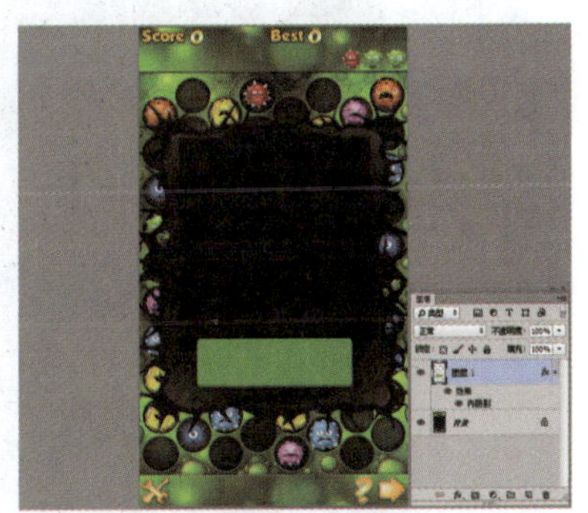

知识链接 可以直接在键盘上按【D】键快速将前景色和背景色调整到默认状态；按【X】键，可以快速切换前景色和背景色的颜色。

435 按钮设计 2——添加立体效果

下面主要运用“变换选区”命令、渐变工具、“内阴影”图层样式和“内发光”图层样式等，为按钮添加立体层次效果。

STEP 1 展开“图层”面板，新建“图层 2”图层。

STEP 2 按住【Ctrl】键的同时，单击“图层 1”图层的图层缩览图，建立选区。

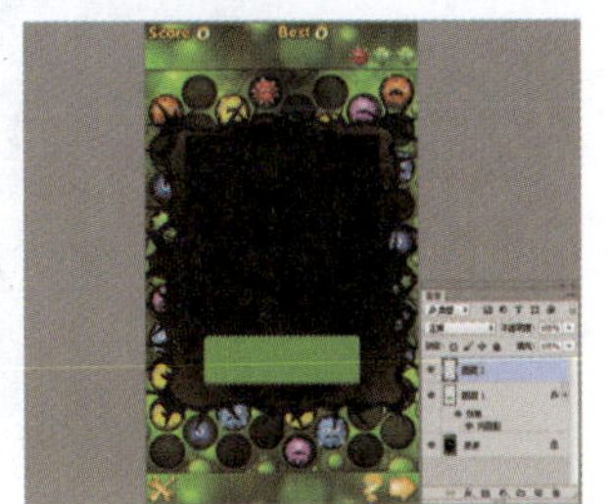

STEP 3 在菜单栏中，单击“选择”|“变换选区”命令。

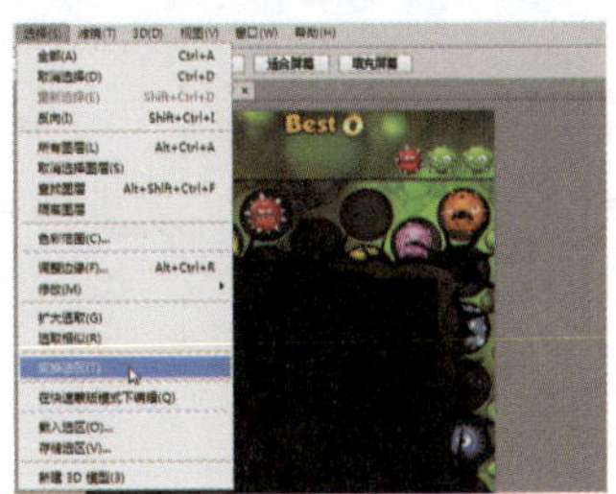

STEP 4 执行操作后，即可调出变换控制框。

STEP 5 适当调整选区的大小，并按【Enter】键确认。

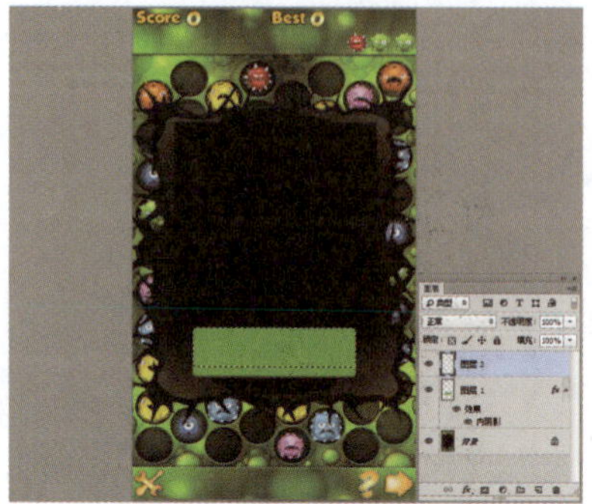

STEP 6 选取工具箱中的渐变工具，为选区填充绿色（RGB 参数值为 120、210、18）到浅绿色（RGB 参数值为 138、237、34）再到绿色（RGB 参数值为 120、210、18）的线性渐变。

STEP 7 按【Ctrl＋D】组合键，取消选区。

STEP 8 双击“图层 2”图层，弹出“图层样式”对话框，选中“内阴影”复选框，在其中设置“距离”为 0 像素、“阻塞”为 0%、“大小”为 5 像素。

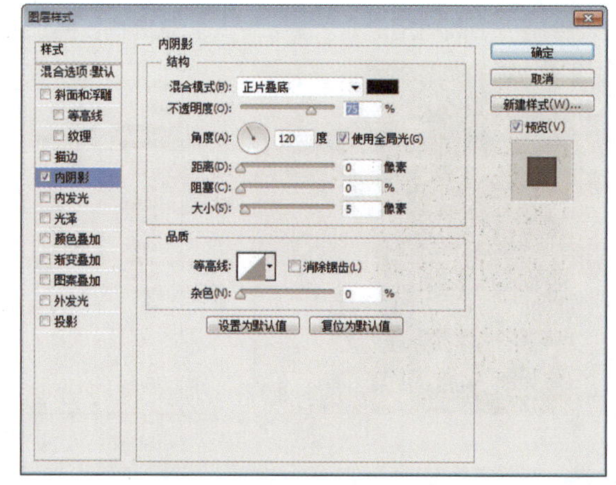

STEP 9 选中“内发光”复选框，在其中设置“混合模式”为“柔光”，“颜色”为深绿色（RGB 参数值为 100、160、0），“阻塞”为 8%，“大小”为 10 像素。

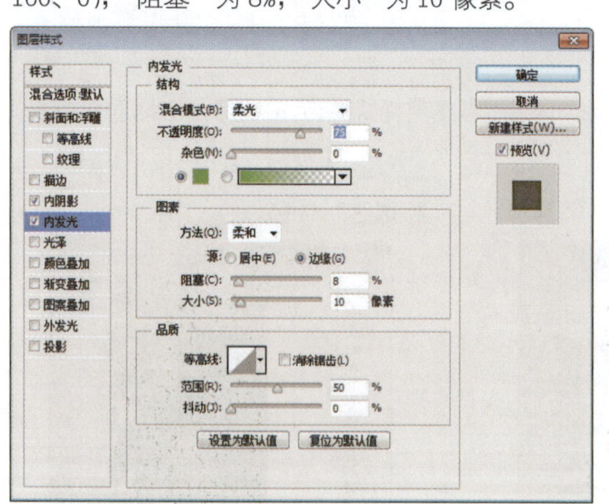

STEP 10 单击“确定”按钮，即可设置图层样式。

436 按钮设计 3——制作文本效果

下面主要运用横排文字工具、“字符”面板和“投影”图层样式等制作“开始游戏”按钮的细节效果。

STEP 1 打开 436(1).psd 素材，将其拖曳至图像编辑窗口中的合适位置。

STEP 2 选取工具箱中的横排文字工具，确认文字插入点。

STEP 3 单击“窗口”|“字符”命令，在弹出的“字符”面板中，设置“字体系列”为“文鼎霹雳体”，“字体大小”为 50 点，“颜色”为白色。

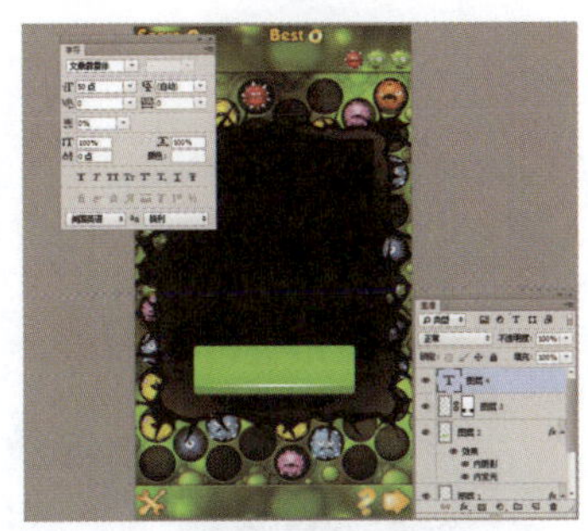

STEP 4 输入文本 NEW GAME，并适当调整其位置。

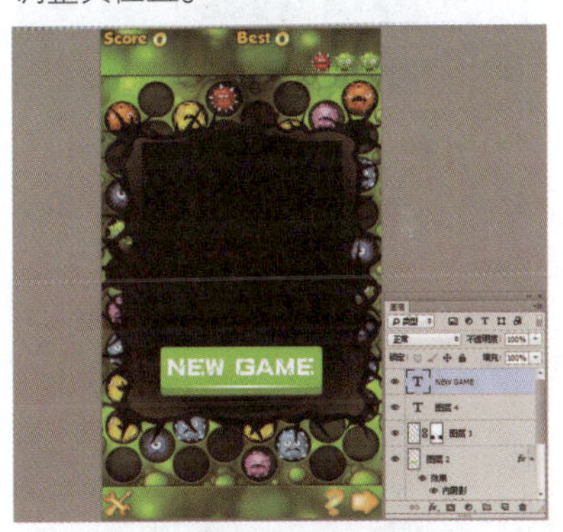

> **知识链接** 文字是多数移动APP UI设计作品中不可或缺的重要元素，有时甚至在作品中起着主导作用，Photoshop 除了提供丰富的文字属性设计及版式编排功能外，还允许对文字的形状进行编辑，以便制作出更多、更丰富的文字效果。

STEP 5 双击文本图层，在弹出的“图层样式”对话框中，选中“投影”复选框，在其中设置“距离”为 2 像素、“扩展”为 0%、“大小”为 1 像素。

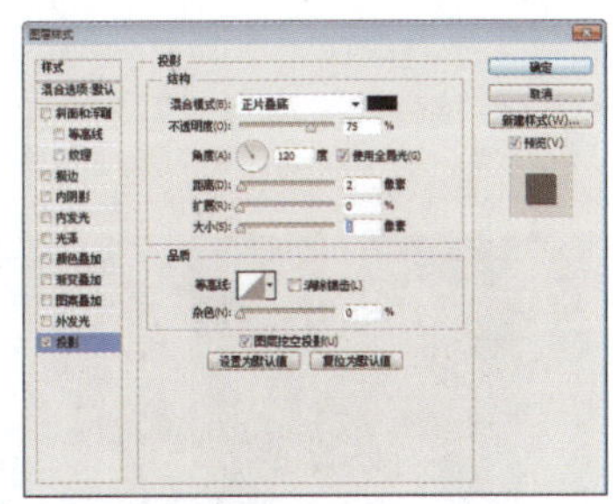

STEP 6 单击“确定”按钮，应用“投影”图层样式。

STEP 7 单击“文件”|“打开”命令，打开 436(2).psd 素材图像。

STEP 8 运用移动工具将其拖曳至按钮图像编辑窗口中的合适位置。

知识链接 在设计移动UI时，经常需要打开多个素材图像进行操作，此时可以运用以下方法快速切换图像编辑窗口。

- **快捷键1：** 按【Ctrl+Tab】组合键。
- **快捷键2：** 按【Ctrl+F6】组合键。
- **快捷菜单：** 为单击“窗口”菜单，在弹出的菜单列表中的最下方，Photoshop会列出当前打开的所有素材图像的名称，单击任意一个图像名称，即可将其切换为当前图像窗口。

437 解锁滑块设计 1——制作主体效果

当手机一段时间没有使用的时候，手机系统就会自动进入锁定状态，重新打开屏幕以后，用户需要拖动滑块进行解锁才能进入手机系统。

下面主要运用圆角矩形工具、渐变工具、“内发光”图层样式等，制作解锁滑块的主体效果。

STEP 1 单击“文件”|“打开”命令，打开一幅素材图像。

STEP 2 单击“文件”|“打开”命令，打开 437(2).jpg 素材图像，运用移动工具将其拖曳至 437(1).jpg 图像编辑窗口中的合适位置。

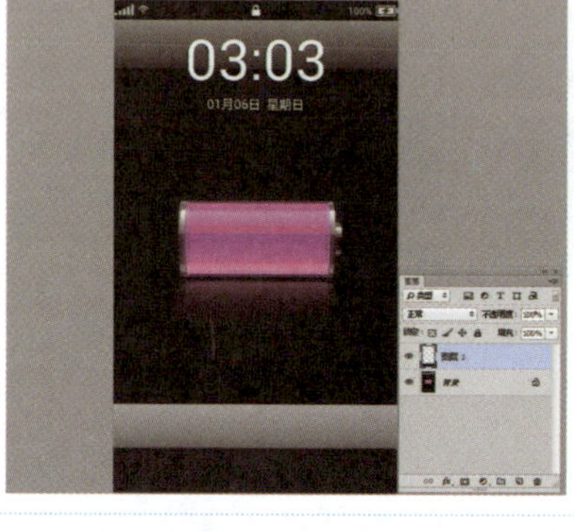

STEP 3 在“图层”面板中，新建“图层 2”图层。

STEP 4 选取工具箱中的圆角矩形工具，在工具属性栏中设置“选择工具模式”为“路径”，“半径”为 5 像素，绘制一个圆角矩形路径。

STEP 5 按【Ctrl＋Enter】组合键，即可将路径转换为选区。

STEP 6 选取工具箱中的渐变工具，为选区填充黑色(RGB 参数值均为 0)到灰色(RGB 参数值均为 80)的线性渐变。

STEP 7 按【Ctrl＋D】组合键，取消选区。

STEP 8 双击“图层 2”图层，在弹出的“图层样式”对话框中，选中“内发光”复选框，在其中设置“方法”为“精确”，“阻塞”为 0%，“大小”为 2 像素。

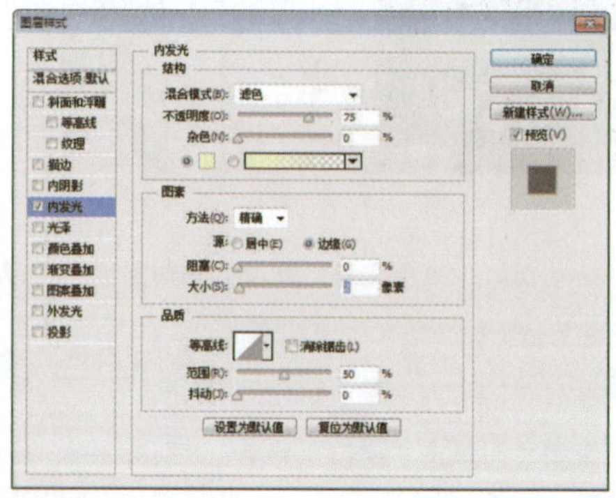

STEP 9 单击“确定”按钮，即可设置图层样式。

STEP 10 在“图层”面板中，新建“图层3”图层。

知识链接

在设计移动UI图像中时，经常会用到多个图层，有以下4种方法可以快速选择图层。

- **选择所有图层：** 单击“选择”|“所有图层”命令，即可选择“图层”面板中的所有图层。
- **选择相似图层：** 单击“选择”|“选择相似图层”命令，即可选择类型相似的所有图层。
- **选择链接图层：** 选择一个链接图层，单击“图层”|“选择链接图层”命令即可链接所选图层。
- **取消选择图层：** 如果不想选择任何图层，在面板中最下面的灰色空白处单击鼠标左键即可。

438 解锁滑块设计 2——制作按钮效果

下面主要运用圆角矩形工具、渐变工具以及各种图层样式等，制作解锁滑块的按钮效果。

STEP 1 选取工具箱中的圆角矩形工具，在工具属性栏中设置“选择工具模式”为“路径”，“半径”为8像素，绘制一个圆角矩形路径。

STEP 2 按【Ctrl＋Enter】组合键，将路径转换为选区。

STEP 3 选取工具箱中的渐变工具，从上至下为选区填充浅紫色（RGB参数值为218、170、230）到深紫色（RGB参数值为110、0、130）的线性渐变。

STEP 4 按【Ctrl＋D】组合键，取消选区。

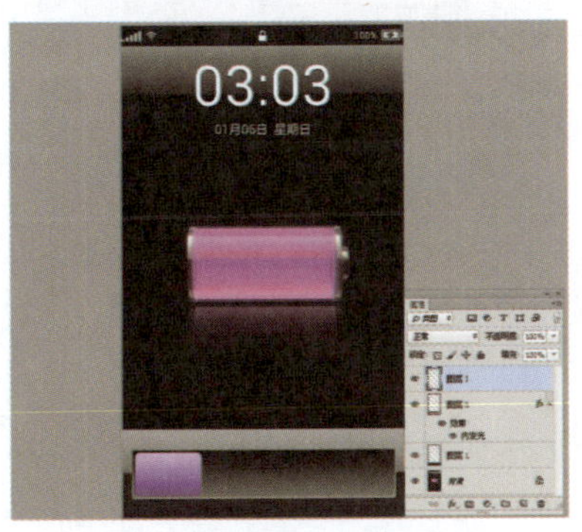

STEP 5 双击“图层3”图层，弹出“图层样式”对话框，选中“内阴影”复选框，取消选中“使用全局光”复选框，在其中设置“角度”为-90度、“距离”为1像素、“阻塞”为5%、“大小”为4像素。

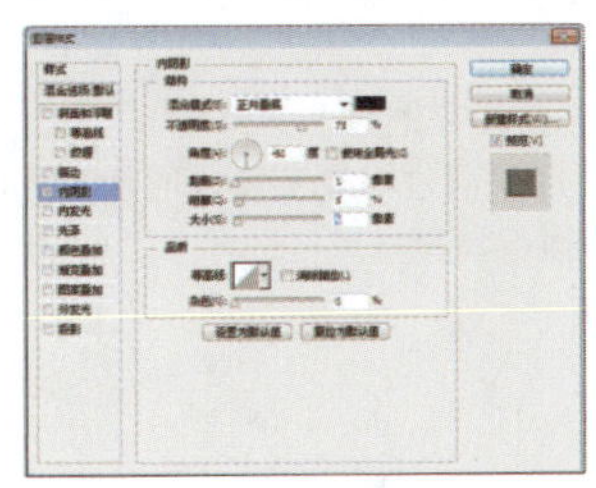

STEP 6 选中“内发光”复选框，在其中设置“阻塞”为0%、“大小”为5像素。

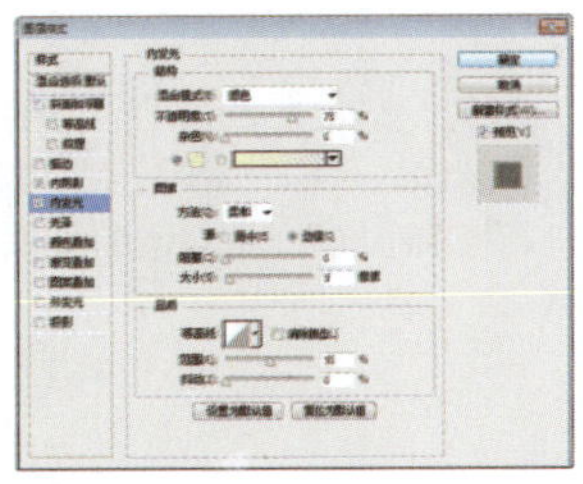

STEP 7 选中“投影”复选框，在其中设置“距离”为 1 像素、“扩展”为 0%、“大小”为 5 像素。

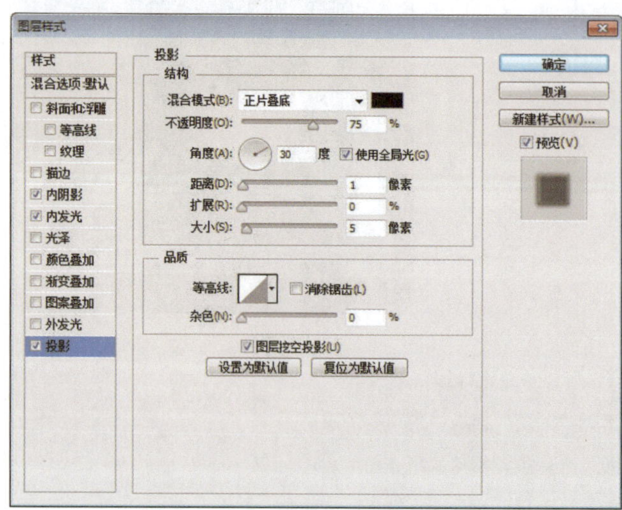

STEP 8 单击“确定”按钮，即可设置图层样式。

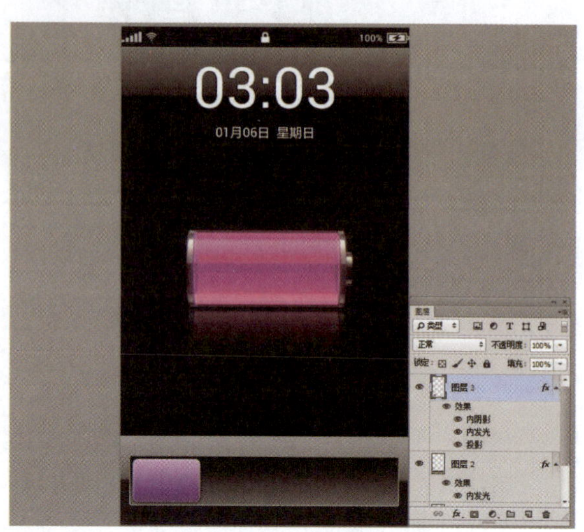

439 解锁滑块设计 3——制作文本效果

下面主要运用自定形状工具、横排文字工具、图层蒙版以及各种图层样式等，制作解锁滑块的文本效果。

STEP 1 在“图层”面板中，新建“图层 4”图层。

STEP 2 设置前景色为白色，选取工具箱中的自定形状工具，在工具属性栏中设置“选择工具模式”为“像素”，单击“形状”右侧的下拉按钮，在弹出的下拉列表框中选择“箭头 9”选项。

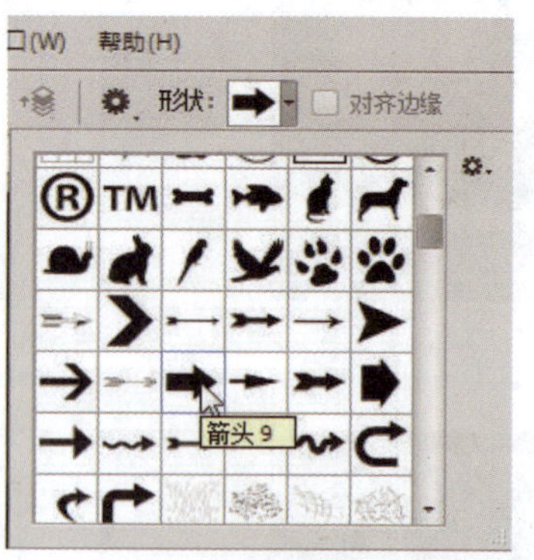

知识链接 路径是Photoshop CC中的各项强大功能之一，它是基于“贝塞尔”曲线建立的矢量图形，所有使用矢量绘图软件或矢量绘图制作的线条，原则上都可以称为路径。路径是通过钢笔工具或形状工具创建出的直线和曲线，而且是矢量图像，因此无论路径缩小或放大都不会影响其分辨率，并可以保持原样。

STEP 3 在图像编辑窗口中，绘制一个白色箭头图形。

STEP 4 双击“图层 4”图层，在弹出的“图层样式”对话框中，选中“投影”复选框，在其中设置“距离”为 2 像素、“扩展”为 0%、“大小”为 3 像素。

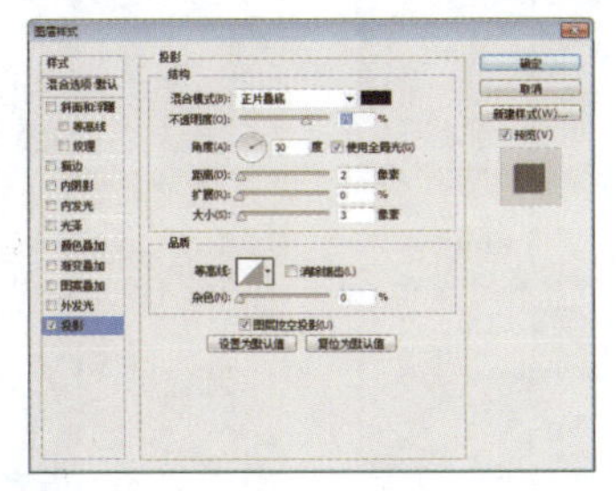

STEP 5 单击“确定”按钮，即可为箭头图形添加投影样式。

STEP 6 选取工具箱中的横排文字工具，确认插入点，在“字符”面板中设置“字体系列”为“华文细黑”，“字体大小”为 8 点，“字距调整”为 200，“颜色”为白色。

STEP 7 输入文本，并适当调整文本位置。

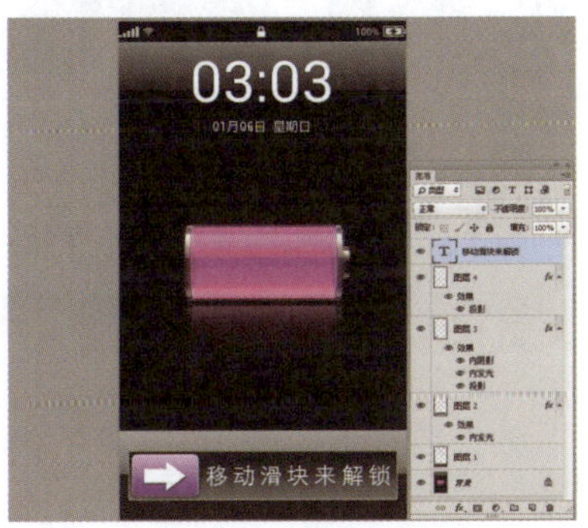

STEP 8 按【Ctrl＋J】组合键，复制文字图层，并隐藏原图层。

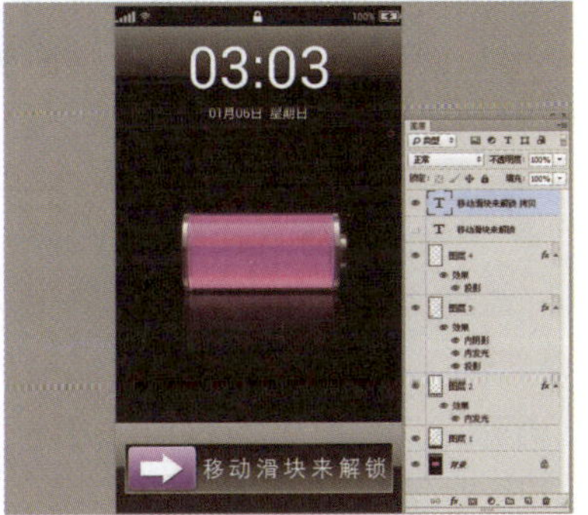

STEP 9 在复制的文字图层上，单击鼠标右键，在弹出的快捷菜单中选择“栅格化文字”选项。

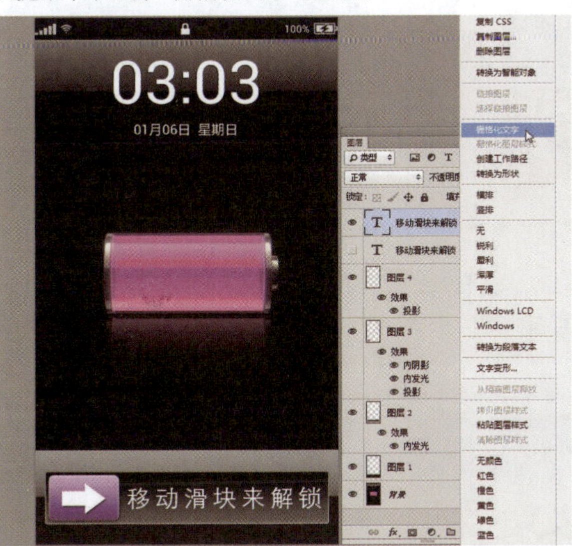

STEP 10 执行操作后，即可栅格化文字图层，按住【Ctrl】键的同时，单击“移动滑块来解锁 拷贝”图层的图层缩览图，建立选区。

知识链接

图层蒙版是通道的另一种表现形式，可用于为图像添加遮盖效果，灵活运用蒙版与选区，可以制作出丰富多彩的图像效果。

STEP 11 为复制的文字图层添加图层蒙版。

STEP 12 选中图层蒙版，选取工具箱中的渐变工具，为文字蒙版从右至左填充黑色（RGB 参数值均为 0）到白色（RGB 参数值均为 255）的线性渐变，隐藏部分图像，完成解锁滑块的设计。

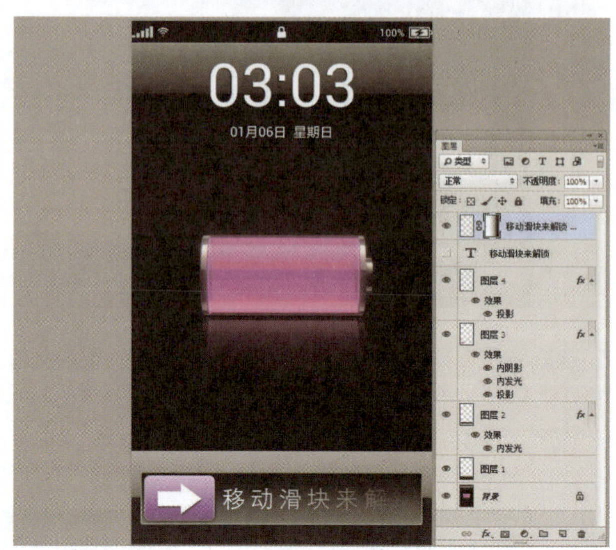

440 切换条设计 1——制作背景效果

切换条在移动 UI 中特别是手机 APP 中是很常见的，下面主要运用裁剪工具、添加素材等操作，制作切换条的背景效果。

STEP 1 单击“文件”|“打开”命令，打开一幅素材图像。

STEP 2 选取工具箱中的裁剪工具，调出裁剪控制框。

STEP 3 在工具属性栏中设置裁剪控制框的长宽比为 1280:800。

STEP 4 执行操作后，即可调整裁剪控制框的长宽比，将鼠标指针移至裁剪控制框内，单击鼠标左键的同时并拖曳图像至合适位置。

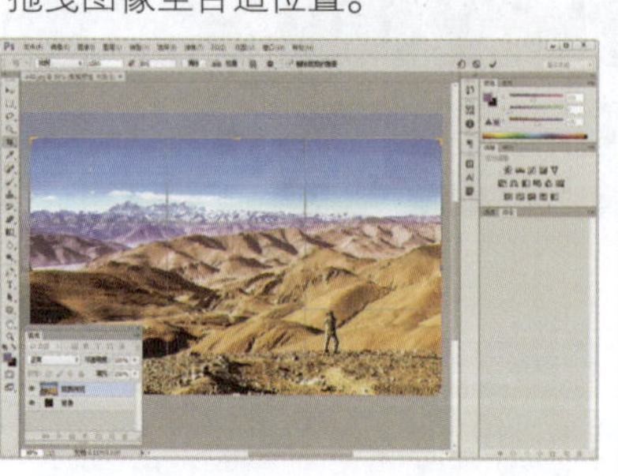

STEP 5 执行上述操作后，按【Enter】键确认裁剪操作，即可按固定的长宽比来裁剪图像。

STEP 6 打开 440.psd 素材图像，将其拖曳至当前图像编辑窗口中的合适位置。

441 切换条设计 2——制作主体效果

下面主要运用圆角矩形工具、“描边”图层样式、“内阴影”图层样式、“渐变叠加”图层样式和“投影”图层样式等，制作切换条的主体效果。

STEP 1 选取工具箱中的圆角矩形工具，在工具属性栏中设置“选择工具模式”为“形状”，“填充”为黑色，“描边”为无，“半径”为 8 像素，绘制一个圆角矩形形状。

STEP 2 设置“圆角矩形 1”图层的“不透明度”为 70%。

STEP 3 双击“圆角矩形 1”图层，在弹出的“图层样式”对话框中，选中“描边”复选框，在其中设置“大小”为 2 像素、“颜色”为黑色。

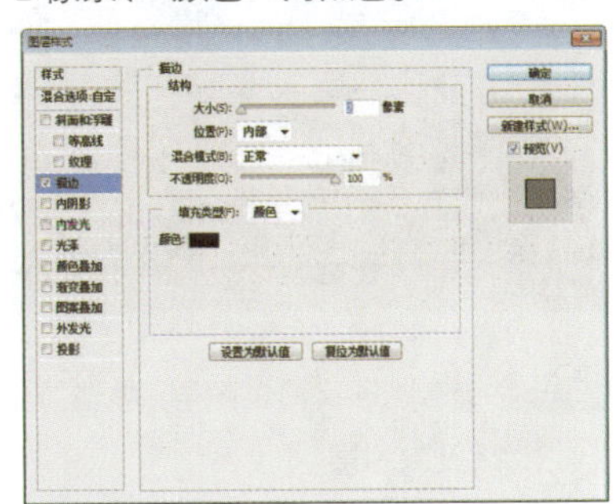

STEP 4 选中“内阴影”复选框，取消选中“使用全局光”复选框，在其中设置“混合模式”为“正常”、“阴影颜色”为白色、“不透明度”为 15%、“角度”为 90 度、“距离”为 5 像素、“阻塞”为 0%、“大小”为 0 像素。

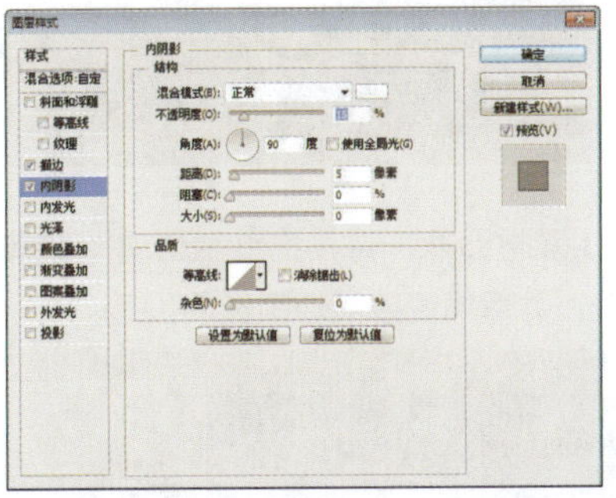

STEP 5 选中“渐变叠加”复选框，并设置相应的参数。

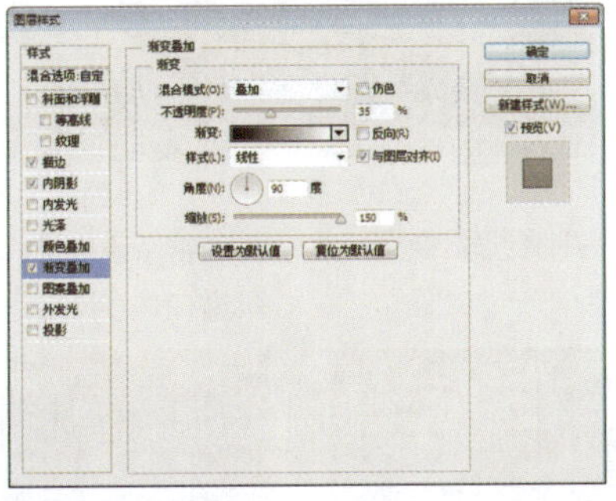

STEP 6 选中“投影”复选框，并设置相应的参数。

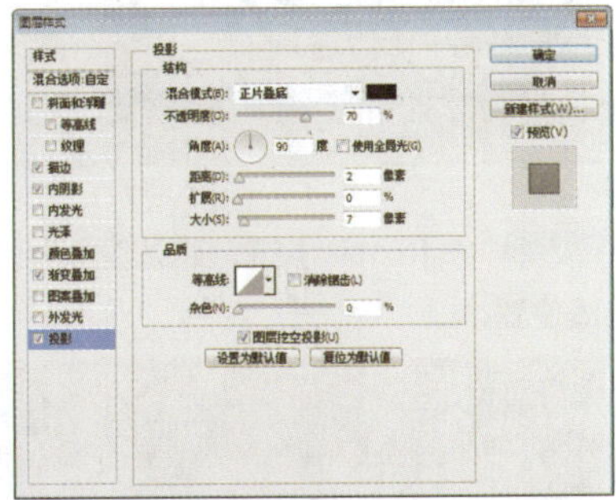

STEP 7 单击“确定”按钮，即可为图形添加相应的图层样式。

STEP 8 打开 441.psd 素材图像，将其拖曳至当前图像编辑窗口中的合适位置。

442 切换条设计 3——制作细节效果

下面主要运用自定形状工具、“投影”图层样式和变换控制框等，制作切换条的细节效果。

STEP 1 设置前景色为白色，选取工具箱中的自定形状工具，设置“形状”为“箭头 2”，绘制一个箭头形状。

STEP 2 双击“形状 1”图层，在弹出的“图层样式”对话框中，选中“投影”复选框，在其中设置相应的参数。

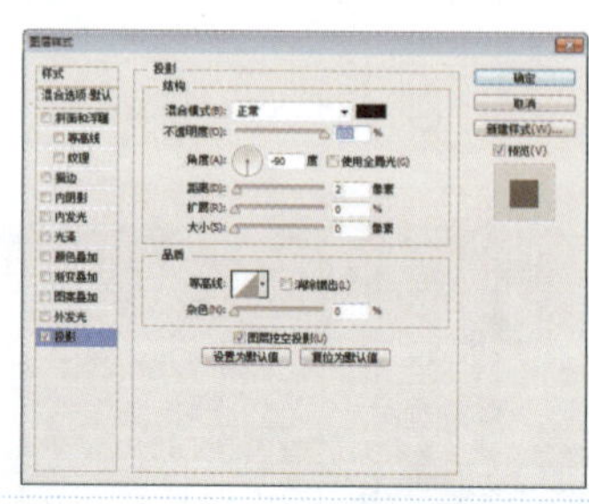

STEP 3 单击“确定”按钮，即可添加“投影”图层样式。

STEP 4 复制“形状 1”图层，得到“形状 1 拷贝”图层。

STEP 5 按【Ctrl＋T】组合键，调出变换控制框，在变换框内单击鼠标右键，在弹出的快捷菜单中选择“旋转 180 度”选项。

STEP 6 执行操作后，即可旋转图像。

STEP 7 按【Enter】键，确认变换操作，并调整图像至合适位置。

STEP 8 打开 442.psd 素材图像，将其拖曳至当前图像编辑窗口中的合适位置，并适当调整其他图像的位置。

PART 03

实战应用篇

移动 UI 功能界面设计

APP 应用程序的界面都是由多个不同的基本元素组成的，它们通过外形上的组合、色彩的搭配、材质和风格的统一，经过合理的布局来构成一个完整的 UI 效果。其中，功能框就是最常用的基本元素。导航和通知列表作为一个单一的连续元素可以通过垂直或者水平排列的方式显示多行条目，导航、标签和列表等功能界面通常用于数据、信息的展示与选择。

443 搜索框设计 1——制作主体效果

在多智能手机系统的主页面上会有一个智能搜索框插件，用户可以通过这个搜索框进行本地搜索和网络搜索，如网络音乐、视频、地图以及商城中的 APP 等各种资源。

下面主要运用圆角矩形工具、“内发光”图层样式和“投影”图层样式等，制作搜索框的主体效果。

STEP 1 单击“文件”|“打开”命令，打开一幅素材图像。

STEP 2 在“图层”面板中，新建“图层 1”图层。

STEP 3 设置前景色为白色，选取工具箱中的圆角矩形工具，在工具属性栏中设置“选择工具模式”为“像素”，“半径”为 5 像素，绘制一个圆角矩形。

STEP 4 双击“图层 1”图层，弹出“图层样式”对话框，选中“内发光”复选框，在其中设置“不透明度”为 50%、“阻塞”为 0%、“大小”为 4 像素。

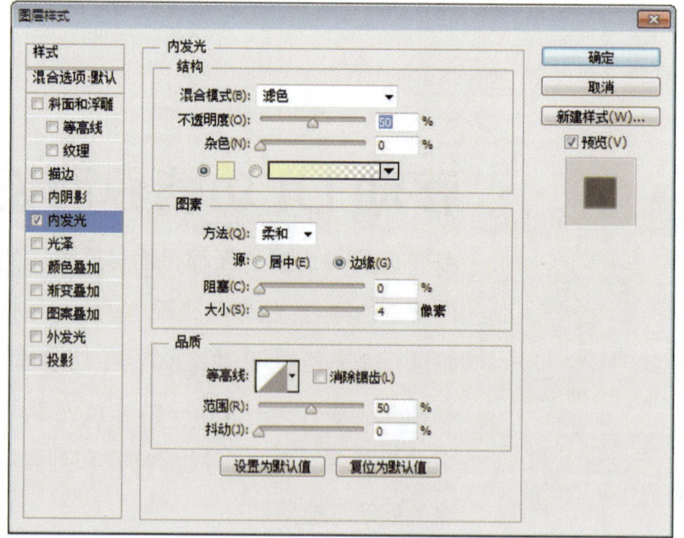

知识链接 在运用圆角矩形工具绘制路径时，按住【Shift】键的同时，在窗口中按住鼠标左键并拖曳，可绘制一个正圆角矩形；如果按住【Alt】键的同时，在窗口中按住鼠标左键并拖曳，可绘制以起点为中心的圆角矩形。

STEP 5 选中"投影"复选框，在其中设置"角度"为120度、选中"使用全局光"复选框、"距离"为0像素、"扩展"为0%、"大小"为6像素。

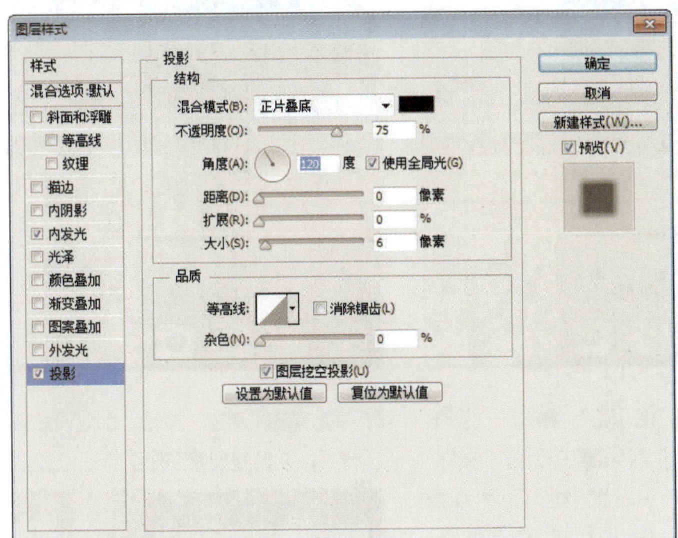

STEP 6 单击"确定"按钮，即可设置图层样式，并设置图层"不透明度"为75%。

444 搜索框设计 2——制作搜索图标

下面主要运用自定形状工具、"投影"图层样式等操作，制作搜索图标效果。

STEP 1 在"图层"面板中，新建"图层 2"图层。

STEP 2 选取工具箱中的自定形状工具，在工具属性栏中设置"选择工具模式"为"路径"，在"形状"下拉列表框中选择"搜索"选项。

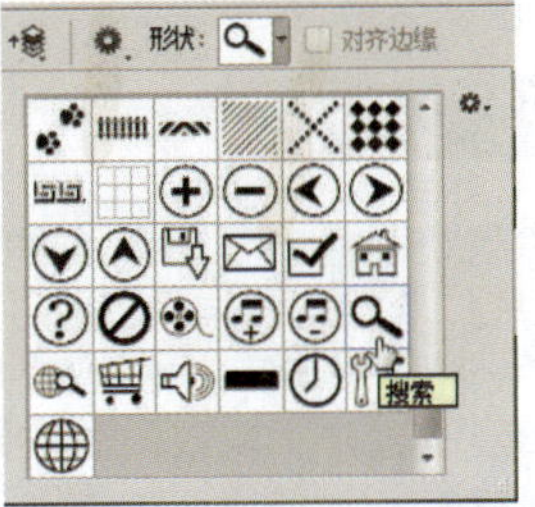

知识链接

简单地说，图层可以看作是一张独立的透明胶片，其中每张胶片上都绘有图像，将所有的胶片按"图层"面板中的排列次序自上而下进行叠加，最上层的图像遮住下层同一位置的图像，而在其透明区域则可以看到下层的图像，最终通过叠加得到完整的图像。

"图层"面板是进行图层编辑操作时必不可少的工具。"图层"面板显示了当前图像的图层信息，从中可以调节图层叠放顺序、图层透明度以及图层混合模式等参数，几乎所有的图层操作都可以通过它来实现。

STEP 3 按住【Alt】键的同时，在圆角矩形上绘制一个搜索图形路径。

STEP 4 按【Ctrl + Enter】组合键，将路径转换为选区。

STEP 5 按【Alt + Delete】组合键，填充选区为白色。

STEP 6 按【Ctrl + D】组合键，取消选区。

STEP 7 双击“图层 2”图层，在弹出的“图层样式”对话框中，选中“投影”复选框，在其中设置“距离”为 0 像素、“扩展”为 0%、“大小”为 3 像素。

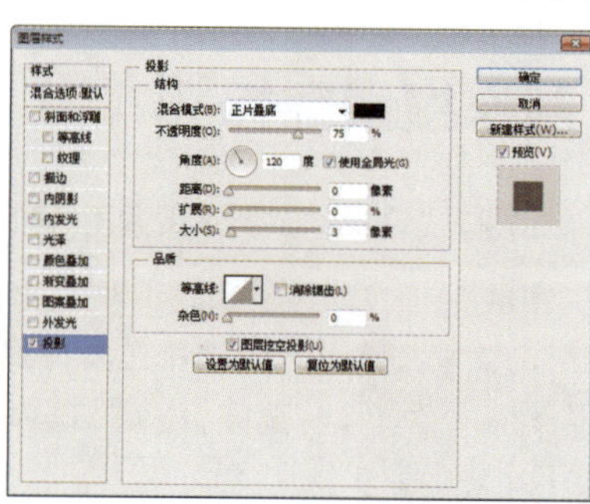

STEP 8 单击“确定”按钮，即可设置图层样式，并调整搜索图形至合适位置。

445 搜索框设计 3——制作二维码搜索

下面主要运用“外发光”图层样式、“投影”图层样式等操作，制作二维码图标效果。

STEP 1 打开 445.psd 素材图像，将其拖曳至当前图像编辑窗口中的合适位置。

STEP 2 双击“图层 3”图层，在弹出的“图层样式”对话框中，选中“外发光”复选框，在其中设置“扩展”为 0%、“大小”为 1 像素。

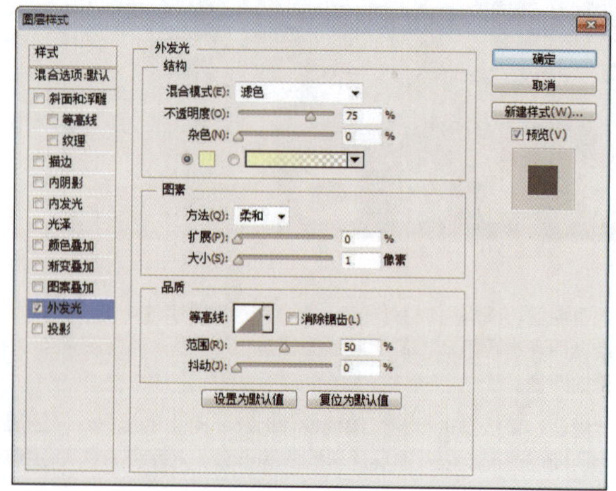

STEP 3 选中“投影”复选框，在其中设置“距离”为 0 像素、“扩展”为 0%、“大小”为 3 像素。

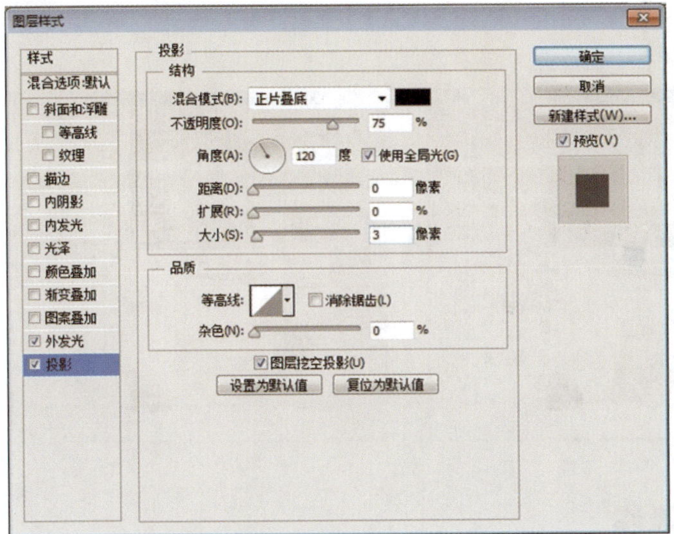

STEP 4 单击“确定”按钮，即可设置图层样式。

446 标签栏设计 1——制作标签栏背景

在一个移动设备的 APP 中，标签栏能够实现在不同的界面或者功能之间的切换操作，以及浏览不同类别的数据，可以更加规范和系统地展示界面中的信息。

在不同的 APP 中，标签栏的内容也是可以根据其平台和使用环境进行更改的，例如有些 APP 的标签栏是固定不变的，有些 APP 的标签栏则是可以左右滑动的。

- **固定的标签栏：**比较适合用于快速相互切换的标签，但由于 APP 的宽度有限，因此其标签个数也通常受到一定的限制。
- **滑动的标签栏：**这种类型的标签栏通常用于显示标签的子集，能够容纳更多的标签个数，非常适合手机触摸屏操作的浏览环境。

下面主要运用矩形选框工具、填充前景色等操作，制作标签栏的背景效果。

STEP 1 单击“文件”|“打开”命令，打开一幅素材图像。

STEP 2 在“图层”面板中，新建“图层 1”图层。

STEP 3 选取工具箱中的矩形选框工具，在图像上方的白色区域创建一个矩形选区。

知识链接

Photoshop CC工具箱底部有一组前景色和背景色色块，所有被用到的图像颜色都会在前景色或背景色中表现出来。

在Photoshop CC中，可以使用前景色来绘画、填充和描边，使用背景色来进行渐变填充和在空白区域中填充。

此外，在应用一些具有特殊效果的滤镜时，也会用到前景色和背景色，设置前景色和背景色时利用的是工具箱下方的两个色块。默认情况下，前景色为黑色，背景色为白色。

STEP 4 单击设置前景色色块，在弹出的“拾色器（前景色）”对话框中设置前景色为红色（RGB 参数值分别为 212、61、614），单击“确定”按钮。

STEP 5 按【Alt + Delete】组合键，为选区填充前景色。

STEP 6 按【Ctrl + D】组合键，取消选区。

447 标签栏设计 2——制作分割线

下面主要运用直线工具、“外发光”图层样式、图层蒙版和渐变工具等，制作标签栏的背景效果。

STEP 1 在“图层”面板中，新建“图层 2”图层。

STEP 2 选取工具箱中的直线工具，在工具属性栏中设置“选择工具模式”为“像素”，在图像上绘制一条竖直的黑色直线。

STEP 3 双击“图层 2”图层，在弹出的“图层样式”对话框中，选中“外发光”复选框，在其中设置“发光颜色”为白色、“大小”为 3 像素。

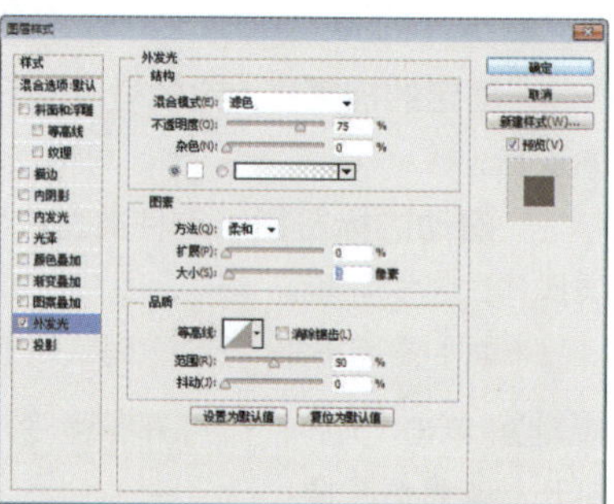

知识链接

通俗地讲，图层就像是含有文字或图形等元素的胶片，一张张按顺序叠放在一起，组合起来形成页面的最终效果。“图层”面板中各主要选项含义如下。

- **“混合模式”列表框** 正常：在该列表框中设置当前图层的混合模式。
- **“不透明度”文本框** 不透明度：100%：通过在该数值框中输入相应的数值，可以控制当前图层的透明属性。
- **“锁定”选项区** 锁定：该选项区主要包括锁定透明像素、锁定图像像素、锁定位置以及锁定全部这4个按钮，单击各个按钮，即可进行相应的锁定设置。
- **“填充”文本框** 填充：100%：通过在数值框中输入相应的数值，可以控制当前图层中非图层样式部分的透明度。
- **“指示图层可见性”图标**：用来控制图层中图像的现实与隐藏状态。
- **“链接图层”按钮**：单击该按钮可以将所选择的图层进行链接，当选择其中的一个图层并进行移动或变换操作时，可以对所有与此图层链接的图像进行操作。
- **“添加到图层样式”按钮** fx.：单击该按钮，在弹出的列表框中选择相应的选项，将弹出相应的“图层样式”对话框，通过设置可以为当前图层添加相应的样式效果。
- **“添加图层蒙版”按钮**：单击该按钮，可以为当前图层添加图层蒙版。

- **“创建新的填充或调整图层”按钮**：单击该按钮，可以在弹出的列表中为当前图层创建新的填充或调整图层。
- **“创建新组”按钮**：单击该按钮，可以新建一个图层组。
- **“创建新图层”按钮**：单击该按钮，可以创建一个新图层。
- **“删除图层”按钮**：选中一个图层后，单击该按钮，在弹出的信息提示框中单击“是”按钮，即可将该图层删除。

STEP 4 单击“确定”按钮，即可为分割线添加“外发光”图层样式效果。

STEP 5 在“图层”面板中，为“图层 2”图层添加图层蒙版。

STEP 6 选取工具箱中的渐变工具，为图层蒙版填充黑色到白色再到黑色的线性渐变，隐藏部分分割线效果。

448 标签栏设计 3——制作标签文本

下面主要运用自定形状工具、“投影”图层样式和“外发光”图层样式等，制作搜索框的细节效果。

STEP 1 选取工具箱中的横排文字工具，在“字符”面板中设置“字体系列”为“微软雅黑”，“字体大小”为 36 点，“颜色”为浅红色（RGB 参数值分别为 242、195、195）。

STEP 2 在图像编辑窗口中输入相应文本。

STEP 3 运用横排文字工具选择“图片”文字。

STEP 4 在“字符”面板中，设置“颜色”为白色。

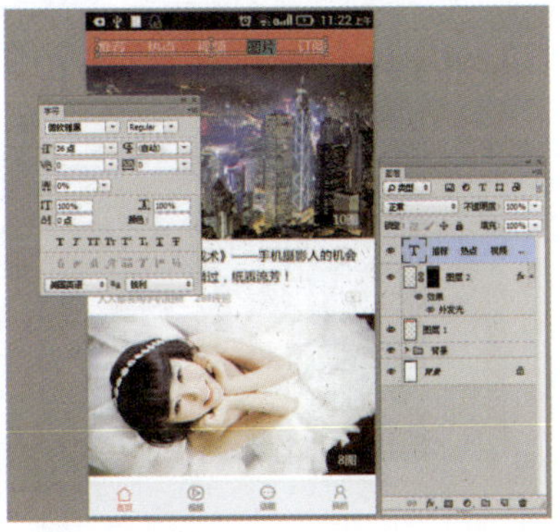

STEP 5 执行操作后，即可改变“图片”文字的颜色。

STEP 6 运用横排文字工具在图像中确认文本插入点。

知识链接

文字是多数设计作品尤其是移动UI中不可或缺的重要元素，有时甚至在作品中起着主导作用，Photoshop除了提供丰富的文字属性设计及板式编排功能外，还允许对文字的形状进行编辑，以便制作出更多、更丰富的文字效果。

为移动UI添加文字对于任何一种设计软件都是必备的，对于Photoshop也不例外，用户可以在Photoshop中为作品添加水平、垂直排列的各种文字，还能够通过特别的工具创建文字的选择区域。

STEP 7 在“字符”面板中设置“字体系列”为“微软雅黑”，“字体大小”为72点，“颜色”为白色。

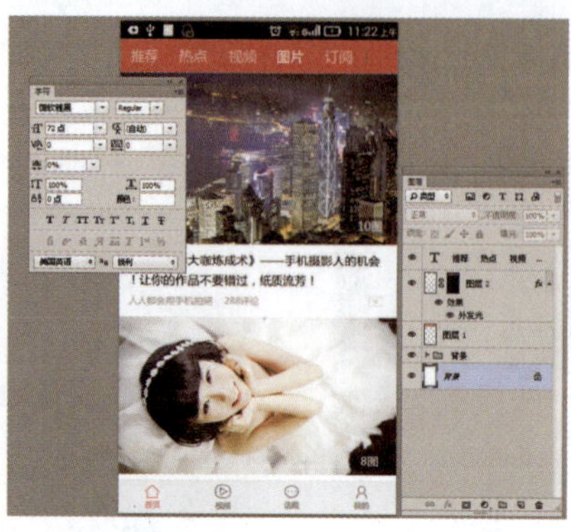

STEP 8 在图像编辑窗口中输入相应符号。

知识链接

文字工具栏各选项含义如下。

- **更改文本方向：**如果当前文字是横排文字，单击该按钮，可以将其转换为直排文字；如果是直排文字，可以将其转换为横排文字。
- **设置字体：**在该选项列表框中可以选择字体。
- **字体样式：**为字符设置样式，包括Regular（规则的）、Ltalic（斜体）、Bold（粗体）和Bold Ltalic（粗斜体），该选项只对部分英文字体有效。
- **字体大小：**可以选择字体的大小，或者直接输入数值来进行调整。
- **消除锯齿的方法：**可以为文字消除锯齿选择一种方法，Photoshop会通过部分填充边缘像素来产生边缘平滑的文字，使文字的边缘混合到背景中而看不出锯齿。
- **文本对齐：**设置文本的对齐方式，包括左对齐文本 、居中对齐文本 和右对齐文本 。
- **文本颜色：**单击颜色块，可以在打开的“拾色器”对话框中设置文字的颜色。
- **文本变形：**单击该按钮，可以在打开的“变形文字”对话框中为文本添加变形样式，创建变形文字。
- **显示/隐藏字符和段落面板：**单击该按钮，可以显示或隐藏“字符”面板和“段落”面板。

449 选项框设计 1——制作选项框主体

选项框可分为3个部分：框体、选项头和选项主体。为了让简易的选项框能够更具有吸引力，本实例为选项头设置了绿色到浅蓝色的线性渐变。

STEP 1 单击“文件”|“打开”命令，打开一幅素材图像。

STEP 2 展开“图层”面板，新建“图层1”图层。

STEP 3 设置前景色为黑色，按【Alt＋Delete】组合键，填充前景色。

STEP 4 在“图层”面板中，设置“图层1”图层的“不透明度”为50%。

STEP 5 在“图层”面板中，新建“图层2”图层。

STEP 6 选取工具箱中的圆角矩形工具，在工具属性栏中设置“选择工具模式”为“像素”，“半径”为10像素，在编辑区中绘制一个白色圆角矩形，按【Ctrl+T】组合键，调出变换控制框，调整矩形大小和位置，按【Enter】键确认。

STEP 7 双击“图层2”图层，在弹出的“图层样式”对话框中，选中“描边”复选框，在其中设置“大小”为3像素，“位置”为“外部”，“颜色”为白色。

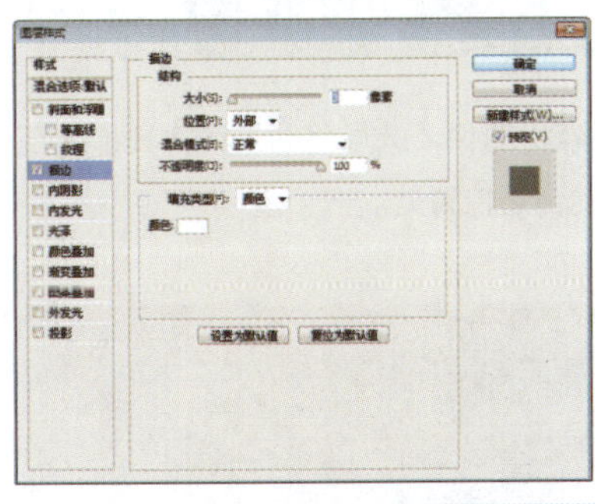

STEP 8 选中“投影”复选框，在其中设置“混合模式”为“正片叠底”，“阴影颜色”为蓝色（RGB参数值为52、162、187），“不透明度”为75%，“角度”为120度，“距离”为0像素，“扩展”为50%，“大小”为20像素。

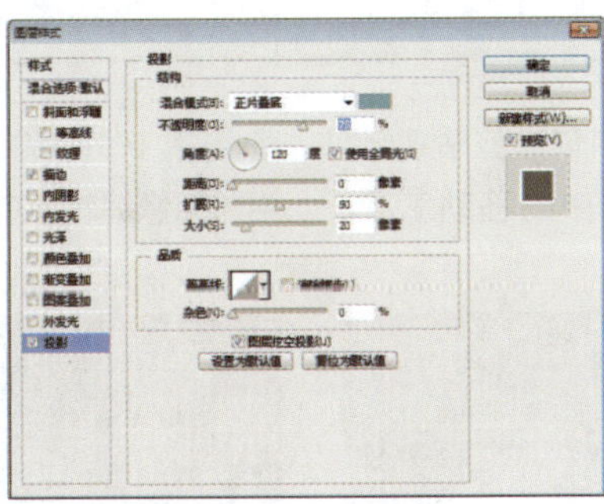

STEP 9 单击“确定”按钮，即可设置图层样式。

450 选项框设计2——制作细节效果

下面主要运用新建图层、矩形工具、“描边”图层样式、“渐变叠加”图层样式、“投影”图层样式和创建剪贴蒙版等，制作选项框的细节效果。

STEP 1 在“图层”面板中，新建“图层3”图层。

STEP 2 选取工具箱中的矩形工具，在编辑区中绘制一个蓝色（RGB参数值为82、167、221）矩形像素图形。

STEP 3 双击“图层3”图层，选中“描边”复选框，在其中设置“大小”为2像素，“位置”为“内部”，“颜色”为蓝色（RGB参数值为0、156、255）。

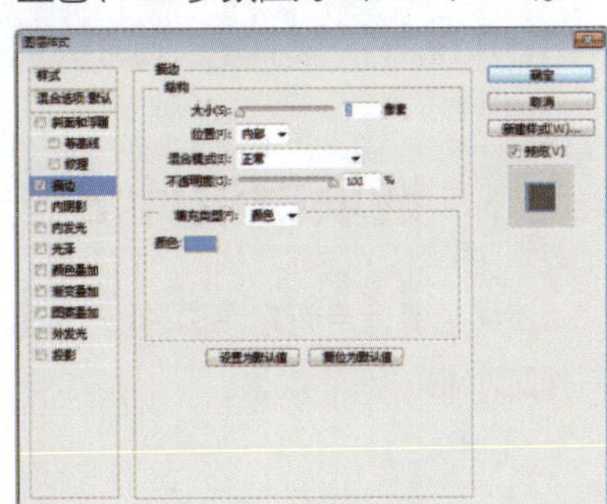

知识链接 在操作过程中，根据图像的需要将图层样式转换为普通图层，有助于用户更加便捷地编辑图层样式。在本实例的“图层”面板中，选中“图层3”图层，在“效果”图层上单击鼠标右键，在弹出的快捷菜单中选择“创建图层”选项，即可将图层的图层样式转换为普通图层。

STEP 4 选中“渐变叠加”复选框，在其中设置“混合模式”为“正常”，“不透明度”为100%，渐变为蓝色（RGB参数值为82、167、221）到蓝色（RGB参数值为52、162、187）再到浅蓝色（RGB参数值为81、229、255），“样式”为“线性”，“角度”为90度，“缩放”为100%。

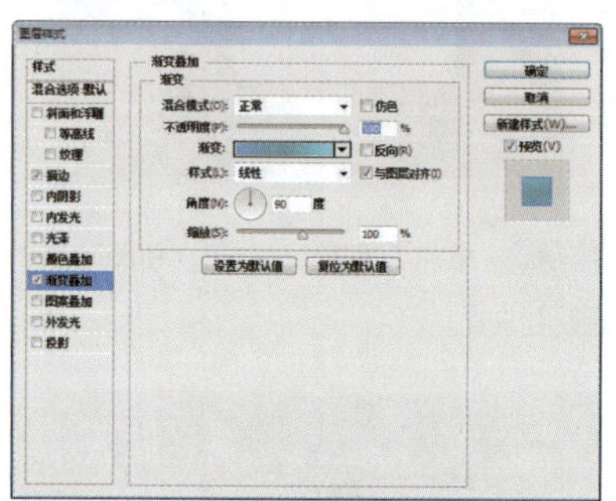

STEP 5 选中“投影”复选框，在右侧设置“距离”为2像素、“大小”为2像素。

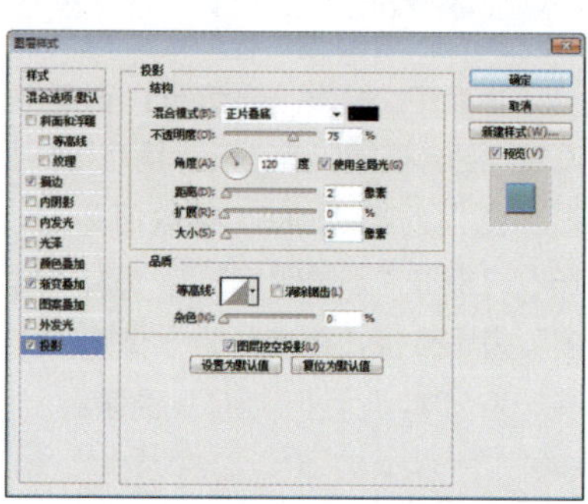

STEP 6 单击“确定”按钮，即可为矩形设置图层样式。

STEP 7 选中“图层3”图层，单击“图层”|“创建剪贴蒙版”命令，创建图层剪贴蒙版，选取工具箱中的移动工具，移动“图层3”图层中的图像至合适位置。

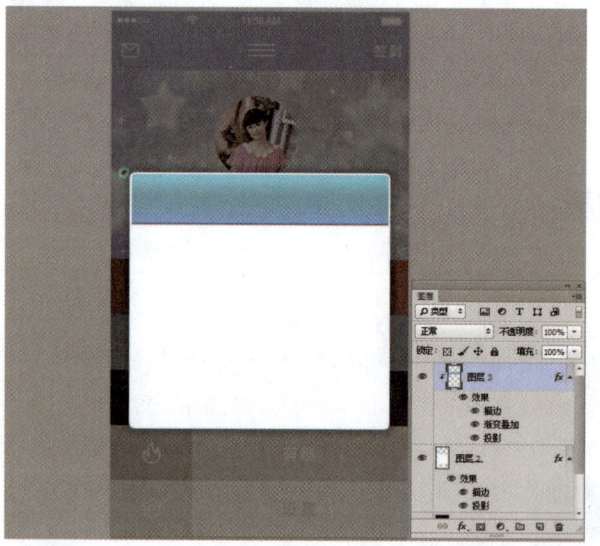

STEP 8 打开450.psd素材图像，运用移动工具将其拖曳至当前图像编辑窗口中的合适位置处。

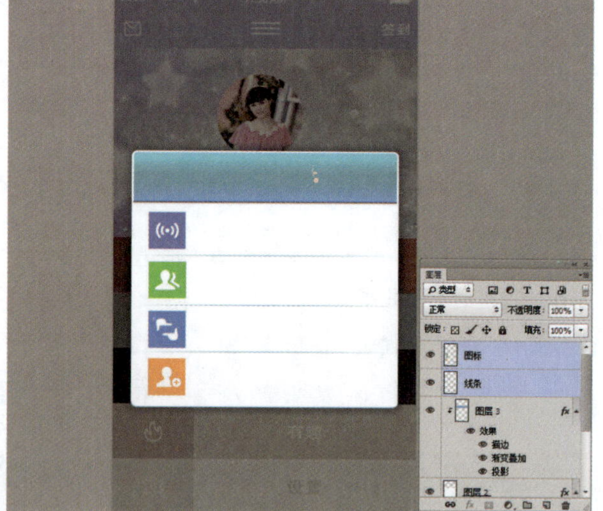

451 选项框设计3——制作文本效果

下面主要运用新建图层、矩形工具、“描边”图层样式、“渐变叠加”图层样式、“投影”图层样式和创建剪贴蒙版等，制作选项框的细节效果。

STEP 1 打开451.psd素材图像，并运用移动工具将其拖曳至当前图像编辑窗口中的合适位置。

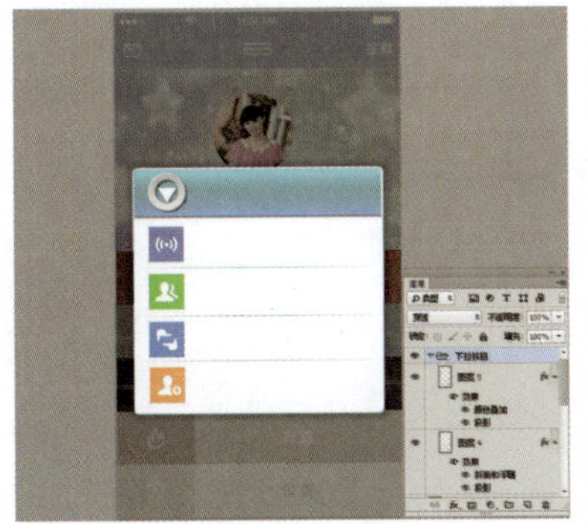

STEP 2 选取工具箱中的横排文字工具，单击“窗口”|“字符”命令，展开“字符”面板，设置“字体系列”为“微软雅黑”，“字体大小”为36点，“字距调整”为200，“颜色”为白色。

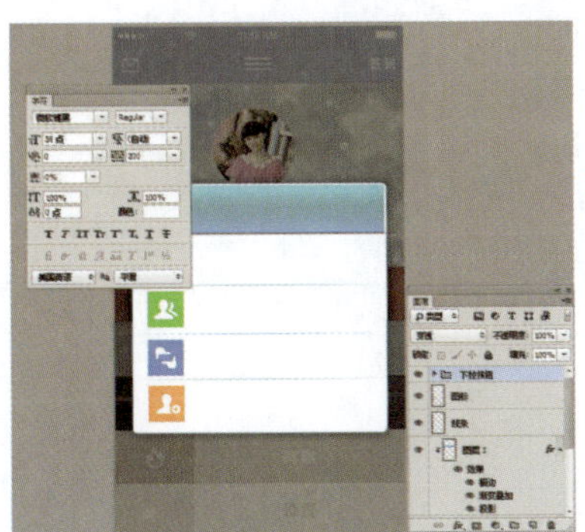

STEP 3 在图像编辑窗口中，输入相应的文本。

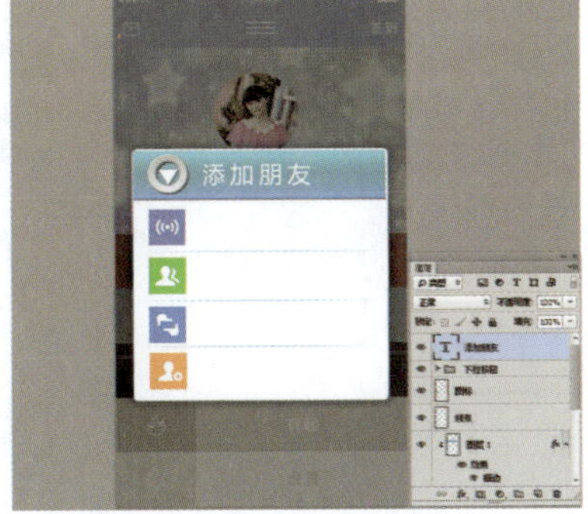

STEP 4 双击文本图层，在弹出的“图层样式”对话框中，选中“投影”复选框，设置“混合模式”为“正片叠底”，“不透明度”为75%，“距离”为1像素，“大小”为1像素。

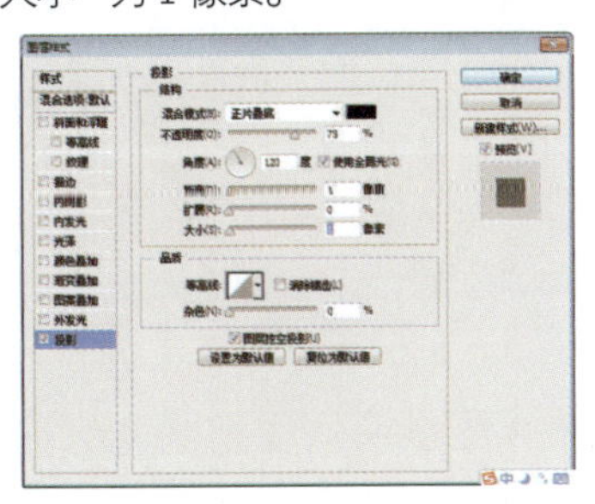

STEP 5 单击“确定”按钮，即可为文本添加“投影”图层样式。

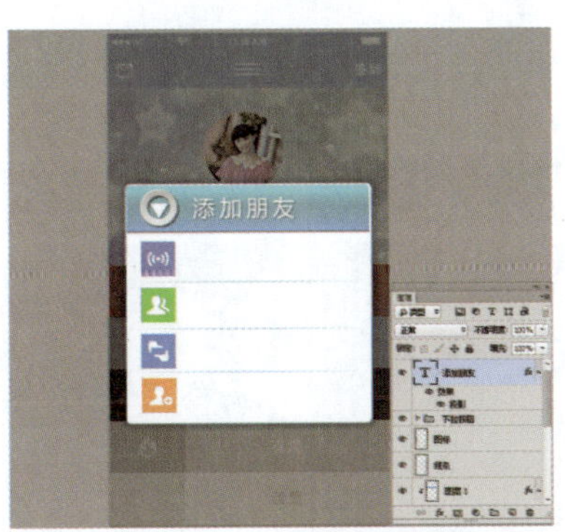

STEP 6 复制文本图层，将文本调整至合适位置，输入修改的文本，隐藏图层样式效果，并调整文本大小和颜色。

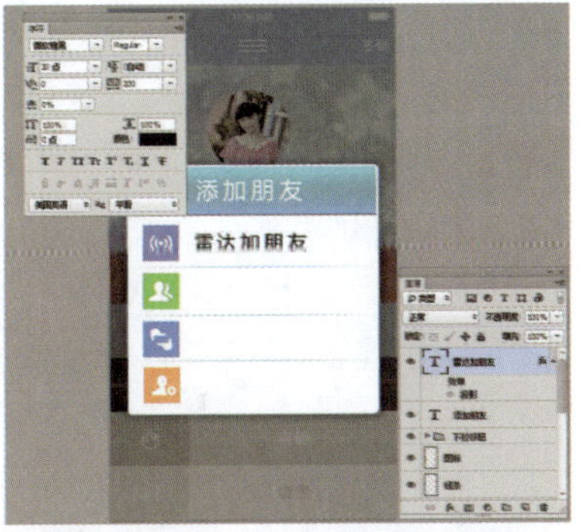

STEP 7 用与前面同样的方法添加其他的文本，并适当调整文本大小。用户可以根据需要，设计出其他颜色的效果。

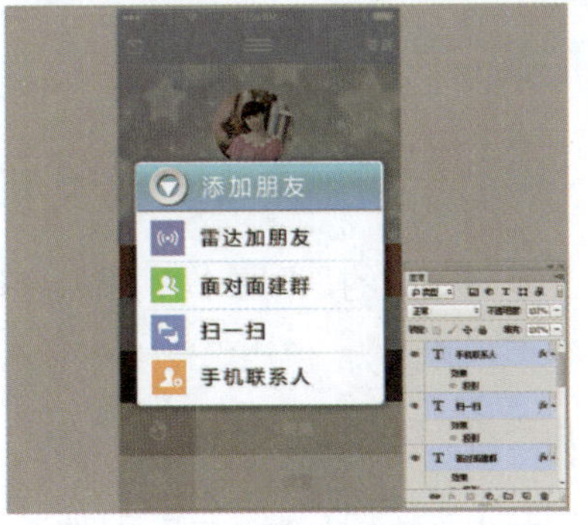

知识链接

除了使用命令方法展开“字符”面板以外，还可在文字工具的工具属性栏中单击“切换字符和段落面板”按钮。

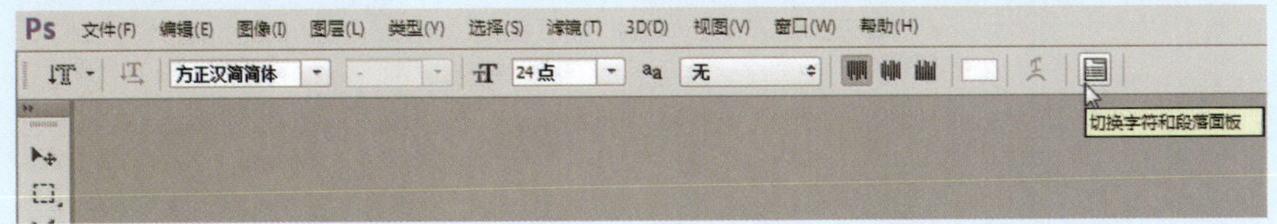

PART 03

实战应用篇

手机登录 UI 设计

登录界面指的是需要提供账号密码验证的界面，有控制用户权限、记录用户行为、保护操作安全的作用。如果你已经设计了一款手机应用程序，那么，下一步你要思考的就应该是怎样才能让更多的人看到并乐于使用它。一个有创意的登录界面能够帮助这款应用程序获得成功。

452 免费 WiFi 应用登录界面设计 1——制作背景效果

如今，无论是在何时何处，免费 WiFi 都处于供不应求的状态。本实例中的手机免费 WiFi 应用是专门为手机用户打造的一款方便手机上网的软件。下面主要运用矩形选框工具、渐变工具以及圆角矩形工具等，制作免费 WiFi 应用登录界面的背景效果。

STEP 1 单击“文件”|“新建”命令，弹出“新建”对话框，设置“名称”为“免费 WiFi 应用登录界面”，“宽度”为 1080 像素，“高度”为 1920 像素，“分辨率”为 72 像素 / 英寸，“颜色模式”为“RGB 颜色”，“背景内容”为“白色”。

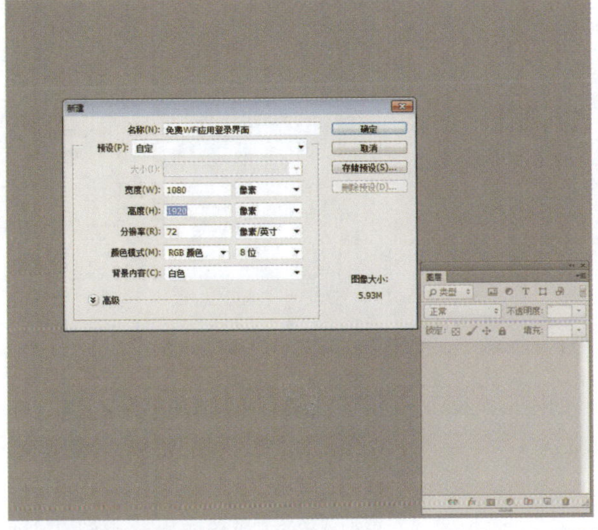

STEP 2 单击“确定”按钮，新建一幅空白图像，展开“图层”面板，新建“图层 1”图层。

STEP 3 设置前景色为黑色，按【Alt + Delete】组合键，为“图层 1”图层填充黑色。

STEP 4 选取工具箱中的矩形选框工具，绘制一个矩形选区。

STEP 5 新建“图层 2”图层，选取工具箱中的渐变工具，在工具属性栏中，单击“点按可编辑渐变”按钮，弹出“渐变编辑器”对话框，设置渐变色条上的色标，RGB 参数值分别为（161、212、236）、（18、125、236）。

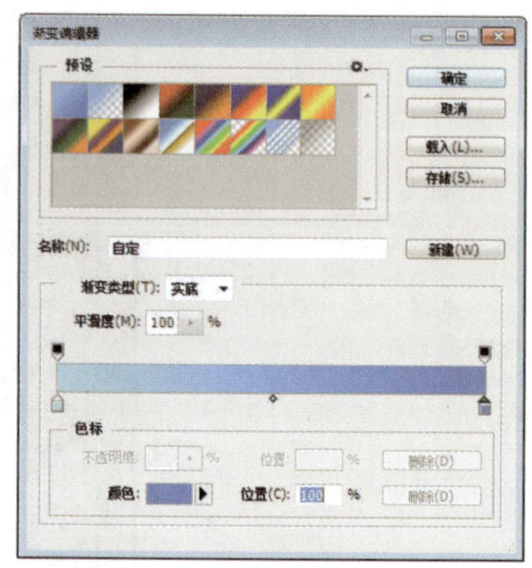

STEP 6 单击“确定”按钮，从上至下为选区填充线性渐变。

STEP 7 按【Ctrl＋D】组合键，取消选区。

STEP 8 选取工具箱中的矩形选框工具，绘制一个矩形选区。

STEP 9 选取工具箱中的渐变工具，在工具属性栏中，单击“点按可编辑渐变”按钮，弹出“渐变编辑器”对话框，设置渐变色条上的色标，RGB 参数值分别为（31、136、217）、（4、147、215）。

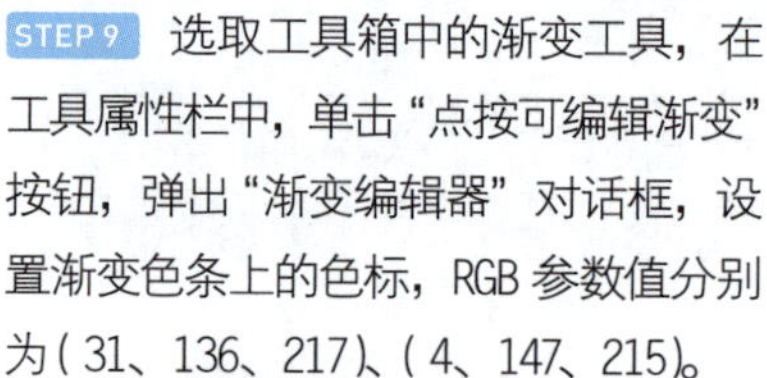

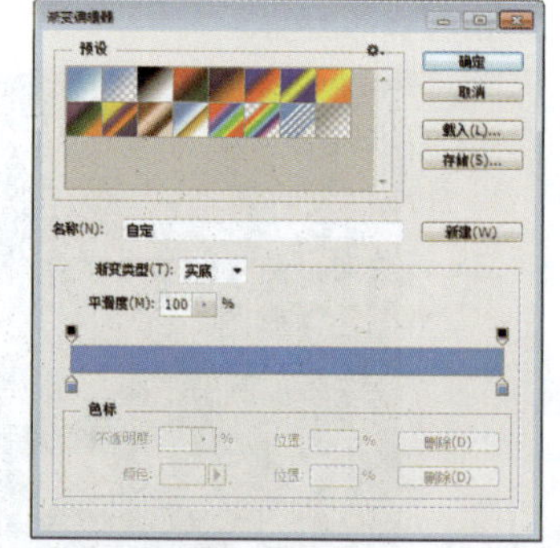

STEP 10 单击“确定”按钮，新建“图层 3”图层，从上至下为选区填充线性渐变。

STEP 11 按【Ctrl＋D】组合键，取消选区。

STEP 12 双击“图层 3”图层，弹出“图层样式”对话框，选中“投影”复选框，在右侧设置“角度”为 90 度、“距离”为 1 像素、“大小”为 5 像素。

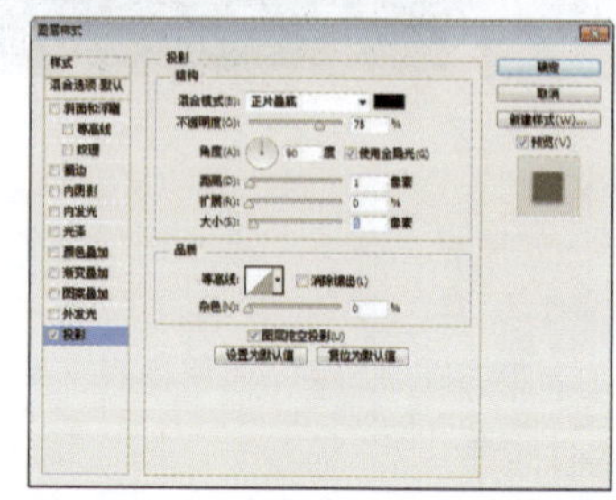

STEP 13 单击“确定”按钮,即可添加“投影”图层样式。

STEP 14 新建“图层 4”图层，设置前景色为白色，选取工具箱中的圆角矩形工具,在工具属性栏中,设置“选择工具模式”为“像素”，“半径”为 8 像素，绘制一个圆角矩形。

STEP 15 设置“图层 4”图层的“不透明度”为 60%，执行操作后，即可改变图像效果。

453 免费 WiFi 应用登录界面设计 2——制作表单按钮

下面主要运用圆角矩形工具、渐变工具、矩形选框工具、设置图层样式以及自定形状工具等，制作免费 WiFi 应用登录界面的表单按钮效果。

STEP 1 新建“图层 5”图层，选取工具箱中的圆角矩形工具，在工具属性栏中，选择“工具模式”为“路径”，“半径”为 20 像素，绘制一个圆角矩形路径。

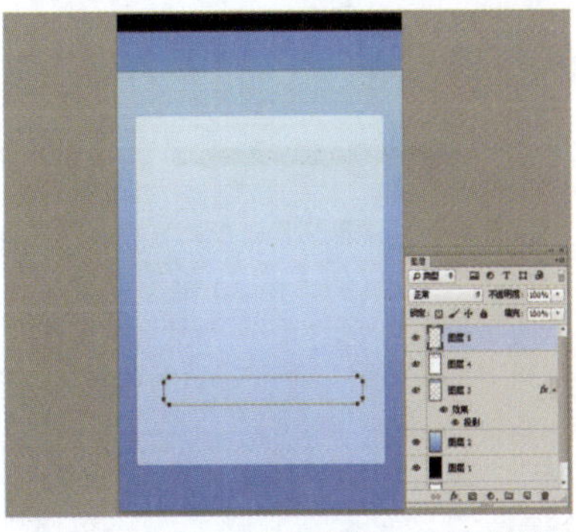

STEP 2 展开“属性”面板，设置 W 为 758 像素、H 为 100 像素。

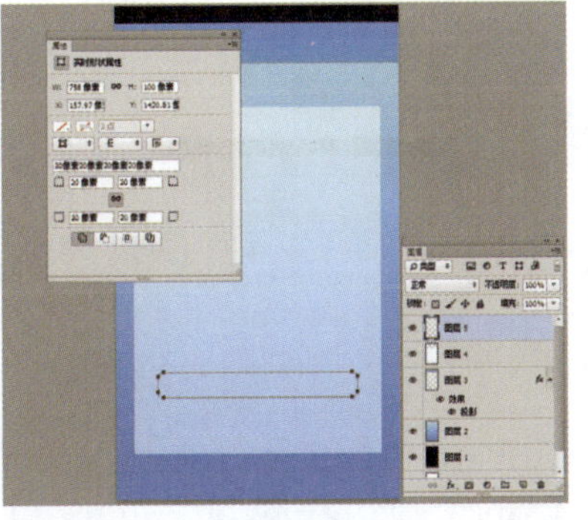

STEP 3 按【Ctrl + Enter】组合键，将路径转变为选区。

STEP 4 选取工具箱中的渐变工具，在工具属性栏中,单击“点按可编辑渐变”按钮,弹出“渐变编辑器”对话框，在渐变色条中从左至右设置两个色标，RGB 参数值分别为(54、169、242)、(49、134、213)。

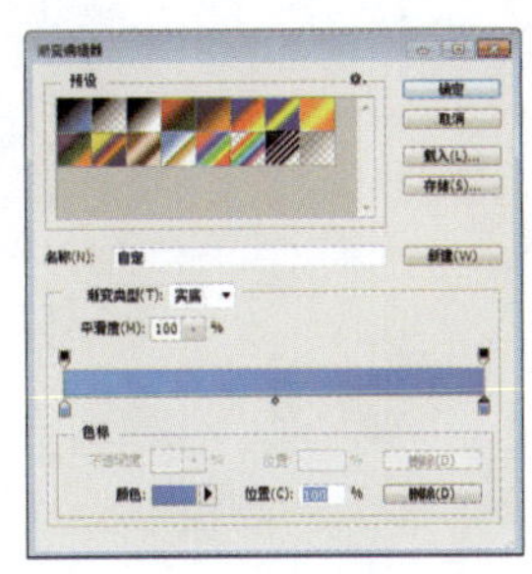

STEP 5 单击“确定”按钮，为选区填充线性渐变。

STEP 6 按【Ctrl + D】组合键，取消选区。

STEP 7 复制“图层 5”图层为“图层 5 拷贝”图层。

STEP 8 将复制的图像移动至合适位置。

STEP 9 按【Ctrl＋T】组合键，调出变换控制框。

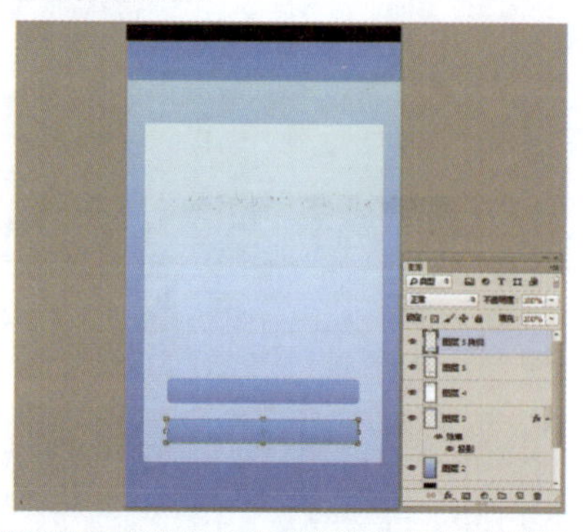

STEP 10 适当调整按钮图像的大小和位置。

STEP 11 按【Enter】键，确认变换操作。

STEP 12 按住【Ctrl】键，单击“图层 5 拷贝”图层缩览图，新建选区。

STEP 13 选取工具箱中的渐变工具，在工具属性栏中，单击“点按可编辑渐变”按钮，弹出“渐变编辑器”对话框，在渐变色条中从左至右设置两个色标，RGB 参数值分别为（177、177、177）、（123、123、123）。

STEP 14 单击“确定”按钮，为选区填充线性渐变。

STEP 15 按【Ctrl＋D】组合键，取消选区。

STEP 16 双击“图层 5 拷贝”图层，弹出“图层样式”对话框，选中“描边”复选框，在右侧设置“大小”为 3 像素、“颜色”为灰色（RGB 参数值均为 208）。

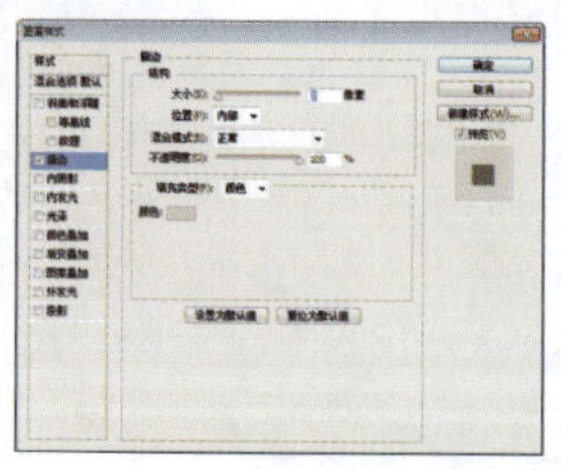

STEP 17 在“图层样式”对话框的“样式”列表框中选中“投影”复选框，保持默认设置即可。

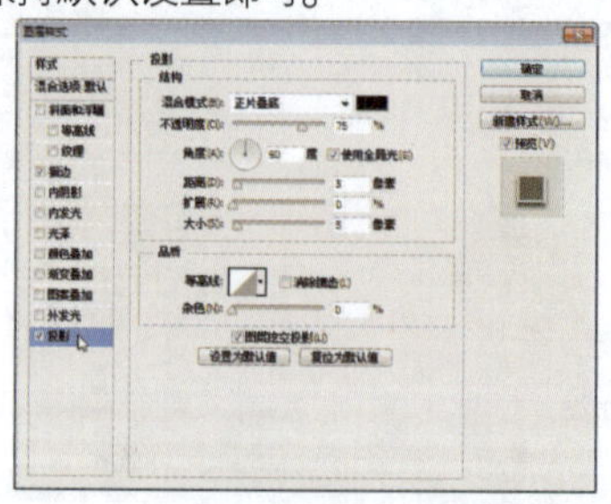

STEP 18 单击“确定”按钮，即可应用图层样式。

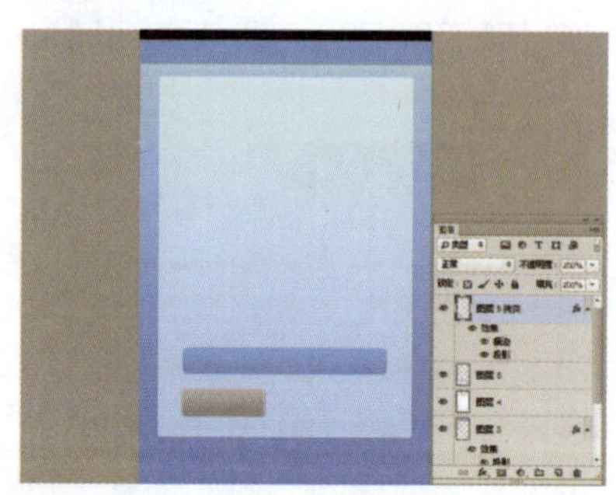

STEP 19 复制“图层 5 拷贝”图层为“图层 5 拷贝 2”图层。

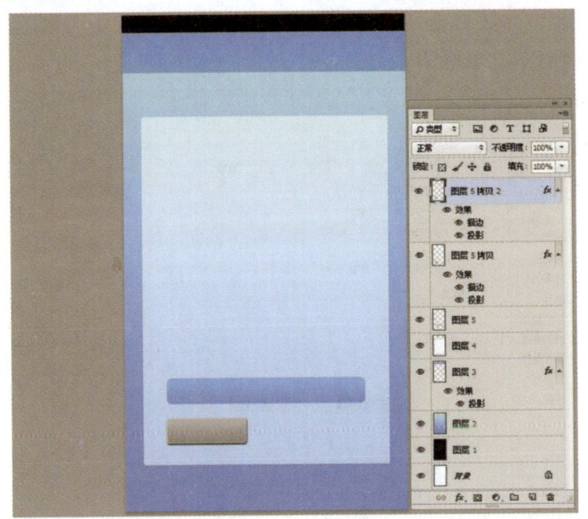

STEP 20 将复制的图像移动至合适位置。

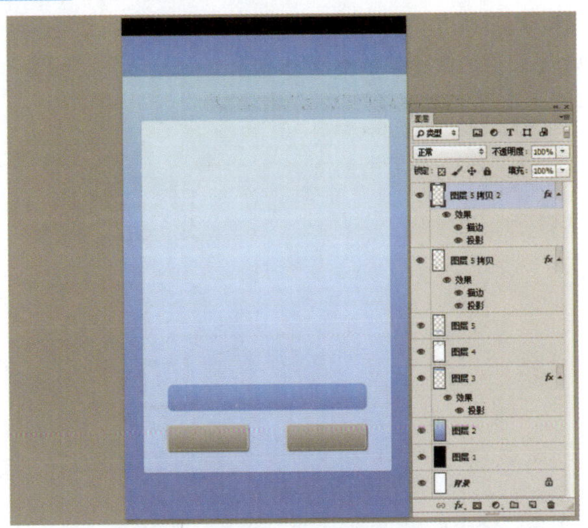

STEP 21 按住【Ctrl】键，单击“图层 5 拷贝 2”图层缩览图，将其载入选区。

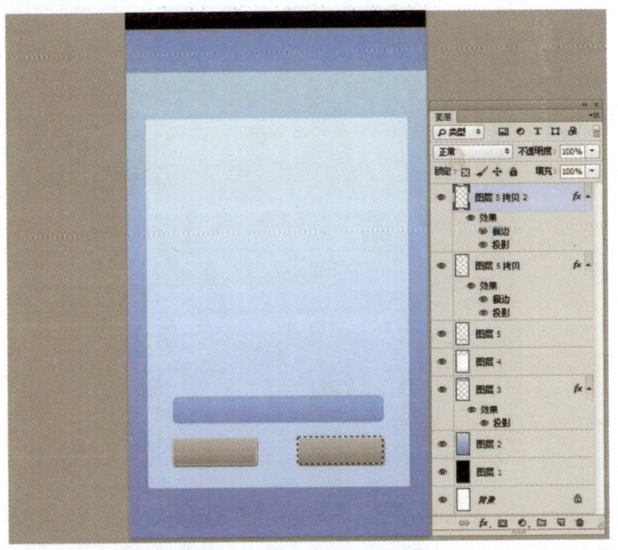

STEP 22 选取工具箱中的渐变工具，在工具属性栏中，单击“点按可编辑渐变”按钮，弹出“渐变编辑器”对话框，在渐变色条中从左至右设置两个色标，RGB 参数值分别为（240、240、240）、（219、223、226）。

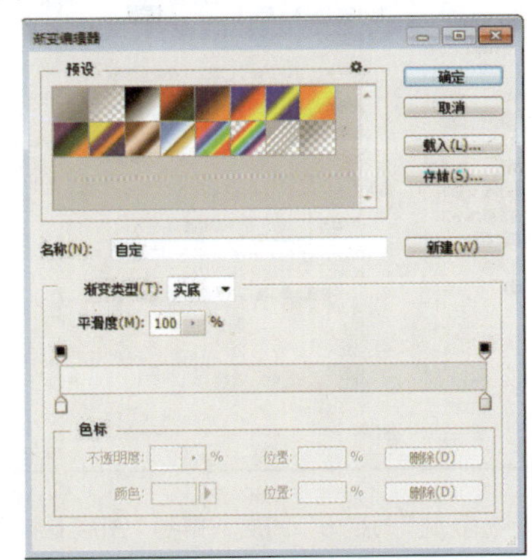

STEP 23 单击“确定”按钮，为选区填充线性渐变。

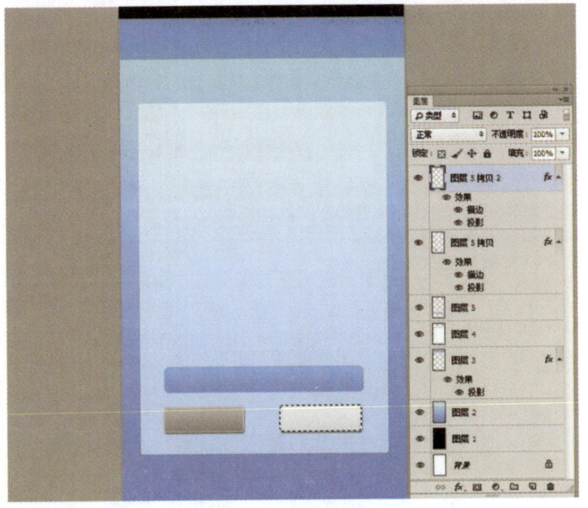

STEP 24 按【Ctrl + D】组合键，取消选区。

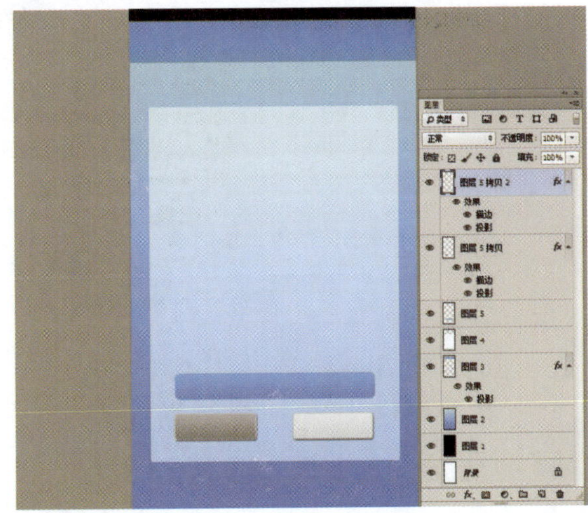

STEP 25 新建“图层 6”图层，设置前景色为白色，选取工具箱中的圆角矩形工具，在工具属性栏中设置“选择工具模式”为“像素”,“半径”为 8 像素，绘制一个圆角矩形。

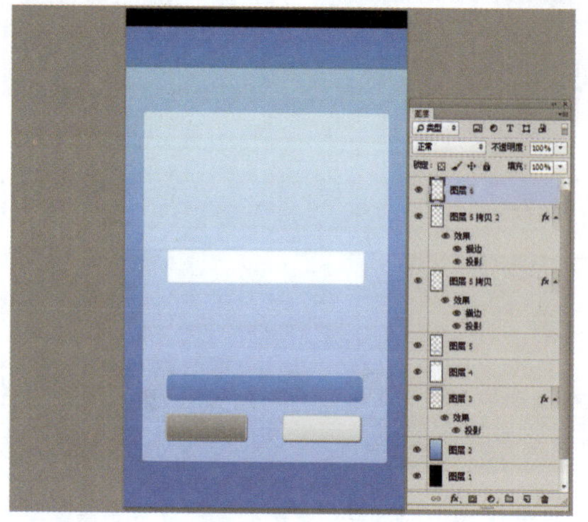

STEP 26 双击“图层 6”图层，弹出“图层样式”对话框，选中“描边”复选框，在其中设置“大小”为 3 像素、“颜色”为灰色（RGB 参数值均为 198）。

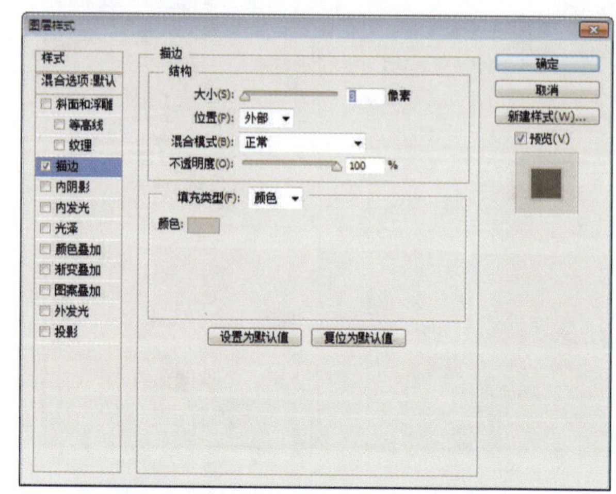

STEP 27 选中“内阴影”复选框，设置“距离”为 1 像素。

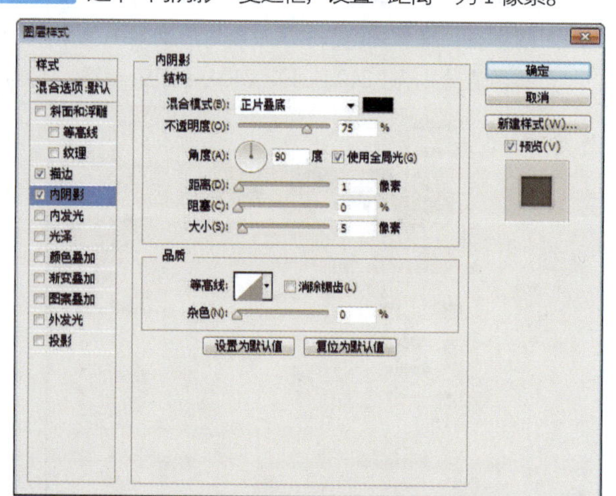

STEP 28 单击“确定”按钮，即可应用图层样式。

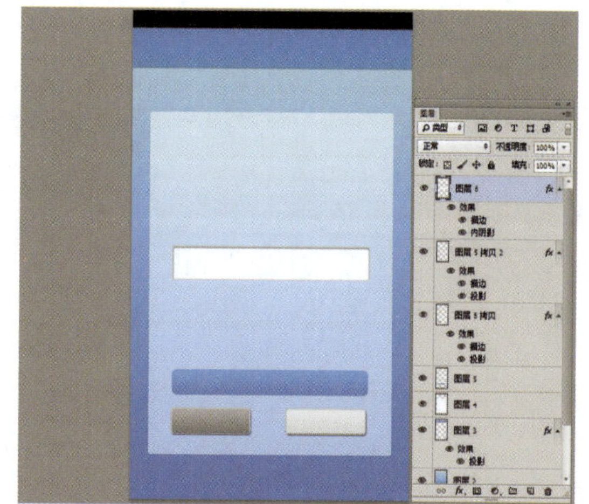

STEP 29 复制“图层 6”图层，得到“图层 6 拷贝”图层，将复制的图像移动至合适位置。

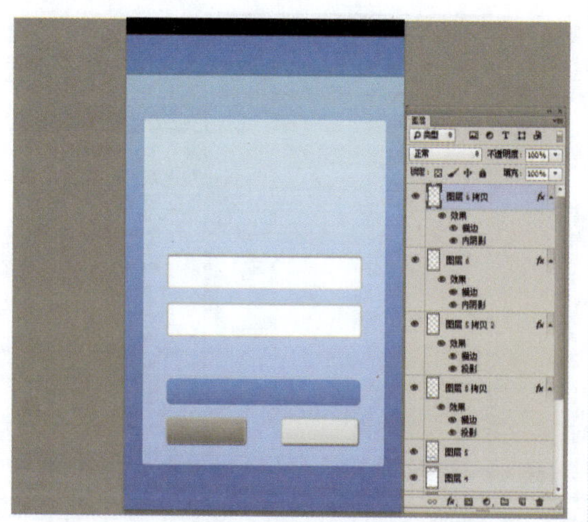

STEP 30 选择“图层 5 拷贝”图层，单击鼠标右键，在弹出的快捷菜单中选择“拷贝图层样式”选项，选择“图层 5”图层，单击鼠标右键，在弹出的快捷菜单中选择“粘贴图层样式”选项，粘贴图层样式。

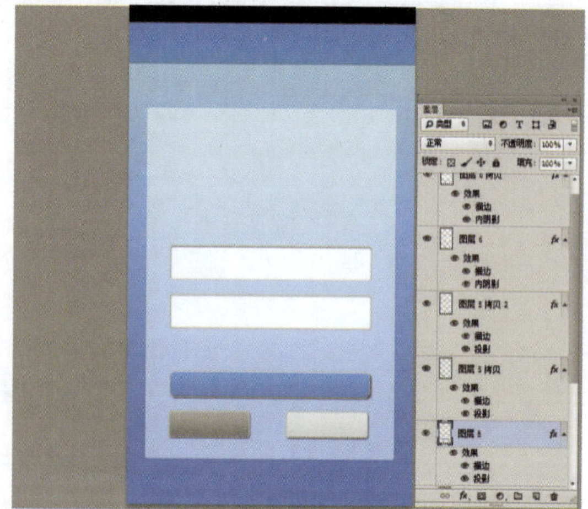

STEP 31 新建“图层 7”图层，设置前景色为灰色（RGB 参数值均为 214），选择圆角矩形工具，在工具属性栏中设置“选择工具模式”为“像素”，“半径”为 8 像素，绘制一个圆角矩形。

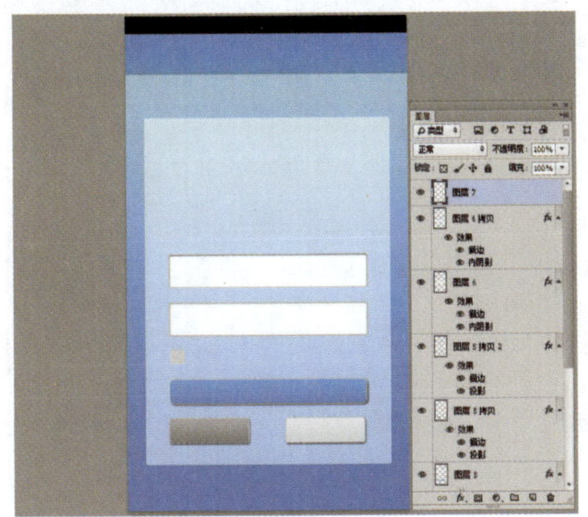

STEP 32 双击“图层 7”图层，弹出“图层样式”对话框，选中“描边”复选框，在其中设置“大小”为 1 像素、“颜色”为灰色（RGB 参数值均为 100）。

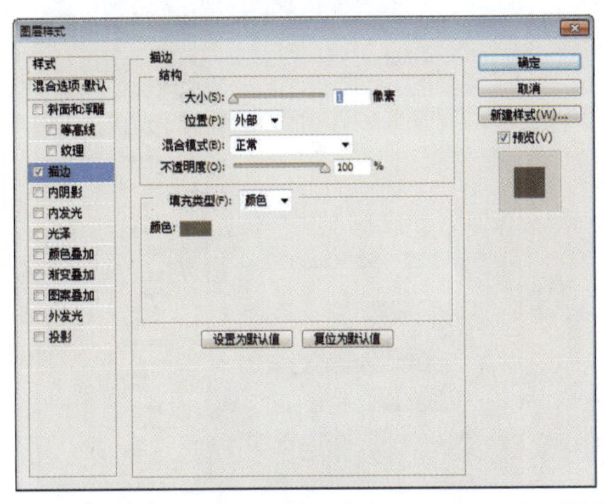

STEP 33 选中“投影”复选框，取消选中“使用全局光”复选框，在其中设置“角度”为 120 度、“距离”为 2 像素、“扩展”为 0%、“大小”为 10 像素。

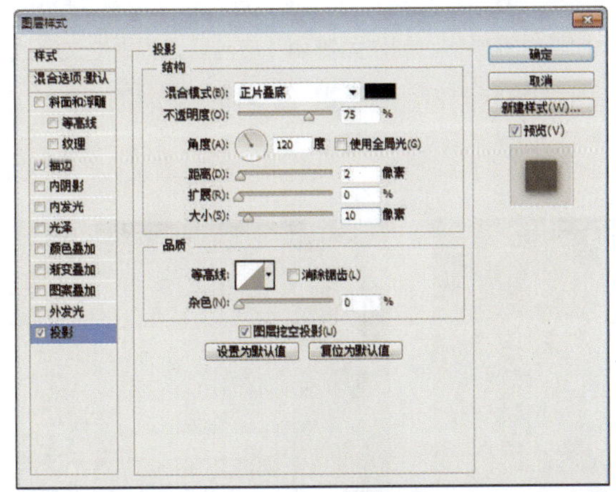

STEP 34 单击“确定”按钮，即可应用图层样式。

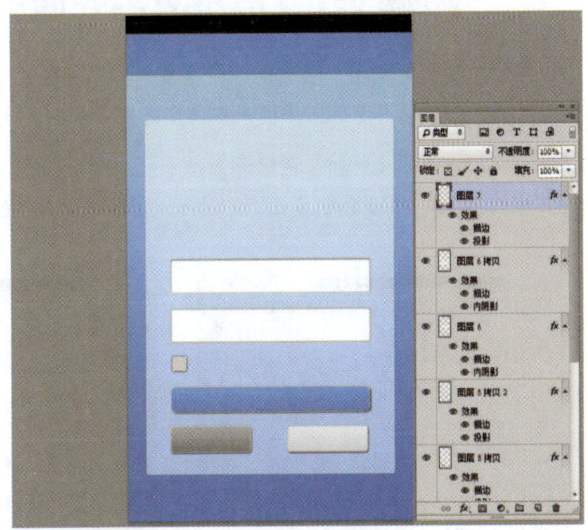

STEP 35 选择自定形状工具，设置“工具模式”为“像素”，单击“形状”右侧的三角形下拉按钮，在弹出的列表中选择“复选标记”选项。

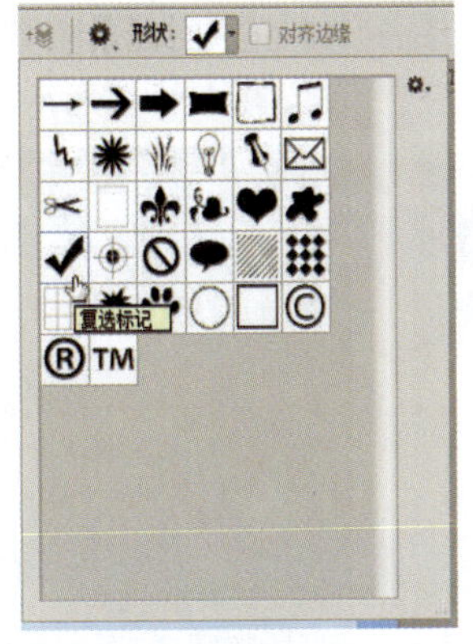

STEP 36 设置前景色为蓝色（RGB 参数值为 38、156、235），新建“图层 8”图层，在合适位置绘制一个蓝色复选标记图形。

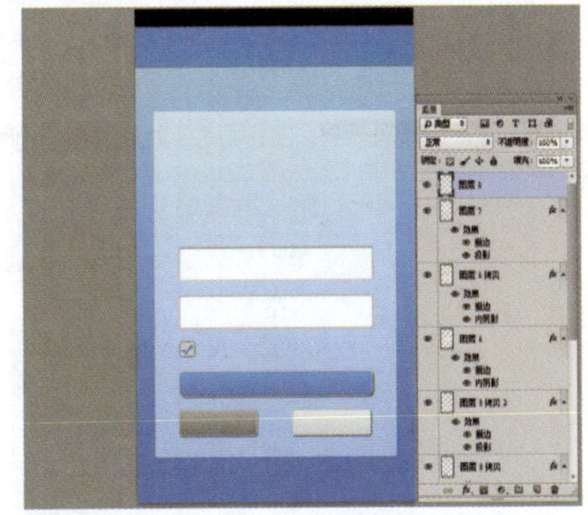

STEP 37 分别复制“图层 7”，“图层 8” 图层，得到“图层 7 拷贝”，“图层 8 拷贝” 图层，运用移动工具将图像移动至合适位置。

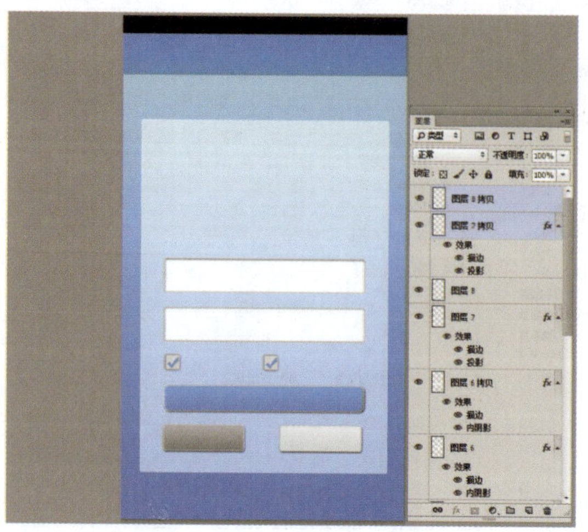

STEP 38 选择“图层 8 拷贝” 图层，按住【Ctrl】键，单击图层缩览图，将其载入选区，设置前景色为灰色（RGB 参数值均为 202），按【Alt + Delete】组合键填充前景色，并取消选区。

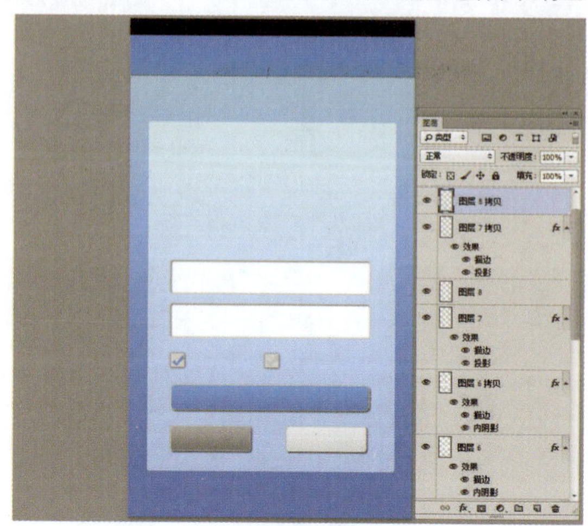

454 免费 WiFi 应用登录界面设计 3——制作文本细节

下面主要运用复制图像等操作，以及为登录界面添加手机状态栏、登录框图标和 WiFi 图标等，制作免费 WiFi 应用登录界面的细节效果，然后运用横排文字工具、“字符” 面板以及添加素材等操作，制作免费 WiFi 应用登录界面的文字效果。

STEP 1 打开 454（1）.psd 素材图像，将其拖曳至当前图像编辑窗口中的合适位置。

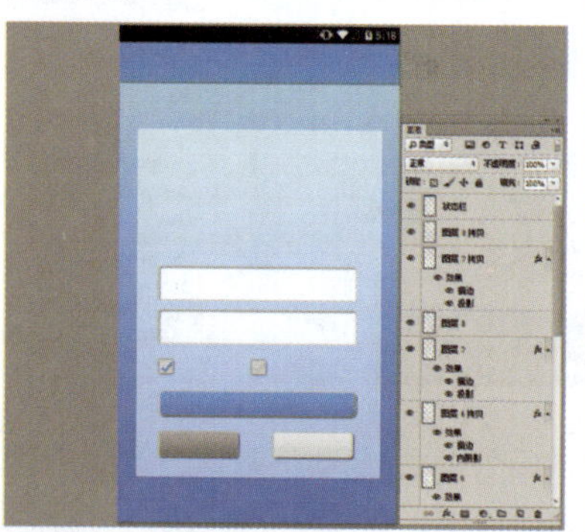

STEP 2 复制“图层 5” 图层，得到“图层 5 拷贝 3” 图层。

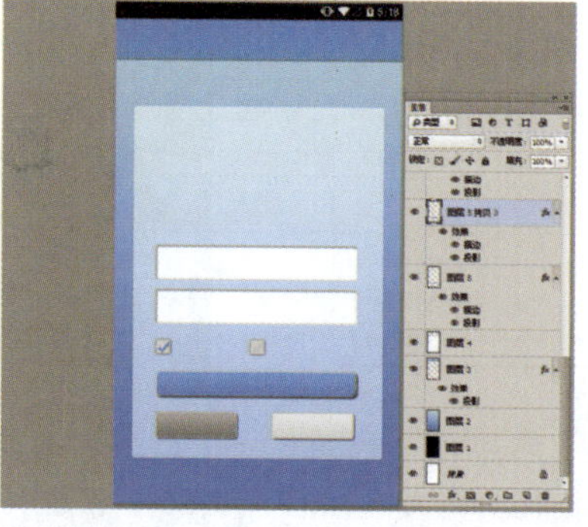

STEP 3 适当调整复制图像的大小和位置。

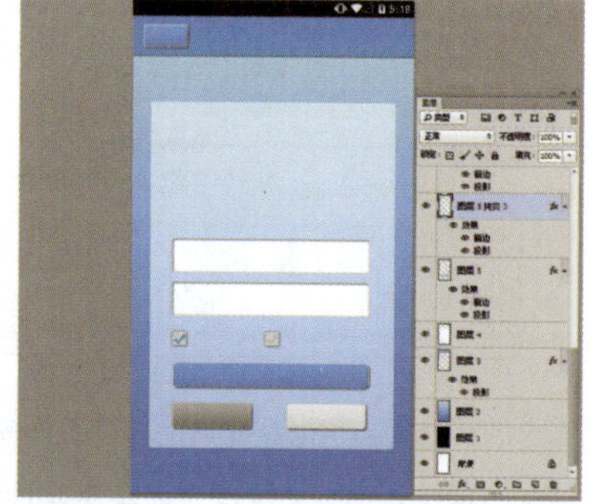

STEP 4 在“图层 5 拷贝 3” 图层的图层样式列表中，隐藏“投影” 图层样式。

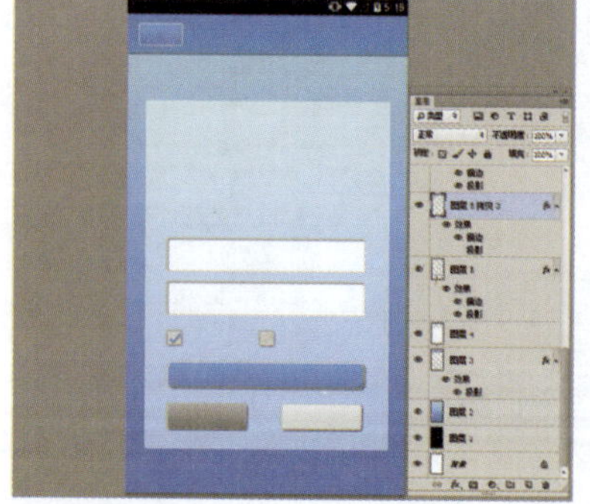

STEP 5 复打开 454（2）.psd 素材图像，将其拖曳至当前图像编辑窗口中的合适位置。

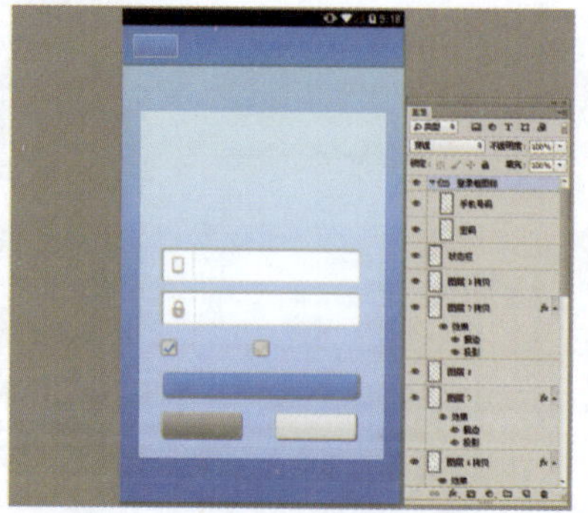

STEP 6 打开 454（3）.psd 素材图像，将其拖曳至当前图像编辑窗口中的合适位置。

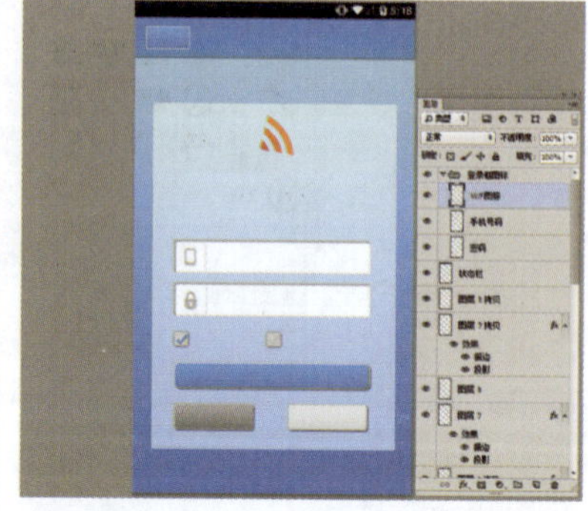

STEP 7 运用横排文字工具输入相应的文本，在“字符”面板中设置“字体”为“方正粗宋简体”，“字体大小”为 100 点，“字距调整”为 100，“颜色”为黑色。

STEP 8 双击文字图层，弹出“图层样式”对话框，选中“描边”复选框，在其中设置“大小”为 1 像素、“颜色”为红色（RGB 参数值为 255、0、0）。

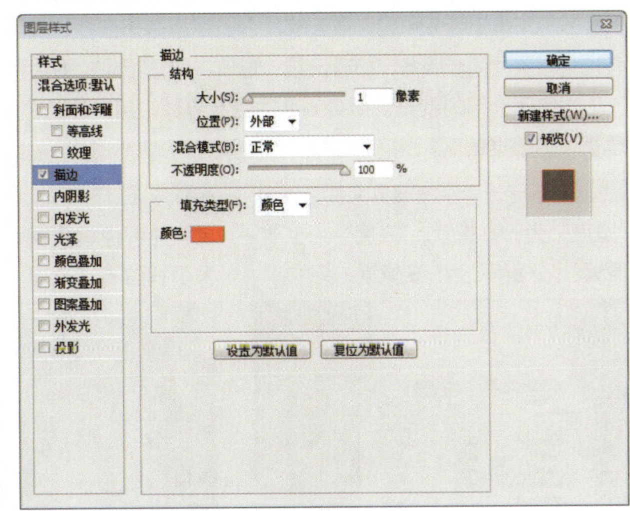

STEP 9 选中“渐变叠加”复选框，设置“渐变”颜色为“橙、黄、橙渐变”。

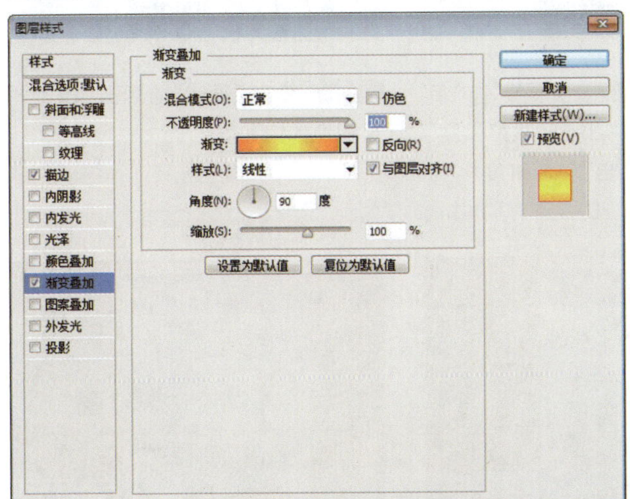

STEP 10 单击“确定”按钮，为文字应用图层样式。

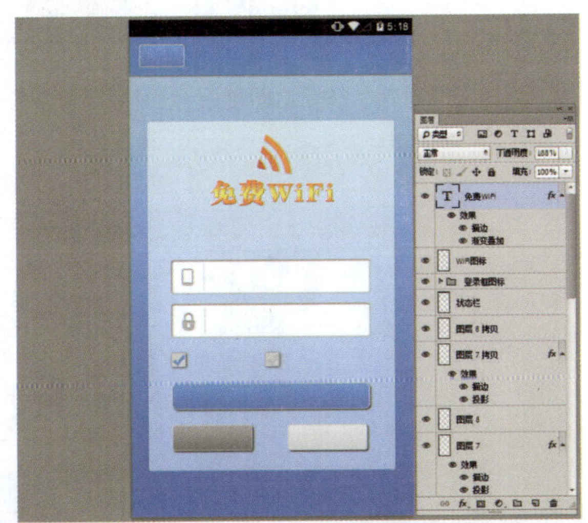

STEP 11 打开 454（4）.psd 素材图像，将其拖曳至当前图像编辑窗口中的合适位置。

用户可以根据需要，设计出其他颜色的效果。

455 云服务 APP 登录界面设计 1——制作界面背景

如今，很多移动互联网企业都推出了各种云服务相关的 APP，如百度云、360 云盘、有道云笔记、移云浏览器、酷云、天翼云、华为云服务和腾讯微云等，它们都是基于云技术得智能手机应用，用户可以用来备份一些重要的个人数据，或者进行相关的同步服务，如通讯录、短信、通话记录、图片和应用等，减轻了用户对于手机存储空间的依赖。

本实例介绍的就是云服务 APP 的登录界面，用户可以在此输入账号密码并登录，即可随时随地使用手机查看和管理相关的数据信息。

STEP 1 新建一个空白图像文件，设置“宽度”为 640 像素、“高度”为 1136 像素、“分辨率”为 72 像素 / 英寸。

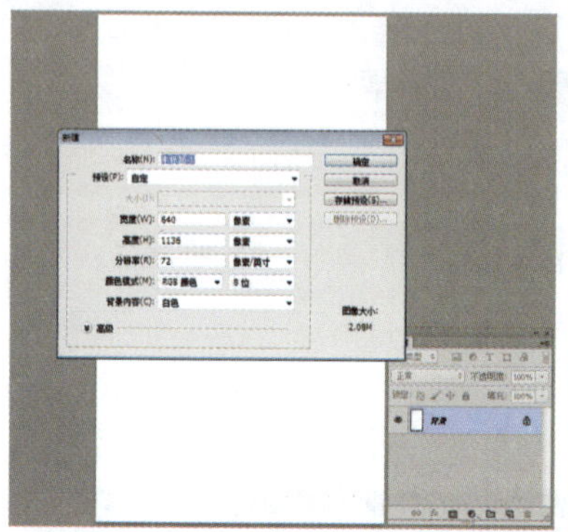

STEP 2 打开 455.jpg 素材，将其拖曳至当前图像编辑窗口中，适当调整其大小和位置。

STEP 3 单击“图像”|“调整”|“亮度 / 对比度”命令，弹出“亮度 / 对比度”对话框，设置“亮度”为 15、“对比度”为 18。

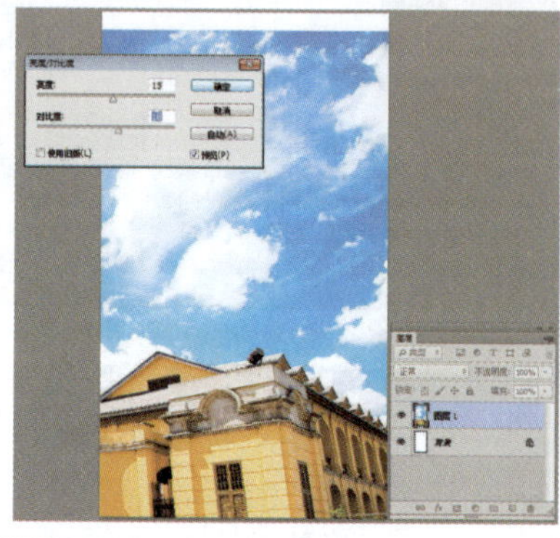

STEP 4 单击“确定”按钮，即可调整图像的色彩亮度。

STEP 5 单击“图像”|“调整”|“自然饱和度”命令，弹出“自然饱和度”对话框，设置“自然饱和度”为 30、“饱和度”为 15。

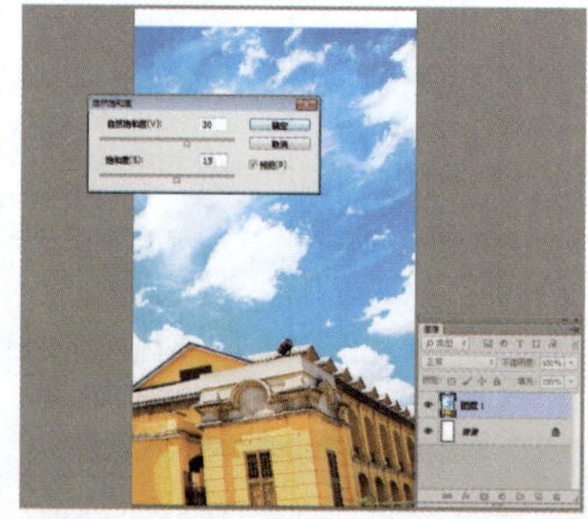

STEP 6 单击“确定”按钮，即可调整图像的饱和度。

456 云服务 APP 登录界面设计 2——制作登录框

下面主要运用圆角矩形工具、“投影”图层样式等，制作云服务 APP 的登录框效果。

STEP 1 展开“图层”面板，新建“图层 2”图层。

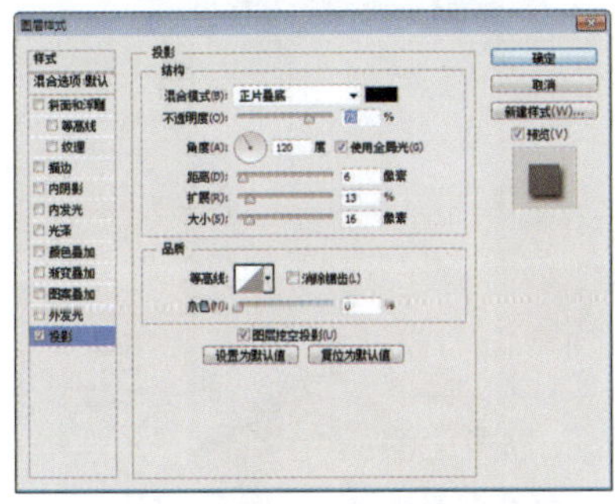

STEP 2 单击设置前景色色块，在弹出的“拾色器（前景色）”对话框中设置前景色为蓝色（RGB 参数值为 73、126、178），单击“确定”按钮。

STEP 3 选取工具箱中的圆角矩形工具，在工具属性栏上设置“选择工具模式”为“像素”，“半径”为 10 像素，绘制一个圆角矩形。

STEP 4 双击“图层 2”图层，弹出“图层样式”对话框，选中“投影”复选框，在其中设置“距离”为 6 像素、“扩展”为 13%、“大小”为 16 像素。

STEP 5 单击“确定”按钮，应用“投影”图层样式效果。

STEP 6 在“图层”面板中，设置“图层 2”图层的“不透明度”和“填充”均为 60%，改变图像的透明效果。

STEP 7 打开 456（1）.psd 素材，将其拖曳至当前图像编辑窗口中的合适位置，为登录界面添加相应的按钮素材。

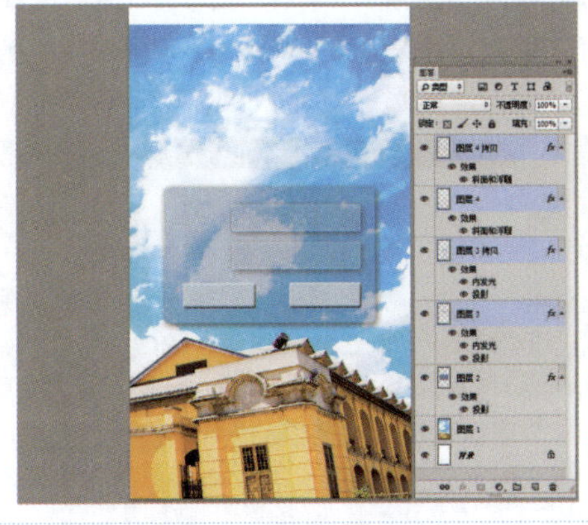

STEP 8 打开 456（2）.psd 素材，将其拖曳至当前图像编辑窗口中的合适位置，为登录界面添加相应的状态栏素材。

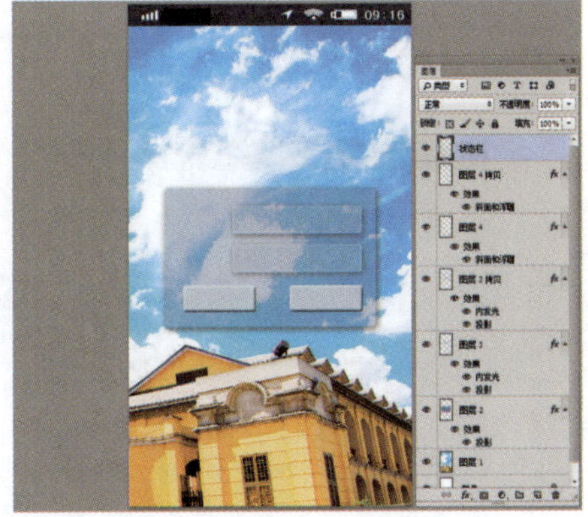

457 云服务 APP 登录界面设计 3——制作文本效果

下面主要运用横排文字工具、“字符”面板、“描边”图层样式以及复制文字等操作，制作云服务 APP 登录界面的文本效果。

STEP 1 打开 457.psd 素材，将其拖曳至当前图像编辑窗口中的合适位置。

STEP 2 选取工具箱中的横排文字工具，在编辑区中单击鼠标左键，确认文字插入点，展开“字符”面板，设置“字体系列”为“方正大标宋简体”、“字体大小”为 80 点、“字距调整”为 20 点、“颜色”为白色。

STEP 3 在图像编辑窗口中输入相应文本。

STEP 4 双击文本图层，弹出“图层样式”对话框，选中“描边”复选框，在其中设置“大小”为 1 像素、“颜色”为绿色（RGB 参数值分别为 0、255、0）。

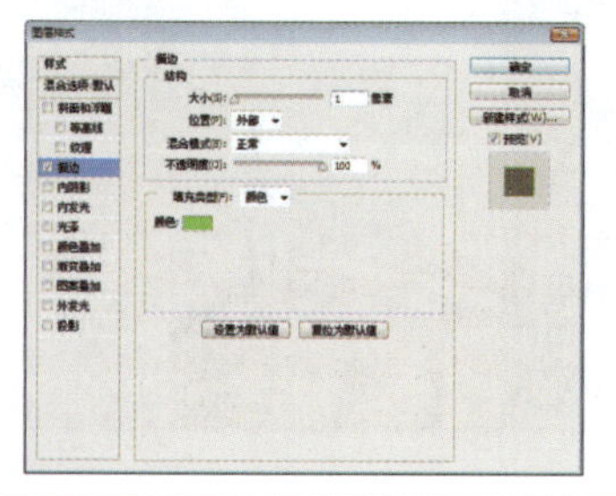

STEP 5 单击“确定”按钮，应用“描边”图层样式。

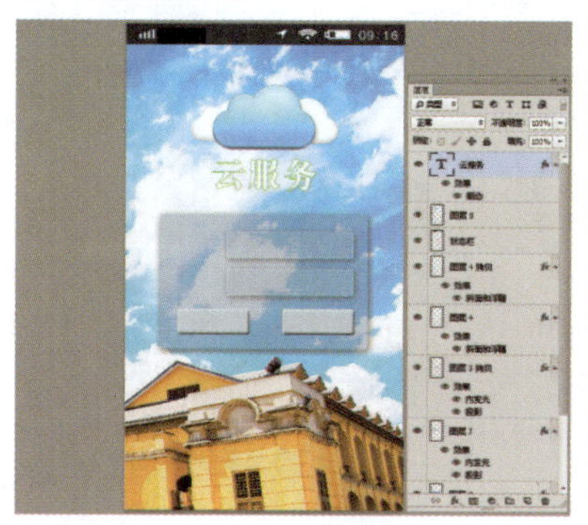

STEP 6 复制文本图层，得到相应的图层。

STEP 7 在图像编辑窗口中，适当调整复制出的文字图层中的图像位置，使文字产生立体效果。

STEP 8 选取工具箱中的横排文字工具，在编辑区中单击鼠标左键，确认插入点，展开“字符”面板，在其中设置“字体系列”为“黑体”，“字体大小”为 36 点、“字距调整”为 20，“文本颜色”为白色，并激活“仿粗体”按钮。

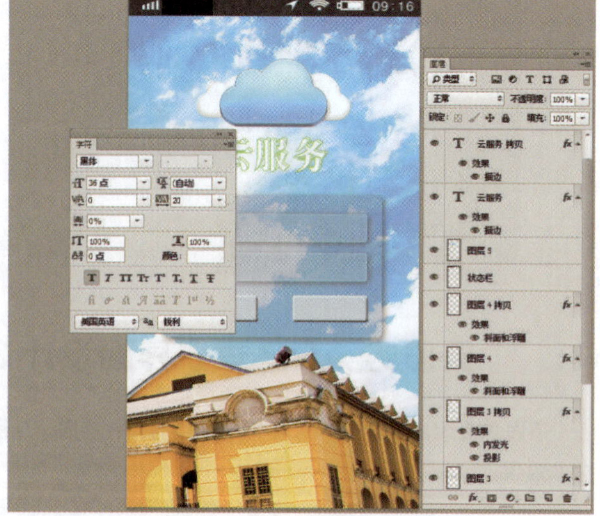

STEP 9 在图像编辑窗口中输入相应文本。

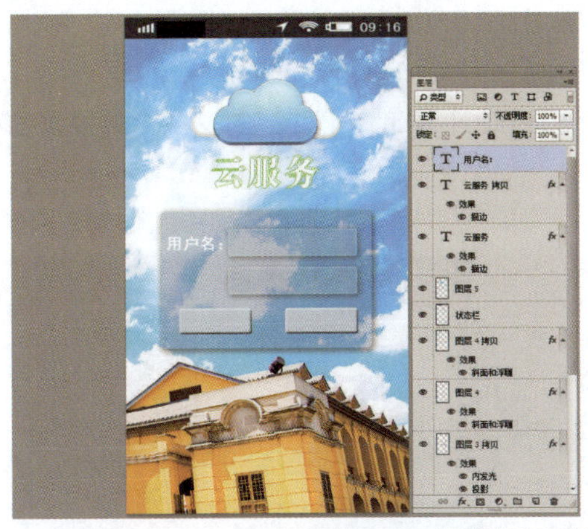

STEP 10 用与前面同样的方法，输入其他文本，设置相应属性，完成手机云服务 APP 登录界面设计。

458 社交 APP 登录界面设计 1——制作主体效果

本实例主要介绍社交通信应用登录界面的设计方法。在移动互联网时代，社交通信类应用主要提供基于移动网络的客户端进行实时语音、文字传输，在国内最流行的莫过于腾讯手机 QQ、微信、陌陌等 APP。

下面主要运用"自然饱和度"调整图层、圆角矩形工具、图层样式和渐变工具等，制作社交通信应用登录界面的背景效果。

STEP 1 单击"文件"|"打开"命令，打开一幅素材图像。

STEP 2 展开"图层"面板，新建"图层 1"图层。

STEP 3 设置"前景色"为白色，选取工具箱中的圆角矩形工具，在工具属性栏中设置"选择工具模式"为"像素"，"半径"为 10 像素，绘制一个白色圆角矩形。

STEP 4 双击"图层 1"图层，在弹出的"图层样式"对话框中，选中"描边"复选框，在其中设置"大小"为 2 像素，"位置"为"外部"，"描边颜色"为深蓝（RGB 参数值为 16、93、198）。

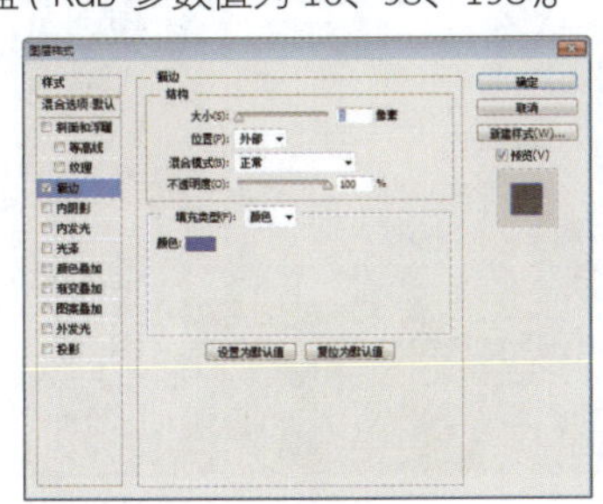

STEP 5 选中"投影"复选框，在其中设置"阴影颜色"为深蓝色（RGB 参数值为 11、91、159）、"距离"为 5 像素、"大小"为 5 像素。

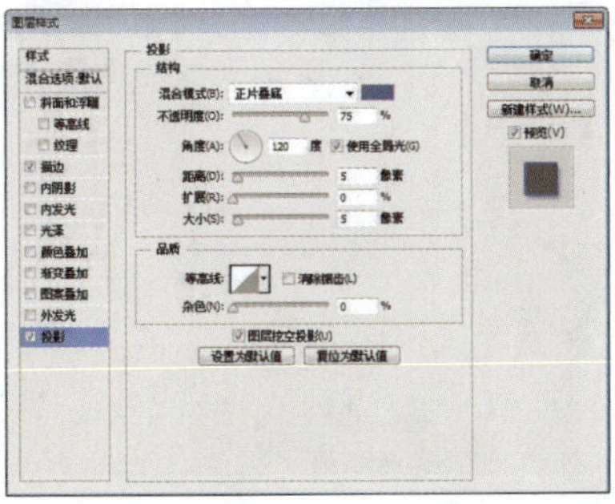

STEP 6 单击"确定"按钮，即可应用图层样式。

459 社交 APP 登录界面设计 2——制作表单控件

下面主要运用圆角矩形工具、渐变工具、“变换选区”命令、“描边”图层样式和“内阴影”图层样式等，制作社交 APP 登录界面中的表单控件效果。

STEP 1 新建“图层 2”图层，选取工具箱中的圆角矩形工具，设置“选择工具模式”为“路径”，“半径”为 10 像素，绘制路径。

STEP 2 按【Ctrl + Enter】组合键，将路径转换为选区。

STEP 3 选取工具箱中的渐变工具，从上至下为选区填充蓝色（RGB 参数值为 75、160、231）到深蓝色（RGB 参数值为 16、90、153）的线性渐变。

STEP 4 单击“选择”|“变换选区”命令，调出变换控制框，适当缩小选区。

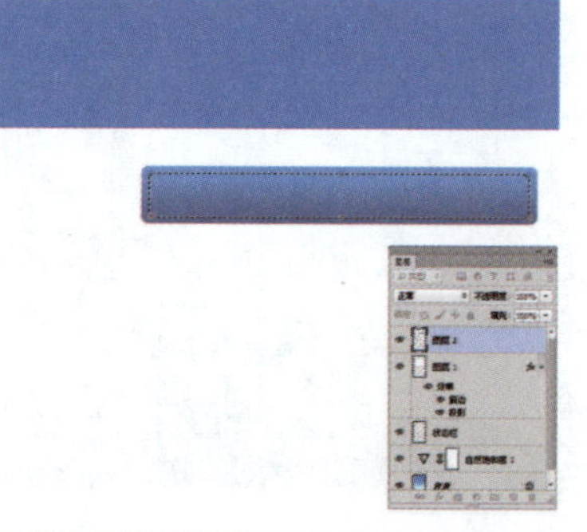

STEP 5 按【Enter】键，确认变换选区操作。

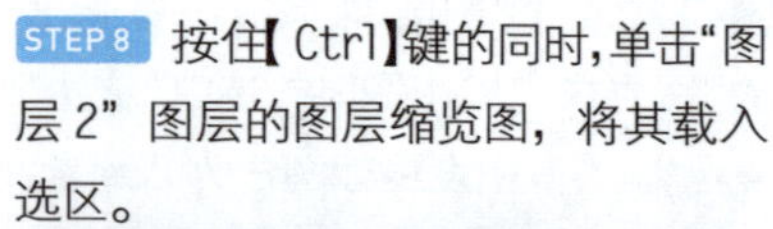

STEP 6 按【D】键设置默认的前景色和背景色，按【Ctrl + Delete】组合键，为选区填充白色。

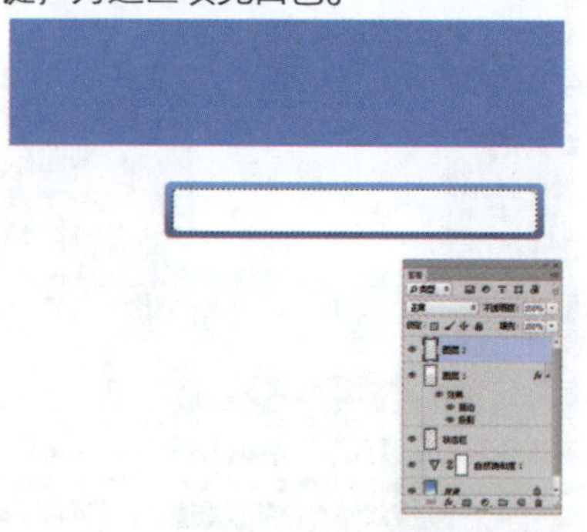

STEP 7 按【Ctrl + D】组合键，取消选区。

STEP 8 按住【Ctrl】键的同时，单击“图层 2”图层的图层缩览图，将其载入选区。

STEP 9 新建“图层 3”图层，按【Ctrl + Delete】组合键，为选区填充白色。

STEP 10 按【Ctrl + D】组合键，取消选区，双击“图层 4”图层，弹出“图层样式”对话框，选中“描边”复选框，在其中设置“大小”为 2 像素、“描边颜色”为灰色（RGB 参数值均为 192）。

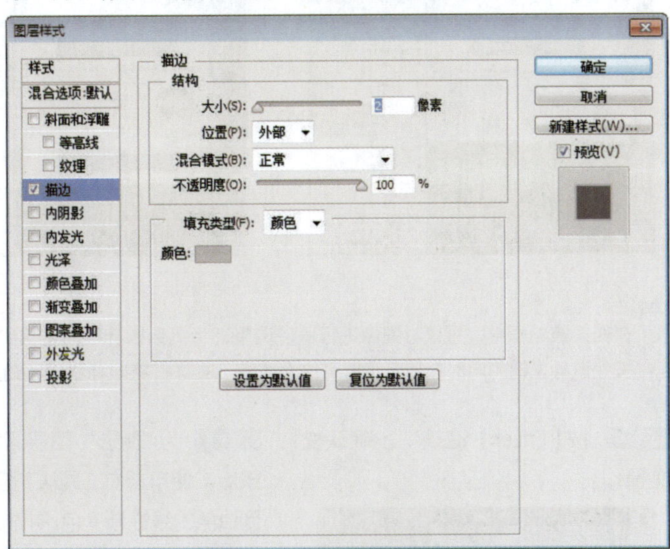

STEP 11 选中“内阴影”复选框，在其中设置“阴影颜色”为灰色（RGB 参数值均为 213）、“距离”为 1 像素、“大小”为 1 像素。

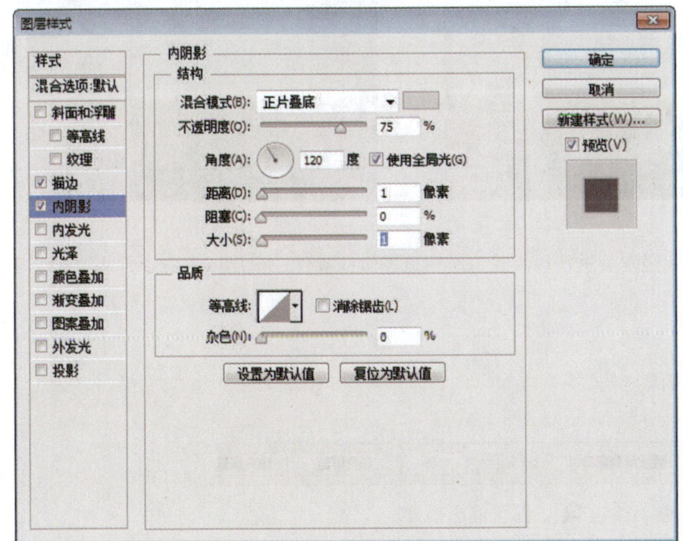

STEP 12 单击“确定”按钮，即可设置图层样式，并调整图像至合适位置。

460 社交 APP 登录界面设计 3——制作倒影效果

下面主要运用圆角矩形工具、“描边”命令和自定形状工具等，制作社交通信应用登录界面的复选框效果。

STEP 1 打开 460（1）.psd 素材图像，将其拖曳至当前图像编辑窗口中的合适位置。

STEP 2 选择“图层 1”图层～“登录控件”图层组之间的所有图层，并复制所选择的图层，然后将其合并为“倒影”图层，并适当调整其位置。

STEP 3 按【Ctrl + T】组合键，调出变换控制框，单击鼠标右键，在弹出的快捷菜单中选择“垂直翻转”选项，垂直翻转图像。

知识链接 在变换控制框中，可以对图像进行适当调整，将鼠标指针移动至控制框四周的8个控制点上，当指针呈双向箭头↔形状时，按住鼠标左键的同时并拖曳，即可放大或缩小图像；将鼠标指针移动至控制框外，当指针呈⤴形状时，可对图像进行旋转。

STEP 4 按【Enter】键确认，确认变换操作。

STEP 5 为“倒影”图层添加一个图层蒙版，使用渐变工具从下至上填充黑色到白色的线性渐变色，制作出倒影效果。

STEP 6 打开 460(2).psd 素材图像，将其拖曳至当前图像编辑窗口中的合适位置。

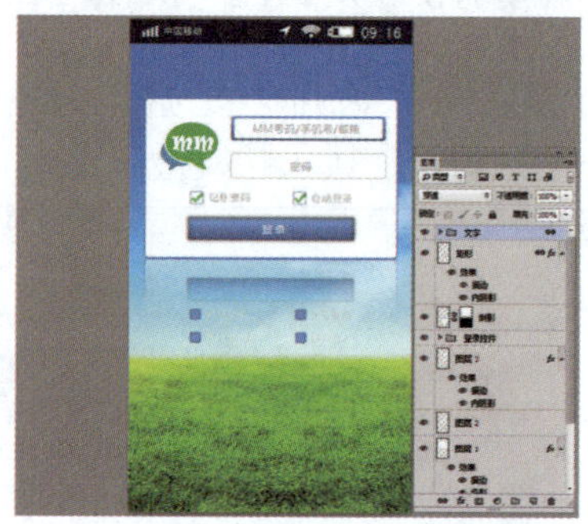

知识链接 在设计移动UI时，由于整体图像的分辨率非常大，因此经常会进行放大或缩小预览图像的操作，运用以下命令方法可以快速执行缩放显示图像的操作。

(1) 工具

选取工具箱中的缩放工具进行操作，即可放大或缩小图像。

选取放大工具时，其工具属性栏中的基本选项如下。

调整窗口大小以满屏显示 缩放所有窗口 细微缩放 100% 适合屏幕 填充屏幕

- **放大/缩小：** 单击放大按钮，即可放大图片，单击缩小按钮，即可缩小图片。
- **调整窗口大小以满屏显示：** 自动调整窗口的大小。
- **缩放所有窗口：** 同时缩放所有打开的文档窗口。
- **细微缩放：** 用户选中该复选框，在画面中按住并向左或向右拖动鼠标，能够快速放大或缩小窗口；取消该复选框时，在画面中按住鼠标左键并拖曳，会出现一个矩形框，释放鼠标后，矩形框中的图像会放大至整个窗口。
- **100%：** 图像以实际的像素显示。
- **适合屏幕：** 在窗口中最大化显示完整的图像。
- **填充屏幕：** 在整个屏幕内最大化显示完整的图像。

(2) 快捷键

- 按【Ctrl + + 】组合键，可以逐级放大图像。
- 按【Ctrl + - 】组合键，可以逐级缩小图像。
- 按【Ctrl + Space】组合键，当鼠标指针呈带加号的放大镜形状时，单击鼠标左键，即可放大图像。

PART 03

实战应用篇

安卓系统 UI 设计

APP 应用程序的界面都是由多个不同的基本元素组成的，它们通过外形上的组合、色彩的搭配、材质和风格的统一，经过合理的布局来构成一个完整的 UI 效果。其中，功能框就是最常用的基本元素。导航和通知列表作为一个单一的连续元素可以通过垂直或者水平排列的方式显示多行条目，导航、标签和列表等功能界面通常用于数据、信息的展示与选择。

461 时钟界面设计 1——制作背景效果

安卓系统中的时钟应用界面向来花样繁多，可是怎样设计才能让时钟以更加自然美观的方式呈现呢？本实例将介绍一款热门的安卓系统时钟 UI 的设计方法。

在 Photoshop CC 应用软件中，用户可以通过“亮度 / 对比度”调整图层、“色相 / 饱和度”调整图层、“渐变映射”调整图层以及图层的“混合模式”等制作安卓系统时钟 UI 的背景效果。

STEP 1 单击“文件”|“打开”命令，打开一幅素材图像。

STEP 2 在“图层”面板中，新建“亮度 / 对比度 1”调整图层，展开“属性”面板，设置“亮度”为 20、“对比度”为 30。

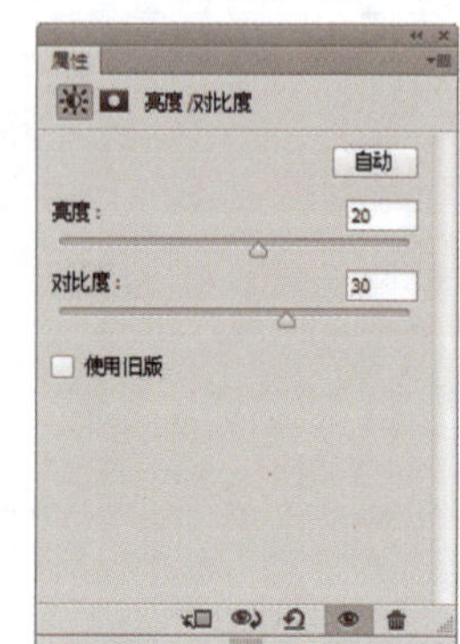

STEP 3 执行操作后，即可调整图像的亮度和对比度。

STEP 4 在“图层”面板中，新建“色相 / 饱和度 1”调整图层，展开“属性”面板，设置“色相”为 6、“饱和度”为 28。

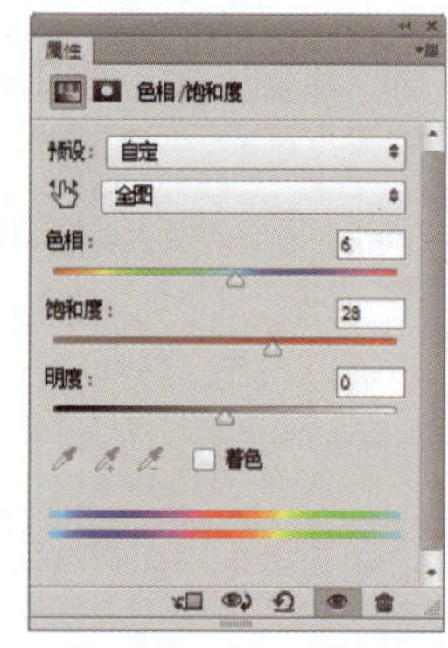

知识链接 Photoshop的“直方图”面板用图像表示了图像的每个亮度级别的像素数量，展现了像素在图像中的分布情况。通过观察直方图，可以判断出照片的阴影、中间调和高光中包含的细节是否充足，以便对其做出正确的调整。

STEP 5 执行操作后，即可调整图像的色调。

STEP 6 在“图层”面板中，新建“渐变映射 1”调整图层，展开“属性”面板，设置“点按可编辑渐变”为黑白渐变。

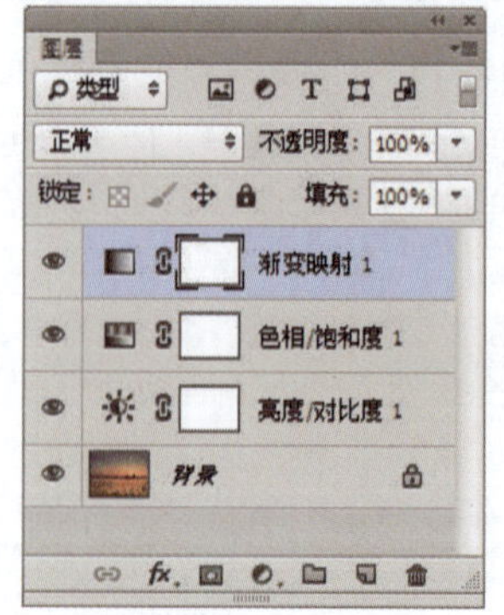

STEP 7 执行操作后，即可产生黑白渐变的效果。

STEP 8 在“图层”面板中，设置“渐变映射 1”调整图层的“混合模式”为“柔光”，改变图像效果。

462 时钟界面设计 2——制作分割线

下面主要运用单列选框工具、图层蒙版和渐变工具等，制作安卓系统时钟界面中的分割线效果。

STEP 1 展开“图层”面板，新建“图层 1”图层。

STEP 2 选取工具箱中的单列选框工具，在图像编辑窗口中创建一个单列选区。

STEP 3 设置前景色为白色，按【Alt + Delete】组合键，为选区填充前景色。

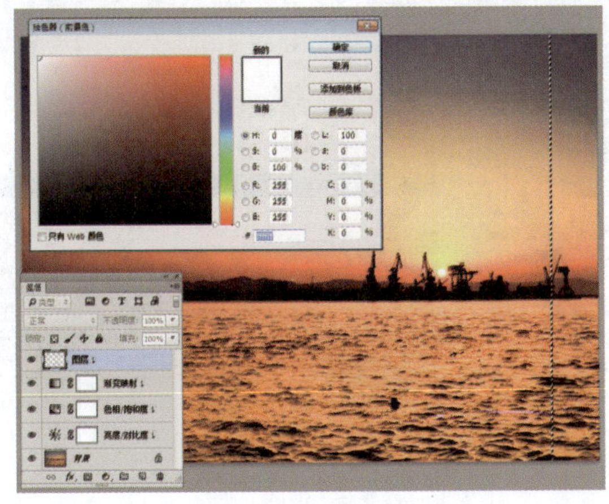

STEP 4 按【Ctrl + D】组合键，取消选区。

STEP 5 单击“图层”面板底部的“添加图层蒙版”按钮，为“图层 3”图层添加蒙版。

STEP 6 选取工具箱中的渐变工具，设置渐变色为黑色到白色的径向渐变。

STEP 7 选中“反向”复选框，在图像编辑窗口中的直线中间往下方拖曳鼠标，填充径向渐变。

STEP 8 双击“图层 1”图层，弹出“图层样式”对话框，选中“外发光”复选框，在其中设置“大小”为 5 像素。

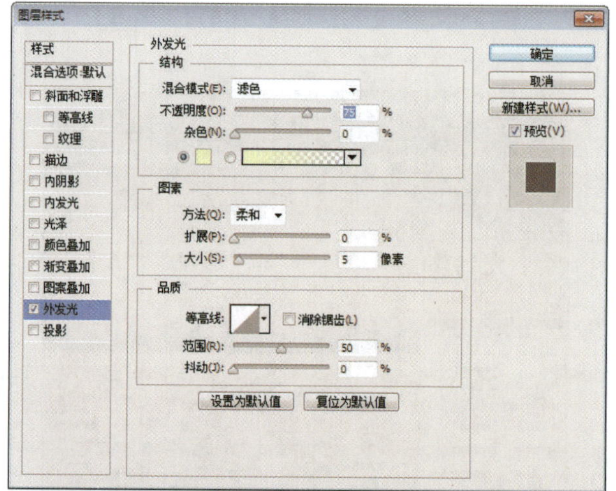

STEP 9 单击“确定”按钮，应用“外发光”图层样式。

463 时钟界面设计 3——制作主体效果

下面主要运用添加素材、调整图层不透明度等操作，制作安卓系统时钟界面中的主体效果。

STEP 1 打开 463(1).psd 素材，将其拖曳至当前图像编辑窗口中的合适位置，为安卓系统时钟 UI 添加状态栏插件效果。

STEP 2 打开 463(2).psd 素材，将其拖曳至当前图像编辑窗口中的合适位置，为安卓系统时钟 UI 添加按钮插件效果。

STEP 3 打开 463(3).psd 素材，将其拖曳至当前图像编辑窗口中的合适位置。

STEP 4 在“图层”面板中，设置“钟盘”图层的“不透明度”为 60%。

464 锁屏界面设计 1——制作背景效果

安卓系统用户可以设置不同的个性化的锁屏界面。锁屏不仅可以避免一些不必要的误操作，还能方便用户的桌面操作，美化桌面环境，不同的锁屏画面给用户带来不一样的心情。

下面主要运用裁剪工具、“亮度 / 对比度”调整图层、“自然饱和度”调整图层以及设置图层混合模式等，设计安卓系统个性锁屏界面的背景效果。

STEP 1 单击“文件”|“打开”命令，打开一幅素材图像。

STEP 2 选取工具箱中的裁剪工具。

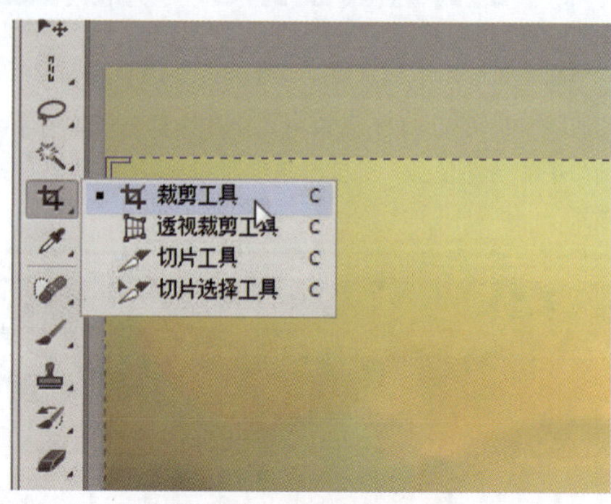

STEP 3 执行上述操作后，即可调出裁剪控制框。

STEP 4 在工具属性栏中设置裁剪控制框的长宽比为1000：750。

知识链接

在优势方面，Android平台首先就是其开放性，开放的平台允许任何移动终端厂商加入到Android联盟中来。显著的开放性可以使其拥有更多的开发者，随着用户和应用的日益丰富，Android平台也将很快走向成熟。

谷歌的安卓（Android）操作系统可以同时支持智能手机、平板电脑和智能电视等设备。平板电脑拥有的触摸屏（也称为数位板技术）允许用户通过触控笔或数字笔来进行作业而不是传统的键盘或鼠标。用户可以通过内建的手写识别、屏幕上的软键盘、语音识别或者一个真正的键盘进行操作。

STEP 5 执行操作后，即可调整裁剪控制框的长宽比，将鼠标指针移至裁剪控制框内，单击鼠标左键的同时并拖曳图像至合适位置。

STEP 6 执行上述操作后，按【Enter】键确认裁剪操作，即可按固定的长宽比来裁剪图像。

STEP 7 单击“图层”|“新建调整图层”|“亮度/对比度”命，弹出“新建图层”对话框，保持默认设置，单击“确定”按钮。

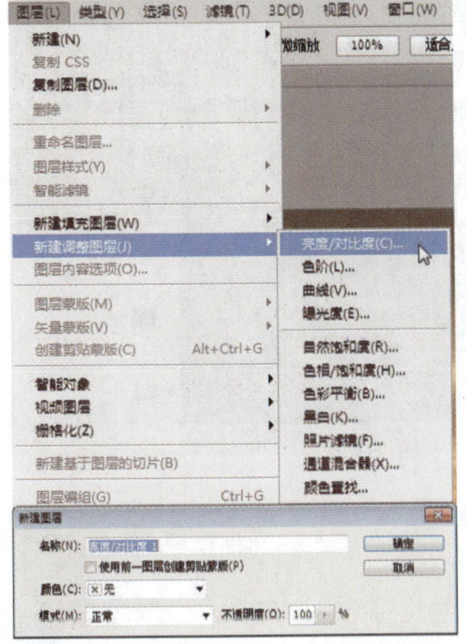

STEP 8 即可新建“亮度/对比度1”调整图层，展开“属性”面板，设置“亮度”为18、“对比度”为30。

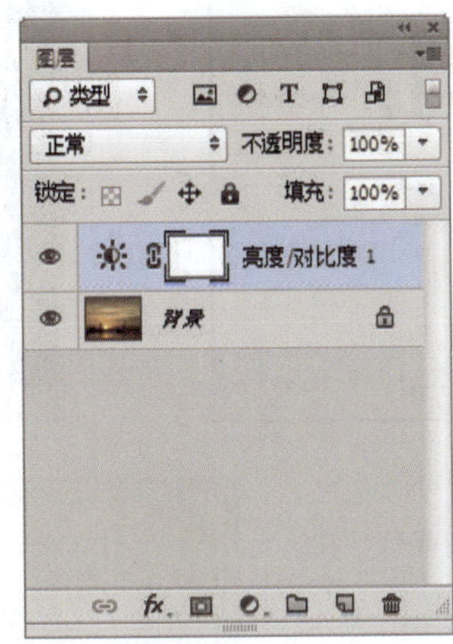

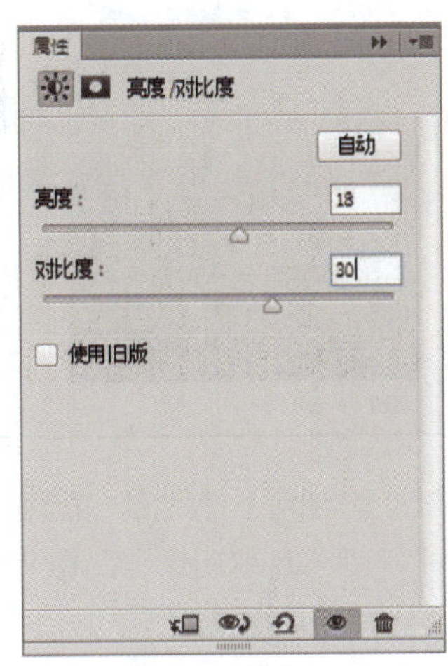

STEP 9 执行操作后，即可调整图像的亮度和对比度。

STEP 10 新建“自然饱和度1”调整图层，展开“属性”面板，设置“自然饱和度”为50、“饱和度”为28。

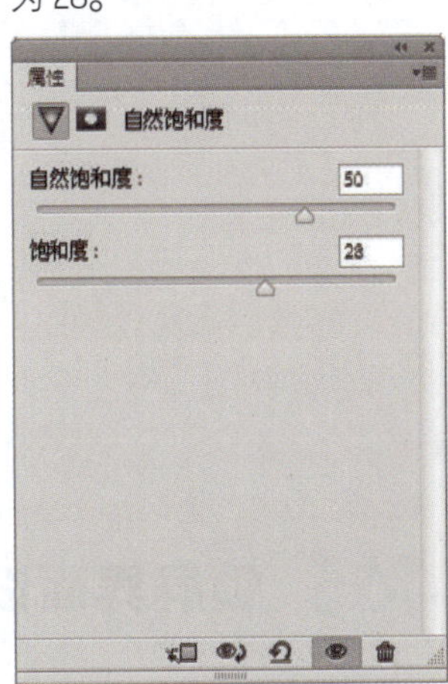

STEP 11 执行操作后，即可调整图像的色彩饱和度。

STEP 12 展开“图层”面板，新建“图层1”图层。

STEP 13 单击设置前景色色块，在弹出的“拾色器(前景色)”对话框中，设置前景色为深蓝色(RGB参数值分别为1、23、51)，单击“确定”按钮。

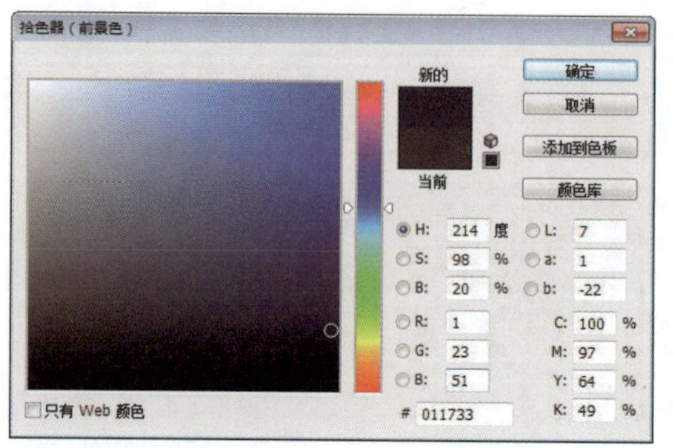

STEP 14 按【Alt + Delete】组合键，填充前景色。

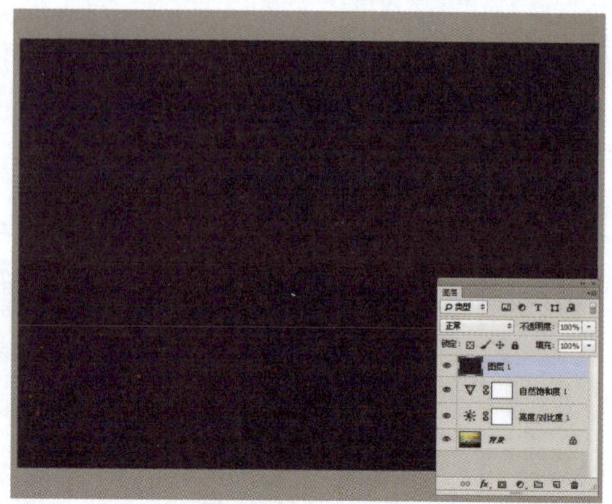

STEP 15 设置“图层1”图层的“混合模式”为“减去”，“不透明度”为60%，执行操作后，即可改变图像效果。

465 锁屏界面设计2——制作圆环效果

下面主要运用椭圆选框工具、“描边”命令和“外发光”图层样式等，设计安卓系统锁屏界面中的圆环效果。

STEP 1 在“图层”面板中，新建“图层2”图层。

STEP 2 选取工具箱中的椭圆选框工具，创建一个椭圆选区。

STEP 3 单击“编辑”|“描边”命令，弹出“描边”对话框，设置“宽度”为 2 像素、“颜色”为白色。

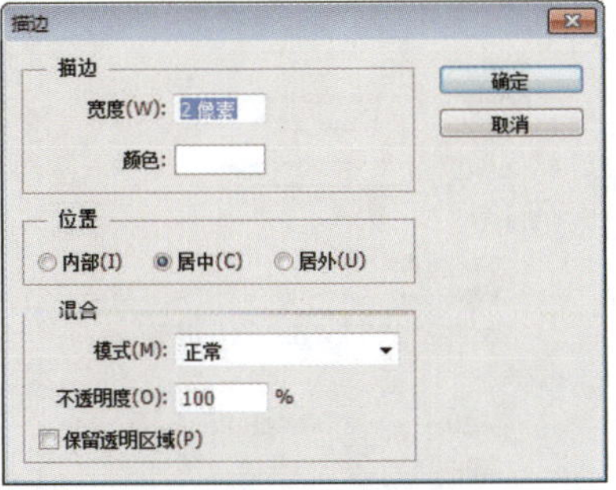

STEP 4 单击“确定”按钮，即可描边选区。

STEP 5 按【Ctrl + D】组合键，取消选区。

STEP 6 双击“图层 2”图层，弹出“图层样式”对话框，选中“外发光”复选框，在其中设置“发光颜色”为白色、“大小”为 10 像素。

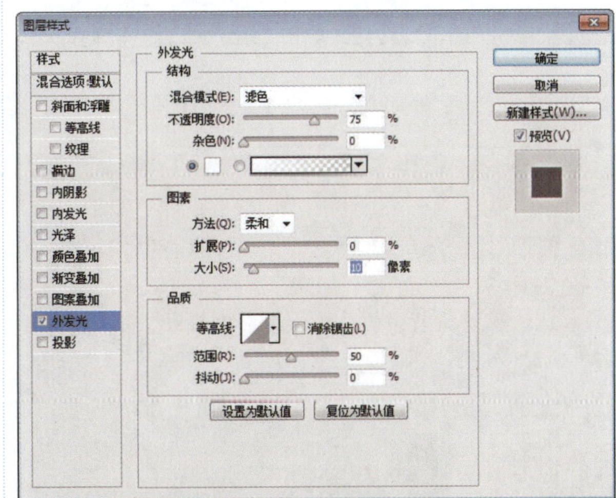

STEP 7 单击“确定”按钮，应用“外发光”图层样式效果。

STEP 8 打开 465.psd 素材，将其拖曳至当前图像编辑窗口中的合适位置，为安卓系统锁屏界面添加状态栏插件效果。

466 锁屏界面设计 3——完善细节效果

下面主要运用“外发光”图层样式、添加素材等操作，完善安卓系统锁屏界面的细节效果。

STEP 1 打开 466（1）.psd 素材，将其拖曳至当前图像编辑窗口中的合适位置。

STEP 2 双击“锁图标”图层，弹出“图层样式”对话框，选中“外发光”复选框，在其中设置“大小”为 10 像素。

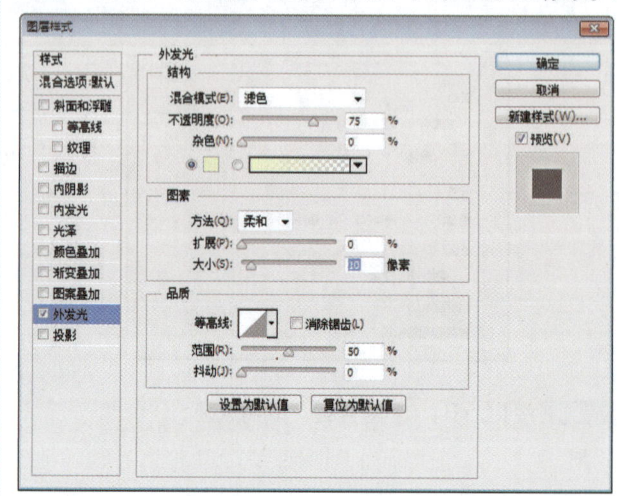

STEP 3 单击“确定”按钮，应用“外发光”图层样式。

STEP 4 打开 466（2）.psd 素材，将其拖曳至当前图像编辑窗口中的合适位置，为安卓系统锁屏界面添加时间插件效果。

467 系统磁盘清理界面设计 1——制作背景效果

在使用安卓智能手机时，用户的不正常关机以及磁盘长期堆积下来的问题，都有可能让磁盘产生错误而降低运行效率，对磁盘进行定期的清理可有效地解决这些问题，此时我们就要用到安卓系统的磁盘清理界面。

下面主要运用矩形工具、矩形选框工具、渐变工具和“投影”图层样式等，制作磁盘清理界面的主体效果。

STEP 1 新建一个“名称”为“磁盘清理界面”，“宽度”为 720 像素，“高度”为 1280 像素，“分辨率”为 72 像素 / 英寸的空白文件，新建“图层 1”图层。

STEP 2 设置前景色为黑色，选取工具箱中的矩形工具，绘制一个黑色矩形。

STEP 3 展开“图层”面板，新建“图层 2”图层。

STEP 4 选取工具箱中的矩形选框工具，创建一个矩形选区。

STEP 5 选取工具箱中的渐变工具，为选区填充浅灰色（RGB参数值均为 220）到灰色（RGB 参数值均为 180）的线性渐变。

STEP 6 按【Ctrl + D】组合键，取消选区。

STEP 7 双击“图层 2”图层，在弹出的“图层样式”对话框中，选中“投影”复选框，在其中设置“距离”为 1 像素、“扩展”为 0%、“大小”为 3 像素。

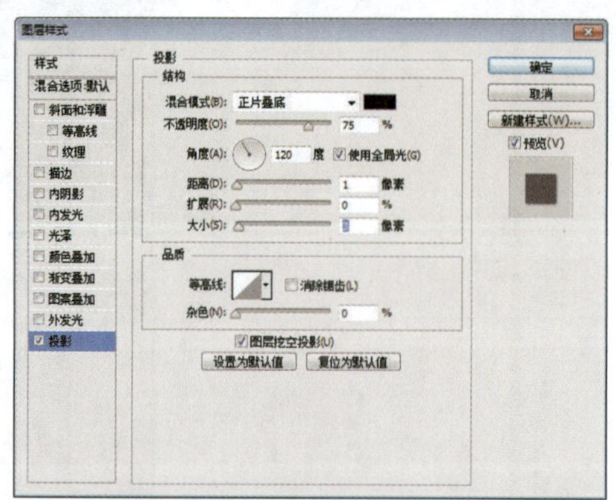

STEP 8 单击“确定”按钮，设置投影样式。

468 系统磁盘清理界面设计 2——制作主体效果

下面主要运用矩形选框工具、“描边”命令、“投影”图层样式和矩形工具等，制作磁盘清理界面的主体效果。

STEP 1 展开“图层”面板，新建“图层 3”图层。

STEP 2 选取工具箱中的矩形选框工具，创建一个矩形选区。

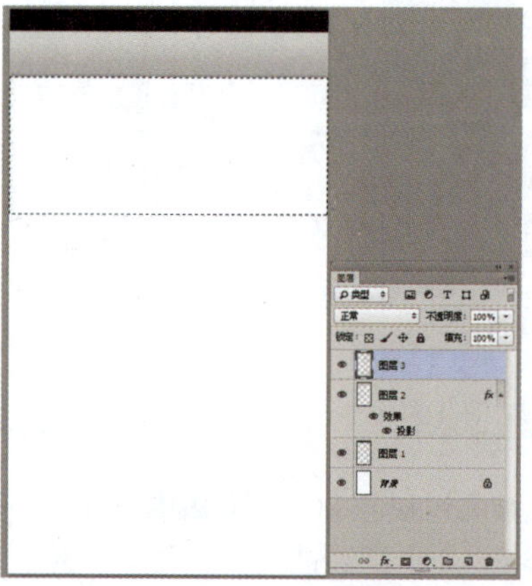

STEP 3 设置前景色为灰色（RGB 参数值分别为 224、227、231），按【Alt＋Delete】组合键，填充前景色。

STEP 4 按【Ctrl＋D】组合键，取消选区。

STEP 5 打开 468（1）.psd 素材图像，将其拖曳至当前图像编辑窗口中的合适位置。

STEP 6 单击“编辑”|“描边”命令，弹出“描边”对话框，设置“宽度”为 15 像素、“颜色”为白色。

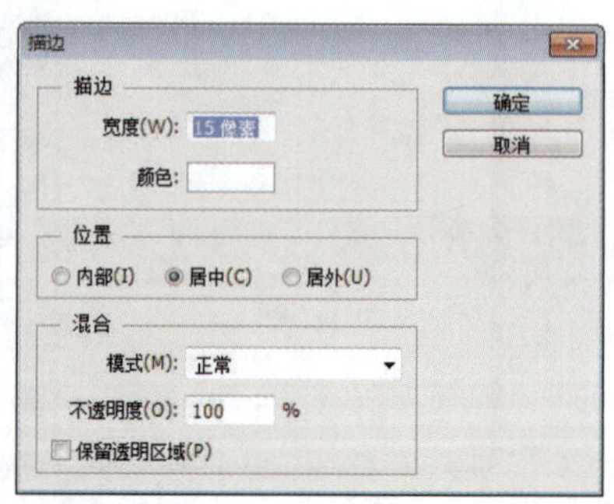

STEP 7 单击“确定”按钮，描边图像。

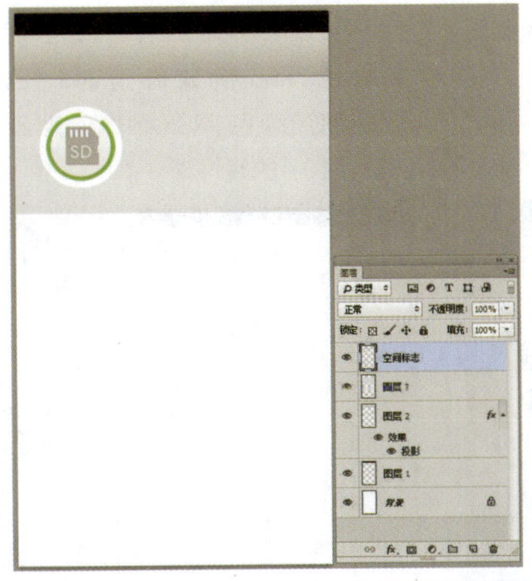

STEP 8 双击“空间标志”图层，在弹出的“图层样式”对话框中，选中“投影”复选框，设置“不透明度”为30%、“距离”为0像素、“扩展”为0%、“大小”为10像素。

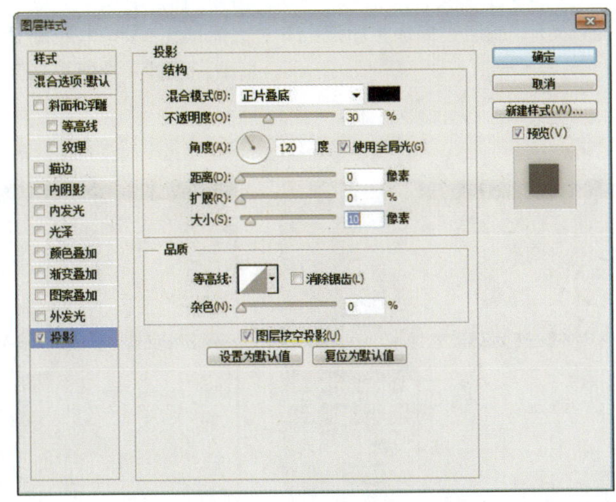

STEP 9 单击“确定”按钮，即可添加“投影”图层样式。

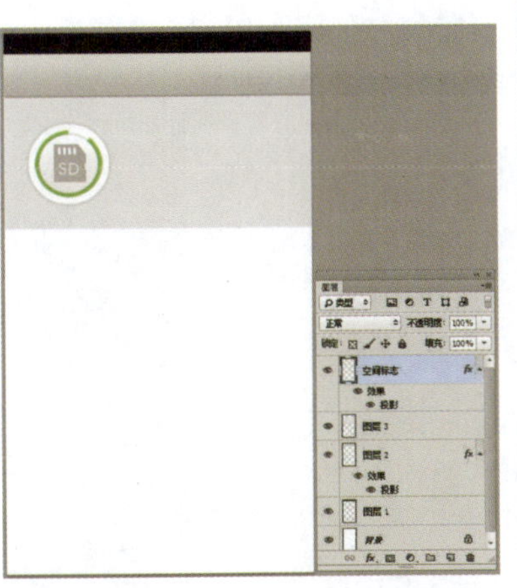

STEP 10 展开“图层”面板，新建“图层4”图层。

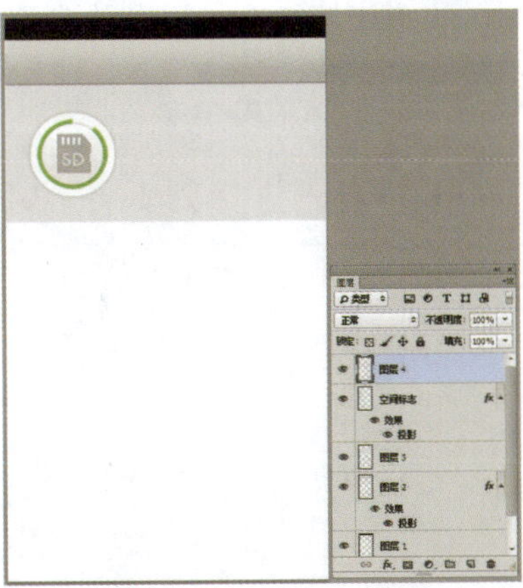

STEP 11 设置前景色为灰色（RGB参数值均为150），选取工具箱中的矩形工具，绘制一个矩形图像。

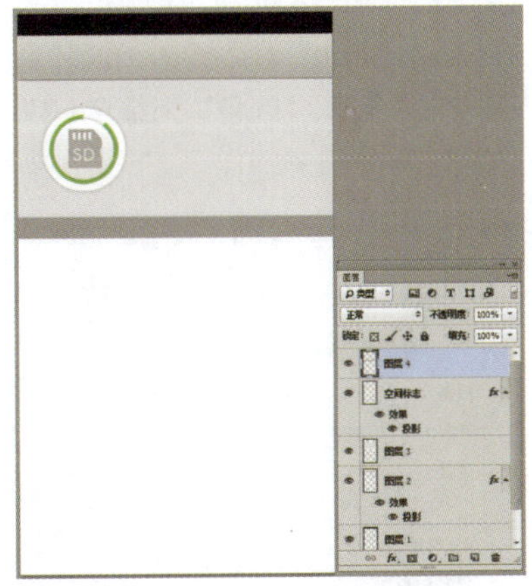

STEP 12 展开“图层”面板，新建“图层5”图层。

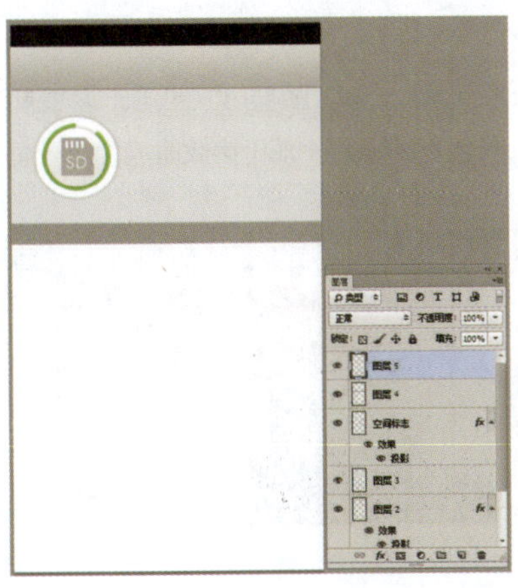

STEP 13 设置前景色为浅灰色（RGB参数值均为242），选取工具箱中的矩形工具，绘制一个矩形图像。

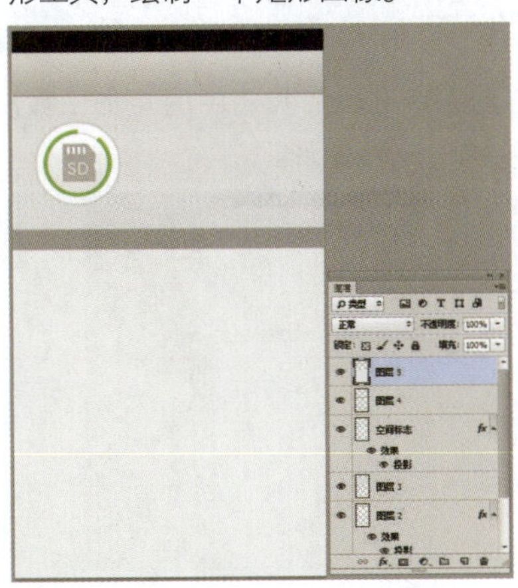

STEP 14 打开468（2）.psd素材图像，将其拖曳至当前图像编辑窗口中的合适位置。

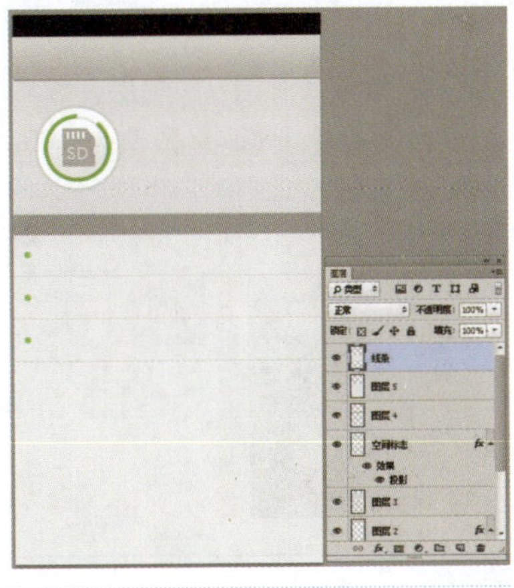

469 系统磁盘清理界面设计 3——制作细节效果

下面主要运用矩形选框工具、"描边"命令、矩形工具以及添加素材等，制作磁盘清理界面的细节效果。

STEP 1 展开"图层"面板，新建"图层 6"图层。

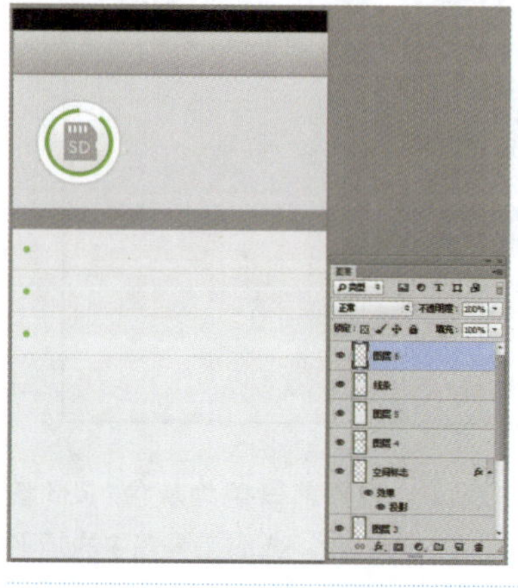

STEP 2 选取工具箱中的矩形选框工具，创建一个矩形选区。

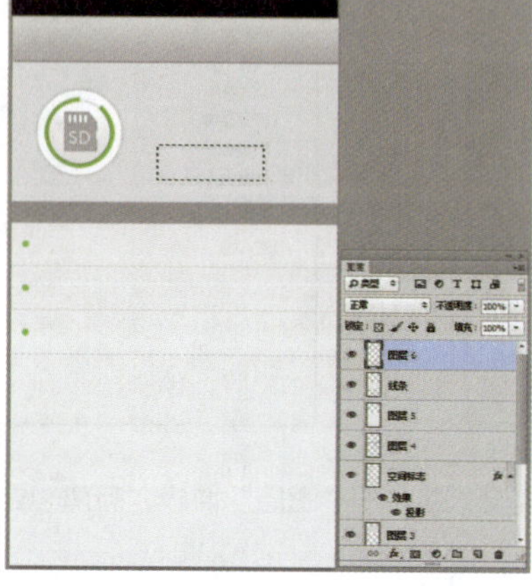

STEP 3 选取渐变工具，为选区填充淡绿色（RGB 参数值为 243、255、239）到浅绿色（RGB 参数值为 222、252、218）的线性渐变。

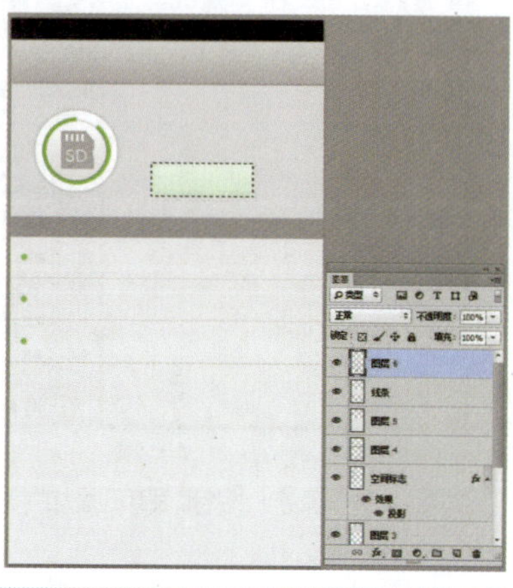

STEP 4 单击"编辑"|"描边"命令，在弹出的"描边"对话框中，设置"宽度"为 2 像素、"颜色"为绿色（RGB 参数值为 37、190、0）。

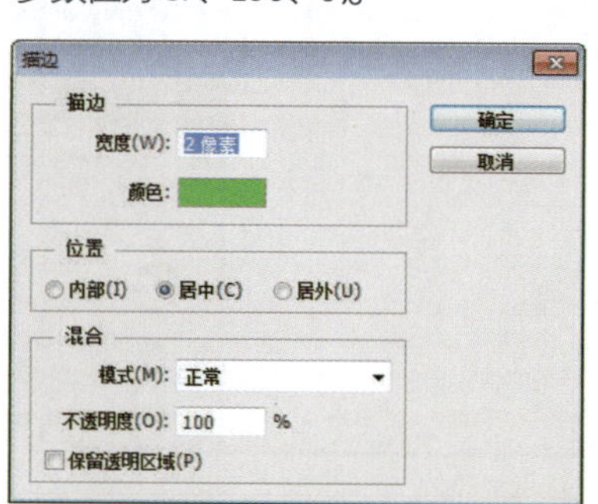

STEP 5 单击"确定"按钮，描边选区。

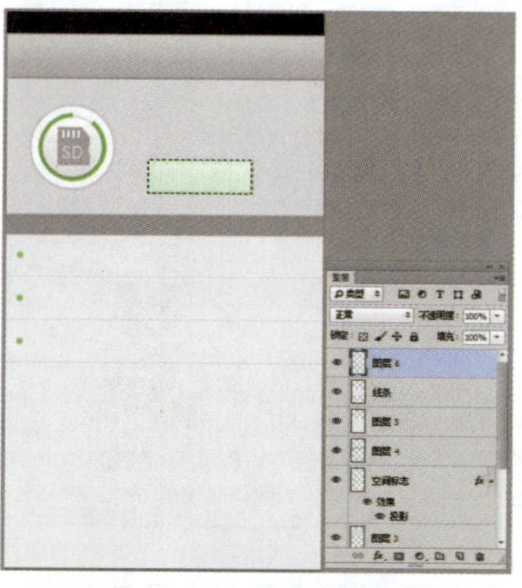

STEP 6 按【Ctrl + D】组合键，取消选区。

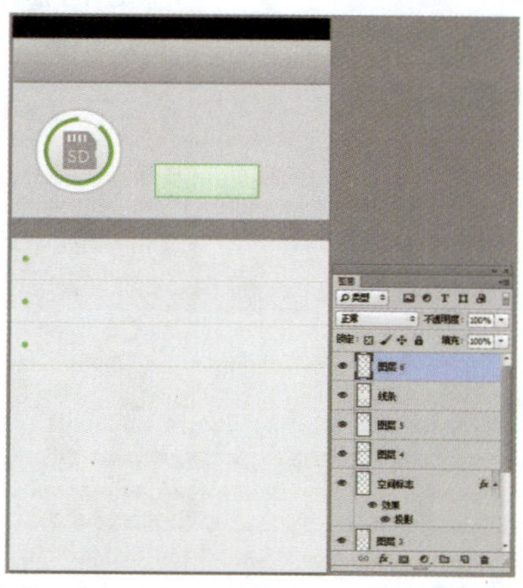

知识链接

除了运用上述命令可以弹出"描边"对话框外，还可通过选取工具箱中的矩形选框工具，移动鼠标指针至选区中，单击鼠标右键，在弹出的快捷菜单中选择"描边"选项，也可以弹出"描边"对话框。

STEP 7 新建"图层 7"图层，设置前景色为绿色（RGB 参数值为 105、188、11）。

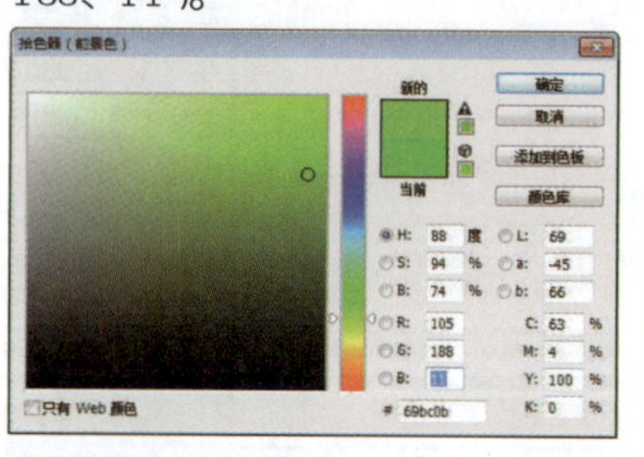

STEP 8 选取工具箱中的矩形工具，绘制一个小矩形。

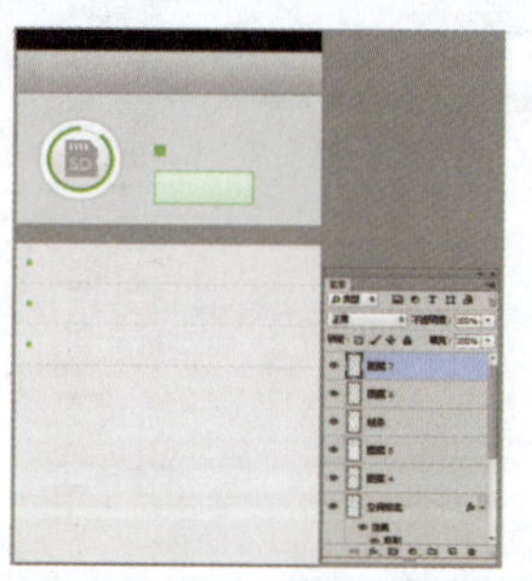

STEP 9 新建"图层 8"图层，设置前景色为深灰色（RGB 参数值均为 133）。

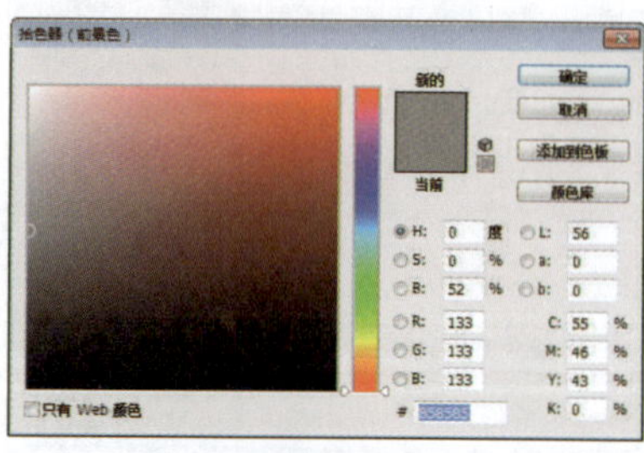

知识链接

选取矩形工具后，用户可以在工具属性栏中设置相应的选项，可以在设计移动UI时实现不同的矩形效果。矩形工具属性栏各选项含义如下。

- **模式：**单击该按钮，在弹出的下拉面板中可以定义工具预设。
- **选择工具模式：**该列表框中包含有图形、路径和像素3个选项，可创建不同的路径形状。
- **填充：**单击该按钮，在弹出的下拉面板中，可以设置填充颜色。
- **描边：**在该选项区中，可以设置创建的路径形状的边缘颜色和宽度等。
- **宽度：**用于设置矩形路径形状的宽度。
- **高度：**用于设置矩形路径形状的高度。

STEP 10 选取工具箱中的矩形工具，绘制一个小矩形。

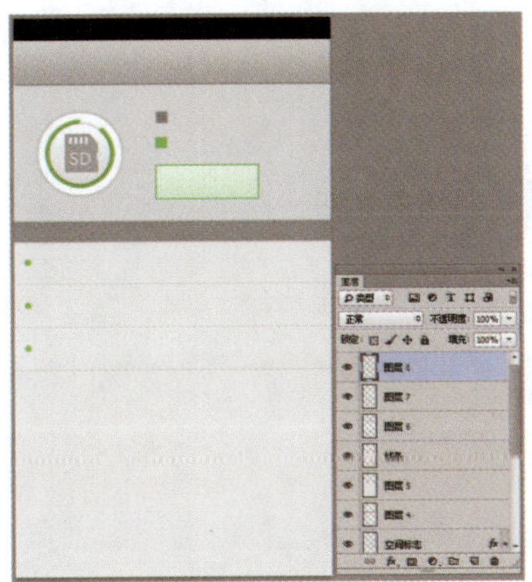

STEP 11 打开469(1).psd素材图像，将其拖曳至当前图像编辑窗口中的合适位置，为系统磁盘清理界面添加状态栏插件效果。

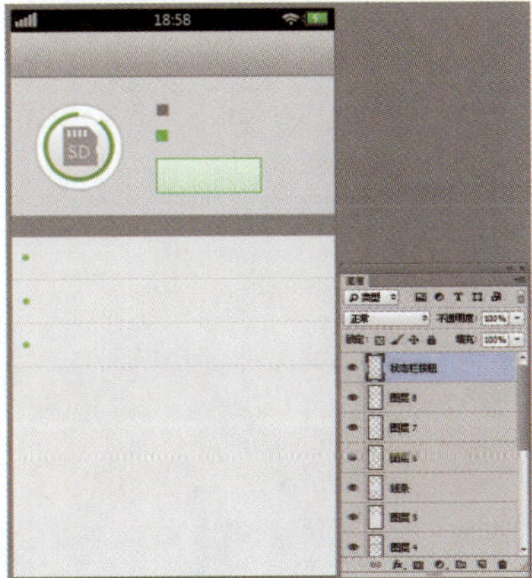

STEP 12 打开469(2).psd素材图像，将其拖曳至当前图像编辑窗口中的合适位置，为系统磁盘清理界面添加文本效果。

PART 03

实战应用篇

iOS 系统 UI 设计

苹果公司的移动产品（如 iPhone 系列手机、iPad 平板电脑、iPod 音乐播放器等）如今已风靡全球，其 iOS 操作系统对硬件性能要求不高，操作非常流畅，应用程序丰富，以其独特的魅力吸引越来越多的用户。本章主要介绍苹果系统 UI 的设计方法，包括系统天气控件 UI 设计、手机来电显示 UI 设计以及日历应用 UI 设计。

470 天气控件界面设计 1——制作背景效果

在苹果智能移动设备上，经常可以看到各式各样的天气软件，这些天气软件的功能都很全面，除了可以随时随地查看本地以及其他地方连续几天的天气情况，还有其他资讯小服务，是移动用户居家旅行的必需工具。

下面主要运用“亮度 / 对比度”命令、“曲线”命令、“USM 锐化”命令以及设置图层混合模式等，设计苹果系统天气控件 UI 的背景效果。

STEP 1 单击“文件”|“打开”命令，打开一幅素材图像。

STEP 2 在菜单栏中，单击“图像”|“调整”|“亮度 / 对比度”命令。

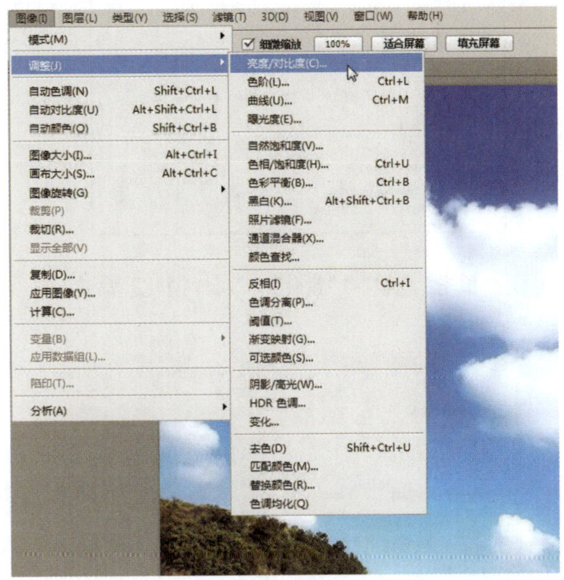

STEP 3 弹出“亮度 / 对比度”对话框，设置“亮度”为 18、“对比度”为 31，单击“确定”按钮，即可调整背景图像的亮度与对比度。

STEP 4 单击“图像”|“调整”|“曲线”命令，弹出“曲线”对话框，在调节线上添加一个节点，设置“输出”和“输入”的参数值分别为 187、175。

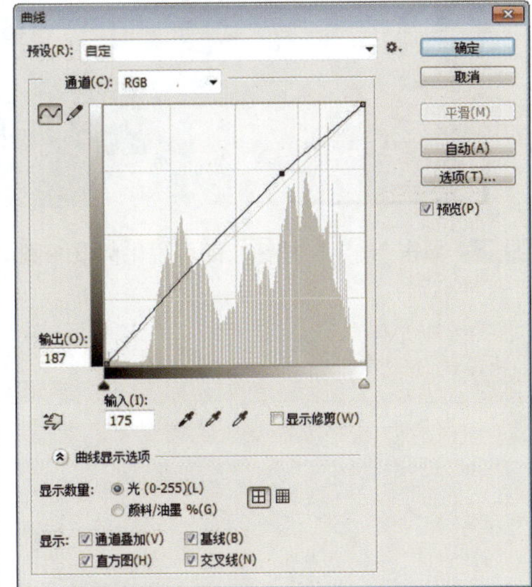

知识链接

曲线的概念很多人都听过，尤其在刚接触UI图像设计的人群中，曲线更是一个相当振奋人心的词语，因为曲线似乎能解决很多问题，蕴含着无穷无尽的魔力。其实，曲线只是一个工具，一个用于控制不同影调区域对比度的工具。

STEP 5 在调节线上添加第 2 个节点，设置“输出”和“输入”的参数值分别为 70、77。

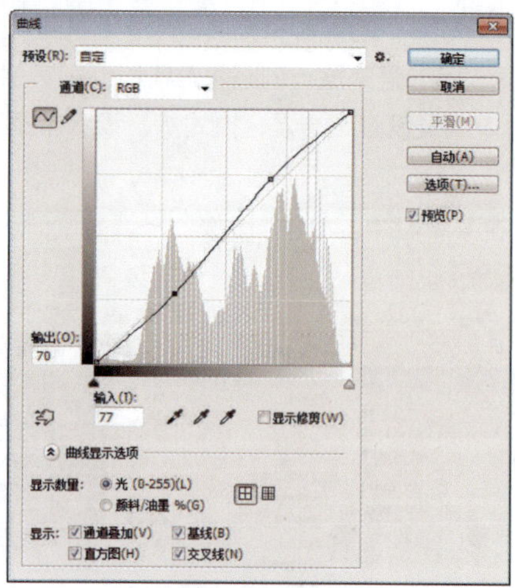

STEP 6 单击“确定”按钮，即可调整背景图像的色调。

STEP 7 单击“滤镜”|“锐化”|“USM 锐化”命令。

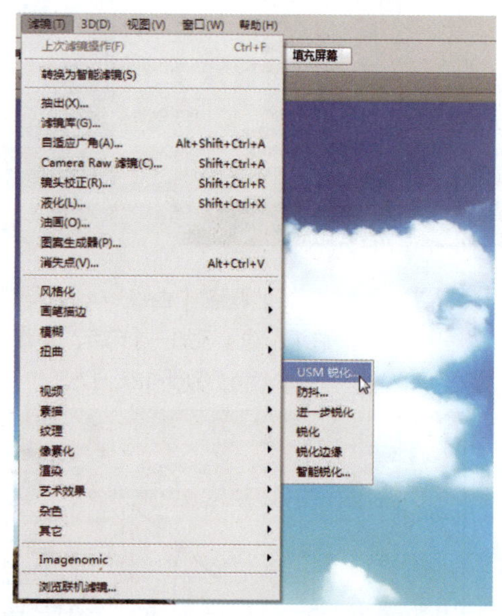

STEP 8 弹出“USM 锐化”对话框，设置“数量”为 30%、“半径”为 3.6 像素、“阈值”为 19 色阶。

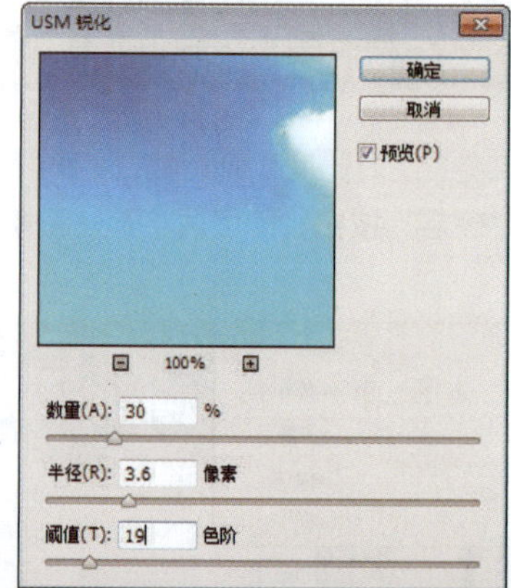

STEP 9 单击“确定”按钮，即可锐化背景图像。

STEP 10 展开“图层”面板，按【Ctrl＋J】组合键，复制“背景”图层，得到“图层 1”图层。

STEP 11 设置“图层 1”图层的“混合模式”为“叠加”，“不透明度”为 60%，执行操作后，即可改变图像效果。

STEP 12 打开 470.psd 素材，将其拖曳至当前图像编辑窗口中的合适位置，添加状态栏。

471 天气控件界面设计 2——制作主体效果

下面主要运用矩形工具、“投影”图层样式、渐变工具和魔棒工具等，设计苹果系统天气控件 UI 的主体效果。

STEP 1 在“图层”面板中，新建“图层 2”图层。

STEP 2 单击设置前景色色块，在弹出的“拾色器（前景色）”对话框中，设置前景色为浅蓝色（RGB 参数值为 121、140、239），单击“确定”按钮。

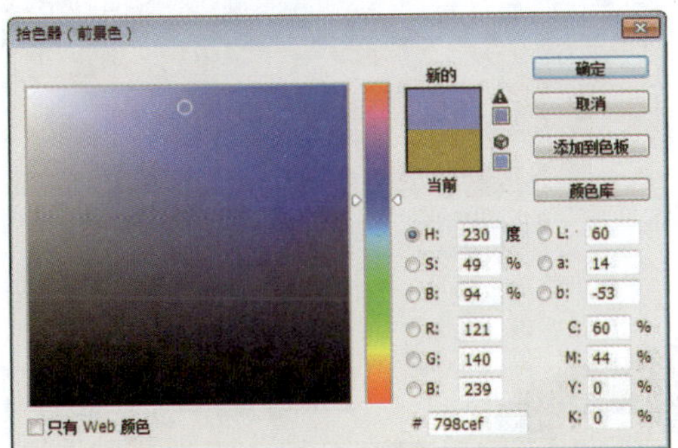

STEP 3 选取工具箱中的矩形工具，在工具属性栏上设置“选择工具模式”为“像素”，绘制一个矩形图像。

STEP 4 双击“图层 2”图层,弹出“图层样式”对话框,选中“投影”复选框，保持默认设置即可。

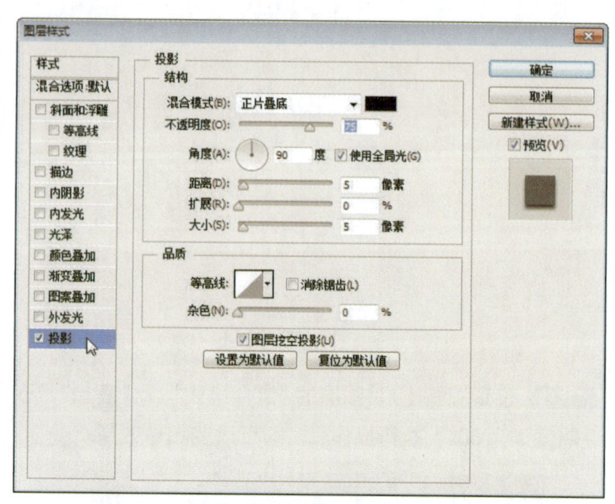

STEP 5 单击“确定”按钮，应用“投影”图层样式。

STEP 6 在“图层”面板中，为“图层 2”图层添加图层蒙版。

STEP 7 运用渐变工具，从右至左添加黑色到白色的线性渐变。

STEP 8 在“图层”面板中，设置“图层 2”图层的“不透明度”为 60%。

STEP 9 复制"图层 2"图层，得到"图层 2 拷贝"图层。

STEP 10 将"图层 2 拷贝"图层对应的图像拖曳至相应位置。

STEP 11 按【Ctrl＋T】组合键，调出变换控制框。

STEP 12 适当调整图像的大小和位置，按【Enter】键确认。

STEP 13 选取工具箱中的魔棒工具，单击复制的图像，创建选区。

STEP 14 单击设置前景色色块，在弹出的"拾色器（前景色）"对话框中，设置前景色为蓝色（RGB 参数值为 78、111、231），单击"确定"按钮。

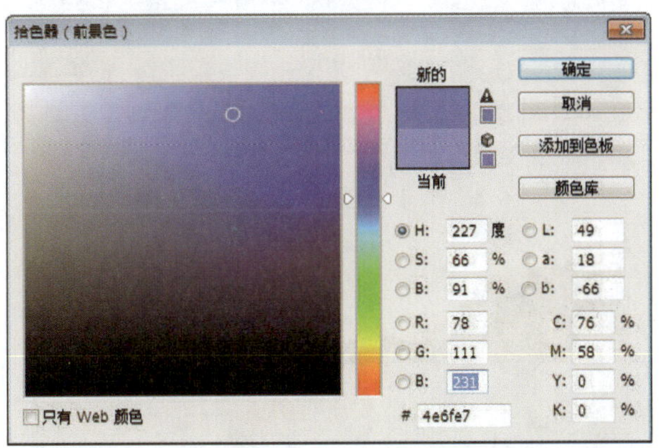

STEP 15 按【Alt + Delete】组合键，为选区填充前景色。

STEP 16 按【Ctrl + D】组合键，取消选区。

STEP 17 在“图层”面板中，复制“图层 2”图层，得到“图层 2 复制 2”图层。

STEP 18 适当调整“图层 2 复制 2”图层中图像的大小和位置。

STEP 19 选取工具箱中的魔棒工具，单击复制的图像，创建选区。

STEP 20 设置前景色为白色，按【Alt + Delete】组合键，为选区填充前景色。

STEP 21 按【Ctrl＋D】组合键，取消选区。

STEP 22 设置“图层 2 复制 2”图层的“不透明度”为 80%，即可改变图像效果。

STEP 23 选择“图层 2 复制 2”图层，按住【Ctrl】键和【Alt】键的同时向下拖曳，复制两个图层。

STEP 24 运用移动工具，适当调整各图像的位置。

472 天气控件界面设计 3——制作文本效果

下面主要运用横排文字工具、“字符”面板等，设计苹果系统天气控件 UI 的文本效果。

STEP 1 打开 472（1）.psd 素材，将其拖曳至当前图像编辑窗口中的合适位置，添加天气图标。

STEP 2 打开 472（2）.psd 素材，将其拖曳至当前图像编辑窗口中，并适当调整各图像的位置。

STEP 3 选取工具箱中的横排文字工具，确认插入点，在"字符"面板中设置"字体系列"为"微软雅黑"，"字体大小"为60点，"颜色"为白色（RGB参数值均为255）。

STEP 4 运用横排文字工具在图像中输入相应文本。

STEP 5 运用横排文字工具确认插入点，在"字符"面板中设置"字体系列"为"微软雅黑"，"字体大小"为12点，"颜色"为白色（RGB参数值均为255）。

STEP 6 在图像中输入相应文本，完成苹果系统天气控件UI的设计。

473 手机来电界面设计 1——添加参考线

设计来电界面时，主要运用到了辅助线工具，来定位苹果手机中的各个按钮位置，最后输入各按钮的文字说明即可。

知识链接

在Photoshop CC中，用户可以根据需要，移动参考线至合适图像编辑窗口中的合适位置。

- **快捷键1：**按住【Ctrl】键的同时拖曳鼠标，即可移动参考线。
- **快捷键2：**按住【Shift】键的同时拖曳鼠标，可使参考线与标尺上的刻度对齐。
- **快捷键3：**按住【Alt】键的同时拖曳参考线，可切换参考线水平和垂直的方向。

STEP 1 单击“文件”|“打开”命令，打开一幅素材图像。

STEP 2 展开“图层”面板，新建“图层 1”图层。

STEP 3 单击“视图”|“新建参考线”命令，弹出“新建参考线”对话框，选中“水平”单选按钮，设置“位置”为 30 厘米。

新建参考线
取向
水平(H)
垂直(V)
确定
取消
位置(P): 30厘米

STEP 4 单击“确定”按钮，新建一条水平参考线。

STEP 5 运用同样的方法，继续创建两条“位置”分别为 36 厘米和 42 厘米的水平参考线。

STEP 6 单击“视图”|“新建参考线”命令，弹出“新建参考线”对话框，选中“垂直”单选按钮，设置“位置”为 12.5 厘米。

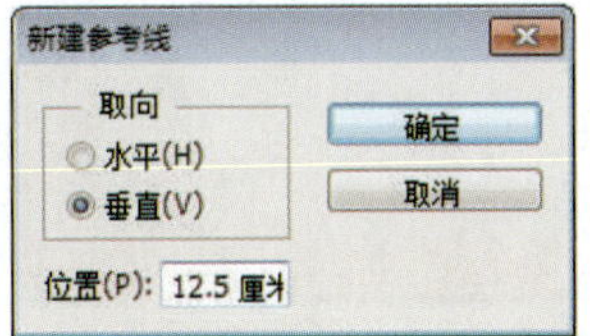

STEP 7 单击“确定”按钮，新建一条垂直参考线。

STEP 8 选取工具箱中的矩形选框工具，沿参考线绘制一个矩形选区。

474 手机来电界面设计 2——制作主体效果

下面主要运用单行选框工具、单列选框工具、“扩展”命令、魔棒工具以及填色操作等，设计苹果手机来电 UI 的主体效果。

STEP 1 单击设置前景色色块，在弹出的“拾色器(前景色)”对话框中，设置前景色为浅蓝色(RGB 参数值为 206、227、239)，单击“确定”按钮。

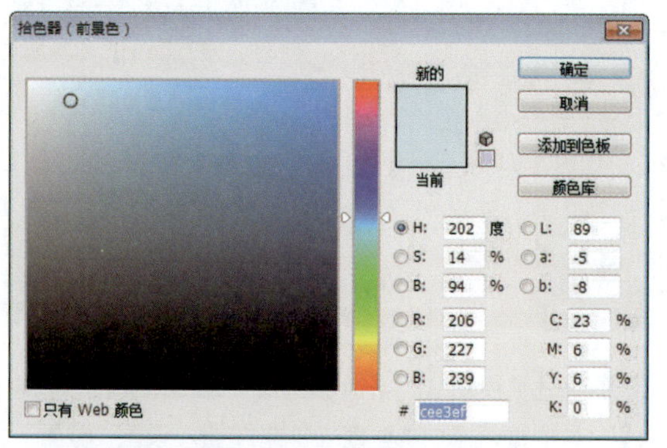

STEP 2 按【Alt + Delete】组合键，为“图层 1”图层填充前景色。

STEP 3 按【Ctrl + D】组合键，取消选区。

STEP 4 选取工具箱中的单行选框工具，沿参考线创建一个水平单行选区。

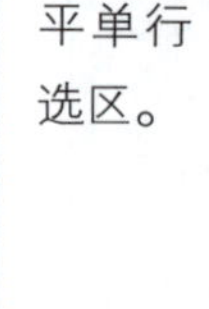

STEP 5 选取工具箱中的单列选框工具，单击工具属性栏中的“添加到选区”按钮，沿中间的垂直参考线创建一个单列选区。

STEP 6 单击“选择”|“修改”|“扩展”命令，弹出“扩展选区”对话框，设置“扩展量”为 3 像素。

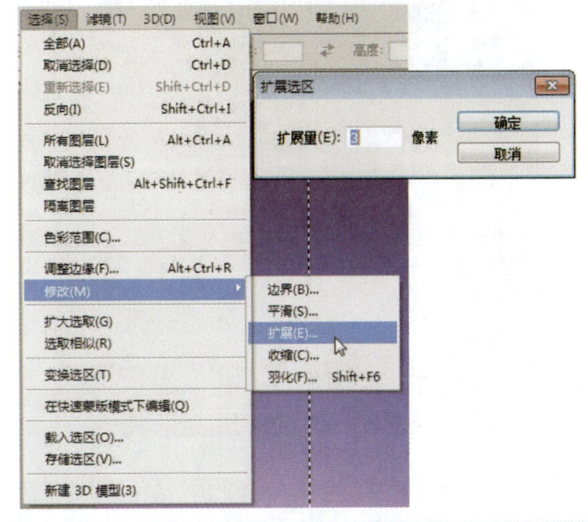

STEP 7 单击“确定”按钮，即可扩展选区大小。

STEP 8 按【Delete】键删除选区内的图像，并按【Ctrl＋D】组合键，取消选区。

STEP 9 单击“视图”|“清除参考线”命令，清除参考线。

STEP 10 选取工具箱中的魔棒工具，在图像编辑窗口中左下角的矩形块上创建一个选区。

STEP 11 设置前景色为红色（RGB 参数值为 205、66、58），按【Alt + Delete】组合键，为选区填充前景色，并取消选区。

STEP 12 选取工具箱中的魔棒工具，在图像编辑窗口中右下角的矩形块上创建一个选区。

STEP 13 单击设置前景色色块，在弹出的“拾色器（前景色）”对话框中，设置前景色为绿色（RGB 参数值为 82、218、105），单击“确定”按钮。

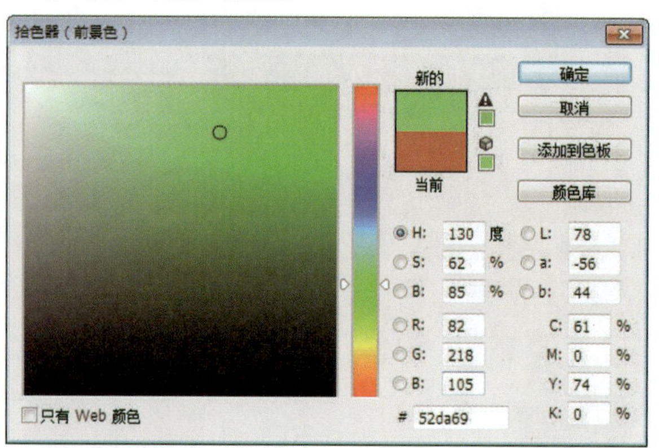

STEP 14 按【Alt + Delete】组合键，为选区填充前景色，并取消选区。

475 手机来电界面设计 3——制作文本效果

下面主要运用横排文字工具、“字符”面板以及添加素材等操作，设计苹果手机来电 UI 的文本效果。

STEP 1 打开 475（1）.psd 素材，将其拖曳至当前图像编辑窗口中的合适位置，为手机来电界面添加状态栏控件。

STEP 2 打开 475（2）.psd 素材，将其拖曳至当前图像编辑窗口中的合适位置，为手机来电界面添加来电者信息。

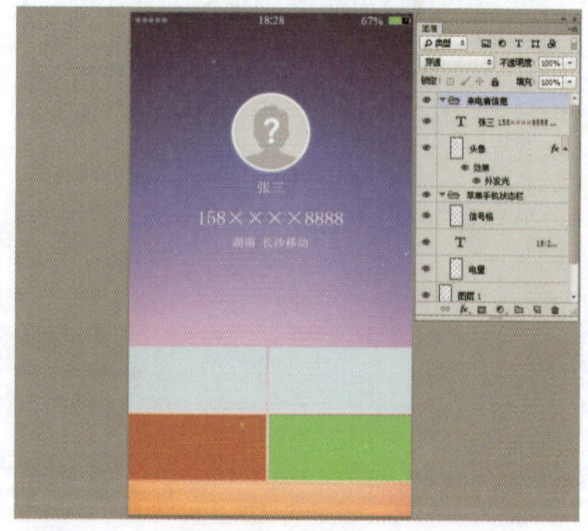

STEP 3 选取工具箱中的横排文字工具，确认插入点，在调出的“字符”面板中，设置“字体系列”为“微软雅黑”，“字体大小”为 40 点，“颜色”为红色（RGB 参数值为 251、21、22），输入相应文字。

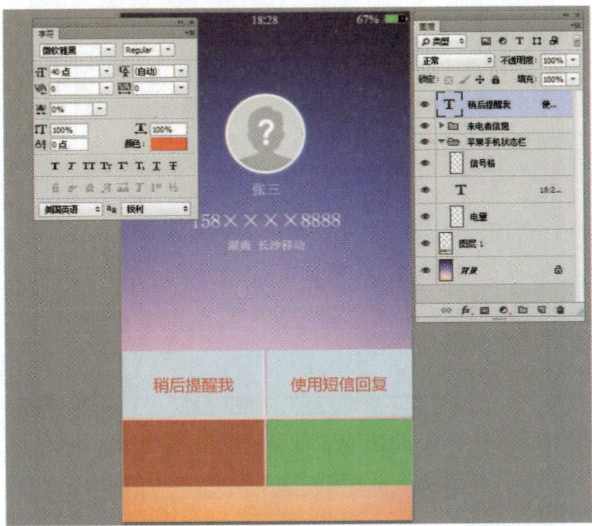

STEP 4 选取工具箱中的横排文字工具，确认插入点，在调出的“字符”面板中，设置“字体系列”为“微软雅黑”，“字体大小”为 60 点，“颜色”为白色，输入相应文字。

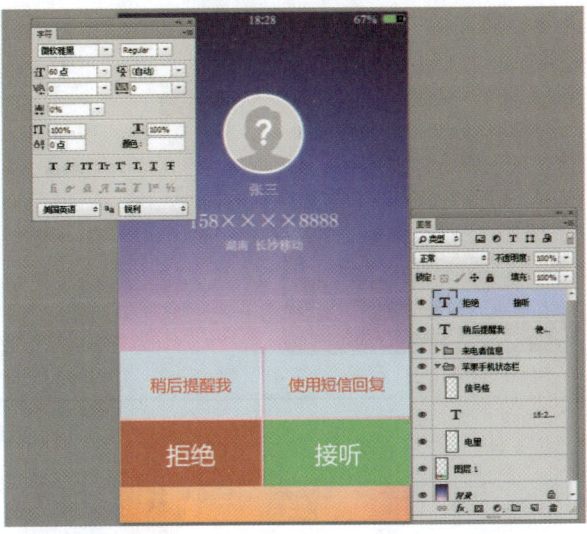

476 日历应用界面设计 1——制作背景效果

日历是智能手机必装的生活类 APP，是用户生活的好帮手，用来记录生活，设置提醒，来帮助自己打理生活的方方面面。

在图像的顶部和底部分别绘制矩形，并确定界面基准颜色为蓝色、深蓝色。下面向读者介绍苹果手机日历 APP 界面背景效果的制作方法。

STEP 1 单击“文件”|“新建”命令，弹出“新建”对话框，设置“名称”为“苹果系统日历 APP 界面”，“宽度”为 720 像素，“高度”为 1280 像素，“分辨率”为 72 像素 / 英寸，单击“确定”按钮，新建一幅空白图像。

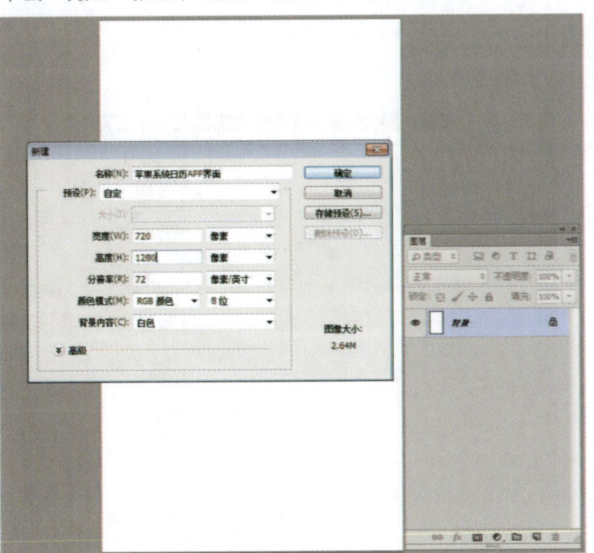

STEP 2 展开“图层”面板，新建“图层 1”图层。

STEP 3 设置前景色为深红色（RGB 参数值为 195、46、41）。

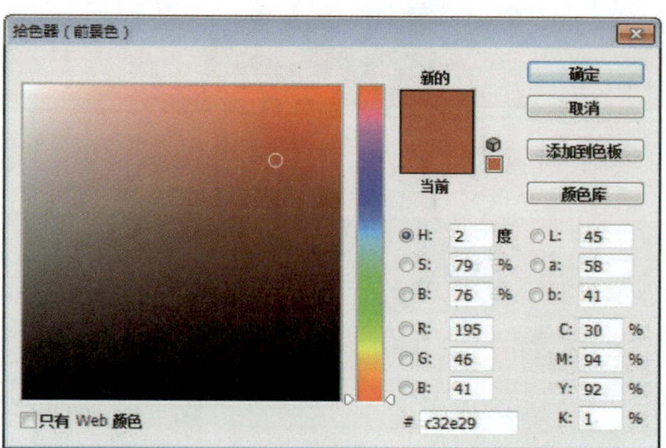

STEP 4 选取工具箱中的矩形工具，设置“选择工具模式”为“像素”，在图像上方绘制一个矩形。

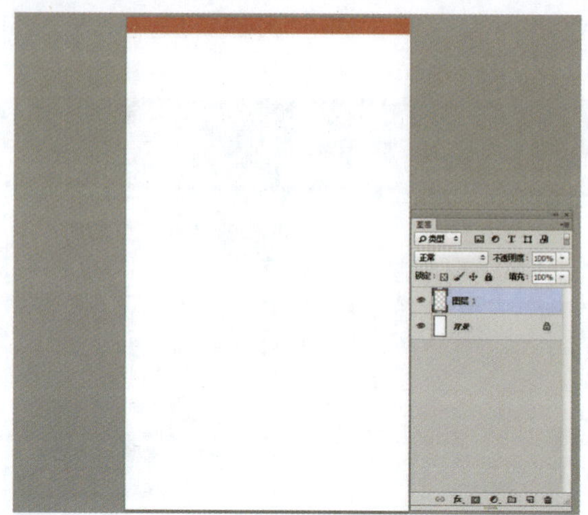

STEP 5 在“图层”面板中，新建“图层 2”图层。

STEP 6 选取工具箱中的矩形选框工具，创建一个矩形选区。

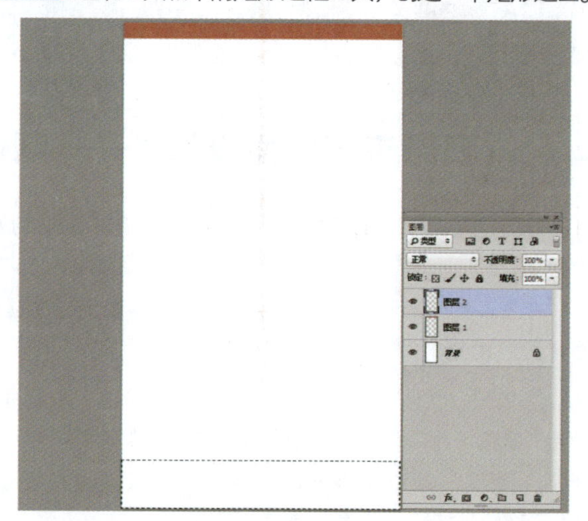

STEP 7 选取工具箱中的渐变工具，设置渐变色为浅灰色（RGB 参数值均为 247）到灰色（RGB 参数值均为 218）的线性渐变。

STEP 8 运用渐变工具从上至下为选区填充渐变色。

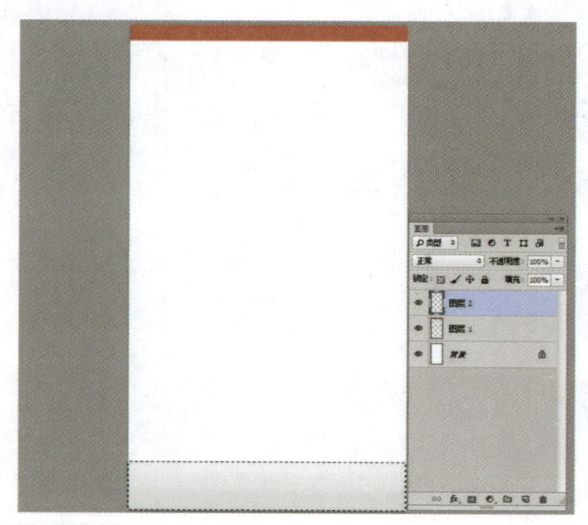

STEP 9 按【Ctrl＋D】组合键，取消选区。

STEP 10 在“图层”面板中，双击“图层 2”图层，在弹出的“图层样式”对话框中，选中“描边”复选框，在其中设置“大小”为 1 像素、“颜色”为灰色（RGB 参数值均为 203）。

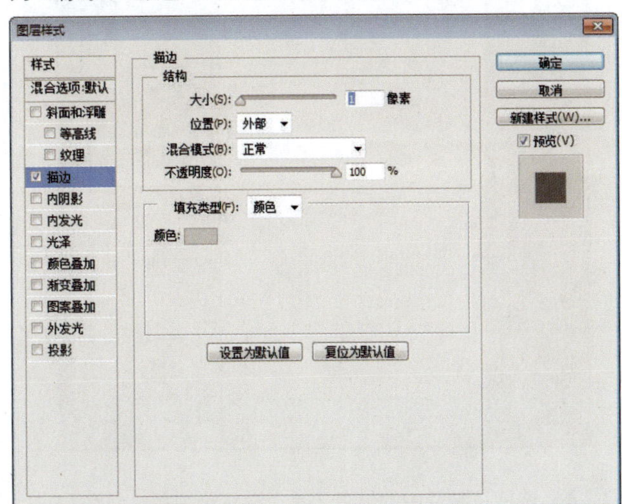

STEP 11 选中“投影”复选框，设置“距离”为 1 像素、“扩展”为 20%、“大小”为 10 像素。

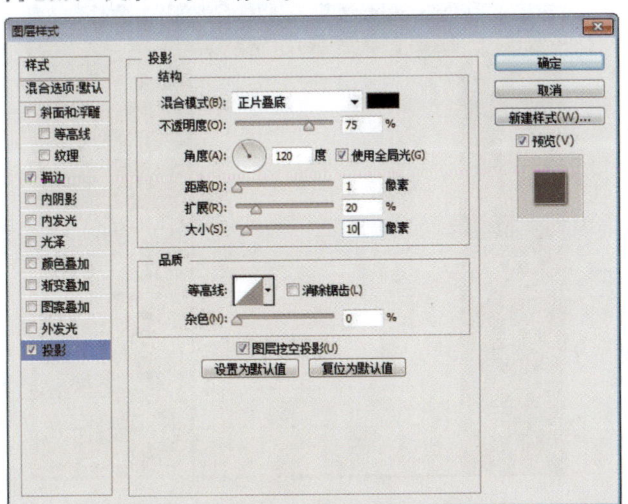

STEP 12 单击“确定”按钮，即可设置图层样式。

知识链接 在设计移动UI中的元素时，为了增加图像的真实感，可以为图像中的对象添加“投影”图层样式效果。

477 日历应用界面设计 2——制作主体效果

在制作界面的主体效果时，主要运用了矩形选区、渐变填充和图层样式等工具或选项，为图像添加图层样式可以使界面中的元素呈现立体感。下面主要向读者介绍苹果系统日历 APP 界面主体效果的制作方法。

STEP 1 单击“文件”|“打开”命令，打开477.psd素材图像，运用移动工具将其拖曳至当前图像编辑窗口中的合适位置。

STEP 2 在“图层”面板中新建“图层3”图层，选取工具箱中的矩形选框工具，绘制一个矩形选区。

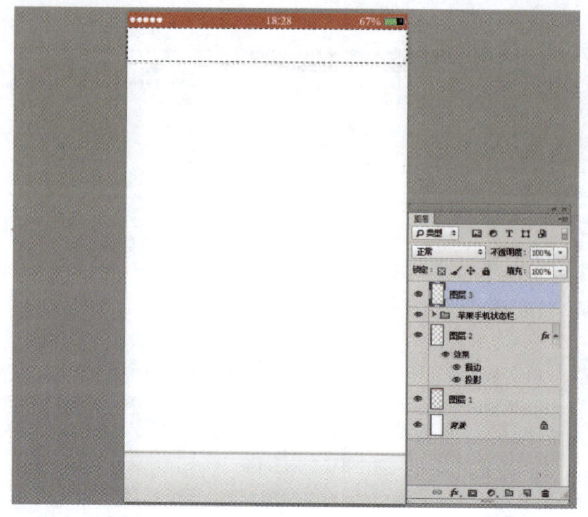

STEP 3 选取工具箱中的渐变工具，设置渐变色为红色（RGB参数值为229、95、86）到深红色（RGB参数值为186、70、55）的线性渐变。

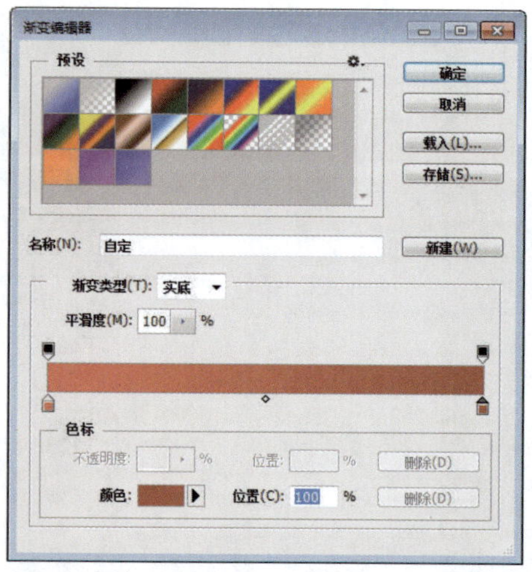

STEP 4 运用渐变工具为选区从上至下填充渐变色。

STEP 5 按【Ctrl＋D】组合键，取消选区。

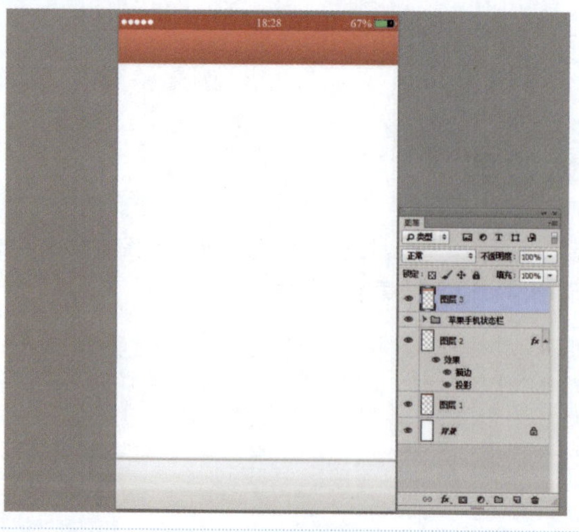

STEP 6 双击“图层3”图层，弹出“图层样式”对话框，选中“描边”复选框，在其中设置“大小”为1像素、“颜色”为白色。

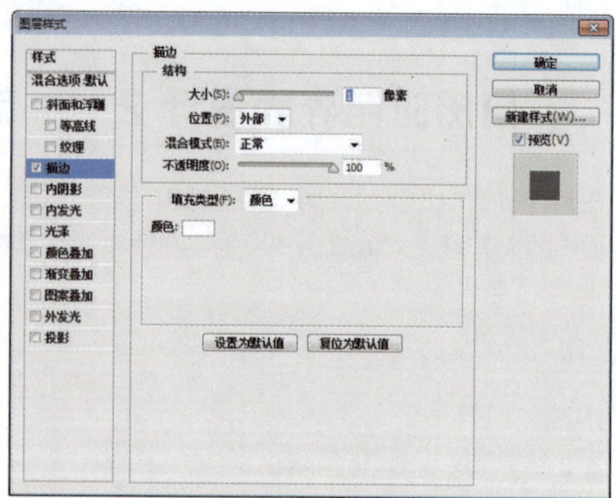

STEP 7 选中“投影”复选框，在其中设置“距离”为1像素、“扩展”为0%、“大小”为10像素。

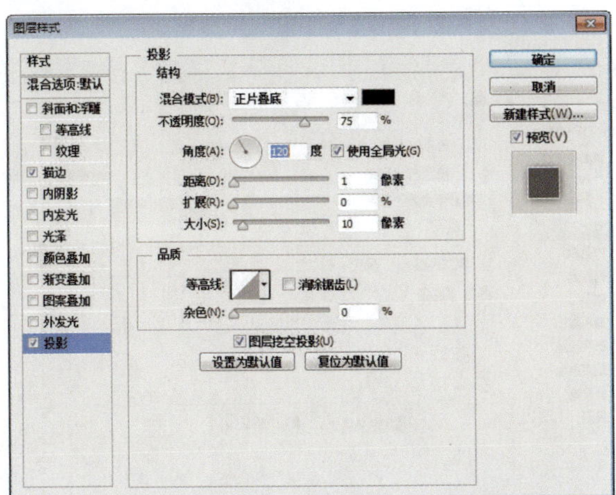

STEP 8 单击“确定”按钮，即可设置图层样式。

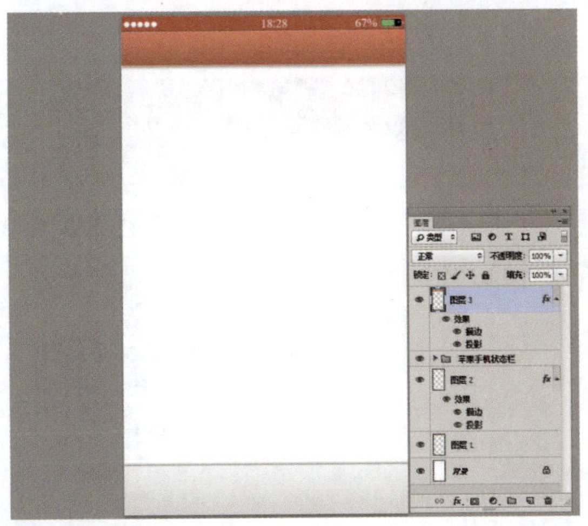

STEP 9 选取工具箱中的圆角矩形工具，设置“选择工具模式”为“路径”，“半径”为8像素，绘制一个圆角矩形路径。

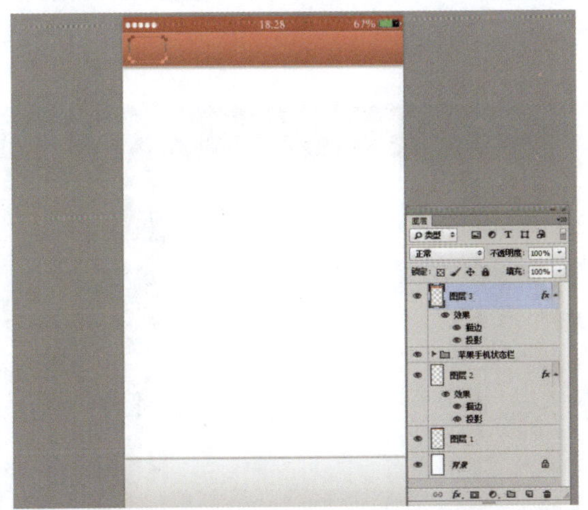

STEP 10 按【Ctrl＋Enter】组合键，将路径转换为选区。

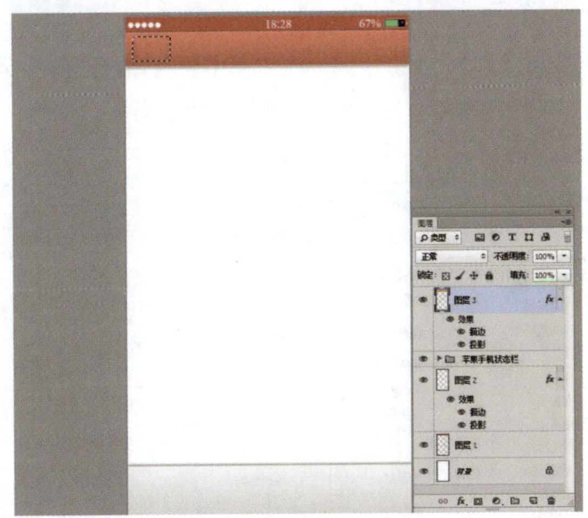

STEP 11 在“图层”面板中，新建“图层4”图层。

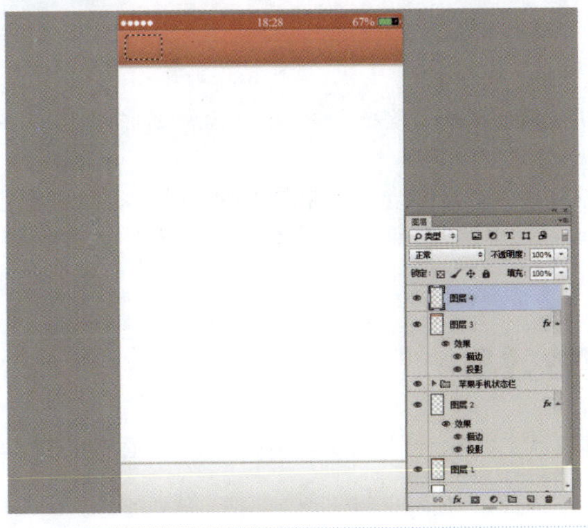

STEP 12 选取工具箱中的渐变工具，为选区填充红色（RGB参数值为229、95、86）到深红色（RGB参数值为186、70、55）的线性渐变。

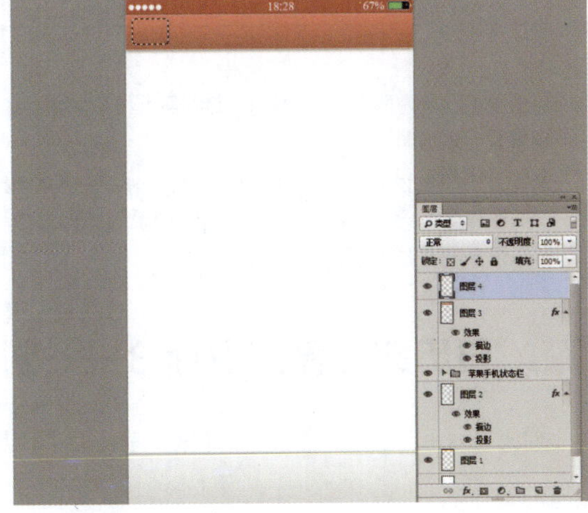

STEP 13 按【Ctrl＋D】组合键，取消选区。

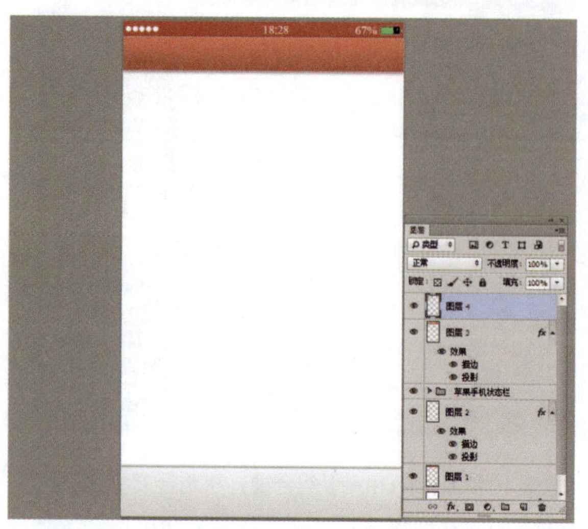

STEP 14 双击“图层 4”图层，在弹出的“图层样式”对话框中，选中“描边”复选框，在其中设置“大小”为 1 像素、“颜色”为深红色（RGB 参数值为 168、30、32）。

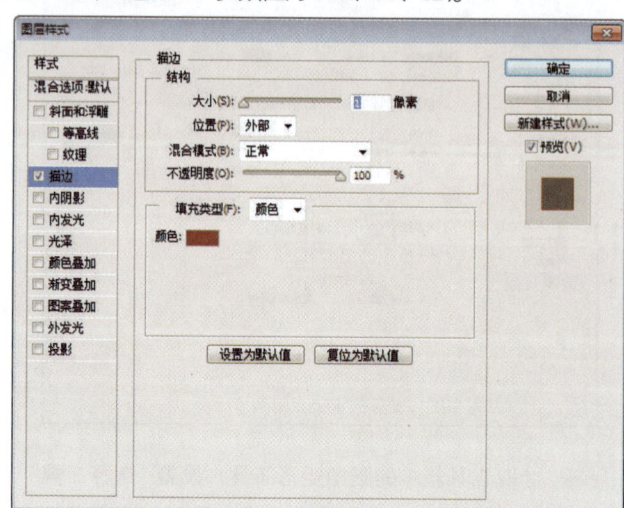

STEP 15 选中“内阴影”复选框，在其中设置“混合模式”为“正常”，“阴影颜色”为浅红色（RGB 参数值分别为 223、178、178），“距离”为 1 像素，“阻塞”为 5%，“大小”为 18 像素。

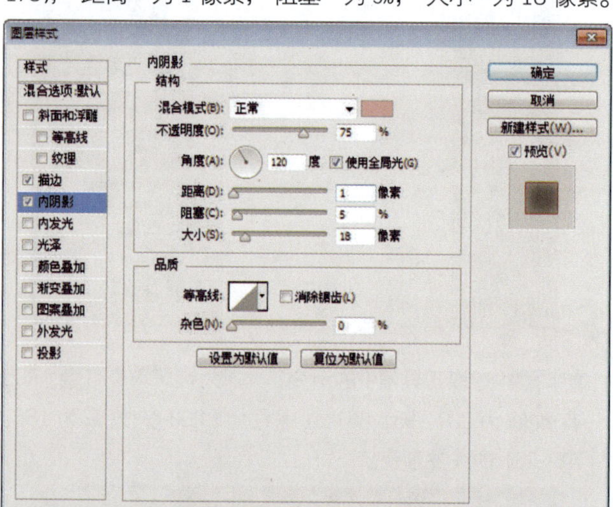

STEP 16 单击“确定”按钮，即可设置图层样式。

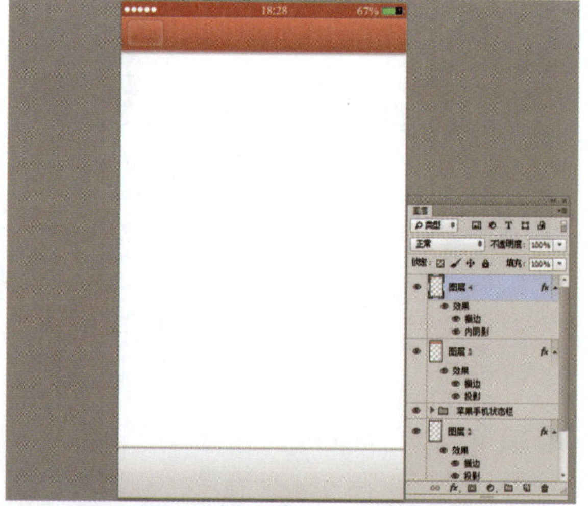

知识链接

一般情况下，“内阴影”效果是在2D图像上模拟3D效果的时候使用，通过制造一个有位移的阴影，来让移动UI中的图形对象看起来有一定的深度。

“图层样式”对话框的“内阴影”选项区几乎和“投影”选项区一模一样，唯一的区别便是阴影出现的方式不是在图形后面，而是在图形里面。用户可以为“内阴影”设置不同的混合模式，通常情况下都是“正片叠底”或“线性光”，这样“内阴影”便会比图像颜色更深一些。

478 日历应用界面设计 3——制作细节效果

下面主要运用“标尺”命令、参考线、单行选框工具和横排文字工具等，制作苹果系统日历 APP 界面的细节效果。

STEP 1 打开478（1）.psd素材图像，将其拖曳至当前图像编辑窗口中，调整至合适位置，添加按钮素材。

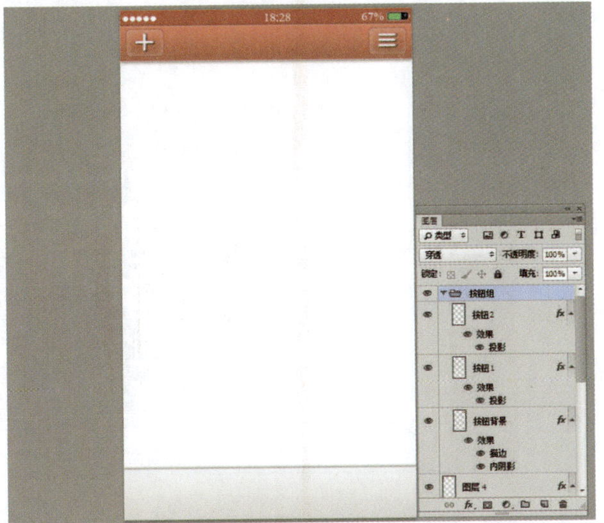

STEP 2 打开478（2）.psd素材图像，将其拖曳至当前图像编辑窗口中，调整至合适位置，添加日历表素材。

STEP 3 单击“视图”|“标尺”命令，即可显示标尺。

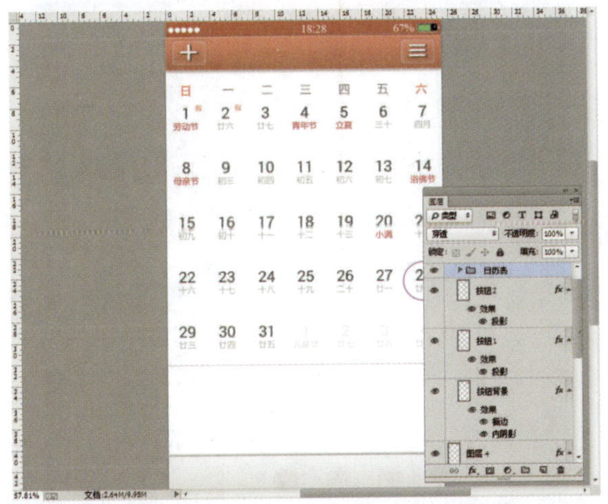

STEP 4 在水平线的36厘米位置，在标尺上拖曳出1条水平参考线。

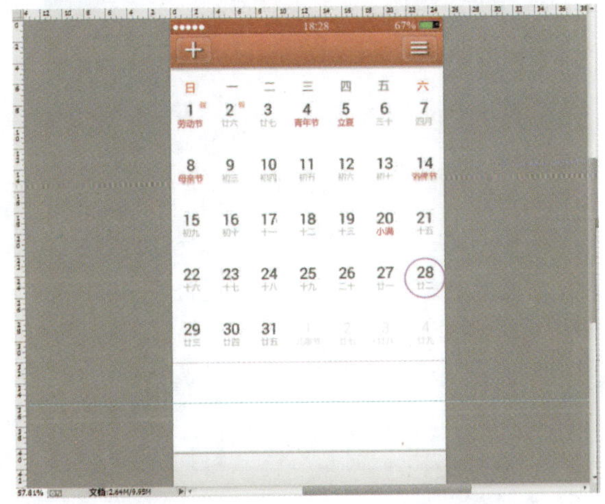

STEP 5 在“图层”面板中，新建“图层5”图层。

STEP 6 单击设置前景色色块，在弹出的“拾色器（前景色）”对话框中，设置前景色为灰色（RGB参数值均为141），单击“确定”按钮。

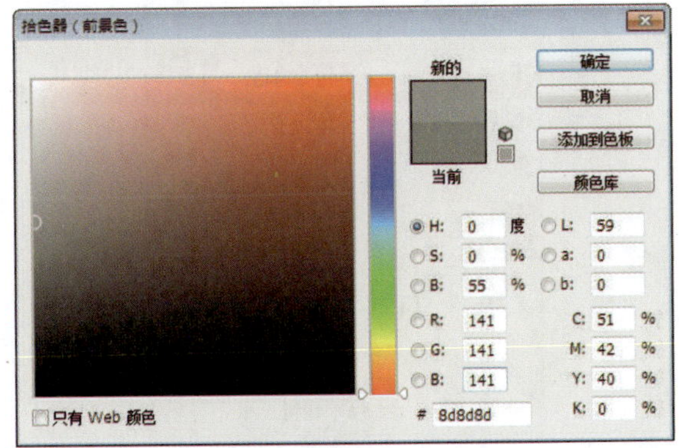

STEP 7 选取工具箱中的单行选框工具，在参考线位置上创建单行选区。

STEP 8 按【Alt＋Delete】组合键，为选区填充前景色，按【Ctrl＋D】组合键，取消选区。

STEP 9 单击“视图”|“清除参考线”命令，清除参考线。

STEP 10 打开478(3).psd素材图像，将其拖曳至当前图像编辑窗口中，调整至合适位置，添加底部按钮素材。

STEP 11 选取工具箱中的横排文字工具，确认插入点，在“字符”面板中设置“字体系列”为“微软雅黑”，“字体大小”为45点，“字距调整”为100，“颜色”为白色（RGB参数值均为255）。

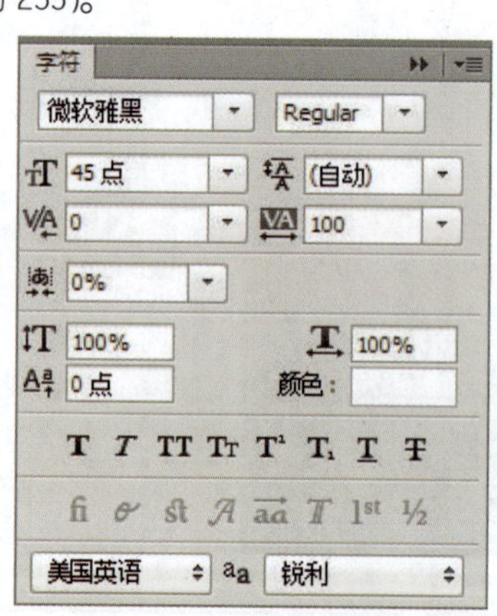

STEP 12 在图像标题栏中输入相应文本。

STEP 13 双击文本图层，在弹出的“图层样式”对话框中选中“投影”复选框，在其中设置“距离”为1像素、“扩展”为0%、“大小”为1像素。

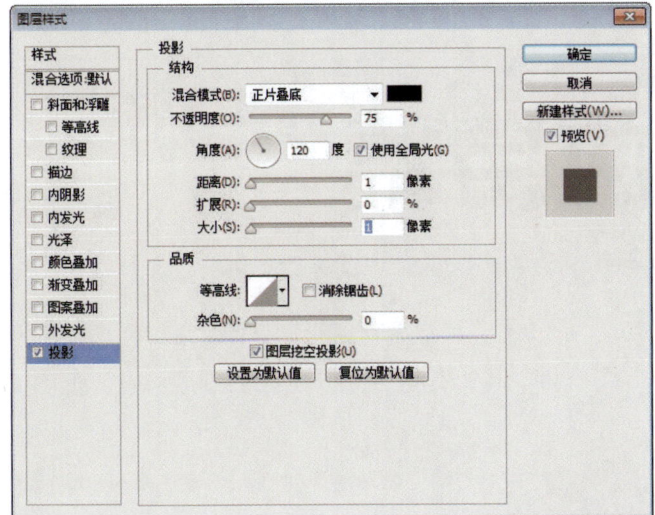

STEP 14 单击“确定”按钮，为文本添加投影样式。

STEP 15 打开478(4).psd素材图像，将其拖曳至当前图像编辑窗口中，调整至合适位置，添加文本素材。

PART 03

实战应用篇

微软系统 UI 设计

Windows Phone 是微软发布的一款手机操作系统，其最新版本为 Windows 10 Mobile，它将微软旗下的 Xbox Live 游戏、Xbox Music 音乐与独特的视频体验整合至手机中。本章主要介绍微软移动系统的 UI 设计方法。

479 拨号键盘设计 1——制作背景效果

打电话、发短信等是用户们对手机的最基本需求，因此手机中的拨号键盘成了用户每天都要面对的界面。好的拨号键盘 UI 可以带给用户更加方便、快捷的使用体验，增加用户对手机的喜爱。

本实例主要介绍微软系统手机的智能拨号 UI 设计方法。下面主要运用矩形选框工具、“内发光”图层样式等，设计微软手机拨号键盘的背景效果。

STEP 1 单击“文件”|“新建”命令，弹出“新建”对话框，设置“名称”为“微软手机拨号键盘”，“宽度”为 1080 像素，“高度”为 1920 像素，“分辨率”为 72 像素 / 英寸，“颜色模式”为“RGB 颜色”，“背景内容”为“白色”。

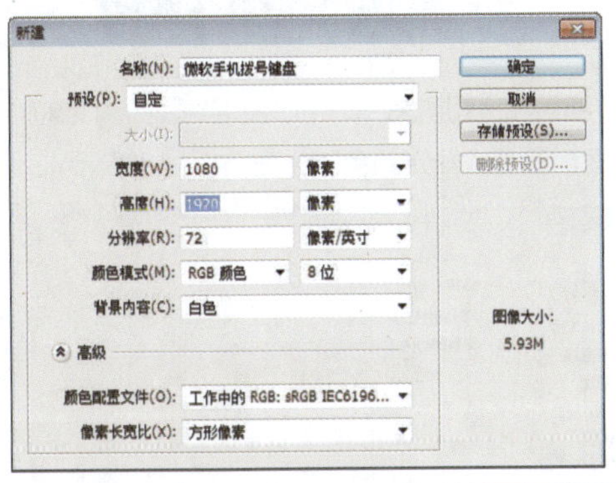

STEP 2 单击“确定”按钮，新建一个空白图像，设置前景色为黑色，按【Alt + Delete】组合键，为“背景”图层填充前景色。

STEP 3 展开“图层”面板，新建“图层 1”图层。

STEP 4 选取工具箱中的矩形选框工具，在图像编辑窗口中创建一个矩形选区。

STEP 5 单击设置前景色色块，在弹出的“拾色器(前景色)”对话框中，设置前景色为深灰色(RGB 参数值均为 51)，单击“确定”按钮。

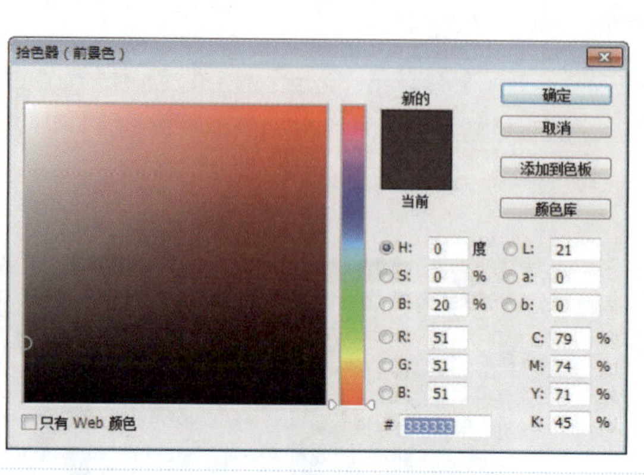

STEP 6 按【Alt + Delete】组合键，为选区填充前景色。

STEP 7 按【Ctrl + D】组合键，取消选区。

STEP 8 双击“图层 1”图层，在弹出的“图层样式”对话框中选中“内发光”复选框，设置“发光颜色”为白色、“大小”为 2 像素。

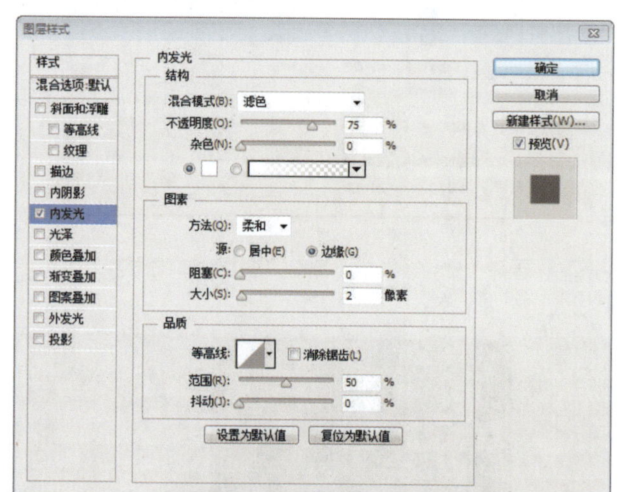

STEP 9 单击“确定”按钮，即可应用“内发光”图层样式。

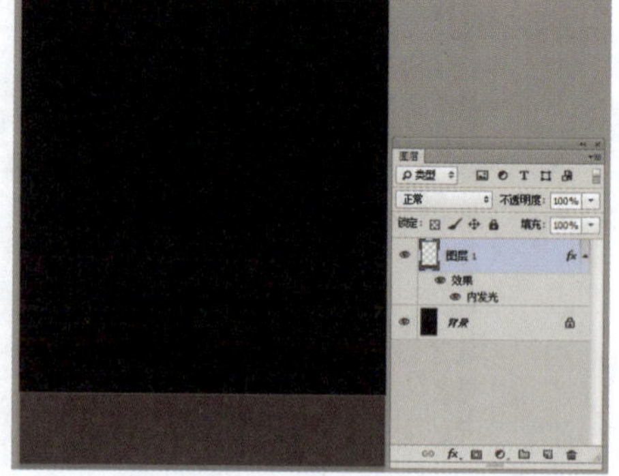

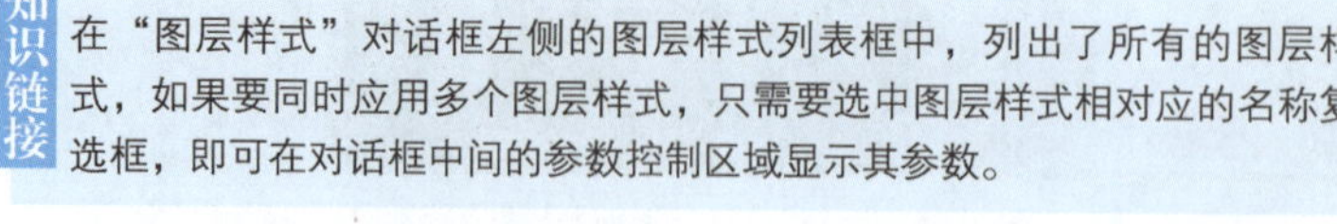
知识链接 在“图层样式”对话框左侧的图层样式列表框中，列出了所有的图层样式，如果要同时应用多个图层样式，只需要选中图层样式相对应的名称复选框，即可在对话框中间的参数控制区域显示其参数。

480 拨号键盘设计 2——制作电话图标

下面主要运用变换控制框、“边界”命令等，设计微软手机拨号键盘的电话图标效果。

STEP 1 打开 480.psd 素材，将其拖曳至当前图像编辑窗口中的合适位置，添加电话图标素材。

STEP 2 按【Ctrl＋T】组合键，调出变换控制框，适当调整电话图标的大小和位置，并按【Enter】键确认变换操作。

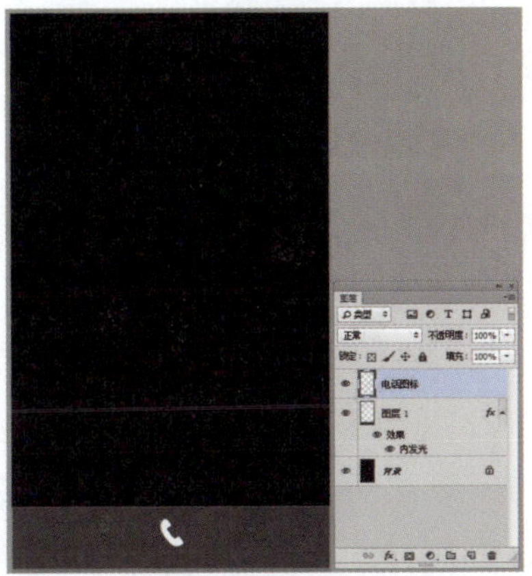

STEP 3 按住【Ctrl】键的同时单击“电话图标”图层的缩览图，将其载入选区。

STEP 4 单击“选择”|“修改”|“边界”命令。

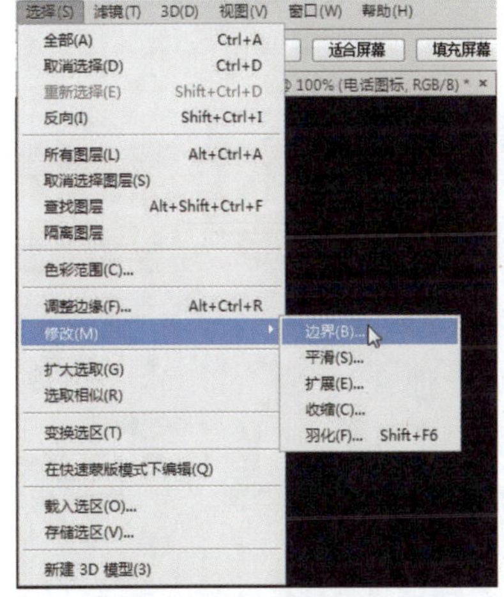

STEP 5 执行上述操作后，弹出“边界选区”对话框，设置“宽度”为 5 像素。

STEP 6 单击“确定”按钮，即可边界选区。

STEP 7 在“图层”面板中，新建“图层 2”图层。

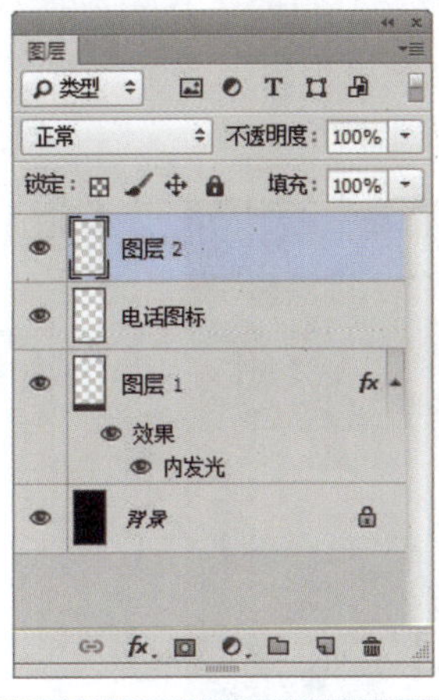

STEP 8 设置前景色为白色，按【Alt＋Delete】组合键，为选区填充前景色。

STEP 9 在“图层”面板中，隐藏“电话图标”图层。

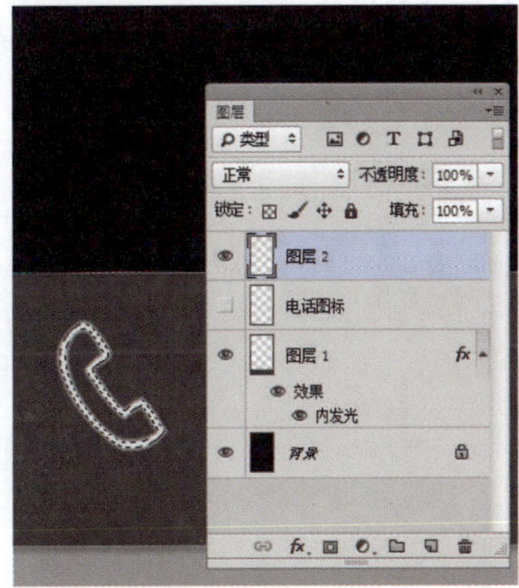

STEP 10 按【Ctrl + D】组合键，取消选区。

STEP 11 在“图层”面板中设置“图层2”图层的“不透明度”为30%。

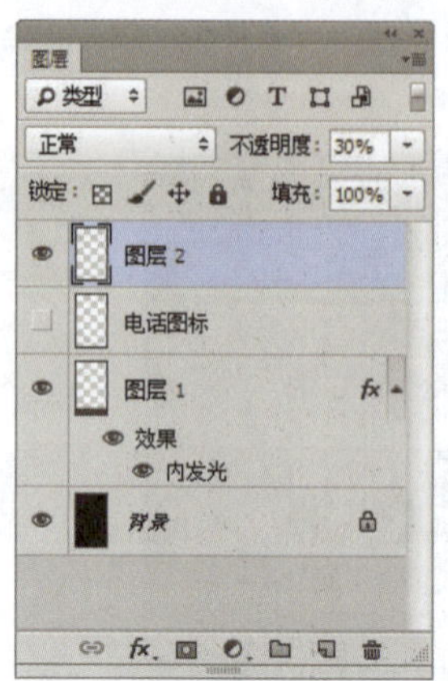

STEP 12 执行操作后，即可改变图像效果。

481 拨号键盘设计 3——制作主体效果

下面主要运用矩形选框工具、渐变工具、“描边”命令以及添加素材等操作，设计微软手机拨号键盘的主体效果。

STEP 1 在“图层”面板中，新建“图层3”图层。

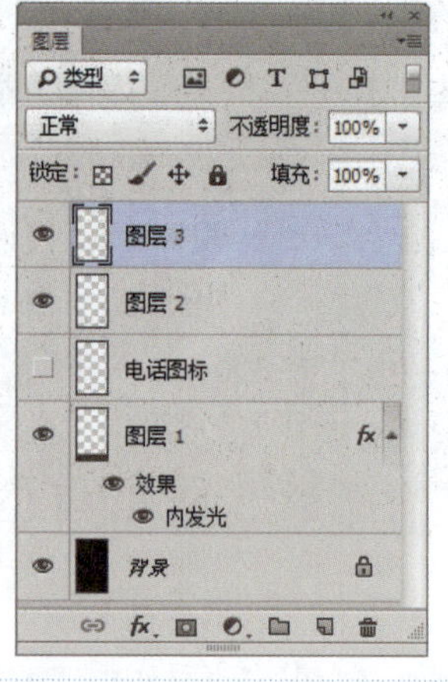

STEP 2 选取工具箱中的矩形选框工具，在图像编辑窗口中创建一个矩形选区。

STEP 3 选取工具箱中的渐变工具，在工具属性栏中单击“点按可编辑渐变”按钮。

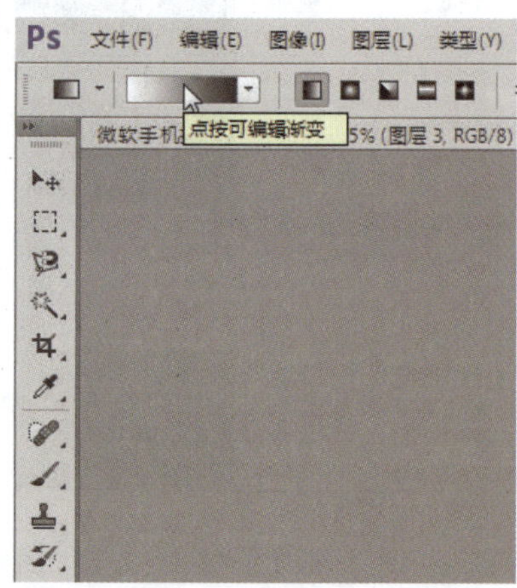

STEP 4 弹出“渐变编辑器”对话框，设置渐变色为浅蓝色（RGB参数值为100、138、167）到深蓝色（RGB参数值为37、64、85）的径向渐变。

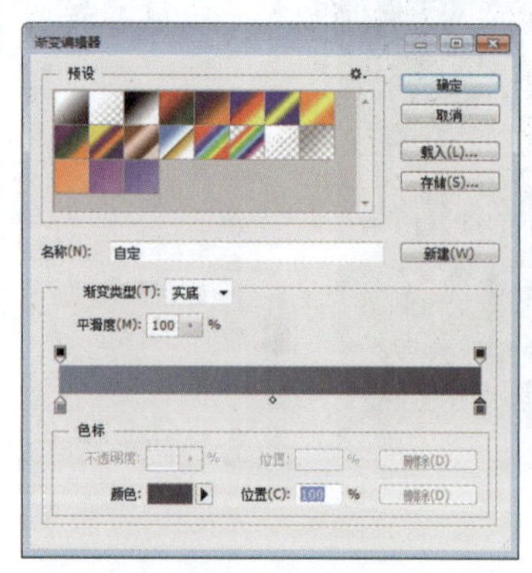

STEP 5 单击“确定”按钮，在工具属性栏中单击“径向渐变”按钮，从上到下为矩形选区填充径向渐变。

STEP 6 按【Ctrl + D】组合键，取消选区。

STEP 7 打开 481（1）.psd 素材，将其拖曳至当前图像编辑窗口中的合适位置，添加分割线素材。

STEP 8 在菜单栏中，单击“编辑”|“描边”命令，弹出“描边”对话框，设置“宽度”为 15 像素、“颜色”为黑色。

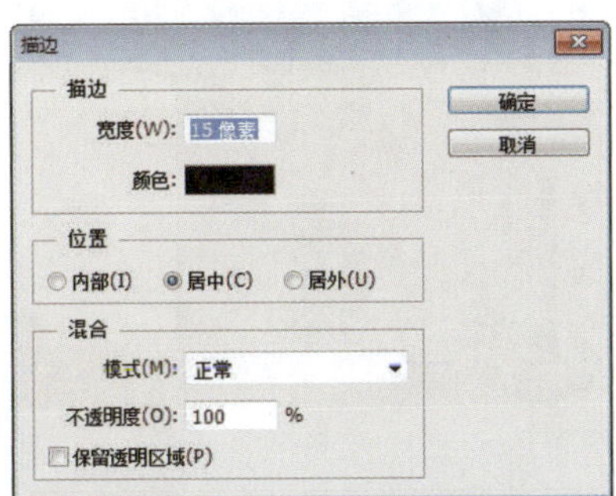

STEP 9 单击“确定”按钮，应用“描边”效果。

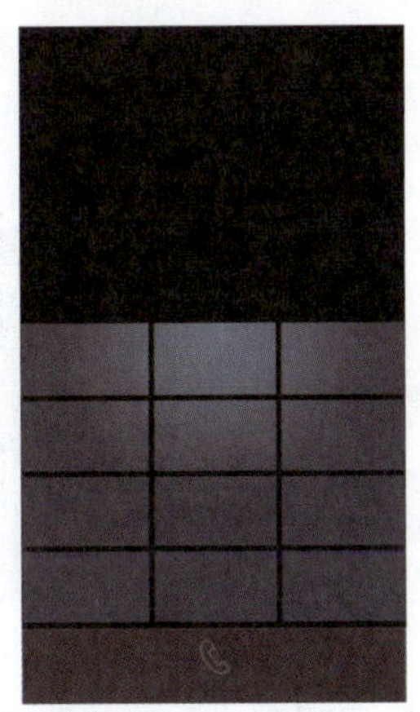

STEP 10 打开 481（2）.psd 素材，将其拖曳至“微软手机拨号键盘”图像编辑窗口中的合适位置，添加状态栏素材。

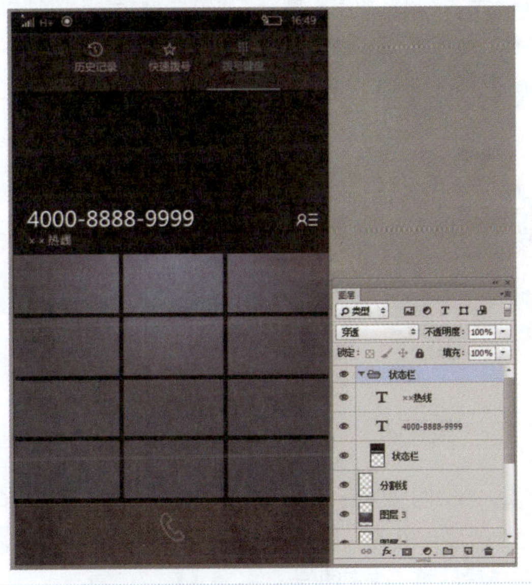

STEP 11 打开 481（3）.psd 素材，将其拖曳至“微软手机拨号键盘”图像编辑窗口中的合适位置，添加键盘文字素材，完成拨号键盘的设计。

用户可以根据需要，设计出其他颜色的效果。

482 待机界面设计 1——调整背景色彩

待机就是指手机处在工作等待状态，此时没有关机，并且用户也没有使用手机进行通话或进行其他任务，这种状态下消耗的电量比较小。

手机待机界面是我们常常可以看到的界面之一，用户可以在手机中自由设置喜欢的待机界面背景。手机待机时还会显示一些内容，如墙纸、屏保、日期和信息提示等。

下面主要运用裁剪工具、“色相 / 饱和度”调整图层以及图层混合模式等，制作微软系统手机待机 UI 的背景效果。

STEP 1 单击"文件"|"打开"命令，打开一幅素材图像。

STEP 2 选取工具箱中的裁剪工具，在工具属性栏中，设置"比例"为800:1333。

STEP 3 在图像编辑窗口中，调整裁剪框的位置。

知识链接 当图像扫描到计算机中，有时图像中会多出一些不需要的部分，就需要对图像进行裁切操作。遇到需要将倾斜的图像修剪整齐，或将图像边缘多余的部分裁去，可以使用裁剪工具。

STEP 4 按【Enter】键确认，即可裁剪图像。

STEP 5 新建"色相/饱和度 1"调整图层，展开"属性"面板，选中"着色"复选框，设置各选项参数(色相：+55，饱和度：+60，明度：-32)。

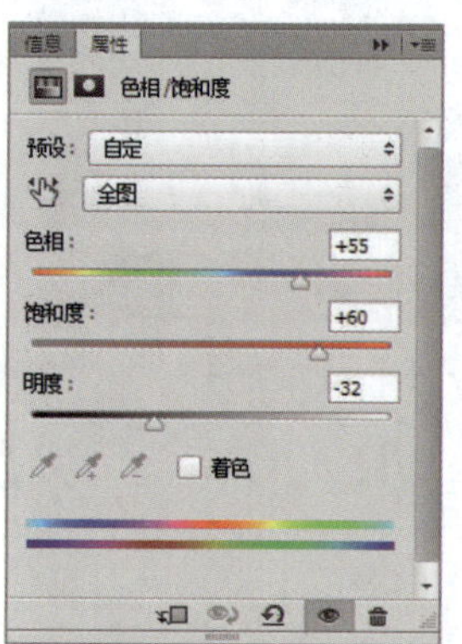

STEP 6 设置完成后，即可调整图像的色彩。

STEP 7 在"图层"面板中，设置"色相/饱和度 1"调整图层的"混合模式"为"亮光"，"不透明度"为30%，设置完成后，即可改变图像效果。

483 待机界面设计 2——添加暗角效果

下面主要运用“边界”命令、“扩展”命令和羽化选区等操作，为微软系统手机待机 UI 的背景添加暗角效果。

STEP 1 展开“图层”面板，新建“图层 1”图层。

STEP 2 按【Ctrl + A】组合键，全选图像。

STEP 3 单击“选择”|“修改”|“边界”命令，弹出“边界”对话框，设置“宽度”为 2 像素。

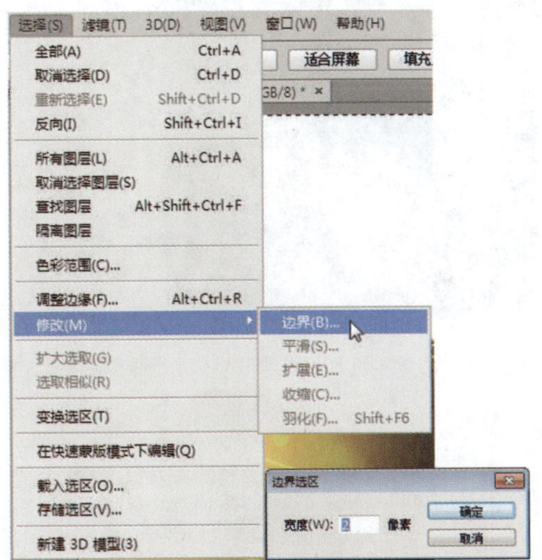

STEP 4 单击“确定”按钮，即可边界选区。

STEP 5 单击“选择”|“修改”|“扩展”命令，弹出“扩展选区”对话框，设置“扩展量”为 50 像素。

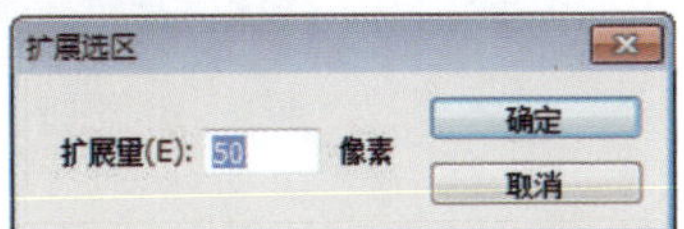

STEP 6 单击“确定”按钮，即可扩展选区。

STEP 7 按【Shift + F6】组合键，弹出“羽化选区”对话框，设置“羽化半径”为 100 像素。

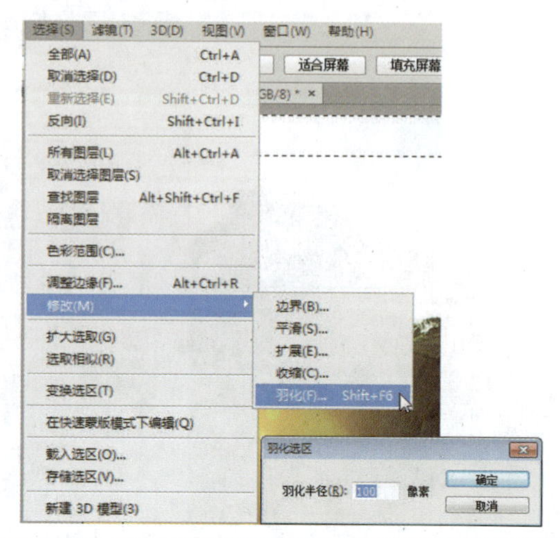

STEP 8 单击“确定”按钮，即可羽化选区。

STEP 9 设置前景色为黑色，按【Alt + Delete】组合键，为“图层 1”图层填充前景色。

STEP 10 设置“图层 1”图层的“不透明度”为 50%，按【Ctrl + D】组合键，取消选区。

484 待机界面设计 3——制作立体效果

下面主要运用盖印图层、移动工具和“扭曲”命令等操作，制作微软系统手机待机 UI 的立体效果展示图。

STEP 1 打开 484.psd 素材，将其拖曳至当前图像编辑窗口中的合适位置，添加时间素材。

STEP 2 按【Ctrl + Alt + Shift + E】组合键，合并图层，得到“图层 2”图层。

STEP 3 单击“文件”|“打开”命令，打开一幅素材图像。

STEP 4 使用移动工具将“图层 2”图层中的图像拖曳至新打开的图像窗口中。

STEP 5 按【Ctrl + T】组合键，调出变换控制框，在控制框中单击鼠标右键，在弹出的快捷菜单中选择“扭曲”选项。

STEP 6 调整各控制柄的位置，并按【Enter】键确认变换操作。

485 照片应用界面设计 1——制作背景效果

随着数码时代的来临，使得观看相片效果不再仅局限于冲洗之后，而可在冲洗前在平板电脑上更方便地观看，更可在平板电脑上利用各种照片 APP 实现对数码照片的处理，编辑自己心仪的照片效果。本实例主要向读者介绍微软手机照片 APP 界面的设计方法。

在制作照片 APP 背景效果时，主要运用到了“亮度 / 对比度”调整图层、“色相 / 饱和度”调整图层、圆角矩形工具和移动工具等。

下面主要向读者介绍微软手机照片 APP 背景效果的制作方法。

STEP 1 单击“文件”|“打开”命令，打开一幅素材图像。

STEP 2 新建“亮度 / 对比度 1”调整图层，展开“属性”面板，设置“亮度”为 5、“对比度”为 22。

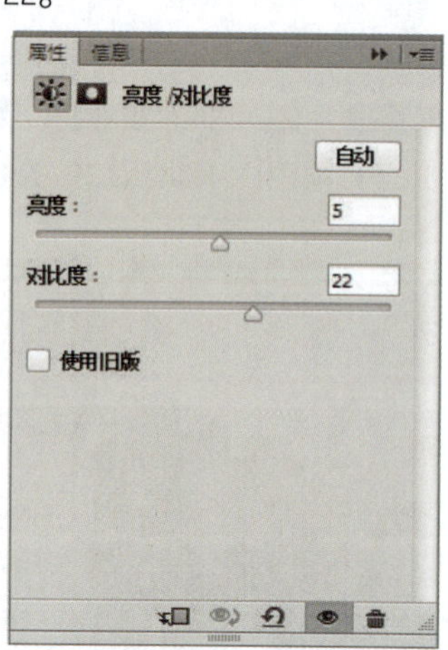

知识链接 每种颜色的固有颜色表相叫作色相（Hue，缩写为H），它是一种颜色区别于另一种颜色的最显著的特征。在通常的使用中，颜色的名称就是根据其色相来决定的，例如红色、橙色、蓝色、黄色和绿色。

STEP 3 执行操作后，即可调整图像的亮度和对比度。

STEP 4 新建“色相 / 饱和度 1”调整图层，展开“属性”面板，设置“色相”为 +15、“饱和度”为 +25。

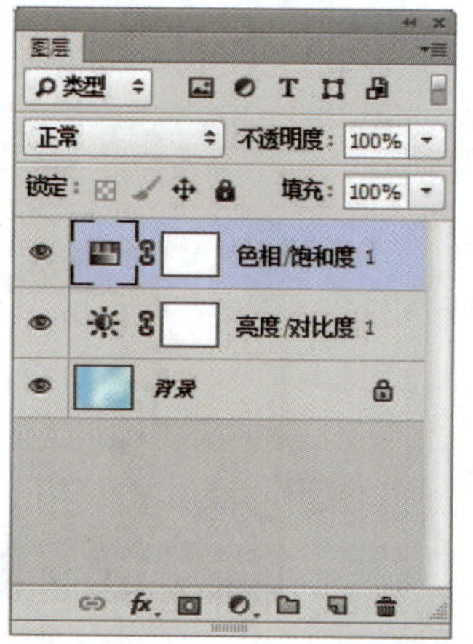

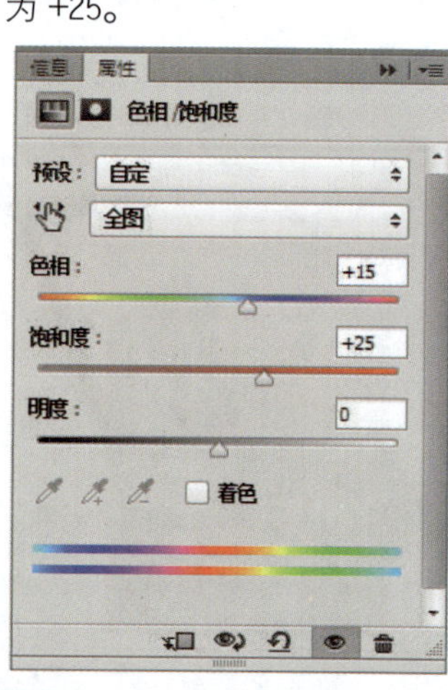

STEP 5 执行操作后，即可调整图像的色调。

STEP 6 展开“图层”面板，新建“图层 1”图层。

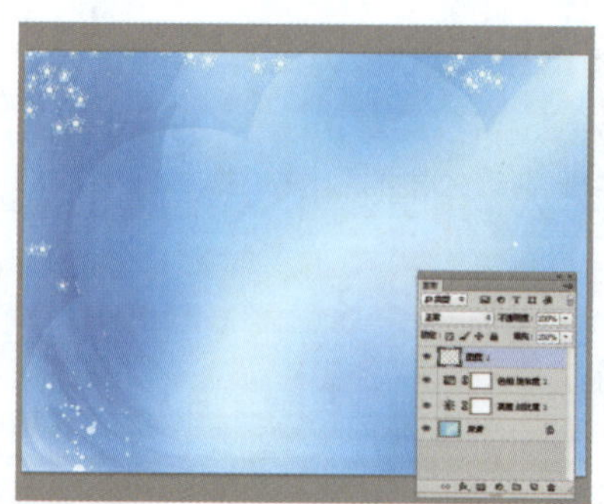

STEP 7 设置前景色为蓝色（RGB 参数值为 0、0、255），选取工具箱中的圆角矩形工具，在工具属性栏上设置“选择工具模式”为“像素”，“半径”为 30 像素，绘制一个圆角矩形图形。

STEP 8 设置“图层 1”图层的“不透明度”为 30%，修改图像效果。

STEP 9 复制“图层 1”图层，得到“图层 1 拷贝”图层。

STEP 10 运用移动工具适当调整图像的位置。

486 照片应用界面设计 2——制作相册效果

下面主要运用到了变换控制框、圆角矩形工具、“反向”命令以及设置图层样式等，为界面添加一些精美的照片素材，制作相册效果。

STEP 1 打开 486.jpg 素材图像，将其拖曳至当前图像编辑窗口中的合适位置。

STEP 2 按【Ctrl＋T】组合键，调出变换控制框，适当调整图像的大小和位置。

STEP 3 选取工具箱中的圆角矩形工具，在工具属性栏中，设置“选择工具模式”为“路径”，“半径”为 30 像素，绘制一个圆角矩形路径。

STEP 4 按【Ctrl＋Enter】组合键，将路径转换为选区。

STEP 5 单击“选择”|“反向”命令，反选选区。

STEP 6 按【Delete】键，删除选区内的图像，并取消选区。

STEP 7 双击“图层 2”图层，弹出“图层样式”对话框，选中“描边”复选框，在其中设置“大小”为 6 像素、“不透明度”为 80%、“颜色”为白色。

STEP 8 单击“确定”按钮，应用“描边”图层样式。

STEP 9 打开 486.psd 素材，将其拖曳至当前图像编辑窗口中的合适位置，添加相册素材。

STEP 10 设置“底纹”图层的“不透明度”为 60%，改变图像效果。

487 照片应用界面设计 3——制作细节与文本效果

下面主要运用自定形状工具、变换控制框、横排文字工具、“字符”面板，以及设置图层样式等，制作微软平板电脑照片应用界面的细节和文本效果。

STEP 1 新建“图层 3”图层，选取工具箱中的自定形状工具，在工具属性栏上设置“选择工具模式”为“像素”，展开“形状”拾色器，选择“后退”形状。

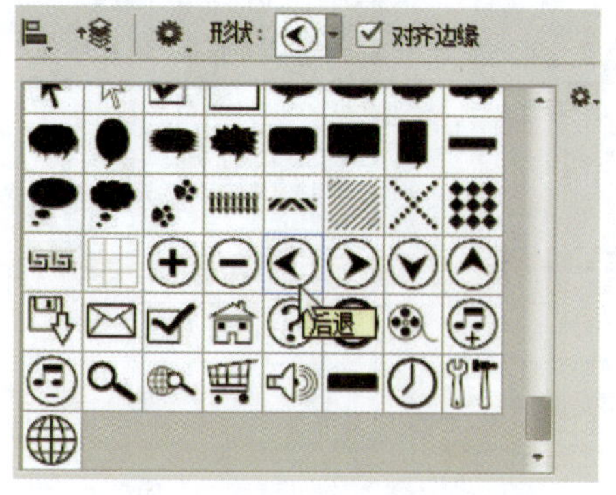

STEP 2 在图像编辑窗口中，运用自定形状工具绘制一个白色的“后退”图形。

STEP 3 复制“图层 3”图层，得到“图层 3 拷贝”图层，按【Ctrl＋T】组合键，调出变换控制框，在控制框中单击鼠标右键，在弹出的快捷菜单中选择“水平翻转”选项。

STEP 4 执行操作后，即可水平翻转图像，并将图像拖曳至合适位置。

STEP 5 打开 487（1）.psd 素材，将其拖曳至当前图像编辑窗口中的合适位置，添加相机图标素材。

STEP 6 选取工具箱中的横排文字工具，在图像编辑窗口中确认文字插入点，展开“字符”面板，设置“字体系列”为“黑体”，“字体大小”为 50 点，“文本颜色”为白色，激活“仿粗体”图标，并输入相应文字。

STEP 7 双击文本图层，弹出“图层样式”对话框，选中“斜面和浮雕”复选框，在其中设置“大小”为 8 像素。

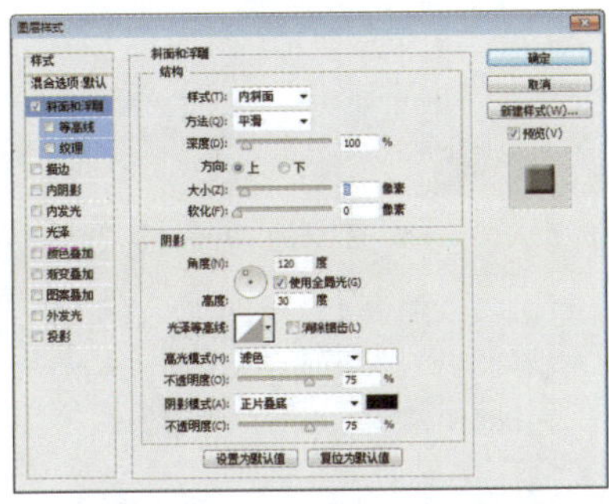

STEP 8 选中“描边”复选框，在其中设置“大小”为 2 像素、“颜色”为红色（RGB 参数值为 218、29、29）。

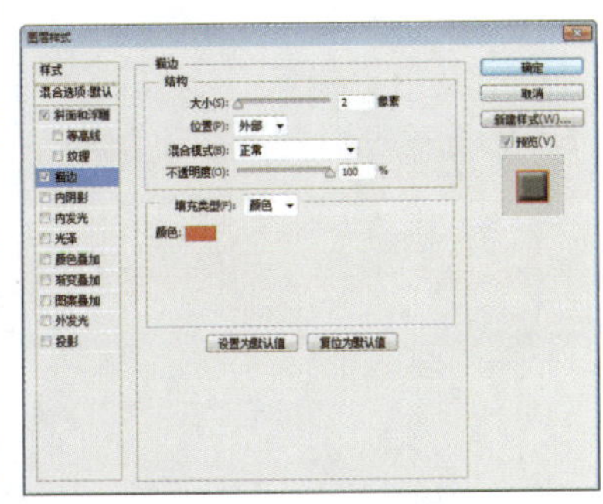

STEP 9 单击“确定”按钮，即可为文字应用图层样式效果。

STEP 10 打开 487（2）.psd 素材，将其拖曳至当前图像编辑窗口中的合适位置，添加文本素材，完成照片应用界面的设计。

PART 03

实战应用篇

程序软件 UI 设计

随着智能手机在中国的快速发展，APP 类软件被越来越多的人青睐。智能手机 APP UI 的设计尚处于发展阶段，与其他互联网应用不同的是，智能手机 UI 设计人员的需求很大，但熟悉这套设计方法的人却相对较少。本章主要介绍一些常见的程序软件类 APP UI 设计的方法。

488 购物 APP 界面设计 1——制作背景效果

目前，已经有很多用户开始使用手机开店和购物，这是一种全新的移动电商模式，只需一部小小的手机，便可以通过虚拟店铺赚得盆满钵溢。本实例主要介绍这种热门的手机购物 APP——“微购”主界面的设计方法。

下面主要运用圆角矩形工具、渐变工具、“描边”图层样式和“渐变叠加”图层样式等，制作手机购物 APP 主界面的背景效果。

STEP 1 单击“文件”|“打开”命令，打开一幅素材图像，展开“图层”面板，在其中新建“图层 1”图层。

STEP 2 选取工具箱的圆角矩形工具，在工具属性栏中设置“选择工具模式”为“路径”，“半径”为 20 像素，绘制一个圆角矩形路径。

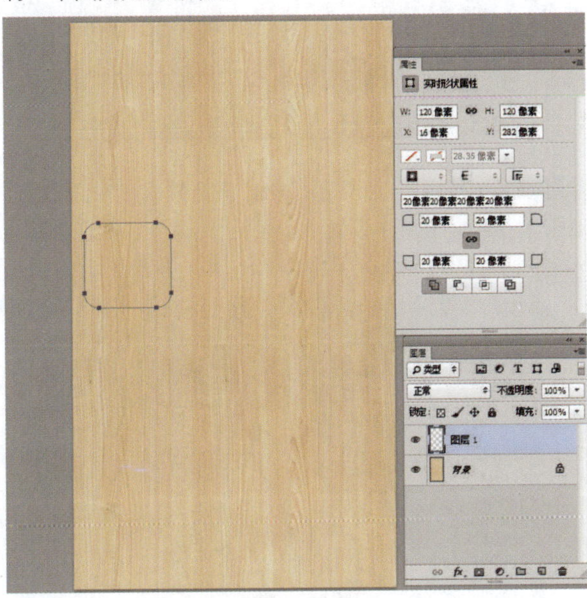

STEP 3 按【Ctrl + Enter】组合键将路径转变为选区。

STEP 4 选取工具箱中的渐变工具，在工具属性栏中，单击“点按可编辑渐变”按钮，弹出“渐变编辑器”对话框，在渐变色条中，从左至右分别设置两个色标[色标 RGB 参数值分别为(91、210、22)、(73、160、24)]。

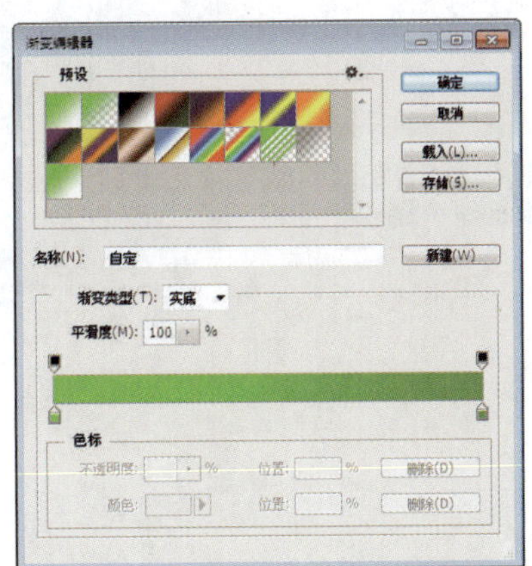

STEP 5 单击“确定”按钮，从上至下为选区填充线性渐变。

STEP 6 按【Ctrl＋D】组合键，取消选区。

STEP 7 双击“图层 1”图层，弹出“图层样式”对话框，选中“描边”复选框，在其中设置“大小”为 2 像素、颜色为棕色（RGB 参数值分别为 143、65、12）。

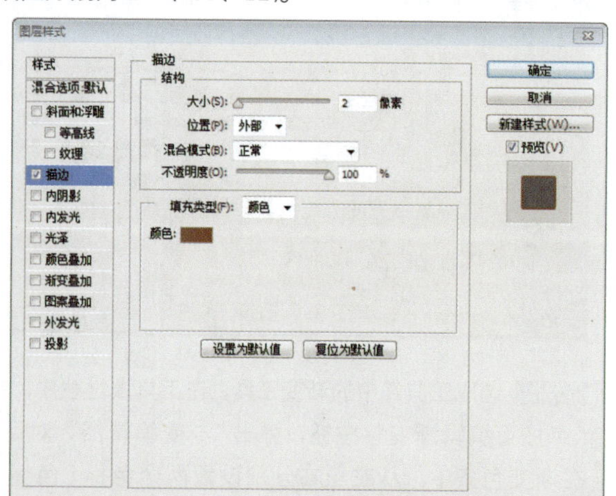

STEP 8 单击“确定”按钮，应用“描边”图层样式。

STEP 9 复制“图层 1”图层，得到“图层 1 拷贝”图层，运用移动工具调整图像至合适位置。

STEP 10 双击“图层 1 拷贝”图层，弹出“图层样式”对话框，选中“渐变叠加”复选框，在其中设置“混合模式”为“正常”，“渐变”颜色为深红（RGB 参数值为 211、20、20）到大红色（RGB 参数值为 254、54、53）。

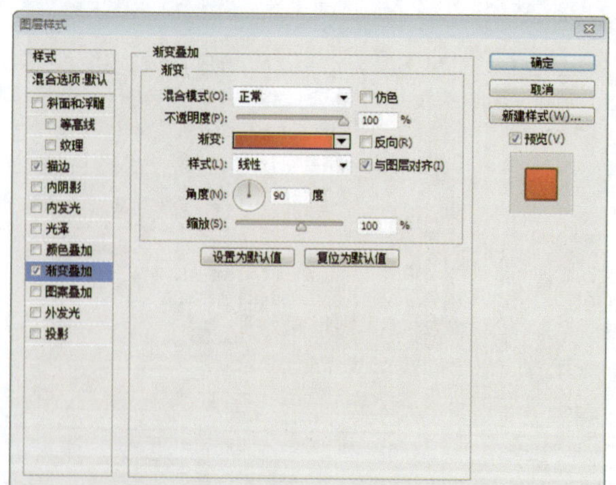

STEP 11 单击“确定”按钮，应用“渐变叠加”图层样式。

STEP 12 打开 488.psd 素材图像，运用移动工具将其拖曳至当前图像编辑窗口中的合适位置，添加主界面菜单素材。

489 购物 APP 界面设计 2——制作主体效果

下面主要运用移动工具、矩形工具和“内发光”图层样式等，制作手机购物 APP 主界面的主体效果。

STEP 1 打开 489.psd 素材图像，运用移动工具将其拖曳至当前图像编辑窗口中的合适位置，添加菜单图标素材。

STEP 2 单击设置前景色色块，弹出“拾色器（前景色）”对话框，设置前景色为深绿色（RGB 参数值分别为 121、191、43），单击“确定”按钮。

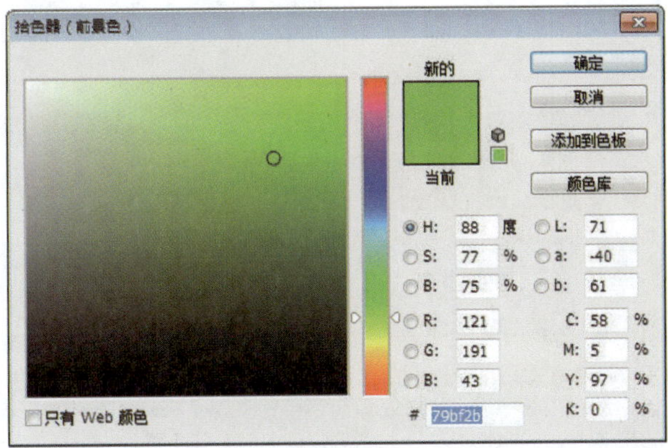

知识链接

“拾色器”对话框各选项含义如下。

- **色域/拾取的颜色**：在“色域”中拖曳鼠标可以改变当前拾取的颜色。
- **只有Web颜色**：选中该复选框，表示只在色域中显示Web安全色。
- **颜色滑块**：拖动颜色滑块可以调整颜色的范围。
- **新的/当前**：“新色”颜色块中显示的是当前设置的颜色，“当前”颜色块中显示的是上一次使用的颜色。

- **"警告：**不是Web安全颜色"：表示当前设置的颜色不能在互联网上准确显示，单击警告下面的小方块，可以将颜色替换为与其最为接近的Web安全颜色。
- **添加到色板：**单击该按钮，可以将当前设置的颜色添加到"色板"面板中。
- **颜色库：**单击该按钮，可以切换到"颜色库"中。
- **颜色值：**该选项区中显示了当前设置颜色的颜色值，包括HSB、RGB、Lab和CMYK等多种颜色参数设置方法，用户可以在此输入颜色值来精确定义颜色。

STEP 3 在"图层"面板中，新建"图层 2"图层，在工具箱中选取矩形工具，在工具属性栏中设置"选择工具模式"为"像素"，绘制一个矩形图形。

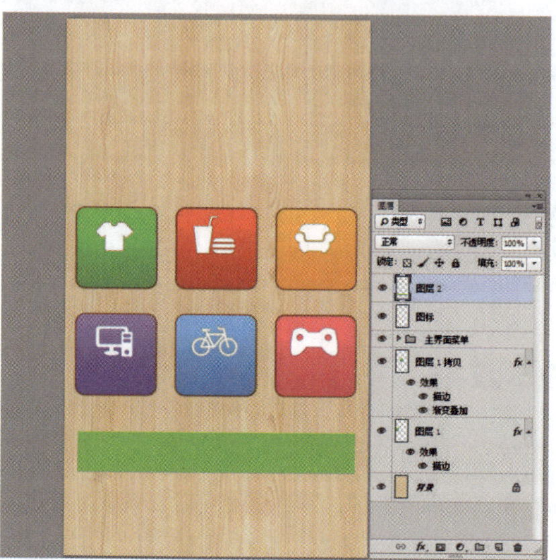

STEP 4 双击"图层 2"图层，弹出"图层样式"对话框，选中"内发光"复选框，在其中设置"大小"为 3 像素。

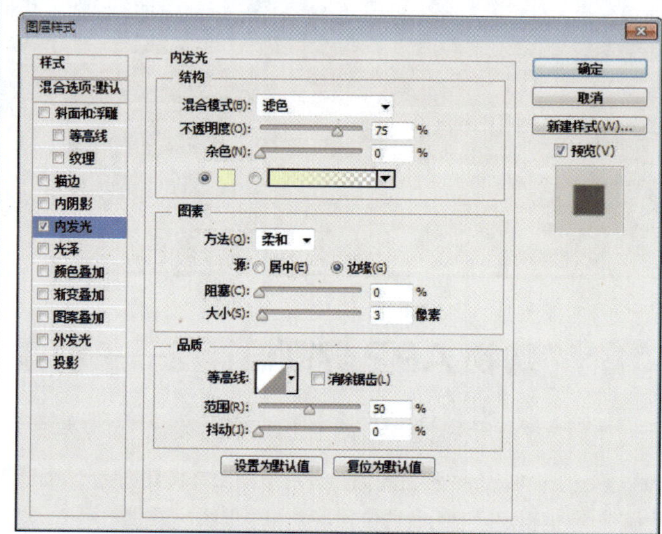

STEP 5 单击"确定"按钮，应用"内发光"图层样式。

STEP 6 复制"图层 2"图层为"图层 2 拷贝"图层，并将其移动至合适位置。

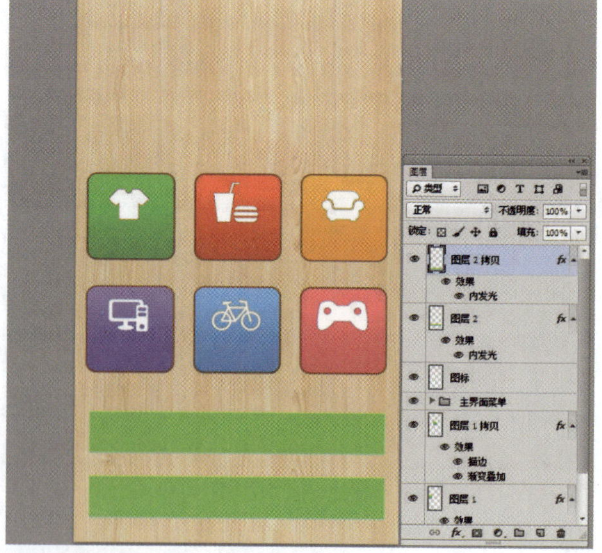

490 购物 APP 界面设计 3——制作文本效果

下面主要运用横排文字工具、"字符"面板和"描边"图层样式等，制作购物 APP 主界面的文本效果。

STEP 1 选取工具箱中的横排文字工具，在“字符”面板中设置“字体系列”为“微软雅黑”，“字体大小”为72点，“字距调整”为200，“颜色”为白色，在图像窗口中输入相应文本。

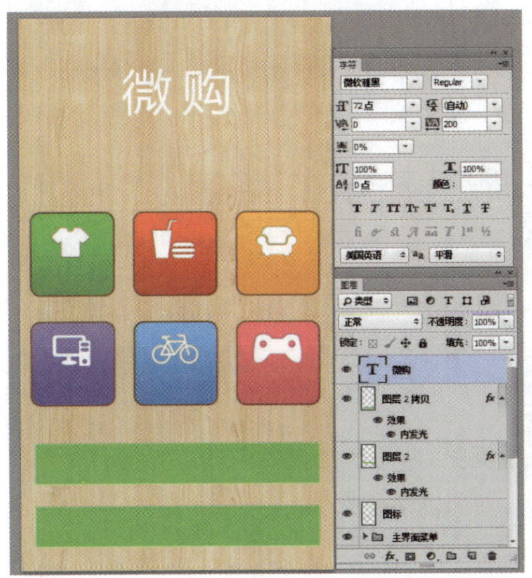

STEP 2 双击文字图层，弹出“图层样式”对话框，选中“描边”复选框，在其中设置“大小”为2像素、“颜色”为红色（RGB参数值分别为247、49、48）。

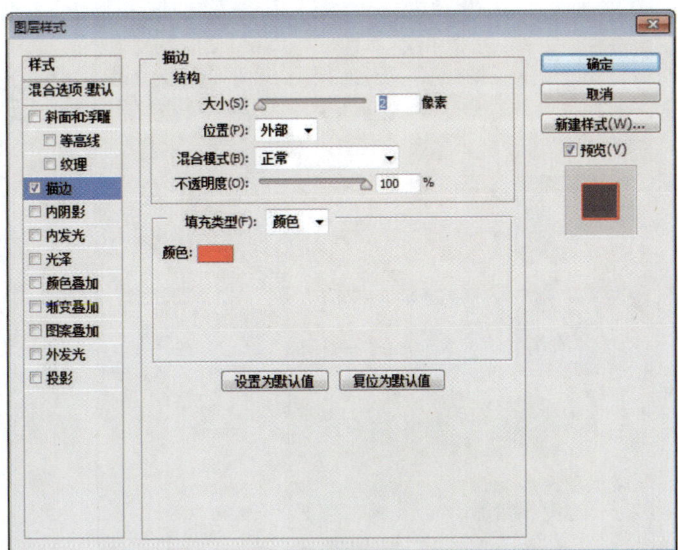

STEP 3 单击“确定”按钮，应用“描边”图层样式。

STEP 4 选取工具箱中的横排文字工具，确认插入点，在“字符”面板中设置“字体系列”为Times New Roman、“字体大小”为30点、“颜色”为白色，并激活“仿粗体”图标 **T**。

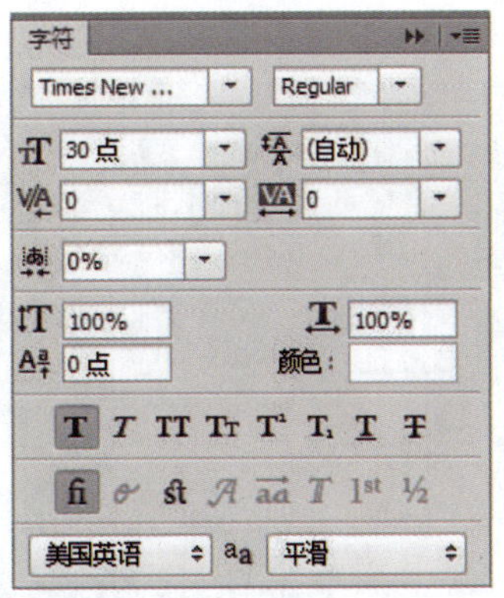

STEP 5 在图像窗口中输入相应文本。

STEP 6 打开 490.psd 素材图像，运用移动工具将其拖曳至当前图像编辑窗口中的合适位置，添加文本和状态栏素材，完成购物 APP 界面的设计。

知识链接

在Photoshop CC中，文字以一个独立图层的形式存在，具有图层的所有属性，Photoshop保留了基于矢量的文字轮廓。

在进行缩放、调整大小，存储成PDF或EPS格式文件或输出到打印机时，Photoshop生产的文字都具有清晰的、与分辨率无关的光滑边缘。

在文字图层中，无法使用画笔、铅笔和渐变工具，只能对文字进行变换、改变颜色，以及设置字体、字号、角度和图层样式等有限的操作。

491 视频 APP 界面设计 1——制作主体效果

随着智能手机、平板电脑的出现，视频软件更是得到迅猛发展，大量免费的视频软件为更多用户提供了便利的视频浏览和播放功能。视频软件的播放功能是一般软件使用者最主要的功能之一，本实例主要介绍视频播放 APP UI 的设计方法。

下面主要运用矩形选框工具、圆角矩形工具等，制作视频播放 APP 界面的主体效果。

STEP 1 单击“文件”|“打开”命令，打开一幅素材图像。

STEP 2 在“图层”面板中，新建“图层 1”图层，选取工具箱中的矩形选框工具，绘制一个矩形选区。

STEP 3 设置前景色为黑色，按【Alt + Delete】组合键为选区填充颜色，并取消选区。

STEP 4 设置“图层 1” 图层的“不透明度” 为 60%。

STEP 5 新建“图层 2” 图层，选取工具箱中的矩形选框工具，绘制一个矩形选区。

STEP 6 按【Alt + Delete】组合键为选区填充颜色，并取消选区，设置“图层 2” 图层的“不透明度” 为 60%。

STEP 7 新建“图层 3” 图层，选取工具箱中的圆角矩形工具，在工具属性栏上设置“选择工具模式” 为“像素”，“半径” 为 25 像素，绘制一个黑色的圆角矩形图形。

STEP 8 打开 491.psd 素材图像，运用移动工具将其拖曳至当前图像编辑窗口中的合适位置。

492 视频 APP 界面设计 2——制作播放进度条

下面主要运用矩形工具、椭圆工具和椭圆选框工具等，制作视频播放 APP 界面的播放进度条。

STEP 1 打开 492.psd 素材图像，运用移动工具将其拖曳至当前图像编辑窗口中的合适位置，添加状态栏素材。

STEP 2 新建“图层 4”图层，设置前景色为灰色（RGB 参数值均为 180），选取工具箱中的矩形工具，在工具属性栏上设置“选择工具模式”为“像素”，绘制一个长条矩形图形。

STEP 3 新建“图层 5”图层，设置前景色为蓝色（RGB 参数值分别为 40、137、211），选取工具箱中的矩形工具，在工具属性栏上设置“选择工具模式”为“像素”，绘制一个长条矩形图形。

STEP 4 新建“图层 6”图层，设置前景色为淡蓝色（RGB 参数值分别为 177、198、209），选取工具箱中的椭圆工具，在工具属性栏上设置“选择工具模式”为“像素”，绘制一个椭圆图形。

STEP 5 运用椭圆选框工具在椭圆图像中创建一个椭圆选区。

STEP6 按【Delete】键删除选区内图像，并取消选区。

493 视频 APP 界面设计 3——制作控制按钮

下面主要运用直线工具、复制图层以及添加素材等操作，制作视频播放 APP UI 中的控制按钮效果。

STEP 1 新建“图层 7”图层，设置前景色为白色，选取工具箱中的直线工具，在工具属性栏上设置“选择工具模式”为“像素”，“粗细”为 10 像素，绘制一个直线图形。

STEP 3 打开 493（1）.psd 素材图像，运用移动工具将其拖曳至当前图像编辑窗口中的合适位置，添加控制按钮素材。

STEP 2 复制“图层 7”图层，得到“图层 7 拷贝”图层，并将图像调整至合适位置。

STEP 4 打开 493（2）.psd 素材图像，运用移动工具将其拖曳至当前图像编辑窗口中的合适位置，添加文字素材。

494 相机 APP 界面设计 1——制作背景效果

平板电脑不仅是现代人随身携带的通信工具，也是最便捷的拍摄工具。随着平板电脑的飞速发展，其摄影 / 摄像功能的成熟和产品价格的下降，平板电脑摄影越来越流行。

在生活中不难发现，身边越来越多的人拿起平板电脑来记录生活，风光、美食、宠物、花草……不同的平板电脑摄影主题，都表达着同样的对美的感知和对生活的热爱！

便捷的手持操作、不胜枚举的创意 APP 应用程序和不亚于数码相机的摄像功能，使得平板电脑摄影在改变了人们使用计算机习惯的同时，也在改变人们记录周围生活影像的习惯。使用平板电脑摄影没有严格的摄影规则，也不需要专业的设备，只需要一部平板电脑和一颗能够发现美的心灵便已足够！

以下主要介绍设计安卓平板电脑相机 APP 应用程序界面的具体操作方法。下面主要运用裁剪工具、“亮度 / 对比度”调整图层和“自然饱和度”调整图层等操作，设计安卓平板电脑相机 APP 应用程序界面的背景效果。

STEP 1 单击“文件”|“打开”命令，打开一幅素材图像。

STEP 2 选取工具箱中的裁剪工具。

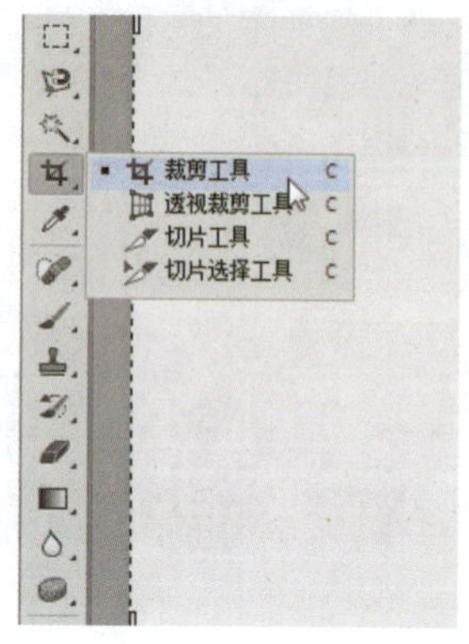

STEP 3 执行上述操作后，即可调出裁剪控制框。

STEP 4 在工具属性栏中设置裁剪控制框的长宽比为 800:1280。

STEP 5 执行操作后，即可调整裁剪控制框的长宽比，将鼠标指针移至裁剪控制框内，按住鼠标左键并拖曳图像至合适位置。

STEP 6 执行上述操作后，按【Enter】键确认裁剪操作，即可按固定的长宽比来裁剪图像。

STEP 7 在“图层”面板底部，单击“创建新的填充或调整图层”按钮。

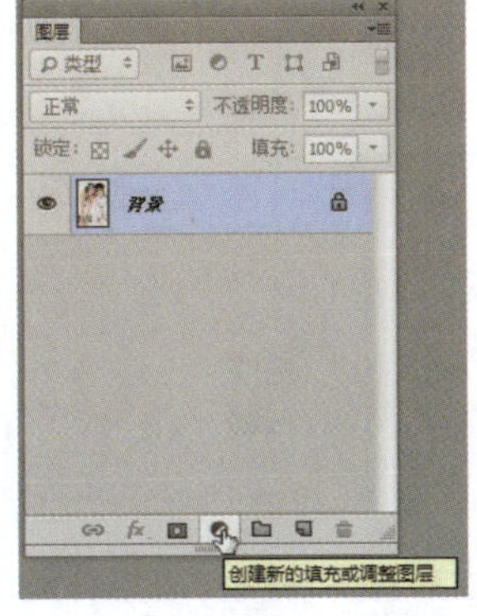

STEP 8 在弹出的列表框中选择“亮度 / 对比度”选项。

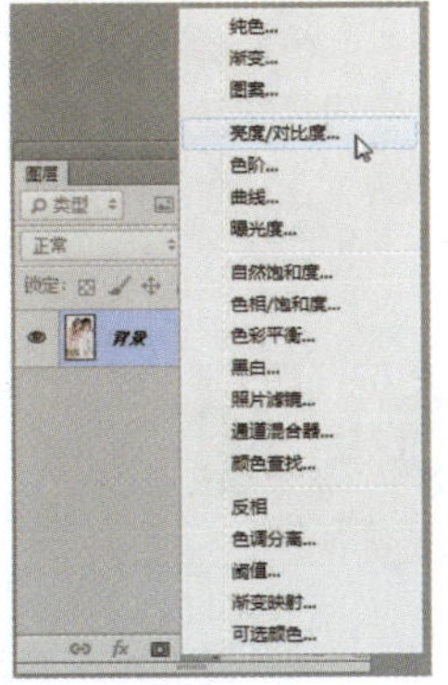

STEP 9 执行操作后，即可新建“亮度 / 对比度 1”调整图层。

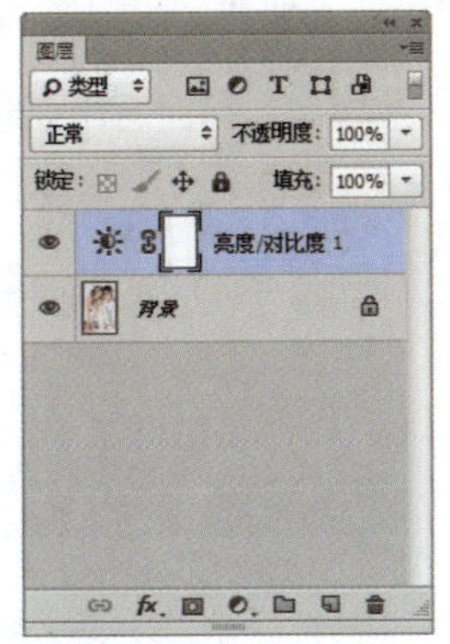

STEP 10 展开“属性”面板，设置“亮度”为 16、“对比度”为 12。红（RGB 参数值为 211、20、20）到大红色（RGB 参数值为 254、54、53）。

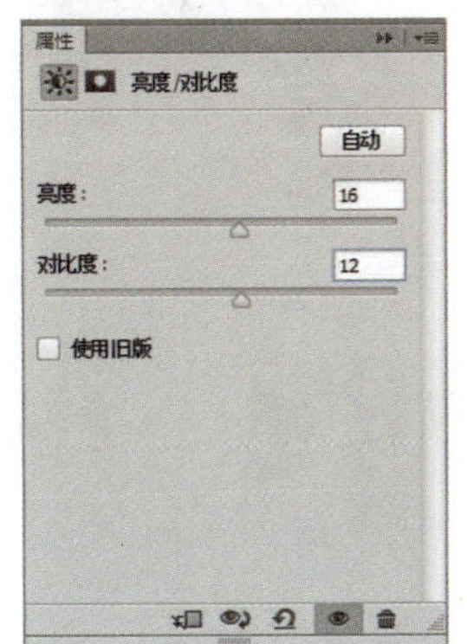

STEP 11 执行操作后，即可调整图像的亮度和对比度。

STEP 12 新建“自然饱和度 1”调整图层，展开“属性”面板，设置“自然饱和度”为 +29。

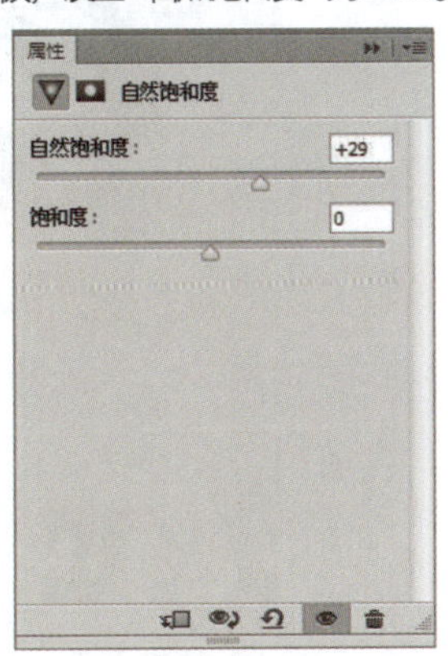

STEP 13 执行操作后，即可调整图像的色彩饱和度。

STEP 14 展开“图层”面板，新建“图层 1”图层。

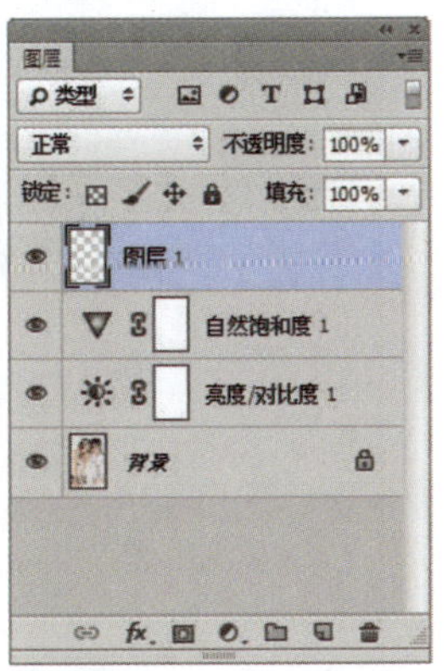

495 相机 APP 界面设计 2——制作地址标签

下面主要运用魔棒工具、设置图层样式与混合模式等操作，设计安卓平板电脑相机 APP 应用程序界面的地址标签效果。

STEP 1 单击设置前景色色块，在弹出的“拾色器（前景色）”对话框中，设置前景色为白色（RGB 参数值均为 255），单击“确定”按钮。

STEP 2 选取工具箱中的矩形选框工具，在图像中创建一个矩形选区。

STEP 3 按【Alt + Delete】组合键，填充前景色。

STEP 4 设置“图层 1”图层的“不透明度”为 60%。

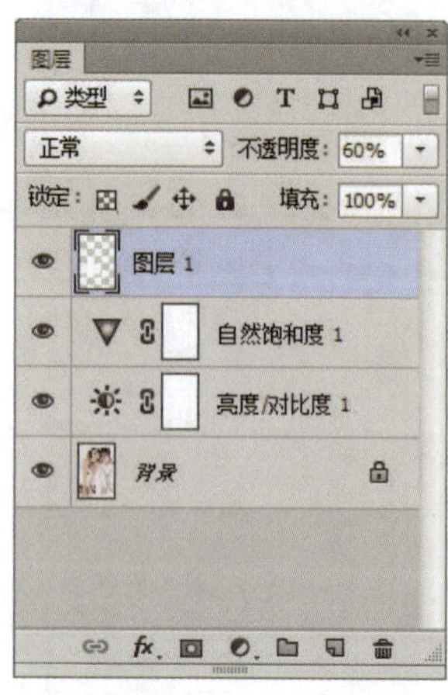

STEP 5 执行操作后，即可改变图像效果。

STEP 6 按【Ctrl + D】组合键，取消选区。

STEP 7 双击“图层 1”图层，弹出“图层样式”对话框，选中“描边”复选框，设置“大小”为 2 像素、“颜色”为灰色（RGB 参数值均为 215）。

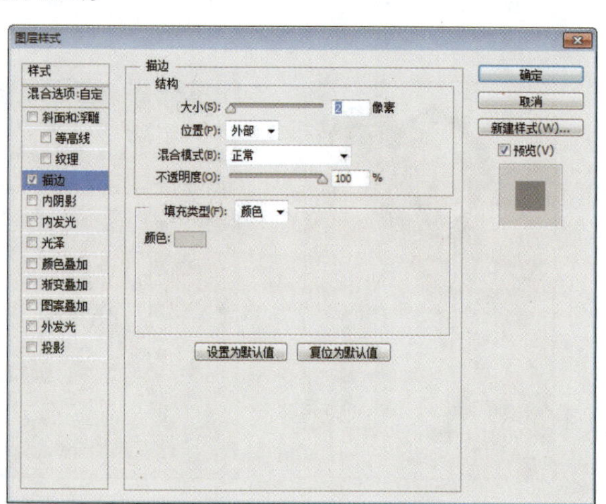

STEP 8 单击“确定”按钮，应用“描边”图层样式。

STEP 9 打开 495.jpg 素材图像，将其拖曳至当前图像编辑窗口中，添加定位图标素材。

STEP 10 选取工具箱中的魔棒工具，在白色背景上多次单击鼠标左键创建选区。

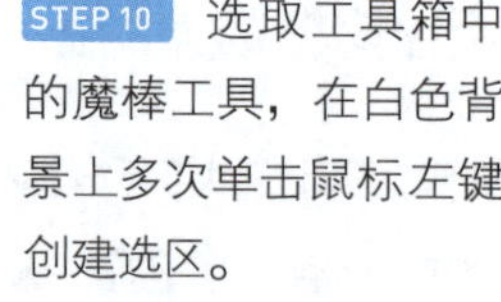

STEP 11 按【Delete】键删除选区内的图像，并取消选区。

STEP 12 按【Ctrl + T】组合键，调出变换控制框，适当调整图像的大小和位置，并按【Enter】键确认。

STEP 13 双击“图层 2”图层，在弹出的“图层样式”对话框选中“投影”复选框，取消选中“使用全局光”复选框，设置“角度”为 120 度、“距离”为 1 像素、“大小”为 5 像素。

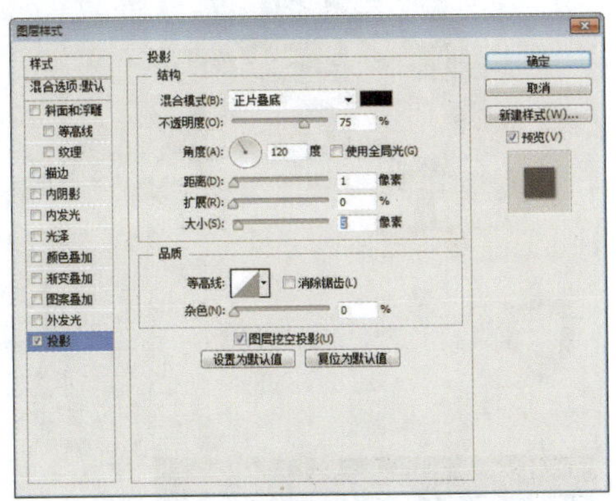

STEP 14 单击“确定”按钮，应用“投影”图层样式。

496 相机 APP 界面设计 3——制作整体效果

下面主要运用矩形工具、椭圆工具、椭圆选框工具、“描边”命令以及横排文字工具等操作，设计安卓平板电脑相机 APP 应用程序界面的整体效果。

STEP 1 打开 496（1）.psd 素材，将其拖曳至当前图像编辑窗口中的合适位置，添加虚拟按键素材。

STEP 2 展开“图层”面板，新建“图层 3”图层。

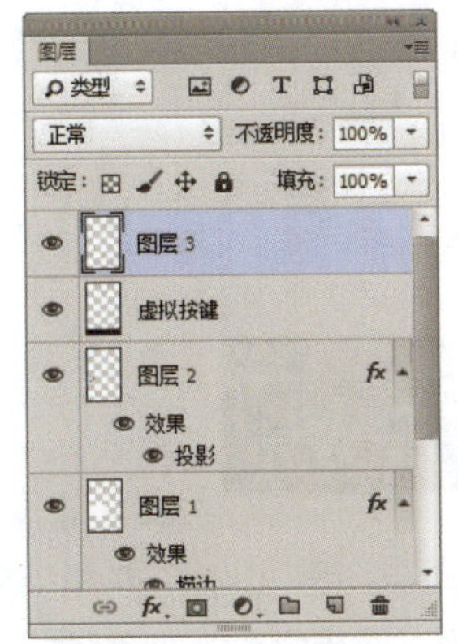

STEP 3 设置前景色为黑色，选取工具箱中的矩形工具，在工具属性栏上设置“选择工具模式”为“像素”，在图像编辑窗口中绘制一个矩形。

STEP 4 复制“图层 3”图层，得到“图层 3 拷贝”图层。

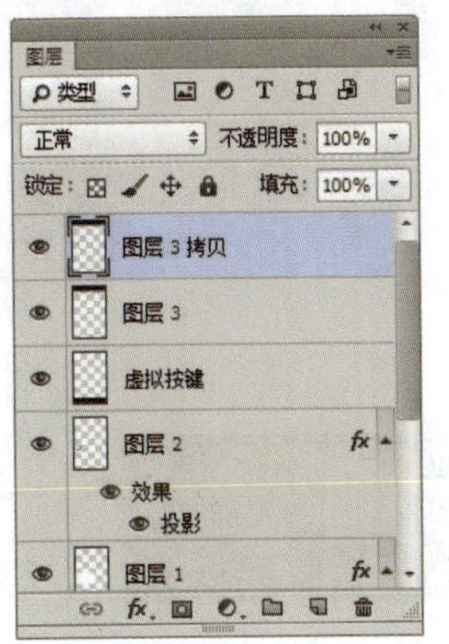

STEP 5 按【Ctrl + T】组合键，调出变换控制框，适当调整图像的大小和位置，并按【Enter】键确认。

STEP 6 在“图层”面板中，新建“图层 4”图层。

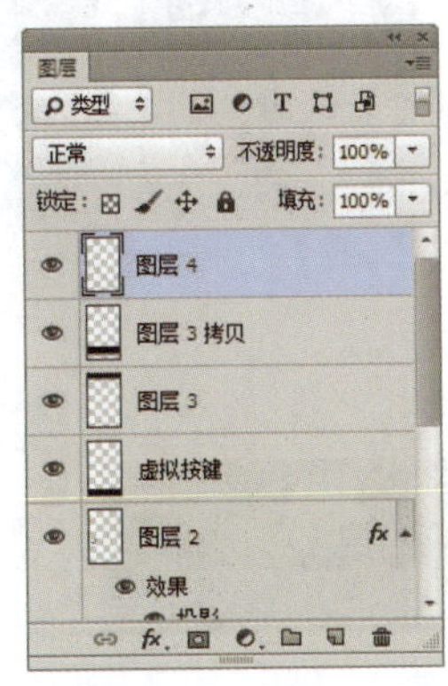

STEP 7 单击设置前景色色块，在弹出的“拾色器（前景色）”对话框中，设置前景色为绿色（RGB 参数值为 0、182、95），单击“确定”按钮。

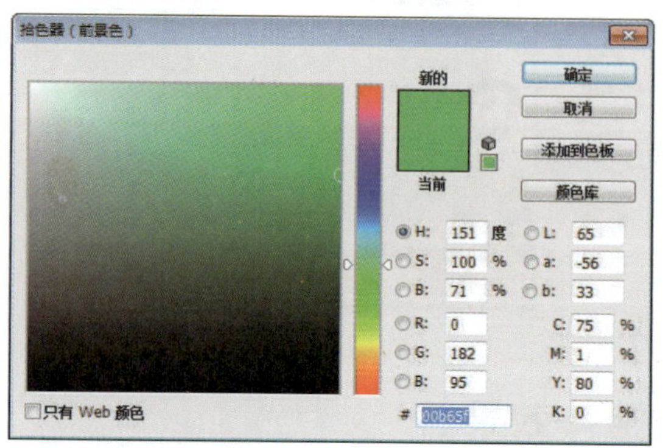

STEP 8 选取工具箱中的椭圆工具，在工具属性栏上设置“选择工具模式”为“像素”，绘制一个正圆图形。

STEP 9 在“图层”面板中，新建“图层 5”图层。

STEP 10 选取工具箱中的椭圆选框工具，在图像编辑窗口中创建一个正圆形选区。

STEP 11 单击“编辑”|“描边”命令，弹出“描边”对话框，设置“宽度”为 2 像素、“颜色”为白色。

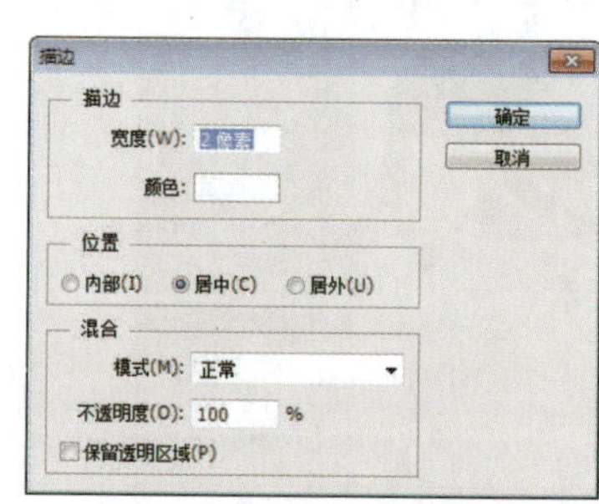

STEP 12 单击“确定”按钮描边选区，并取消选区。

STEP 13 选取工具箱中的横排文字工具，在编辑区中单击鼠标左键，确认插入点，在“字符”面板中设置“字体系列”为“微软雅黑”，“字体大小”为 36 点，“颜色”为白色。

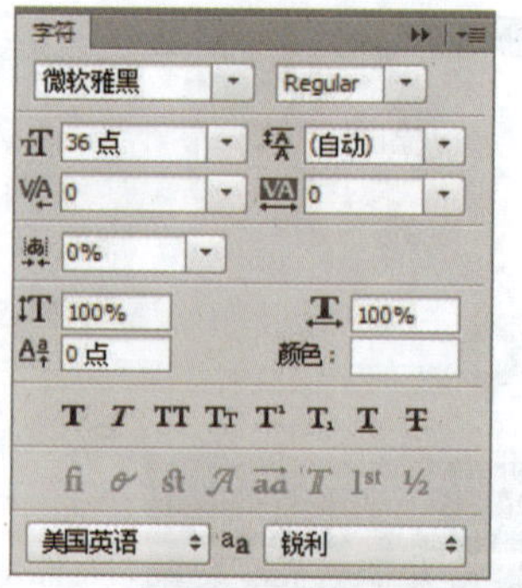

STEP 14 在图像编辑窗口中的相应位置输入 3 个“.”（点符号）。

知识链接

在Photoshop中，文字具有极为特殊的属性，当用户输入相应文字后，文字表现为一个文字图层，文字图层具有普通图层不一样的可操作性。例如，在文字图层中无法使用画笔工具、铅笔工具和渐变工具等工具，只能对文字进行变换、改变颜色等有限的操作，当用户对文字图层使用上述工具操作时，则需要将文字栅格化操作。

除上述特性外，在图像中输入相应文字后，文字图层的名称将与输入的内容相同，这使用户非常容易在“图层”面板中辨认出该文字图层。

STEP 15 打开 496（2）.psd 素材，将其拖曳至当前图像编辑窗口中的合适位置，添加相机应用图标素材。

STEP 16 打开 496（3）.jpg 素材，将其拖曳至当前图像编辑窗口中的合适位置，为相机应用界面添加照片缩略图素材。

STEP 17 按【Ctrl＋T】组合键，调出变换控制框，适当调整图像的大小和位置，并按【Enter】键确认。

STEP 18 打开 496（4）.psd 素材，将其拖曳至当前图像编辑窗口中的合适位置，并适当调整图像的大小和位置，完成相机 APP 界面的设计。

PART 03

实战应用篇

游戏应用 UI 设计

游戏 UI 设计早已经红透半边天，更多用户关心的主要问题是能否比较容易和舒适地玩游戏。人们的着眼点在于游戏的趣味性和美观性，而趣味性与美观性主要取决于游戏 UI 的优劣。本章主要介绍“水果超人”和“欢乐桌球”游戏 APP 的 UI 设计方法。

497 桌球游戏 UI 设计 1——制作背景效果

本实例介绍的是一款桌球类手机游戏的 UI 设计方法。通常，桌球类手机游戏都设置了多个难度关卡并结合了挑战模式，不仅要考验玩家的眼力及操作，还要考验玩家的策略。

这些桌球类手机游戏通过逼真的游戏画面效果、轻松可爱的背景音乐、游戏音效、流畅的操控和多种限时挑战模式，不但增加了游戏的趣味性，而且使该游戏更加容易上手、老少皆宜。

下面主要运用渐变工具、圆角矩形工具、“收缩”命令、“描边”命令以及设置图层样式等，制作“欢乐桌球”APP 游戏界面的背景效果。

STEP 1 单击“文件”|“新建”命令，弹出“新建”对话框，新建一个空白图像，设置“宽度”为 1050 像素，“高度”为 700 像素，“分辨率”为 72 像素 / 英寸，“颜色模式”为“RGB 颜色”，“背景内容”为“白色”，单击“确定”按钮。

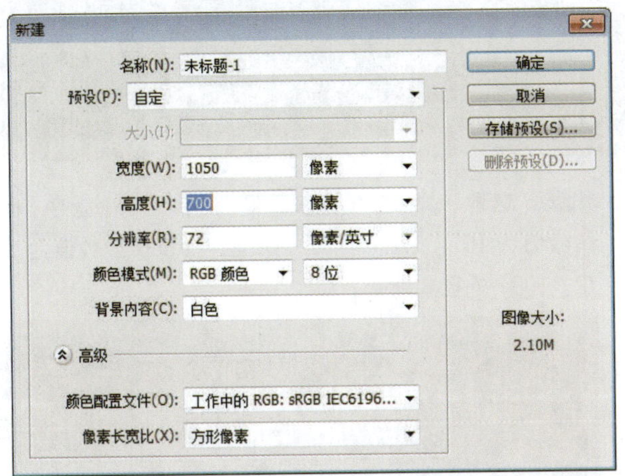

STEP 2 选取工具箱中的渐变工具，设置渐变色为蓝色（RGB 参数值为 0、88、158）到深蓝色（RGB 参数值为 0、11、29）的径向渐变。

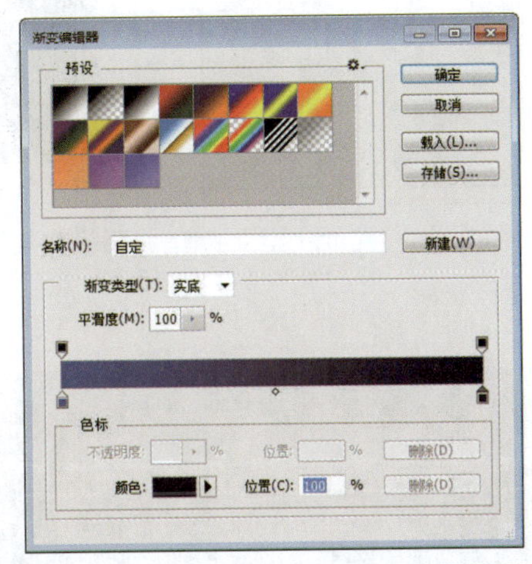

STEP 3 在“图层”面板中，新建“图层 1”图层。

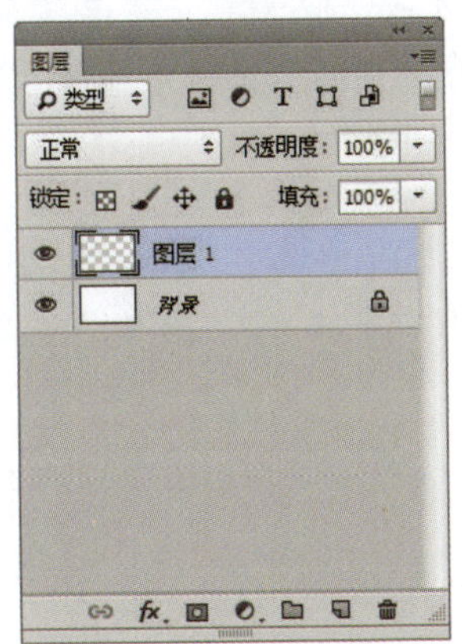

STEP 4 运用渐变工具为“图层 1”图层填充径向渐变。

STEP 5 在“图层”面板中，新建“图层 2”图层。

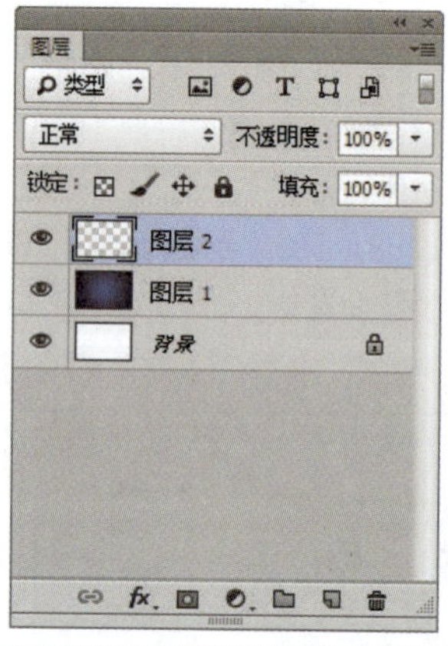

STEP 6 选取工具箱中的圆角矩形工具，在工具属性栏中设置“选择工具模式”为“路径”，“半径”为 5 像素，绘制一个圆角矩形路径。

STEP 7 按【Ctrl + Enter】组合键，将路径变换为选区。

STEP 8 选取工具箱中的渐变工具，为选区填充蓝色（RGB 参数值为 101、178、222）到灰蓝色（RGB 参数值为 32、72、108）的径向渐变。

STEP 9 单击“选择”|“修改”|“收缩”命令。

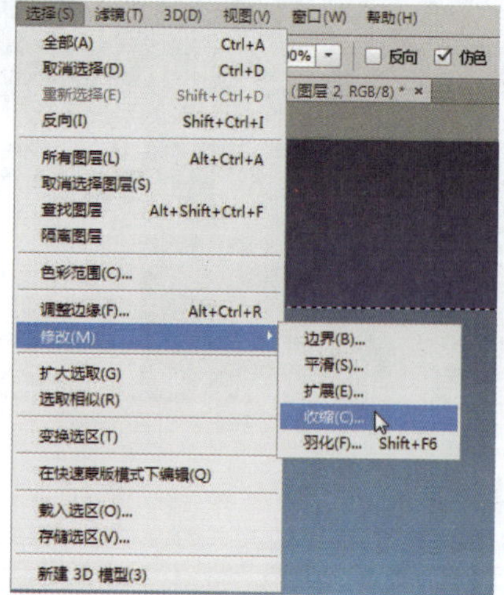

STEP 10 弹出“收缩选区”对话框，设置“收缩量”为 25 像素。

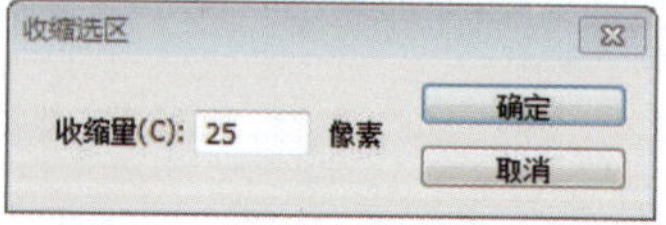

STEP 11 单击“确定”按钮，即可收缩选区。

STEP 12 单击“编辑”|“描边”命令，弹出“描边”对话框，设置“宽度”为 50 像素、“颜色”为黑色，选中“居中”单选按钮。

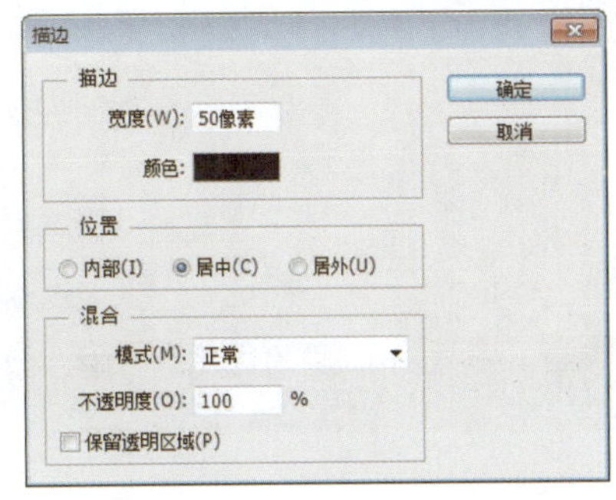

STEP 13 单击“确定”按钮为选区描边，并取消选区。

STEP 14 打开 497(1).psd 素材图像，并将其拖曳至当前图像编辑窗口中的合适位置，为桌球游戏界面添加高光素材效果。

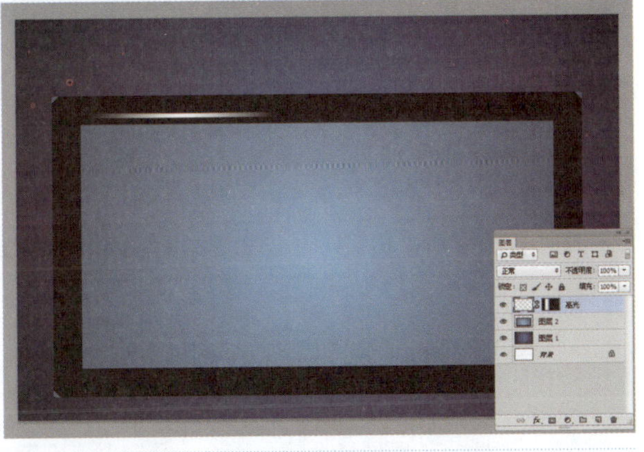

STEP 15 将“高光”图层复制 5 次，将各图像移动至合适位置，并调整其方向。

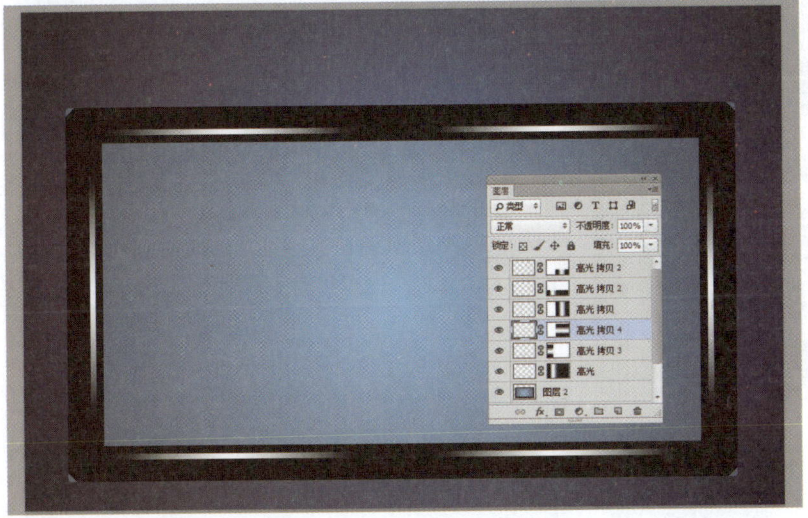

STEP 16 在“图层”面板中，新建“图层 3”图层。

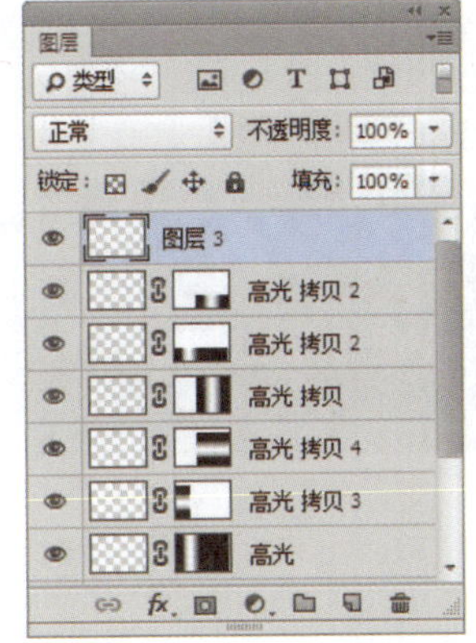

STEP 17 选取工具箱中的圆角矩形工具，在工具属性栏中设置“选择工具模式”为“路径”，“半径”为5像素，绘制一个圆角矩形路径。

STEP 18 按【Ctrl＋Enter】组合键，将路径变换为选区。

STEP 19 选取工具箱中的渐变工具，为选区填充浅蓝色（RGB参数值为110、184、229）到蓝色（RGB参数值为40、106、138）的线性渐变。

STEP 20 按【Ctrl＋D】组合键，取消选区。

STEP 21 将“图层3”图层复制5次，将各图像移动至合适位置，并调整其方向。

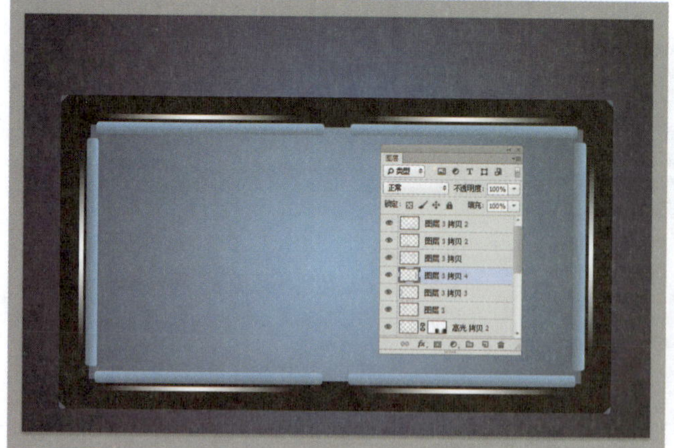

STEP 22 双击“图层3”图层，在弹出的“图层样式”对话框中，选中“投影”复选框。

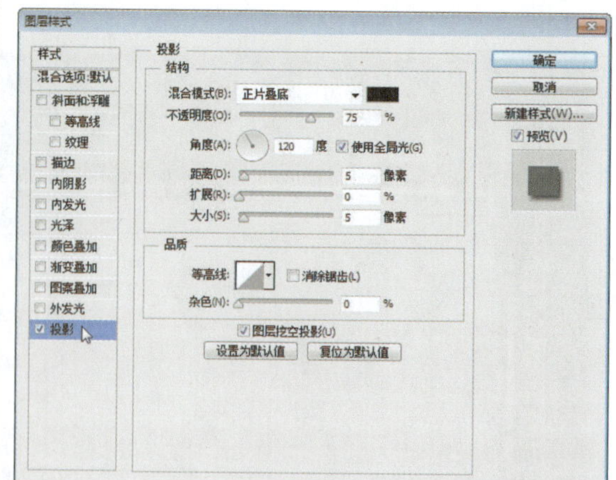

STEP 23 单击“确定”按钮，即可添加相应的图层样式。

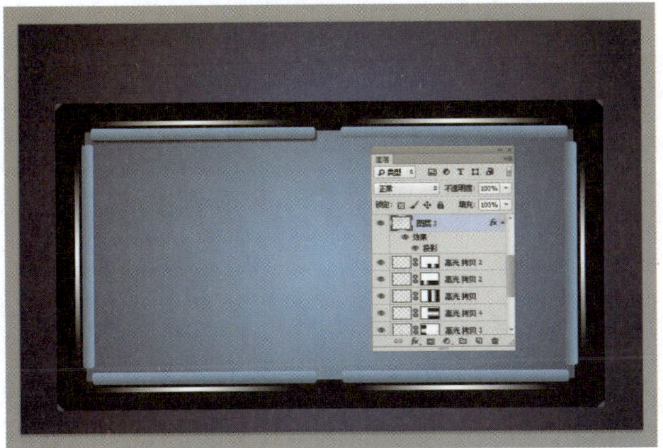

STEP 24 复制“图层 3”图层的图层样式，同时选择其复制图层，单击鼠标右键，在弹出的快捷菜单中选择“粘贴图层样式”选项。

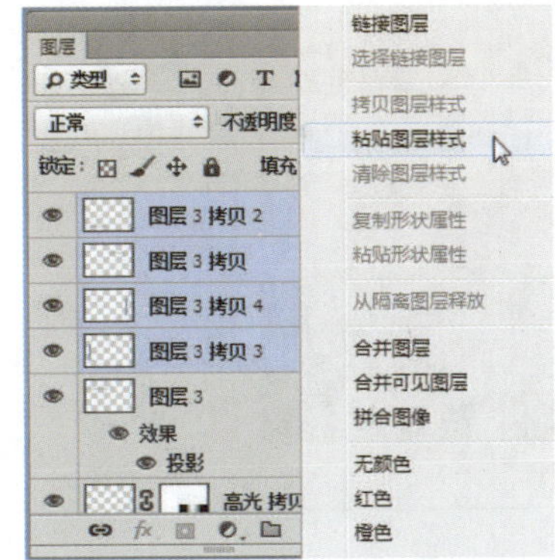

STEP 25 执行操作后，即可为复制的图层添加同样的图层样式。

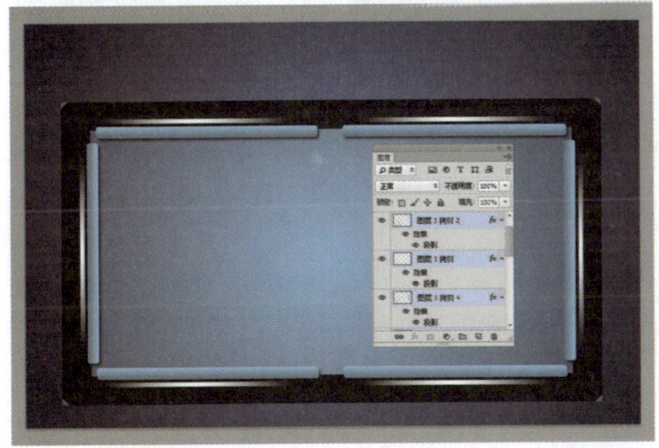

STEP 26 打开 497（2）.psd 素材图像，并将其拖曳至当前图像编辑窗口中的合适位置，为桌球游戏界面添加球洞素材效果。

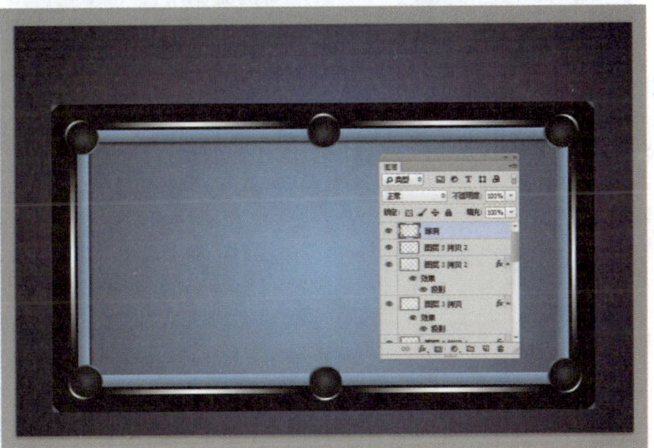

498 桌球游戏 UI 设计 2——制作主体效果

下面主要运用矩形选框工具、“透视”命令以及添加各种素材等，制作桌球游戏 APP 界面的主体效果。

STEP 1 在“图层”面板中，新建“图层 4”图层。

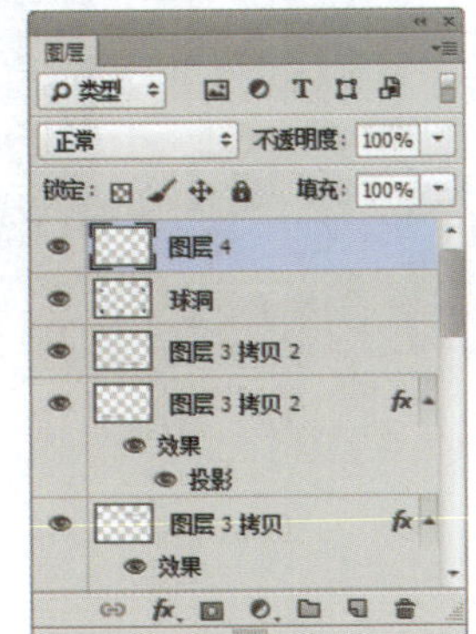

STEP 2 选取工具箱中的矩形选框工具，创建一个矩形选区。

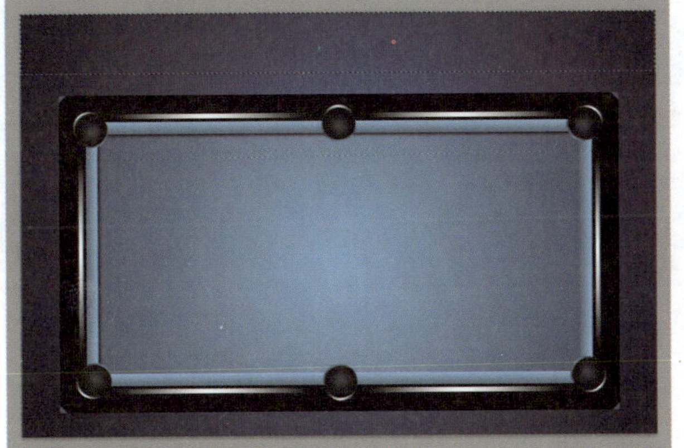

STEP 3 单击设置前景色色块，弹出“拾色器（前景色）”对话框，设置前景色为深灰色（RGB 参数值均为 46），单击“确定”按钮。

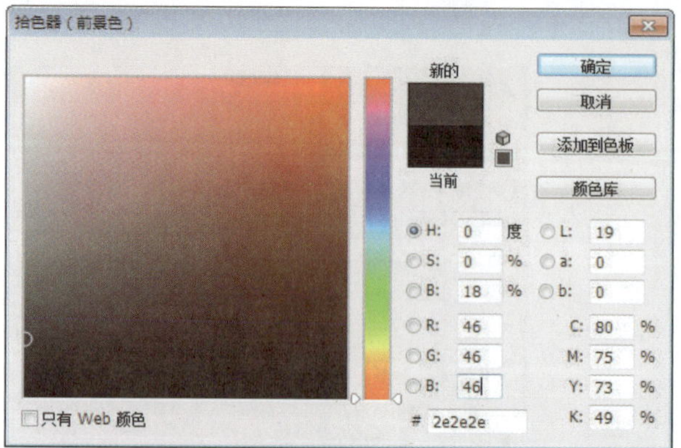

STEP 4 按【Alt + Delete】组合键填充前景色，并取消选区。

STEP 5 按【Ctrl + T】组合键，调出变换控制框。

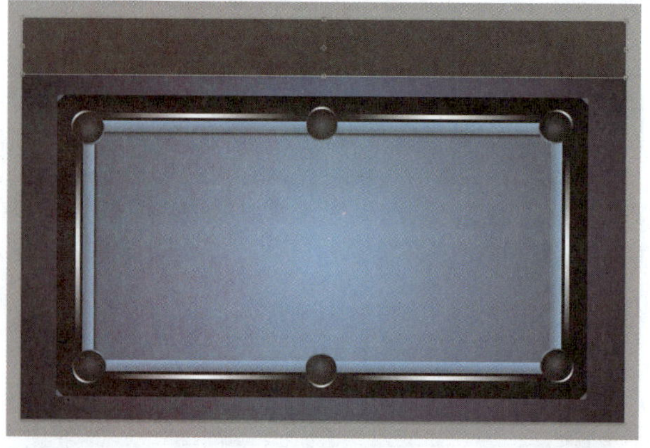

STEP 6 在变换控制框中单击鼠标右键，在弹出的快捷菜单中选择“透视”选项。

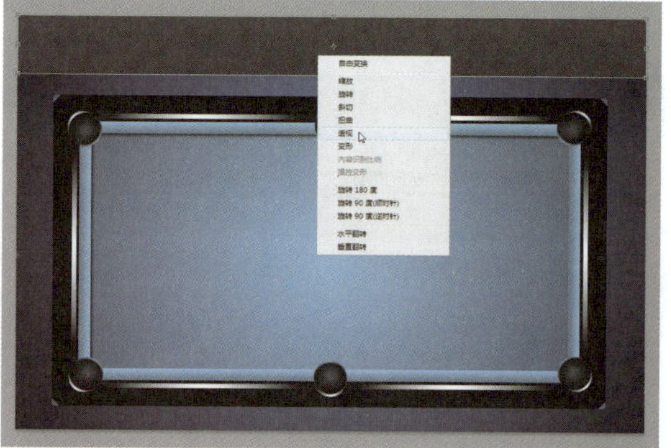

STEP 7 对填充色块进行调整，按【Enter】键确认变换操作。

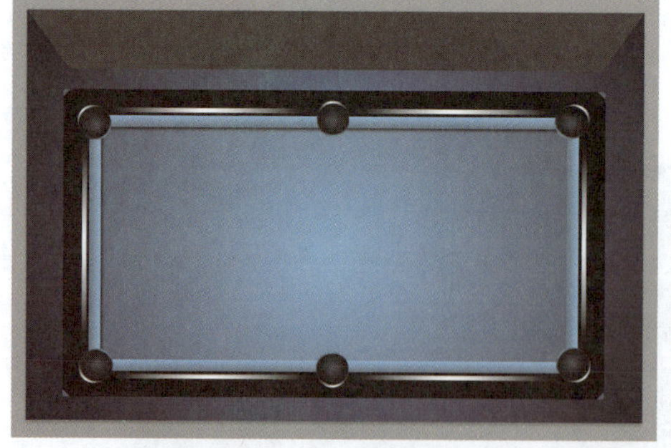

STEP 8 打开 498（1）.psd 素材图像，并将其拖曳至当前图像编辑窗口中的合适位置，为桌球游戏界面添加 8 号球素材效果。

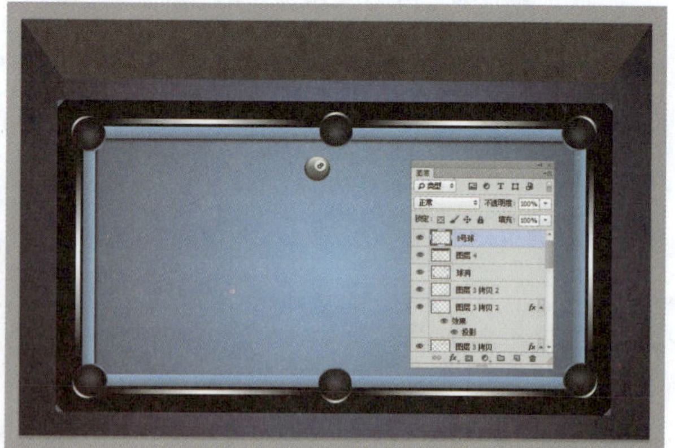

STEP 9 打开 498（2）.psd 素材图像，并将其拖曳至当前图像编辑窗口中的合适位置，为桌球游戏界面添加白球素材效果。

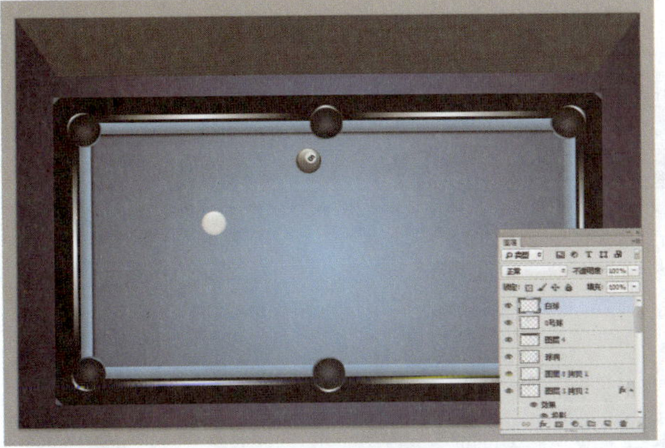

STEP 10 打开 498（3）.psd 素材图像，并将其拖曳至当前图像编辑窗口中的合适位置，为桌球游戏界面添加球杆素材效果。

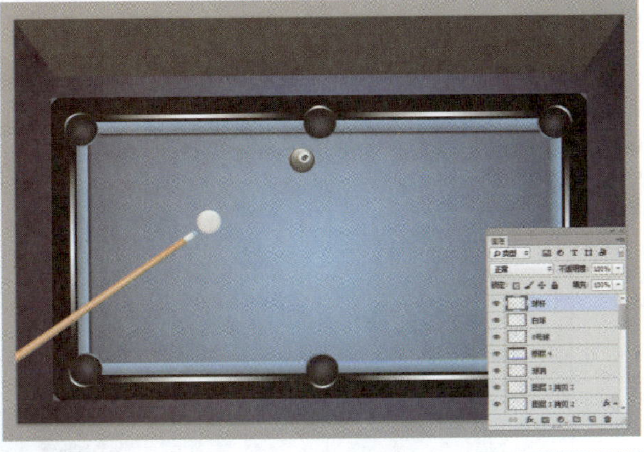

STEP 11 双击“球杆”图层，在弹出的“图层样式”对话框中，选中“投影”复选框，单击“确定”按钮，即可添加相应的图层样式。

STEP 12 打开 498（4）.psd 素材图像，将其拖曳至当前图像编辑窗口中的合适位置，为桌球游戏界面添加分数显示区素材效果。

STEP 13 打开 498（5）.psd 素材图像，将其拖曳至当前图像编辑窗口中的合适位置，为桌球游戏界面添加对准器素材效果。

STEP 14 打开 498（6）.psd 素材图像，将其拖曳至当前图像编辑窗口中的合适位置，为桌球游戏界面添加功能按钮素材效果。

499 桌球游戏 UI 设计 3——制作文本效果

下面主要运用横排文字工具以及设置各种图层样式等，制作桌球游戏 APP 界面的文字效果。

STEP 1 选取横排文字工具，在图像上单击鼠标左键，确认插入点，在“字符”面板中设置“字体系列”为“文鼎霹雳体”，“字体大小”为 150 点，“颜色”为白色。

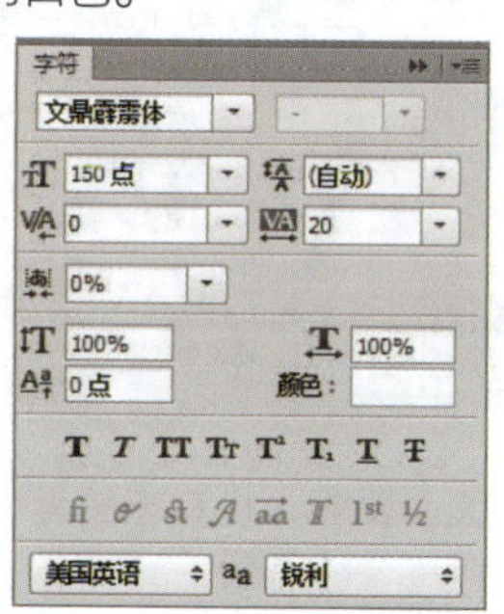

STEP 2 在图像窗口中，输入相应文字。

STEP 3 双击文本图层，在弹出的“图层样式”对话框中选中“斜面和浮雕”复选框，保持默认设置即可。

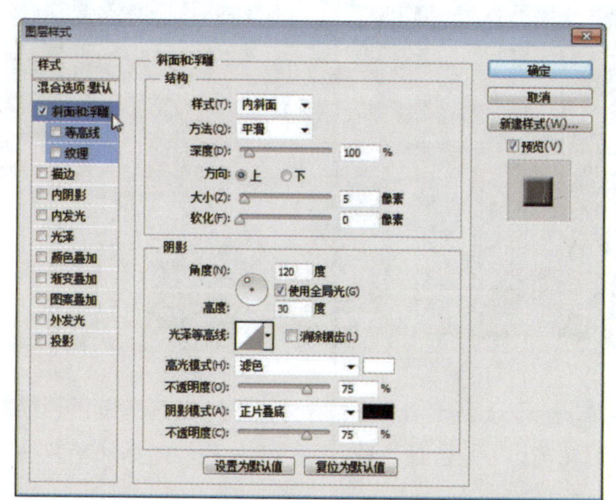

STEP 4 在“图层样式”对话框中选中“描边”复选框，设置“大小”为 2 像素、“颜色”为洋红（RGB 参数值分别为 255、0、250）。

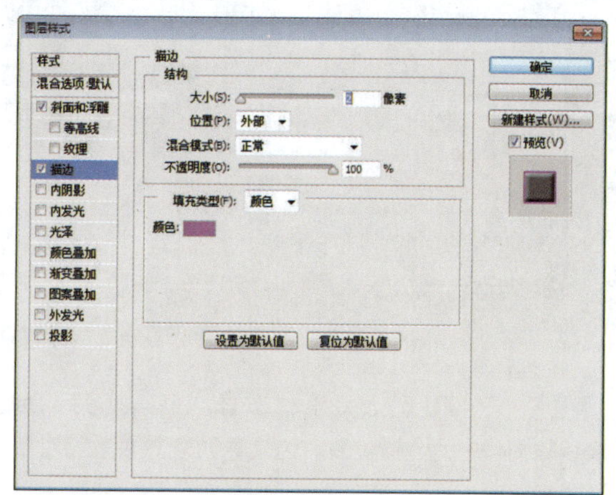

STEP 5 在“图层样式”对话框中选中“渐变叠加”复选框，单击“点按可编辑渐变”按钮。

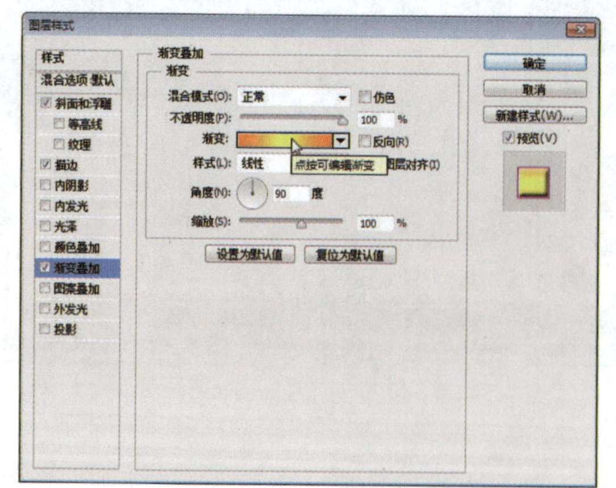

STEP 6 弹出“渐变编辑器”对话框，在“预设”列表框中选择“橙，黄，橙渐变”。

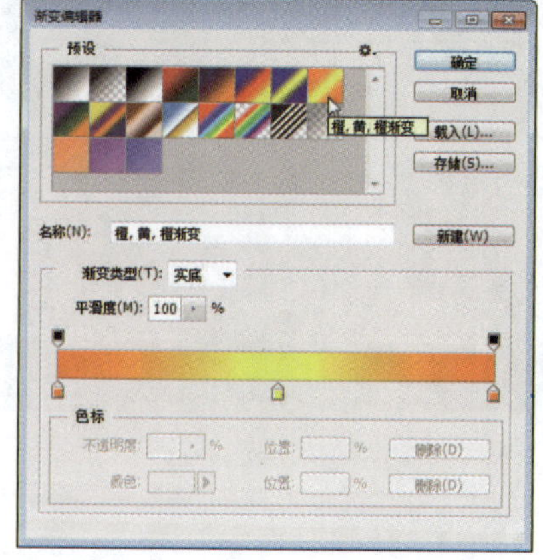

STEP 7 单击"确定"按钮应用渐变色，在"图层样式"对话框中选中"投影"复选框。

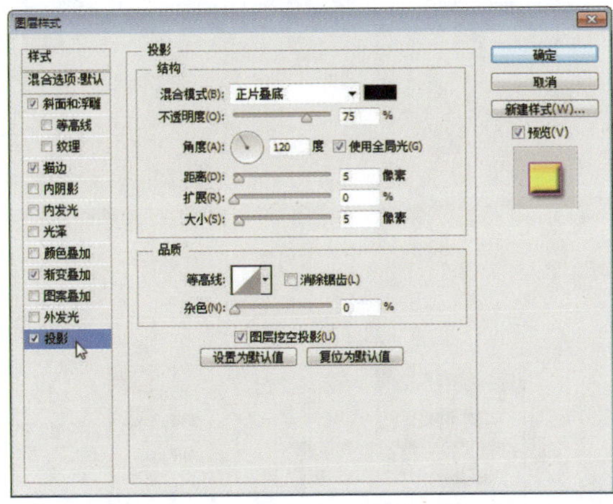

STEP 8 单击"确定"按钮，应用图层样式效果，完成桌球游戏 APP UI 的设计。

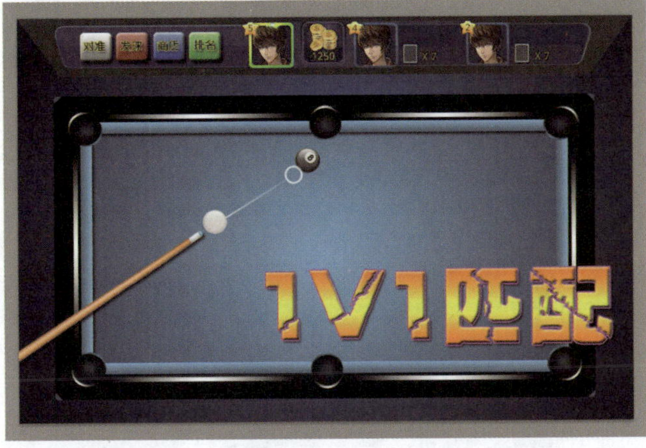

500 休闲游戏 UI 设计 1——制作背景效果

随着科技的发展，现在手机的功能也越来越多，越来越强大。如今，手机游戏已可以和掌上游戏机媲美，具有很强的娱乐性和交互性的复杂形态。下面以一款热门的简单休闲游戏"水果超人"为例，介绍手机游戏 APP 界面的设计方法。

制作休闲手机游戏 APP 的背景，首先置入相应的背景图像，通过色彩和色调的调整，使其更加艳丽，然后加入相应按钮和状态栏素材。

STEP 1 单击"文件"|"打开"命令，打开一幅素材图像。

STEP 2 单击"图像"|"调整"|"亮度 / 对比度"命令，弹出"亮度 / 对比度"对话框，设置"亮度"为 20、"对比度"为 10。

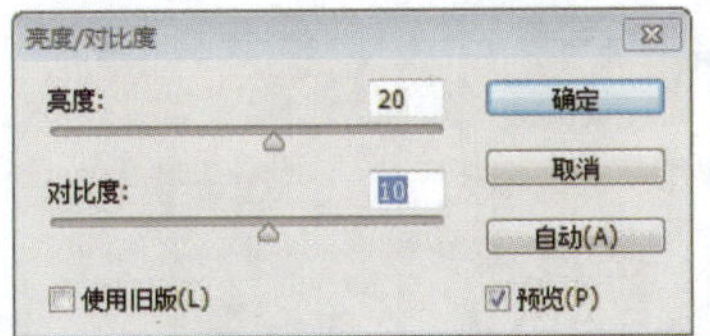

知识链接

亮度（Value，缩写为V，又称为明度）是指颜色的明暗程度，通常使用0%~100%的百分比来度量。通常在正常强度的光线照射下的色相，被定义为标准色相，亮度高于标准色相的，称为该色相的高光；反之，称为该色相的阴影。

STEP 3 单击“确定”按钮，即可调整图像的亮度 / 对比度。

STEP 4 单击“图像”|“调整”|“自然饱和度”命令，弹出“自然饱和度”对话框，设置“自然饱和度”为50、“饱和度”为20。

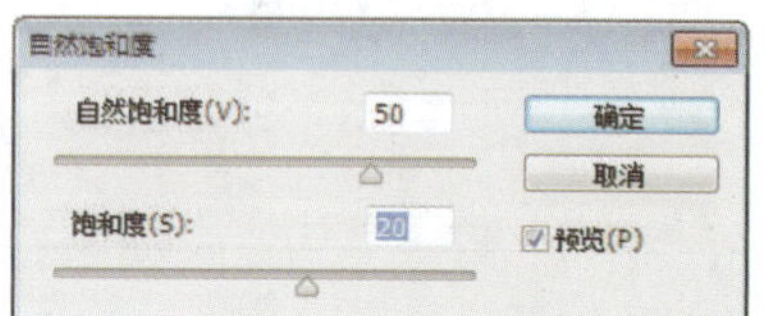

STEP 5 单击“确定”按钮，即可调整图像的饱和度。

STEP 6 展开“图层”面板，新建“图层 1”图层。

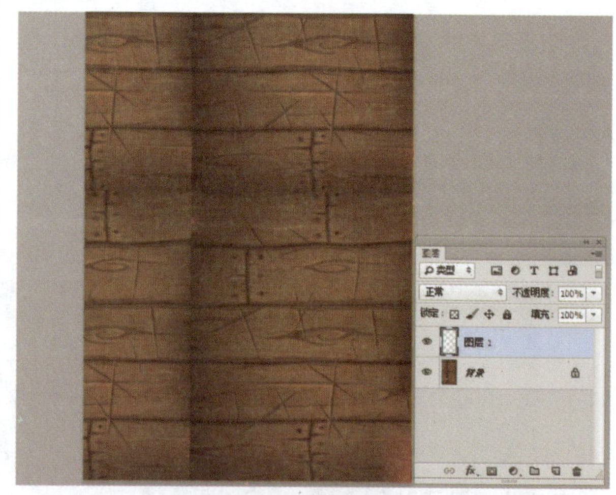

STEP 7 选取工具箱中的多边形套索工具，创建一个多边形选区。

STEP 8 设置前景色为黑色，按【Alt + Delete】组合键，为选区填充前景色。

STEP 9 按【Ctrl＋D】组合键，取消选区，设置“图层 2”图层的“不透明度”为 35%，即可改变图像的透明效果。

STEP 10 打开 500（1）.psd 素材图像，将其拖曳至当前图像编辑窗口中的合适位置，添加游戏按钮素材效果。

STEP 11 在“图层”面板中，展开“游戏按钮”图层组，分别设置“按钮背景”图层和“按钮背景 1”图层的“不透明度”为 60%。

STEP 12 打开 500（2）.psd 素材图像，将其拖曳至当前图像编辑窗口中的合适位置，添加手机状态栏素材效果。

501 休闲游戏 UI 设计 2——制作主体效果

在制作休闲游戏 APP 界面的主体效果时，主要运用到了打开并拖曳素材图像、绘制椭圆选区等操作。

STEP 1 打开 501.psd 素材图像，将其拖曳至当前图像编辑窗口中的合适位置，添加西瓜游戏元素素材效果。

STEP 2 选择“图层 1”图层，新建“图层 3”图层。

STEP 3 选取工具箱中的椭圆选框工具，绘制一个椭圆选区。

STEP 4 设置前景色为绿色（RGB 参数值为 145、194、8），按【Alt + Delete】组合键，为选区填充前景色，并取消选区。

STEP 5 设置“图层 3”图层的“不透明度”为 50%。

STEP 6 在“图层 3”图层的上方新建“图层 4”图层，运用椭圆选框工具绘制一个椭圆选区。

STEP 7 单击“编辑” | “描边”命令，弹出“描边”对话框，设置“宽度”为 20 像素、“颜色”为绿色（RGB 参数值为 145、194、8）。

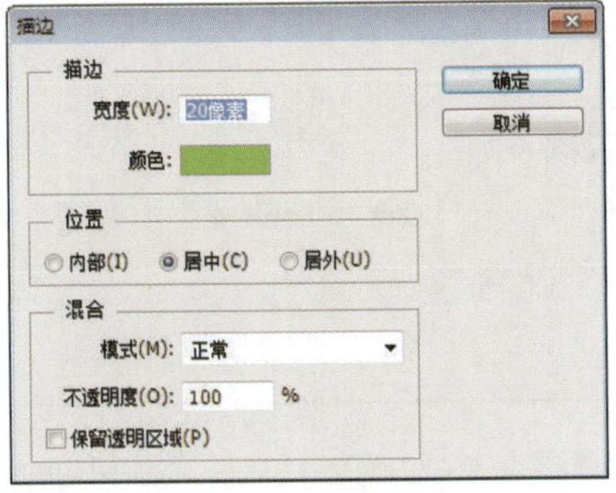

STEP 8 单击“确定”按钮，描边选区。

STEP 9 按【Ctrl＋D】组合键，取消选区。

STEP 10 在“图层”面板中，设置“图层 4”图层的不透明度为 50%。

502 休闲游戏 UI 设计 3——制作文本效果

下面主要运用横排文字工具、“文字变形”命令以及设置各种图层样式等，制作休闲游戏 APP 界面的文本效果。

STEP 1 运用横排文字工具在图像上单击鼠标左键确认插入点，设置“字体系列”为“华康海报体”，“字体大小”为 68 点，“颜色”为绿色（RGB 参数值为 145、194、8），输入文字并将其移至合适位置。

STEP 2 双击该文字图层，在弹出的“图层样式”对话框中，选中“描边”复选框，设置“大小”为 6 像素、“颜色”为白色。

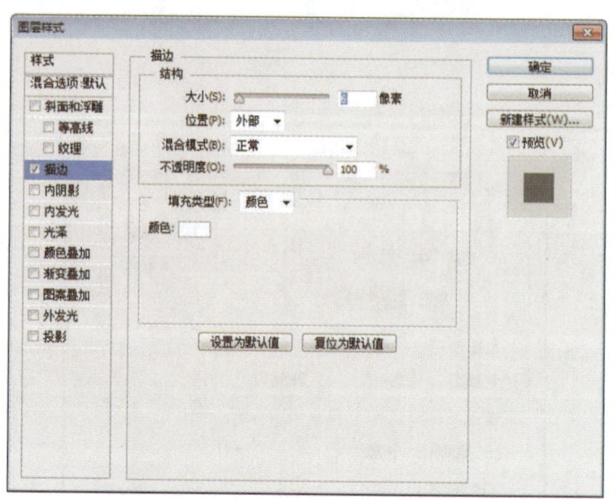

STEP 3 选中“渐变叠加”复选框，设置“渐变”的渐变颜色为绿色（RGB 参数值为 91、190、1）到浅绿色（RGB 参数值为 216、243、3）。

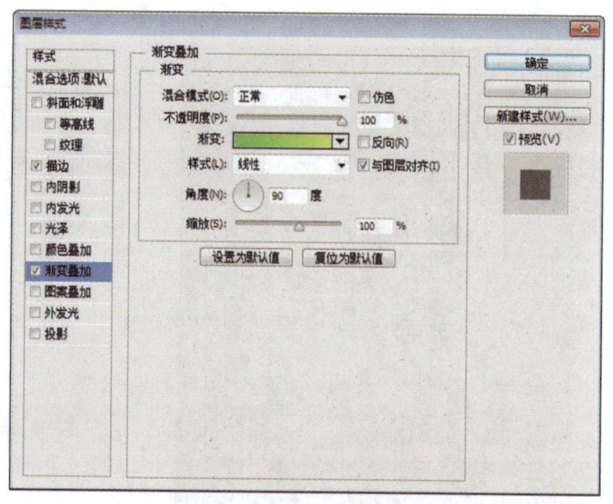

STEP 4 单击“确定”按钮，添加相应的图层样式。

STEP 5 打开 502.psd 素材，将其拖曳至当前图像编辑窗口中的合适位置，添加其他的游戏按钮素材。

STEP 6 运用横排文字工具在图像上单击鼠标左键确认插入点，设置“字体”为“华康海报体”，“字体大小”为 160 点，“颜色”为深灰色（RGB 参数值均为 141），输入文字并将其移至合适位置。

STEP 7 选择“水果超人”文字图层，单击“类型”|“文字变形”命令，弹出“变形文字”对话框，设置“样式”为“上弧”。

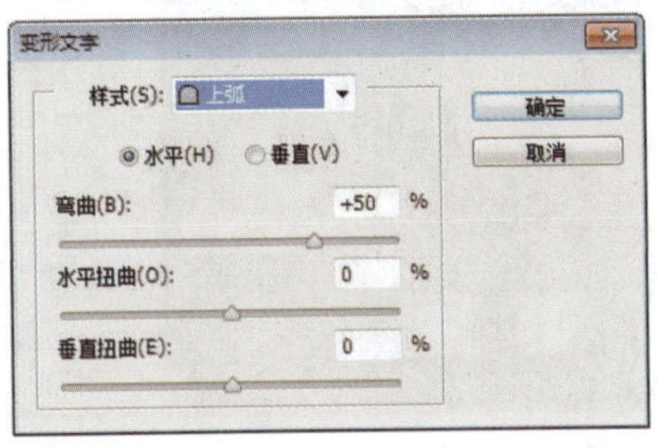

STEP 8 单击“确定”按钮，即可变形文字。

STEP 9 双击“水果超人”文字图层，在弹出的“图层样式”对话框中，选中“描边”复选框，设置“大小”为10像素、“颜色”为白色。

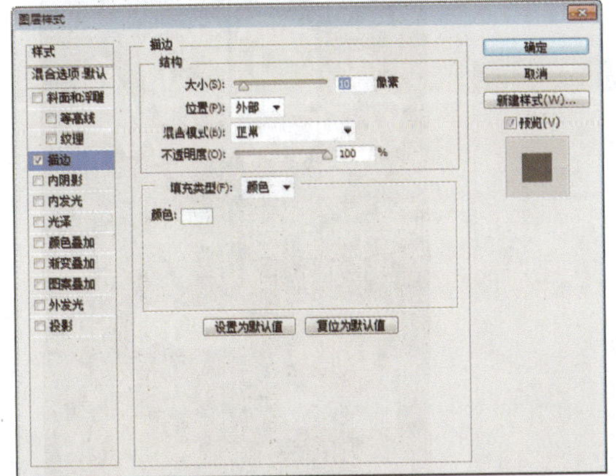

STEP 10 选中“内阴影”复选框，设置“距离”为5像素、“阻塞”为0%、“大小”为5像素。

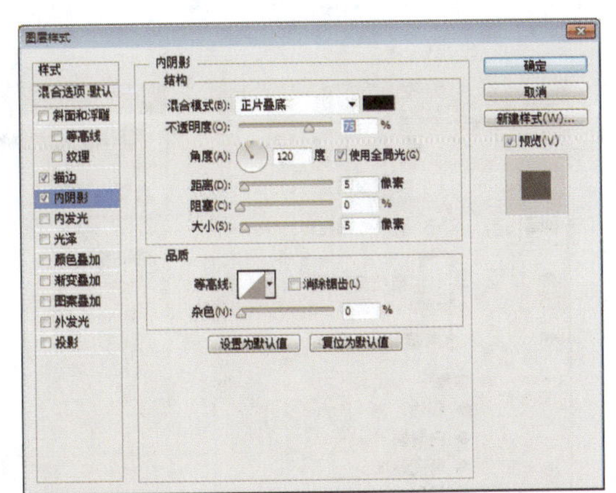

STEP 11 选中“渐变叠加”复选框，单击“点按可编辑渐变”按钮，弹出“渐变编辑器”对话框，在“预设”列表框中选择相应的渐变色谱。

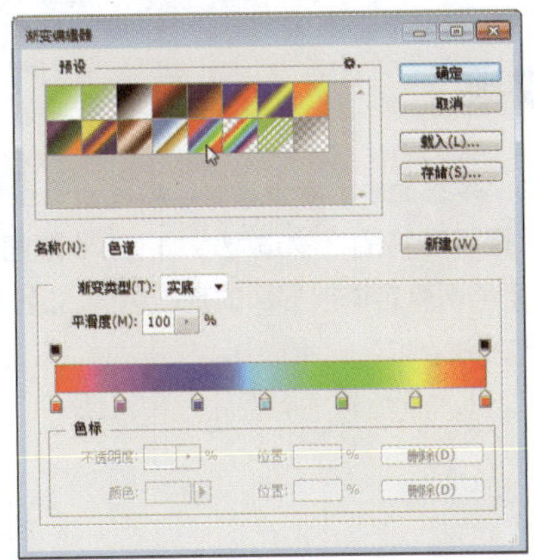

STEP 12 单击“确定”按钮，返回“图层样式”对话框，即可改变渐变色。

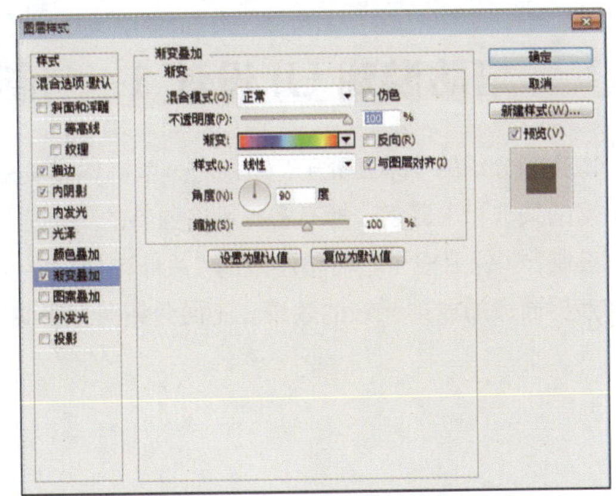

STEP 13 选中“投影”复选框，设置“角度”为120度、“距离”为19像素、“拓展”为19%、“大小”为5像素。

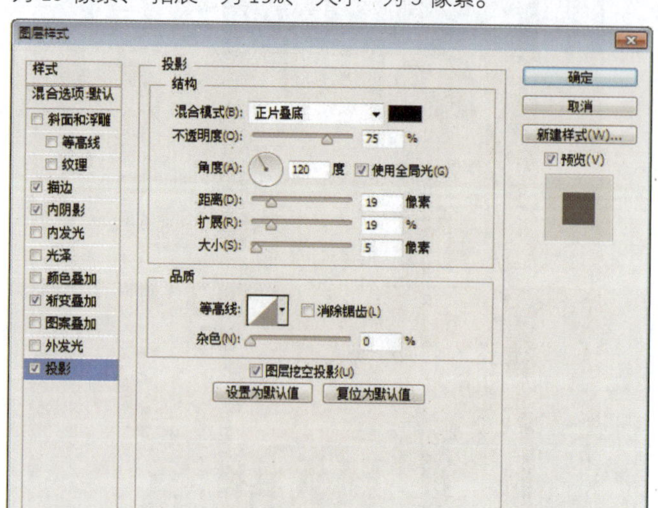

STEP 14 单击“确定”按钮，即可应用图层样式。

STEP 15 新建“自然饱和度1”调整图层，展开“自然饱和度”调整面板，设置“自然饱和度”为20。完成文本效果的制作。

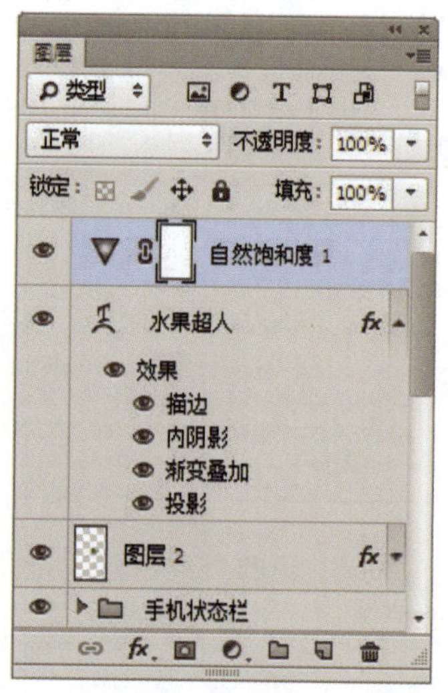

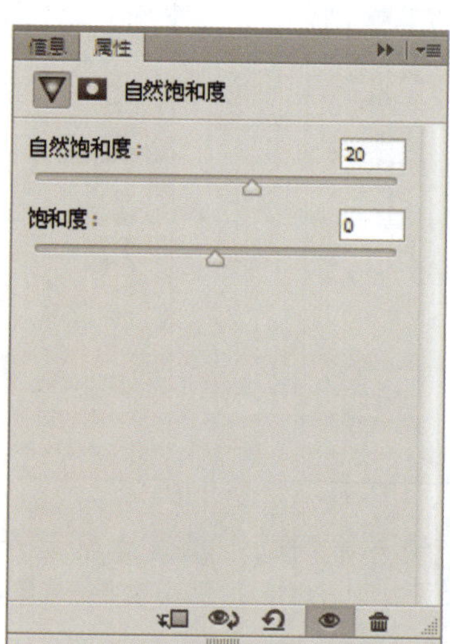

503 塔防游戏UI设计1——制作背景效果

本实例介绍的“保卫橙子”APP是一款制作精美的超萌塔防游戏，容易上手、老少皆宜，内置新手引导。游戏含有丰富的关卡和主题包，拥有各种风格独特的防御塔，有趣的场景设置和奇特的怪物造型增加了游戏的趣味性。

在制作“保卫橙子”塔防游戏的“关卡选择”界面时，首先运用蓝色调奠定游戏界面的基准色调，通过添加线光，为游戏界面添加放射光线的效果。下面介绍游戏界面背景效果的制作方法。

STEP 1 新建一幅空白图像文件，设置“宽度”为9厘米、“高度”为6厘米、“分辨率”为300像素/英寸，新建“图层1”图层。

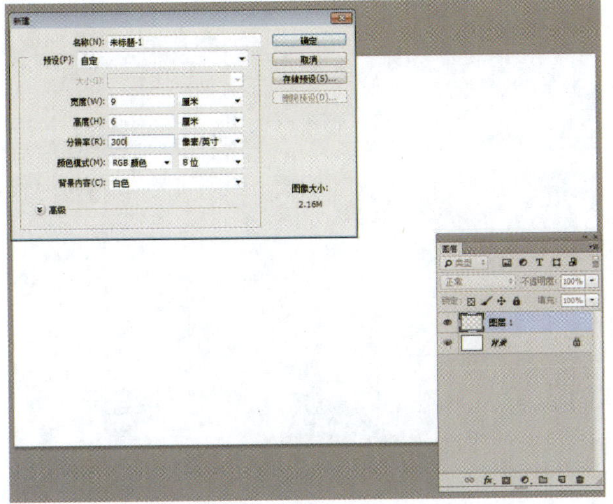

STEP 2 选取工具箱中的渐变工具，为“图层1”填充浅蓝色（RGB参数值为58、196、246）到蓝色（RGB参数值为1、114、170）的径向渐变。

知识链接 除了运用命令创建图像以外，也可以按【Ctrl+N】组合键创建图像文件。

STEP 3 打开503（1）.psd素材图像，在“图层”面板中选择“线光”图层，将其拖曳至当前图像编辑窗口中，并将其调整至合适位置。

STEP 4 打开503（2）.psd素材图像，将其拖曳至当前图像编辑窗口中的合适位置，为塔防游戏界面添加菜单栏背景素材。

504 塔防游戏UI设计2——制作主体效果

在制作该游戏界面时，主要运用到了绘制圆角矩形路径、设置滤镜效果、设置图层样式、打开并拖曳素材图像等操作。下面介绍“保卫橙子”塔防类游戏界面主体效果的制作方法。

STEP 1 新建“图层 3”图层，选取工具箱中的圆角矩形工具，在工具属性栏中设置“选择工具模式”为“路径”，“半径”为“20 像素”，绘制一个圆角矩形路径。

STEP 2 按【Ctrl＋Enter】组合键，将路径转换为选区。

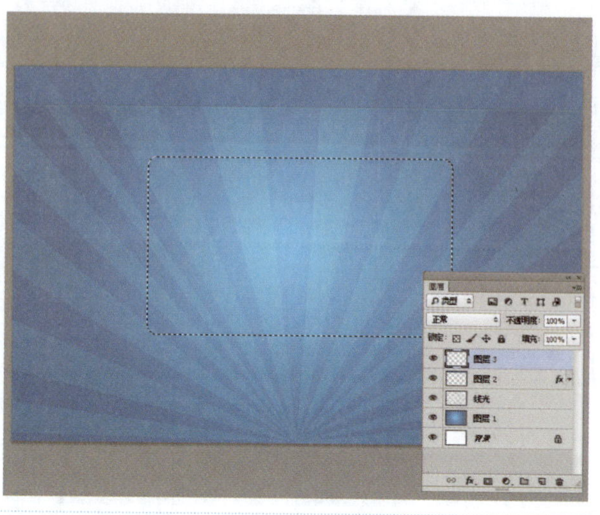

STEP 3 选取工具箱中的渐变工具，为选区填充浅蓝色（RGB 参数值为 197、231、253）到蓝色（RGB 参数值为 16、132、221）的径向渐变。

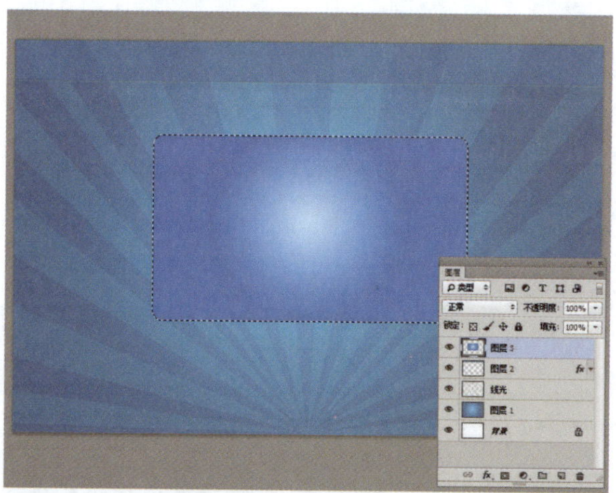

STEP 4 单击“滤镜”|“像素化”|“晶格化”命令，弹出“晶格化”对话框，在其中设置“单元格大小”为 10。

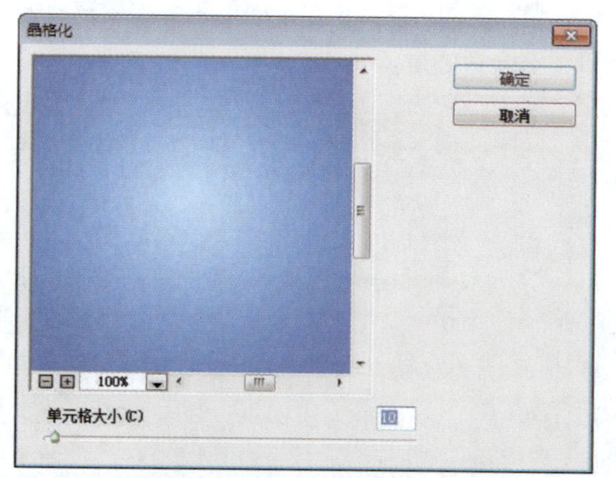

STEP 5 单击“确定”按钮，即可设置滤镜效果。

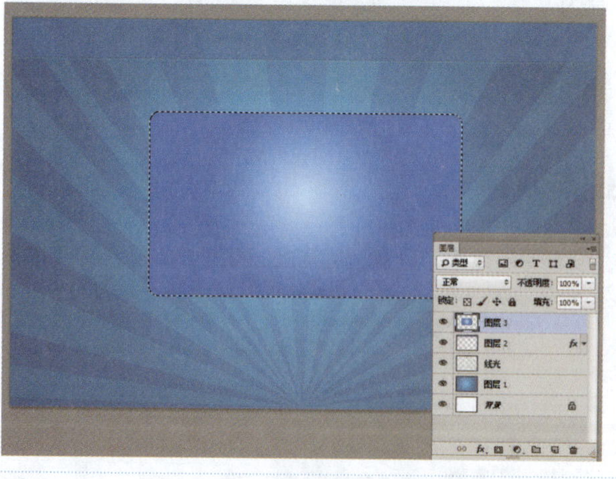

STEP 6 按【Ctrl＋D】组合键，取消选区。

STEP 7 双击“图层 3”图层，在弹出的“图层样式”对话框中，选中“描边”复选框，在其中设置“大小”为 6 像素、“颜色”为白色。

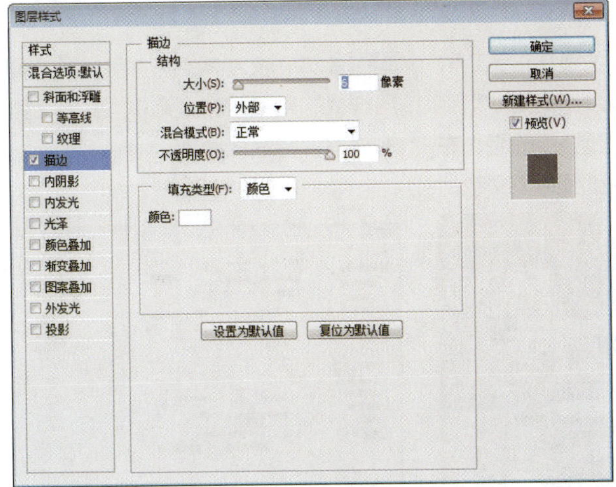

STEP 8 选中“内阴影”复选框，在其中设置“阴影颜色”为深蓝色（RGB 参数值为 0、52、91）、“距离”为 10 像素、“阻塞”为 17%、“大小”为 51 像素。

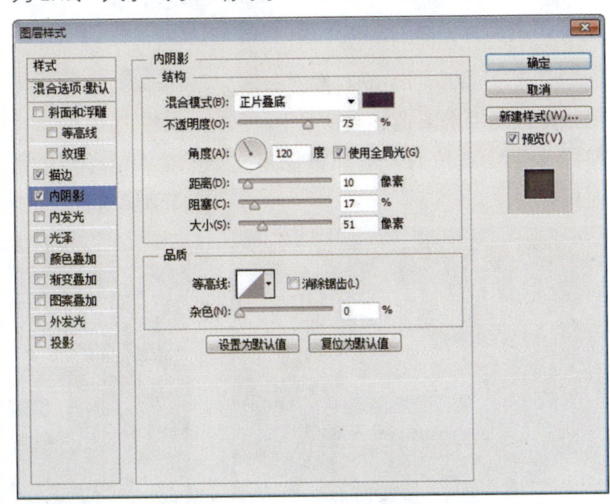

STEP 9 选中“外发光”复选框，在其中设置“扩展”为 0%、“大小”为 5 像素，

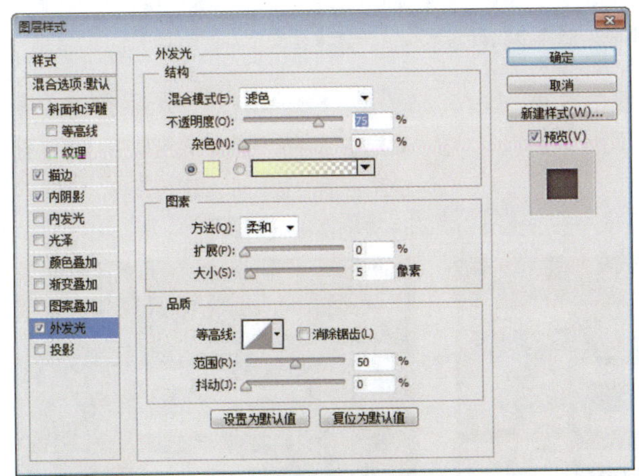

STEP 10 选中“投影”复选框，在其中设置“阴影颜色”为深蓝色（RGB 参数值为 15、57、97）、“距离”为 0 像素、“扩展”为 30%、“大小”为 50 像素。

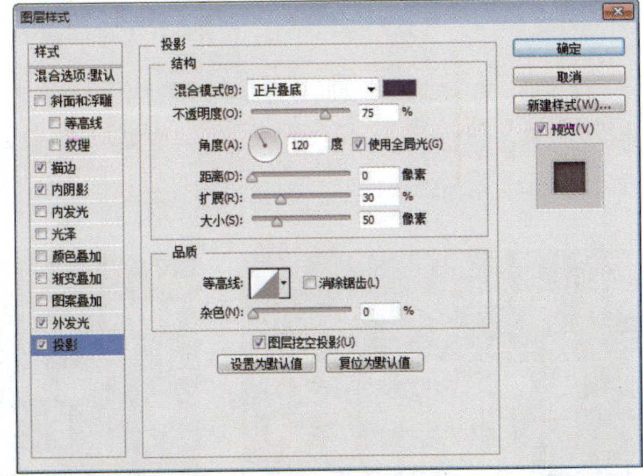

STEP 11 单击“确定”按钮，即可设置图层样式。

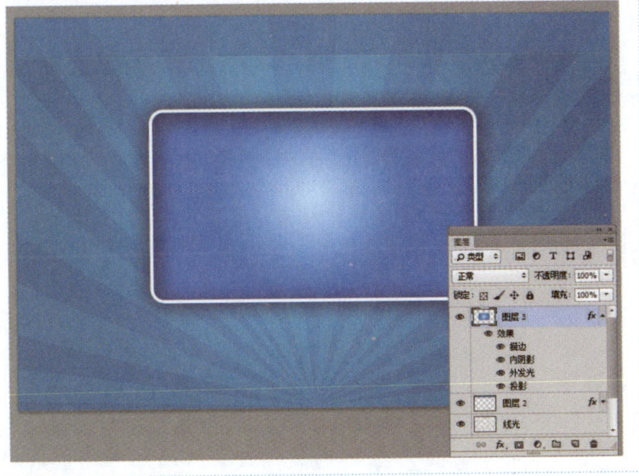

STEP 12 打开 504.psd 素材图像，将其拖曳至当前图像编辑窗口中，并调整至合适位置，添加游戏场景素材效果。

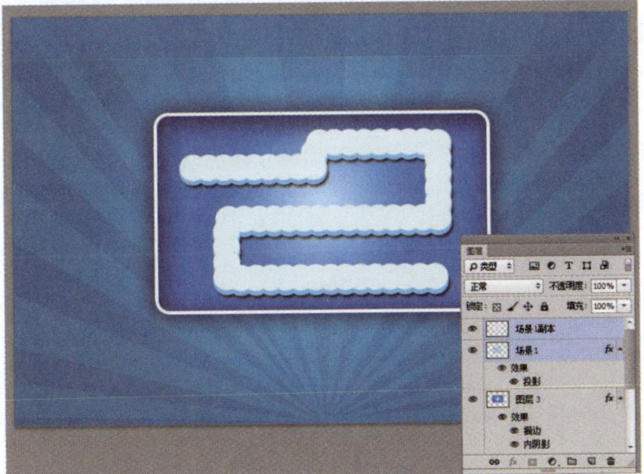

505 塔防游戏 UI 设计 3——制作文本效果

在制作界面的文本效果时，主要运用到了打开并拖曳素材图像、选取横排文字工具输入文本等操作。下面主要向读者介绍设计界面的文本效果的操作方法。

STEP 1 打开 505（1）.psd 素材图像，将其拖曳至当前图像编辑窗口中，调整图像至合适位置，添加按钮素材效果。

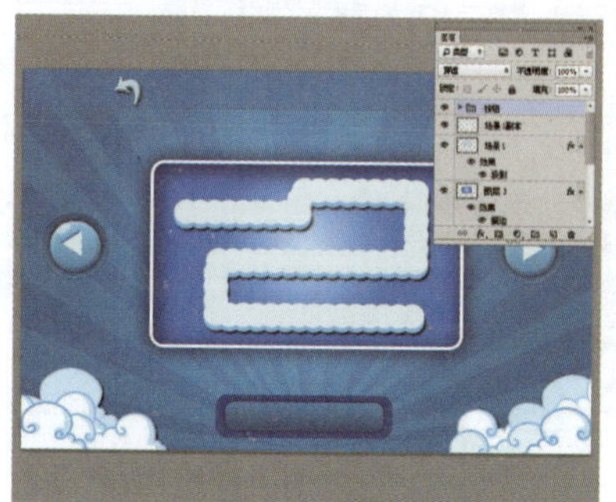

STEP 2 选取工具箱中的横排文字工具，设置“字体系列”为“方正卡通简体”，“字体大小”为 10 点，“颜色”为白色，在图像编辑窗口中的合适位置输入文字。

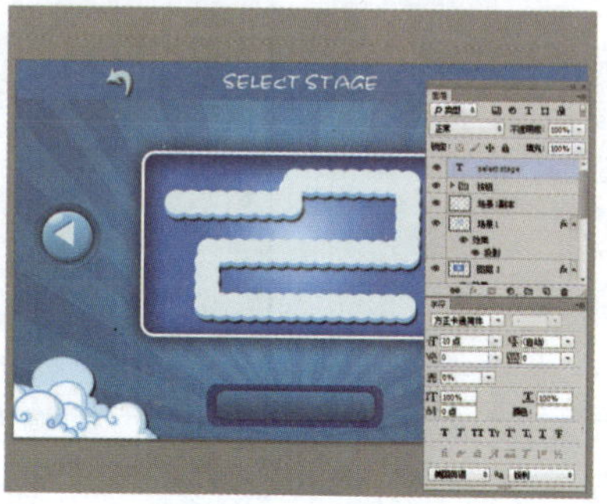

STEP 3 双击文字图层，在弹出的“图层样式”对话框中，选中“投影”复选框，保持默认设置。

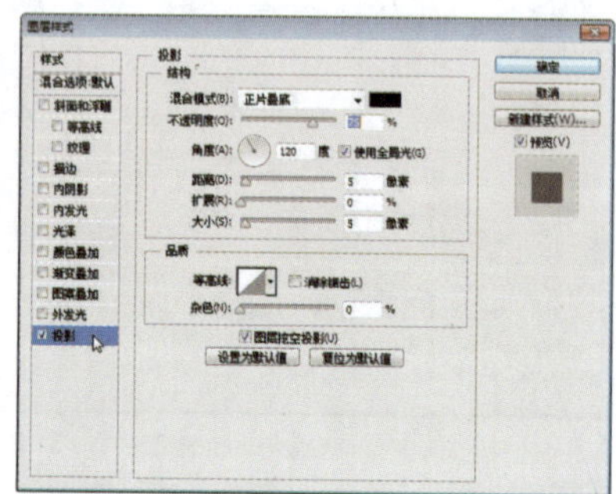

知识链接 对文字进行艺术化处理是Photoshop的强项之一。Photoshop中的文字是以数学方式定义的形状组成的，在将文字栅格化之前，Photoshop会保留基于矢量的文字轮廓，可以任意缩放文字或调整文字大小而不会产生锯齿。除此之外，用户还可以通过处理文字的外形为文字赋予质感，使其具有立体效果等表达手段，创作出极具艺术特色的艺术化文字。

STEP 4 单击“确定”按钮，即可设置文本投影效果。

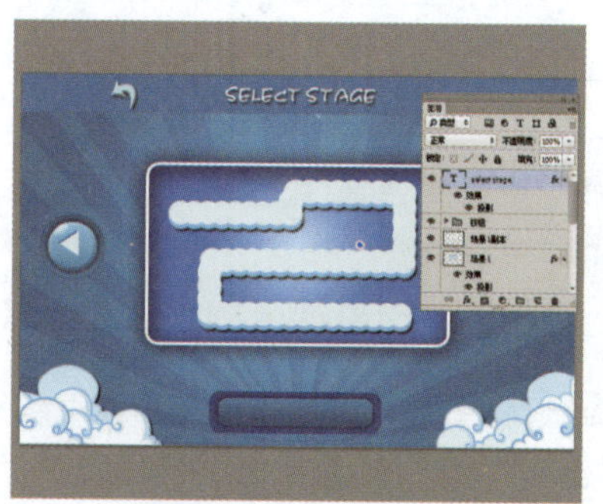

STEP 5 用与前面同样的方法，输入其他文本，并设置相同效果。

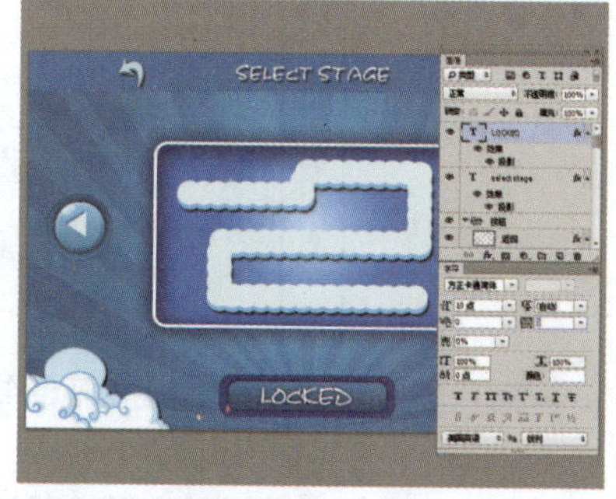

STEP 6 打开 505（2）.psd 素材图像，将其拖曳至当前图像编辑窗口中，调整图像至合适位置，添加图标素材，完成塔防游戏的 UI 设计。

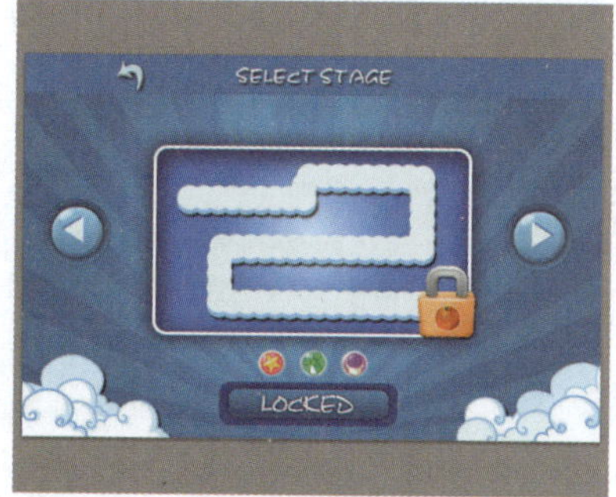